高职高专计算机类专业教材·数字媒体系列

3ds Max 2018
案例精讲教程

岳　绚　邹平吉　主　编

刘国强　杨　健　副主编

電子工業出版社

Publishing House of Electronics Industry

北京·BEIJING

内 容 简 介

本书由从事“3ds Max”课程教学与比赛指导经验丰富的教师编写而成。该教师常年带队参加全省、全国的专业比赛，指导的学生多次获奖。全书共 9 章，内容涵盖 3ds Max 入门知识，创建和编辑二维图形，创建三维模型，使用修改器，网格建模，多边形建模，复合建模，材质与贴图，灯光与摄影机，环境、效果和渲染，动画制作，模拟和效果，综合实战项目及国赛试题等。

本书配有丰富的教学资源，书中重要知识点和操作技能难点可以通过配套的微课视频进行学习。通过由简到繁、由易到难、承前启后的阶梯式系列单元任务，读者能够轻松地掌握 3ds Max 的方法和技能的综合应用，并起到举一反三的效果。本书内容形式新颖、学习任务明确、操作步骤讲解详尽、重点突出，符合高职高专学生的认知规律。

本书可作为高职高专计算机应用技术、软件技术、数字媒体技术、动漫设计、会展策划与管理、虚拟现实技术，以及其他相关专业的教材或教学辅导书，也可以作为社会各类培训机构的培训教材，以及广大 3ds Max 爱好者的自学参考书。

图书在版编目（CIP）数据

3ds Max 2018 案例精讲教程 / 岳绚，邹平吉主编. —北京：电子工业出版社，2020.9
ISBN 978-7-121-39458-4

Ⅰ. ①3… Ⅱ. ①岳… ②邹… Ⅲ. ①三维动画软件－高等职业教育－教材 Ⅳ. ①TP391.414

中国版本图书馆 CIP 数据核字（2020）第 158315 号

责任编辑：左　雅
印　　刷：涿州市般润文化传播有限公司
装　　订：涿州市般润文化传播有限公司
出版发行：电子工业出版社
　　　　　北京市海淀区万寿路 173 信箱　　邮编　100036
开　　本：787×1 092　1/16　　印张：18　　字数：570 千字
版　　次：2020 年 9 月第 1 版
印　　次：2024 年 7 月第 6 次印刷
定　　价：59.00 元

凡所购买电子工业出版社图书有缺损问题，请向购买书店调换。若书店售缺，请与本社发行部联系，联系及邮购电话：（010）88254888，88258888。

质量投诉请发邮件至 zlts@phei.com.cn，盗版侵权举报请发邮件至 dbqq@phei.com.cn。

本书咨询联系方式：（010）88254580，zuoya@phei.com.cn。

3ds Max 2018 是 Autodesk 公司开发的一款功能强大、应用领域广泛的三维造型和动画制作软件，是目前最优秀的三维动画制作软件之一。随着科学技术的进步和发展，虚拟现实技术逐渐渗透到各个行业，3ds Max 也是虚拟现实技术建模经常使用的软件之一。全国职业院校技能大赛（简称“国赛”）高职组“虚拟现实（VR）设计与制作”赛项，从 2017 年举办至今一直使用 3ds Max 作为建模软件。本书编者认为“3ds Max”课程的教学目标是：让学生在最短的时间内掌握相关技术，并能在实践中应用。因此本书采用了“理论+案例+操作+拓展”的编写方式。

本书主要内容

第 1 章：介绍 3ds Max 的特点和应用领域，以及 3ds Max 2018 的工作界面、文件操作、视图设置、坐标系和常用对象的操作等。

第 2、3 章：介绍 3ds Max 的建模技术，包括创建基本二维图形、编辑样条线和使用修改器，以及使用网格建模、多边形建模、修改建模和复合建模等的方法。

第 4 章：介绍创建、编辑和分配材质的方法，以及各种常用材质和贴图的应用。

第 5、6 章：介绍灯光、摄影机的创建和应用，以及场景的环境、效果和渲染输出。

第 7 章：介绍三维动画的制作原理和创建方法，以及常用的高级动画技巧。

第 8 章：介绍空间扭曲对象、粒子系统，以及动力学的应用。

第 9 章：介绍使用 3ds Max 2018 制作掌上电脑展示动画的综合实践项目，以及一道国赛试题的解答方法。

本书主要特色

不同于一般的基础类图书和实例类图书，本书是一本与行业实际应用紧密结合的实战型图书。一本好的教材，应该为教师、学生考虑，因此编者在规划本书内容时竭力做到了以下几点。

- 以大量实战案例为线索，学习软件的功能和实际用途，案例设置由简至难，每个案例都按制作流程呈现。
- 案例选择新颖、美观，有很强的针对性和实用性。很多案例是编者在指导学生参加省级或国家级比赛中遇到的试题。书中包含一道全国职业院校技能大赛“虚拟现实（VR）设计与制作”赛项的省赛指定模型制作题。

- 每个制作案例都附有配套微课或详细案例精讲、制作视频，请扫描书中二维码观看学习。本书配套的 PPT 课件、案例素材等请登录华信教育资源网（www.hxedu.com.cn）注册后免费下载。
- 将 3ds Max 2018 的使用技巧巧妙地融入案例中。在每个案例的“相关知识与技能”中，先简单讲解该案例涉及的 3ds Max 核心功能，再通过“任务实施”对所讲的功能进行深入练习和学习。
- 采用“理论+案例+操作+拓展”的编写方式，理论知识够用为度，避开枯燥的讲解，虽然将理论学习很好地融入实例与操作之中，让学生能轻松学习，但是适当的理论学习也是必不可少的，只有这样，学生才能具备举一反三的能力。每个案例完成后，加入了“任务拓展”模块，便于学生灵活地利用所学知识进行拓展训练。

全书由岳绚进行整体规划与内容组织；岳绚与邹平吉负责内容统稿并任主编，刘国强、杨健任副主编。本书第 1、6 章由杨健编写，第 4、7 章由刘国强编写，第 5、8 章由邹平吉编写，第 2、3、9 章由岳绚编写，视频教程由岳绚录制。在本书的编写过程中得到很多业界同人的支持，在此一并表示感谢。

本书内容是编者长期教学和比赛指导经验的积累与总结，书中难免存在疏漏和不妥之处，恳请广大读者提出宝贵意见和建议，以便修订时加以完善，谢谢。联系邮箱：39687107@qq.com。

编　者

目录
Contents

第1章 3ds Max 入门知识

1.1 认识 3ds Max

Autodesk 3ds Max（以下简称 3ds Max）是由 Autodesk 公司开发的、世界顶级的三维设计软件之一，它在 3D 建模、3D 动画和渲染方面具有强大的功能，因此被广泛应用于影视制作、游戏设计、建筑和装潢设计、产品设计和广告设计等领域，如图 1-1 所示。

使用 3ds Max 制作的动画角色

使用 3ds Max 制作的游戏人物

使用 3ds Max 设计的建筑效果图

使用 3ds Max 制作的汽车模型

图 1-1　3ds Max 应用领域展示

在 3ds Max 中，一个完整作品的制作通常包含五个要素，按制作的先后顺序分别是：建立对象模型、添加材质、放置灯光、创建摄影机和设置场景动画。以上这五个要素，除了在建立静态图像时可以不要场景动画，其他的要素可简可繁，但不可以缺少。

此外，在制作好场景后，一般还需要对场景进行渲染输出，以将场景中的模型、材质、灯光效果等以图像或动画的形式表现出来，并进行输出保存。

温馨提示：

本书将结合 3ds Max 场景包含的要素和制作动画的流程，以及读者的学习习惯，循序渐进地对 3ds Max 2018 软件进行讲解。

3ds Max 2018 与以前的软件版本相比，功能更强大，操作更加容易，这主要表现在它的用户界面、场景管理、建模、材质、动画和渲染等多方面。

1.2 熟悉 3ds Max 工作界面

在正确安装了 3ds Max 2018 软件以后，双击桌面上的 3ds Max 2018 快捷方式，或选择“开始”>“所有程序”>“Autodesk”>“Autodesk 3ds Max 2018”>“Autodesk 3ds Max 2018 -Simplified Chinese”菜单，均可启动 3ds Max 2018，如图 1-2 所示。

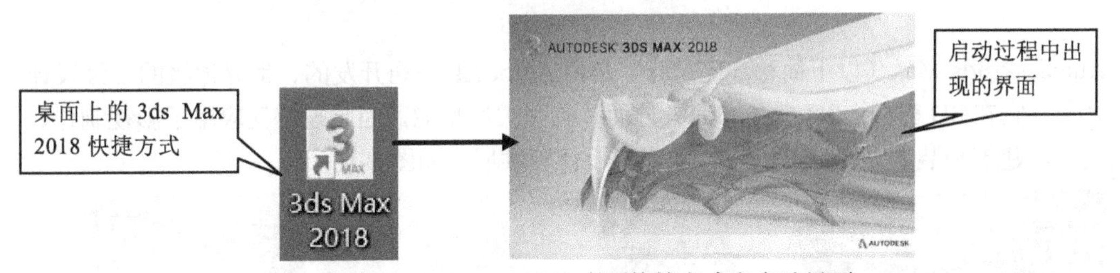

图 1-2　3ds Max 2018 桌面快捷方式和启动界面

启动 3ds Max 2018 后，出现在我们面前的就是它的工作界面，如图 1-3 所示。下面我们简单了解一下其常用组成元素的作用。

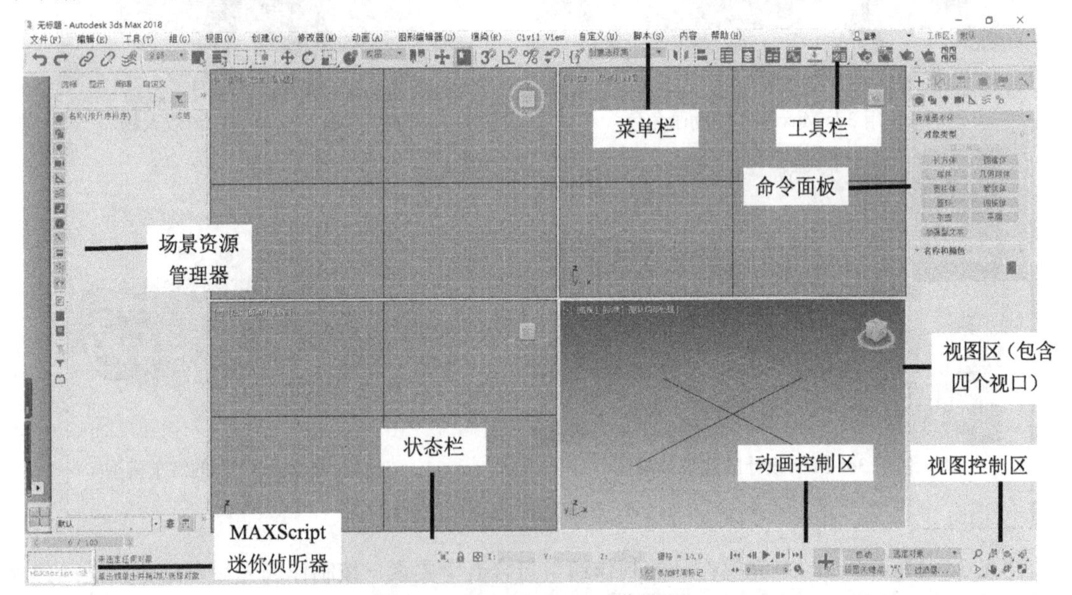

图 1-3　3ds Max 2018 工作界面

温馨提示：

3ds Max 可以自定义用户界面。本书为了印刷显示清晰，选择加载了“ame-light.ui”用户界面方案。操作方法为：“自定义”菜单 >“加载自定义用户界面方案”>“ame-light.ui” >打开。

1. 菜单栏

菜单栏位于屏幕最上方标题栏的下面，3ds Max 2018 的菜单栏由 12 个主菜单组成，几乎包含了 3ds Max 2018 所有的命令和功能。“文件”菜单 文件(F) 位于 3ds Max 2018 工作界面的左上角，单击它将打开一个下拉菜单，利用该菜单可以执行新建、保存、打开、另存为、导入和导出场景文件等操作。

2. 工具栏

工具栏位于菜单栏的下面，由一些常用命令按钮组成。工具栏提供了 3ds Max 2018 大部分常用功能的快捷操作命令按钮。要显示或隐藏某工具栏，可在工具栏区的空白处右击，在弹出的快捷菜单中选择相应的命令，如图 1-4 所示。

温馨提示：

如果工具按钮的右下角带有黑色的三角符号，按住此按钮会弹出一个按钮列表，该列表包含了当前按钮所属类别的其他工具按钮。

3. 视图区与视口

3ds Max 2018 工作界面中间的区域称为视图区，主要用于创建、编辑和观察场景中的对象。视图区被分成了四个区域，每个区域称为一个视口，不同的视口显示的是同一场景的不同视图，方便用户从不同的角度观察和编辑场景。

3ds Max 默认的四个视口分别用于显示顶视图（从场景上方俯视看到的画面）、前视图（从场景前方看到的画面）、左视图（从场景左侧看到的画面）和透视视图（场景的立体效果图）的观察情况。

在四个视口中有一个会被黄色的线包围，这个视口被称为活动视口，在 3ds Max 中所有操作都是针对活动视口进行的。单击某个视口可将其切换为活动视口。

4. 命令面板

默认情况下，命令面板位于工作界面的最右侧，包括六个面板，从左向右依次为“创建”面板、“修改”面板、“层次”面板、“运动”面板、“显示”面板和“工具”面板。如图 1-5 所示，左图为“创建”面板，右图为“修改”面板。每个面板的标签都是一个小的图标，单击可切换到相应的面板中。

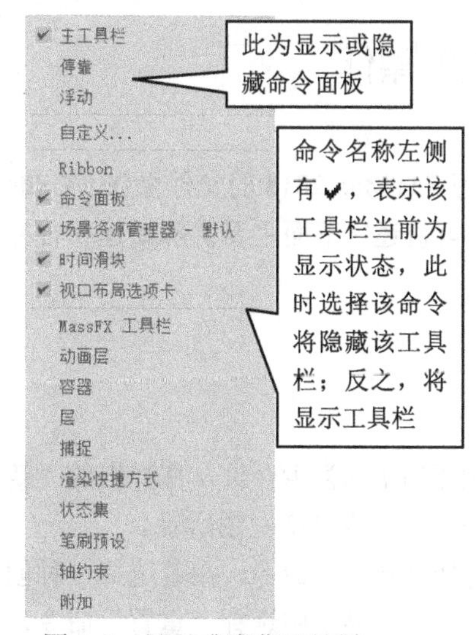

图 1-4　显示或隐藏工具栏

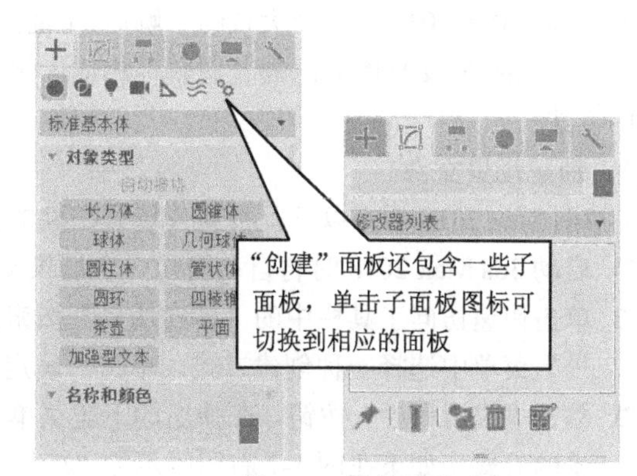

图 1-5　命令面板

命令面板集成了用户创建、编辑对象和设置动画所需的绝大多数参数。其中，“创建”面板用于创建对象；“修改”面板用于修改和编辑对象；“层次”面板包含了一组链接和反向运动学参数工具；“运动”面板包含了一组调整选定对象运动效果的工具；“显示”面板包含了一组控制对象显示方式的工具（例如，可设置场景中只显示几何体）；“工具”面板为用户提供了一些附加工具（例如，可使用测量工具测量当前选定对象的尺寸和表面面积）。

5. 底部控制区

3ds Max 工作界面底部的时间滑块和轨迹栏、MAXScript 迷你侦听器、状态栏、动画控制区及视图控制区，统称为底部控制区。各组件用途如下。

- 时间滑块和轨迹栏：用于在制作动画时定位关键帧。
- MAXScript 迷你侦听器：用于查看、输入和编辑 MAXScript 脚本。
- 状态栏：位于屏幕底部的中间，用于显示当前的操作命令及状态、锁定操作对象、定位并精确位移操作对象等。
- 动画控制区：用来设置动画的关键帧和预览播放动画等。
- 视图控制区：用于调整视图，如缩放、平移和旋转视图等。

6. 四元菜单

3ds Max 软件中的右键快捷菜单称为四元菜单，这是因为每次右击打开的快捷菜单最多可以显示四个带有各种命令的区域，如图 1-6 所示。利用四元菜单可以快速执行 3ds Max 的大多数命令。

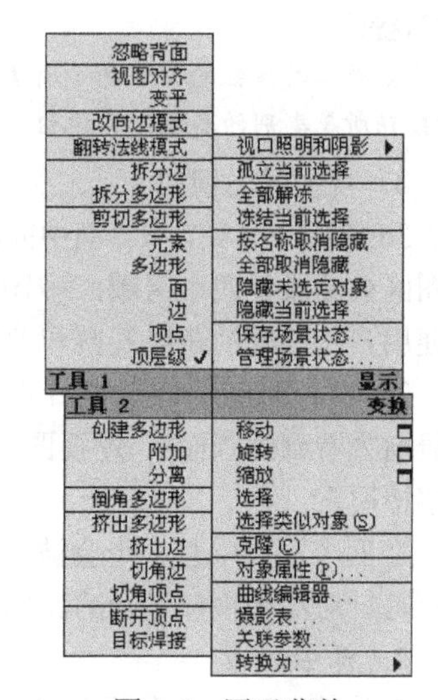

图 1-6　四元菜单

默认情况下，四元菜单右侧的两个区域内显示的是可以在所有对象之间共享的通用命令，左侧两个区域显示的则是特定的上下文命令（如与单击位置或当前操作相关的命令）。

1.3　3ds Max 文件操作

在对 3ds Max 2018 有一个大致的了解后，下面来学习 3ds Max 2018 的文件操作。在 3ds Max 2018 中保存和打开文件的方法与普通软件相似，此处不再赘述。下面主要讲解新建和合并场景文件的方法。

1. 新建场景文件

在 3ds Max 2018 中有以下几种新建场景文件的方法。

- 启动 3ds Max 2018 时将自动新建一个场景文件。
- 单击快速访问工具栏中的“新建场景”按钮或按【Ctrl+N】组合键，在弹出的“新建场景”菜单中选择一种创建方式，单击“确定”按钮，如图 1-7 左图所示。
- 单击“应用程序”按钮，在弹出的下拉菜单中选择“新建”命令，接着选择一种创建场景的方式。如果在图 1-7 右图所示的“应用程序”下拉菜单中选择“重置”命令，将创建一个与启动 3ds Max 2018 时所建场景文件完全相同的新场景文件。

温馨提示：

新建场景文件时，如果当前打开的场景文件尚未保存，系统会提示是否保存当前场景文件，通常应单击“是”按钮进行保存。

2. 合并场景文件

制作三维动画时，经常需要从其他场景文件中调用已创建好的模型，以免除重复创建模型的烦琐工作，这时需要用到场景文件的“合并”功能，具体操作步骤如下。

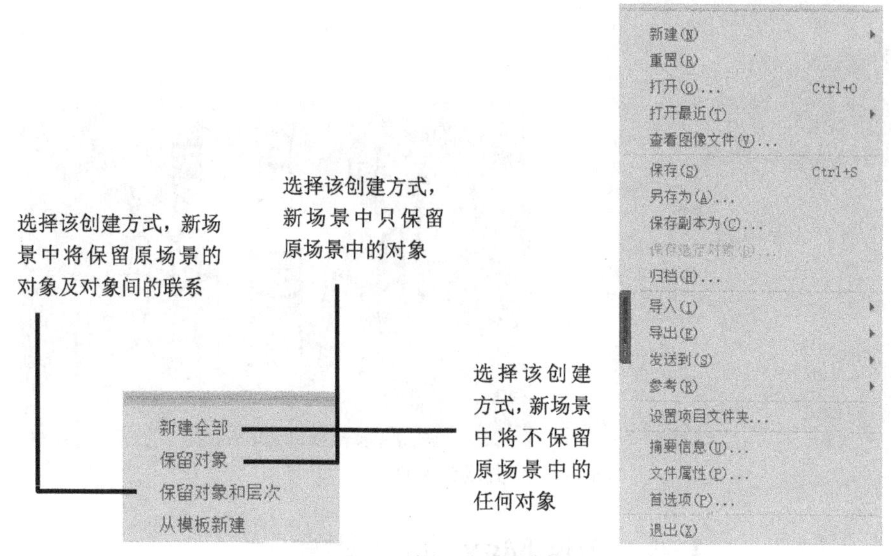

图 1-7　新建场景

Step 01 单击“文件”按钮，在弹出的下拉菜单中选择“导入” > “合并”命令（如图 1-8 左图所示），打开“合并文件”对话框。

Step 02 在“合并文件”对话框中找到存放场景文件的文件夹，然后选中要合并的场景文件，单击“打开”按钮（如图 1-8 右图所示），打开“合并”对话框。

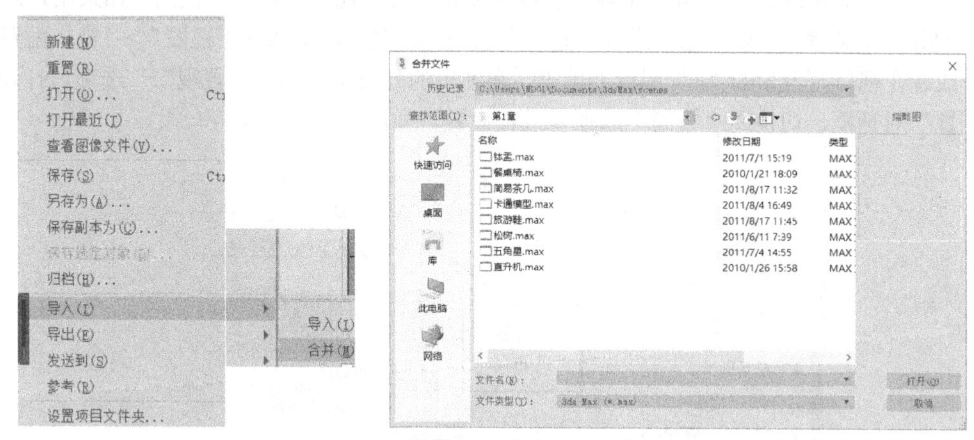

图 1-8　选择要合并的场景文件

Step 03 按住【Ctrl】键，依次单击选中“合并”对话框中所有要合并对象的名称，再单击“确定”按钮，如图 1-9 左图所示，即可将所选对象合并到当前场景中。合并后的效果如图 1-9 右图所示。

温馨提示：

在选中“合并”对话框中要合并对象的名称后，最好先单击“影响”按钮，即可选中选定对象的关联对象，以防止因丢失关联对象而导致合并后的模型发生变形。

另外，若模型所在场景文件的扩展名为“*.3ds”，合并场景文件时需要在“开始程序”按钮的下拉菜单中选择“导入”>“导入”命令。

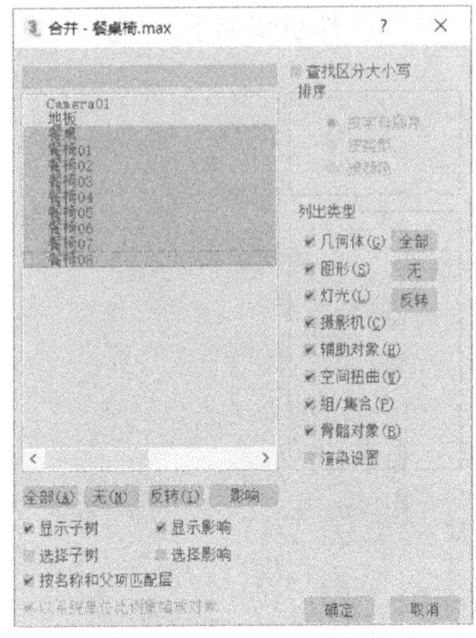

图 1-9　合并场景文件

1.4　3ds Max 视图设置

为了便于编辑和观察场景中的对象，3ds Max 2018 为用户提供了多种类型的视图和视口显示方式。利用视图控制区的工具还可以平移、缩放和旋转视图。

1．配置视口

启动 3ds Max 2018 后，界面上默认有四个视口，每个视口显示一个视图。如果用户对这种视口的分布不满意，可以对它们进行调整，方法是：在菜单栏中选择“视图”>“视口配置”命令，或者在视口左上角的“+”图标上单击，在弹出的列表中选择“配置视口”选项，打开“视口配置”对话框，切换到“布局”选项卡进行设置，如图 1-10 所示。

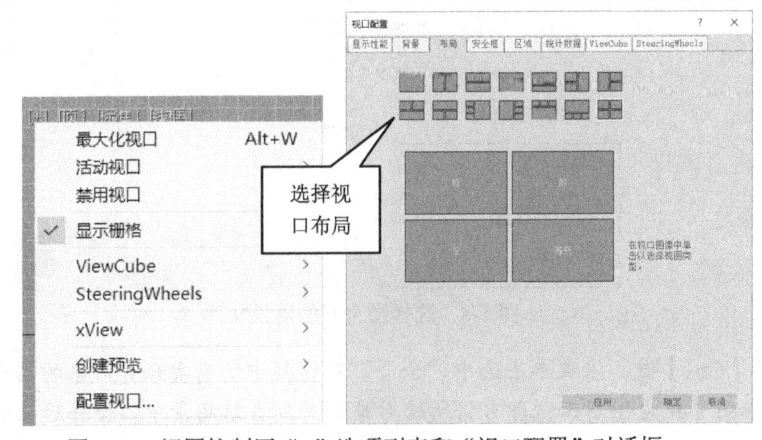

图 1-10　视图控制区“+”选项列表和“视口配置”对话框

2．切换视图

为了使用户可以从不同的角度观察和编辑场景，3ds Max 提供了多种视图方式，默认显示的是顶视图、前视图、左视图和透视视图。此外，3ds Max 还提供了后视图、右视图、底视图、正交视图和摄影机视图等其他视图。要切换某视口中视图的类型，可用鼠标单击或右击该视口中视图的名称，在弹出的快捷菜单中选择相应的命令即可，如图 1-11 所示。

知识库：

顶、底、前、后、左、右六个视图显示的是场景对应方向的观察情况，主要用于创建和修改对象；透视视图主要用于观察对象的三维效果；摄影机视图用于观察和调整摄影机的拍摄范围和拍摄视角，需要注意的是，只有为场景添加摄影机后，才能将视图切换为该视图。

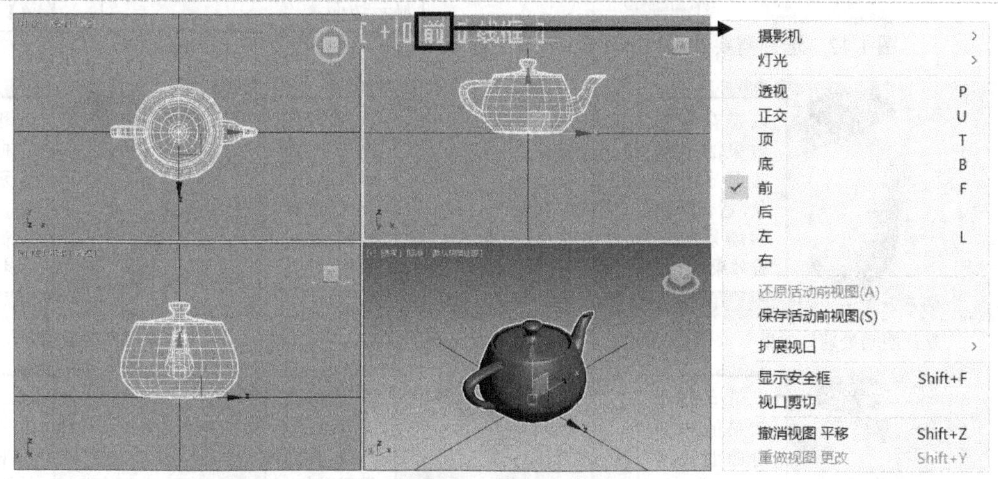

图 1-11　默认视图类型和视图切换的右键快捷菜单

经验之谈：

除了利用单击或右击视图名称弹出的快捷菜单切换视图类型外，3ds Max 2018 还为各种视图提供了切换的快捷键，其中，前、左、顶、底视图的快捷键分别为【F】【L】【T】【B】键，透视视图为【P】键，正交视图为【U】键，摄影机视图为【C】键。

3．调整视口大小

启动 3ds Max 2018 后，视图区中的四个视口默认均匀分布，我们可以根据操作的需要调整各视口的大小，方法为：将鼠标指针移到视口交界处的位置，当鼠标指针变为双向箭头时，按住鼠标左键，然后将其拖曳到适当的位置并释放，即可更改视口大小。

4．设置视口显示模式

视口显示模式决定了视口中对象的显示效果及 3ds Max 处理对象的速度。例如，在旋转某些复杂的场景时，软件可能出现停顿的现象，此时，可通过改变相应视口中对象的显示模式来改善这种现象。

要设置视口显示模式，可将鼠标指针移到视口标签的显示模式名称上，然后单击或右击，在弹出的快捷菜单中选择需要的视口显示模式，如图 1-12 所示。此外，也可以用快捷键来切换视口显示模式（如表 1-1 所示）。如图 1-13 所示是使用了不同视口显示模式的效果及说明。

温馨提示：

单击视口右上角的“+”，在弹出的快捷菜单中选择“显示栅格”命令，或直接按快捷键【G】，可在视口中隐藏或显示代表坐标平面的栅格。

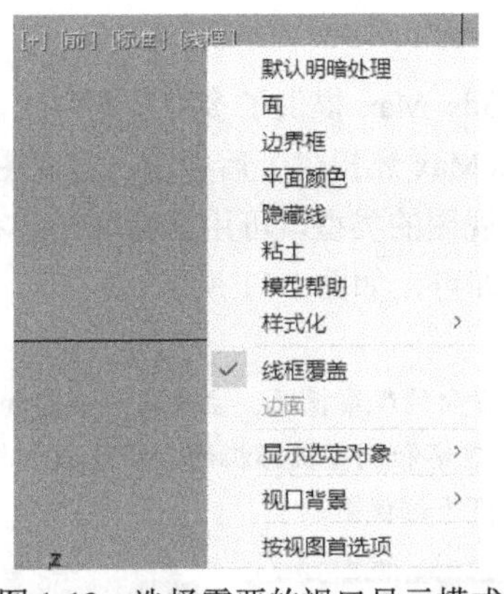

图 1-12　选择需要的视口显示模式

表 1-1　视口显示模式快捷键

3ds Max 命令	快捷键
线框/平滑+高光着色开关	【F3】
显示边面	【F4】

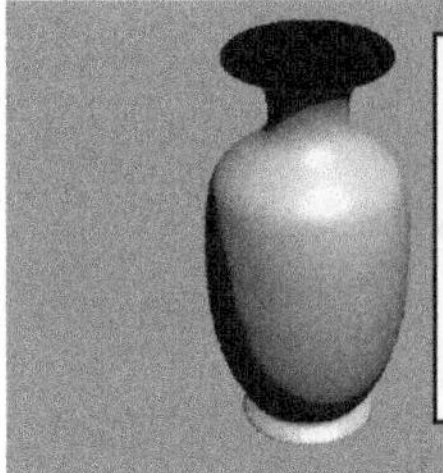

“默认明暗处理”效果

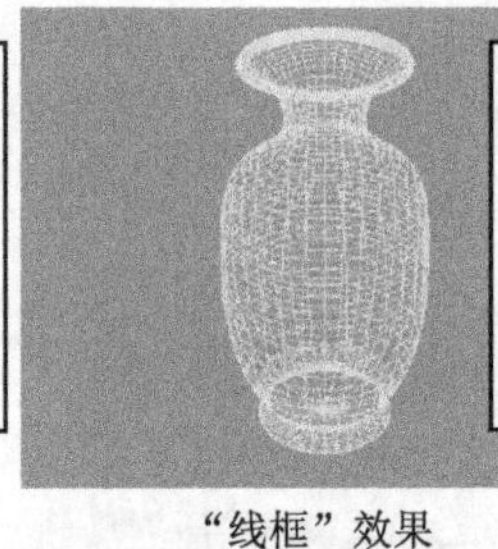

“线框”效果

以平滑的曲面显示对象，但无高光效果

“平滑”效果

“面+高光”效果

“面”效果

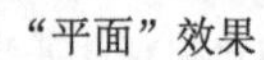
“平面”效果

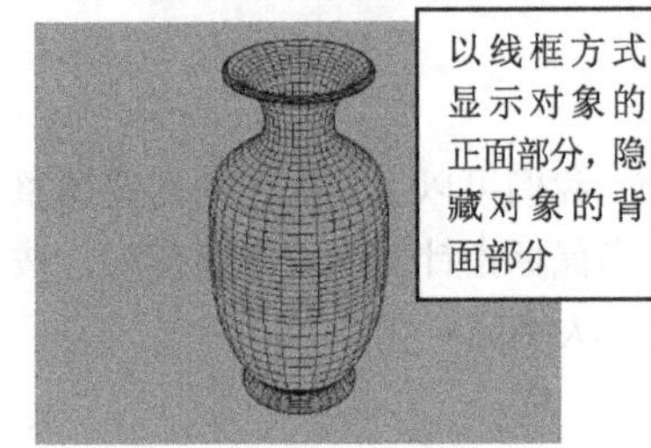

“隐藏线”效果

“亮线框”效果

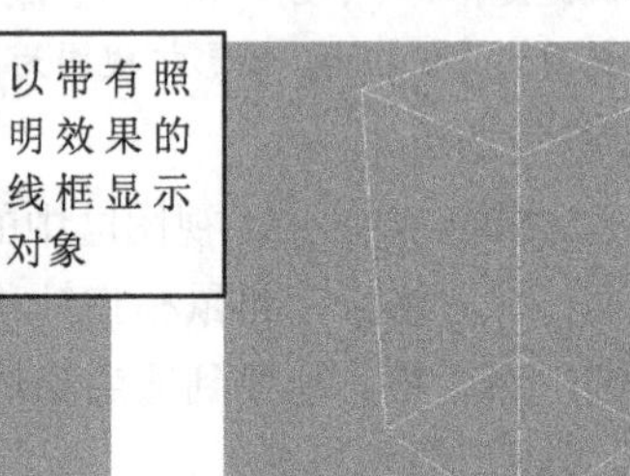

“边界框”效果

图 1-13　不同显示模式下对象在透视视图中的显示效果

1.5　认识及使用命令面板与工具栏

任务陈述

本任务通过制作如图 1-14 所示的钵盂，初步了解命令面板的使用方法；掌握选择、移动、缩放和旋转对象的方法；掌握变换克隆对象的方法；了解对象轴点和参考坐标系；掌握调整轴点的方法。

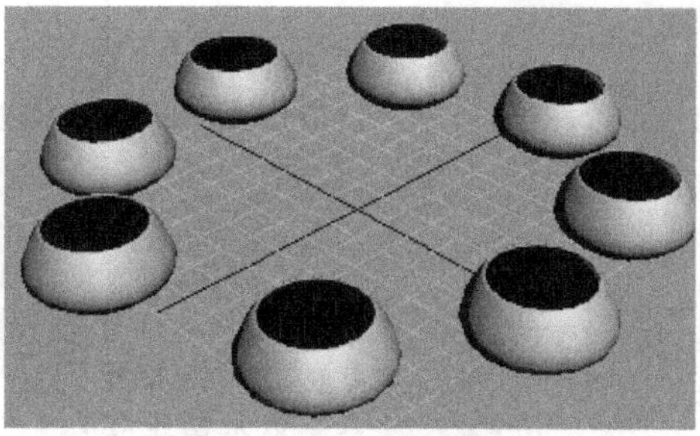

图 1-14　钵盂效果图

相关知识与技能

1.5.1　创建基本三维模型

基本三维模型包括标准基本体、扩展基本体和扩展物体三类，它们是创建复杂三维模型的基础，也是最初级、最直接的建模方式。

1．创建标准基本体

利用 3ds Max“创建”>“几何体”面板“标准基本体”分类中的工具按钮可以创建 10 种最基本的三维对象，如长方体、圆锥体、球体、圆柱体、圆环等，如图 1-15 所示。用户只需选中相应的工具按钮，然后在视口中通过鼠标操作即可轻松地创建这些标准基本体。例如，要创建长方体，可执行以下操作步骤。

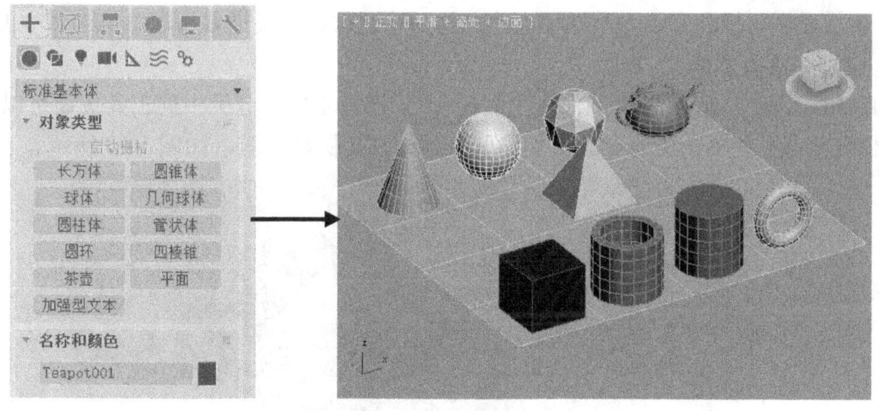

图 1-15　创建标准基本体

Step 01 在如图 1-15 左图所示的“创建”>“几何体”面板“标准基本体”分类的“对象类型”卷展栏中单击“长方体”按钮。

温馨提示：

按下“长方体”按钮后，可在“名称和颜色”卷展栏中输入长方体的名称并设置颜色，在“创建方法”卷展栏中设置创建方法，在“参数”卷展栏中设置部分创建参数，如图 1-16 左图所示。也可保持默认设置。

Step 02 在任意视口中按住鼠标左键并拖动以定义长方体的底部位置，以及长度和宽度，接着松开鼠标，上下移动鼠标以定义长方体高度，最后单击鼠标左键完成长方体的创建（如图 1-16 中图所示），再右击鼠标关闭“长方体”工具。如果在定义长方体底部时按住【Ctrl】键，将保持长方体底部的长度和宽度一致。

Step 03 创建完长方体后，通常还需要利用“修改”面板的“参数”卷展栏修改对象的相关参数（如图 1-16 右图所示）。各参数的含义如下。

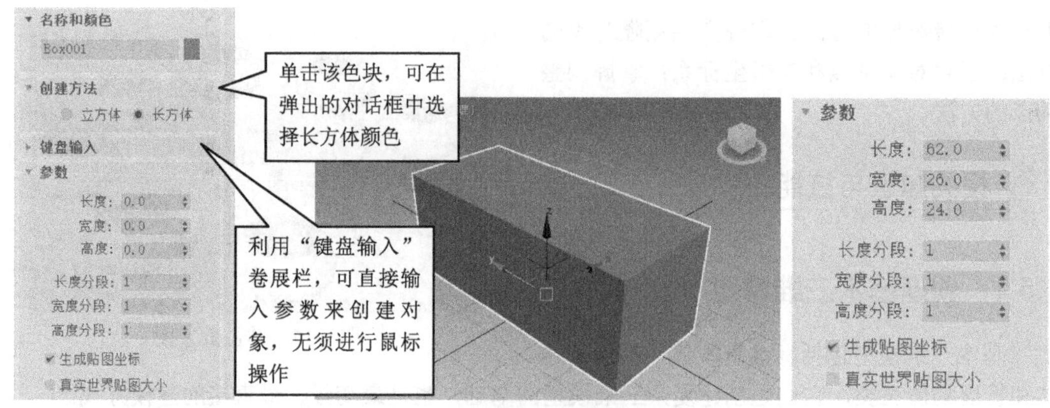

图 1-16 创建长方体并修改参数

- 长度、宽度、高度：设置长方体对象的长度、宽度和高度。
- 长度分段、宽度分段、高度分段：设置长方体在长、宽、高方向上的分段数，可在创建前或后设置。分段数越少，模型的渲染速度越快，但过少的分段数将降低模型的精度。默认情况下，长方体的每个侧面是一个分段。
- 生成贴图坐标和真实世界贴图大小：这两个选项的含义请参考本书第 4 章中的内容。

2. 创建扩展基本体

使用 3ds Max“创建”>“几何体”面板>“扩展基本体”分类中的工具按钮可以创建比标准基本体更复杂一些的三维对象，如切角长方体、切角圆柱体等，如图 1-17 所示。

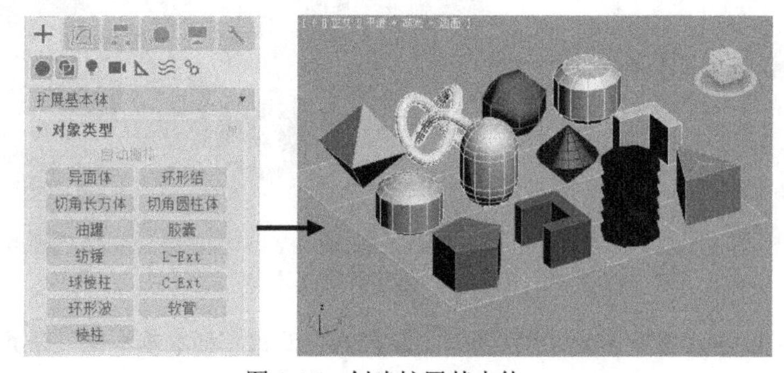

图 1-17 创建扩展基本体

3. 创建建筑对象

使用 3ds Max“创建”>“几何体”面板其他分类中的工具还可以创建建筑对象，如图 1-18 所示。

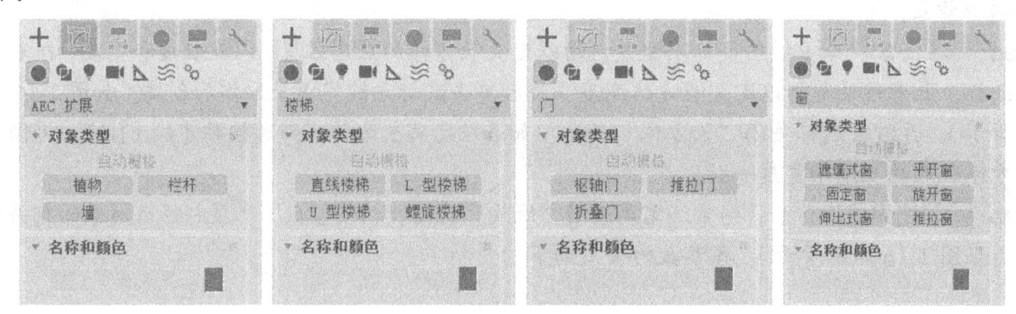

图 1-18 创建建筑对象的工具

- AEC 扩展：利用该分类中的工具按钮可以在场景中创建植物、栏杆和墙。其中，利用“植物”按钮可创建各种植物对象；栏杆对象的组件包括栏杆、立柱和栅栏；墙对象由三个子对象类型构成，这些对象类型均可在“修改”面板中进行修改。
- 楼梯：在 3ds Max 中可以创建四种不同类型的楼梯，直线楼梯、L 型楼梯、U 型楼梯和螺旋楼梯。
- 门、窗：在 3ds Max 中可以创建三种类型的门，枢轴门、推拉门和折叠门；可以创建六种类型的窗，遮篷式窗、平开窗、固定窗、旋开窗、伸出式窗和推拉窗。

1.5.2 选择、移动、旋转和缩放

1. QWER

选择、移动、旋转和缩放是 3ds Max 中各种编辑操作的基础。工具栏上“选择对象”按钮的快捷键是【Q】，多次按【Q】键可以切换不同的选择区域模式；“选择并移动”按钮的快捷键是【W】；“选择并旋转”按钮的快捷键是【E】。“选择并均匀缩放”按钮的快捷键是【R】，多次按【R】键可以切换不同的缩放模式。

2. 变换克隆

在 3ds Max 中，移动、旋转和缩放操作合称为变换操作。克隆就是复制的意思，变换克隆包含“移动复制”“旋转复制”“缩放复制”三种复制方式。

选中需要复制的物体，同时按住【Shift】键，并利用工具拖动物体，就能够完成“移动复制”。同理，【Shift】键+是“旋转复制”，【Shift】键+是“缩放复制”。

1.5.3 轴点和参考坐标系

1. 轴点

3ds Max 中所有对象都含有一个轴点，可以将其看成是对象的局部中心或局部坐标系，通过适当的操作可改变其位置和方向等。轴点的应用非常广泛，如可作为旋转或缩放对象时的变换中心，或作为修改器的中心等。

2. 参考坐标系

参考坐标系决定了执行移动、旋转、缩放等操作时所使用的 *X*、*Y* 与 *Z* 轴的方向。在 3ds Max 主工具栏中的“参考坐标系”下拉列表中可以选择当前视口所用参考坐标系的类型，如图 1-19 左图所示。其中几种常用的参考坐标系的含义如下。

① 世界：使用世界坐标系作为参考坐标系。世界坐标系具有三条互相垂直的坐标轴——*X* 轴、*Y* 轴和 *Z* 轴，各视口左下角显示了该视口中世界坐标系各坐标轴的轴向（部分视口中只显示两条坐标轴），其坐标原点位于视口的中心，如图 1-19 右图所示。世界坐标系永远不会变化。

② 屏幕：使用活动视口屏幕作为参考坐标系，此时在活动视口中，*X* 轴始终水平向右，*Y* 轴始终垂直向上，*Z* 轴始终垂直于屏幕指向用户。

③ 视图：该参考坐标系混合了世界参考坐标系和屏幕参考坐标系。在前视图、顶视图、左视图等正交视图中，使用的是屏幕参考坐标系；而在透视视图等非正交视图中，使用的则是世界参考坐标系。系统默认使用视图参考坐标系。

④ 局部：使用选定对象的局部坐标系作为参考坐标系。局部坐标系是对象本身的坐标系，由对象的轴点定义，可以将轴点看成是对象的局部坐标系。

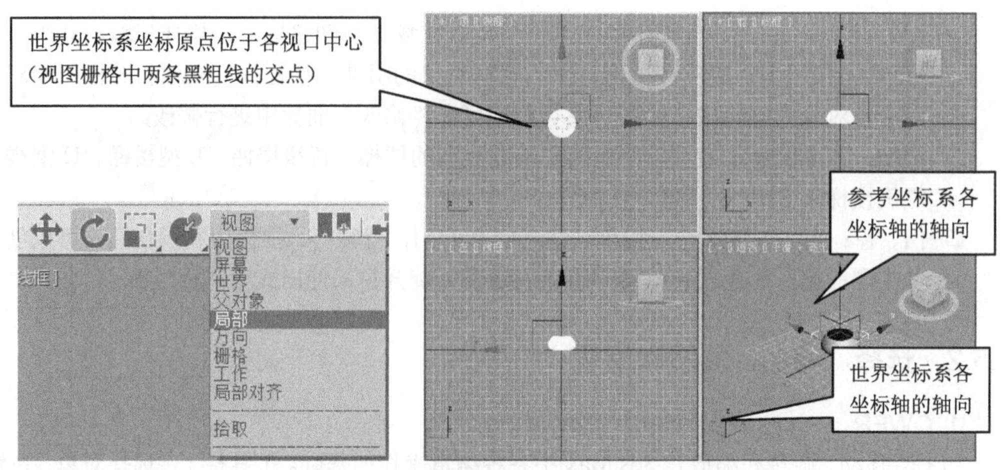

图 1-19 “参考坐标系”下拉列表和世界坐标系

⑤ 父对象：使用选定对象的父对象的局部坐标系作为参考坐标系（若选定对象未链接到其他对象，则使用世界坐标系作为参考坐标系）。

⑥ 拾取：选中该选项后，单击场景中的任意对象，即可将该对象的局部坐标系作为当前视口的参考坐标系，且对象名被添加到“参考坐标系”下拉列表中。

任务实施

制作钵盂

1.5.4 制作钵盂

Step 01 新建一个场景文件，在命令面板的标签栏中依次单击“创建”>“几何体”标签，切换到“几何体”面板，然后单击“标准基本体”分类中的“茶壶”按钮，在打开的“创建方法”卷展栏中设置茶壶的创建方法，在“参数”卷展栏的“茶壶部件”区中设置茶壶所拥有的部件，这里均保持默认设置，如图 1-20 左图和中图所示。

Step 02 在任意一个视图中单击并拖动鼠标，到适当位置后释放鼠标左键，确定茶壶半径的大小，完成茶壶的创建，如图 1-20 右图所示。这就是最简单的利用命令面板创建模型的方法。

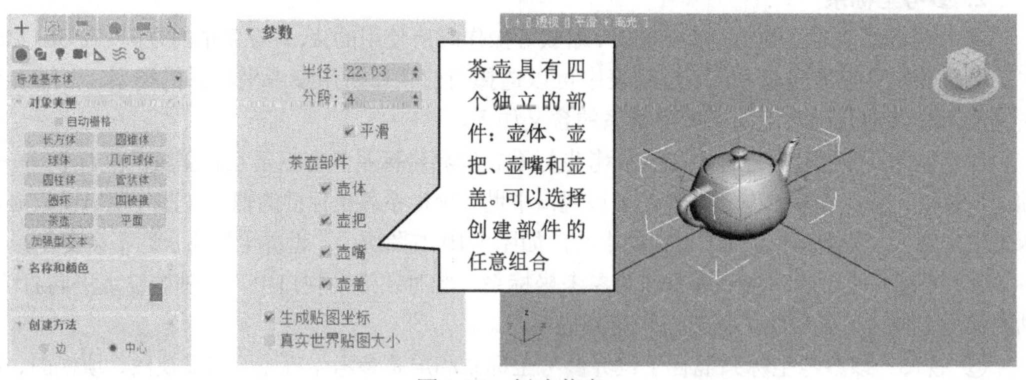

图 1-20 创建茶壶

Step 03 保持茶壶的选中状态，在命令面板中单击“修改”标签，切换到该面板，然后在“参数”卷展栏设置茶壶的参数。例如，将半径设为“20”，并取消勾选茶壶的“壶把”、“壶嘴”和

“壶盖”部件，如图 1-21 中图所示，效果如图 1-21 右图所示，茶壶变为了钵盂。这就是最简单的修改模型的方法。

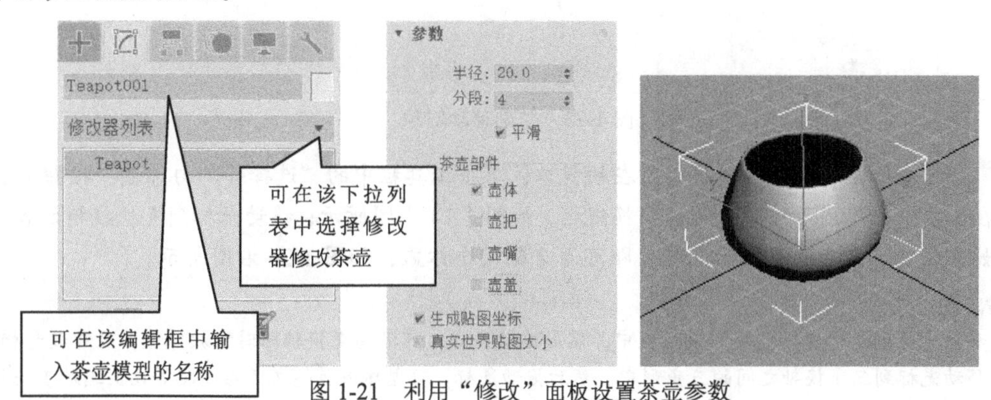

图 1-21　利用“修改”面板设置茶壶参数

Step 04 移动钵盂。单击工具栏中的“选择并移动”按钮，此时在所选钵盂（如果先前没选中钵盂，可单击将其选中）中出现用于移动操作的变换轴（红、绿、蓝三条变换轴分别代表 *X* 轴、*Y* 轴和 *Z* 轴，其方向和原点位置由参考坐标系决定），如图 1-22 左图所示为在透视视图中的观察效果。

Step 05 激活顶视图所在的视口，移动光标到某一变换轴上，此时变换轴将变为黄色，然后按住鼠标左键并拖动，即可沿该轴向移动钵盂；移动光标到两条变换轴间的矩形区域边框线上，当矩形区域变为黄色时拖动鼠标，可沿该矩形区域所在平面（即由两条变换轴决定的平面）、在任意方向上移动钵盂。这里我们在顶视图中将钵盂移动到如图 1-22 右图所示的位置。

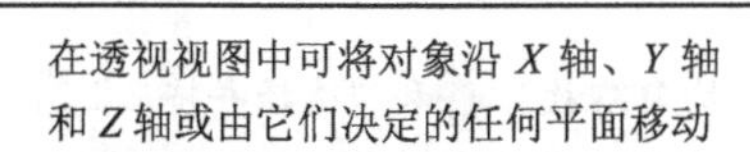

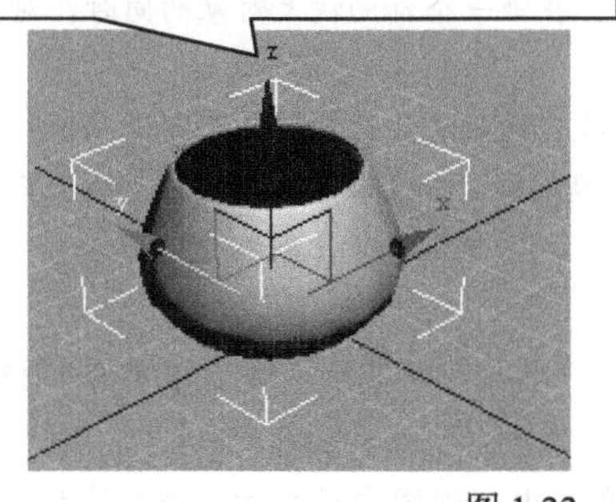

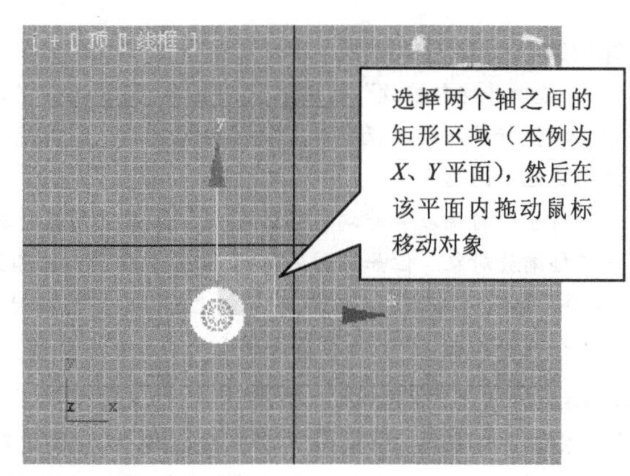

图 1-22　利用鼠标拖动方式移动对象

知识库：

要精确移动对象，可在选择对象后，右击“选择并移动”按钮，打开“移动变换输入”对话框。该对话框“绝对”区中的编辑框用于显示和设置对象在参考坐标系中的位置，“偏移”区中的编辑框用于设置此次变换的变换量，如图 1-23 左图所示。后面要讲解的旋转和缩放对象也是如此。

使用此方法移动对象时，要注意选择合适的参考坐标系。例如，使用局部坐标系时，对象的绝对 *X*、*Y*、*Z* 坐标值默认永远都是 0，变化量是相对于对象的局部坐标系而言的，如图 1-23 右图所示。

移动变换输入		移动变换输入	
绝对：世界	偏移：世界	绝对：局部	偏移：局部
X: -0.217	X: 0.0	X: 0.0	X: 0.0
Y: 0.02	Y: 0.0	Y: 0.0	Y: 0.0
Z: 0.0	Z: 0.0	Z: 0.0	Z: 0.0

图 1-23　精确移动对象

Step 06 缩放钵盂。激活透视视图所在的视口，单击工具栏中的“选择并均匀缩放”按钮，此时在钵盂中出现用于缩放操作的变换线框，如图 1-24 左图所示；移动光标到变换线框的各轴上，如 Z 轴上，然后向下拖动鼠标，即可沿 Z 轴缩小钵盂，如图 1-24 右图所示。

经验之谈：

移动光标到两变换轴之间的梯形框中，然后拖动鼠标，可沿两变换轴同时缩放钵盂，且缩放量相同；移动光标到三变换轴之间的三角形中，然后拖动鼠标，可整体缩放钵盂（沿三轴等比例缩放），如图 1-25 所示。

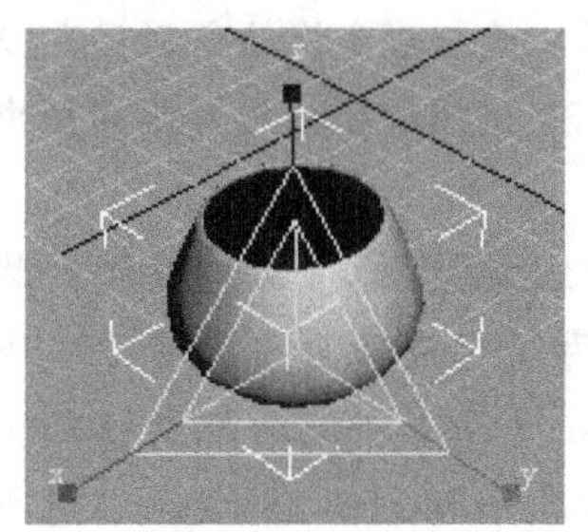

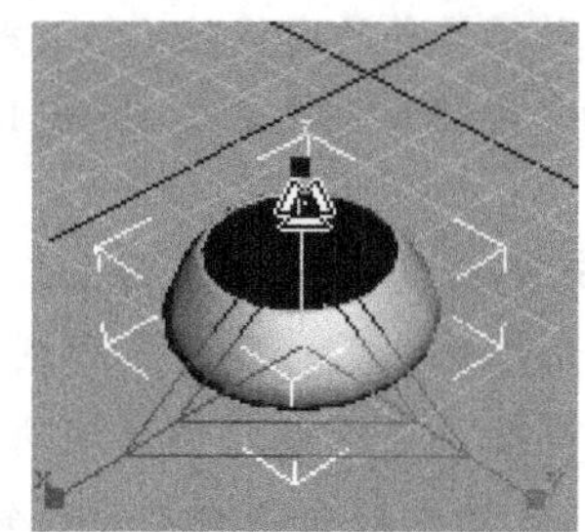

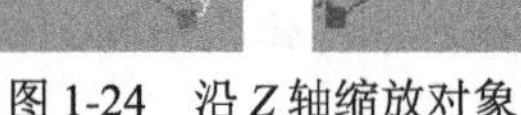

图 1-24　沿 Z 轴缩放对象

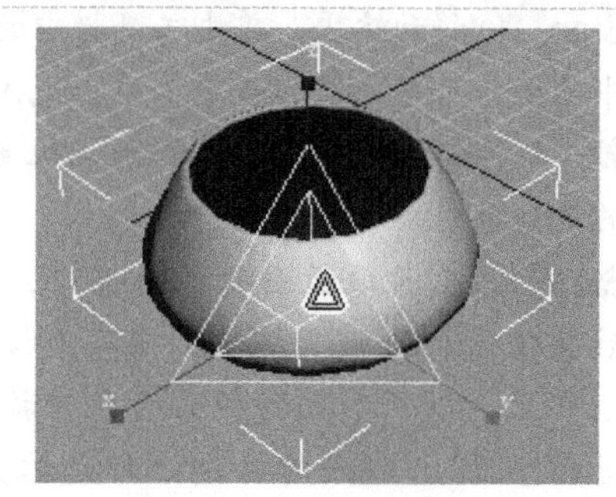

图 1-25　整体缩放对象

知识库：

“选择并均匀缩放”按钮还有两个同位按钮：“选择并非均匀缩放”和“选择并挤压”。其中，在执行挤压缩放操作时，将保持对象的体积不变。因此，在沿一个轴向放大对象的同时，对象也将沿其他轴向缩小。

对于均匀缩放和非均匀缩放来说，如果使用鼠标拖动缩放，两者没什么区别，都可沿单轴、双轴或三轴缩放对象。但如果利用与图 1-23 相似的对话框进行精确缩放，二者却有区别：均匀缩放只能在“偏移”编辑框中输入一个缩放百分比值，即只能同时沿 X、Y 和 Z 轴进行等比例缩放；而非均匀缩放则可分别输入在 X、Y 和 Z 轴方向上的缩放百分比值。

Step 07 移动钵盂的轴点。激活顶视图所在视口，然后在“层次”>“轴”面板中单击“仅影响轴”按钮，如图 1-26 左图所示，在视图中显示对象轴点。

Step 08 在工具栏中单击“选择并移动”按钮，然后单击选中顶视图中的钵盂，此时在钵盂上将同时出现轴点和变换轴，如图 1-26 中图所示；我们可参考前面的方法移动轴点位置，在状态栏中将 X、Y 和 Z 的坐标值都设为 0，按【Enter】键，从而将轴点移到视口中心，如图 1-26 右图所示。

在“层次”>“轴”面板“调整轴”卷展栏中各按钮的作用如下。

- 仅影响轴：使用变换工具（移动/旋转/缩放）时仅影响选定对象的轴点。
- 仅影响对象：使用变换工具时仅影响选定对象（而不影响轴点）。
- 仅影响层次：旋转和缩放变换只应用于对象及其子级之间的链接。
- 居中到对象/轴：移动对象或轴点，使轴点位于对象的中心。

- 对齐到对象/轴：旋转对象或轴点，使轴点与对象的原始局部坐标系对齐。
- 对齐到世界：旋转对象或轴点，使轴点与世界坐标系对齐。
- 重置轴：重置对象的轴点，使其返回调整前的状态。

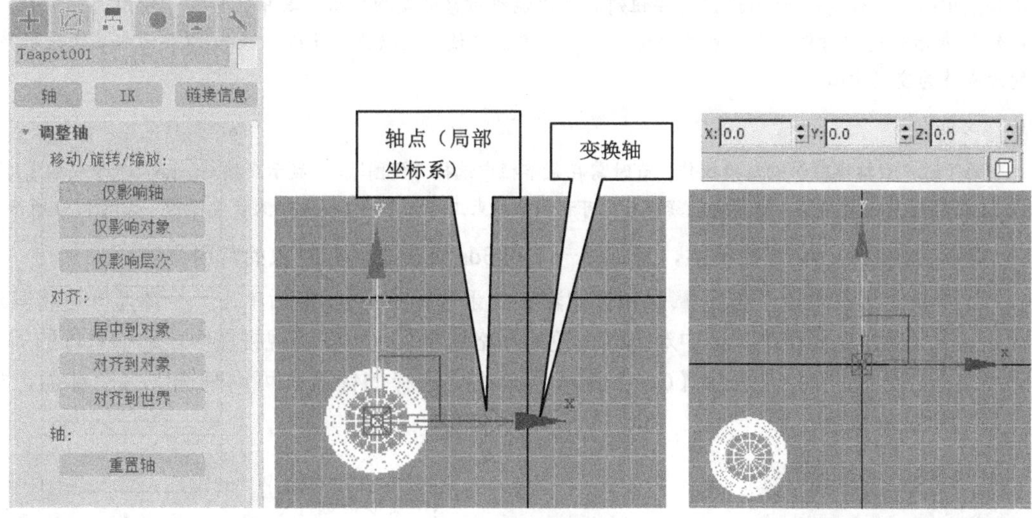

图 1-26　移动轴点

Step 09 旋转钵盂。单击工具栏中的“选择并旋转”按钮，此时在钵盂周围出现用于旋转操作的变换线圈，如图 1-27 中图所示；移动光标到某一变换线圈上，然后拖动鼠标，即可绕垂直于该线圈的坐标轴旋转钵盂（红、绿、蓝线圈分别代表绕 *X* 轴、*Y* 轴、*Z* 轴旋转）；移动光标到旋转线圈内，然后拖动鼠标，可绕变换中心任意旋转钵盂。

Step 10 这里我们先取消在“层次”面板中按下的“仅影响轴”按钮，然后右击“角度捕捉切换”按钮，弹出“栅格和捕捉设置”对话框，如图 1-27 左图所示，在“角度”编辑框中输入“45”，设置捕捉角度为 45 度。再在顶视图中单击选中蓝色的变换线圈；接着按住【Shift】键向右拖动钵盂，到图 1-27 中图所示的位置时释放鼠标，然后在弹出的“克隆选项”对话框的“副本数”编辑框中输入“7”，单击“确定”按钮，如图 1-27 右图所示。旋转克隆对象的效果如图 1-28 所示。

知识库：

Step10 进行的是变换克隆操作。变换克隆是指在进行移动、旋转或缩放操作的同时创建对象的副本。3ds Max 提供了三种克隆模式，其中，“复制”表示副本对象与原对象无关联；“实例”表示副本对象与原对象相互关联，修改任何一方，另一方都会获得相同的修改；“参考”模式是单向关联，原对象能影响副本对象，但副本对象不会影响原对象。

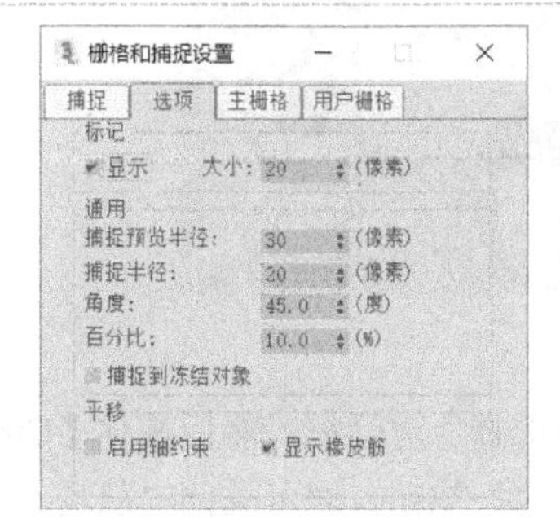

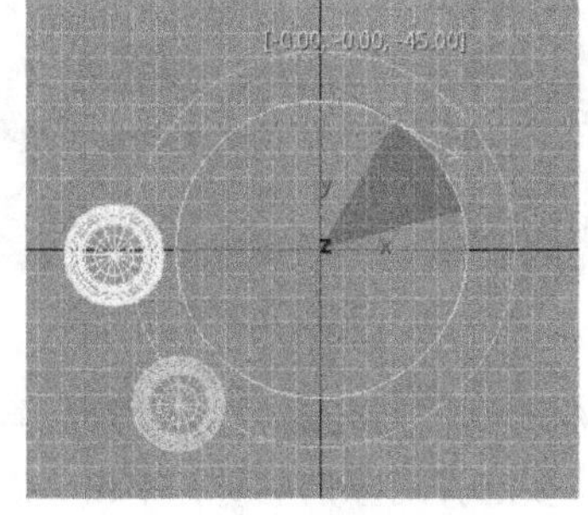
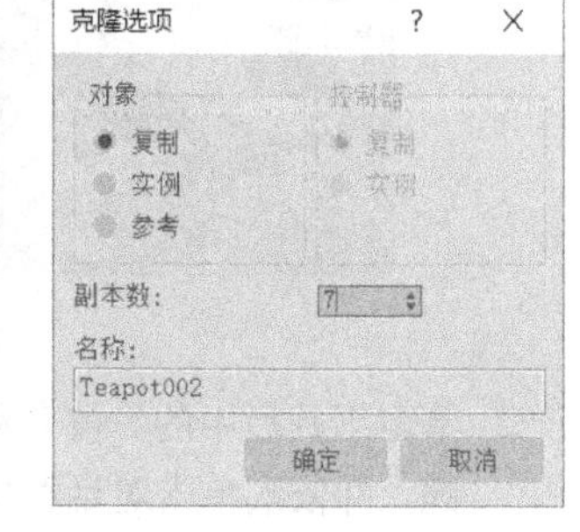

图 1-27　旋转钵盂

温馨提示：

系统默认以所选对象的轴点中心为变换中心旋转或缩放对象（本例我们已在 Step07、Step08 中将钵盂轴点中心移至视口中心处，因此钵盂是以视口中心为变换中心进行旋转的）。按住工具栏中的“使用轴点中心”按钮，利用弹出的按钮列表可以调整对象的变换中心。其中，单击“使用选择中心”按钮表示以选中对象的中心点作为变换中心；单击“使用变换坐标中心”按钮表示以参考坐标系的原点作为变换中心。

经验之谈：

为了避免变换线框影响变换操作，有时需在菜单栏中选择“视图”>“显示变换 Gizmo”命令或按【X】键来隐藏或显示变换线框。隐藏变换线框后，可利用轴约束工具栏中的工具来约束变换操作，如图 1-29 所示。

接下来我们利用创建的钵盂，来练习一下在 3ds Max 中选择对象的常用方法。

- 单击“选择对象”按钮（该按钮默认处于选中状态），然后单击一个钵盂即可将其选中（在正交视图中，选中对象以白色的网格线框显示；在透视视图中，选中对象的周围有方形边框）；若按住【Ctrl】键依次单击要选择的钵盂，可同时选中多个钵盂，如图 1-30 所示。

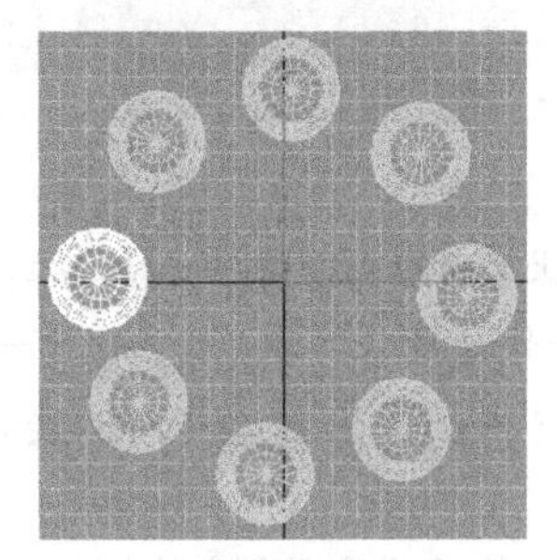

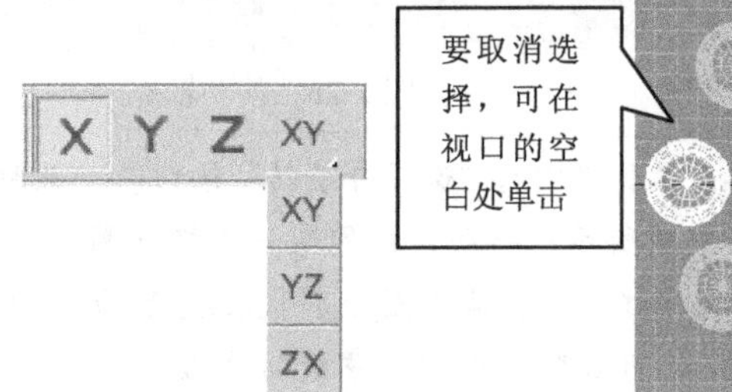

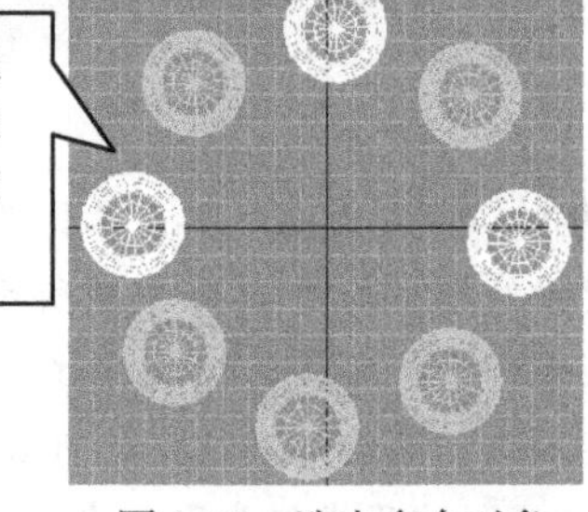

图 1-28　旋转克隆对象效果　　图 1-29　轴约束工具栏　　图 1-30　选中多个对象

- 用鼠标在活动视口中拖出一个选区，释放鼠标左键，可选中该选区内的钵盂，如图 1-31 所示。

经验之谈：

拖动鼠标框选对象时，若工具栏中的“窗口/交叉”按钮处于选中状态，则只能选择完全处于虚线框内部的对象；否则，虚线框触及的对象也会被选中。

另外，按住工具栏中的“矩形选择区域”按钮，利用弹出的按钮列表可更改拖出的虚线框的形状。

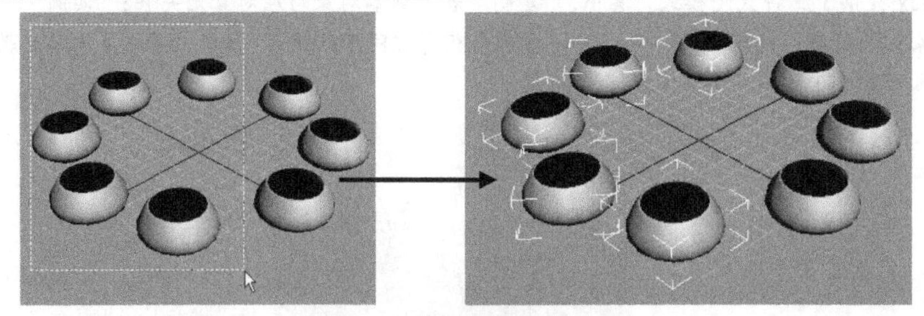

图 1-31　拖动鼠标框选对象

- 单击工具栏中的“按名称选择”按钮，打开“从场景选择”对话框，然后按住【Ctrl】键，并依次单击对话框中要选择对象的名称，单击“确定”按钮，即可关闭“从场景选择”对话框，并选中指定的对象，如图 1-32 所示。

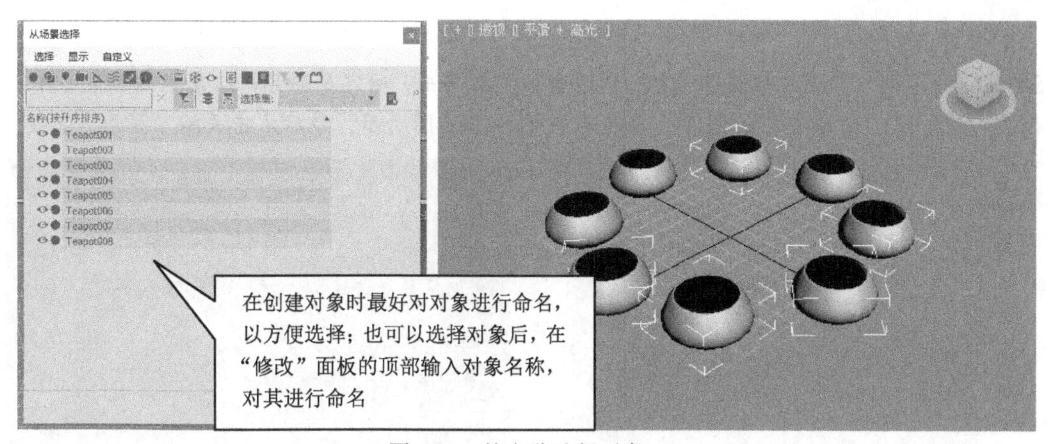

图 1-32　按名称选择对象

任务拓展

1.5.5　制作表盘

图 1-33　简易表盘效果图

请制作一个简易的表盘，效果如图 1-33 所示。提示：可使用圆环和圆柱作为表盘，刻度可以由长方体来代替（学完“1.6 使用命令面板进阶”后再把刻度修改为数字），然后使用旋转复制的方法完成表盘的制作。

1.6　使用命令面板进阶

任务陈述

图 1-34　双面五角星实例效果图

本任务通过制作如图 1-34 所示的双面五角星，进一步熟悉命令面板，尤其是“修改”面板的应用；进一步掌握变换工具“选择并均匀缩放”的应用。

相关知识与技能

1.6.1　创建二维图形

在 3ds Max 2018 中的二维图形命令均被放在“创建”卷展栏中的“图形”子面板中，如图 1-35 左图所示。二维图形不具备实际的体积，其主要作用是辅助生成三维模型，比如对一个圆样条线进行挤出操作，就能生成一个圆柱体。下面介绍创建星形的方法。

Step 01 在“创建”>“图形”面板“样条线”分类中单击“星形”按钮，然后在展开的“参数”卷展栏中的“点”编辑框中输入星形的角数，如图 1-35 左图和中图所示。

Step 02 在顶视图中单击并拖动鼠标，到适当位置后释放鼠标左键，确定星形一组角点的位置（即

“半径 1”的大小)。

Step 03 向星形内部或外部移动鼠标，到适当位置后单击，确定星形另一组角点的位置(即“半径 2”的大小)，完成星形的创建，其效果如图 1-35 右图所示，最后右击关闭“星形”工具。

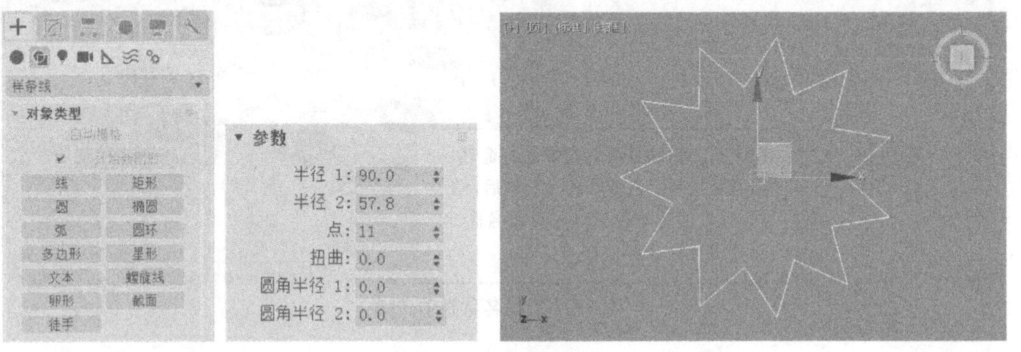

图 1-35　创建星形

Step 04 使用“修改”面板“参数”卷展栏修改星形参数(也可在创建前，先在“创建”面板中设置部分参数，如点、扭曲、圆角半径等)，如图 1-36 所示。

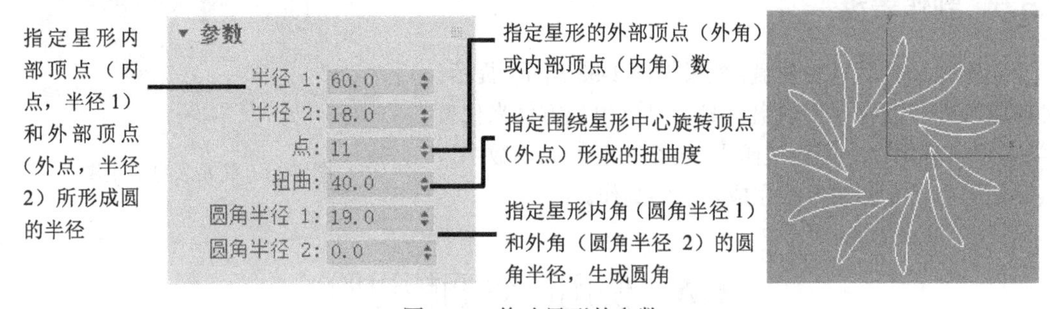

图 1-36　修改星形的参数

1.6.2　认识修改器

修改器是三维动画设计中常用的编辑修改工具，为对象添加修改器后，调整修改器的参数或编辑其子对象，即可修改对象的形状，使对象符合用户的需要。

下面我们通过一个制作子弹头的小实例，说明修改器的作用和应用修改器的一般步骤。

Step 01 使用“圆柱体”工具在透视视图中创建一个圆柱体，作为制作子弹头的基本几何体。圆柱体的参数和效果如图 1-37 所示。

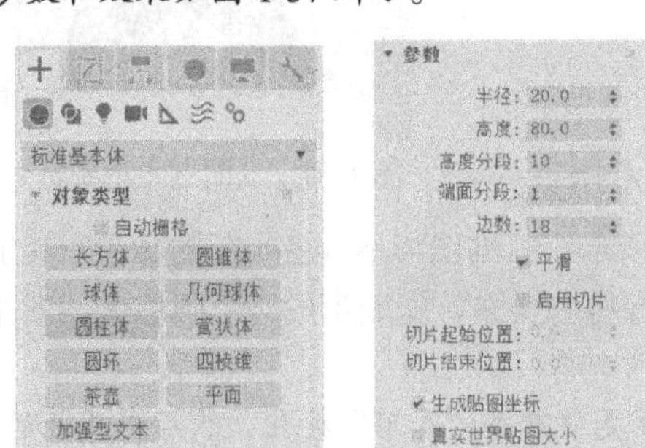

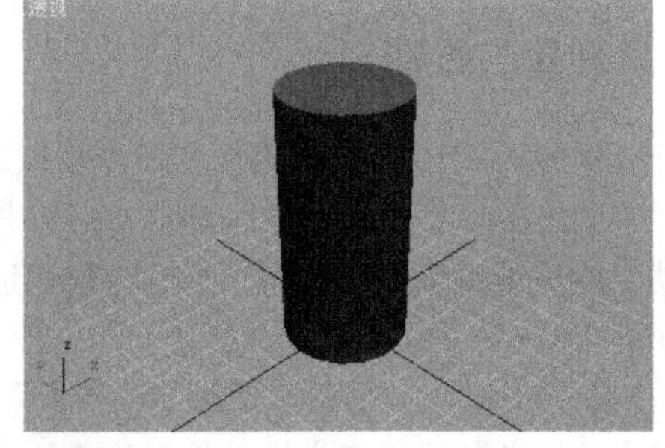

图 1-37　创建圆柱体

Step 02 选中圆柱体，然后单击“修改”面板中的“修改器列表”下拉列表框，在弹出的下拉列表中选择“挤压”选项，为圆柱体添加“挤压”修改器，如图1-38所示。

Step 03 在“修改”面板的“参数”卷展栏中，参照如图1-39左图所示设置“挤压”修改器的参数，即可制作子弹头模型，效果如图1-39右图所示。

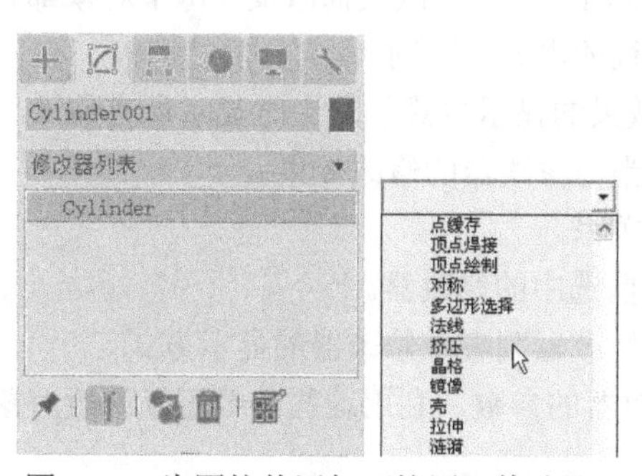

图1-38　为圆柱体添加“挤压”修改器

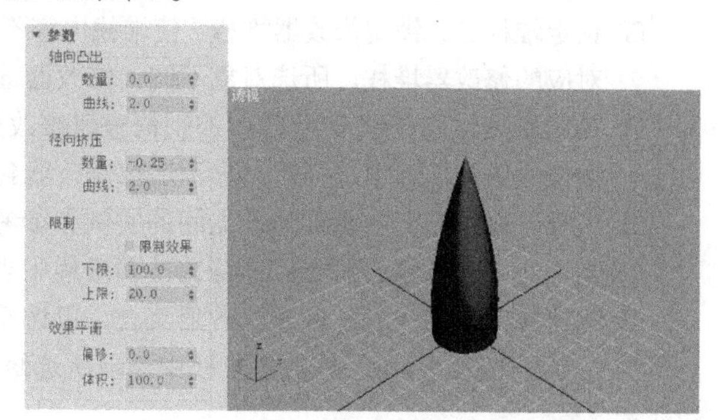

图1-39　修改器参数和修改后的效果

“修改”面板是使用修改器时的主操作区，如图1-40所示，它由修改器列表、修改器堆栈、修改器控制按钮和参数列表四部分组成，各部分作用如下。

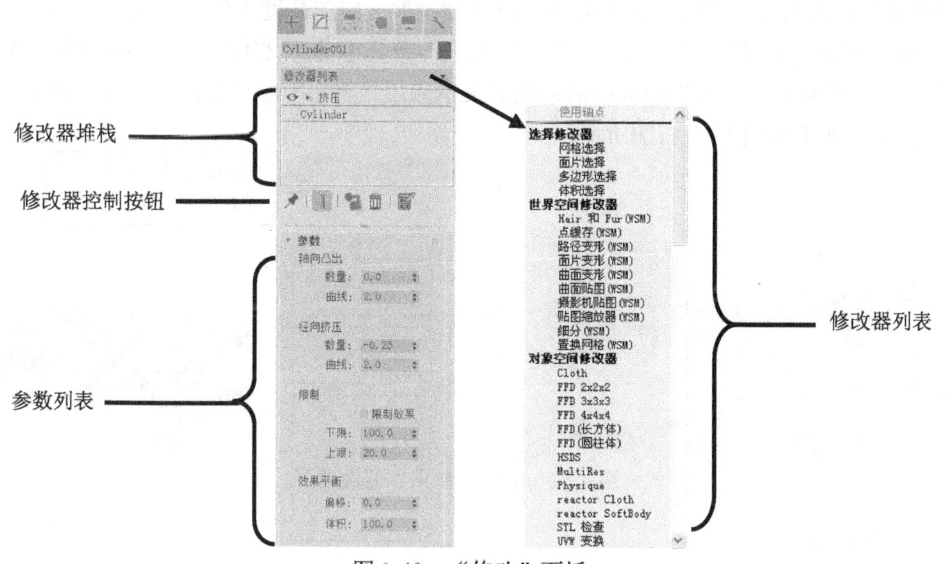

图1-40　“修改”面板

（1）修改器列表：单击该下拉列表框会弹出修改器下拉列表，如图1-40右图所示，在下拉列表中单击要添加的修改器，即可将该修改器应用于当前选择的对象。

（2）修改器堆栈：修改器堆栈用于显示和管理当前对象使用的修改器。拖动修改器在堆栈中的位置，可以调整修改器的应用顺序（系统始终按由底到顶的顺序应用堆栈中的修改器），此时对象的最终修改效果将随之发生变化；右击堆栈中修改器的名称，通过弹出的快捷菜单可以剪切、复制、粘贴、删除或塌陷修改器。

知识库：

塌陷修改器就是在不改变修改器修改效果的基础上删除修改器，使系统不必每次选中对象都要进行一次修改器修改，以节省内存。

如果希望塌陷所有修改器，可在修改器堆栈中右击任一修改器，然后在弹出的快捷菜单中选择“塌陷全部”命令；如果希望塌陷从最上方修改器到某个指定修改器之间的所有修改器，可右击指定的修改器，然后在弹出的快捷菜单中选择“塌陷到”命令。

（3）修改器控制按钮：包含五个按钮，各按钮的作用如下。

- 锁定堆栈：锁定修改器堆栈，使堆栈内容不随所选对象的改变而改变（每个对象都有对应的修改器堆栈，所选对象不同，修改器堆栈的内容也不同）。
- 显示最终结果开/关切换：控制修改器修改效果的显示方式（选中时显示所有修改器的修改效果，取消选择时只显示底部修改器到当前修改器的修改效果）。
- 使唯一：断开对象或修改器间的实例和参考关系。
- 从堆栈中移除修改器：删除修改器堆栈中当前选中的修改器。
- 配置修改器集合：配置修改器集合，以调整修改器列表中修改器的显示方式。

（4）参数列表：显示了修改器堆栈中当前所选修改器的参数，利用这些参数可以修改对象的显示效果。

1.6.3 挤出修改器

“挤出”修改器可通过将二维图形沿自身 Z 轴拉伸一定的高度来创建三维模型。

例如，利用“创建”>“图形”面板“样条线”分类中的“文本”工具创建如图 1-41 左图所示的文本，然后在“修改”面板中对创建的文本应用“挤出”修改器，并设置如图 1-41 中图所示的参数，效果如图 1-41 右图所示。

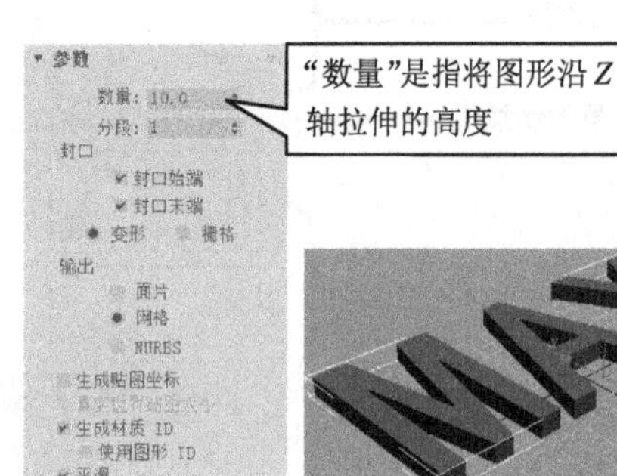

图 1-41　应用“挤出”修改器

任务实施

制作双面五角星

1.6.4 制作双面五角星

Step 01 在顶视图中创建星形。在“创建”>“图形”面板“样条线”分类中单击“星形”按钮，然后在顶视图中按住鼠标左键并拖动，然后释放鼠标并移动，再次单击鼠标左键，创建一个星形图形，如图 1-42 左图和中图所示。接着利用“修改”面板的“参数”卷展栏修改星形图形的参数，参数设置如图 1-42 右图所示。

Step 02 为五角星添加“挤出”修改器。激活透视视图并选中五角星图形，然后在“修改”面板中单击“修改器列表”下拉列表框，在弹出的下拉列表中选择“对象空间修改器”类型中的“挤出”修改器，如图 1-43 左图所示。再参考图 1-43 中图在“修改”面板的“参数”卷展栏中设置修改器参数，效果如图 1-43 右图所示。

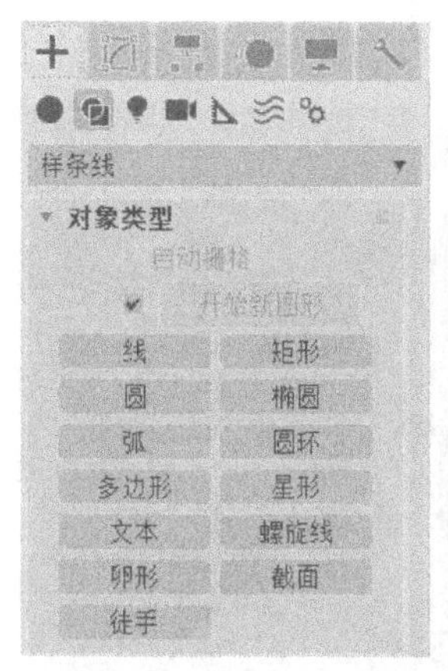

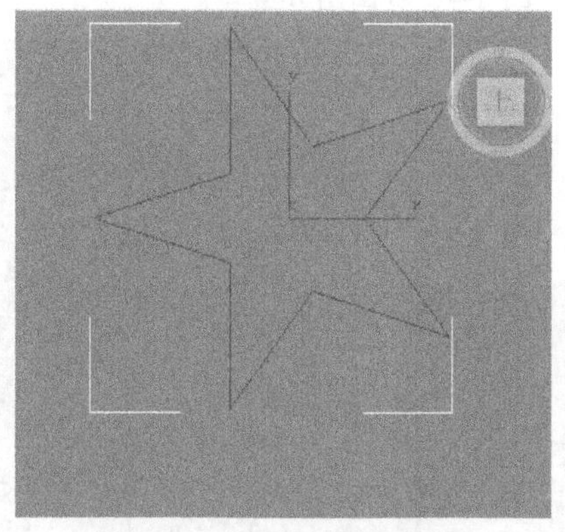

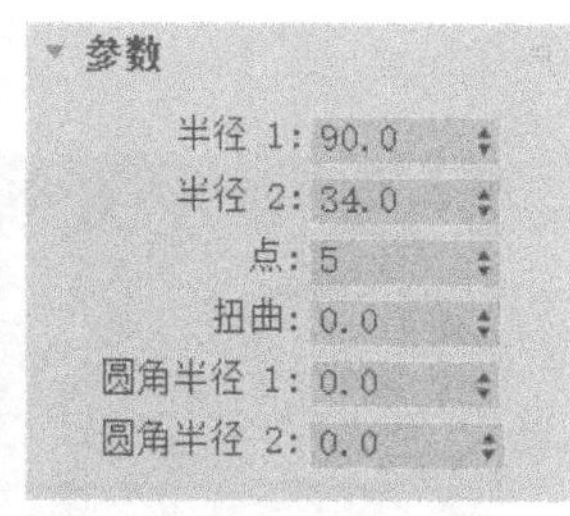

图 1-42　创建五角星图形

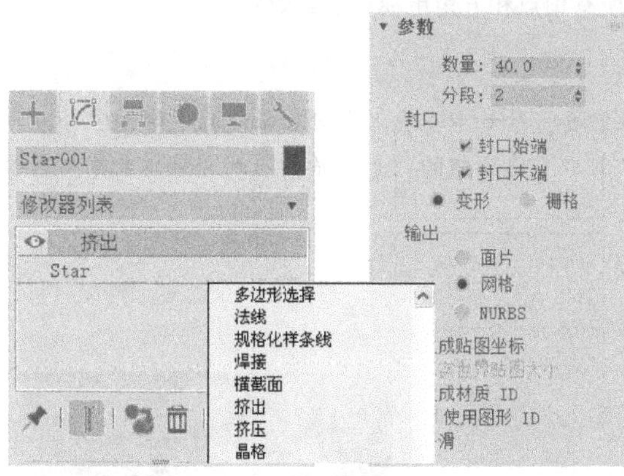

图 1-43　为五角星添加“挤出”修改器

Step 03 在“修改”面板中为五角星添加“编辑网格”修改器，并进入“顶点”子对象层级，然后在前视图中框选五角星上部所有的顶点，如图 1-44 所示。

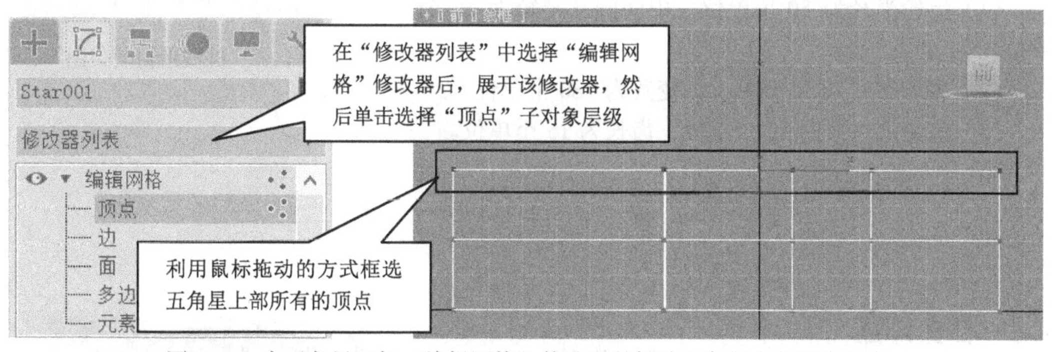

图 1-44　为五角星添加“编辑网格”修改器并框选五角星上部所有顶点

Step 04 右击工具栏中的“选择并均匀缩放”工具，在打开的“缩放变换输入”对话框的“偏移”编辑框中输入“0”，按【Enter】键缩放所选顶点，如图 1-45 所示。

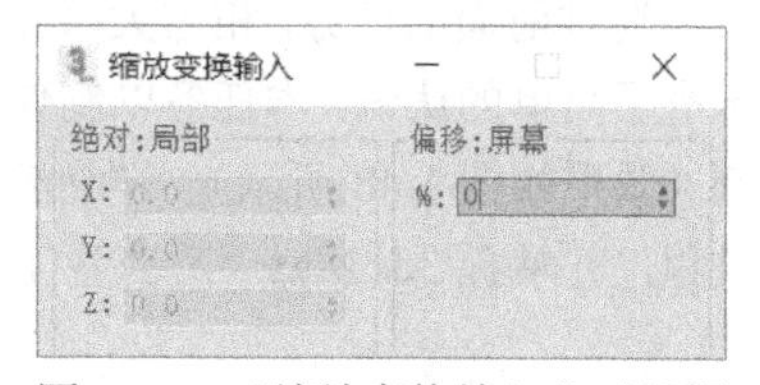

图 1-45　“缩放变换输入”对话框

Step 05 在前视图中框选五角星下部所有的顶点，如图 1-46 左图所示，然后利用 Step04 的方法缩放五角星下部的所有顶点。五角星模型最终效果如图 1-46 右图所示。

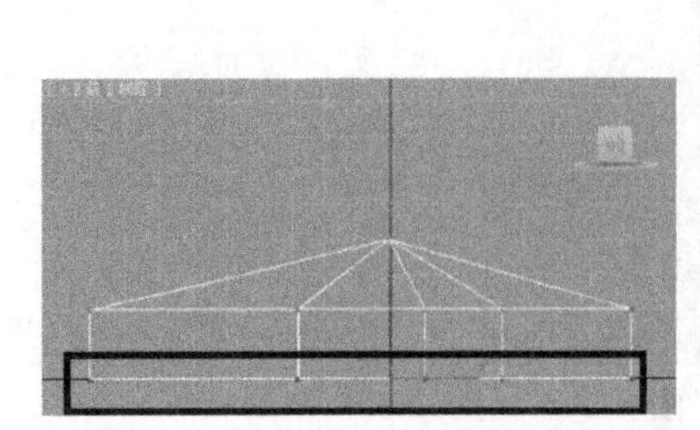

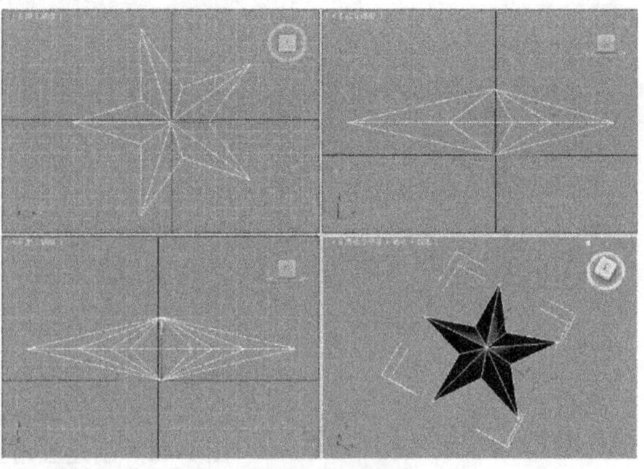

图 1-46　缩放五角星下部所有顶点和五角星模型最终效果

温馨提示：

在设置“挤出”修改器的参数时，如无特殊需要，尽量不要在“参数”卷展栏中增加“分段”参数值，否则会增加很多面数。另外，不要勾选“封口”选项组的“封口始端”或“封口末端”选项，这样也会节省模型的面数。

任务拓展

1.6.5　创建机械齿轮模型

创建机械齿轮模型

使用扩展基本体建立机械齿轮模型，效果如图 1-47 所示。

图 1-47　机械齿轮效果图

提示：

（1）齿轮半径为 50 个单位，中间圆孔半径为 25 个单位。

（2）齿轮高度为 20 个单位，变数为 180 个单位。

（3）齿轮的齿数为 20 个单位，齿长为 15 个单位。

1.7　使用对齐工具

任务陈述

通过前面的任务，相信大家已经对 3ds Max 的建模技术有了简单的认识。本任务以制作一个简易的茶几模型为例（效果如图 1-48 所示），详细演示常见的实体建模操作过程，并掌握 3ds Max “对齐”工具的应用。

图 1-48　简易茶几模型实例效果图

制作思路

首先利用“创建”>“几何体”面板的“切角圆柱体”工具创建茶几的底座，然后利用“创建”>“图形”面板的“螺旋线”工具创建茶几的支柱，并利用“对齐”按钮对齐茶几的底座和支柱，再利用“创建”>“几何体”面板的“圆柱体”工具创建茶几玻璃面，并对齐茶几玻璃面和支柱，完成简易茶几模型的制作。

相关知识与技能

1.7.1 工具栏中的对齐按钮

使用 3ds Max 工具栏中的“对齐”按钮（或直接按【Alt+A】组合键），可以非常方便地将场景中的两个对象按照指定的方式对齐。

在执行对齐对象的操作时，将打开“对齐当前选择”对话框，如图 1-49 所示，其中各选项的含义如下。

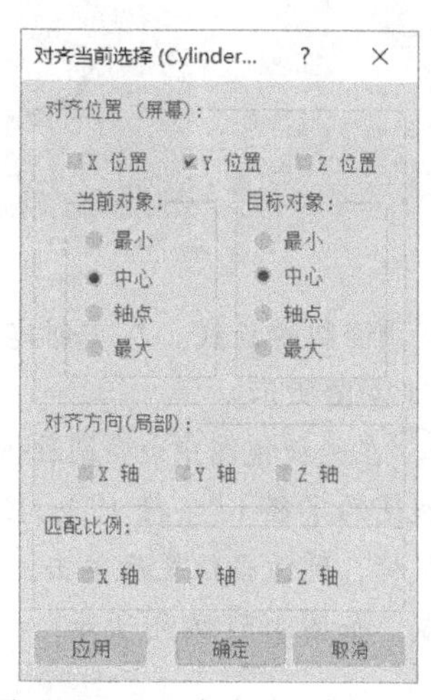

图 1-49 “对齐当前选择”对话框

- 对齐位置：确定当前对象沿哪些轴移动（相当于约束轴），以便与目标对象对齐。当同时勾选这里的三个复选框时，可将当前对象移动到目标对象位置。
- 当前对象/目标对象：用于设定对象边界框上用于对齐的点，可以为当前对象和目标对象选择不同的对齐点。其中，“最小”表示将对象边界框上具有最小 X、Y 和 Z 值的点与另一对象上选定的点对齐；“中心”表示将对象中心点与另一对象的选定点对齐；“轴点”表示将对象的轴点与另一对象的选定点对齐；“最大”表示将对象边界框上具有最大 X、Y 和 Z 值的点与另一对象的选定点对齐。
- 对齐方向：确定按目标对象自身的哪个轴（局部坐标）进行对齐。
- 匹配比例：如果曾经对所选对象（包括当前对象或目标对象）进行了缩放变换，利用该选项中的复选框可设置在哪些方向上进行缩放比例匹配（注意，不是尺寸匹配）。

任务实施

创建简易茶几模型

1.7.2 创建简易茶几模型

Step 01 在透视视图中创建切角圆柱体。在“创建”>“几何体”面板“扩展基本体”分类中单击“切角圆柱体”按钮，然后将鼠标指针移动到透视视图，按住鼠标左键并拖动，确认切角圆柱体的半径大小，接着释放鼠标并向上移动，确认切角圆柱体的高度，最后单击鼠标即可创建出一个切角圆柱体，如图 1-50 左边两个图所示。

Step 02 调整切角圆柱的参数。切换到“修改”面板，在“参数”卷展栏中参考如图 1-50 中图所示调整该切角圆柱体的参数，效果如图 1-50 右图所示。

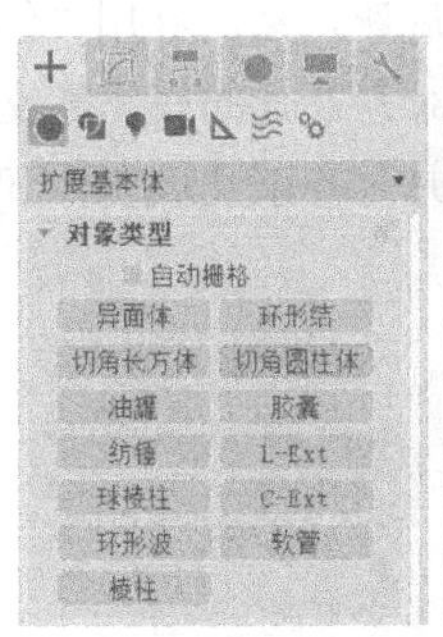

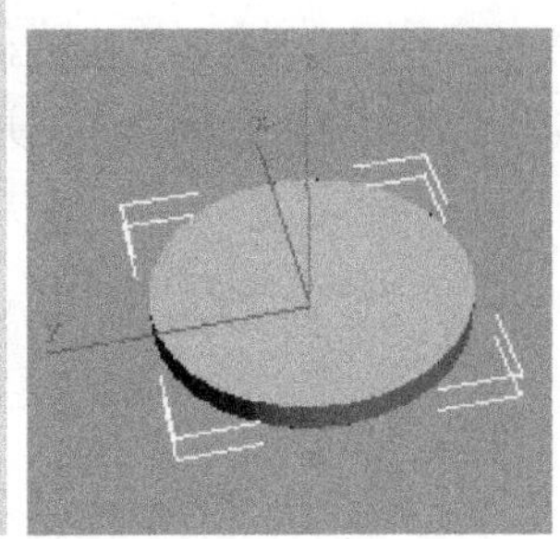
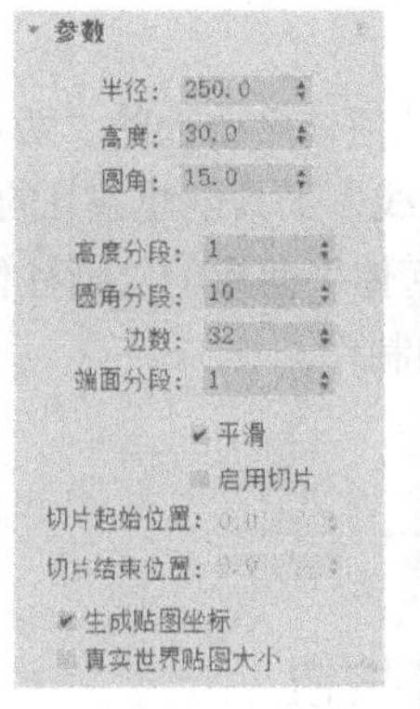

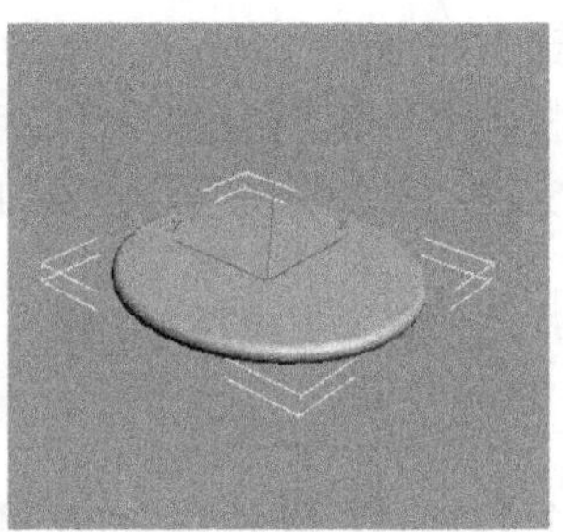

图 1-50　创建切角圆柱体

Step 03 绘制螺旋线。在“创建”>“图形”面板“样条线”分类中单击“螺旋线”按钮，如图 1-51 左图所示。

Step 04 在透视视图中切角圆柱体的上方单击并拖动鼠标，到适当位置后释放鼠标，确定螺旋线底部线圈的半径（“半径 1”）；接着向上移动鼠标到适当位置并单击，确定螺旋线的高度；再次移动鼠标，到适当位置后单击，确定螺旋线顶部线圈的半径（“半径 2”）。至此就完成了螺旋线的绘制，如图 1-51 右图所示。

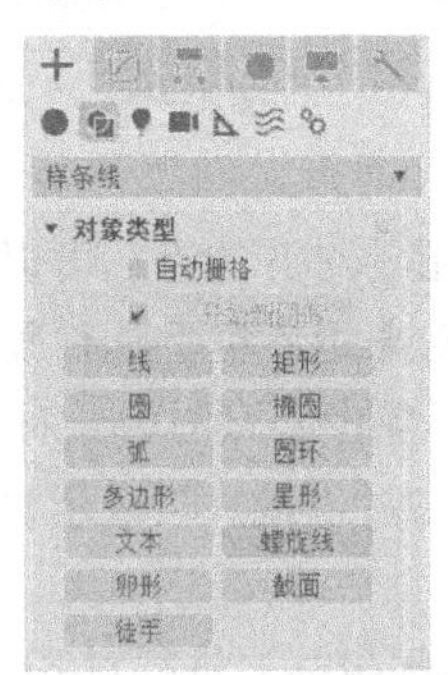

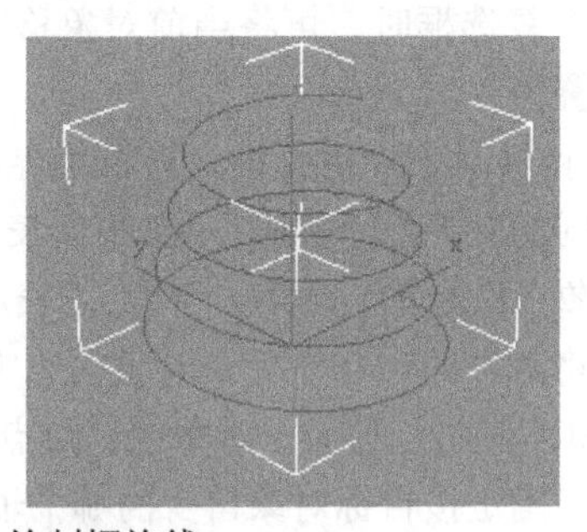

图 1-51　绘制螺旋线

Step 05 切换到“修改”面板，在“参数”卷展栏中参考如图 1-52 上图所示修改螺旋线参数；然后展开“渲染”卷展栏，并参考如图 1-52 下图所示修改渲染参数。

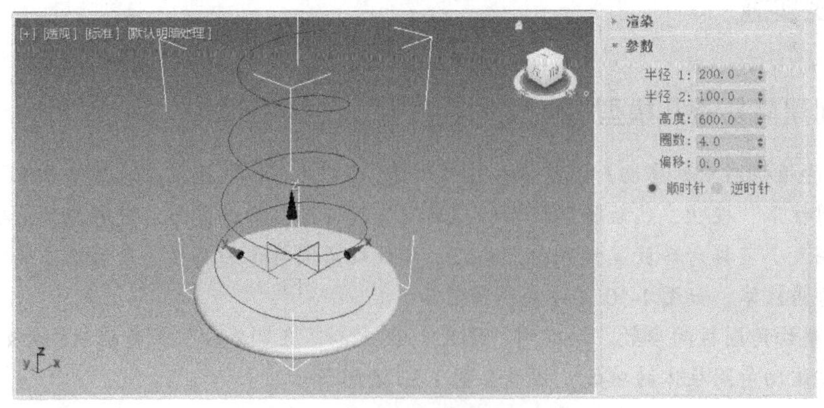

图 1-52　修改螺旋线和渲染参数

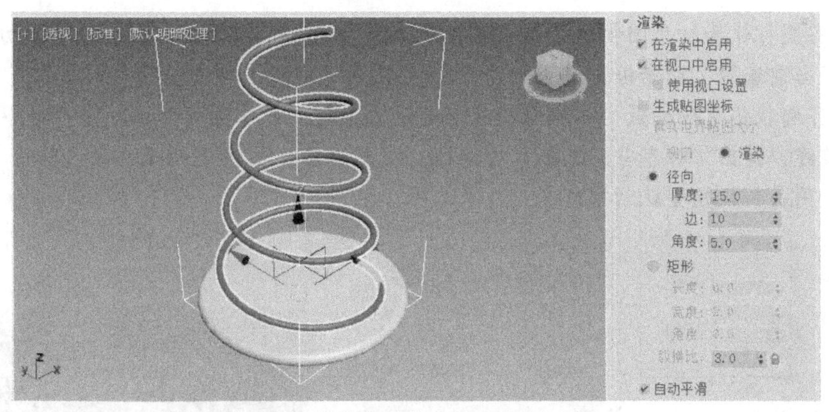

图 1-52　修改螺旋线和渲染参数（续）

Step 06 对齐螺旋线和切角圆柱体中心。选中螺旋线，单击工具栏中的“对齐”工具，再单击切角圆柱体，弹出“对齐当前选择”对话框，参考如图 1-53 所示设置参数，单击“确定”按钮。

Step 07 对齐螺旋线 Z 轴的最小边和切角圆柱体 Z 轴的最大边。选中螺旋线，单击工具栏中的“对齐”工具，再单击切角圆柱体，弹出“对齐当前选择”对话框，参见如图 1-54 所示设置参数，单击“确定”按钮。

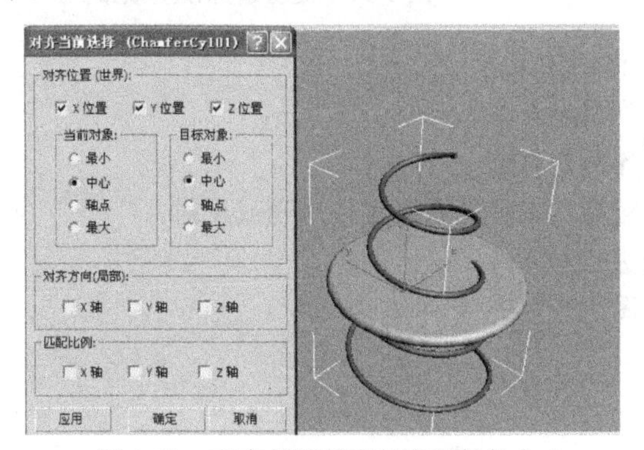

图 1-53　对齐螺旋线和切角圆柱体中心

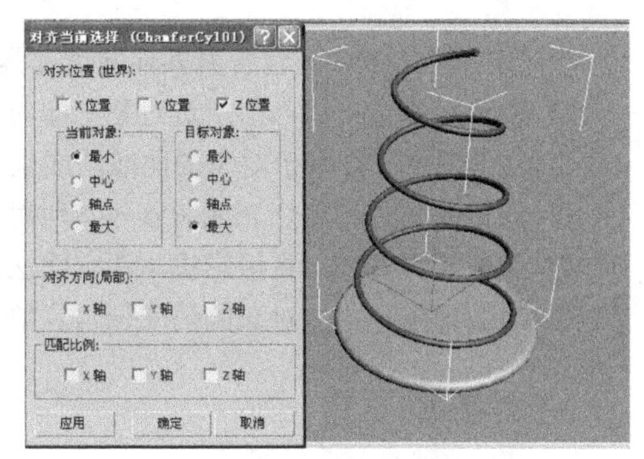

图 1-54　对齐螺旋线 Z 轴的最小边和切角圆柱体 Z 轴的最大边

Step 08 创建茶几玻璃面模型。在“创建”>“几何体”面板“标准基本体”分类中单击“圆柱体”按钮，然后参考创建切角圆柱体的方法在透视视图中创建一个圆柱体，如图 1-55 左图和中图所示。在“修改”面板的“参数”卷展栏中设置如图 1-55 右图所示的参数。

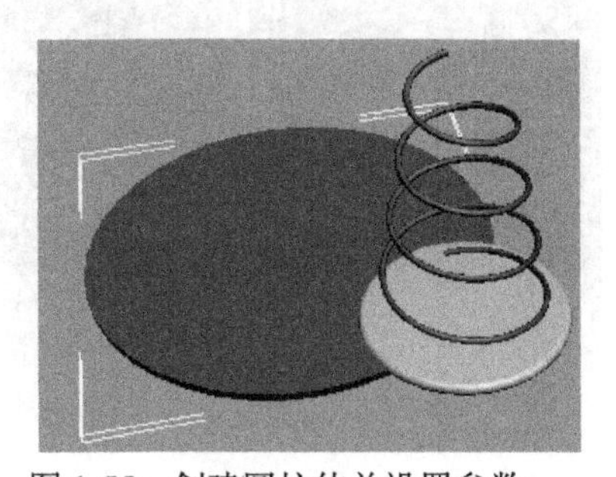

参数
半径: 500.0
高度: 20.0
高度分段: 5
端面分段: 1
边数: 40
平滑
启用切片
切片起始位置: 0.0
切片结束位置: 0.0
生成贴图坐标
真实世界贴图大小

图 1-55　创建圆柱体并设置参数

Step 09 对齐圆柱体和切角圆柱体中心。选中圆柱体，单击“对齐”工具，再单击切角圆柱体，弹出“对齐当前选择”对话框，设置如图 1-56 左图所示参数，单击“确定”按钮。

Step 10 对齐圆柱体 Z 轴的最小边和螺旋线 Z 轴的最大边。选中圆柱体，单击“对齐”工具，再单击螺旋线，弹出“对齐当前选择”对话框，设置如图 1-56 右图所示参数，单击“确定”按钮。至此，简易茶几模型就创建好了，效果如图 1-57 所示。

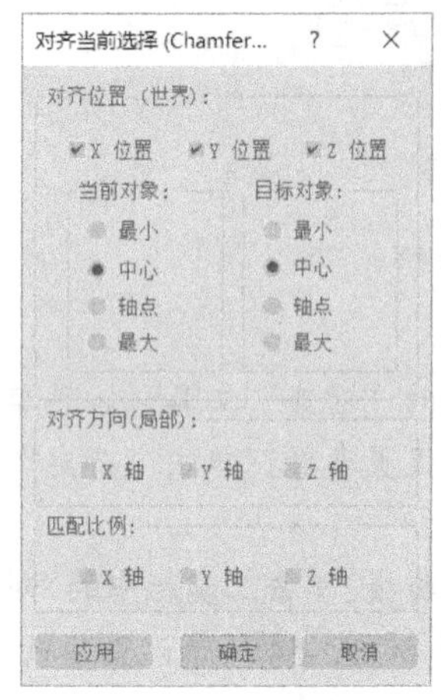

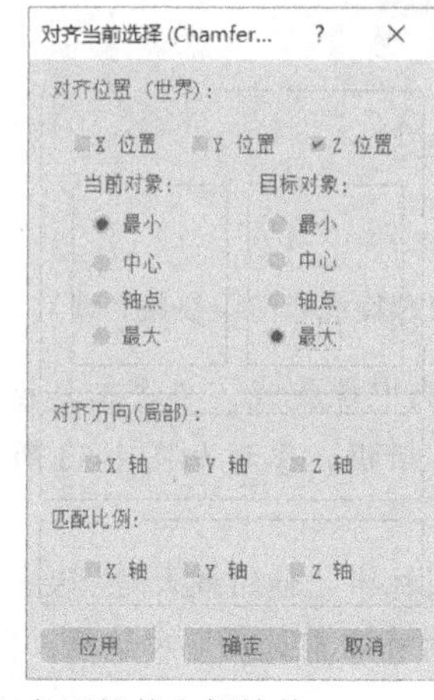

图 1-56　对齐圆柱体、切角圆柱体和螺旋线

图 1-57　简易茶几模型效果图

“对齐”工具中还包含着其他同类工具，作用如下。

- 快速对齐：将当前所选对象立即对齐到目标对象。
- 法线对齐：基于对象的面或法线来对齐两个对象。
- 放置高光：将灯光或对象与其他对象对齐，以便能精确定位高光或反射。
- 对齐摄影机：将摄影机与选定面法线进行对齐。
- 对齐视图：将对象的局部轴与当前视图进行对齐。

任务拓展

制作交叉汉字模型

1.7.3　制作交叉汉字模型

请制作如图 1-58 所示的交叉汉字模型，字体不限，用“挤出”修改器给字增加一定的厚度，再用“对齐”工具完成交叉效果。

图 1-58　交叉汉字模型效果图

1.8 克隆对象

任务陈述

3ds Max 2018 提供了多种克隆对象（为对象创建副本）的方法，如变换克隆、阵列克隆、镜像克隆和间隔克隆等。在本任务中，我们通过创建如图 1-59 所示的松树来学习阵列克隆对象的方法。

图 1-59　松树效果图

相关知识与技能

1.8.1　使用阵列命令

利用“阵列”工具可按一定的顺序和形式创建当前所选对象的阵列，常用于创建大量有规律的对象。例如，在进行学校教室室内布局设计时，可在创建了一张桌子后，利用“阵列”工具一次性克隆出其他桌子。

对象阵列可以是一维、二维或三维的，而且对象在阵列克隆的同时可以进行旋转和缩放。要进行阵列克隆，可先选择要克隆的对象，然后单击工具栏中的“阵列”按钮，打开“阵列”对话框，设置好参数后单击“确定”按钮，如图 1-60 和图 1-61 所示（创建的是三维阵列）。下面简要介绍“阵列”对话框中各设置区的含义。

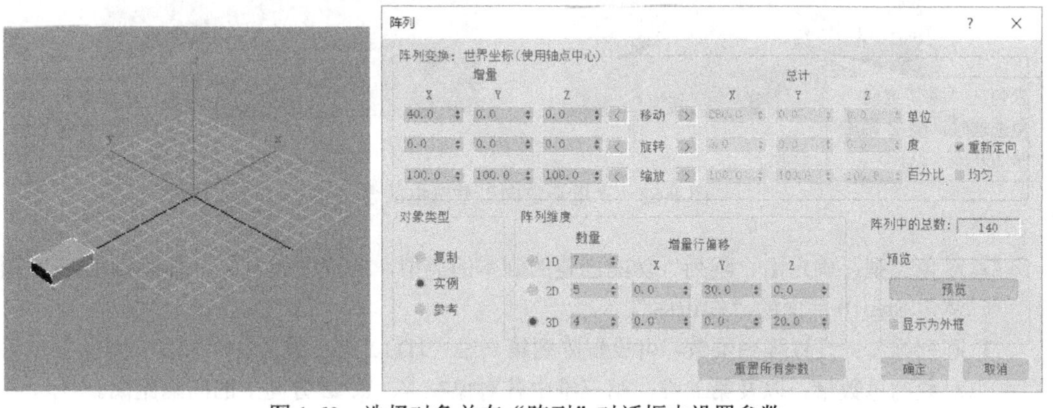

图 1-60　选择对象并在“阵列”对话框中设置参数

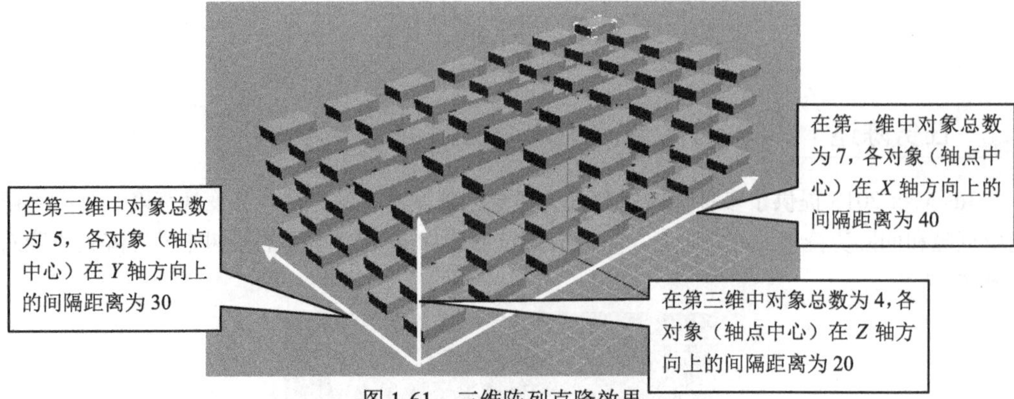

图 1-61　三维阵列克隆效果

- 阵列变换：设置阵列中对象的变化参数，有增量和总计两种设置方式。使用增量方式时，可设置阵列中相邻对象在 X、Y 和 Z 轴方向上的距离，或者绕 X、Y 和 Z 轴的旋转角度和缩放比例；使用总计方式时，设置的是阵列中第一个对象与最后一个对象的总距离、旋转角度或缩放比例，此时各对象将在此范围内均匀分布。

温馨提示：

单击“阵列”对话框中“移动”、“旋转”或“缩放”左右两侧的箭头按钮，可设置使用的是“增量”还是“总计”方式。

知识库：

在“阵列变化”区设置的对象之间的距离主要是针对一维阵列的；第二维和第三维阵列中对象之间的距离需要通过下方的“增量行偏移”区进行设置。

通过设置旋转值可创建环形阵列，此时可在进行阵列前先设置对象旋转中心（参考第 1.5.4 节制作钵盂 Step10 后面的“温馨提示”）。此外，若选中“重新定向”复选框，则对象在围绕世界坐标轴旋转的同时，自身也将围绕局部坐标轴旋转；否则对象将始终保持其原始方向。二者的区别如图 1-62 所示。

设置缩放值时，若选中“均匀”复选框，则将禁用 Y 和 Z 微调器，并将 X 轴的缩放值应用于所有轴，从而形成均匀缩放。

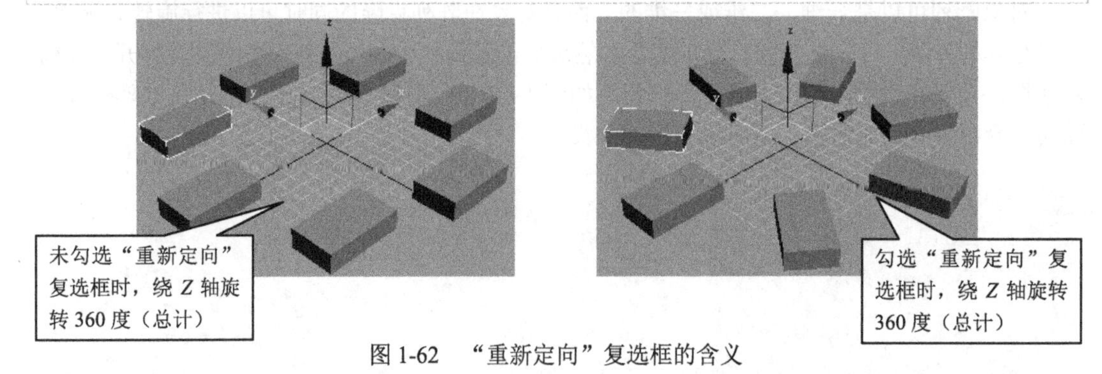

图 1-62　“重新定向”复选框的含义

- 对象类型：确定由“阵列”功能创建的副本的类型，各选项的含义可参考第 1.5.4 制作钵盂 Step10 后面的“知识库”。
- 阵列维度：设置阵列维数，可设置阵列第一维（1D）、第二维（2D）和第三维（3D）中对象的总数量，以及第二维、第三维中各对象在 X、Y、Z 方向上的间隔距离。

- ❐ 预览：预览阵列效果，如果更新较慢，可选中“显示为外框”复选框，以外框形式显示预览的对象。
- ❐ 重置所有参数：将所有参数重置为默认设置。

任务实施

1.8.2 使用阵列方法制作松树

制作松树

制作思路

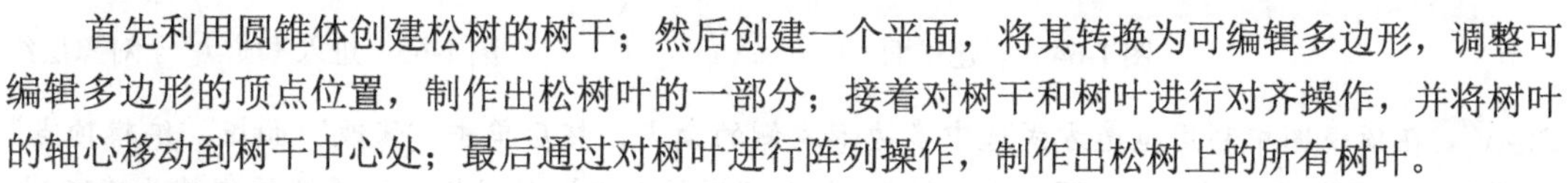

首先利用圆锥体创建松树的树干；然后创建一个平面，将其转换为可编辑多边形，调整可编辑多边形的顶点位置，制作出松树叶的一部分；接着对树干和树叶进行对齐操作，并将树叶的轴心移动到树干中心处；最后通过对树叶进行阵列操作，制作出松树上的所有树叶。

操作步骤

Step 01 在透视视图中创建圆锥体作为树干。在“创建”>“几何体”面板的“标准基本体”分类中单击“圆锥体”按钮，在透视视图中拖动鼠标确定圆锥体底部半径；向上移动鼠标并单击，确定圆锥体高度；再向右移动鼠标并单击，确定圆锥体上部半径；最后利用“修改”面板设置圆锥体参数，如图 1-63 所示。

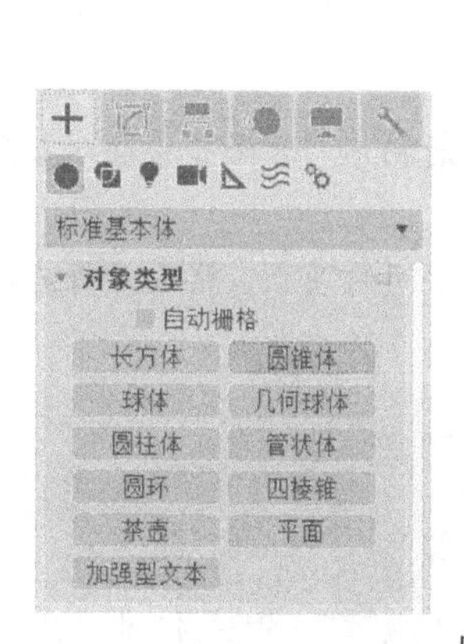

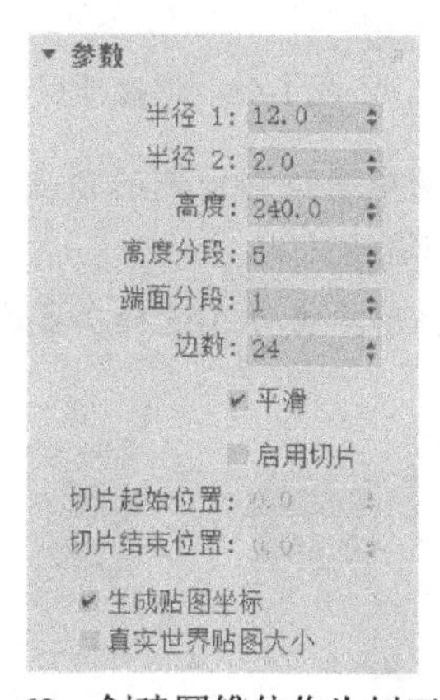

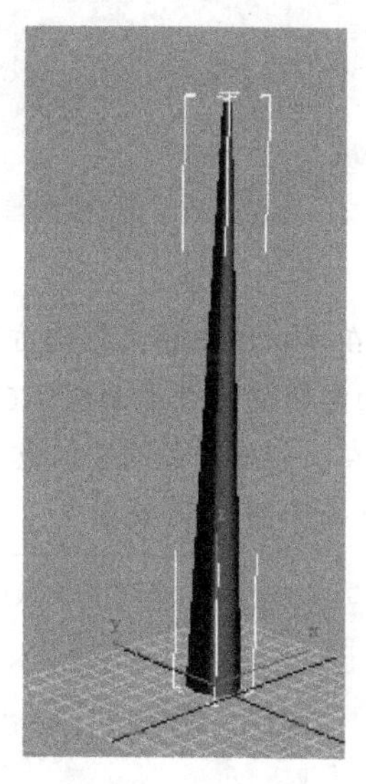

图 1-63　创建圆锥体作为树干

Step 02 在透视视图中创建作为树叶的平面。在“创建”>“几何体”面板的“标准基本体”分类中单击“平面”按钮，然后在透视视图中拖动鼠标创建一个平面作为树叶，并在“修改”面板中设置如图 1-64 所示的参数。

Step 03 在平面上右击，在弹出的快捷菜单中选择“转换为”>“转换为可编辑多边形”命令，将平面转换为可编辑多边形。

Step 04 在“修改”面板中展开“可编辑多边形”列表，选中“顶点”选项，进入“顶点”子对象层级（表示将对顶点进行编辑），如图 1-65 所示。

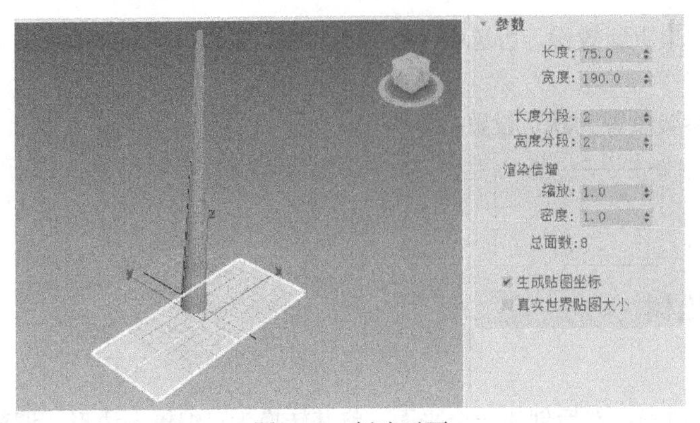

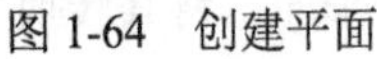
图 1-64　创建平面

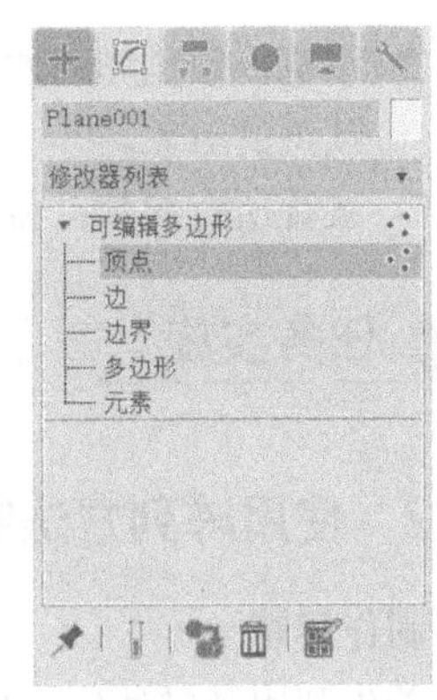

图 1-65　进入“顶点”子对象层级

Step 05 在顶视图中利用框选方式选中多边形左侧的顶点，然后单击“修改”面板“编辑顶点”卷展栏“焊接”后的按钮，如图 1-66 所示，打开“焊接顶点”对话框，设置焊接阈值为“100”，单击“应用”按钮。用同样的方法焊接右侧顶点。

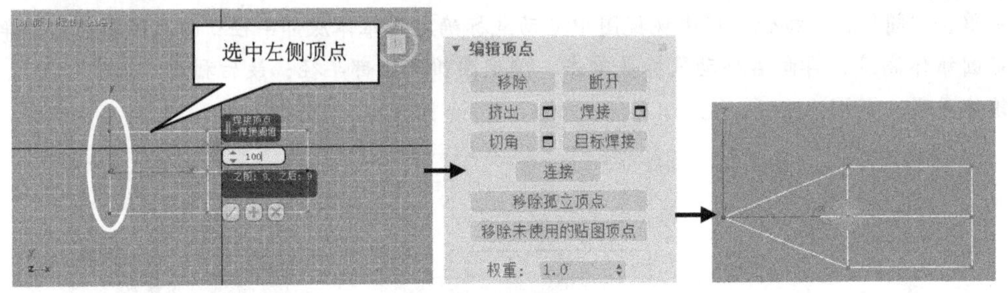

图 1-66　焊接顶点

Step 06 在顶视图中利用框选方式选中多边形内侧的顶点，然后利用“选择并移动”工具将所选顶点向右移动，效果如图 1-67 所示。

Step 07 在前视图中框选（注意不要用单击方式选择）多边形中间的顶点，然后将所选顶点向下移动，效果如图 1-68 所示。

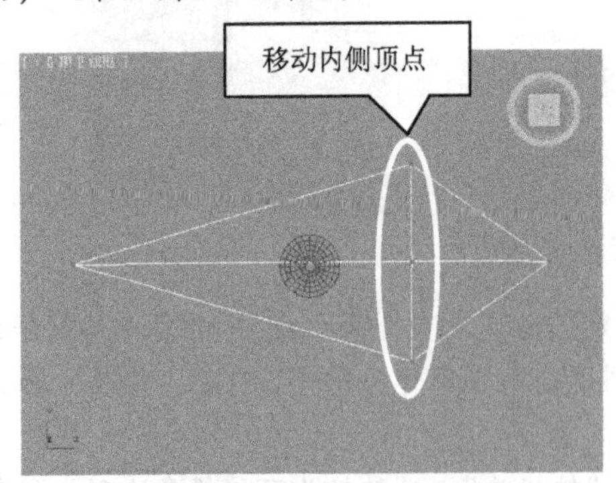

图 1-67　在顶视图中移动顶点

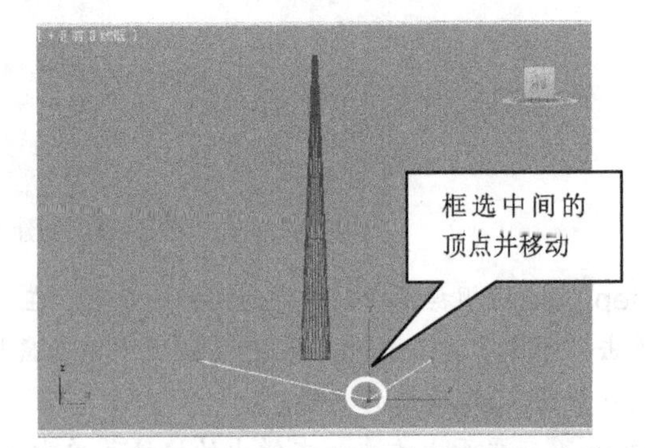

图 1-68　在前视图中移动顶点

Step 08 在左视图中选中下方中间的顶点并向上移动，此时在各视图中的树叶形状如图 1-69 左图所示。编辑好树叶后，在“修改”面板中再次单击“可编辑多边形”修改器，退出顶点编辑模式，如图 1-69 右图所示。

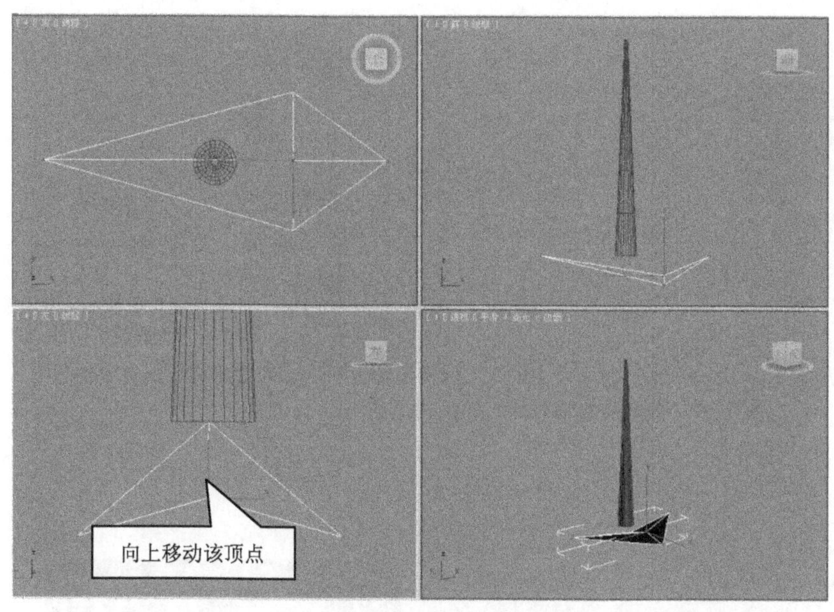

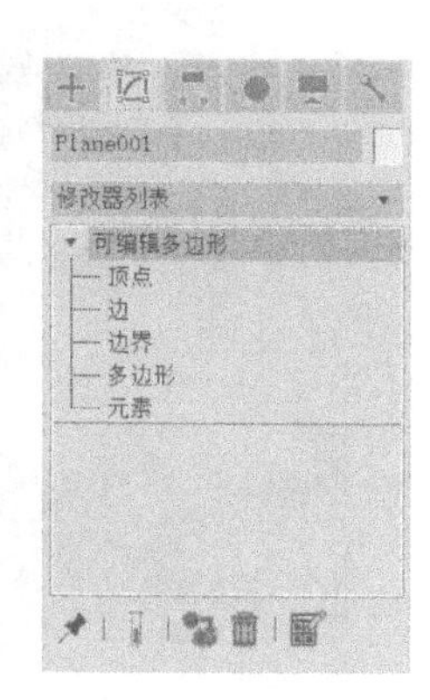

图 1-69　编辑好树叶并退出顶点编辑模式

Step 09 在透视视图中选择树叶，单击工具栏中的“对齐”按钮，再单击树干，在弹出的对话框中设置在 Y 轴和 Z 轴对齐两个物体的中心，如图 1-70 左图所示。

Step 10 再次对树叶和树干执行对齐操作，并设置在 X 轴将树叶的最小值对齐到树干的最大值，如图 1-70 中图所示。效果如 1-70 右图所示。

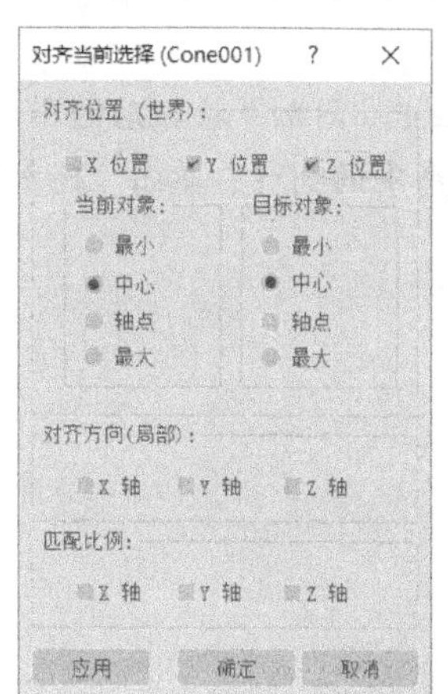

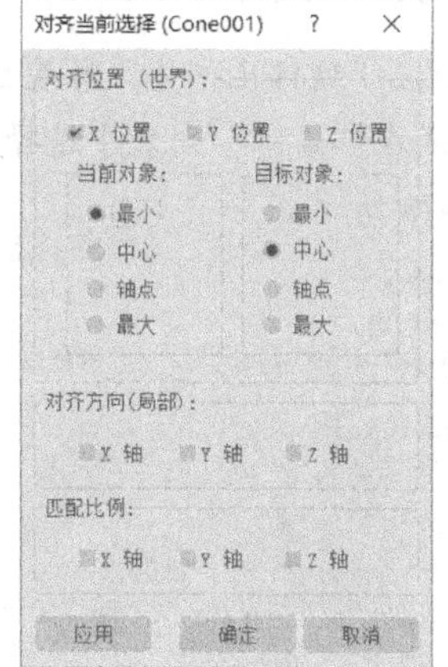

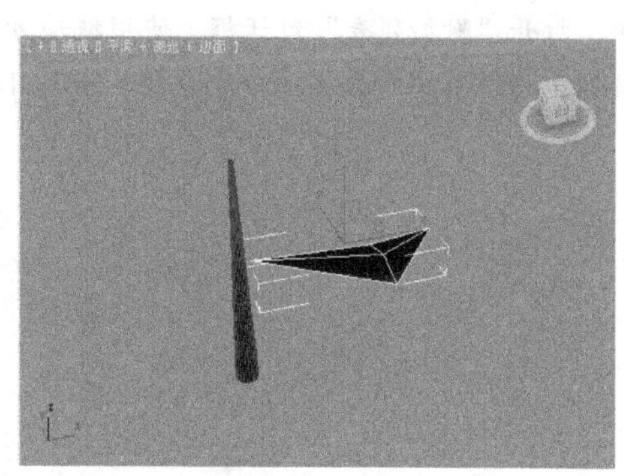

图 1-70　对齐树叶和树干

Step 11 在透视视图中选择树叶，在“层次”命令面板中单击“仅影响轴”按钮，如图 1-71 左图所示；单击“对齐”按钮，再单击树干，在弹出的对话框中参考如图 1-71 中图所示设置参数，使树叶的轴心点对齐到树干的中心，效果如图 1-71 右图所示。最后在“层次”面板中单击“仅影响轴”按钮，关闭轴心点。

Step 12 在透视视图中选择树叶，单击工具菜单中的“阵列”按钮，在打开的对话框中参考图 1-72 左图所示设置阵列参数，单击“确定”按钮，旋转复制出 12 片树叶，效果如图 1-72 右图所示。

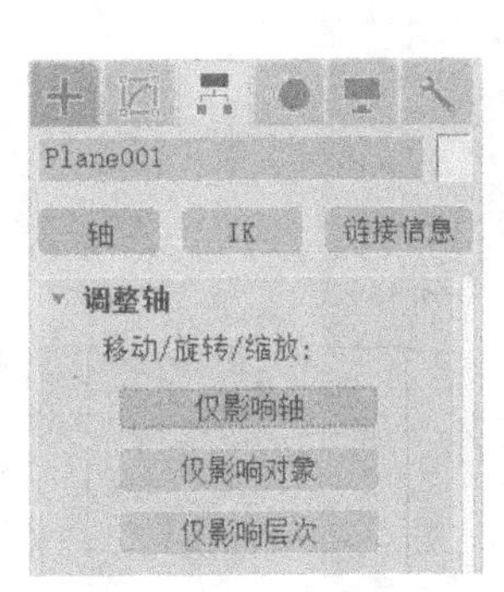

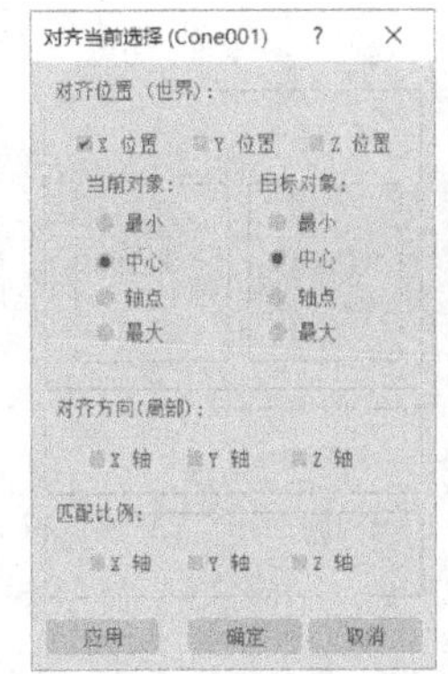

图 1-71　将树叶的轴心点对齐到树干的中心

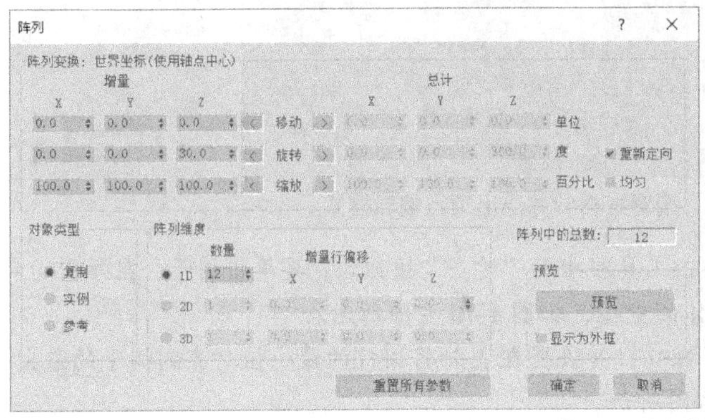

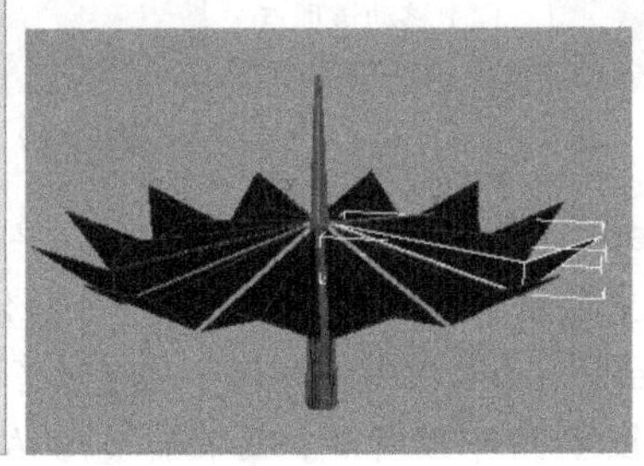

图 1-72　设置阵列参数及树叶复制效果图

Step 13 任意选中一片树叶，单击“修改”面板“编辑几何体”卷展栏中“附加”按钮后的小方块，打开“附加列表”对话框，使用拖动方式在“名称”列表中选择所有的树叶，单击“附加”按钮，将所有树叶合并为一个整体，如图 1-73 所示。

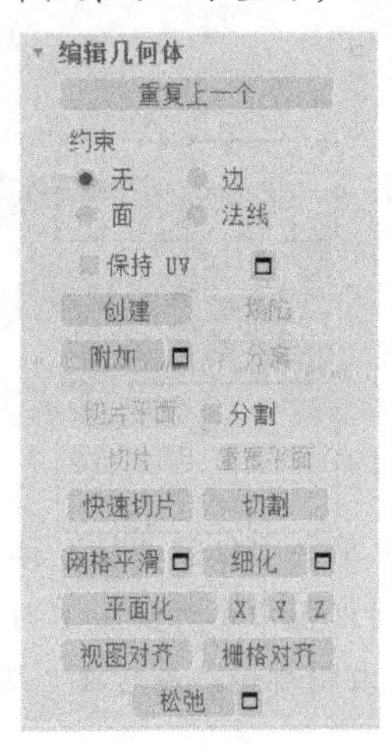

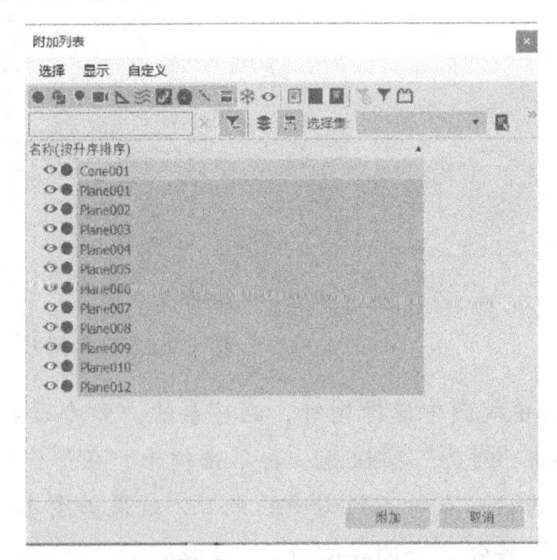

图 1-73　合并树叶

Step 14 在透视视图中选择树叶整体，单击工具栏中的“阵列”按钮，打开“阵列”对话框，参考如图 1-74 所示设置参数，单击“确定”按钮，得到如图 1-75 所示效果。至此，松树模型便创建完成了。

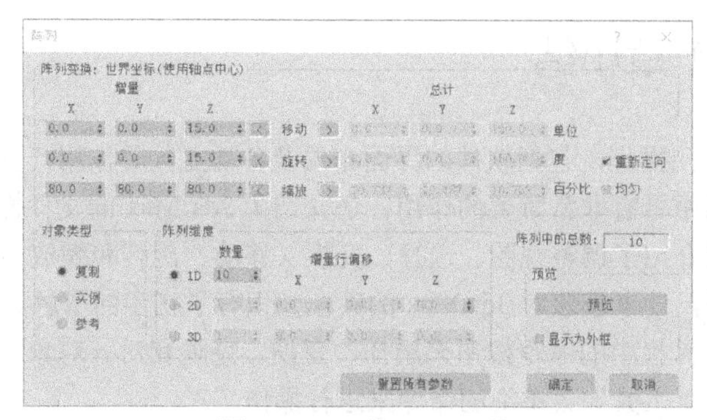

图 1-74 “阵列”对话框

图 1-75 松树模型效果图

任务拓展

1.8.3 使用镜像和间隔克隆

镜像和间隔克隆

选中对象后，单击工具栏中的“镜像”按钮，或在菜单栏中选择“工具”>“镜像”命令，在打开的对话框中设置好相关参数后，可对物体进行镜像克隆，创建对称性对象，如图 1-76 所示。

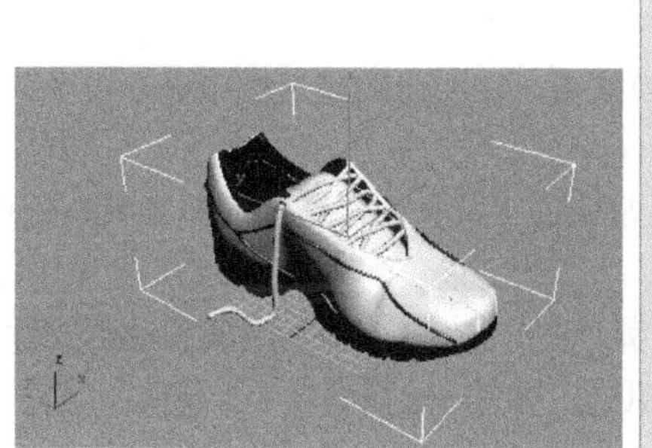

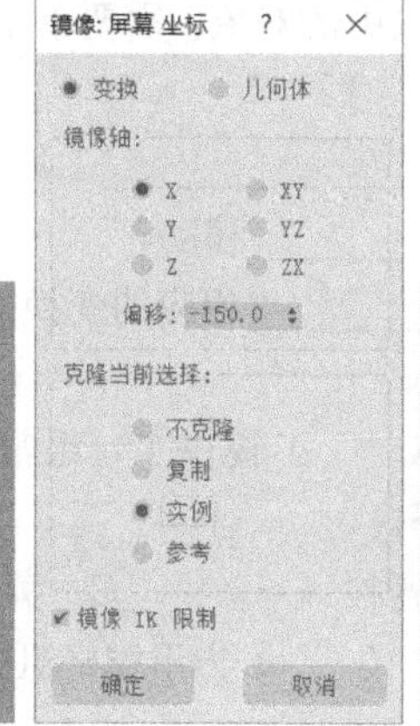

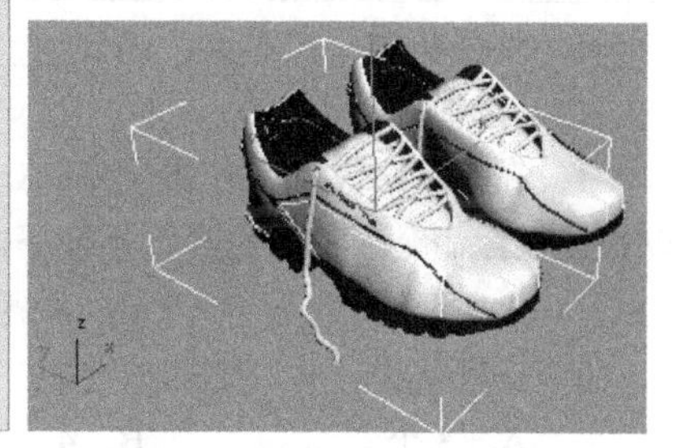

图 1-76 镜像克隆

此外，使用“间隔”工具或在菜单栏中选择“工具”>“对齐”>“间隔工具”命令，可对所选对象进行间隔克隆，即让对象沿选择的曲线（或在指定的两点之间）进行克隆，如图 1-77 所示。

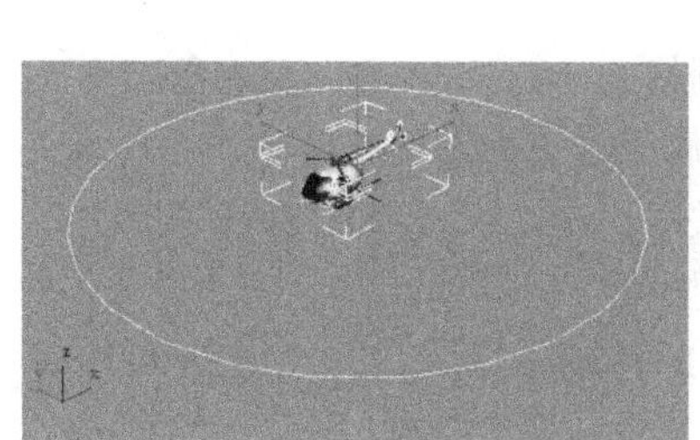

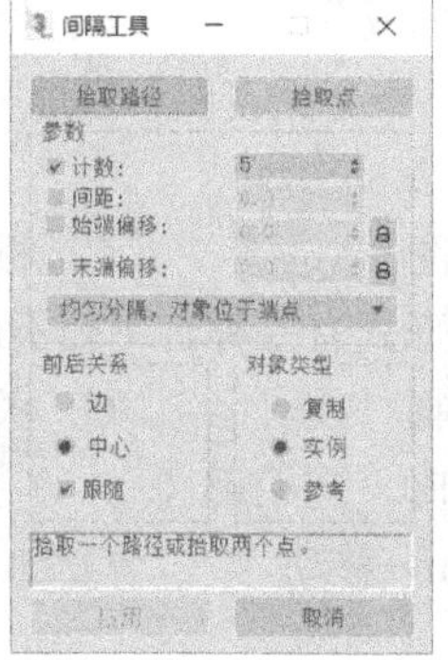

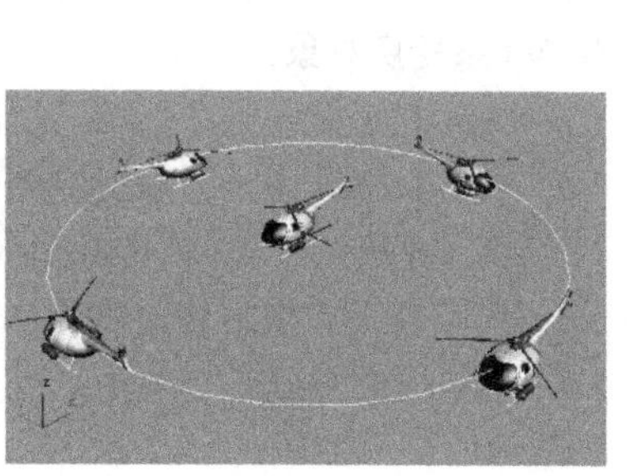

图 1-77 间隔克隆

本章小结

本章讲解了 3ds Max 的基本知识和入门操作，包括软件的界面布局及各功能区的作用，其中 3ds Max 的命令面板在整个软件的使用中具有非常重要的作用；还介绍了 3ds Max 的文件操作和视图设置方法。此外，通过多个实例介绍了调整视图、选择、变换（移动、旋转和缩放）、对齐和克隆对象的方法。经过本章的学习，读者应该对 3ds Max 的建模知识有了初步的了解。

值得注意的是，我们除了可以利用工具栏中的命令按钮来选择、变换、克隆和对齐对象，还可以利用“编辑”菜单中的命令，以及“工具”菜单中的命令来进行操作。

思考与练习

一、填空题

1．3ds Max 的应用领域主要集中在________、________、________和________几大方面。

2．使用 3ds Max 制作动画的流程通常分为____________、____________、____________、____________和____________五步。

3．要在当前场景中调用其他场景中的对象，需要单击________________按钮，在弹出的下拉菜单中选择__________>__________项。

4．在 3ds Max 中，我们可利用_______________工具，将对象沿参考坐标系的__________、__________、__________轴或_______________移动。

5．若要精确变换对象，需要__________相应的变换按钮，在弹出的对话框中进行设置。

二、选择题

1．在 3ds Max 的工作界面中，（　　）提供了一组常用的工具按钮，通过这些工具按钮可以快速执行命令，从而提高设计效率。

A．工具栏　　B．标题栏　　C．菜单栏　　D．时间和动画控件

2．在默认状态下，视图区一般由（　　）方形窗格组成，每个方形窗格为一个视口。

A．3 个　　B．4 个　　C．5 个　　D．6 个

3．在 3ds Max 的各类视图中，（　　）主要用于观察对象的三维效果。

A．前视图　　B．右视图　　C．透视视图　　D．左视图

4．下列对象操作中，（　　）不属于变换操作。

A．移动操作　　B．旋转操作　　C．缩放操作　　D．隐藏操作

5．使用（　　）参考坐标系时，在正交视图中以屏幕坐标系变换对象，在非正交视图中以世界坐标系变换对象。

A．万向　　B．视图　　C．栅格　　D．父对象

6．在 3ds Max 中，对象的克隆形式有三种，下列不属于这三种方式的是（　　）。

A．比较　　B．复制　　C．关联　　D．参考

7．使用移动克隆方式复制物体时，应采用（　　）操作。

A．Ctrl+移动　　B．Shift+移动　　C．Alt+移动　　D．Ctrl+Alt+移动

第2章 建模技术（上）

2.1 创建和编辑样条线

任务陈述

样条线是二维造型中最基础的一类，也是最富于变化的一类，它是由很多顶点和线段组成的集合，通过调整样条线的顶点可以改变样条线的形状。此外，在默认的情况下，绘制的二维图形在渲染图形时是不可见的。但是所有的二维图形里都有一个“渲染”卷展栏，通过此卷展栏可以设置二维图形的渲染参数及可见性能。下面通过完成一个如图 2-1 所示的二维线扳手，帮助读者掌握创建和编辑样条线，以及设置渲染参数的方法。

图 2-1　二维线扳手效果图

相关知识与技能

样条线属于二维图形，它们不具备实际的体积，其主要作用是辅助生成三维模型，比如对一个圆进行挤出操作，就能生成一个圆柱体。下面介绍创建和编辑样条线的方法。

2.1.1　创建样条线

利用 3ds Max“创建”>“图形”面板“样条线”或“扩展样条线”分类中的工具按钮可以创建各种样条线，如图 2-2 所示。

样条线包括线、矩形、圆、椭圆、弧、圆环、多边形、星形、文本、螺旋线、卵形、截面和徒手 13 种对象类型（如图 2-2 左图所示）。

扩展样条线包括墙矩形、通道、角度、T 形和宽法兰 5 种对象类型（如图 2-2 右图所示）。

例如，单击“创建”>“图形”面板“样条线”分类中的“线”按钮可以创建直线、曲线及一些由一条线构成的稍复杂的二维图形，操作步骤如下。

Step 01 单击“创建” >“图形”面板“样条线”分类中的“线”按钮，在打开的“创建方法”卷展栏中设置线的初始类型为“角点”，拖动类型为“Bezier”，如图 2-3 左图所示。

- ❑ 初始类型：用于设置单击鼠标所建顶点的类型，编辑样条线时可通过编辑顶点来调整样条线。其中，“角点”类型顶点的两侧可均为直线段，或一侧为直线段，另一侧为曲线段；“平滑”类型顶点的两侧为平滑的曲线段。
- ❑ 拖动类型：用于设置拖动鼠标所建顶点的类型。其中，“Bezier”类型顶点的两侧有两个始终处于同一直线上，且长度相等、方向相反的控制柄，利用这两个控制柄可以调整顶点处曲线的形状。

经验之谈：

此外，样条线中还有一类“Bezier 角点”类型的顶点。该类顶点的两侧也有两个控制柄，不同的是，这两个控制柄是相互独立的，用户可分别调整其方向和长度，以调整顶点两侧曲线的形状。

Step 02 在顶视图中如图 2-3 右图①所示位置单击鼠标，确定样条线的起始点；然后移动鼠标到如图 2-3 右图②所示位置并单击，确定样条线中第二个顶点的位置，此时在起始点和第二个顶点间是一条直线段。

经验之谈：

在确定样条线中顶点的位置时，若按住【Shift】键，新建顶点将与前一顶点在水平或垂直方向上对齐。

Step 03 移动光标到如图 2-3 右图③所示位置，然后单击并拖动鼠标，确定样条线第三个顶点的位置，并调整样条线在该顶点处的曲率，调整好曲率后释放鼠标左键，完成第三个顶点的创建。此时在第二个顶点和第三个顶点间是一条曲线。

Step 04 移动鼠标到如图 2-3 右图④所示位置并单击，确定样条线结束点的位置，完成样条的创建。最后连续右击鼠标，退出线创建模式。

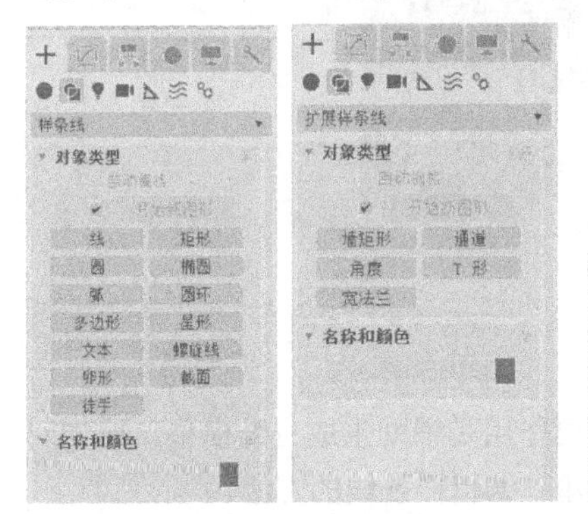

图 2-2　创建样条线的工具

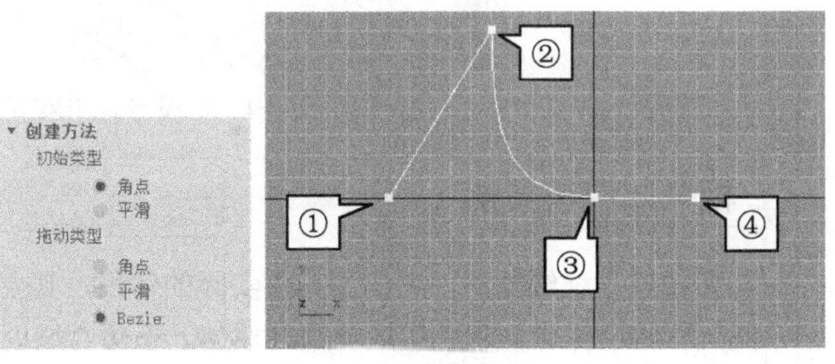

图 2-3　创建样条线

在创建样条线前，还可以利用“名称和颜色”“渲染”“插值”等卷展栏设置样条线名称、颜色、渲染效果等，也可以在创建好样条线后，利用“修改”面板设置这些参数。

- ❑ 插值：如图 2-4 所示，该卷展栏中的参数主要用于设置样条线中相邻顶点间线段的步数，以调整曲线的平滑度（步数越大，曲线越平滑）。如果选中“优化”复选框，可以从样条线的直线线段中删除不需要的步数；如果选中“自适应”复选框，系统会根据样条线中线段的曲率自动设置各线段的步数。
- ❑ 渲染：该卷展栏中的参数用于设置样条线在渲染图像和视口中的显示效果，其中各重要选项的含义如图 2-5 中标注所示。

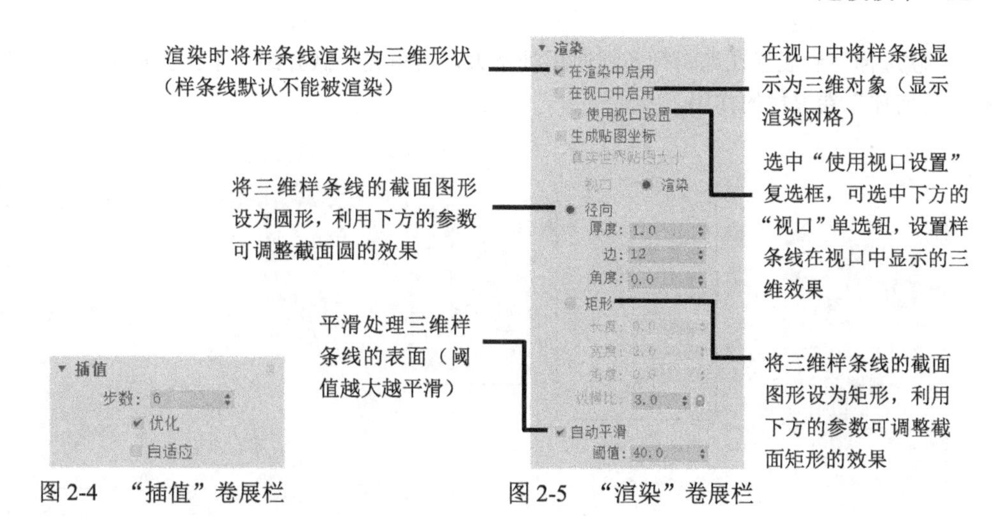

图 2-4　“插值”卷展栏　　　　图 2-5　“渲染”卷展栏

2.1.2　编辑样条线

使用“图形”创建面板中的按钮创建的样条线往往不符合建模要求，还需要进行编辑调整。除了“线”样条线外，其他样条线在编辑前都需要先转换为可编辑样条线，然后才能调整样条线的顶点和线段等。将样条线转换为可编辑样条线的方法有两种，具体如下。

- 利用对象的右键快捷菜单：在任意视口中选择要转换的样条线，右击，在弹出的快捷菜单中选择“转换为”>“转换为可编辑样条线”命令，如图 2-6 所示。利用该方法转换可编辑样条线，会删除样条线原来的参数，不能再通过修改参数来调整样条线。
- 为样条线添加“编辑样条线”修改器：选中样条线，单击“修改”面板的“修改器列表”下拉列表框，在弹出的下拉列表中选择“编辑样条线”选项，如图 2-7 所示。该方法不会删除样条线原有的参数，但不能将样条线形状的变化记录为动画关键帧。

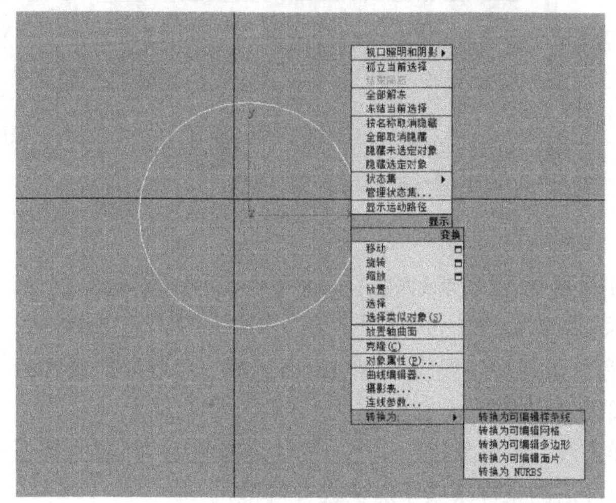

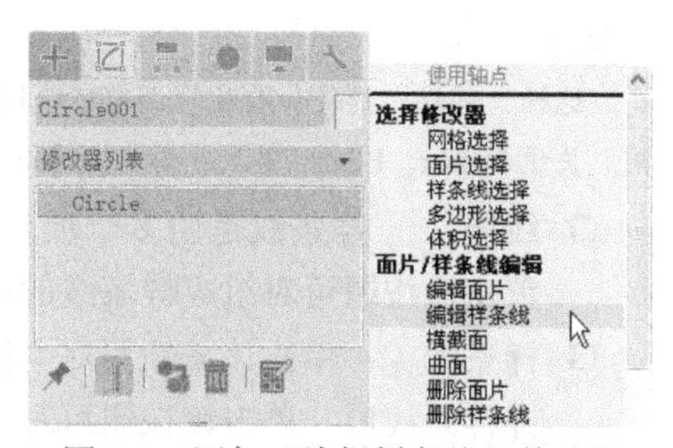

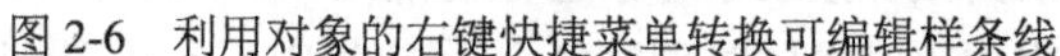
图 2-6　利用对象的右键快捷菜单转换可编辑样条线　　　图 2-7　添加“编辑样条线”修改器

将样条线转换为可编辑样条线后，在修改器堆栈中单击“可编辑样条线”前面的按钮，可展开样条线的子对象层级，包括“顶点”、“线段”和“样条线”，通过选择这几个层级可分别对样条线的顶点、线段和样条线子对象进行编辑。此外，在“修改”面板中还多了“选择”、“软选择”和“几何体”等卷展栏，如图 2-8 所示。

“软选择”卷展栏在编辑样条线时用处不大，这里先不做介绍。下面我们了解一下“选择”和“几何体”卷展栏的作用。

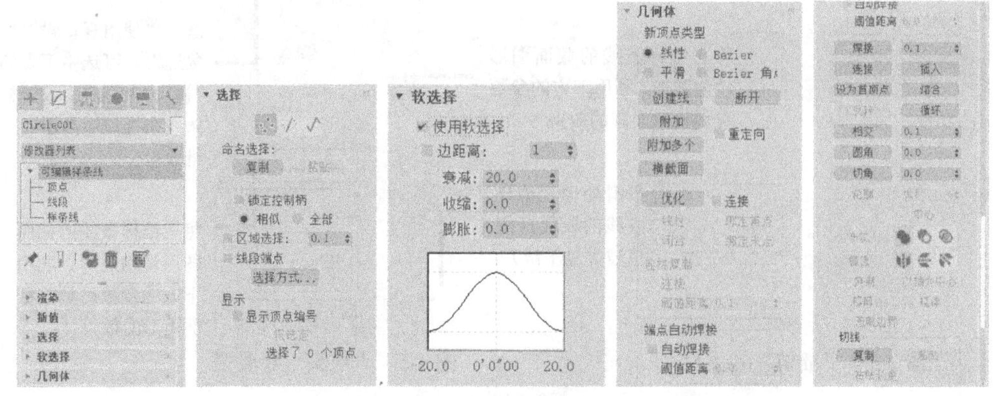

图 2-8　将样条线转换为可编辑样条线后的“修改”面板

1. “选择”卷展栏

“选择”卷展栏主要用来启用或禁用样条线的子对象层级，以及辅助选择这些对象。各选项的作用如下。

- 顶点：单击该按钮可启用样条线的“顶点”子对象层级，此时可在视图中对样条线的顶点单独进行编辑，如选择和移动顶点、调整 Bezier 和 Bezier 角点顶点的控制柄等，从而调整样条线的形状，如图 2-9 所示。

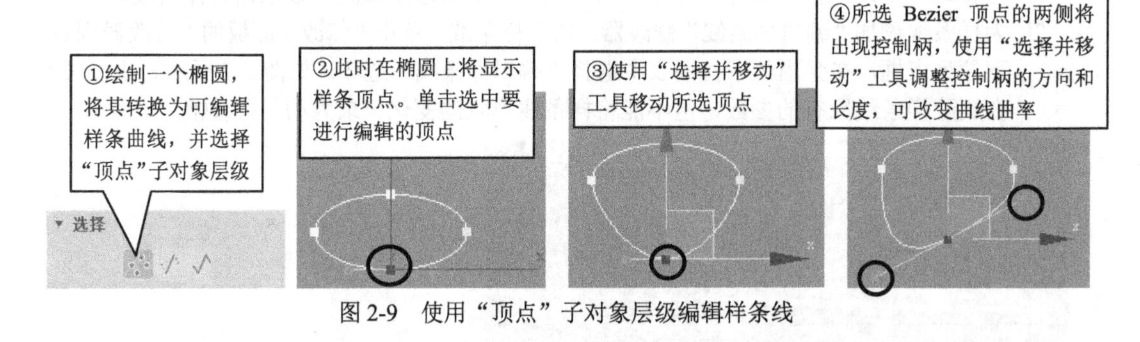

图 2-9　使用“顶点”子对象层级编辑样条线

温馨提示：

选择、移动、旋转和缩放等调整可编辑样条线子对象的方法与第 1.5.4 节制作钵盂任务中介绍的方法相同。关于 Bezier、Bezier 角点、角点、平滑顶点类型的概念，请参考第 2.1.1 节创建样条线步骤中的讲解。

- 线段：样条线是由多个顶点和一条或多条线段（两个顶点组成一条线段）组成的，单击该按钮可对组成样条线的线段进行编辑。
- 样条线：单击该按钮可对“样条线”子对象进行编辑。例如，在利用“附加”按钮合并样条线后，单击该按钮可对合并后的某样条线子对象进行编辑。
- 锁定控制柄：选择该复选框，在编辑顶点时可同时调整多个所选的 Bezier 和 Bezier 角点顶点的控制柄，默认只能同时调整一个控制柄。
- 区域选择：选择该复选框，然后在后面的编辑框中输入半径值，可自动选择所单击顶点的指定半径范围内的所有顶点。
- 线段端点：选择该复选框，可通过单击线段选择线段两端的顶点。

2. “几何体”卷展栏

“几何体”卷展栏提供了编辑样条线对象和子对象的功能。例如，要在可编辑样条线上创建顶点，可执行以下操作。

Step 01 在顶视图中创建一个矩形并将其转换为可编辑样条线，然后在“修改”面板中选择“顶点”子对象层级（或单击“选择”卷展栏中的“顶点”按钮），如图2-10左图所示。

Step 02 在“几何体”卷展栏中选择要创建的新顶点类型，然后单击“优化”按钮，再在要插入顶点的位置单击，即可插入一个新顶点，如图2-10右边三个图所示。继续单击可插入其他顶点，按【Esc】键或在空白处右击可结束操作。

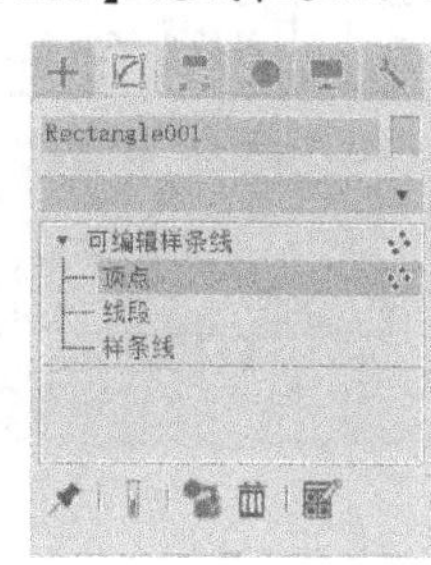

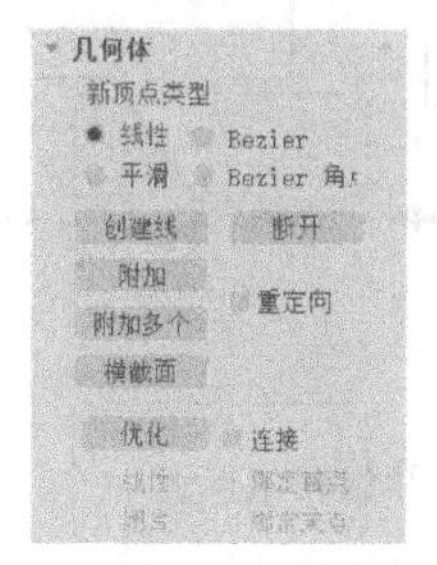

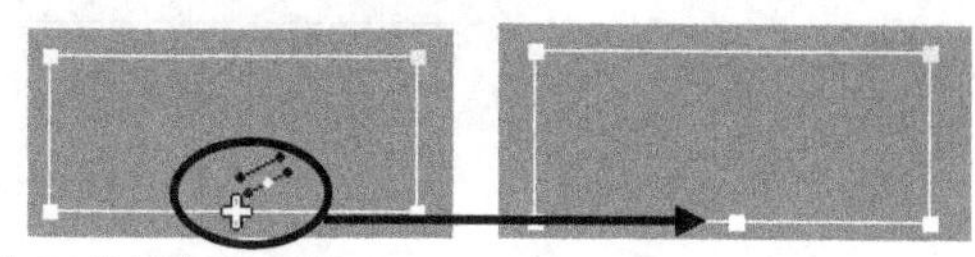

图2-10　使用“优化”按钮插入顶点

如图2-8右边两个图所示，“几何体”卷展栏其他一些重要选项的功能如下。

- 创建线：在所选样条线上创建线。这些线是独立的“样条线”子对象，创建方法与创建“线”样条线相同。要退出线的创建，可在空白处右击两次。
- 断开：选定一个或多个顶点，单击该按钮可在所选顶点处拆分样条线；若选择的是线段，则单击该按钮后，再在线段上单击，可从单击处拆分线段。
- 附加/附加多个：单击“附加”按钮，再依次单击其他样条线，可将所选样条线合并为一个样条线；若要合并多个样条线，可单击“附加多个”按钮，在弹出的对话框中选择要合并的对象，再单击对话框中的“附加”按钮即可。
- 横截面：单击“横截面”按钮，选择一个样条线，再选择第二个样条线，将创建连接这两个样条线的样条线。
- 焊接：单击“焊接”按钮，可将选中的相邻顶点合并为一个顶点。焊接时，顶点的间距必须小于在“焊接”按钮右侧输入的焊接阈值，否则无法进行焊接。

知识库：

选中“端点自动焊接”下的“自动焊接”复选框时，若非闭合曲线端点间的距离小于指定的阈值距离，系统会自动将两个端点焊接为一个顶点。

- 连接：单击该按钮，然后在非闭合样条线的两个端点间拖出一条直线，可将样条线的两个端点用一条直线段连接起来，使样条线闭合。
- 插入：在样条线上插入一个或多个顶点。与“优化”按钮不同的是，利用该按钮可在插入顶点的同时调整样条线的形状。
- 熔合：将选中的顶点移动到同一位置，该位置为各选中顶点的中心。熔合顶点与焊接顶点类似，不同的是：熔合操作不受阈值距离的影响，且非相邻顶点间也可以进行熔合处理，但熔合顶点只是移动选中顶点的位置，顶点的数目不变。
- 圆角/切角：单击该按钮，选中顶点并拖动（或在其后侧的编辑框中输入数值并按【Enter】键），可对选中的顶点进行圆角或切角处理。

❒ 轮廓：单击该按钮，在所选“样条线”子对象上按住鼠标左键并拖动，可创建样条线的轮廓线。

❒ 镜像：选择“样条线”子对象，在设置好镜像方式和镜像选项后，单击该按钮，可对所选“样条线”子对象进行镜像处理。

❒ 布尔：将相交的多个样条线附加为一个后，选中其中的某个“样条线”子对象，然后设置布尔运算类型，单击“布尔”按钮，再单击其他要参与布尔运算的“样条线”子对象，可对所选样条线进行布尔操作，如图 2-11 所示。

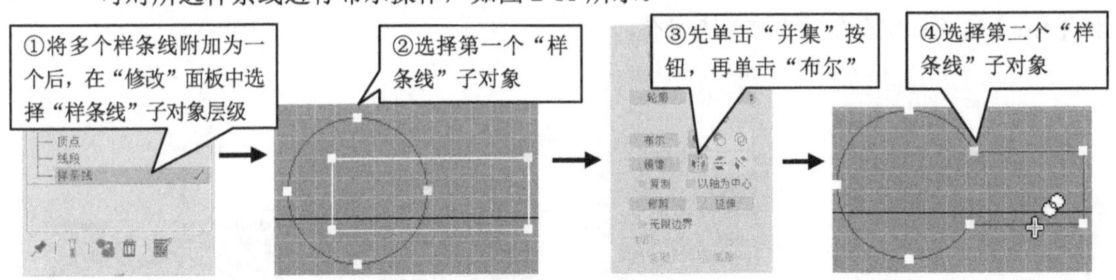

图 2-11　样条线的并集布尔运算

知识库：

样条线的布尔运算有并集、差集和相交三种运算方式，各运算方式的特点如下。

并集：删除相交样条线的重叠部分，保留非重叠部分，如图 2-11 所示。

差集：删除首先选中的样条线与最后单击的样条线的重叠部分，并删除最后单击的样条线的非重叠部分，如图 2-12 左图和中图所示。

交集：删除相交样条线的非重叠部分，保留重叠部分，如图 2-12 左图和右图所示。

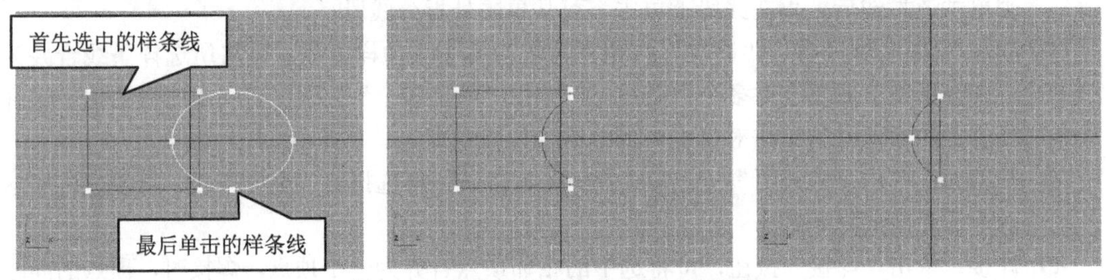

图 2-12　样条线的差集和交集布尔运算

❒ 删除：删除选中的顶点。选中顶点后，按【Delete】键也可将其删除。

任务实施

制作二维线扳手

2.1.3　制作二维线扳手

制作思路

创建二维线扳手时，首先利用“矩形”和“圆形”按钮创建扳手的大致轮廓；然后将所有图形附加到同一可编辑样条线中，并对矩形和圆形进行布尔运算，创建扳手的形状；最后在“渲染”卷展栏中设置扳手的渲染参数。

操作步骤

Step 01 将前视图设置为当前视图并按【Alt+W】组合键，将前视图最大化，然后单击“创建”>

“图形”面板“样条线”分类中的“矩形”按钮，如图2-13左图所示，再在“键盘输入”卷展栏中输入如图2-13中图所示的参数，单击“创建”按钮，在前视图中创建一个矩形，然后利用“修改”面板将其命名为“矩形中”，如图2-13右图所示。

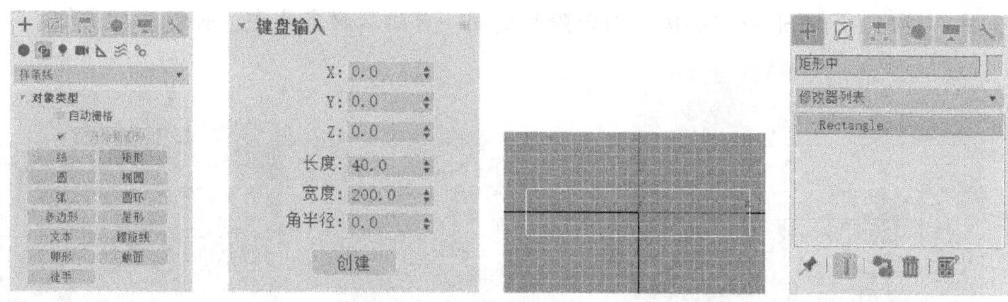

图2-13　创建“矩形中”图形

Step 02 选择“创建”>“图形”面板“样条线”分类中的“圆”按钮，然后在“键盘输入”卷展栏中输入如图2-14左图所示的参数，并单击“创建”按钮，在前视图中创建一个圆形，将其命名为“大圆”，效果如图2-14右图所示。

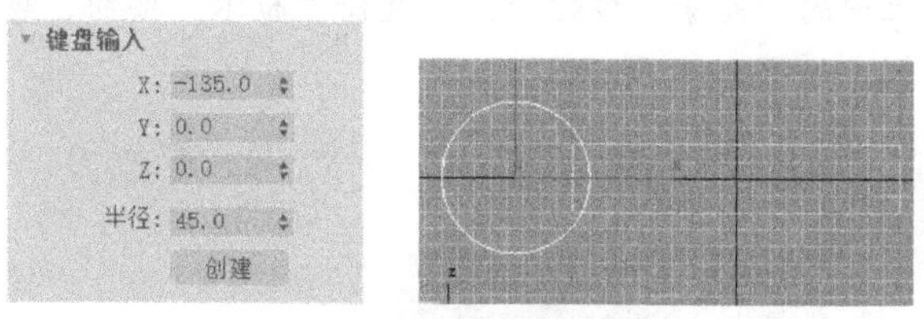

图2-14　创建“大圆”图形

Step 03 参照Step02的操作再在前视图中创建一个圆形，并将其命名为“小圆”，如图2-15所示。

Step 04 参照Step01的操作再在前视图中创建两个矩形，分别命名为“矩形左”和“矩形右”，“键盘输入”卷展栏中参数设置如图2-16所示。最终图形效果如图2-17所示。

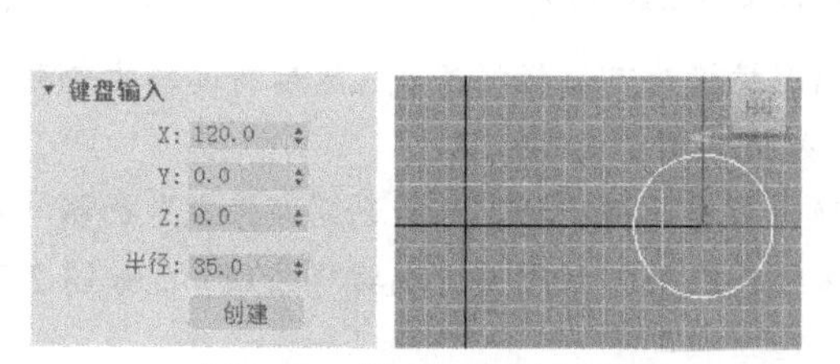

图2-15　创建“小圆”图形

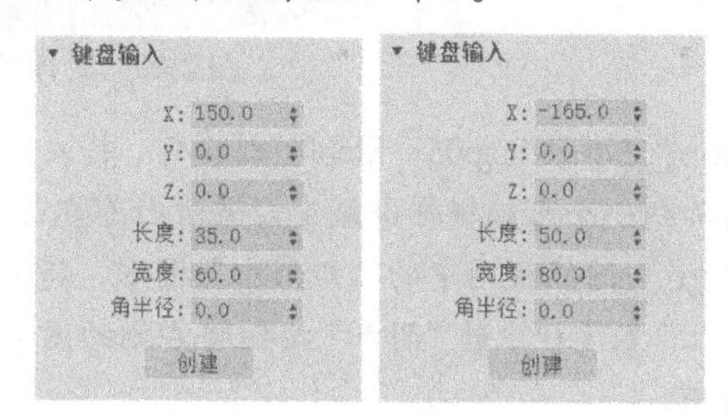

图2-16　“矩形左”和“矩形右”图形的参数设置

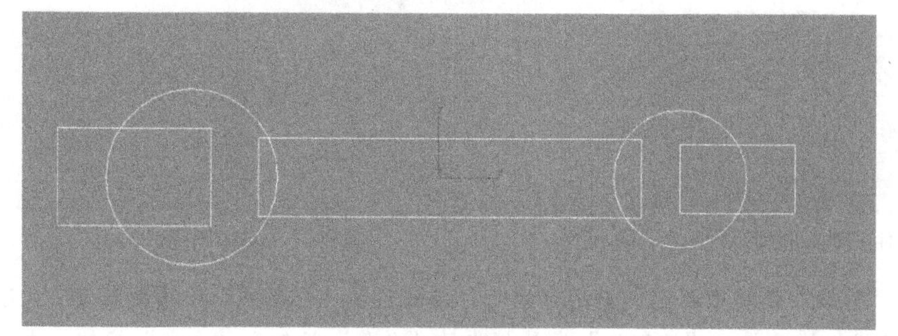

图2-17　最终图形效果

Step 05 右击视图中的“小圆”图形，在弹出的快捷菜单中选择“转换为”>“转换为可编辑样条线”命令，如图 2-18 所示。

Step 06 单击“修改”面板“几何体”卷展栏中的“附加”按钮，然后选取前视图中的“矩形右”图形，将“矩形右”图形与“小圆”图形附加到同一可编辑样条线中，如图 2-19 所示。

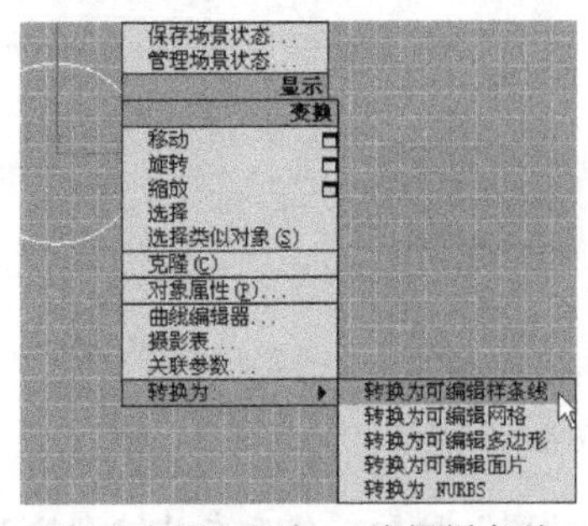

图 2-18 为“小圆”添加“编辑样条线”修改器

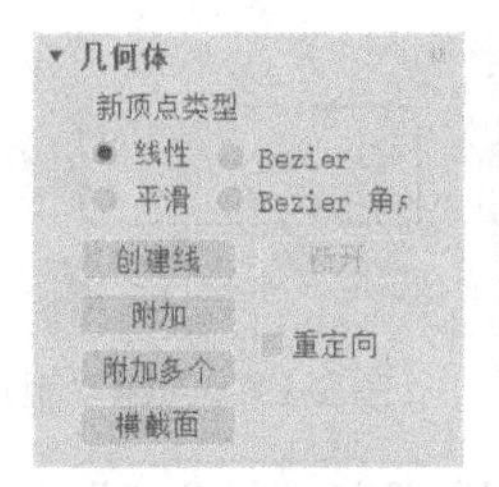

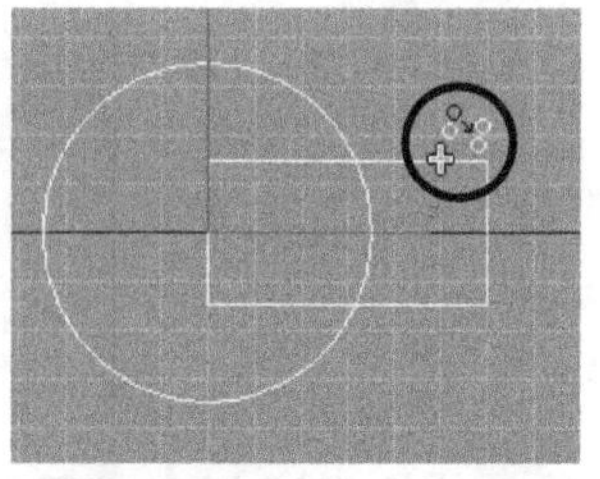

图 2-19 附加图形（1）

Step 07 在修改器堆栈中将修改对象设为“样条线”子对象层级，然后选中视图中的圆形样条线，单击“几何体”卷展栏中的“差集”按钮，并选择“布尔”按钮，再在视图中的矩形样条线上单击，进行布尔运算，如图 2-20 所示。

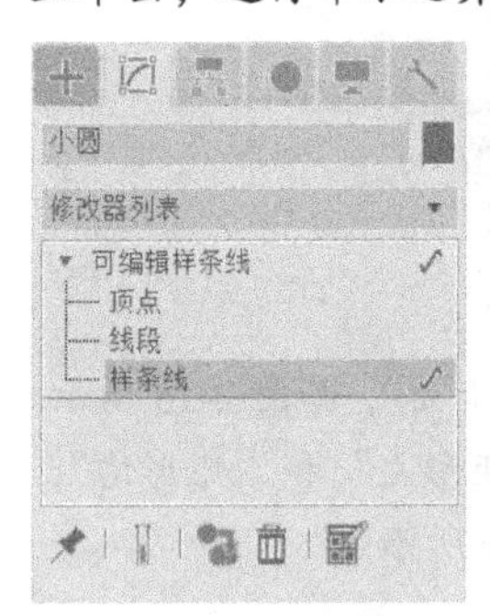

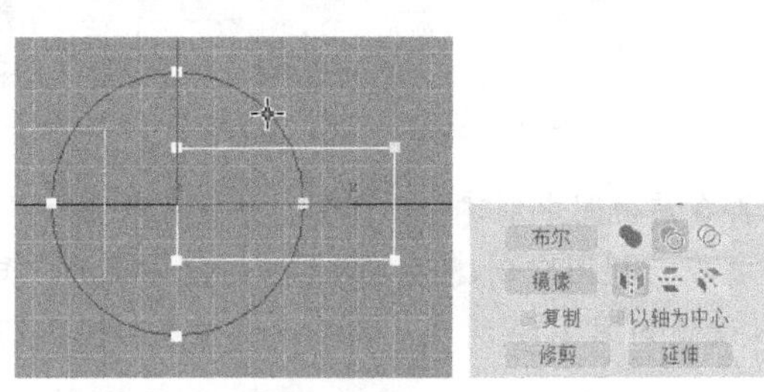

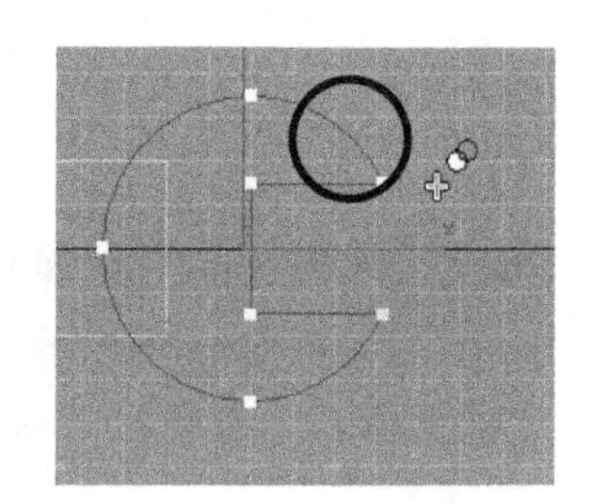

图 2-20 对样条线进行布尔运算（1）

Step 08 参照 Step05～Step07 的操作，将左侧的圆形转换为可编辑样条线，然后将其与左侧矩形附加到一个可编辑样条线中，并进行布尔运算，效果如图 2-21 所示。

Step 09 选择视图中的“矩形中”图形，将其转换为可编辑样条线，然后利用“修改”面板“几何体”卷展栏中的“附加”按钮将右侧的图形与该样条线附加到同一可编辑样条线中，如图 2-22 所示。

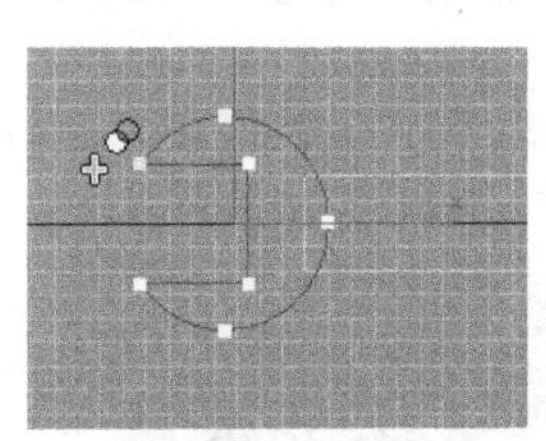

图 2-21 对左侧圆形和矩形进行布尔运算

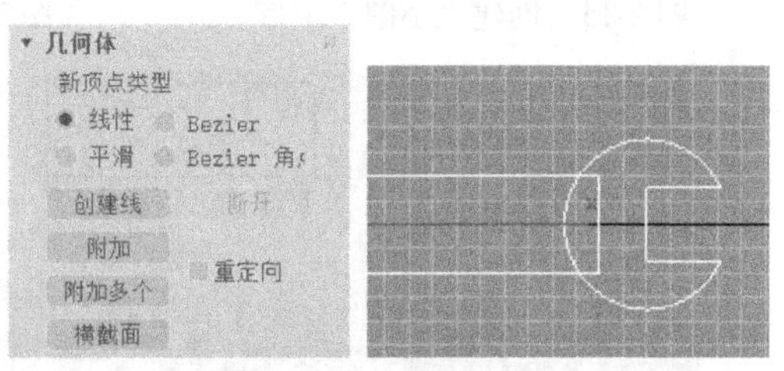

图 2-22 附加图形（2）

Step 10 在“修改”面板中将附加后的可编辑样条线设为“样条线”子对象层级，并选取视图中的矩形样条线，然后单击“几何体”卷展栏中的“并集”按钮和“布尔”按钮，再在视图中右侧的样条线上单击，进行布尔运算，如图 2-23 所示。

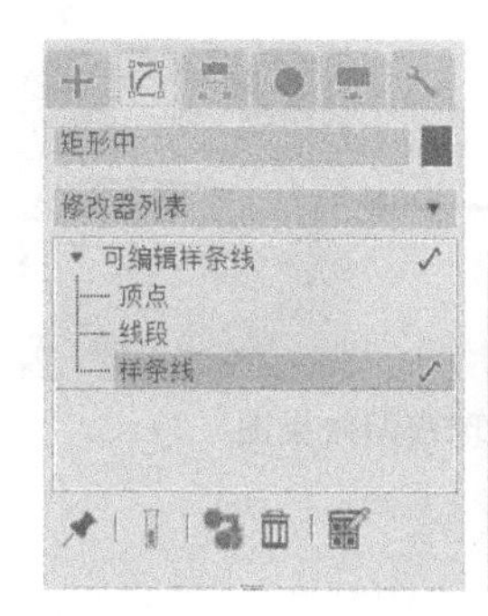

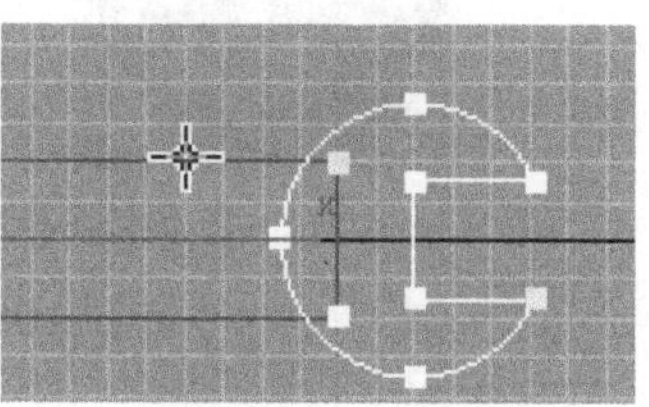
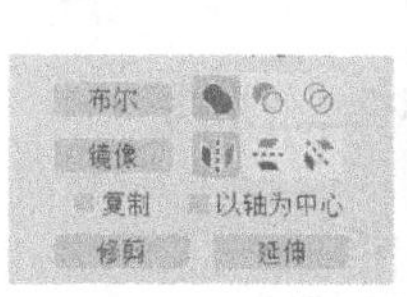

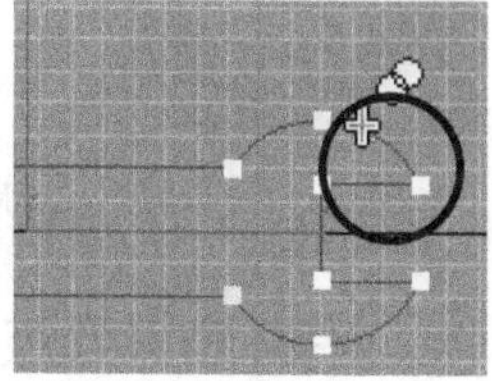

图 2-23　对样条线进行布尔运算（2）

Step 11 参照 Step09、Step10 的操作，将左侧图形与“矩形中”附加到同一可编辑样条线中，并进行布尔运算，效果如图 2-24 所示。

Step 12 选中视图中的图形，在“修改”面板的“渲染”卷展栏中勾选“在渲染中启用”和“在视口中启用”复选框，将“厚度”设为“2”，如图 2-25 所示。本例最终效果可参考本书配套素材“素材与实例”>“第 2 章”文件夹>“二维线扳手.max”。

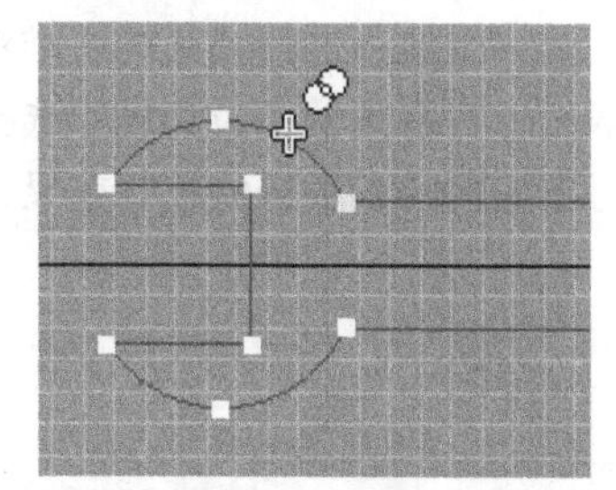

图 2-24　对左侧图形进行布尔运算

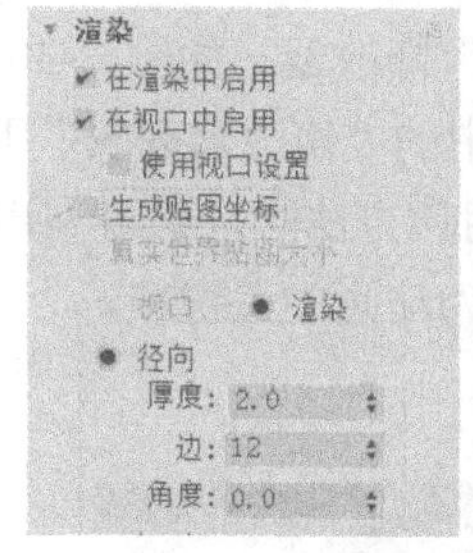

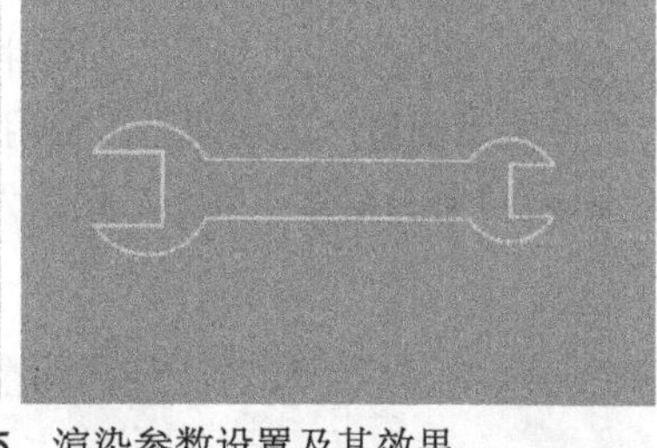

图 2-25　渲染参数设置及其效果

任务拓展

2.1.4　制作中国银行标志

适当添加若干个二维图形，使用相关命令，将图形编辑成中国银行标志，如图 2-26 所示。要求整个标志成为一个整体，并设置图形可渲染，渲染线框厚度为 2。

图 2-26　中国银行标志效果图

制作中国银行标志

2.2　网格建模

网格建模是指将现有的三维对象（如基本三维对象）转换为可编辑网格，然后对网格对象的顶点、边、面或元素子对象层级进行编辑，从而得到需要的模型。

任务陈述

本节通过制作足球和排球模型（如图 2-27 和图 2-28 所示）来学习网格建模的方法。

添加材质
并渲染

图 2-27　足球模型效果图

渲染

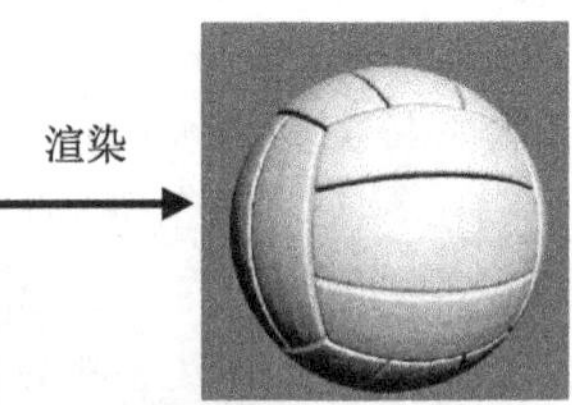

图 2-28　排球模型效果图

相关知识与技能

2.2.1　编辑网格

要进行网格建模，首先要将三维对象转换为可编辑网格，方法主要有两种，具体如下。

- 利用对象的右键快捷菜单：如图 2-29 所示，选中要进行网格建模的三维对象，右击，在弹出的快捷菜单中选择“转换为”>“转换为可编辑网格”命令。使用该方法转换可编辑网格时，三维对象的性质发生改变，因此，无法再利用其创建参数来修改对象。
- 为三维对象添加“编辑网格”修改器：如图 2-30 所示，选中要进行网格建模的三维对象，然后单击“修改”面板中的“修改器列表”下拉列表框，在弹出的下拉列表中选择“编辑网格”选项即可。使用该方法时，仍可利用三维对象的创建参数来修改其效果，但对象的编辑调整无法记录为动画的关键帧。

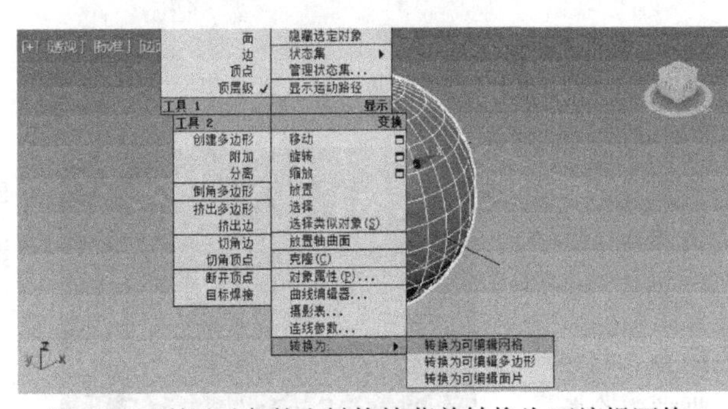

图 2-29　利用对象的右键快捷菜单转换为可编辑网格

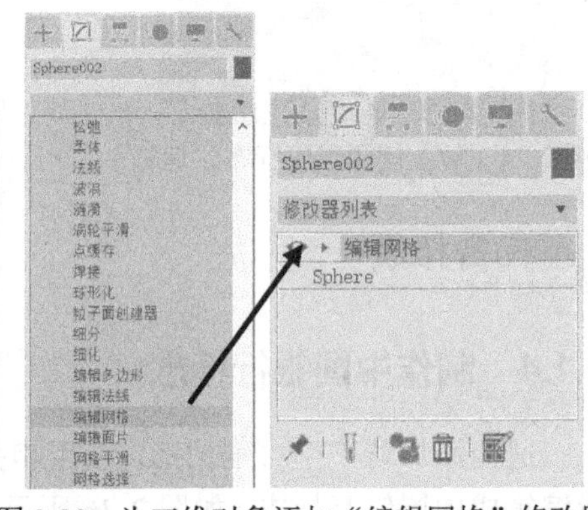

图 2-30　为三维对象添加“编辑网格”修改器

1．可编辑网格的子对象

可编辑网格包括顶点、边、面、多边形和元素等子对象层级，用户可分别对这些子对象进行编辑，如图 2-31 所示。各子对象层级的作用如下。

- 顶点：顶点用来定义面的结构，当移动或编辑顶点时，它们形成的面也会受影响。启用“顶点”子对象层级，允许选择并编辑顶点，如图 2-32 所示。
- 边：边是一条线，用来组成面并连接两个顶点，两个面可以共享一条边。同样，启用“边”子对象层级，允许选择并编辑边，如图 2-33 左图所示。
- 面：面是最小的网格对象，是由三个顶点组成的三角形，可以提供可渲染的对象曲面。启用“面”子对象层级，允许选择并编辑面，如图 2-33 中图所示。
- 多边形/元素：多边形就是两个面的集合，类似于方形，如图 2-33 右图所示。元素就是多个面的集合，是指可编辑网格中每个独立的曲面。

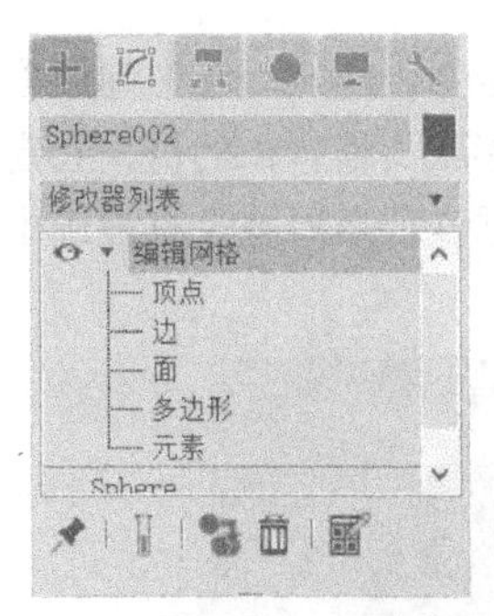

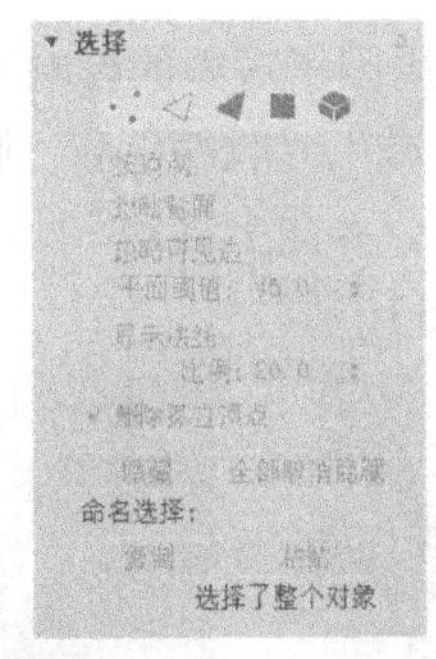

图 2-31　可编辑网格的子对象层级

图 2-32　选择顶点

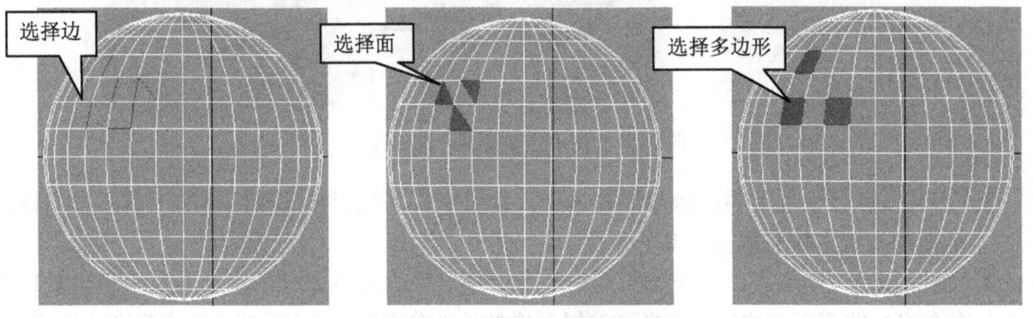

图 2-33　选择边、面和多边形

2．可编辑网格对象的参数设置

可编辑网格对象的参数设置包括“选择”、“软选择”、“编辑几何体”和“曲面属性”卷展栏，如图 2-34 所示，各卷展栏的作用如下。

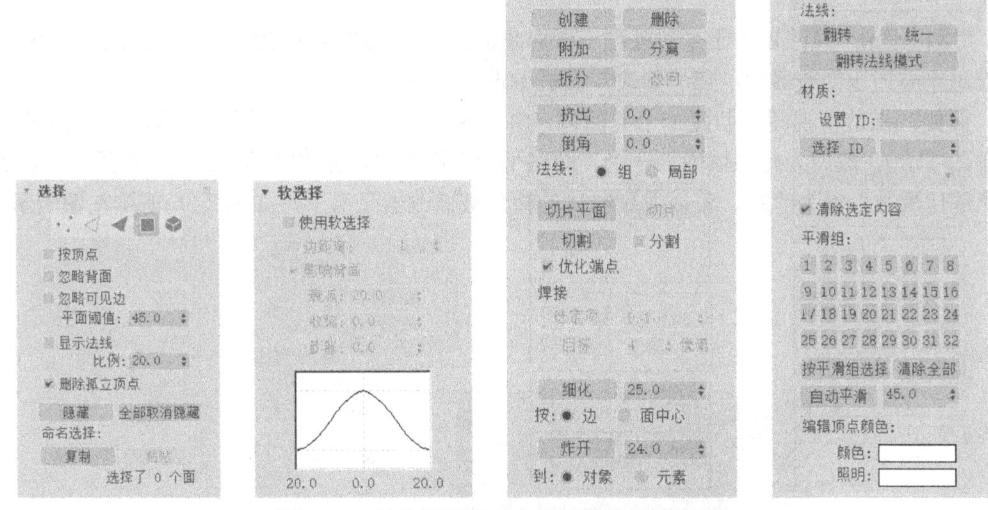

图 2-34　可编辑网格对象的参数设置卷展栏

- “选择”卷展栏：用于启用或禁用可编辑网格的子对象层级，以及辅助选择这些对象。例如，单击“顶点”按钮，可对可编辑网格的顶点子对象进行编辑；单击“多边形”按钮，可对可编辑网格的多边形子对象进行编辑；若选中“按顶点”复选框，则单击某个顶点时可选中其周围的四个多边形。

- “软选择”卷展栏：用于控制当前子对象对周围子对象的影响程度。例如，选中卷展栏中的“使用软选择”复选框，然后设置“衰减”、“收缩”和“膨胀”编辑框的值，确定软选择的影响范围，再选中球体的某一顶点，并向上移动，此时该顶点周围没有被选中的顶点也会随其移动一定的距离，如图 2-35 所示。

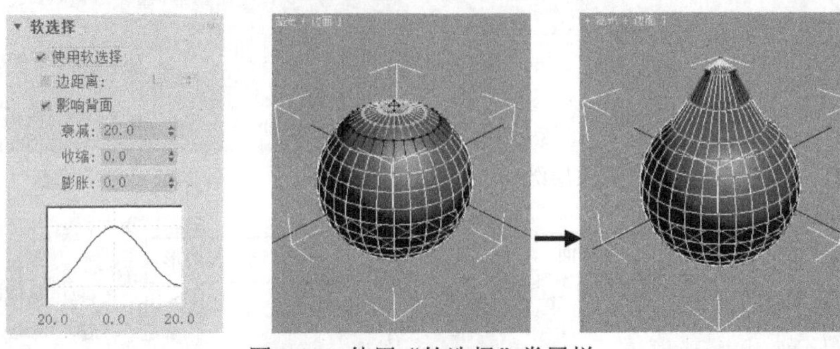

图 2-35　使用“软选择”卷展栏

- “编辑几何体”卷展栏：该卷展栏为用户提供了许多编辑可编辑网格的工具，我们将在后面的实例中体验这些工具的作用。
- “曲面属性”卷展栏：当可编辑网格处于“顶点”修改模式时，该卷展栏用于设置顶点的颜色、照明度和透明度；当可编辑网格处于“多边形”、“面”或“元素”修改模式时，该卷展栏用于设置多边形、面、元素使用的材质 ID 和平滑组号；当可编辑网格处于“边”修改模式时，该卷展栏用于设置边的可见性。

2.2.2　网格平滑

“网格平滑”修改器用于平滑处理三维对象的边角，使边角变圆滑，其使用方法很简单，为三维对象添加该修改器后，在“修改”面板中设置其参数即可。

例如，在透视视图中创建一个异面体，并选择“十二面体/二十面体”单选钮（如图 2-36 上排图所示），然后为此物体附加一个“网格平滑”修改器，并将“细分方法”设置为“经典”，将“迭代次数”设为“2”，可以看到物体的棱角被修改器平滑了，如图 2-36 下排左图所示。

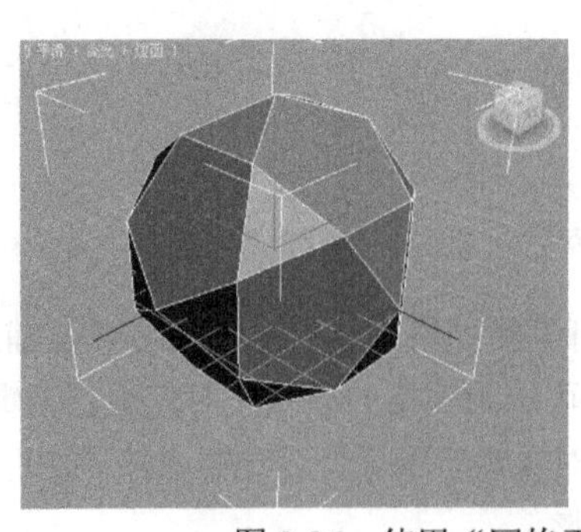

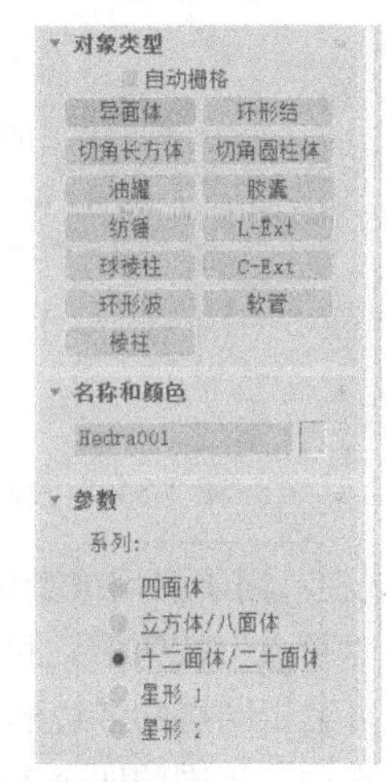

图 2-36　使用“网格平滑”修改器

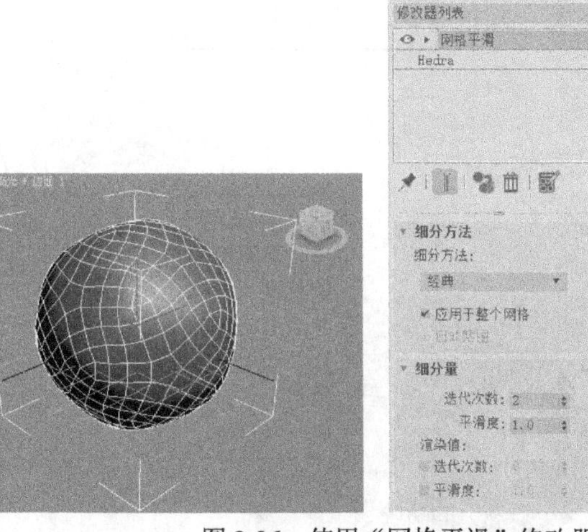

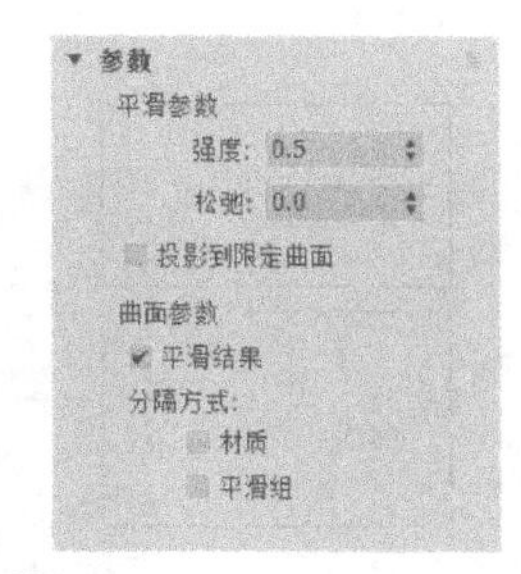

图 2-36　使用“网格平滑”修改器（续）

“网格平滑”修改器各重要参数的含义如下：

- 细分方法：该卷展栏中的参数用于设置网格平滑的细分方式、应用对象和贴图坐标的类型。细分方式不同，平滑效果也有所区别。
- 细分量：该卷展栏中的参数用于设置网格平滑的效果。其中，“迭代次数”用来设置网格细分的次数；“平滑度”用来确定对尖锐的锐角添加面以平滑它。需要注意的是，“迭代次数”越高，网格平滑的效果就越好，但系统的运算量也成倍增加。因此，“迭代次数”最好不要过高（若系统运算不过来，可按【Esc】键返回前一次的设置）。
- 参数：如图 2-36 下排右图所示，在该卷展栏中，“平滑参数”区中的参数用于调整“经典”和“四边形输出”细分方式下网格平滑的效果；“曲面参数”区中的参数用于控制是否为对象表面指定同一平滑组号，并设置对象表面各面片间平滑处理的分隔方式。

任务实施

2.2.3　制作足球模型

制作足球模型

制作思路

足球是圆形的，用皮革或其他适合的材料制成，一般由 12 块黑色正五边形面料与 20 块正六边形面料拼合而成，一共有 32 个面。在 3ds Max 的扩展基本体中，“异面体”可通过几个系列的多面体生成对象，因此我们可以使用“异面体”开始建模，并通过添加“编辑网格”、“网格平滑”、“面挤出”和“球形化”修改器等来完成模型的修改。

操作步骤

Step 01 单击“创建”>“几何体”面板“扩展基本体”分类中的“异面体”按钮，然后在透视视图中拖动鼠标创建一个异面体。

Step 02 打开“修改”面板，参照如图 2-37 右图所示，在“参数”卷展栏中选择“十二面体/二十面体”单选钮，并设置“系列参数”的“P”值为“0.35”，“顶点”为“中心和边”，“半径”为“50”。

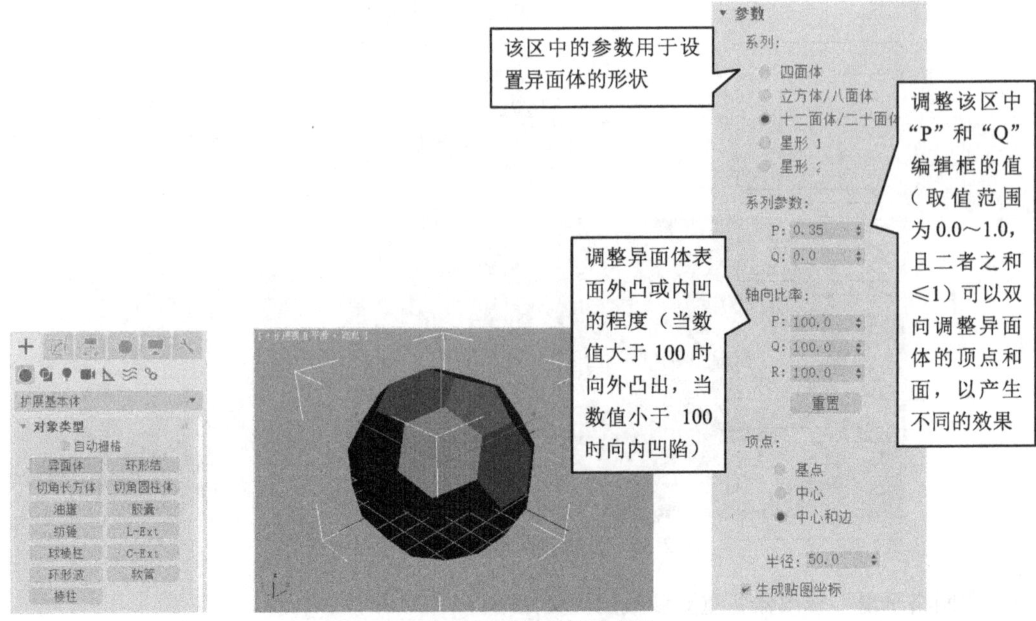

图 2-37　创建异面体并修改参数

Step 03 打开"修改"面板，单击"修改器列表"下拉列表框，在弹出的下拉列表中选择"编辑网格"，为异面体添加"编辑网格"修改器，如图 2-38 左图所示。然后展开修改器子对象层级，设置其修改对象为"多边形"子对象，如图 2-38 中图所示。再按【Ctrl+A】组合键选择视图中所有的面，如图 2-38 右图所示。

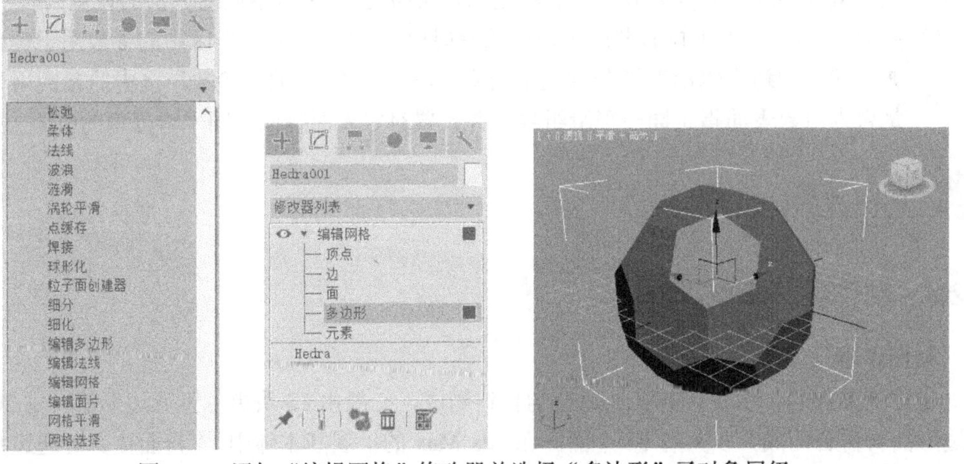

图 2-38　添加"编辑网格"修改器并选择"多边形"子对象层级

温馨提示：

"编辑网格"修改器：三维网格模型由点、线、面、元素等组成，"编辑网格"修改器主要通过对这些点、线、面、元素进行加工修改处理，来改变物体的形状达到建模的目的。我们将在第 3 章中详细介绍网格建模方法。

Step 04 单击"修改器"面板"编辑几何体"卷展栏中的 炸开 按钮，弹出"炸开"对话框，单击"确定"按钮，将所有的面炸开，如图 2-39 所示。

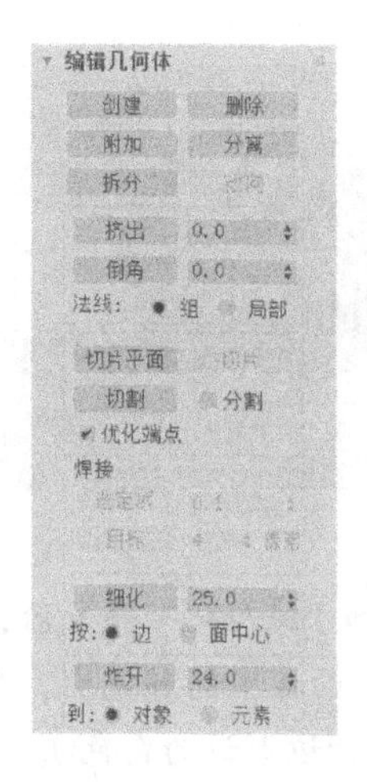

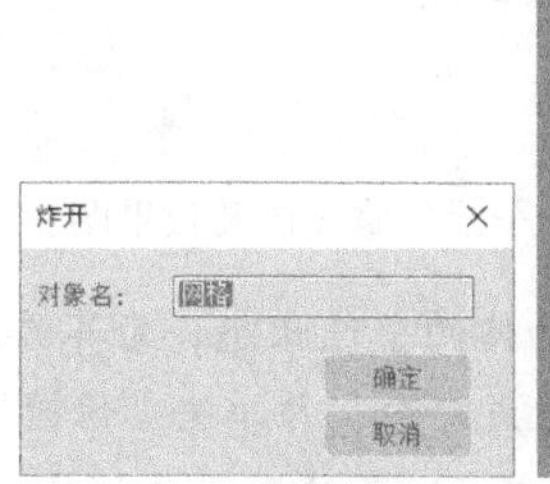

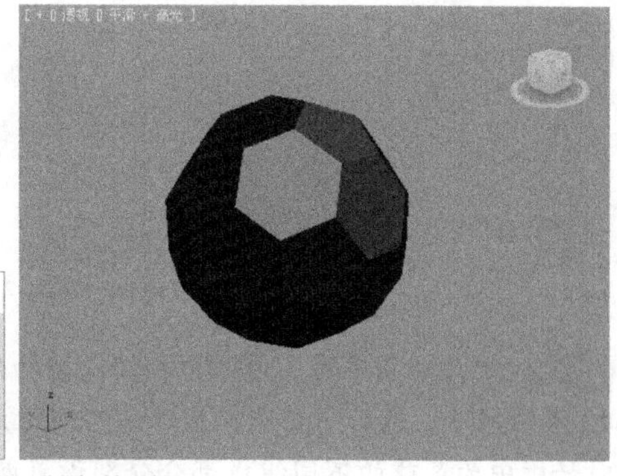

图 2-39　炸开所有的面

Step 05 在“修改”面板中选择“编辑网格”，以退出“编辑网格”修改器的子对象修改模式，然后按【Ctrl+A】快捷键选中视图中的所有图形，再在“修改”面板中为所选图形添加“编辑网格”修改器，并设置其修改对象为“多边形”，如图 2-40 左边两个图所示。

Step 06 按【Ctrl+A】快捷键全选所有对象，为所选对象添加“面挤出”修改器，并在“参数”卷展栏中设置“数量”为“3”，“比例”为“90”，参数设置和效果如图 2-40 右边两个图所示。

知识库：

“面挤出”修改器：“面挤出”修改器可对其下层的选择面集合进行挤出成型（从原对象表面长出或陷入），与我们在第 3 章将要介绍的可编辑网格和可编辑多边形的挤出面功能相似。

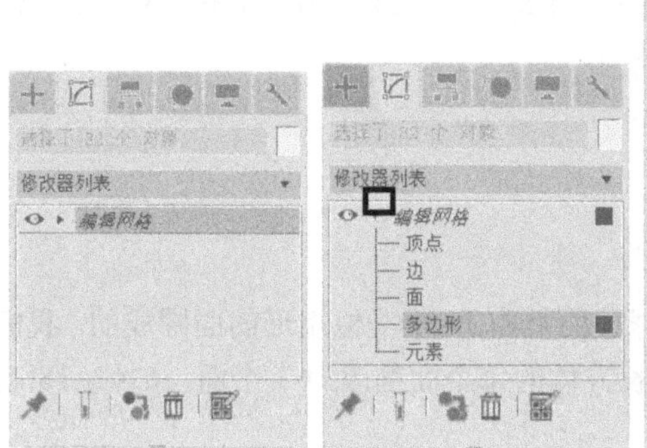

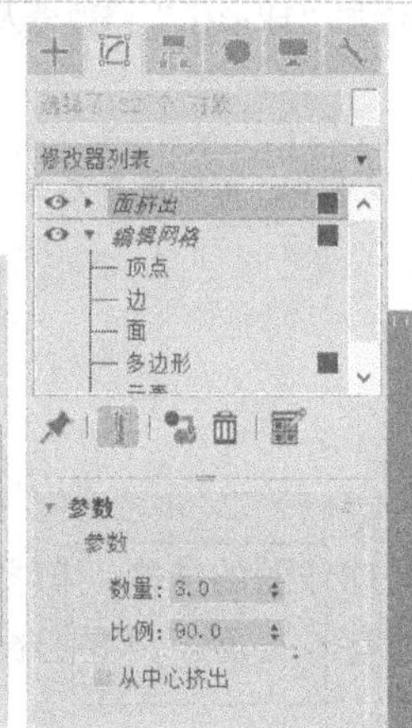

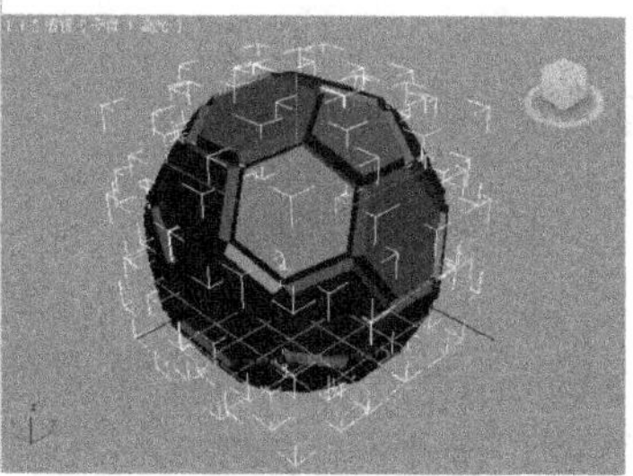

图 2-40　添加“编辑网格”和“面挤出”修改器及效果图

Step 07 保持物体的全选状态，为所选物体添加“网格平滑”修改器，并在“细分方法”卷展栏中选择细分方法为“四边形输出”，在“细分量”卷展栏中设置“迭代次数”为“2”，在“参数”卷展栏中设置“强度”为“0.2”，参数设置和完成的效果如图 2-41 所示。

知识库：

“网格平滑”修改器通过多种不同方法平滑场景中的几何体。它允许细分几何体，同时在角和边插补新面的角度，以及将单个平滑组应用于对象中的所有面。“网格平滑”的效果是使角和边变圆，就像它们被锉平或刨平一样。使用“网格平滑”参数可控制新面的大小和数量，以及它们如何影响对象曲面。

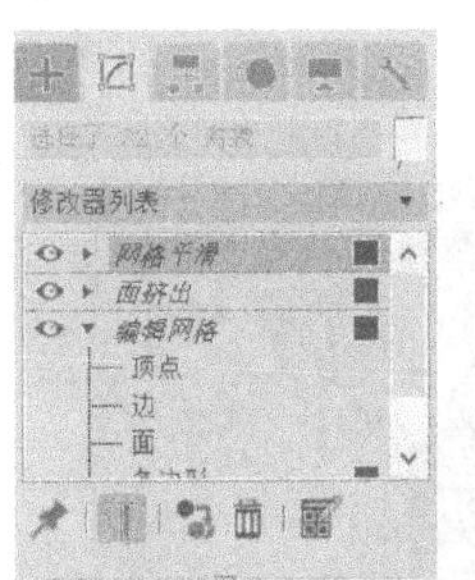
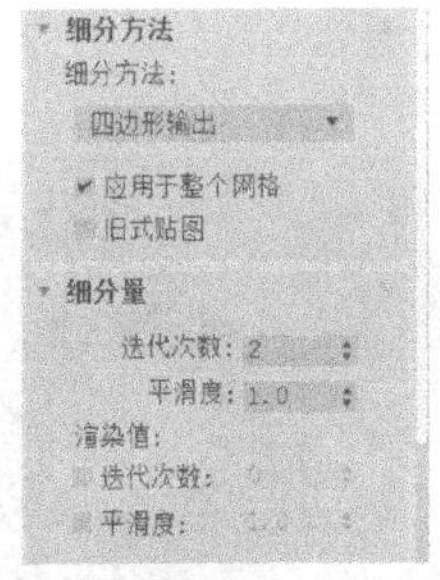
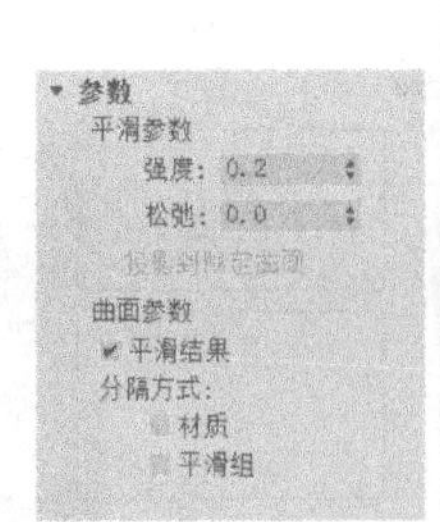
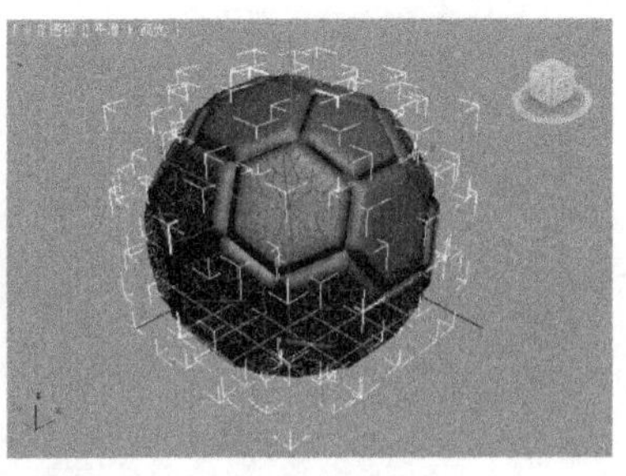

图 2-41　添加“网格平滑”修改器及效果图

Step 08 此时的足球还不圆，为此，我们保持物体的全选状态，为其添加“球形化”修改器，如图 2-42 左图所示。最后分别选择足球的不同组成部分，并单击“修改”面板中的颜色块，在弹出的对话框中为足球的不同组成部分分别设置颜色（五边形设为黑色，六边形设为白色），效果如图 2-42 右图所示。

图 2-42　添加“球形化”修改器及足球模型最终效果图

知识库：

“球形化”修改器将对象扭曲为球形。该修改器只有一个参数，即尽可能将对象变形为球形的“百分比”微调器。

制作排球模型

2.2.4　制作排球模型

制作思路

制作排球之前先观察一下排球球面的结构，排球球面是由 18 个类似矩形的面围成的。我们可以从长方体开始考虑，长方体有 6 个面，只要把长方体的每个面都改为 3 个面，6×3=18 就得到了 18 个面，如图 2-43 所示。

图 2-43　创建排球模型的思路

具体制作时，可先创建长方体，并通过设置长方体的分段参数，使其每个面都分为 9 个部分；然后为长方体添加“编辑网格”修改器，将长方体各面上的多边形分离，并删除长方体；再将所有分离出去的多边形附加到同一可编辑网格中，并对其进行细化和球化处理；最后为可编辑网格添加“面挤出”和“网格平滑”修改器，完成排球模型的创建。

操作步骤

Step 01 利用“创建”>“几何体”面板“标准基本体”分类中的“长方体”按钮，在顶视图中创建一个长方体，并在“参数”卷展栏中将长方体的长度、宽度、高度都设为“50”，将长度、宽度、高度分段数都设为“3”，如图2-44所示。

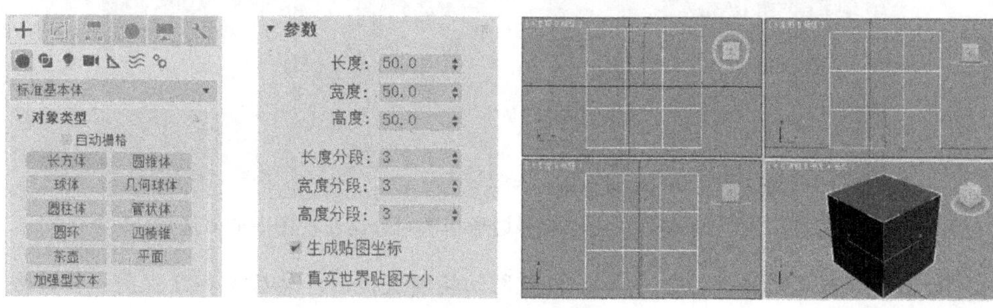

图2-44　创建长方体

Step 02 在“修改”面板中为长方体添加“编辑网格”修改器，并设置其修改对象为“多边形”子对象，如图2-45所示。

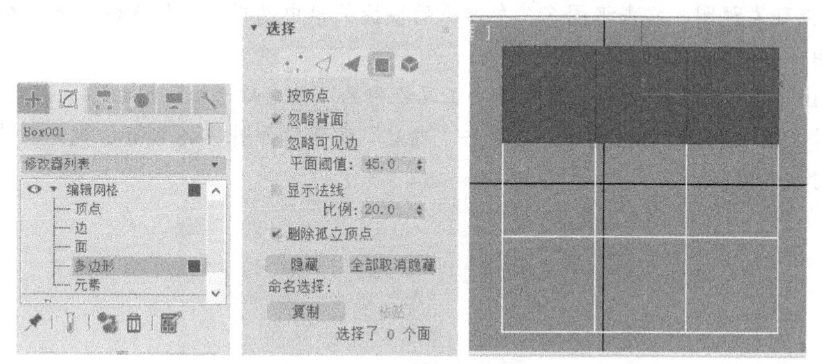

图2-45　设置修改对象

Step 03 在“选择”卷展栏中勾选“忽略背面”复选框，然后在顶视图中选择长方体顶面第1行的3个网格，再单击“修改”面板“编辑几何体”卷展栏中的“分离”按钮，在弹出的“分离”对话框中单击“确定”按钮，如图2-46所示。

Step 04 参考Step03的操作在顶视图中对第2行和第3行的网格进行分离。

Step 05 在前视图中选择第1列的3个网格，然后单击“分离”按钮进行分离，如图2-47左图所示。

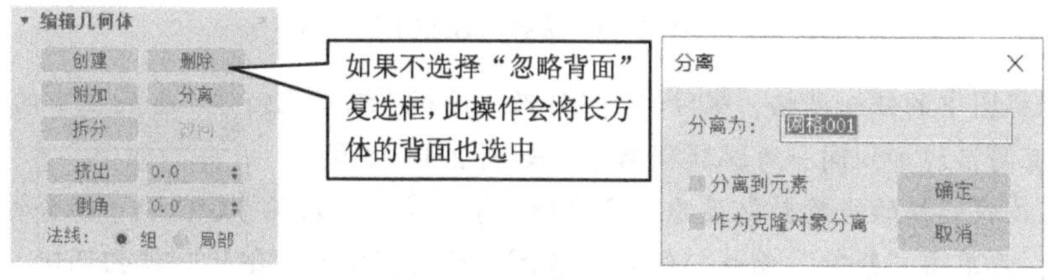

图2-46　分离多边形

Step 06 参考 Step05 的操作对第 2 列和第 3 列的网格进行分离。

Step 07 在左视图中选择第 1 行 3 个多边形，如图 2-47 右图所示，然后单击“分离”按钮。用同样的方法，分离第 2 行和第 3 行的网格。

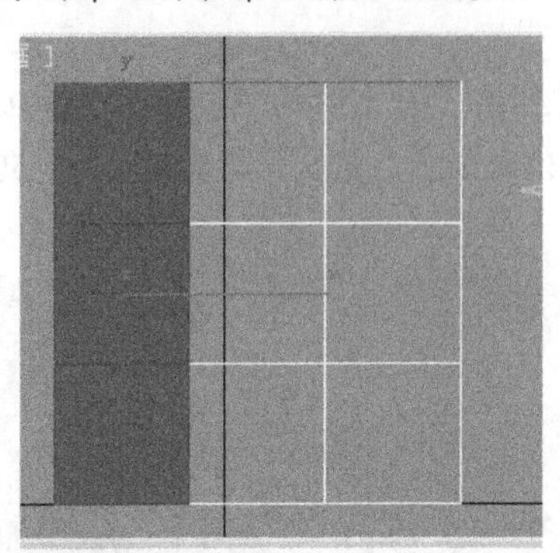
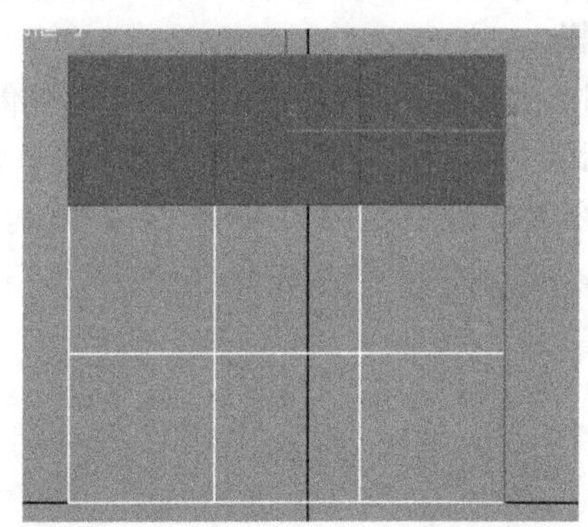

图 2-47　纵向分离前视图中的多边形和横向分离左视图中的多边形

Step 08 切换到顶视图，按快捷键【B】，把视图切换到底视图，然后用和顶视图一样的方法横向分离网格。

Step 09 切换到前视图，右击视图名，在弹出的快捷菜单中选择“后”命令，进入后视图，然后用和前视图一样的方法纵向分离网格。

Step 10 切换到左视图，右击视图名，在弹出的快捷菜单中选择“右”命令，进入右视图，然后用和左视图一样的方法横向分离网格。

Step 11 退出“多边形”子对象层级，单击工具栏中的“按名称选择”按钮，在打开的“从场景选择”对话框中选择“Box001”，并单击“确定”按钮，如图 2-48 所示，然后按【Delete】键将选中的对象删除。

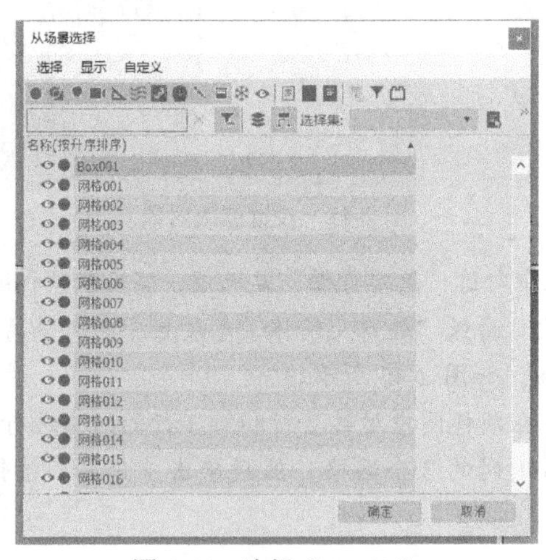

图 2-48　选择“Box01”

Step 12 选择视图中的任一网格，然后单击“修改”面板“编辑几何体”卷展栏中的“附加列表”按钮，将所有网格附加到同一可编辑网格中，如图 2-49 所示。

Step 13 将可编辑网格的修改对象设为“多边形”子对象，然后按【Ctrl+A】组合键选中视图中的全部对象，再单击“修改”面板“编辑几何体”卷展栏中的“细化”按钮两次，细化后的效果如图 2-50 所示。

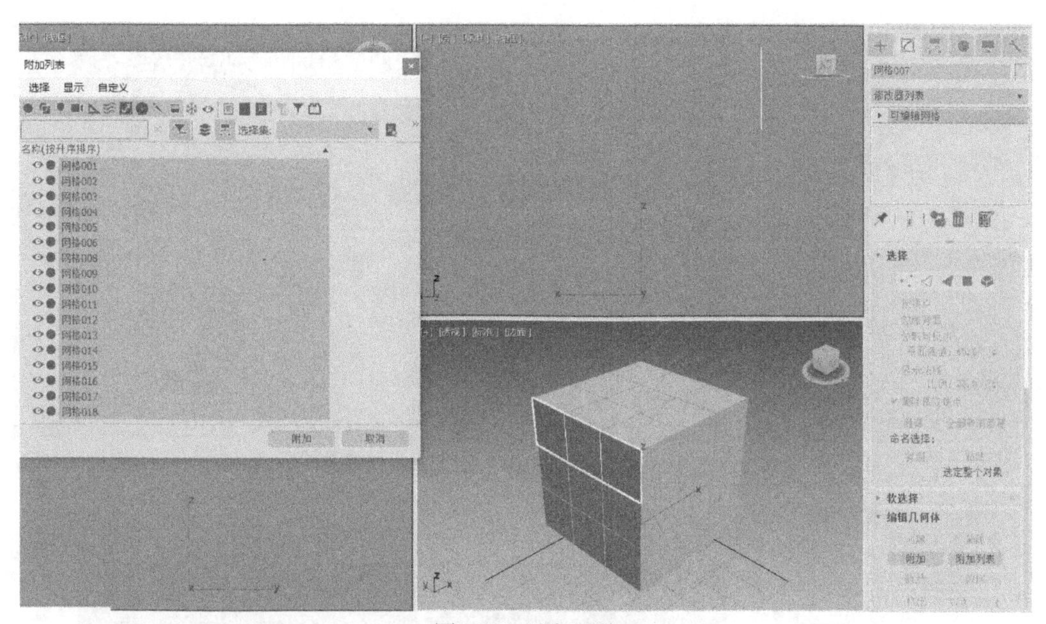

图 2-49　附加网格

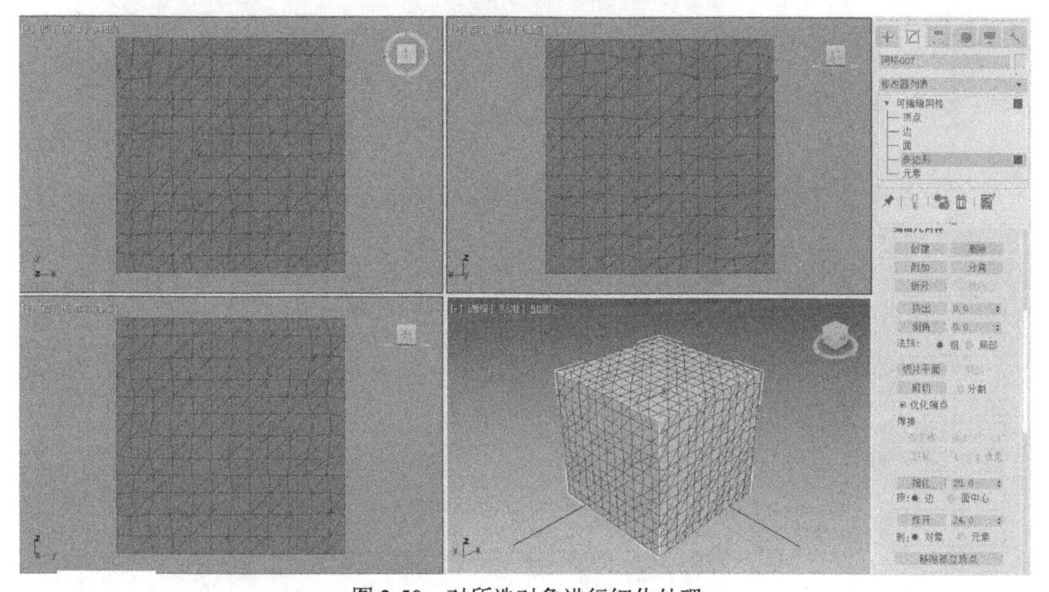

图 2-50　对所选对象进行细化处理

Step 14 在“修改”面板的“修改器列表”中为可编辑网格添加“球形化”修改器，效果如图 2-51 所示。

Step 15 在“修改器列表”中再添加一个“编辑网格”修改器，并设置其修改对象为“多边形”子对象，然后添加“面挤出”修改器，并在“参数”卷展栏中将“数量”设为“2”，将“比例”设为“95”，如图 2-52 所示。

Step 16 为可编辑网格添加“网格平滑”修改器，然后在“细分方法”卷展栏中将细分方法设为“四边形输出”，再在“细分量”卷展栏中将“迭代次数”设为“2”，“平滑度”设为“0.2”，如图 2-53 所示。至此，本实例就制作完成了，最终效果可参考本书配套素材“素材与实例”>“第 2 章”文件夹>“排球模型.max”。

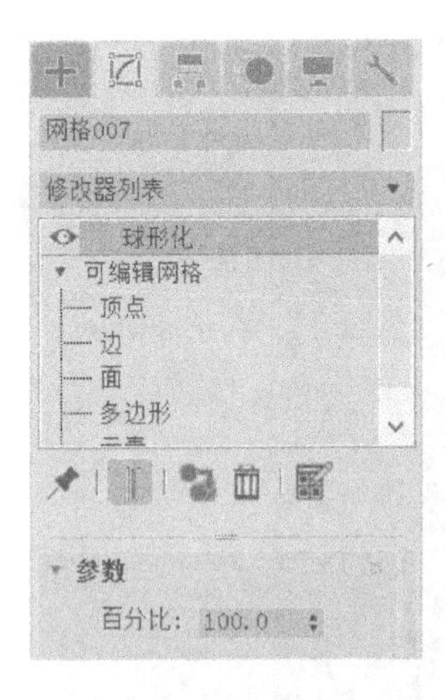

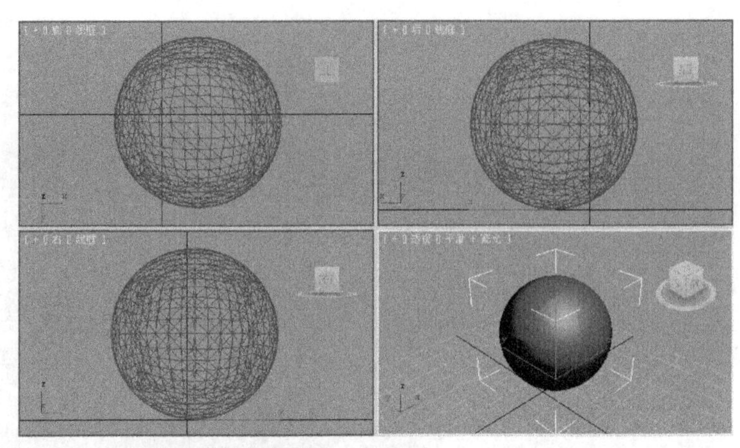

图 2-51　添加“球形化”修改器及效果图

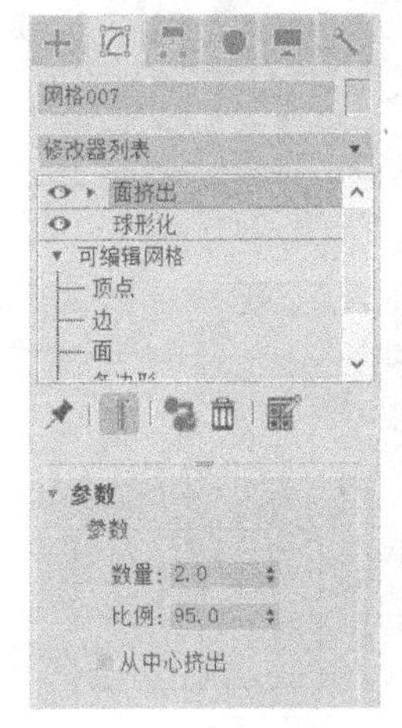

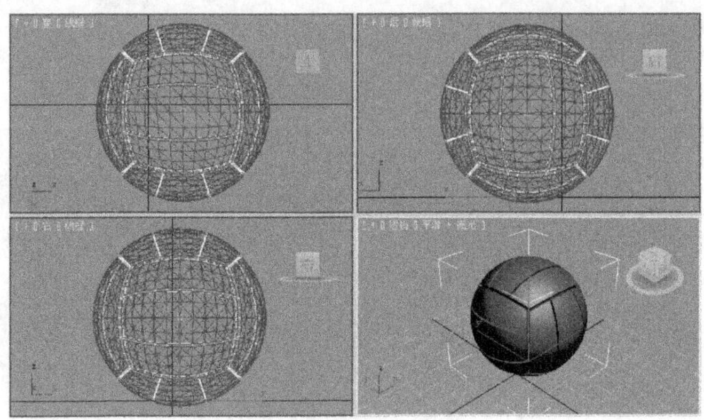

图 2-52　对多边形进行面挤出处理

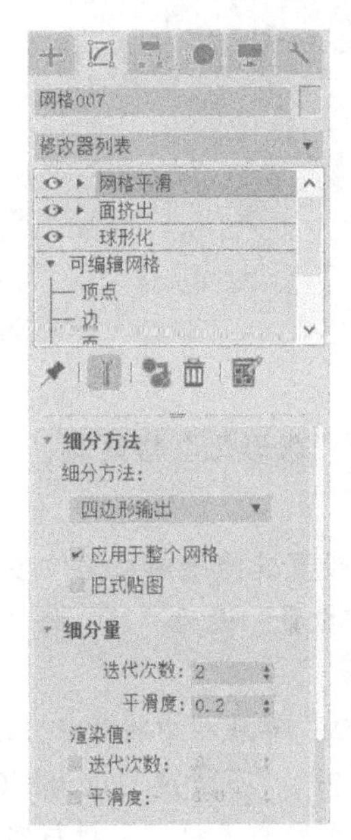

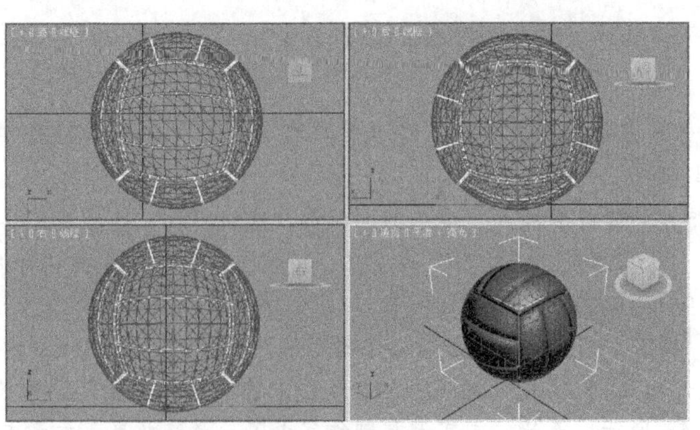

图 2-53　添加“网格平滑”修改器

任务拓展

2.2.5 制作窗框模型

请制作一个窗框模型，参考图如图 2-54 所示。提示：制作窗框的方法有很多，在这里希望读者能使用网格建模的方法，完成窗框建模。具体步骤可以参考 5.2.4 节英式电话亭外观表现中的创建门模型。

图 2-54 窗框模型效果图

2.3 多边形建模

多边形建模是应用最广泛的建模方法之一，其建模方法与网格建模很相似，不同的是网格建模只能编辑三角面，而多边形建模对面没有任何限制。

任务陈述

本实例将通过创建如图 2-55 所示的木桶模型及水龙头模型，使读者进一步熟悉多边形建模的流程，并掌握多边形建模中一些比较常用的子对象的编辑方法。

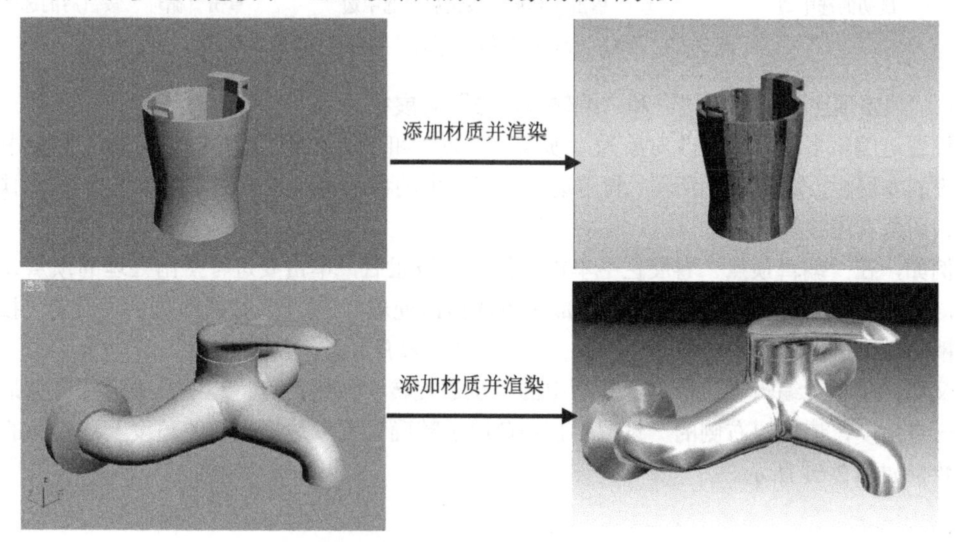

图 2-55 木桶模型和水龙头模型效果图

相关知识与技能

2.3.1 可编辑多边形

将三维对象转换为可编辑多边形后，可使用“修改”面板中的参数编辑其子对象。各参数主要集中在以下几个卷展栏中。

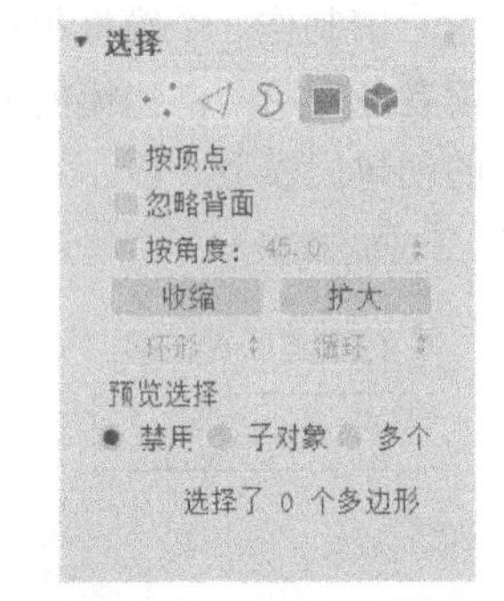

图 2-56 “选择”卷展栏

1. “选择”卷展栏

“选择”卷展栏主要用来启用或禁用可编辑网格的子对象层级，以及辅助选择这些对象，如图 2-56 所示。

例如，选择“按顶点”复选框后，只能通过单击顶点选择子对象；选择某个对象后，单击“收缩”或“扩大”按钮可收缩或扩大所选范围，如图 2-57 所示；选择某个边或边界后，单击“环形”按钮会选中所有与当前选中边或边界平行的边，单击“循环”按钮会选中所有与当前选中边或边界对齐且有交点的相邻边，如图 2-58 所示。

原始选区

收缩后的选区

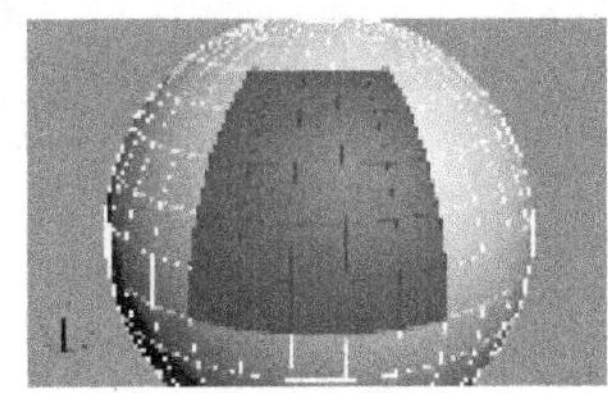
扩大后的选区

图 2-57 单击“收缩”和“扩大”按钮时子对象选区的大小

最初的选中边

单击“环形”按钮后的选中边

单击“循环”按钮后的选中边

图 2-58 单击“环形”和“循环”按钮后的选中边

2. “编辑顶点”、“编辑边”和“编辑多边形”卷展栏

设置可编辑多边形的修改对象为“顶点”、“边”和“多边形”时，在“修改”面板中将出现相应的卷展栏，如图 2-59 所示。利用这些卷展栏中的参数可对相应的子对象进行移除、焊接、挤出、切角和连接等处理。

例如，在“编辑顶点”卷展栏中单击“挤出”按钮后，单击要进行挤出处理的顶点并拖动鼠标，到适当位置后释放左键，即可完成顶点的挤出处理（“挤出”按钮右侧的“设置”按钮□用于精确设置挤出的高度和基面宽度），效果如图 2-60 所示。

又如，单击“编辑多边形”卷展栏中的“从边旋转”按钮，可将选中多边形绕自身某一边旋转一定角度，该按钮右侧的“设置”按钮□用于精确设置多边形旋转的角度及连接面的分段数，效果如图 2-61 所示。

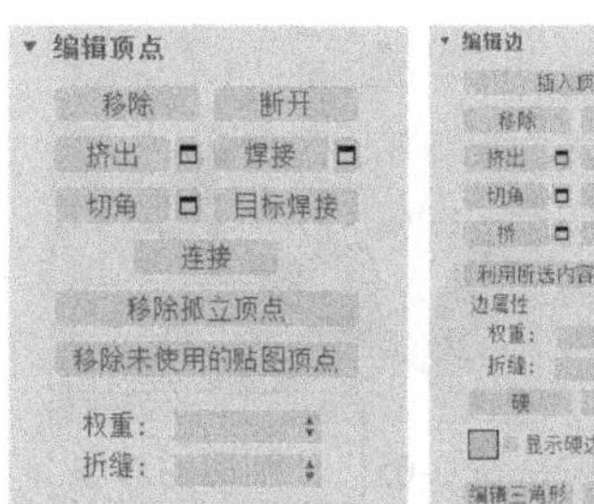

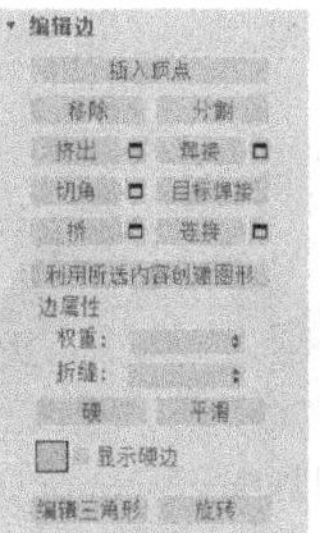

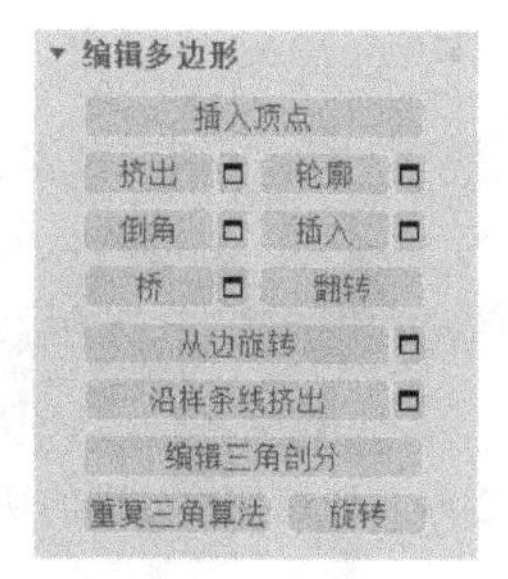

图 2-59 “编辑顶点”、“编辑边”和“多边形”卷展栏

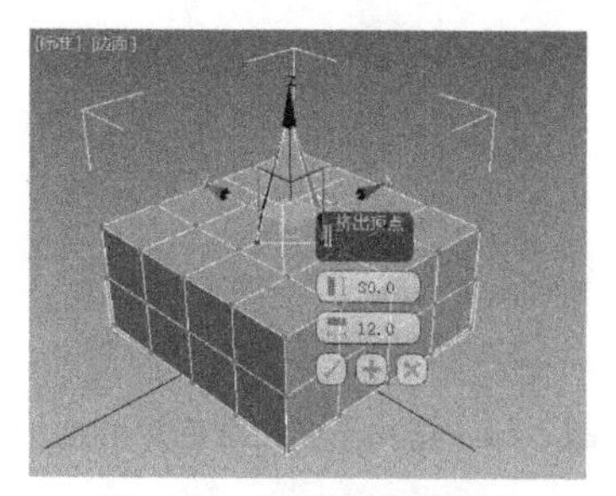

图 2-60 挤出顶点的效果

3. “编辑几何体”卷展栏

该卷展栏为用户提供了许多编辑可编辑多边形的工具，如附加、切片、网格平滑、细化、隐藏等，如图 2-62 所示。在此着重介绍以下几个参数。

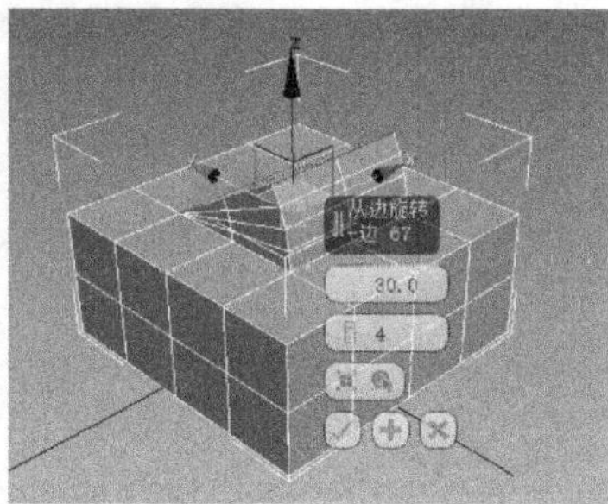

图 2-61 从边旋转多边形的效果

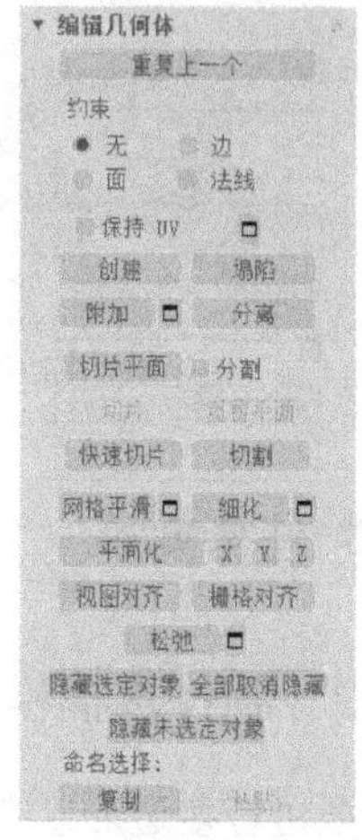

图 2-62 “编辑几何体”卷展栏

- 塌陷：将选中子对象塌陷成位于选择区中间位置的单个子对象，并重新组合可编辑多边形的表面。
- 分离：将选中子对象从可编辑多边形中分离出去，使之成为独立的对象。
- 切片平面：单击此按钮后，在可编辑多边形中会出现一个黄色的矩形框，如图 2-63 所示；调整矩形框的位置和角度，然后单击下方的“切片”按钮，即可在矩形框与可编辑多边形相交的位置创建新的顶点和边，以细分可编辑多边形。
- 快速切片：单击此按钮后，再在对象上单击，在该位置就会出现一条切割线，如图 2-64 所示；移动鼠标调整切割线的角度，然后单击，系统就会在可编辑多边形中切割线所在的位置创建新的顶点和边，以细分可编辑多边形。

温馨提示：

在进行切片处理时要注意，“切片平面”和“快速切片”只能应用于顶点、边、边界三种子对象。选中“分割”复选框进行切片处理时，可编辑多边形将被分为两个元素，如图 2-65 所示。

- 切割：单击此按钮后，可利用鼠标的单击操作在可编辑多边形上创建新边，以细分可编辑多边形。
- 网格平滑：使用此按钮可对可编辑多边形或选中的子对象进行平滑处理。单击其右侧的“设置”按钮可精确设置网格平滑的平滑度和分隔方式。

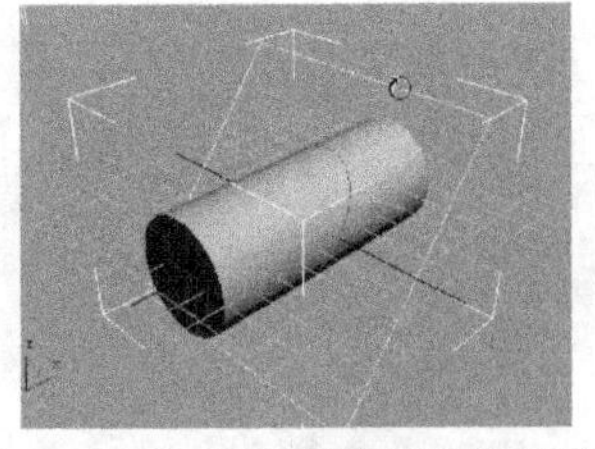
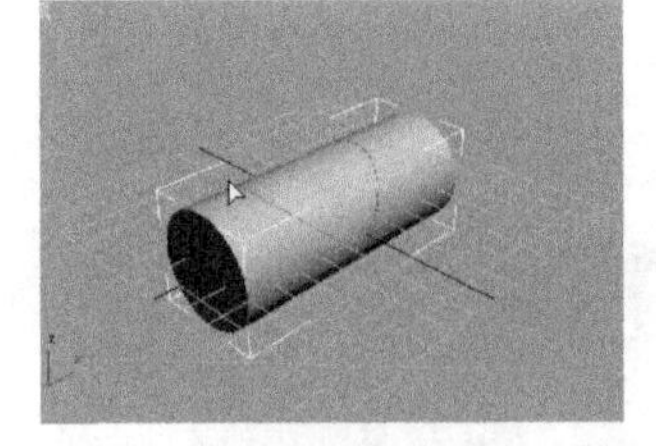
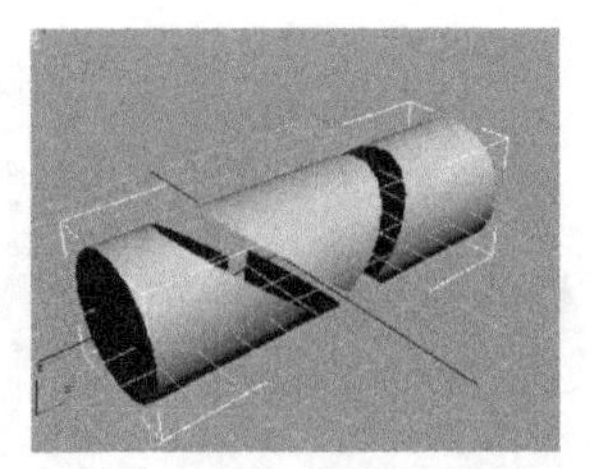

图 2-63 切片平面处理的矩形框　图 2-64 快速切片处理的切割线　图 2-65 分割后的对象

- ❐ 细化：单击此按钮可在可编辑多边形或选中的子对象中创建新边，以细化可编辑多边形或选中的子对象。其右侧的“设置”按钮▢用于设置细化的方式，“边”表示从多边形中心到各边的中心创建新边，“面”表示从多边形中心到多边形各顶点创建新边，如图 2-66 所示。

细化前的多边形

边细化方式的效果

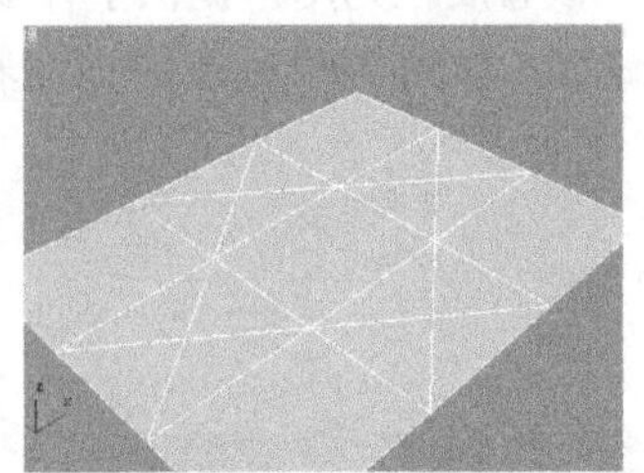
面细化方式的效果

图 2-66 细化多边形

任务实施

制作木桶模型

2.3.2 制作木桶模型

要进行多边形建模，同样需要先通过右键快捷菜单或“编辑多边形”修改器将三维对象转换为可编辑多边形，然后对其子对象顶点、边、边界、多边形和元素等进行编辑。下面我们通过制作一个木桶来简单了解多边形建模的基本方法（与网格建模的方法相似）。

Step 01 创建一个圆柱体，参数设置如图 2-67 中图所示，然后在透视视图中选择“平滑+高光+边面”显示方式，如图 2-67 右图所示。

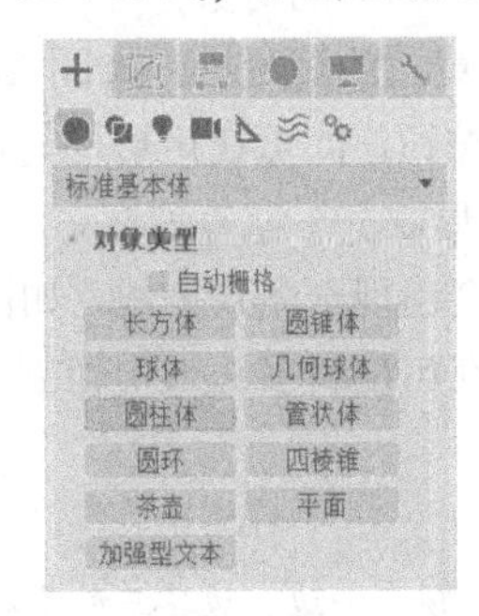

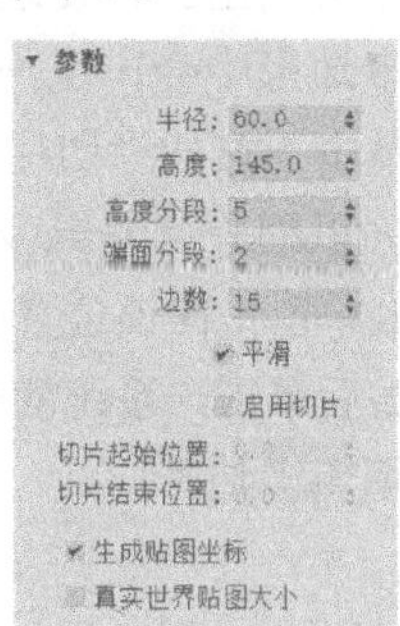

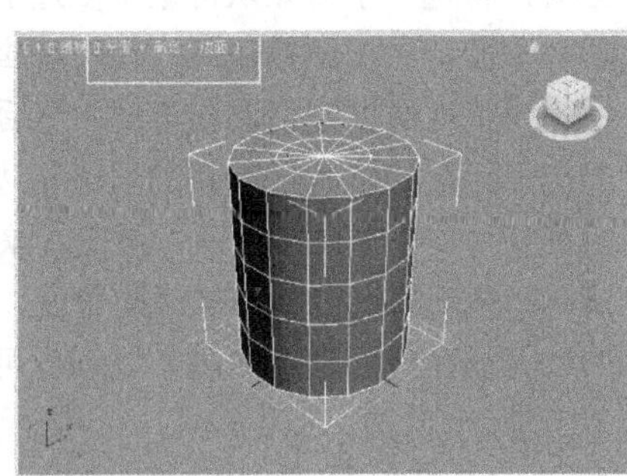

图 2-67 创建圆柱体

Step 02 右击圆柱体，在弹出的快捷菜单中选择“转换为”>“转换为可编辑多边形”命令，将其转换为可编辑多边形，如图 2-68 所示，然后在“修改”面板中单击“顶点”按钮，如图 2-69 所示，再在顶视图中框选中间的顶点，如图 2-70 所示。

温馨提示：

可编辑多边形比可编辑网格多了一个“边界”子对象层级，它是指独立非闭合曲面的边缘或删除多边形产生的孔洞的边缘。

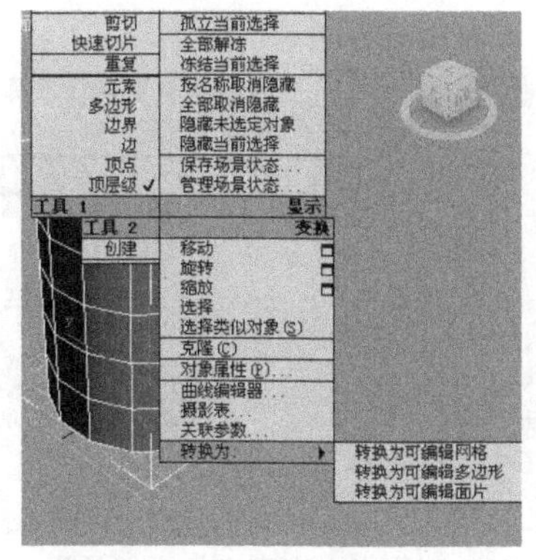

图 2-68　转换为可编辑多边形

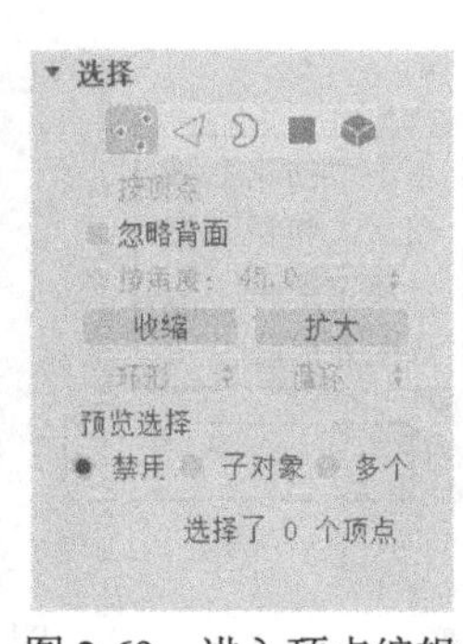

图 2-69　进入顶点编辑

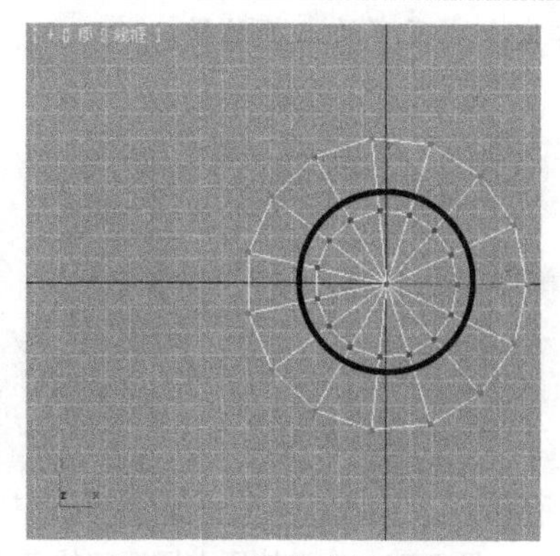

图 2-70　选择中间的顶点

Step 03 单击工具栏中的“选择并非均匀缩放”按钮，在顶视图中将所选顶点在 X 和 Y 轴方向上进行缩放，效果如图 2-71 所示。

Step 04 在“修改”面板中单击“多边形”按钮，然后在透视视图中按住【Ctrl】键依次单击选择圆柱上部中间部分的多边形，选择效果如图 2-72 所示。

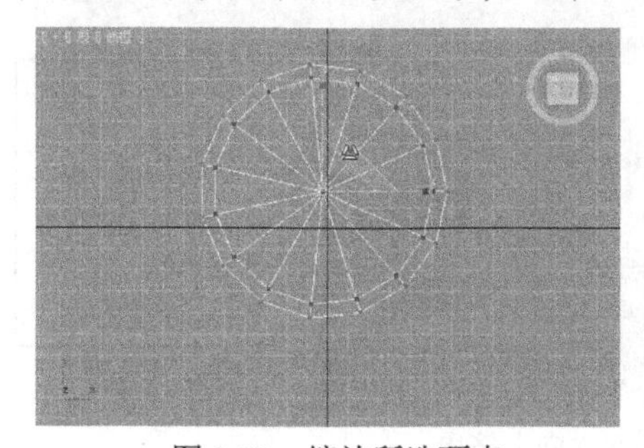

图 2-71　缩放所选顶点

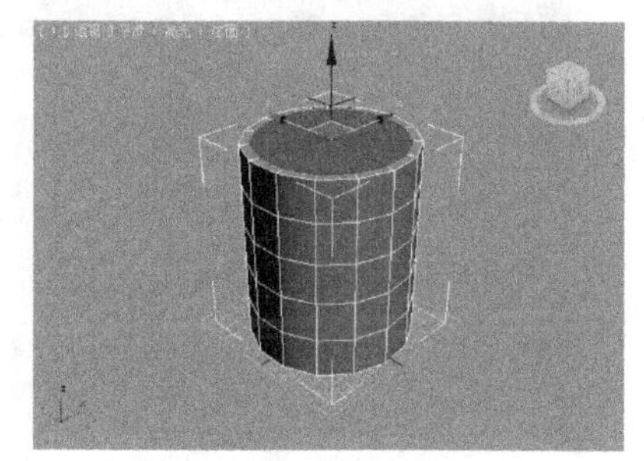

图 2-72　选择多边形

Step 05 在“修改”面板“编辑多边形”卷展栏中单击“挤出”按钮 挤出 ，如图 2-73 左一图所示，然后在左视图或前视图中将鼠标指针移至变化轴上，当其变为如图 2-73 左二图所示形状时，向下拖动鼠标至如图 2-73 右二图所示位置，从而制作出桶心，效果如图 2-73 右一图所示。最后右击关闭“挤出”按钮。

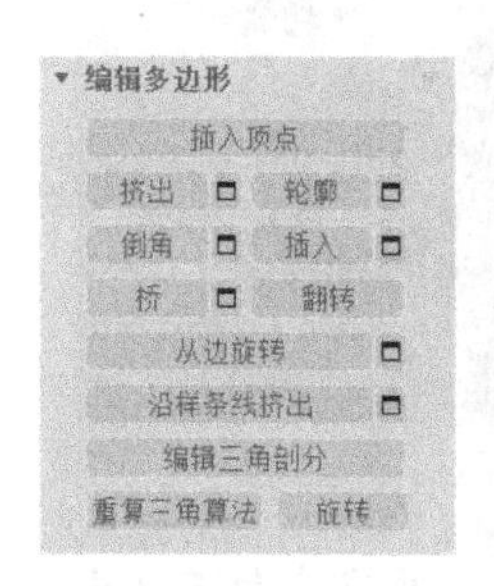

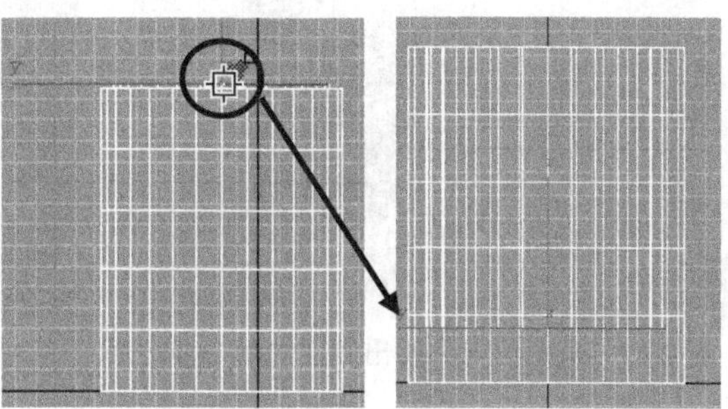

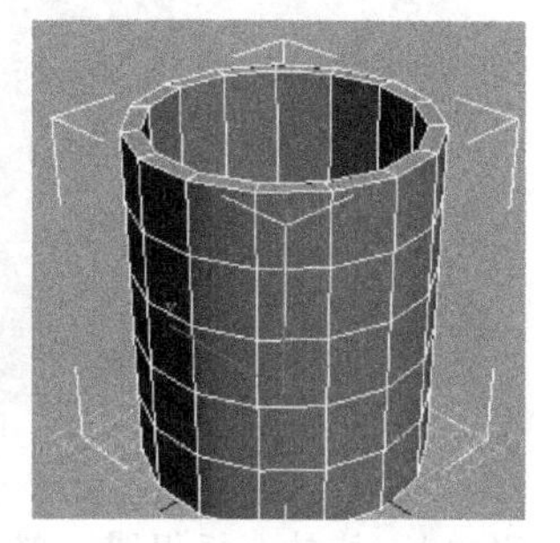

图 2-73　利用“挤出”按钮制作桶心

Step 06 旋转透视视图，然后选择桶下部中间的多边形，如图 2-74 左图所示。接着参考 Step05

的方法使用“挤出”按钮向上挤出所选多边形，效果如图 2-74 右图所示。

Step 07 进入“顶点”子对象层级，单击工具栏中的“选择并非均匀缩放”按钮，然后在前视图或左视图中，每次框选横向一整排的顶点，并进行适当缩放，最终效果如图 2-75 所示，制作出上宽下窄的木桶效果。

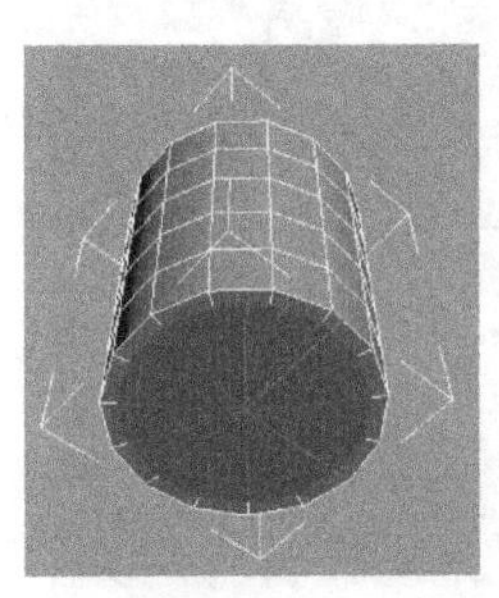

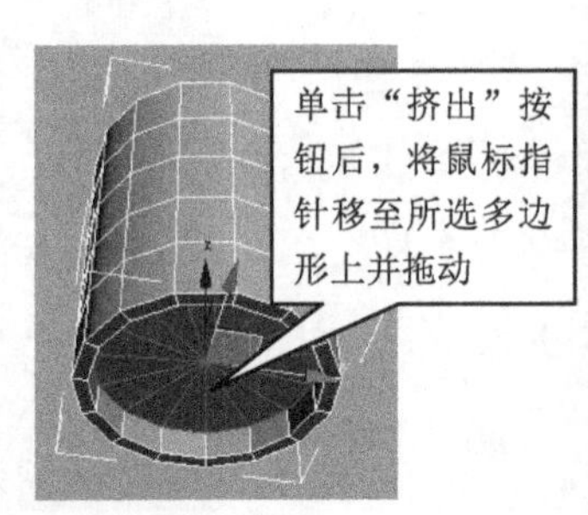

图 2-74 向上挤压木桶下部的多边形

图 2-75 制作出上宽下窄的木桶效果

Step 08 进入“多边形”子对象层级，然后参考如图 2-76 左图所示旋转透视视图，并在透视视图中选择木桶上部的三个多边形，再单击“挤出”按钮 挤出 ，分两次将所选多边形向上挤出到如图 2-76 右图所示位置。

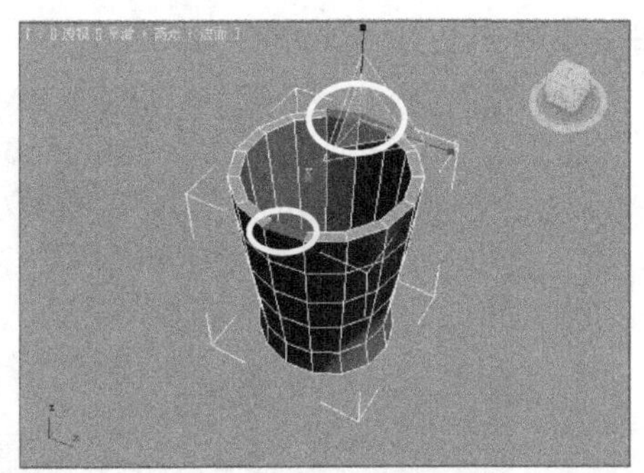

图 2-76 选择多边形并分两次向上挤出

Step 09 旋转透视视图，然后在透视视图中选择如图 2-77 左图所示的侧面的两个多边形，分两次进行向外挤出，效果如图 2-77 中图和右图所示。

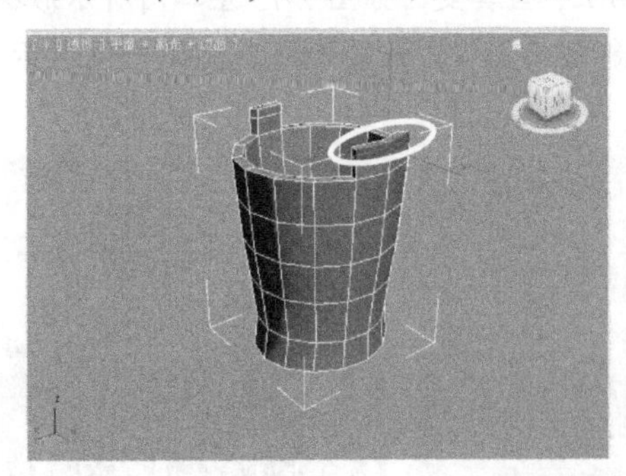

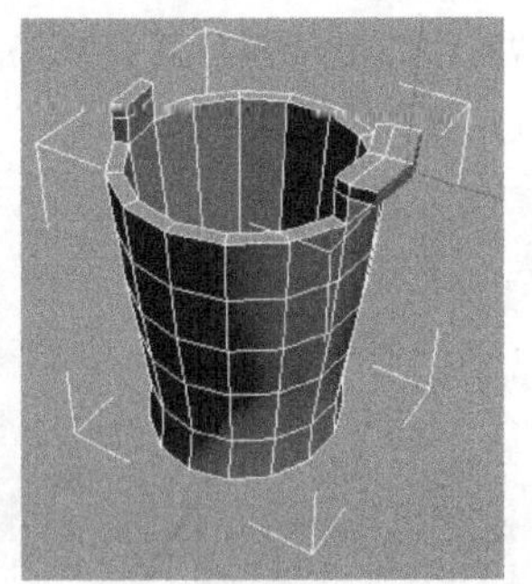

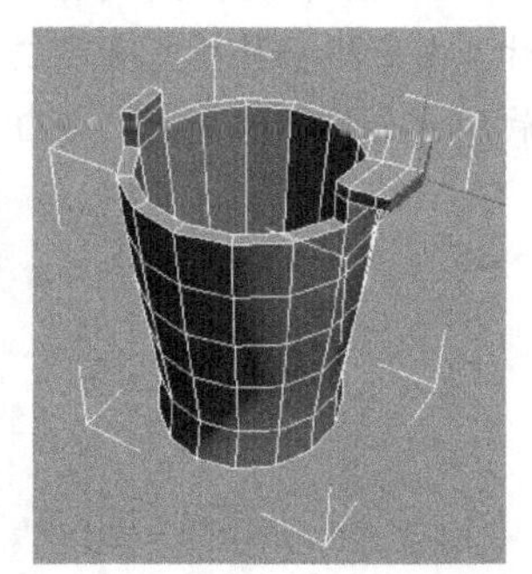

图 2-77 分两次向外挤出侧面的两个多边形

Step 10 旋转透视视图，然后选择如图 2-78 左图所示的下部的两个多边形，并将其向下挤出，效果如图 2-78 右图所示。

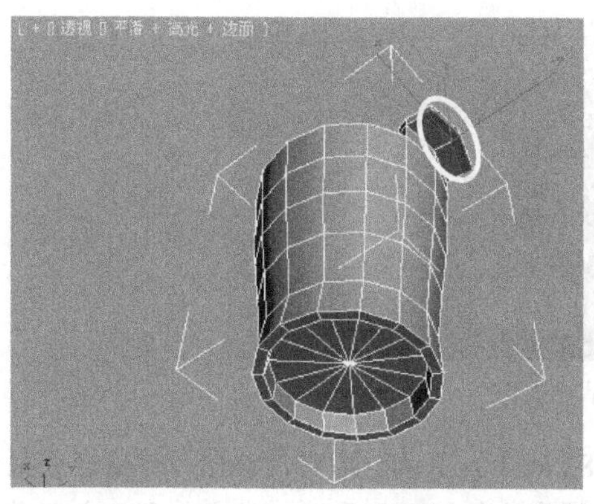

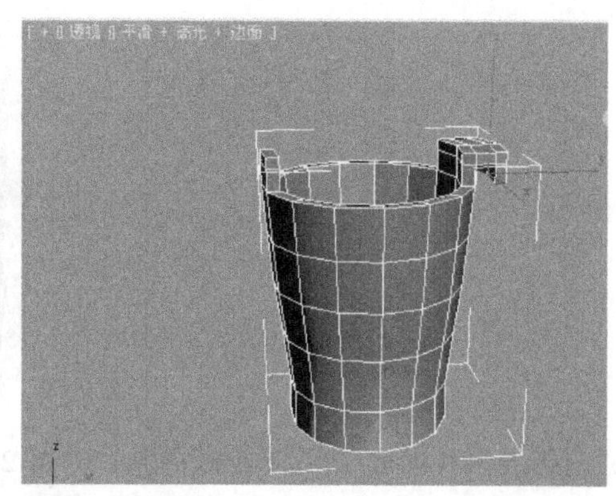

图 2-78　选择多边形并向下挤出

Step 11 旋转透视视图，同时选中如图 2-79 左图所示的多边形及其正对着的里侧的多边形，然后在“修改”面板“编辑多边形”卷展栏中单击“插入”按钮 插入 ，再在所选多边形上拖动鼠标，插入一个多边形，效果如图 2-79 右图所示。

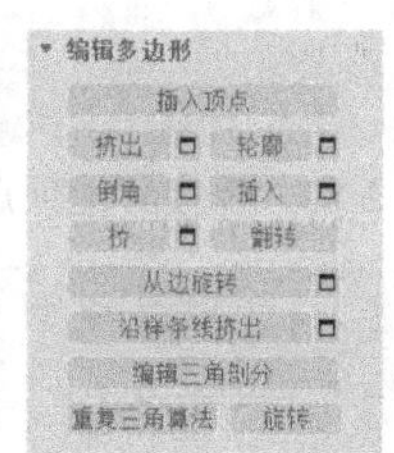

图 2-79　插入多边形

Step 12 进入“顶点” 子对象层级，适当移动顶部四个顶点的位置，如图 2-80 所示，然后重新进入“多边形” 子对象层级，选中新生成的多边形（将里侧和外侧的多边形都选中），并向内适当进行挤出操作，效果如图 2-80 所示。

Step 13 按【Delete】键删除刚挤出的多边形，效果如图 2-81 所示。

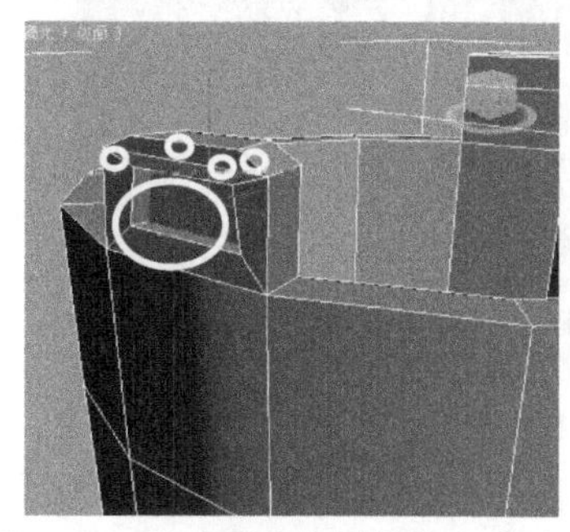

图 2-80　移动顶点位置并挤出多边形

图 2-81　删除挤出的多边形

Step 14 旋转透视视图，然后进入“顶点” 子对象层级，在“修改”面板“编辑顶点”卷展栏中单击“目标焊接”按钮，如图 2-82 左图所示，单击如图 2-82 右图所示的顶点 1，再单击顶点 2，即可将顶点 1 焊接到顶点 2 处。

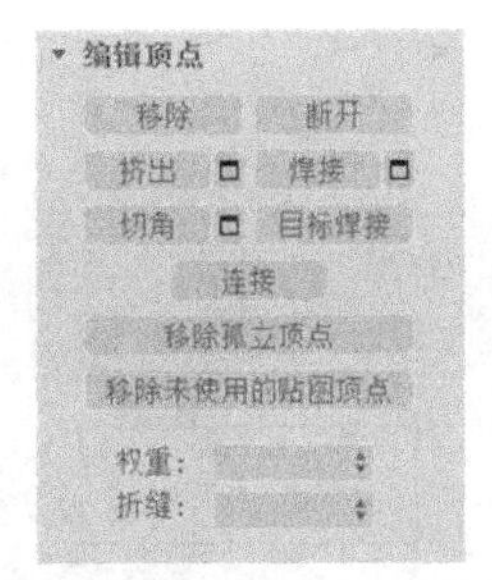

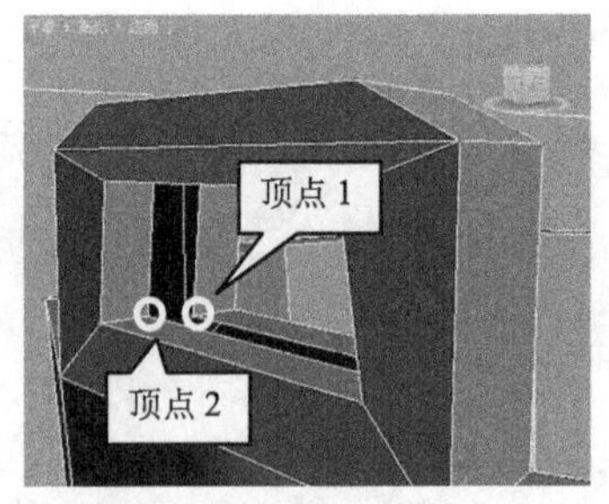

图 2-82　焊接顶点

Step 15 使用同样的方法焊接其他顶点，如图 2-83 所示。至此，本实例就制作完成了，最终得到一个木桶的模型（如图 2-84 所示）。虽然我们制作的木桶还需要进一步完善和细分制作，但通过以上简单的操作我们已经初步制作出了木桶的大致形状。

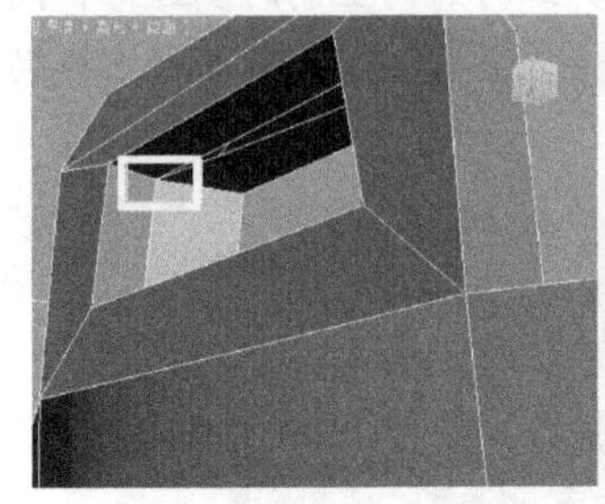

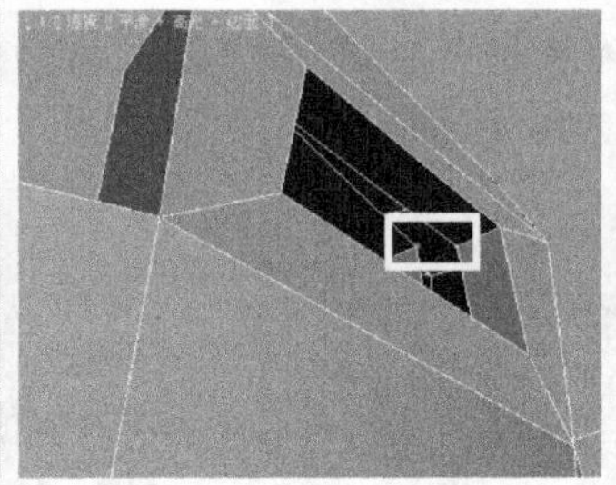

图 2-83　焊接其他顶点

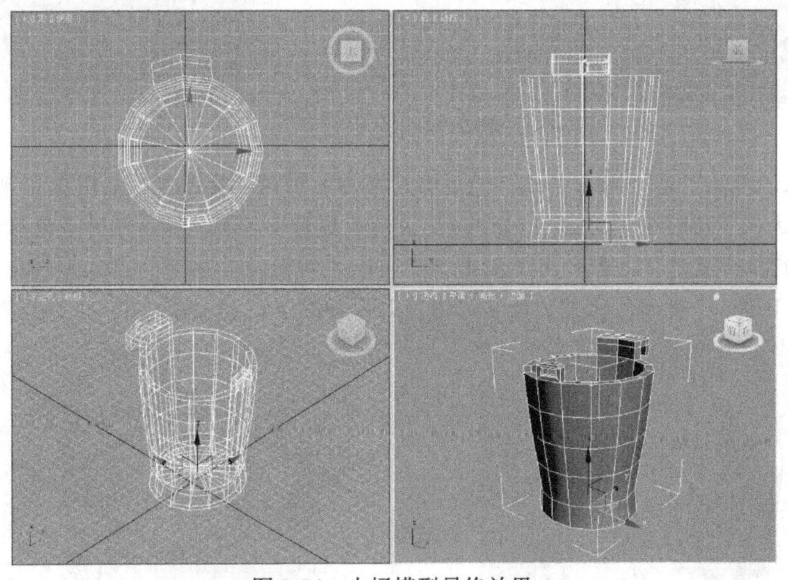

图 2-84　木桶模型最终效果

2.3.3　制作水龙头模型

制作思路

- 在本实例中，水龙头模型可分为主体、开关和底座三部分进行创建。
- 创建水龙头主体时，先创建三个圆柱体，将它们合并到同一可编辑多边形中；然后删除圆柱体的部分多边形，桥接边界，制作进水管、出水管和控制杆的根部；再利用“沿样条线挤出”“插入”“挤出”工具处理多边形，制作进水管、出水管和控制杆。

- 创建水龙头的开关时，先创建一个油罐，然后删除油罐的部分多边形，并调整其顶点位置，再利用“网格平滑”工具平滑处理油罐，即可完成水龙头开关的制作。
- 创建水龙头的底座时，先创建一个圆柱体，然后倒角处理圆柱体的前端面，制作底座前端的收缩部分，再调整倒角面的平滑组号，平滑倒角面，即可完成水龙头底座的创建。

操作步骤

Step 01 利用“圆柱体”工具在左视图、前视图和顶视图中分别创建一个圆柱体（将前视图中创建的圆柱体沿 Y 轴压缩至原来的 80%），并调整各圆柱体的位置，作为创建水龙头进水管、出水管和控制杆的基本三维对象，如图 2-85 所示。

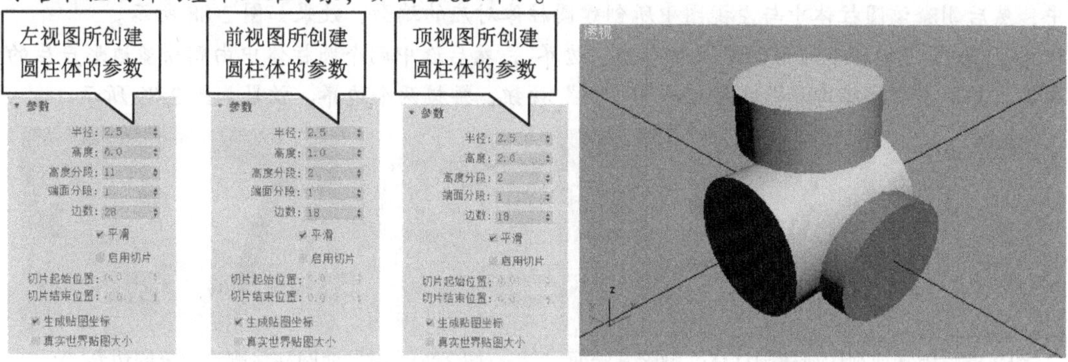

图 2-85　创建三个圆柱体

Step 02 在前视图中选中在左视图中创建的圆柱体，并在如图 2-86 左图所示的位置绘制一个长为 4，宽为 5 的椭圆。选中在左视图中创建的圆柱体>“创建”>“几何体”>“复合对象”>“图形合并”>“拾取图形”>单击椭圆，则在图形合并的“参数”的“运算对象”栏中得到如图 2-86 右图所示的结果。右击圆柱体>“转换为”>“转换为可编辑多边形”>“多边形”层级，使得椭圆所在的区域变红色，如图 2-87 左图所示。再按【Delete】键将其删除，效果如图 2-87 右图所示。

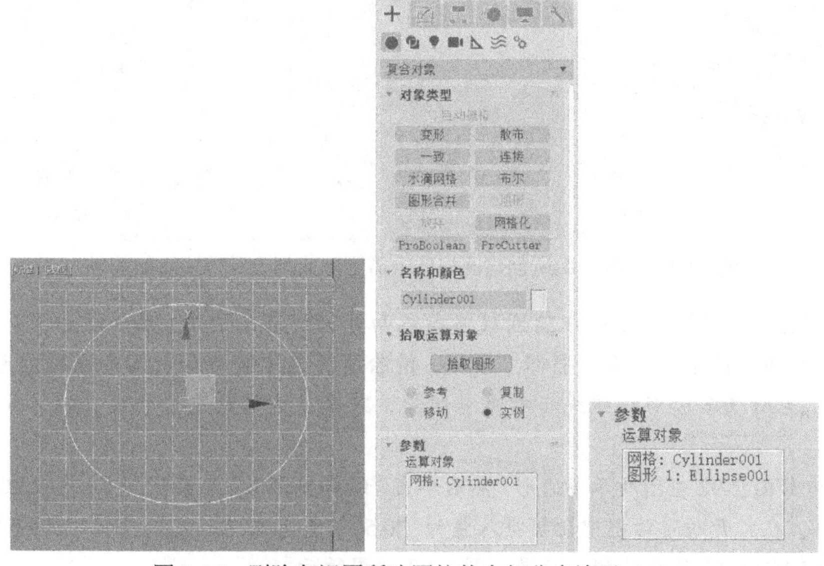

图 2-86　删除左视图所建圆柱体中部分多边形（1）

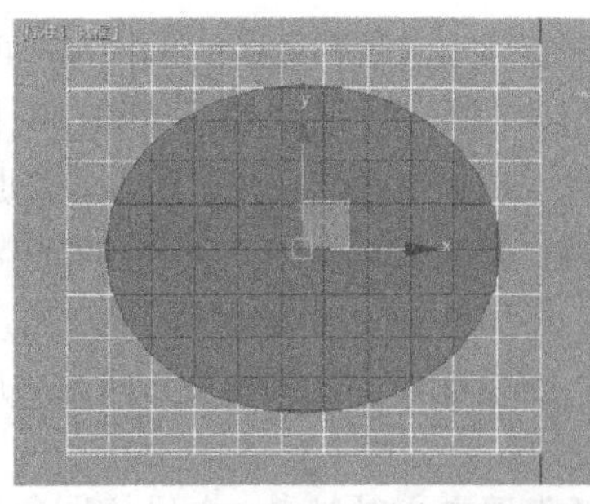
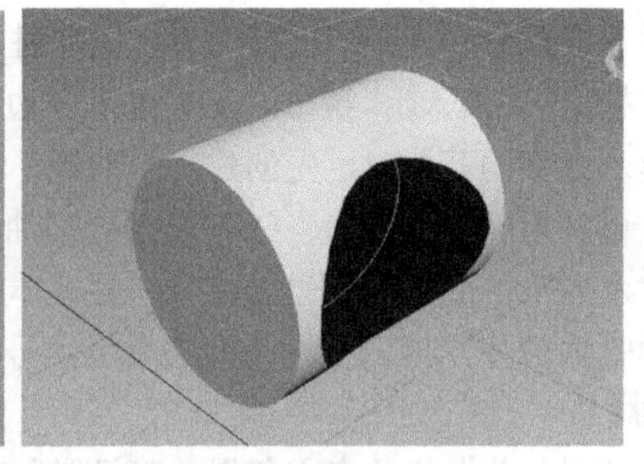

图 2-87　删除左视图所建圆柱体中部分多边形（2）

Step 03 利用“编辑几何体”卷展栏中的“附加”按钮将前视图所建圆柱体附加到可编辑多边形中，然后删除该圆柱体中与左视图中所创建圆柱体对应的端面，效果如图 2-88 所示。

Step 04 设置可编辑多边形的修改对象为“边界”，然后选中两个圆柱体中由删除多边形产生的边界，再单击“编辑边界”卷展栏中的“桥”按钮，桥接两个边界，效果如图 2-89 所示。

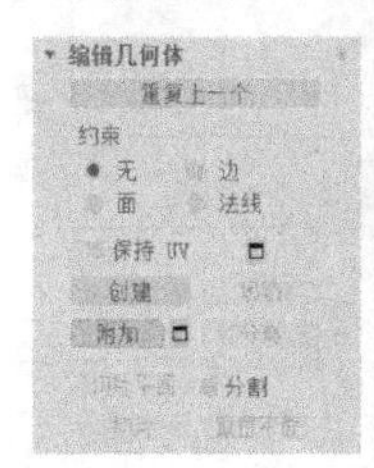

图 2-88　附加前视图所建圆柱体并删除其端面

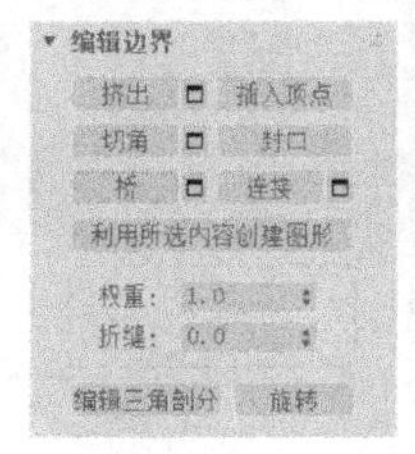

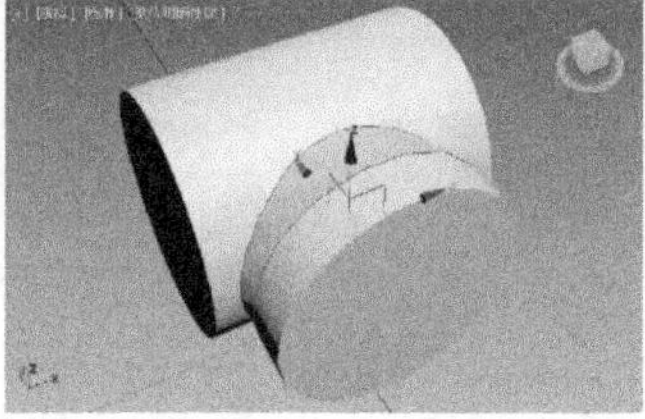

图 2-89　桥接两圆柱体删除部分的边界

Step 05 在顶视图中如图 2-90 左图所示的位置，绘制一个半径为 2.5 的圆。参照 Step02 的操作，删除左视图中所创建圆柱体中如图 2-90 中图所示的多边形，然后参照 Step03、Step04 的操作，将顶视图中所创建圆柱体附加到可编辑多边形中，并删除其下端面，再将删除部分对应的边界桥接起来，效果如图 2-90 右图所示。

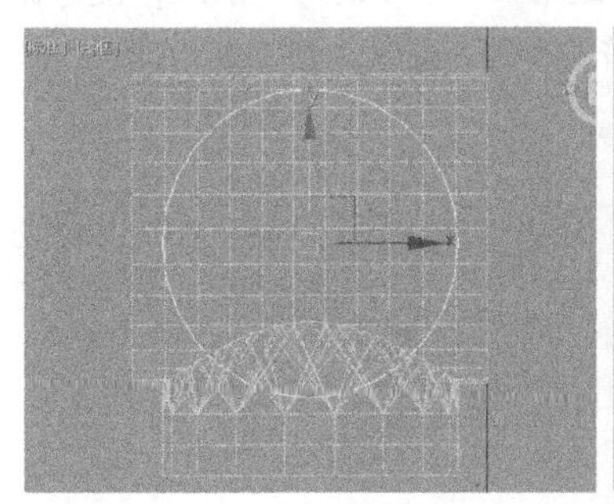
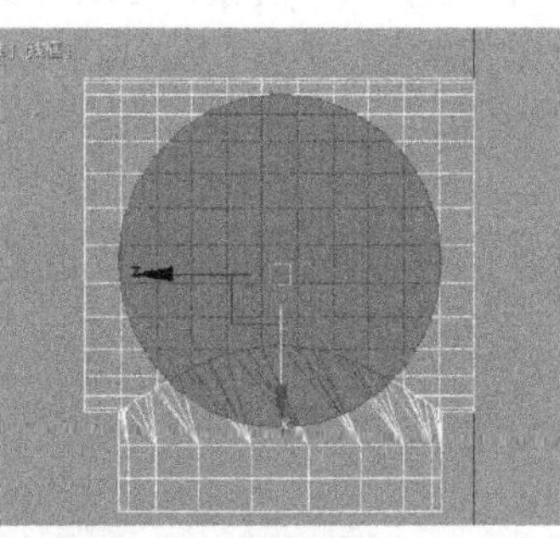
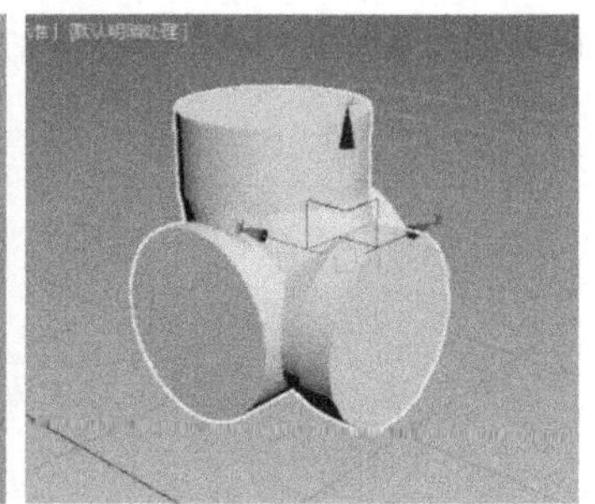

图 2-90　左视图中所创建圆柱体中需删除的部分及桥接后的效果

Step 06 如图 2-91 左图所示，选中除圆柱体各端面外的所有多边形，然后单击“多边形属性”卷展栏“平滑组”区中的“清除全部”按钮，清除所有选中多边形使用的平滑组号，再单击“2”按钮，为所选多边形分配统一的平滑组号，完成多边形的平滑处理，效果如图 2-91 右图所示。

Step 07 选中如图 2-92 左图所示多边形，然后单击“编辑多边形”卷展栏“插入”按钮右侧的“设置”按钮□，在打开的对话框中设置插入量为“0.5”，再单击“确定”按钮，为选中的多边形插入一个轮廓缩小 0.5 的多边形，效果如图 2-92 右图所示。

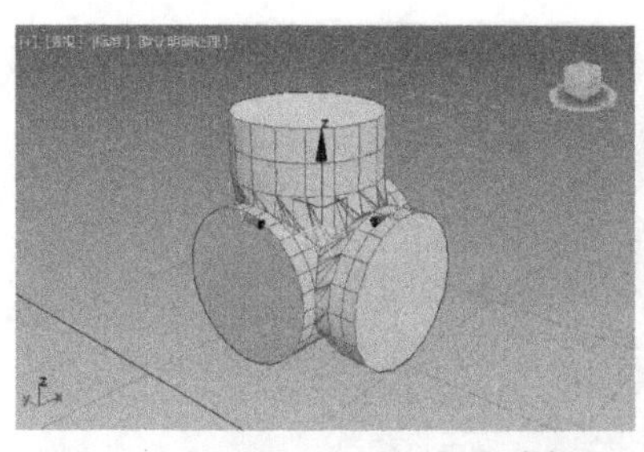

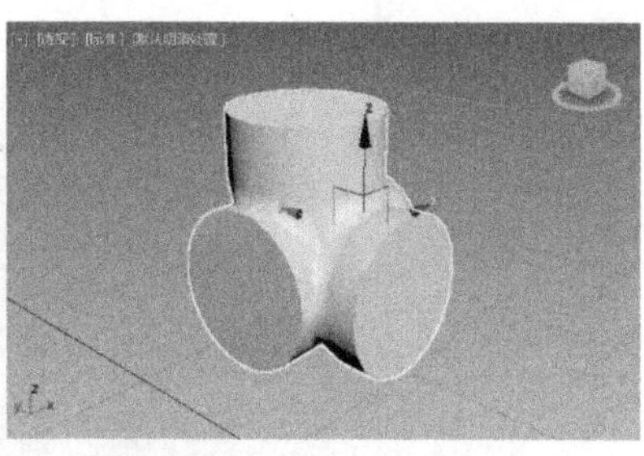

图 2-91　利用平滑组号平滑处理多边形

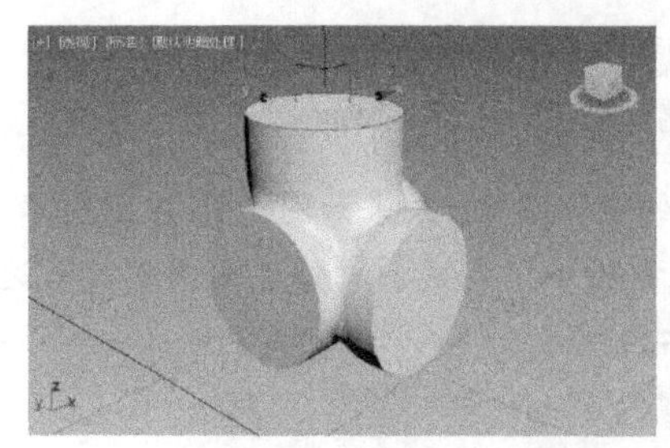

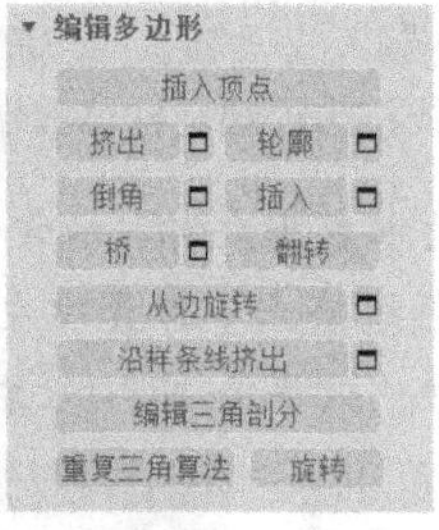

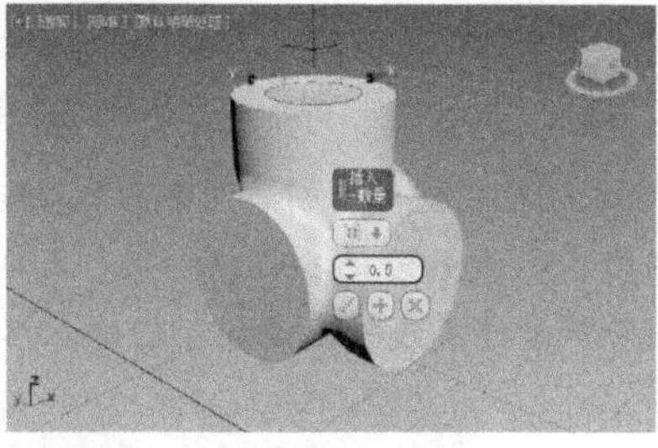

图 2-92　为选中多边形插入一个多边形

Step 08 选中 Step07 插入的多边形，然后单击“编辑多边形”卷展栏“挤出”按钮右侧的“设置”按钮，打开“挤出多边形”对话框，参照如图 2-93 右图所示设置挤出处理的参数，将选中多边形挤出 1 个单位，效果如图 2-93 右图所示。

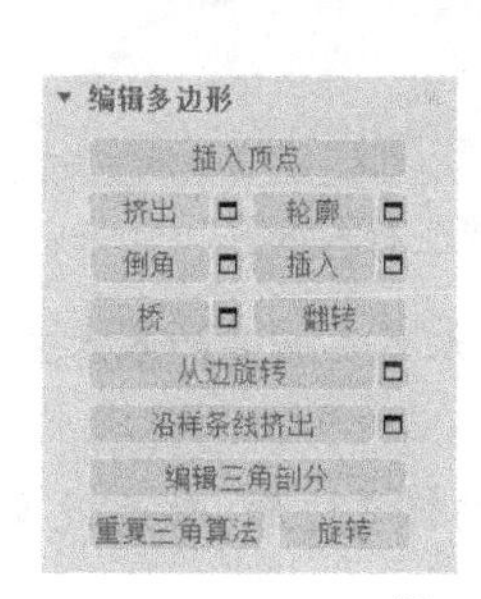

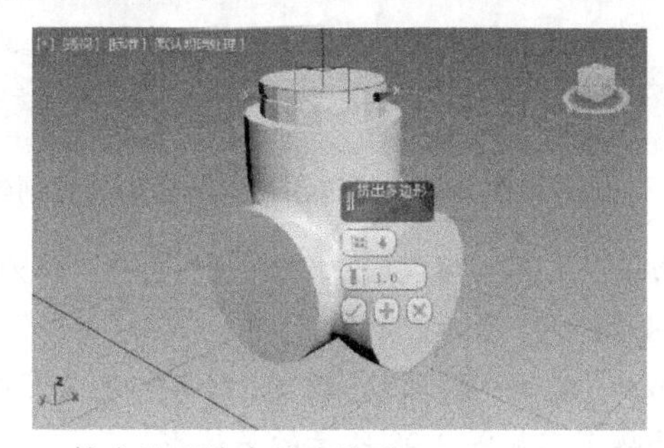

图 2-93　挤出处理选中的多边形

Step 09 在左视图中创建如图 2-94 左图所示的曲线，作为出水管的挤出路径，然后选中如图 2-94 右图所示多边形，再单击“编辑多边形”卷展栏“沿样条线挤出”按钮右侧的“设置”按钮（如图 2-95 左图所示），利用打开的对话框中的“拾取样条线”按钮拾取前面创建的曲线作为挤出路径。接下来，参照如图 2-95 右图所示设置对话框中其他参数的值，进行沿样条线挤出处理，创建水龙头的出水管。

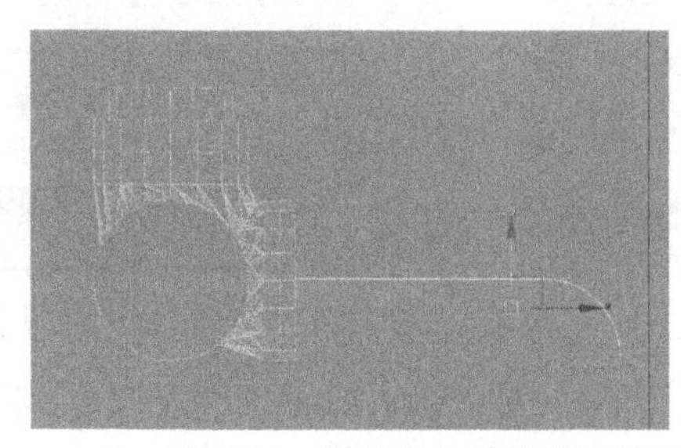

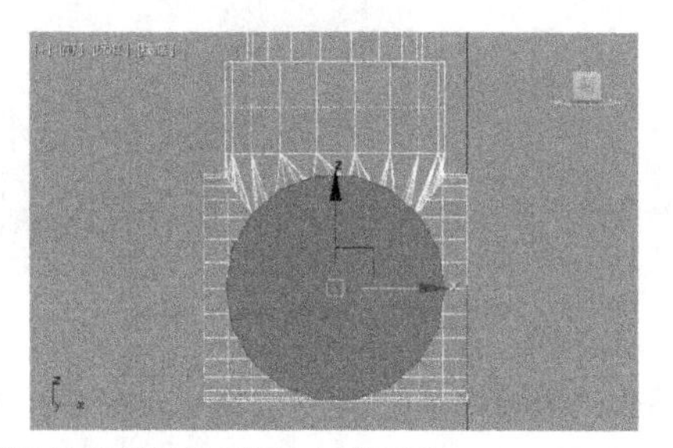

图 2-94　通过沿样条线挤出处理圆柱体的端面创建出水管（1）

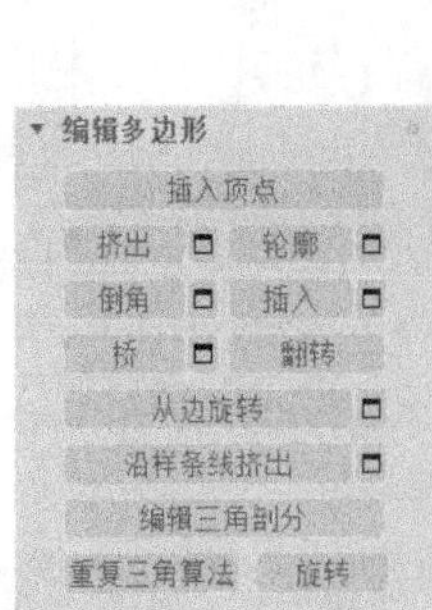

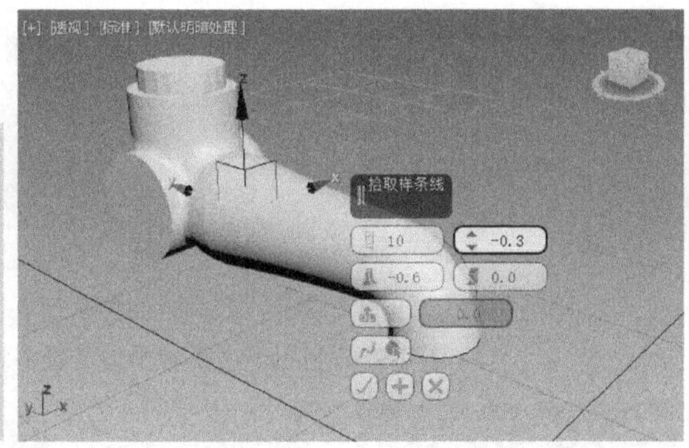

图 2-95　通过沿样条线挤出处理圆柱体的端面创建出水管（2）

Step 10 在顶视图中创建两条曲线，作为水龙头左右入水管的挤出路径，效果如图 2-96 左图所示；然后参照 Step09 的操作，利用“沿样条线挤出”工具对左视图中所创建圆柱体左右两端的多边形进行沿样条线挤出处理，创建入水管，效果如图 2-96 右图所示。

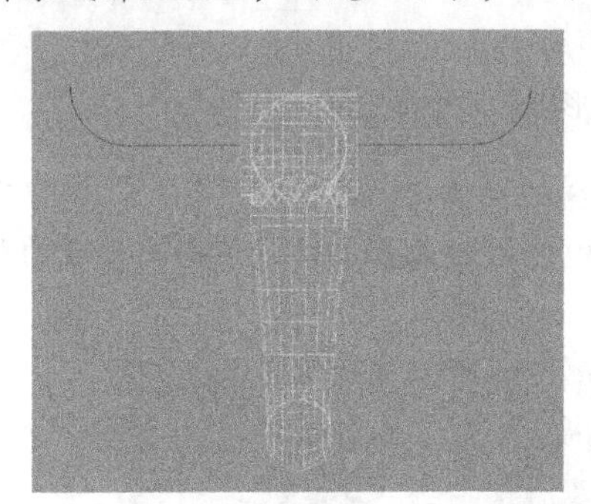
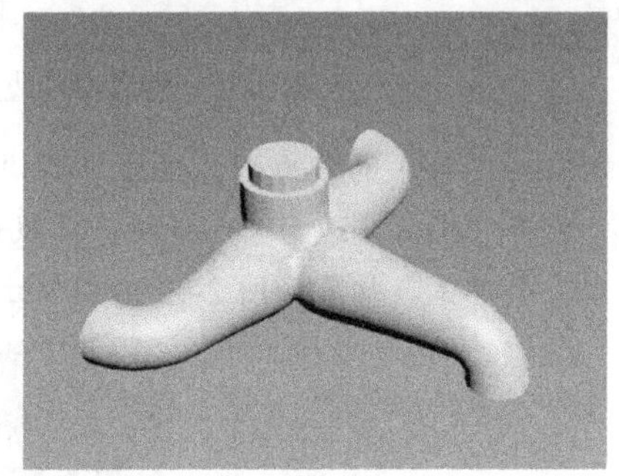

图 2-96　通过沿样条线挤出处理创建左右入水管

Step 11 使用“油罐”工具在顶视图中创建一个油罐，作为水龙头开关的基本三维对象，油罐的参数设置和效果如图 2-97 所示。

Step 12 为油罐添加“编辑多边形”修改器，将其转换为可编辑多边形，然后设置修改对象为“多边形”，再删除油罐下部如图 2-98 所示的多边形。

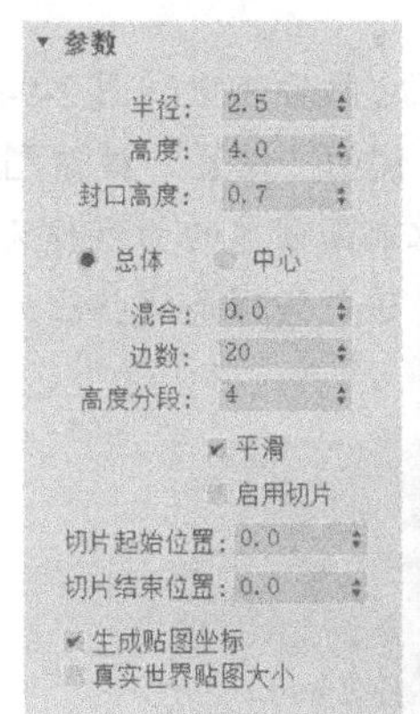

图 2-97　创建一个油罐

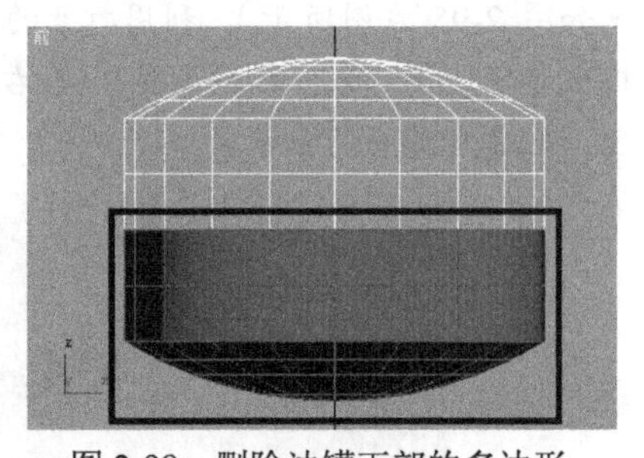

图 2-98　删除油罐下部的多边形

Step 13 选中油罐中如图 2-99 左图所示的多边形，然后利用“编辑多边形”卷展栏的“挤出”工具对选中多边形进行两次挤出处理（挤出类型为“组”，挤出高度可随意），效果如图 2-99 右图所示。

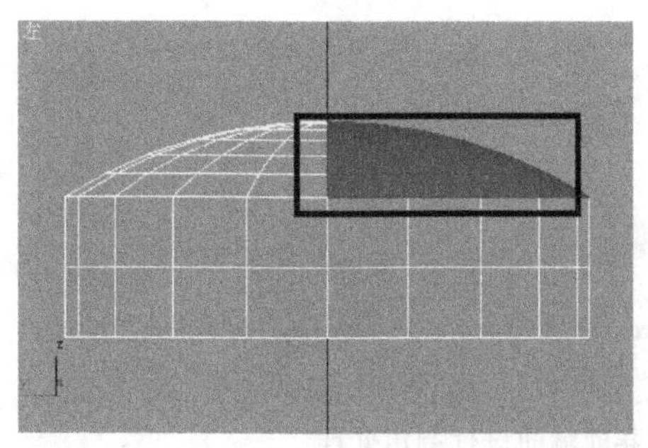
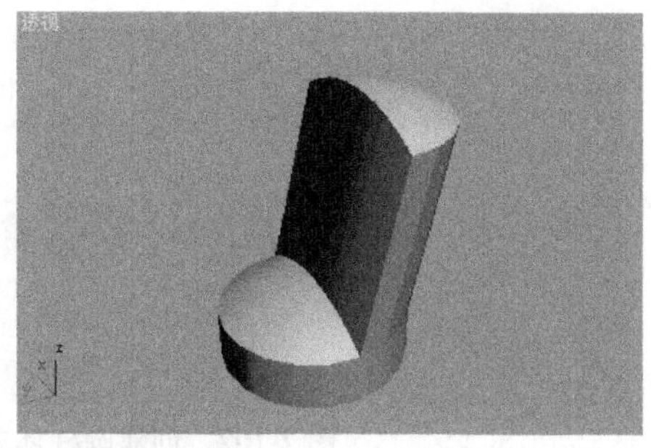

图 2-99　通过两次挤出处理创建开关的把手

Step 14 设置可编辑多边形的修改对象为“顶点”，然后在左视图中调整油罐挤出部分各顶点的位置，效果如图 2-100 中图所示；再在顶视图中将油罐挤出部分的顶点沿 X 轴压缩至原来的 65%，效果如图 2-100 右图所示。

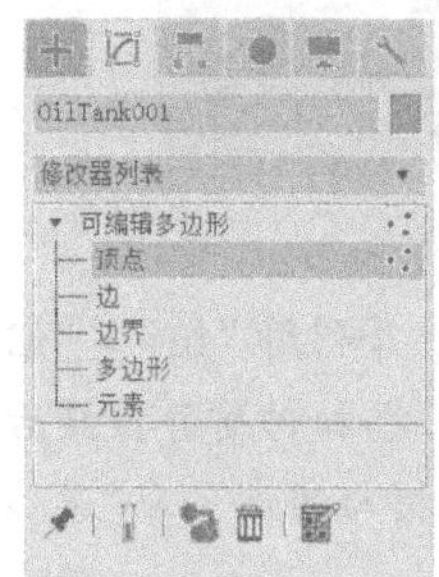

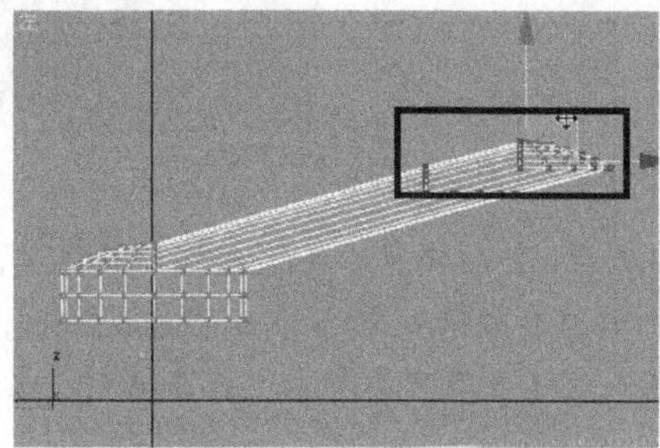
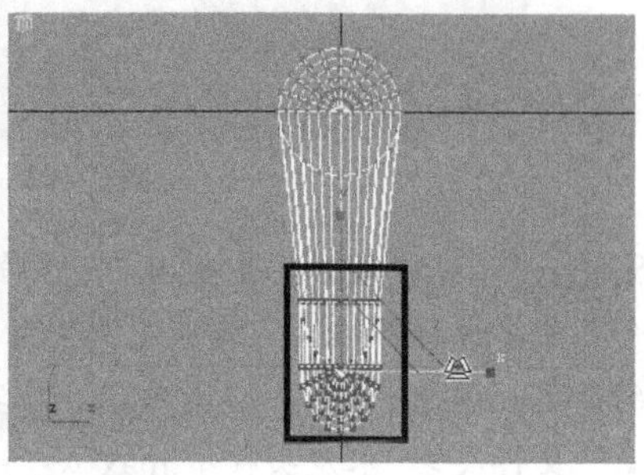

图 2-100　调整油罐挤出部分顶点的位置

Step 15 按【Ctrl+A】组合键，选中油罐中的所有多边形，然后单击“编辑几何体”卷展栏中的“网格平滑”按钮，对选中的多边形进行网格平滑处理，完成水龙头开关的创建，如图 2-101 所示。

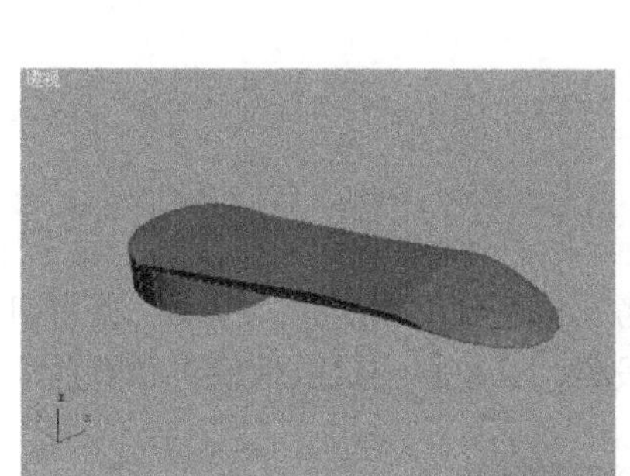
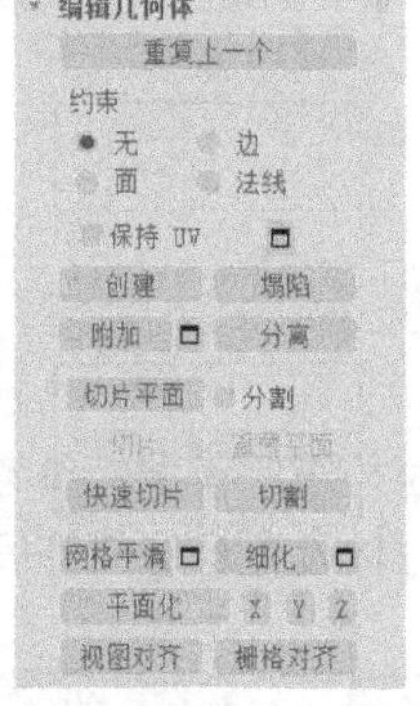

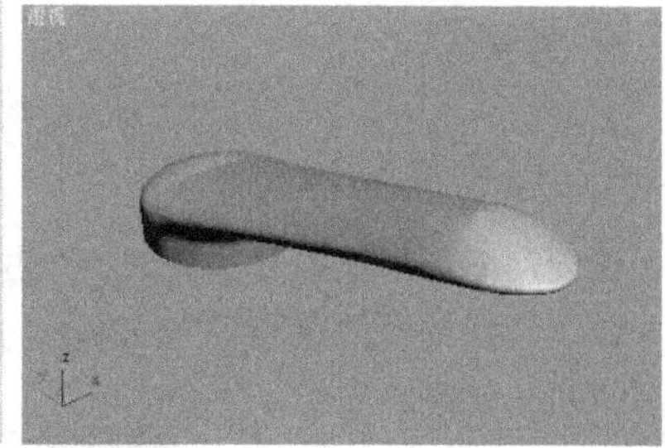

图 2-101　网格平滑处理水龙头的开关

Step 16 在前视图中创建一个半径为“3.5”、高度为“1”、边数为“30”的圆柱体，并将其转换为可编辑多边形，然后设置可编辑多边形的修改对象为“多边形”，并选中圆柱体的前端面。接下来，单击“编辑多边形”卷展栏“倒角”按钮右侧的“设置”按钮，在打开的对话框中设置多边形倒角处理的参数，进行多边形的倒角处理，如图 2-102 所示。

Step 17 选中圆柱体中如图 2-103 左图所示的多边形，然后单击“多边形属性”卷展栏“平滑组”区中的“30”按钮，为选中多边形分配平滑组号，平滑处理多边形，效果如图 2-103 右图所示。至此就完成了水龙头一侧底座的创建。

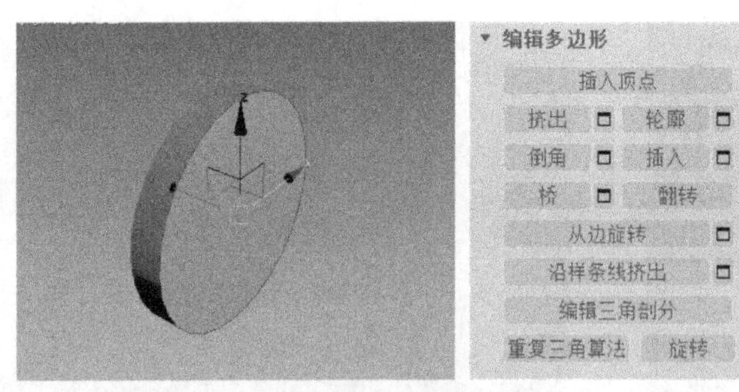

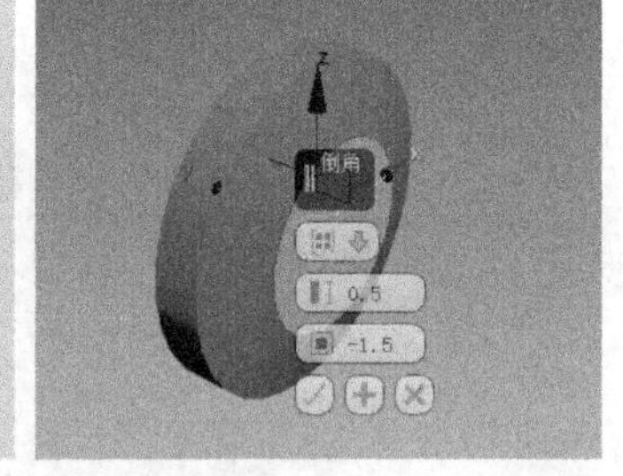

图 2-102　创建圆柱体并对其前端面进行倒角处理

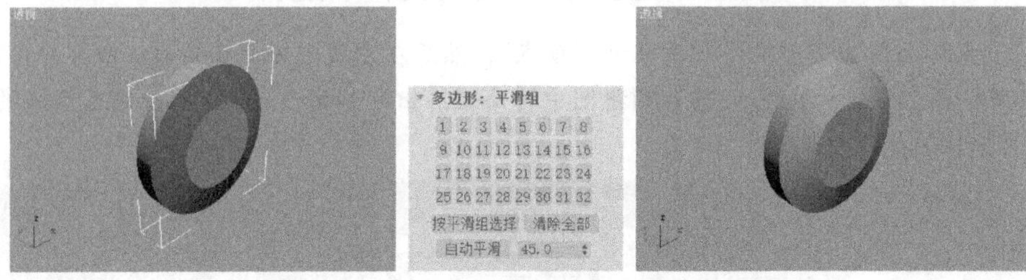

图 2-103　对底座中的多边形进行平滑处理

Step 18 通过移动克隆复制出另一侧的底座，然后调整水龙头各部分的位置，并利用“组”>“组合”菜单进行群组，完成水龙头模型的创建，效果如图 2-55 下排左图所示，添加材质并渲染后的效果如图 2-55 下排右图所示。本实例最终效果可参考本书配套素材“素材与实例”>“第 2 章”文件夹>“水龙头模型.max”。

温馨提示：

本实例主要通过对圆柱体进行多边形建模来创建水龙头模型。创建的过程中，关键是通过桥接边界来创建水龙头进水管和出水管的根部，以及通过沿样条线挤出处理来创建水龙头的进水管和出水管。

另外，要学会使用“插入”、“挤出”和“倒角”工具处理多边形，以及使用“平滑组”和“网格平滑”工具进行多边形的平滑处理。

任务拓展

2.3.4　拉杆箱建模

拉杆箱
建模

请使用多边形建模方法完成一个拉杆箱的模型，参考图如图 2-104 所示。提示：使用切角长方体作为基本模型建模；为切角长方体设置足够的分段数，并挤出一定的数值，做出拉杆箱表面的凹凸效果。

图 2-104　拉杆箱模型

本章小结

本章通过多个范例对不同建模方法进行了综合练习。在学习过程中，首先要了解这几种建模方法的操作流程，知道如何将二维图形变换为三维模型，再将三维模型转换为可编辑多边形或可编辑网格，然后能够熟练使用各种常用的编辑工具编辑其子对象。

思考与练习

利用本章所学知识，创建如图 2-105 所示的挂钟模型。

提示：

（1）使用长方体、圆柱体、圆环和切角长方体创建挂钟的外壳和表盘，如图 2-106 左图所示。

（2）使用球体和圆柱体创建挂钟的钟摆，如图 2-106 中图所示。

（3）使用圆锥体和圆柱体创建挂钟的指针和指针转轴，如图 2-106 右图所示。

（4）调整挂钟各部分的位置并进行群组，完成挂钟模型的创建。

图 2-105　挂钟模型

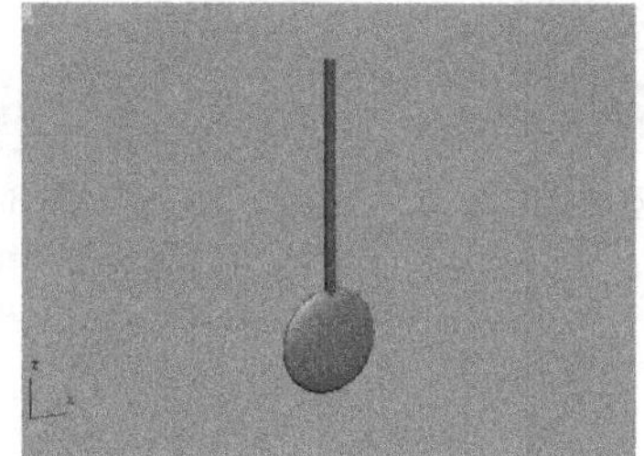

图 2-106　挂钟的创建过程

第3章 建模技术（下）

3.1 修改建模

修改建模是利用修改器，把基本体进行改造达到建模的目的。修改器是三维动画设计中常用的编辑修改工具，为对象添加修改器后，调整修改器的参数或编辑其子对象，即可以修改对象的形状，使对象符合用户的需要。

任务陈述

本任务通过创建如图 3-1 所示的生日蛋糕和如图 3-2 所示的办公椅模型，让读者掌握 3ds Max 中常用修改器的使用方法。

图 3-1　生日蛋糕模型效果图

图 3-2　办公椅模型效果图

相关知识与技能

3.1.1　常用修改器

利用修改器可对二维图形或三维对象进行修改，下面介绍一些常用的修改器。

1. “车削”修改器

“车削”修改器通过将二维图形绕平行于自身某一坐标轴的直线（即车削轴，该直线不会显示在视口和渲染图像中）旋转来创建三维模型。下面以使用“车削”修改器制作酒杯模型为例，学习一下“车削”修改器的使用方法。

Step 01 绘制如图 3-3 所示的封闭曲线，或打开本书配套素材“素材与实例”>“第 3 章”文件夹>“酒杯截面图形.max”素材文件，场景中已创建好了酒杯的截面图形。

Step 02 选中酒杯的截面图形，单击命令面板的“修改”标签，打开“修改”面板；单击面板中的“修改器列表”下拉列表框，从弹出的下拉列表中选择“车削”选项，为酒杯的截面图形添加“车削”修改器，如图3-4所示。

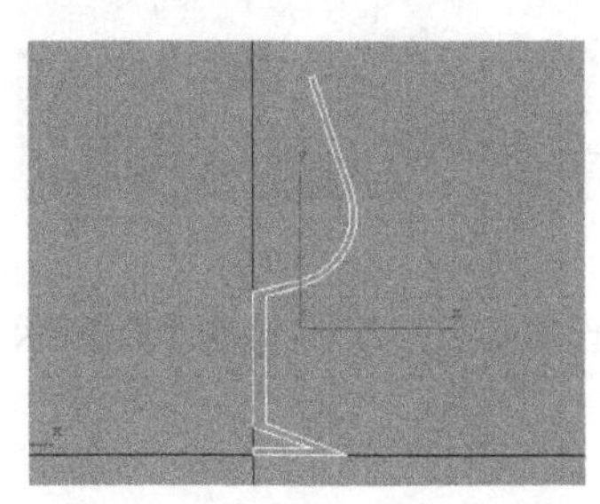

图3-3　酒杯截面图形的效果

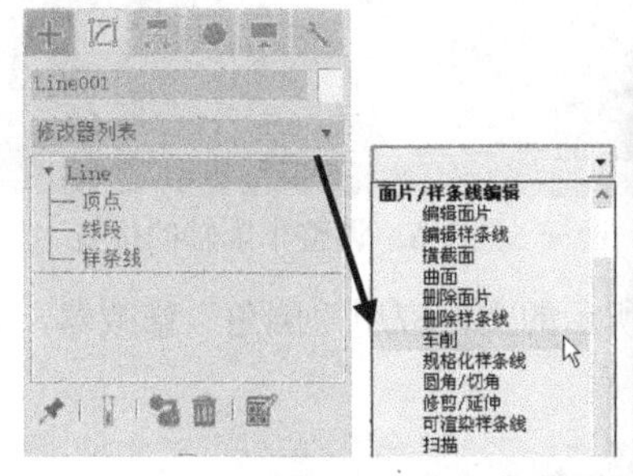

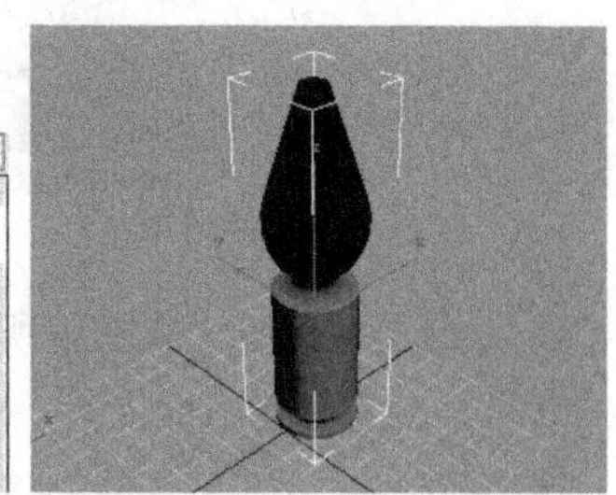

图3-4　为酒杯截面图形添加“车削”修改器

Step 03 参照如图3-5中图所示调整“车削”修改器的参数，完成酒杯模型的创建，效果如图3-5右图所示。

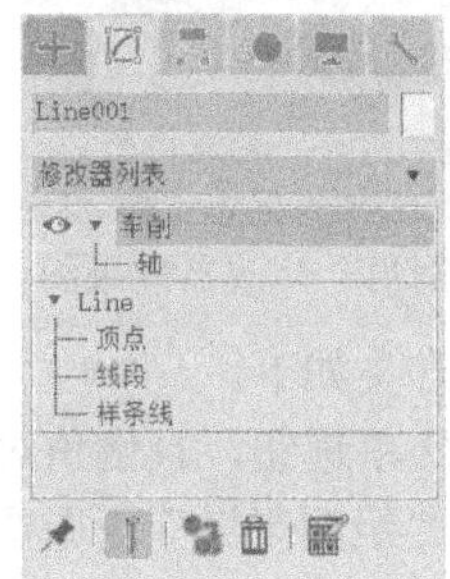

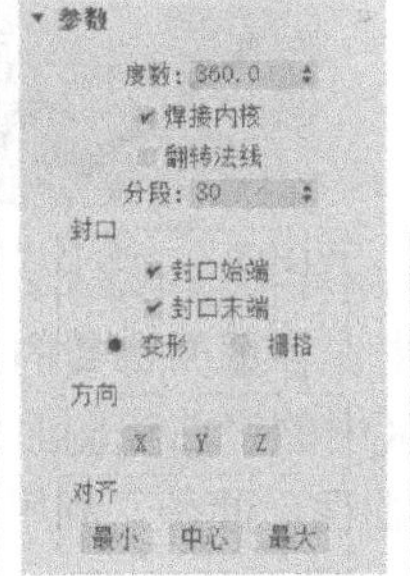

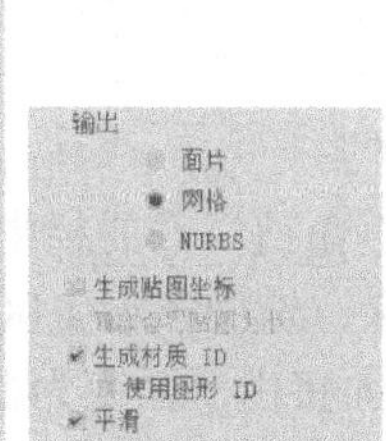

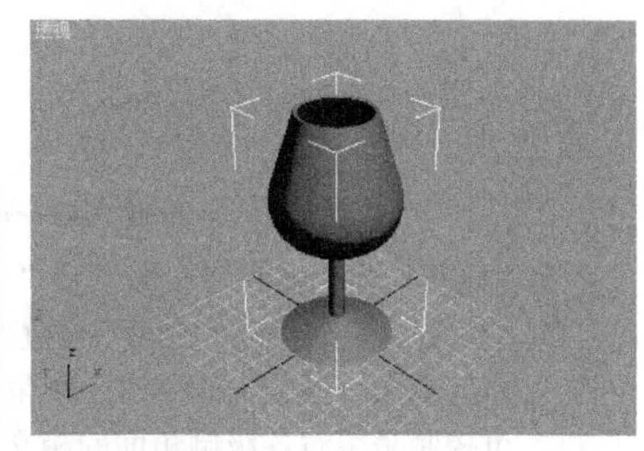

图3-5　调整“车削”修改器的参数

“车削”修改器的“参数”卷展栏中部分选项的含义如下。

- “焊接内核”复选框：焊接车削对象中两两重合的顶点，以获得结构简单、平滑无缝的三维对象。
- “翻转法线”复选框：用于翻转车削对象表面的法线方向，使内外表面互换。
- “封口”设置区：用于控制是否对车削对象的始端和末端进行封口处理。
- “方向”设置区：用于调整车削轴的方向，使其与二维图形自身的 X 轴、Y 轴或 Z 轴同向。
- “对齐”设置区：用于调整车削轴在二维图形中的位置，“最小”表示与图形左边界对齐，“中心”表示与图形中心点对齐，“最大”表示与图形右边界对齐。

经验之谈：

除了利用“车削”修改器的“参数”卷展栏“方向”和“对齐”放置区中的参数调整车削轴的方向和位置，还可以设置修改器的修改对象为“轴”，然后利用移动和旋转操作来手动调整车削轴的位置和方向，如图3-6所示。

2. “倒角”修改器

“倒角”修改器也是通过拉伸二维图形创建三维模型的，不同的是，“倒角”修改器可进行多次拉伸处理，而且在拉伸的同时可缩放二维图形，从而在三维模型边缘产生倒角面。

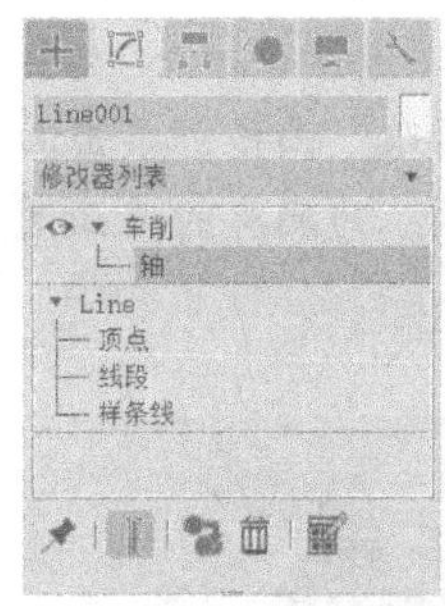

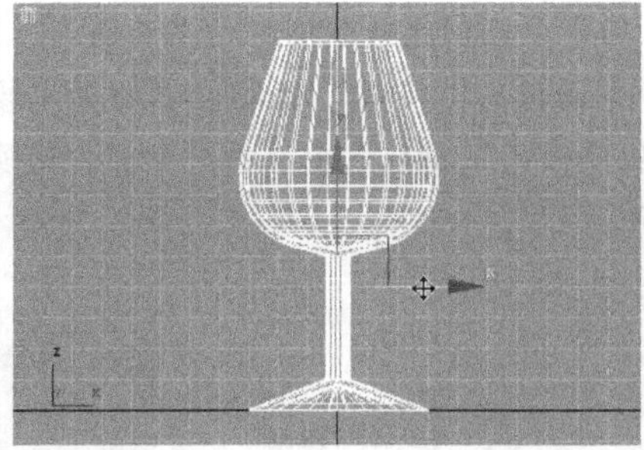
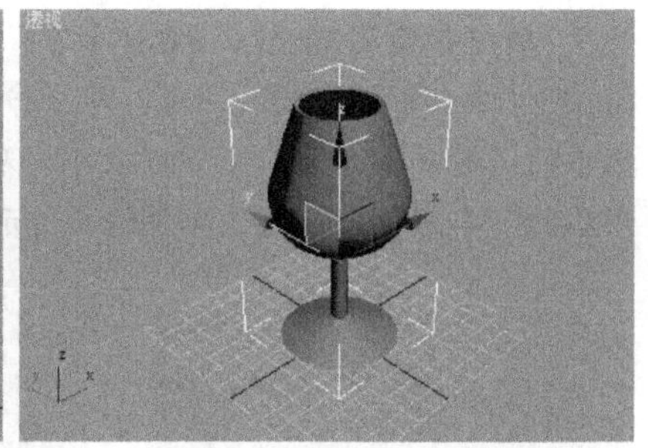

图 3-6 调整车削轴的位置

例如，对如图 3-7 左图所示的文本应用“倒角”修改器，并设置如图 3-7 右边两个图所示的参数，效果如图 3-8 所示。

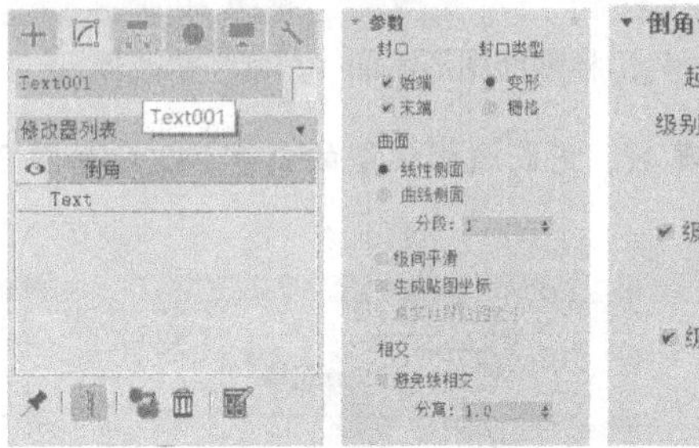

图 3-7 “倒角”修改器

图 3-8 使用“倒角”修改器效果图

在“倒角”修改器的“参数”和“倒角值”卷展栏中，各重要参数的含义如下。

- “参数”卷展栏的“曲面”设置区：选中该设置区中的“曲线侧面”单选钮，且倒角对象的曲面分段数大于 1 时，倒角面将由平面变为曲面。此外，利用“级间平滑”复选框可控制是否对各级倒角面的相交处进行平滑处理。
- “参数”卷展栏的“相交”设置区：选中该设置区中的“避免线相交”复选框可防止倒角对象中出现曲线交叉现象，但系统的运算量也会大大增加。
- “倒角值”卷展栏：利用“倒角值”卷展栏中的“起始轮廓”编辑框可设置二维图形的初始缩放值；利用“高度”和“轮廓”编辑框可设置各级拉伸处理的拉伸高度和拉伸过程中二维图形的缩放值；利用“级别 2”和“级别 3”复选框可控制是否进行 2 级和 3 级拉伸处理。

3. “弯曲”修改器

“弯曲（Bend）”修改器用于将所选三维对象沿自身某一坐标轴弯曲一定的角度和方向。例如，在透视视图中创建一个圆柱体，如图 3-9 左图所示，为其应用“弯曲”修改器，并设置如图 3-9 中图所示的参数，效果如图 3-9 右图所示。

“弯曲”修改器中各参数的含义如下。

- 角度：从顶点平面设置要弯曲的角度，范围为-999999～999999。
- 方向：设置弯曲相对于水平面的方向，范围为-999999～999999。
- 弯曲轴 *X*/*Y*/*Z*：指定沿哪个轴进行弯曲。
- 限制效果：通过设置上部和下部限制平面来限制对象的弯曲效果。选择该复选框后，可利用“上限”编辑框设置上部限制平面与修改器中心的距离，范围为 0～999999；利用“下限”编辑框设置下部限制平面与修改器中心的距离，范围为-999999～0，限制平面间的部分产生指定的弯曲效果，限制平面外的部分无弯曲效果，如图 3-10 所示。

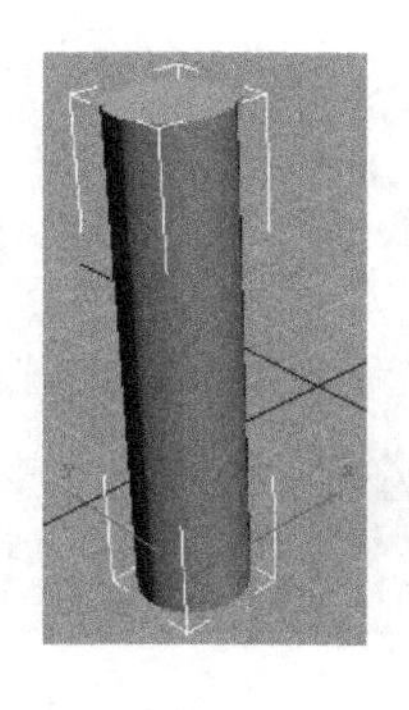
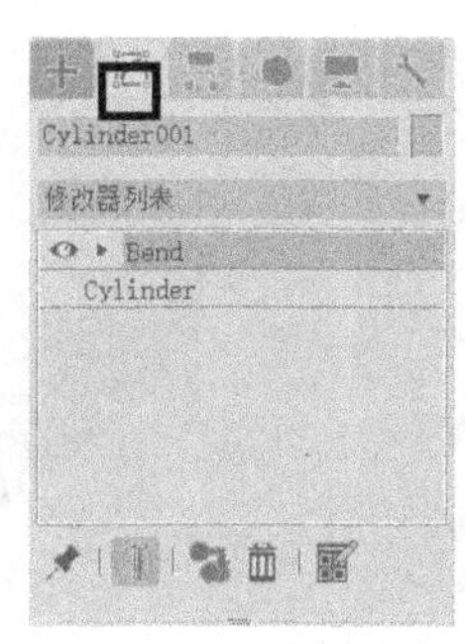

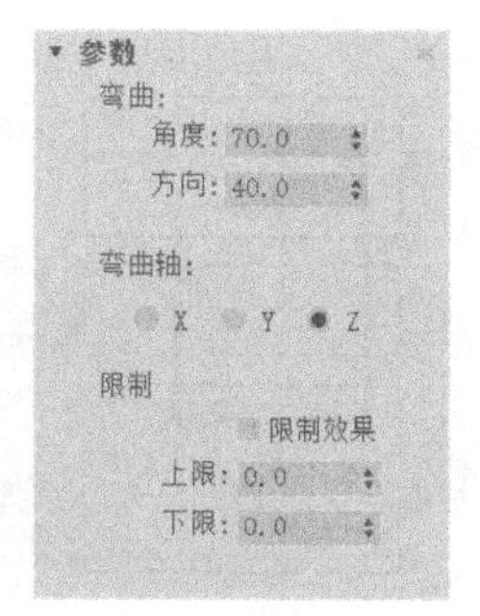

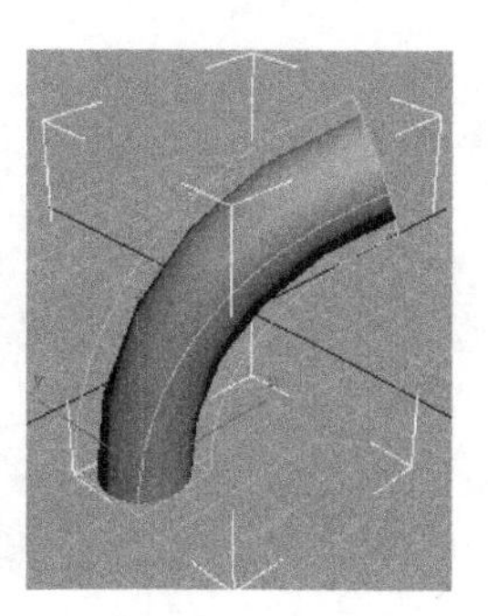

图 3-9　使用“弯曲”修改器及效果图

温馨提示：

设置修改器的修改对象为“中心”，然后可利用“选择并移动”工具调整修改器中心点的位置，如图 3-11 所示。

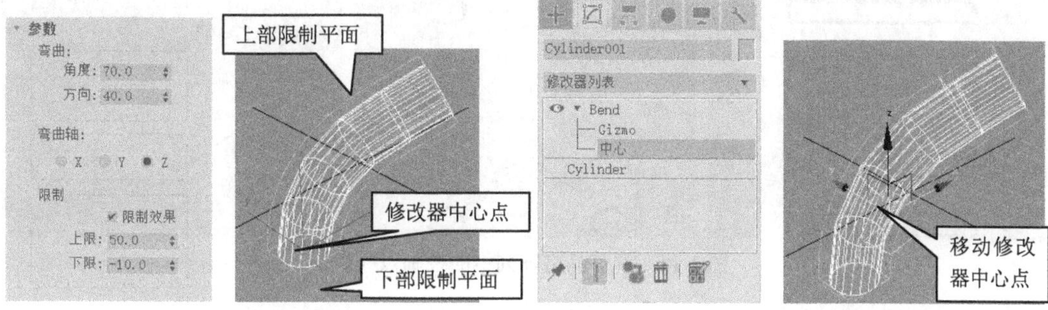

图 3-10　设置限制平面　　　　图 3-11　移动修改器中心点

4. “FFD”修改器

“FFD”修改器（“自由形式变形”修改器）有“FFD 2×2×2”、“FFD 3×3×3”、“FFD 4×4×4”、“FFD（长方体）”和“FFD（圆柱体）”五种类型，用户可通过变换 FFD 修改器的控制点和晶格框来改变物体的形状，并可设置晶格框的体积。

这几种修改器的使用方法类似，下面以使用“FFD 4×4×4”修改器制作抱枕为例，介绍一下“FFD”修改器的使用方法。

Step 01 在透视视图中创建一个切角长方体，并为其添加“FFD 4×4×4”修改器，此时在切角长方体周围产生一个 4×4×4 的晶格阵列，如图 3-12 所示。

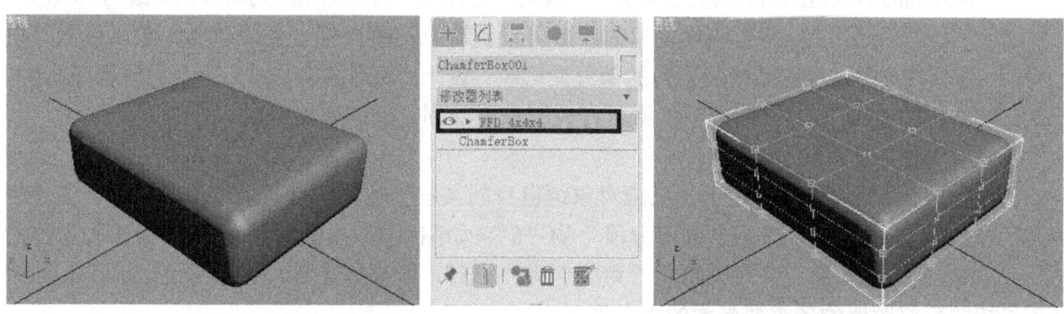

图 3-12　创建切角长方体并添加“FFD 4×4×4”修改器

Step 02 设置修改器的修改对象为“控制点”，然后在顶视图中框选如图 3-13 中图所示区域的控制点，并使用“选择并非均匀缩放”工具将其沿 *Z* 轴放大到原来的 300%，效果如图 3-13 右图所示。

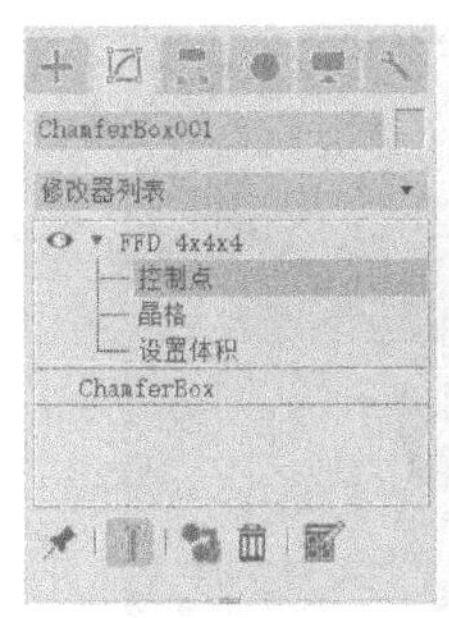

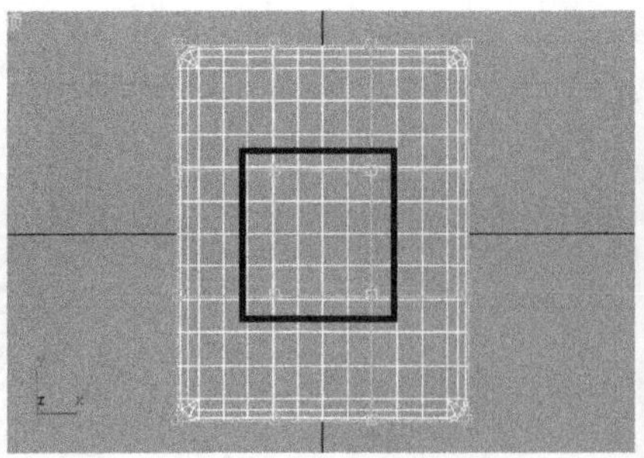
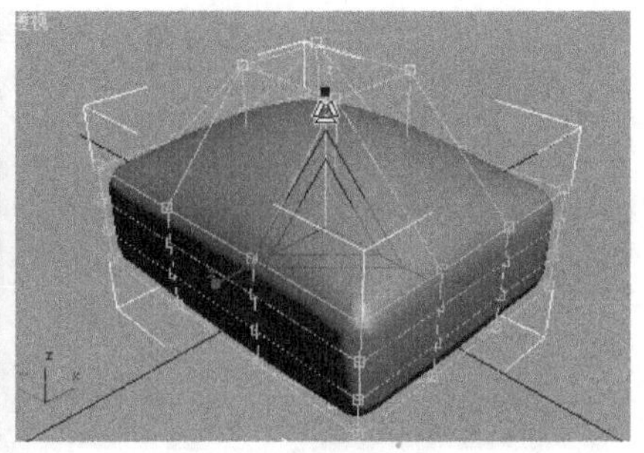

图 3-13　调整晶格阵列中的控制点（1）

Step 03 配合【Ctrl】键框选晶格阵列中如图 3-14 左图所示控制点，并沿 *Z* 轴压缩到原来的 15%；然后选择晶格阵列中如图 3-14 中图所示控制点，并沿 *XY* 平面放大到原来的 115%。至此，就完成了抱枕的创建，效果如图 3-14 右图所示。

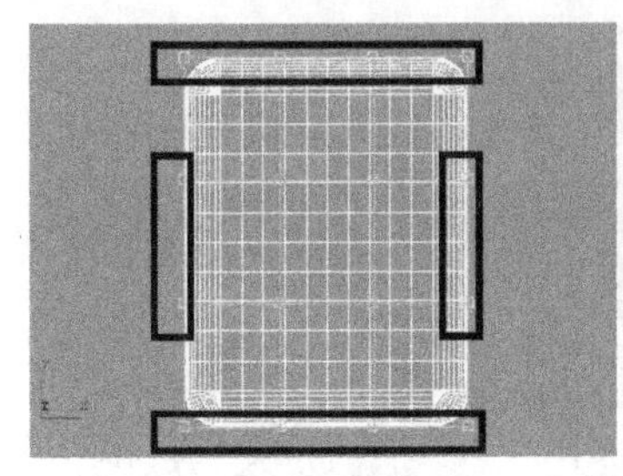
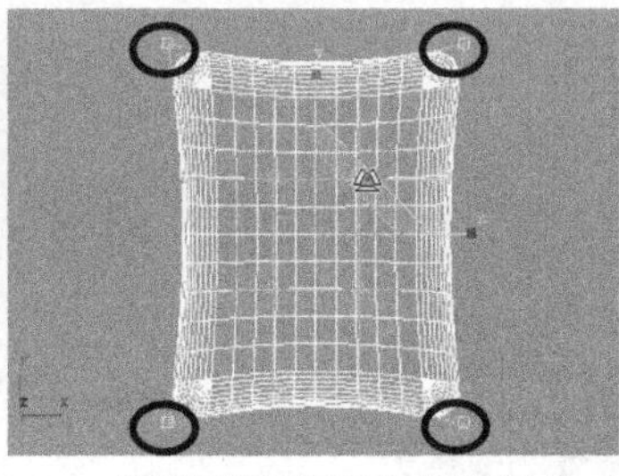
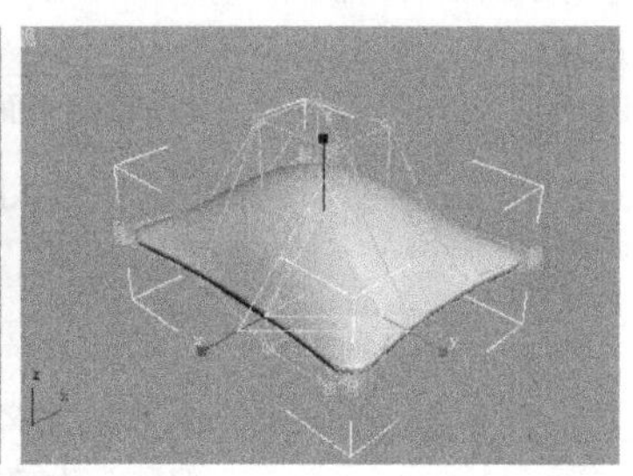

图 3-14　调整晶格阵列中的控制点（2）

“FFD”修改器包含三个子对象层级，各级的作用如下。

- 控制点：在此子对象层级可以选择并操纵晶格的控制点，操纵控制点将影响对象的形状。当对控制点执行移动、缩放和旋转等变换操作时，如果启用了程序窗口右下方动画控制区的“自动关键点”按钮，此点将变为动画。
- 晶格：在此子对象层级可从几何体中单独摆放、旋转或缩放晶格框。
- 设置体积：在此子对象层级，变形晶格控制点变为绿色，可以通过选择并操作控制点来修改晶格框体积而不影响修改对象。

此外，“FFD”修改器“参数”卷展栏中重要选项的含义如下。

- “显示”设置区：利用该设置区中的参数可设置晶格阵列的显示方式。设为“晶格”时，晶格阵列的形状随控制点的调整而变化；设为“源体积”时，晶格阵列始终保持最初的状态。
- “变形”设置区：利用该设置中的参数可设置对象的哪个部分受修改器影响。设为“仅在体内”时，只有晶格阵列内的部分受影响；设为“所有顶点”时，整个对象都受影响。
- “重置”按钮：单击该按钮可将所有控制点返回到它们的原始位置。

5. “扭曲”修改器

“扭曲（Twist）”修改器用于使三维对象绕自身的某一坐标轴进行扭曲处理。例如，在透视视图中创建一个长方体，设置“高度分段”为“6”（如图 3-15 左图所示），然后为该长方体附加一个“扭曲”修改器，并设置扭曲“角度”为“135”，效果如图 3-15 右图所示。

“扭曲”修改器的各重要参数的含义如下。

- 角度：确定围绕坐标轴扭曲的量。
- *X*/*Y*/*Z*：指定执行扭曲所沿着的轴。
- 限制效果：对扭曲效果应用限制约束。

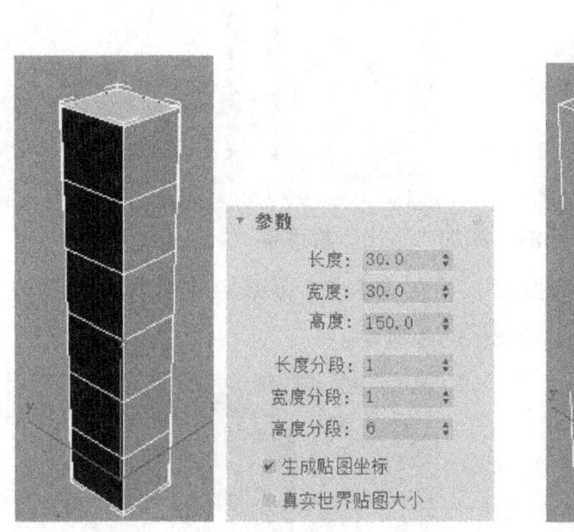

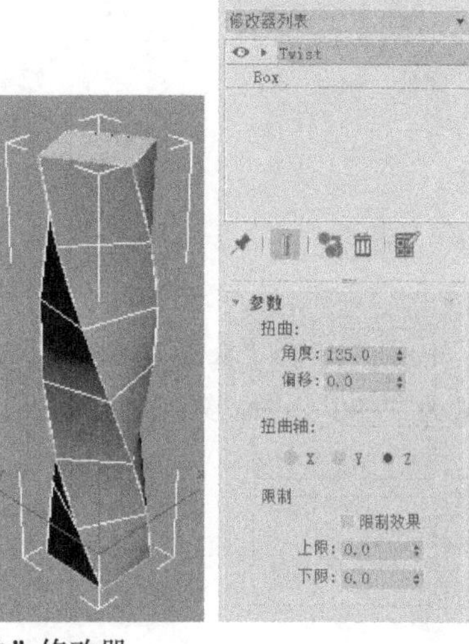

图 3-15　使用“扭曲”修改器

任务实施

制作生日蛋糕模型

3.1.2　制作生日蛋糕模型

制作思路

在创建生日蛋糕模型时，可以将整个模型分为奶油、樱桃、蛋糕体和盘子四个部分。首先绘制奶油的二维截面图，并利用“挤出”、“扭曲”和“锥化”修改器，创建锥形奶油模型；然后绘制樱桃的截面图形，并利用“车削”和“弯曲”修改器创建樱桃模型；接着绘制蛋糕体的截面图形，并利用“挤出”修改器创建蛋糕体模型；再绘制盘子的轮廓线，并利用“车削”修改器创建盘子模型；最后将蛋糕的各部分组合在一起，并添加三维文字。

操作步骤

1. 创建锥形奶油模型

Step 01 单击“创建”>“图形”面板“样条线”分类中的“星形”按钮，在顶视图中创建一个星形，并将其命名为“奶油”，然后在“修改”面板的“参数”卷展栏中将“半径 1”设为“40”，“半径 2”设为“30”，“点”设为“10”，“圆角半径 1”设为“7.5”，“圆角半径 2”设为“5.2”，如图 3-16 所示。

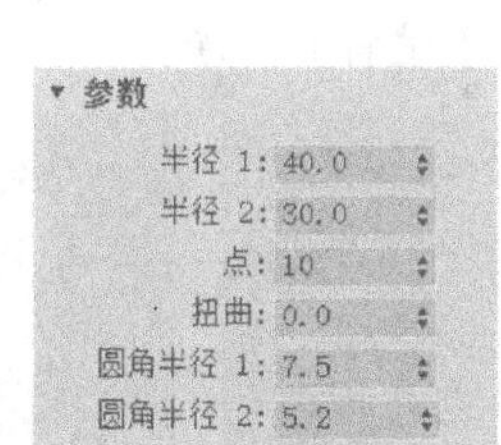

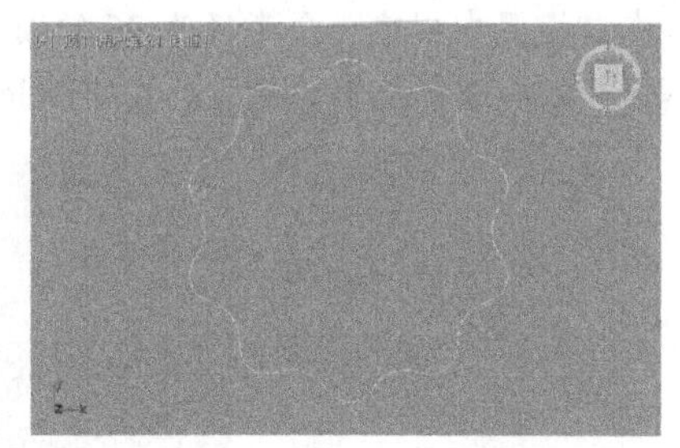

图 3-16　创建星形

Step 02 在“修改”面板中为“奶油”添加“挤出”修改器，并将“数量”设为“80”，“分段”设为“16”，如图 3-17 所示。

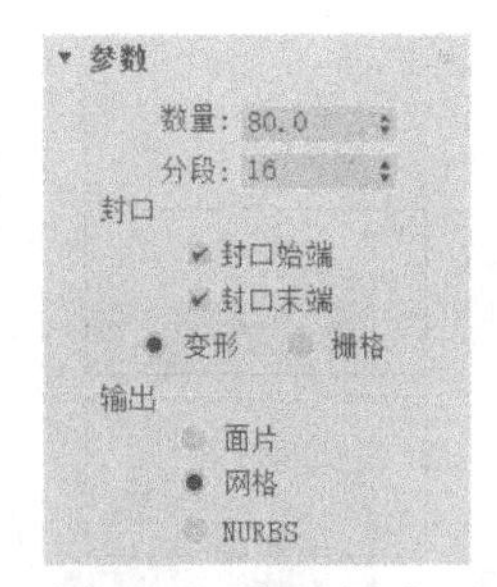

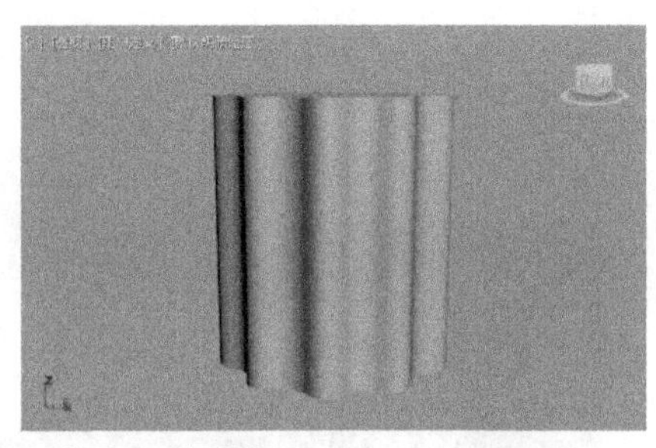

图 3-17　为“奶油”添加“挤出”修改器

Step 03 为“奶油”添加“扭曲（Twist）”修改器，并在“参数”卷展栏中将扭曲轴设为“Z”轴，“角度”设为“-90”，“偏移”设为“40”，如图 3-18 所示。

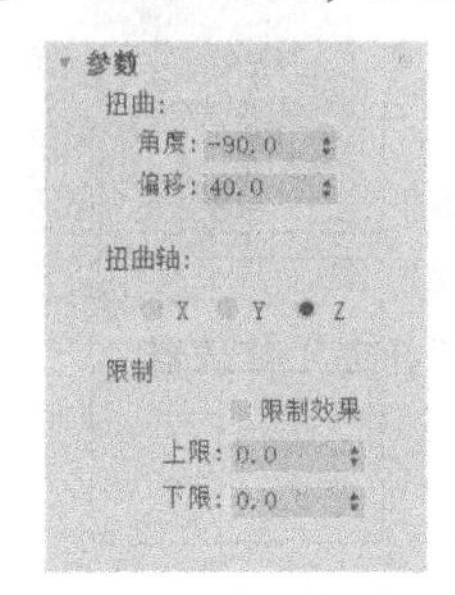

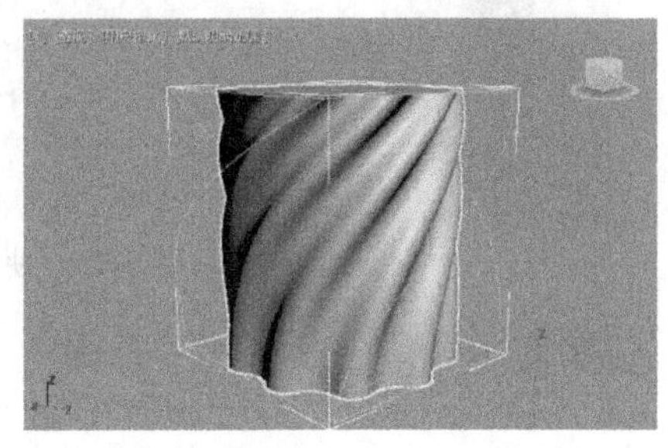

图 3-18　为“奶油”添加“扭曲”修改器

Step 04 为“奶油”添加“锥化（Taper）”修改器，并在“参数”卷展栏中将“数量”设为“-1”，“曲线”设为“3”，如图 3-19 所示。

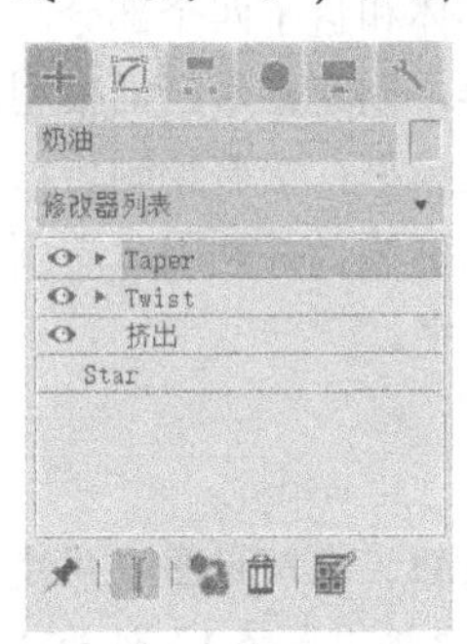

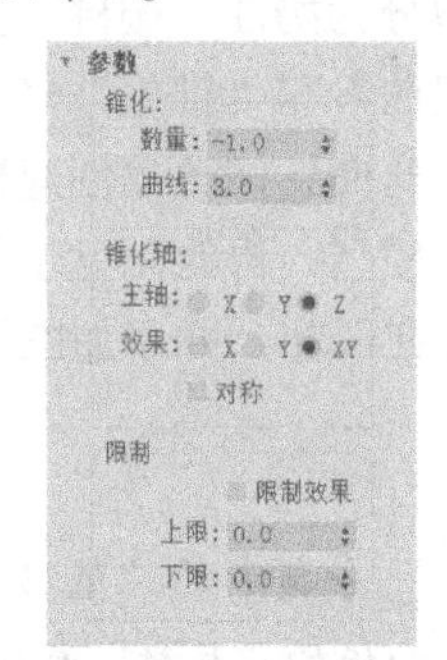

图 3-19　为“奶油”添加“锥化”修改器

2. 创建樱桃模型

Step 01 在前视图中创建一个半径为 25 的圆形，将其转换为可编辑样条线，并将其修改对象设为“顶点”，然后选中左侧的顶点，按【Delete】键将其删除，如图 3-20 所示。

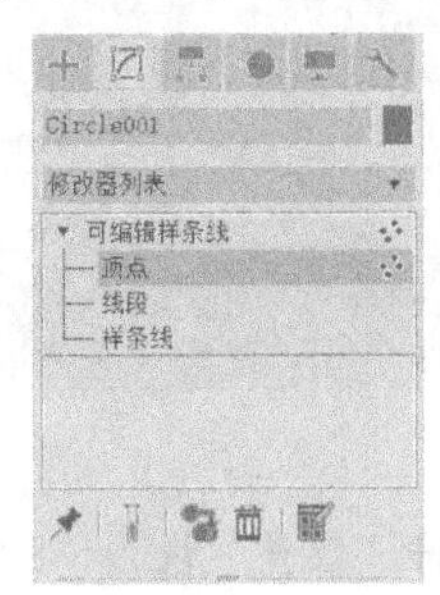

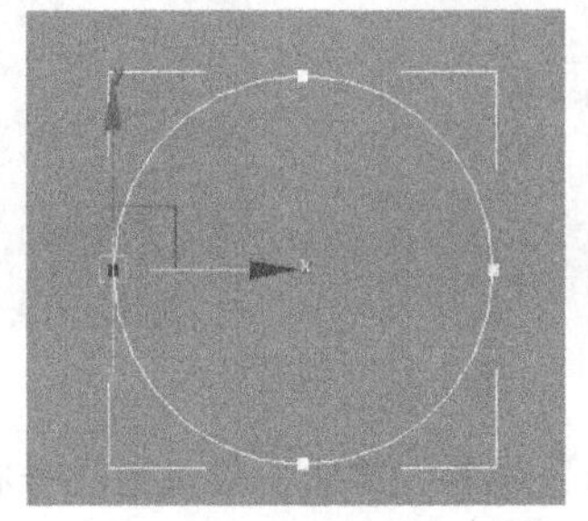
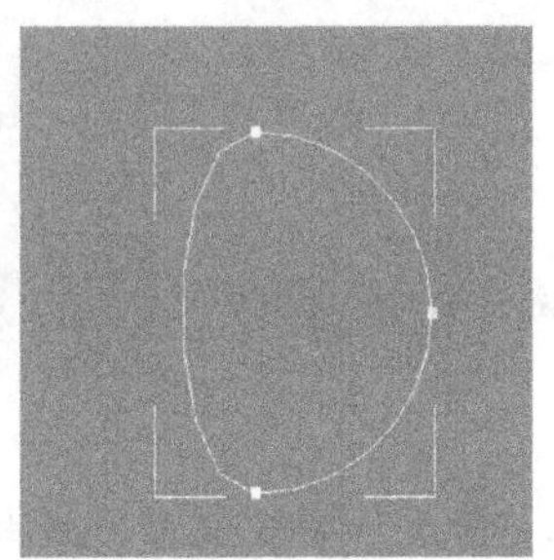

图 3-20　删除圆形左侧顶点

Step 02 将修改对象设为“线段”子对象，然后在前视图中选中左侧的弧线，在弧线上右击，在弹出的快捷菜单中选择“线”命令，将弧线转换成直线，如图 3-21 所示。

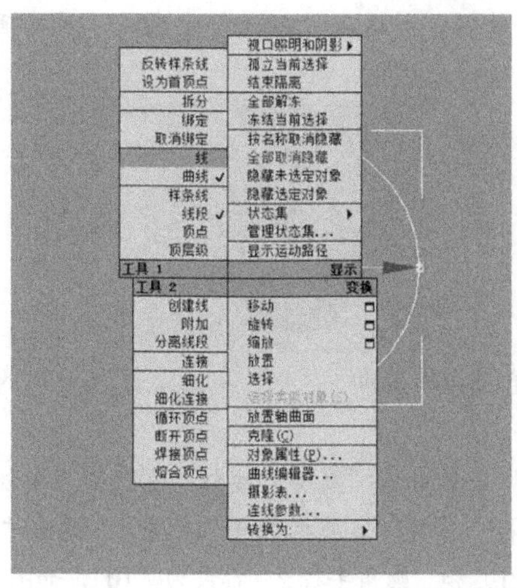

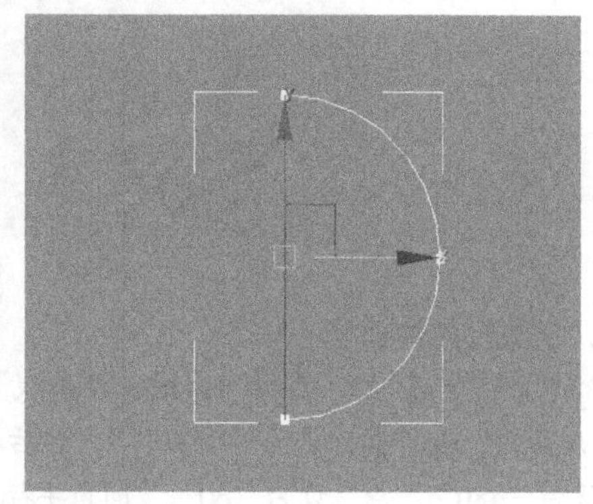

图 3-21　将弧线转换成直线

Step 03 将修改对象设为“顶点”子对象，然后在视图中选中右侧的顶点，并将其向上移动，如图 3-22 所示。

Step 04 选中左上方的顶点，会出现黄色的控制柄，拖动控制柄调整右侧弧线的弧度，如图 3-23 所示。

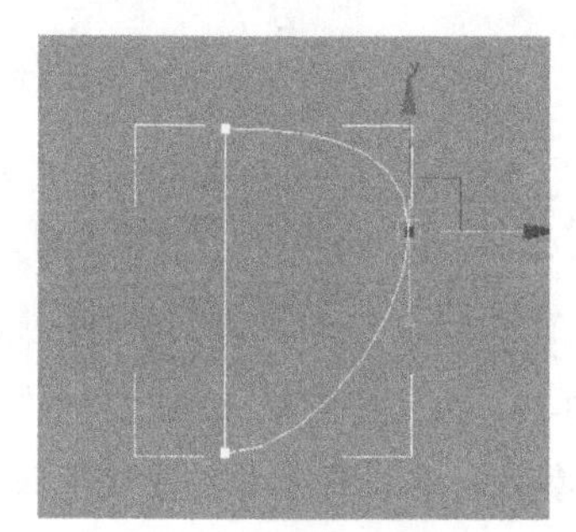

图 3-22　向上移动右侧顶点

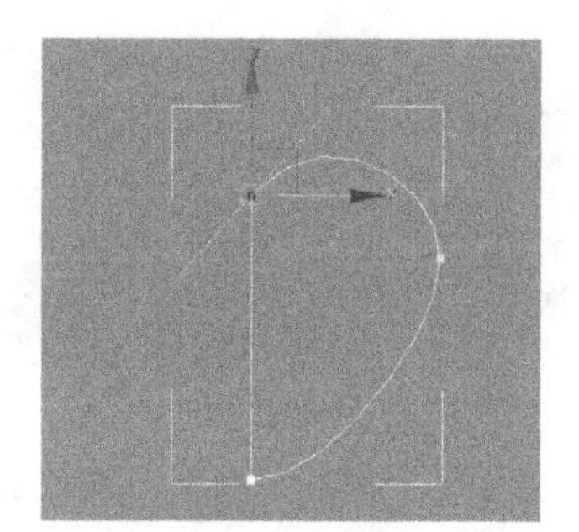

图 3-23　调整右侧弧线的弧度

Step 05 参考 Step04 的操作调整左下方顶点的控制柄，如图 3-24 所示。

Step 06 为视图中的图形添加“车削”修改器，樱桃的果体便创建好了，如图 3-25 所示。若对樱桃果体的造型不满意，可以回到“可编辑样条线”的“顶点”子对象层级，修改顶点的位置。

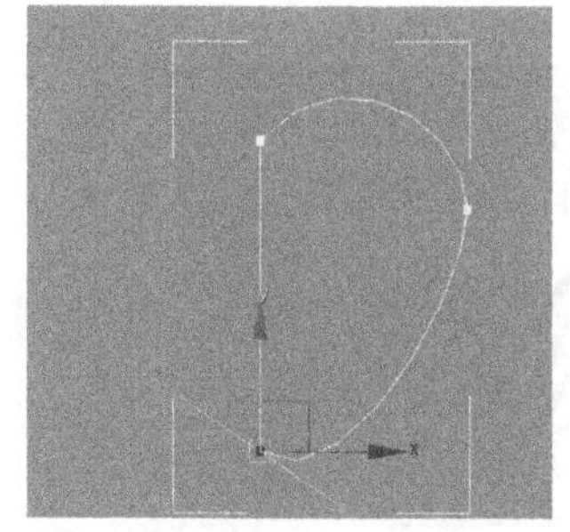

图 3-24　调整左下方顶点的控制柄

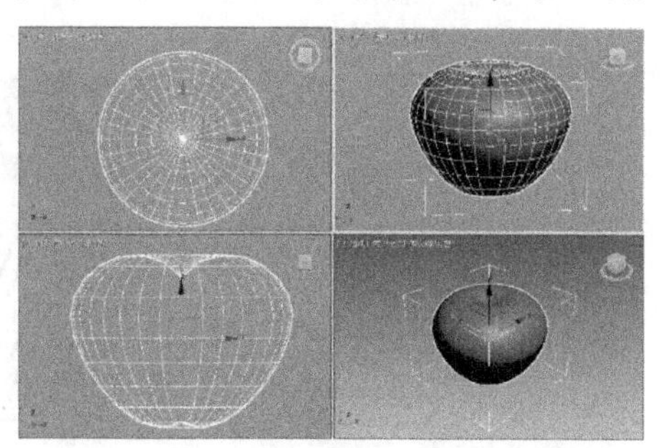

图 3-25　为图形添加“车削”修改器

Step 07 利用“创建”>“几何体”面板“标准基本体”分类下的“圆柱体”按钮，在顶视图中创建一个圆柱体，并在“参数”卷展栏中将其“半径”设为“2”，“高度”设为“50”，“高度分段”设为“3”，然后为其添加“编辑网格”修改器，并进入“顶点”子层级，对其顶点进行编辑，得到樱桃果柄，如图 3-26 所示。

图 3-26　创建樱桃果柄

3. 创建蛋糕体模型

Step 01 单击“创建”>“图形”面板“样条线”分类中的“星形”按钮，在顶视图中创建一个 72 边的星形曲线，并将其命名为“蛋糕体”，然后在“参数”卷展栏中将“半径 1”设为“500”，“半径 2”设为“480”，“点”设为“60”，“圆角半径 1”和“圆角半径 2”都设为“10”，如图 3-27 所示。

Step 02 为“蛋糕体”添加“挤出”修改器，并在“参数”卷展栏中将“数量”设为“250”，如图 3-28 所示。

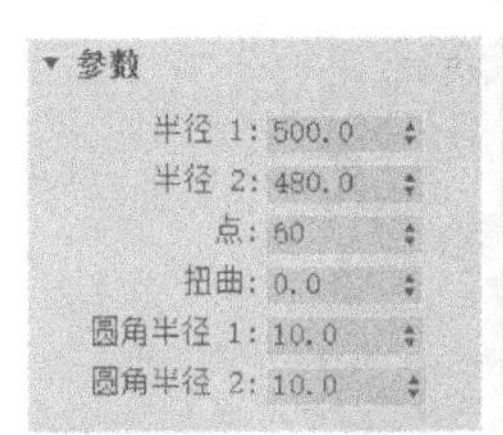

图 3-27　创建星形

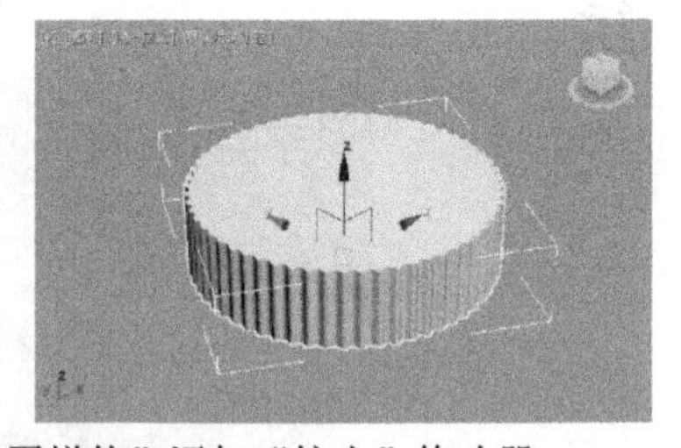

图 3-28　为“蛋糕体”添加“挤出”修改器

Step 03 为“蛋糕体”添加“扭曲”修改器，并在“参数”卷展栏中将“角度”设为“20”，如图 3-29 所示。

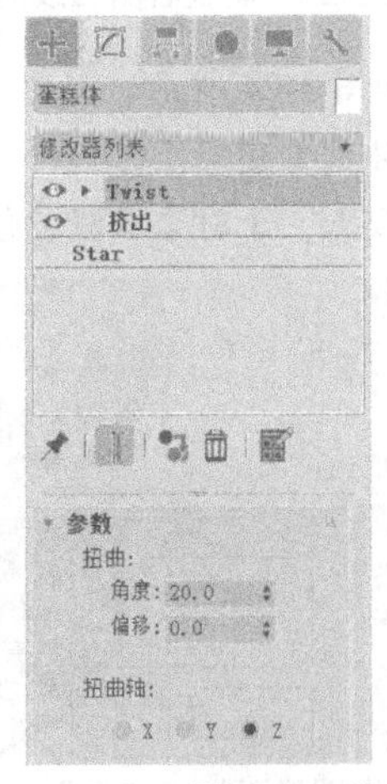

图 3-29　为“蛋糕体”添加“扭曲”修改器

Step 04 使用“选择并移动”工具，在前视图选中“蛋糕体”，在按住【Shift】键的同时沿 Y 轴进行拖动，将蛋糕体复制一层，然后利用缩放工具将复制出的蛋糕体缩小至原来的75%，如图3-30所示。

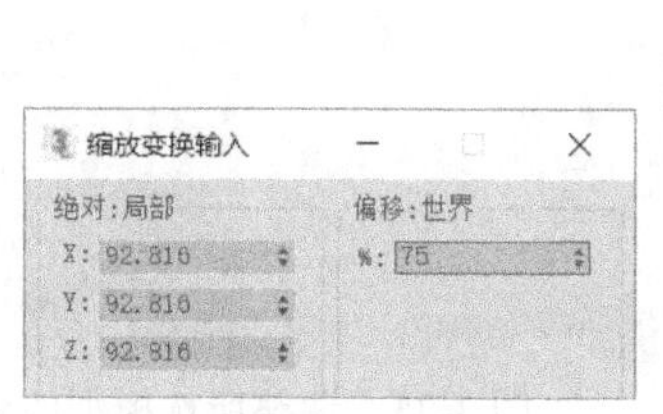

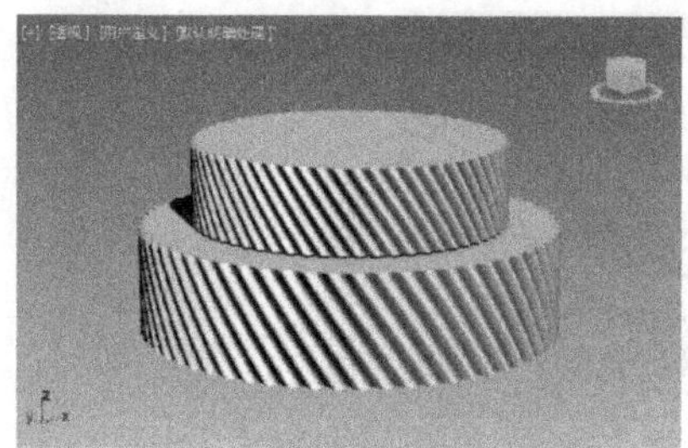

图3-30 复制并缩放“蛋糕体”模型

4. 创建盘子模型

Step 01 单击“创建”>“图形”面板“样条线”分类中的“线”按钮，在前视图中绘制一条如图3-31所示的曲线，并将其命名为“盘子”。

Step 02 在“修改”面板中将“盘子”的修改对象设为“样条线”子对象，然后框选视图中的样条线，再在“几何体”卷展栏下“轮廓”按钮右侧的编辑框中输入“5”，按【Enter】键，对所选样条线进行轮廓处理，如图3-32所示。

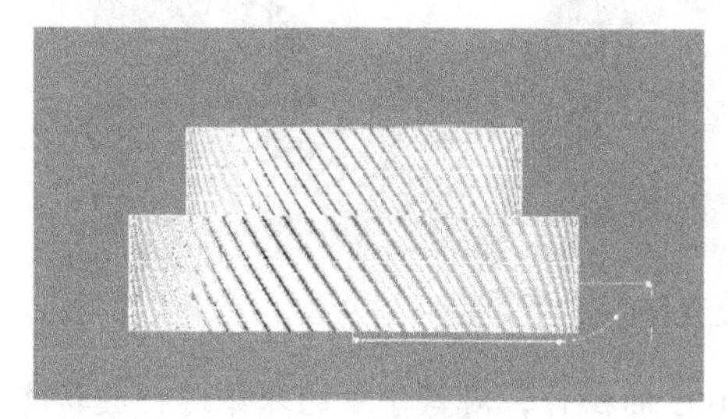

图3-31 绘制曲线

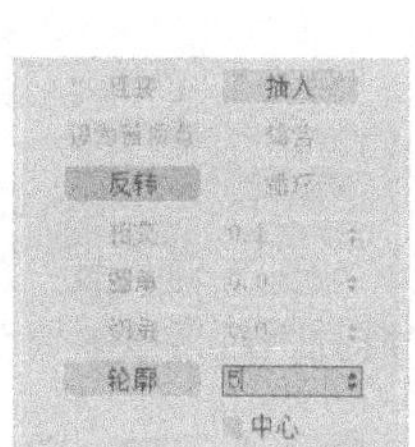

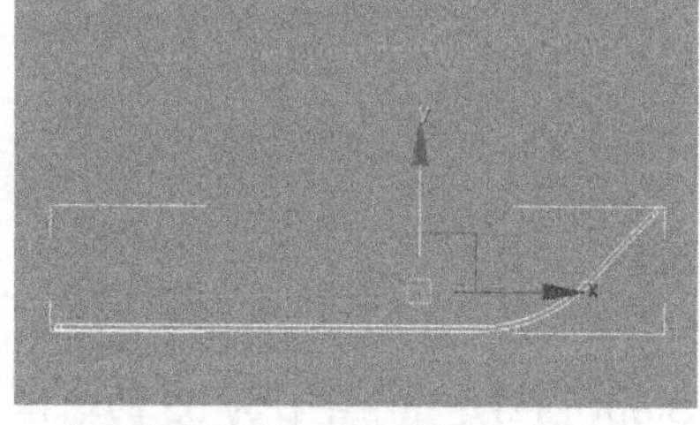

图3-32 对样条线进行轮廓处理

Step 03 为“盘子”添加“车削”修改器，选择对齐为“最小”，并勾选“焊接内核”复选框，如图3-33所示。调整车削的分段数，可以使盘壁圆滑。

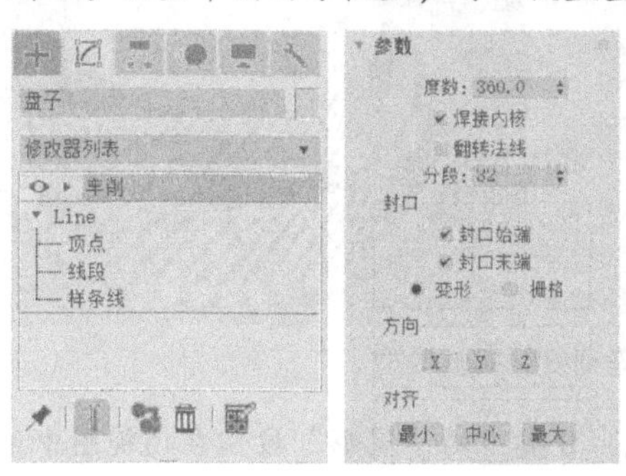

图3-33 为“盘子”添加“车削”修改器

5. 模型组合

Step 01 将视图中的奶油模型移动到如图3-34所示的位置。

Step 02 单击“层次”面板“调整轴”卷展栏下的“仅影响轴”按钮，然后单击“对齐”工具，再单击蛋糕体，在弹出的对话框中设置两个物体的 X、Y 轴，轴点对齐轴点，如图 3-35 所示。

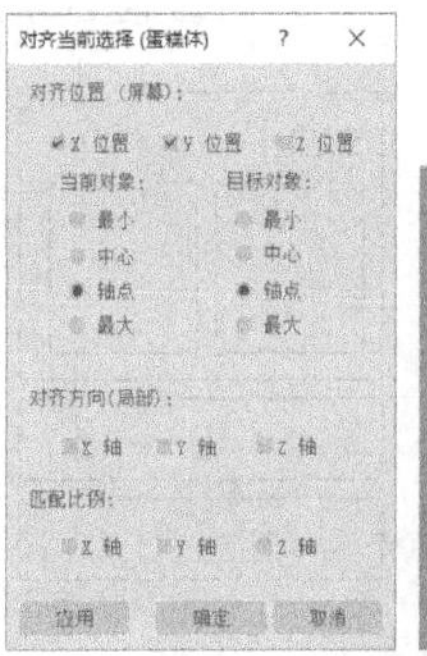

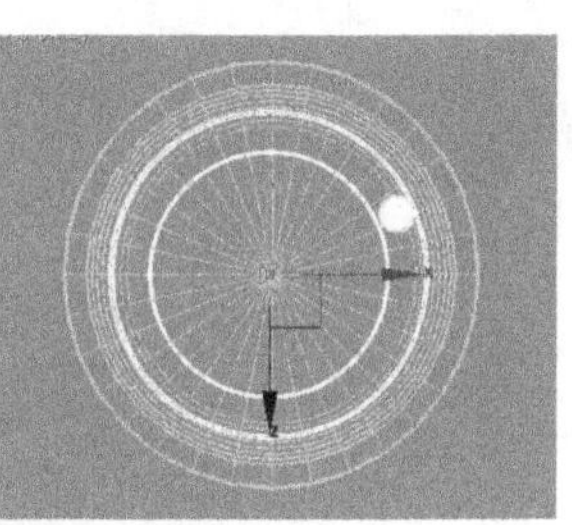

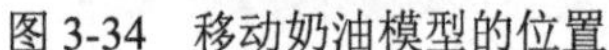
图 3-34　移动奶油模型的位置

图 3-35　调整所选模型的轴心

Step 03 再次单击“仅影响轴”按钮退出仅影响轴模式。在菜单栏中选择“工具”>“阵列”命令，在打开的“阵列”对话框中选择“复制”和“1D”单选钮，将复制“数量”设为“24”，将 Z 轴旋转角度设为“360”，然后单击“确定”按钮，参数设置和效果如图 3-36 所示。

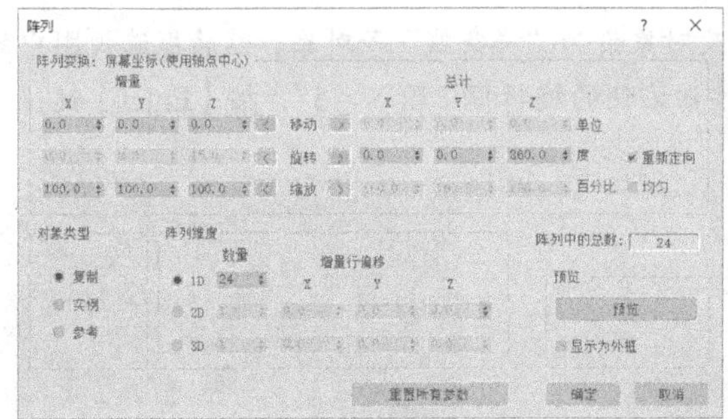

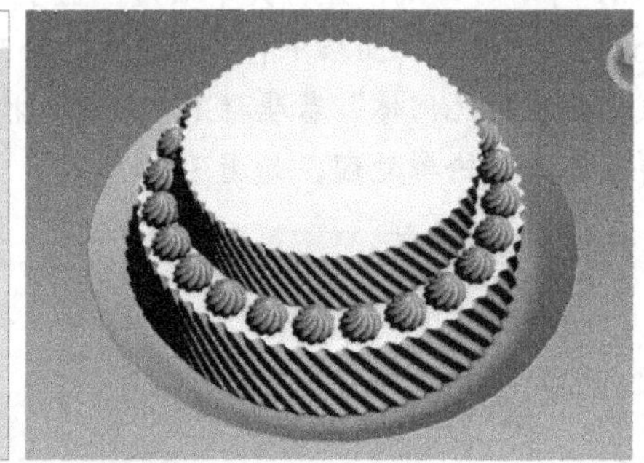

图 3-36　“阵列”对话框参数设置和奶油效果图

Step 04 创建一个半径为 35 的球体。参考 Step02、Step03 的操作，对盘子中的球体进行旋转阵列复制，如图 3-37 所示。

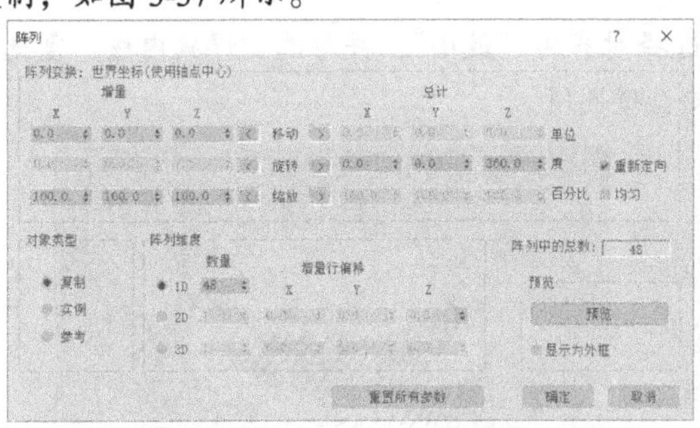

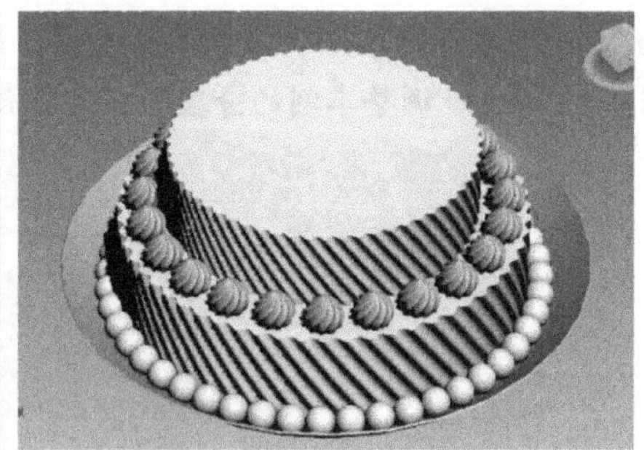

图 3-37　旋转阵列复制奶油模型

Step 05 利用“创建”>“图形”面板“样条线”分类中的“星形”按钮在顶视图中创建星形图形，然后在“参数”卷展栏中设置其参数，如图 3-38 所示。

Step 06 为星形图形添加“倒角”修改器，并在“倒角值”卷展栏中设置合适的参数，创建三维模型，再将创建的三维模型复制两份，并调整其角度和位置，如图 3-39 所示。

Step 07 单击“创建”>“图形”>“星形”按钮，在顶视图中创建一个星形，给星形添加“挤出”修改器，再依次添加“锥化”和“扭曲”修改器，参数设置如图 3-40 所示，并将其命名为“蜡烛”。

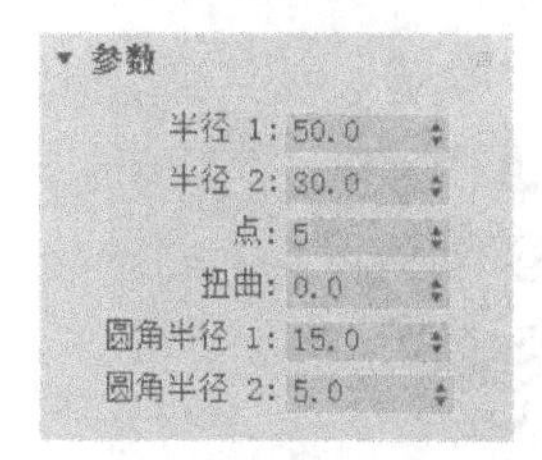

图 3-38　星形图形参数设置

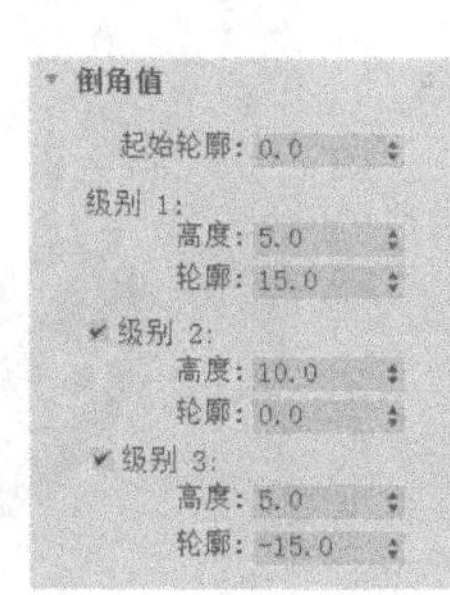

图 3-39　对星形图形进行倒角处理并复制

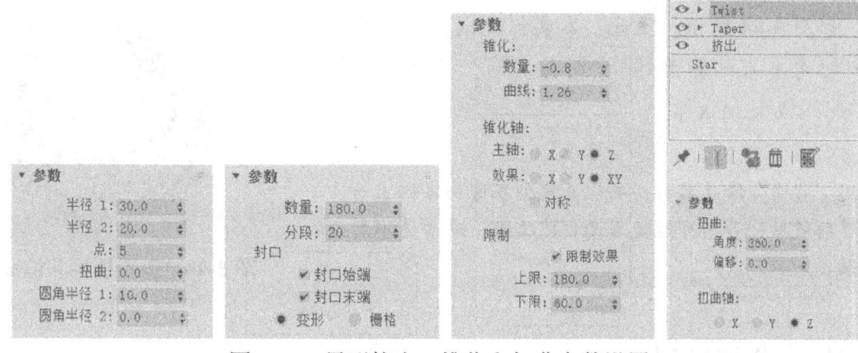

图 3-40　星形挤出、锥化和扭曲参数设置

Step 08 创建一个圆柱体，命名为“烛芯”，为“烛芯”模型添加“弯曲”修改器，并在“参数”卷展栏中将“角度”设为“40”，如图 3-41 所示。

图 3-41　“烛芯”模型的尺寸及“弯曲”修改器

Step 09 把“蜡烛”和“烛芯”成组（在菜单栏中选择“组”>“成组”命令）。利用前面所学的“阵列”方法，复制一圈蜡烛，如图 3-42 所示。

Step 10 单击“创建”>“图形”面板“样条线”分类下的“文本”按钮，在前视图中单击创建文本图形，如图 3-43 所示设置参数，并添加入“倒角”修改器。

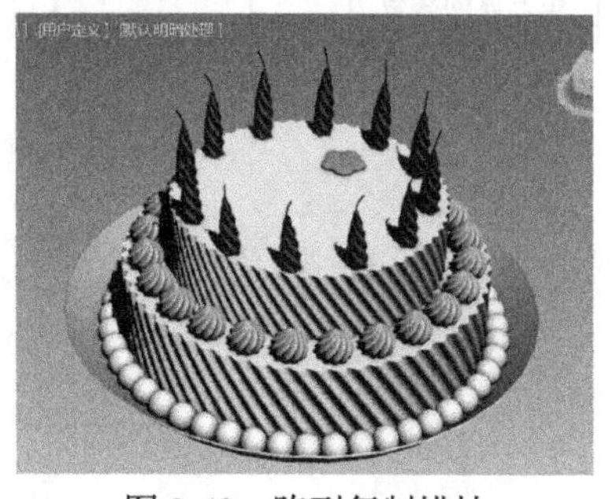

图 3-42　阵列复制蜡烛

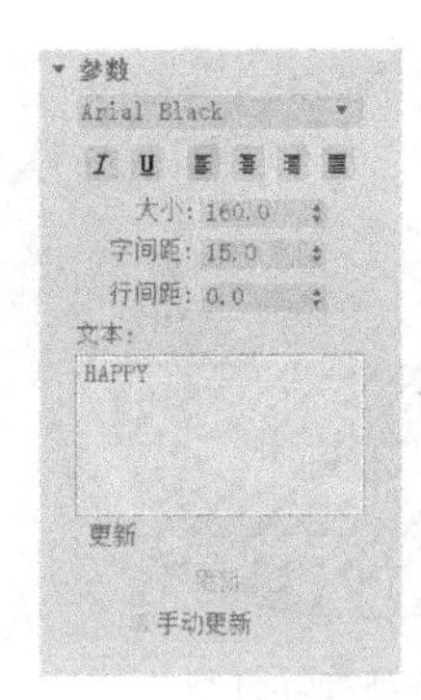

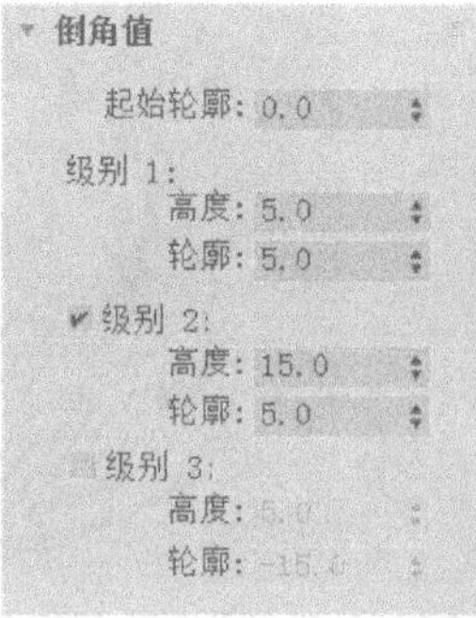

图 3-43　加入文本

Step 11 把之前做好的樱桃摆放在蛋糕上，为了美观可以在蛋糕上放置一些奶油或者糖果。按【Shift+Q】组合键渲染出图，如图 3-44 所示。至此，本实例就制作完成了，最终效果可参考本书配套素材“素材与实例”>“第 3 章”文件夹>“蛋糕模型.max”。

温馨提示：

在使用“弯曲”修改器时，要注意模型在弯曲方向上一定要有足够的段数，否则可能使弯曲创建失败，或者达不到预期的效果。

图 3-44　放置樱桃并渲染出图

制作办公椅模型

3.1.3　制作办公椅模型

制作思路

创建办公椅模型时，首先使用“FFD 4×4×4”修改器处理长方体和切角长方体，制作椅座和椅背；然后使用弯曲修改器处理软管，制作椅座和椅背的连接部分；再使用“弯曲”修改器处理圆柱体和切角长方体，制作扶手；接下来，使用圆柱体、切角长方体（使用“弯曲”修改器令切角长方体弯曲变形）和球体制作支架和滚轮；最后，调整办公椅各组成部分的位置，完成办公椅模型的制作。

操作步骤

Step 01 利用“长方体”和“切角长方体”工具在顶视图中创建一个长方体和一个切角长方体，参数设置和在透视视图中的效果如图 3-45 所示。

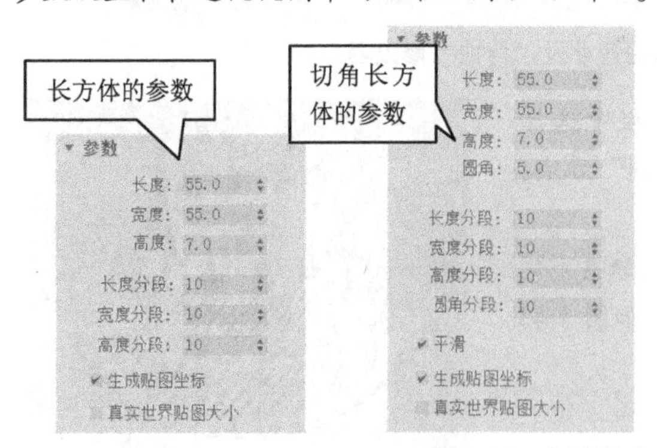

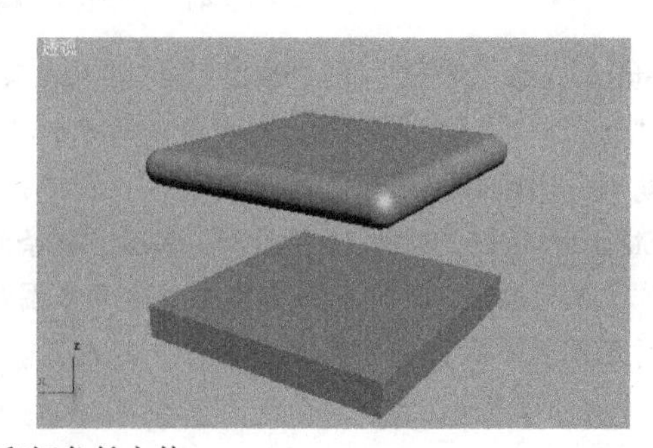

图 3-45　创建长方体和切角长方体

Step 02 参照前述操作，为切角长方体添加“FFD 4×4×4”修改器，然后设置其修改对象为“控制点”，再框选如图 3-46 中图所示控制点并移动到图示位置，此时切角长方体的效果如图 3-46 右图所示。

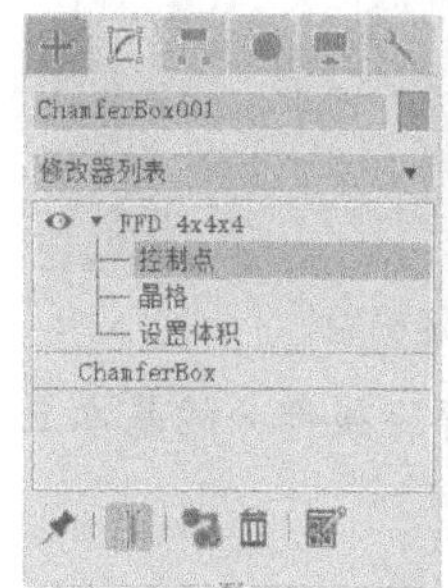

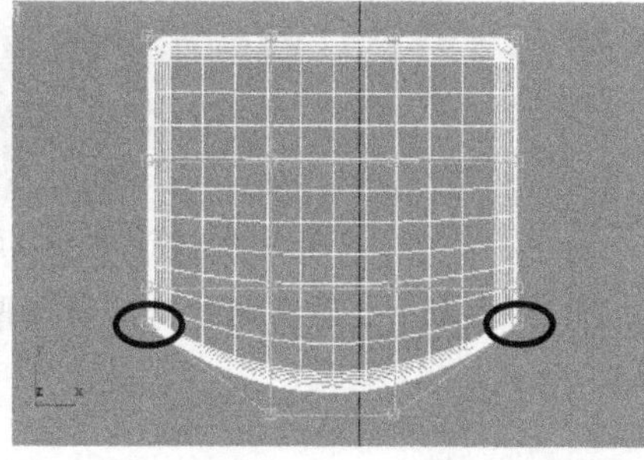
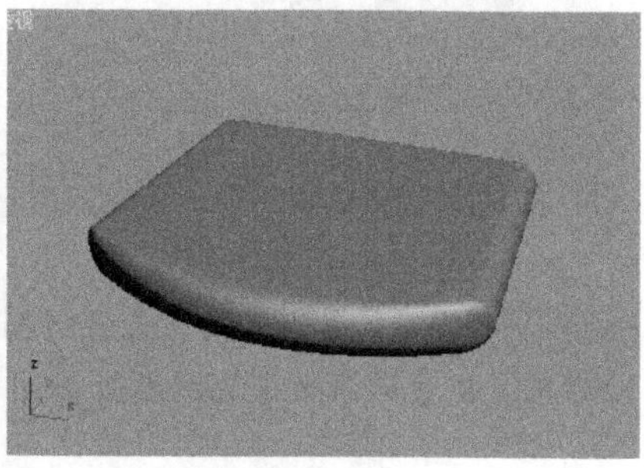

图 3-46　利用“FFD 4×4×4”修改器调整切角长方体的形状及效果图

Step 03 退出“FFD 4×4×4”修改器的子对象修改模式，然后右击修改器堆栈中修改器的名称，在弹出的快捷菜单中选择“复制”命令，复制修改器；再单击长方体，打开其修改器堆栈，右击长方体的名称，在弹出的快捷菜单中选择“粘贴”命令，将复制的修改器粘贴到长方体上，此时长方体效果如图 3-47 右图所示。

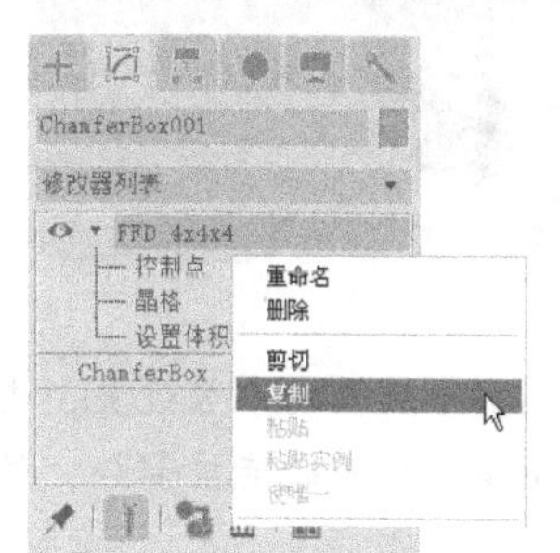

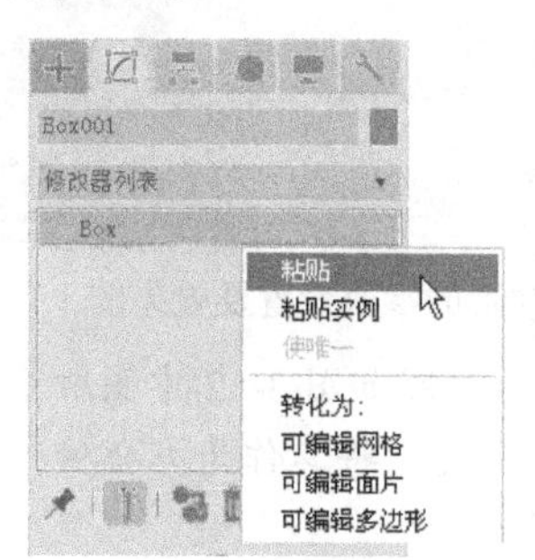

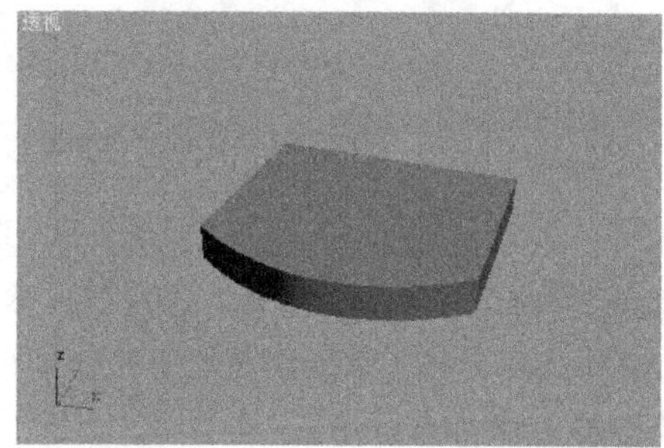

图 3-47　复制和粘贴修改器及效果图

Step 04 设置长方体中“FFD 4×4×4”修改器的修改对象为“控制点”，然后在前视图中将如图 3-48 中图所示区域的控制点均匀缩放至原来的 70%，效果如图 3-48 右图所示。

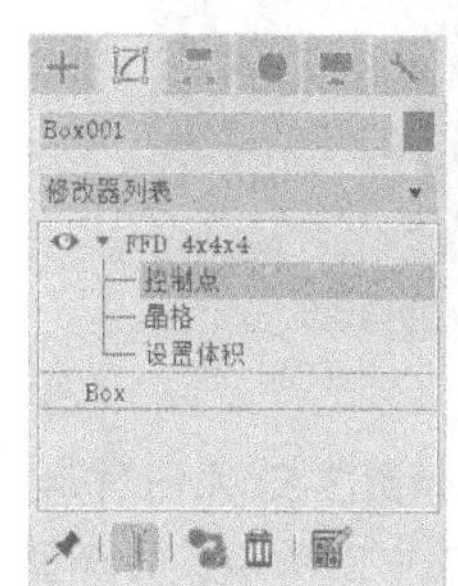

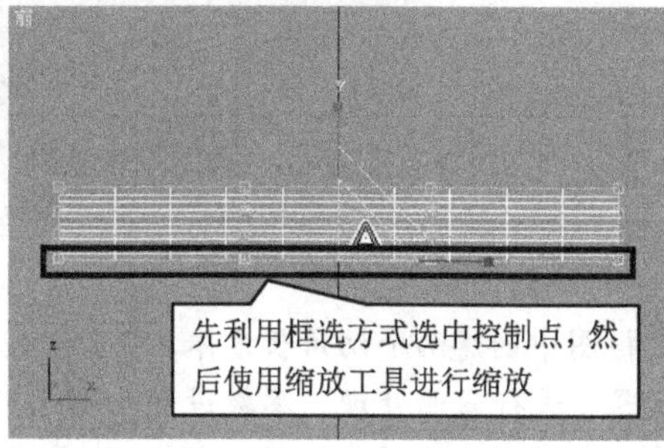

图 3-48　缩放“FFD 4×4×4”修改器的控制点及效果图

Step 05 调整长方体和切角长方体的位置，然后同时选中这两个对象，在菜单栏中选择“组”>“成组”命令进行群组，创建办公椅的椅座，效果如图 3-49 所示。

Step 06 利用旋转克隆再复制出一个椅座，并为其添加“锥化”修改器，进行锥化处理，创建办公椅的椅背，“锥化”修改器的参数设置和椅背的效果如图 3-50 所示。

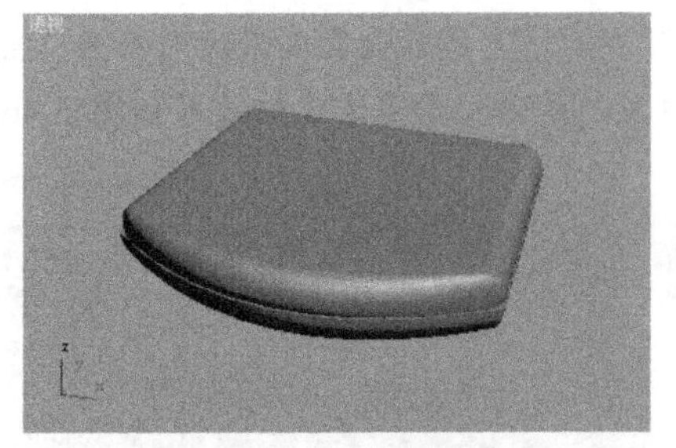

图 3-49　椅座效果图

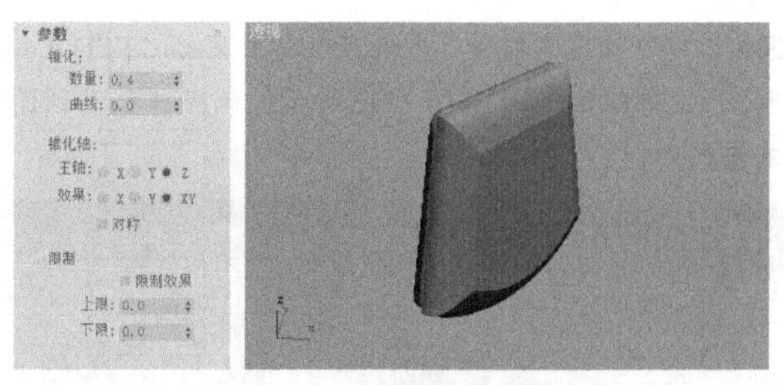

图 3-50　锥化处理创建椅背

Step 07 利用“软管”工具在透视视图中创建一条软管，作为制作椅座和椅背连接部分的基本三维对象，软管的参数设置和效果如图 3-51 所示。

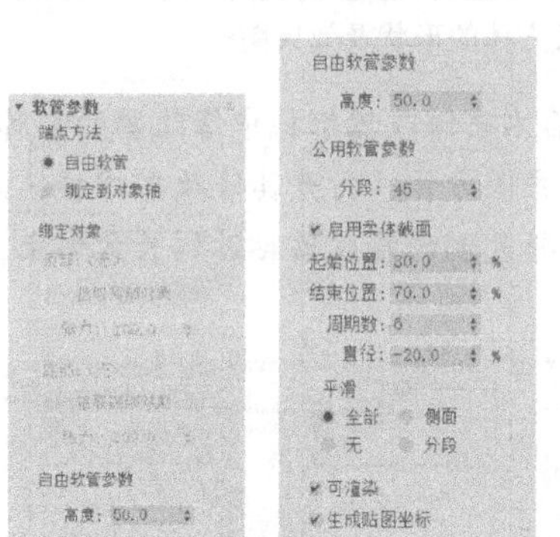

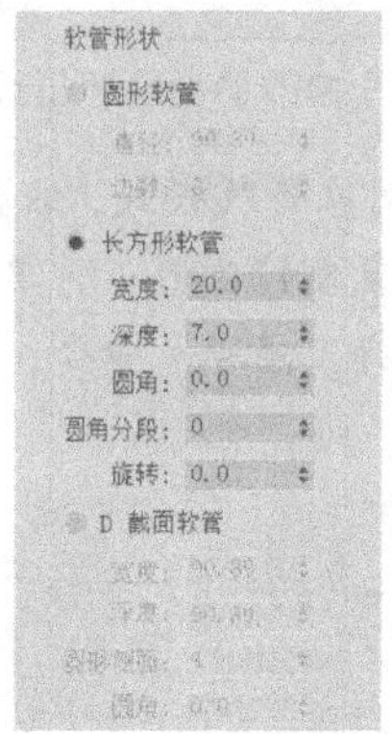

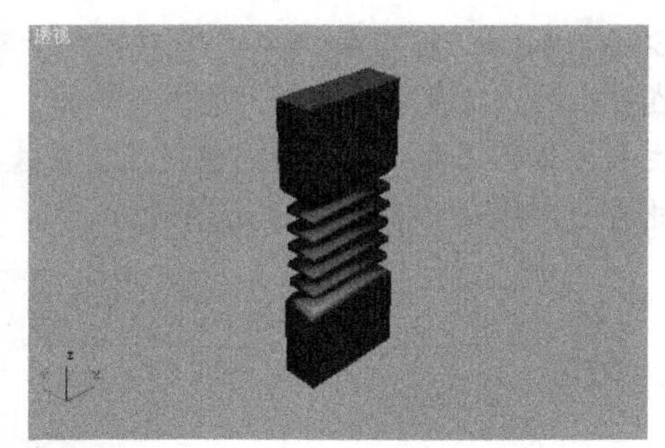

图 3-51　软管的参数设置及效果图

Step 08 为软管添加“弯曲”修改器，然后参照如图 3-52 中图所示调整修改器的参数设置，进行弯曲处理；接下来，调整软管的位置和角度，将其作为办公椅椅座和椅背间的连接部分，效果如图 3-52 右图所示。

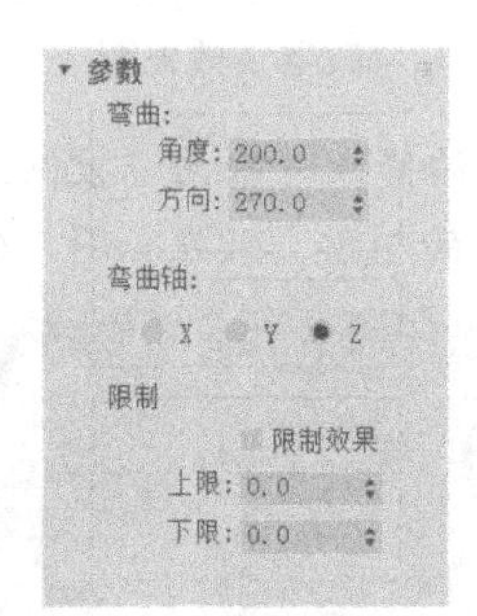

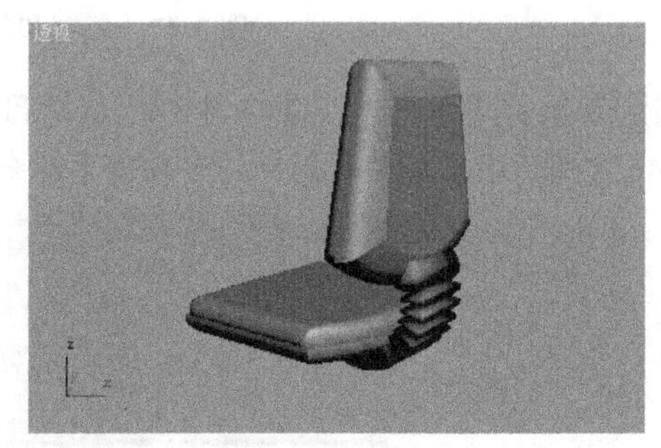

图 3-52　弯曲处理软管

Step 09 利用“切角长方体”工具在顶视图中创建两个切角长方体，参数设置如图 3-53 左图所示；然后为切角长方体添加“弯曲”修改器，进行弯曲处理，参数设置如图 3-53 中图所示；再调整两个切角长方体的角度和位置，创建办公椅的支架座，效果如图 3-53 右图所示。

Step 10 利用“圆柱体”工具在顶视图中创建两个圆柱体，并调整其位置，作为办公椅支架的立柱，圆柱体的参数设置和调整后的效果如图 3-54 所示。

Step 11 利用“圆柱体”和“球体”工具在透视视图中创建一个圆柱体和两个球体，并调整其位置，制作办公椅的滚轮，圆柱体和球体的参数设置及调整后的效果如图 3-55 所示。然后利用移动克隆再复制出三个滚轮，完成办公椅滚轮的制作。

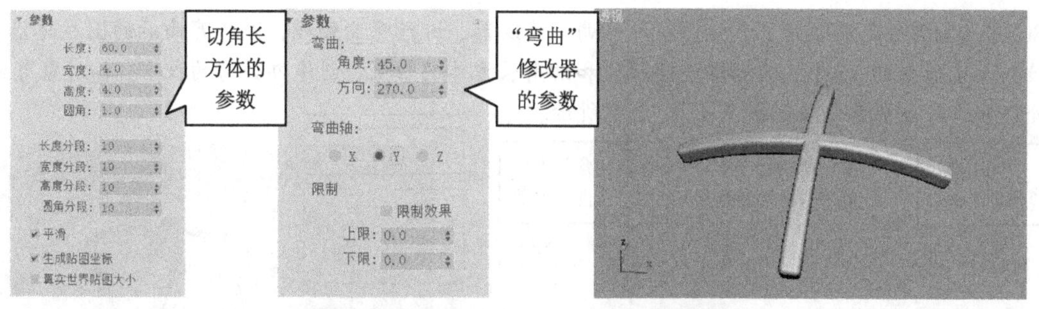

图 3-53 创建切角长方体并进行弯曲处理

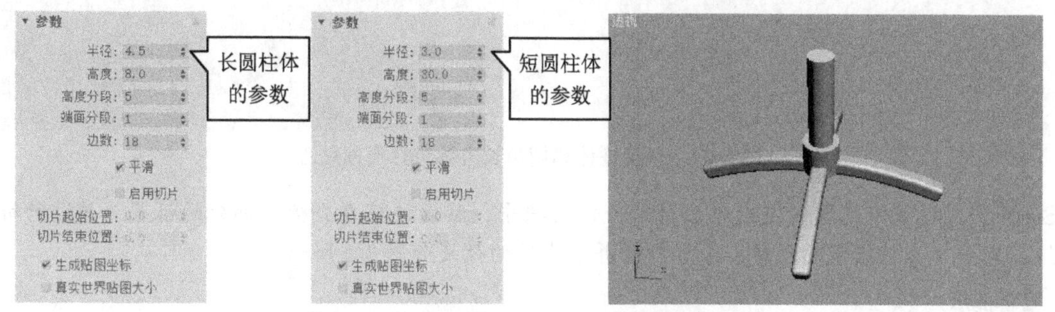

图 3-54 利用圆柱体创建办公椅支架的立柱

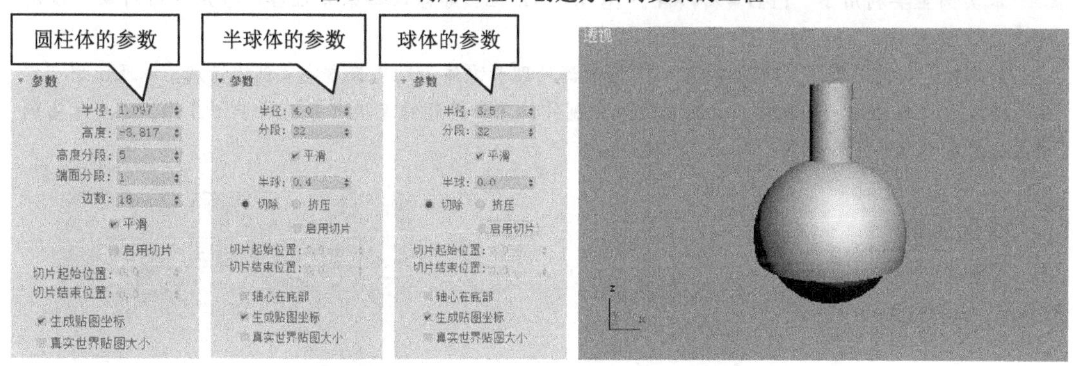

图 3-55 利用圆柱体和球体创建办公椅滚轮

Step 12 利用“圆柱体”和“切角长方体”工具在顶视图中创建一个圆柱体和两个切角长方体，参数设置和效果如图 3-56 所示。

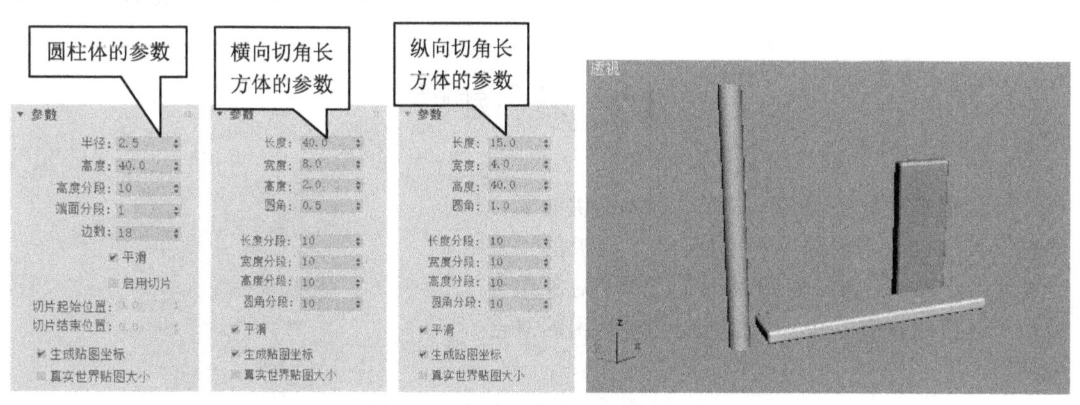

图 3-56 创建圆柱体和切角长方体

Step 13 为圆柱体和切角长方体添加“弯曲”修改器，进行弯曲处理，并将弯曲后的圆柱体沿 Z 轴放大至原来的 150%；然后调整圆柱体和切角长方体的位置，创建办公椅的扶手，各对象弯曲处理的参数设置和扶手的效果如图 3-57 所示。

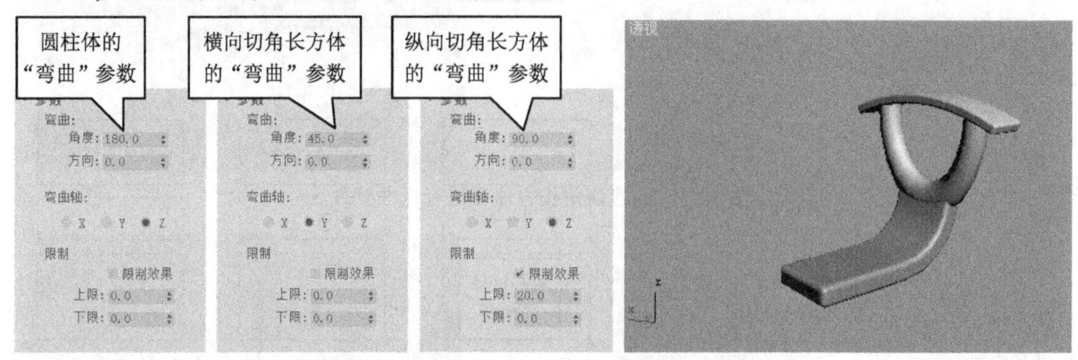

图 3-57　对圆柱体和切角长方体进行弯曲处理

Step 14 利用镜像克隆创建出办公椅另一侧的扶手，然后调整办公椅各部分的位置，并进行群组，完成办公椅模型的创建，添加材质并渲染后的效果如图 3-2 所示。

温馨提示：

本实例主要利用了“FFD 4×4×4”“弯曲”“锥化”等修改器来处理各种常用三维对象，以制作办公椅模型。

创建时，关键是利用“FFD 4×4×4”修改器处理长方体和切角长方体来创建椅座，以及使用“弯曲”修改器处理软管、圆柱体、切角长方体来制作椅座和椅背的连接部分及扶手。另外，还要注意调整办公椅各部分角度和位置。

任务拓展

3.1.4　制作雨伞模型

制作雨伞模型

请制作一个雨伞模型，参考图如图 3-58 所示。提示：先绘制一个星形，挤出一定的高度，再利用“锥化”修改器，完成雨伞建模。

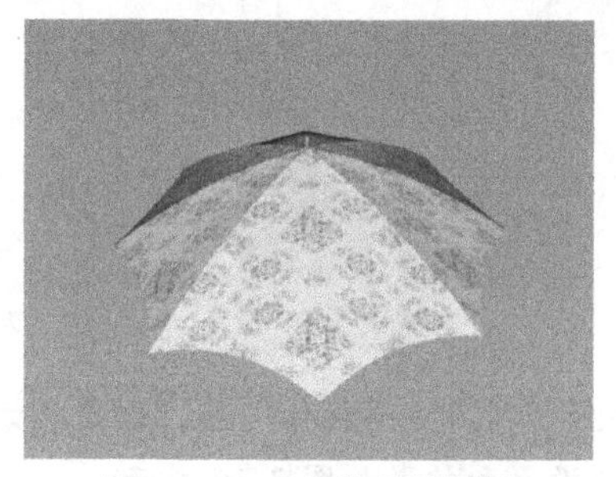

图 3-58　雨伞模型效果图

3.2　复合建模

复合建模就是使用 3ds Max 2018 提供的复合建模工具（位于“创建”>“几何体”面板的“复合对象”分类中，如图 3-59 所示）将多个对象组合成一个对象的建模方法。下面介绍几种常用的复合工具。

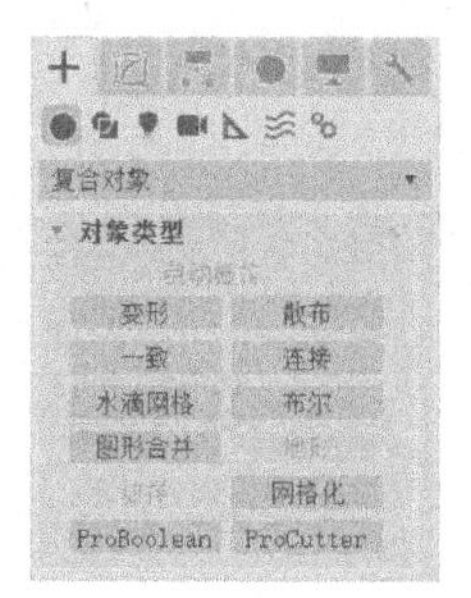

图 3-59　复合建模工具

任务陈述

水滴网格复合对象可以通过几何体或粒子创建一组球体，还可以将球体连接起来，就好像这些球体是由柔软的液态物质构成的一样。本任务通过饼干建模的实例，学习水滴网格的使用方法，如图3-60所示。复合建模中的“放样”工具可以将二维图形沿指定的路径曲线放样成三维模型；“布尔”工具可以对两个独立的三维对象进行布尔运算，产生新的三维对象；“图形合并”工具可以将一个或多个二维图形沿自身法线方向投影到三维对象表面，并产生相加或相减的效果，常用于制作模型表面的花纹。本任务的第二个实例通过制作如图3-61所示的牙刷模型，学习复合建模中“放样”、“布尔”和“图形合并”工具的使用。

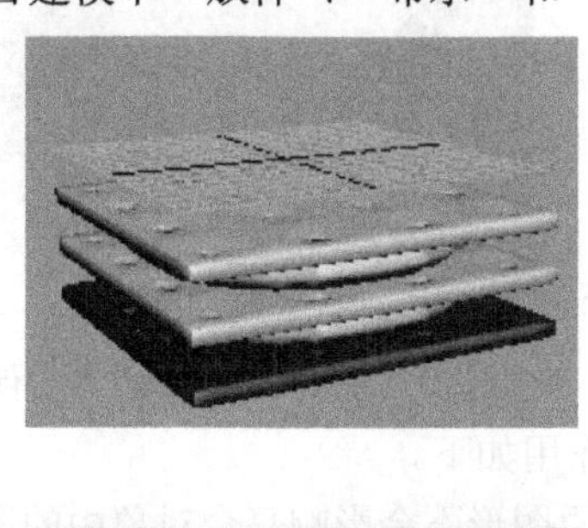

添加材质并渲染

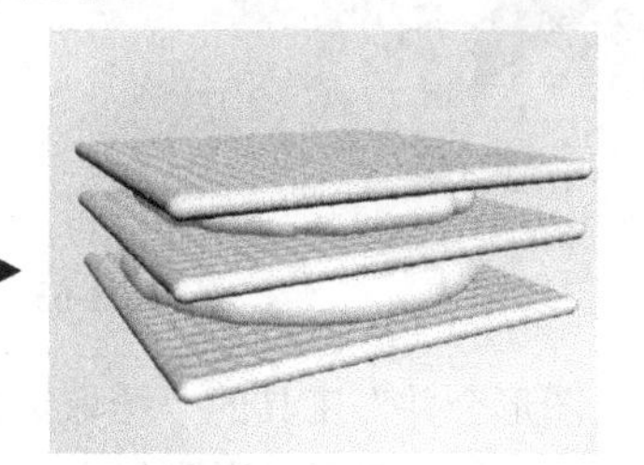

图3-60　饼干模型

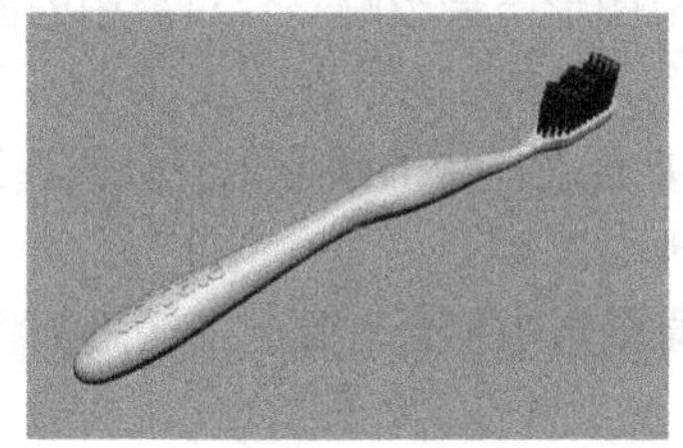

添加材质并渲染

图3-61　牙刷模型

相关知识与技能

3.2.1　图形合并

下面以创建印章的印纹为例，介绍一下“图形合并”工具的使用方法。

图3-62　打开的场景文件

Step 01 打开本书配套素材“素材与实例”>“第3章”文件夹>“图形合并工具.max”素材文件，场景中已经创建了一个无纹印章和印纹的截面图形，并已调整好印章的角度和位置，使印章处于印纹的正上方，如图3-62所示。

Step 02 选中印章的主体，如图3-63左图所示，然后单击“创建”>“几何体”面板“复合对象”分类中的“图形合并”按钮，在打开的“拾取运算对象”卷展栏中选择“移动”单选钮，单击“拾取图形”按钮，如图3-63中图所示。再单击印纹的截面图形，完成图形合并操作，效果如图3-63右图所示。

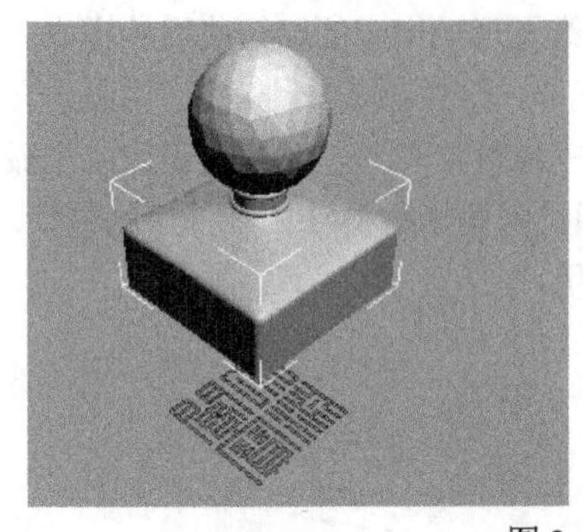
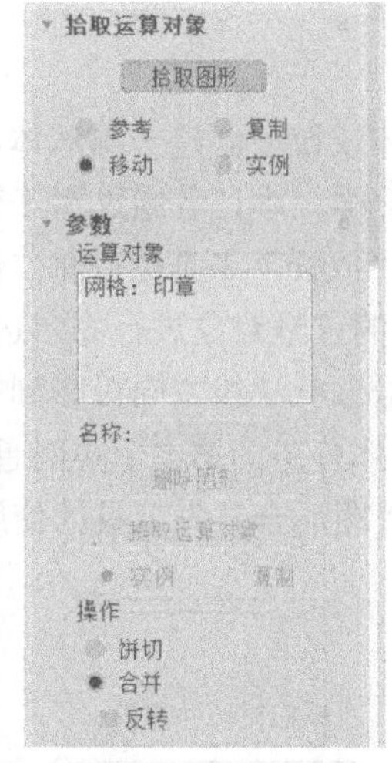

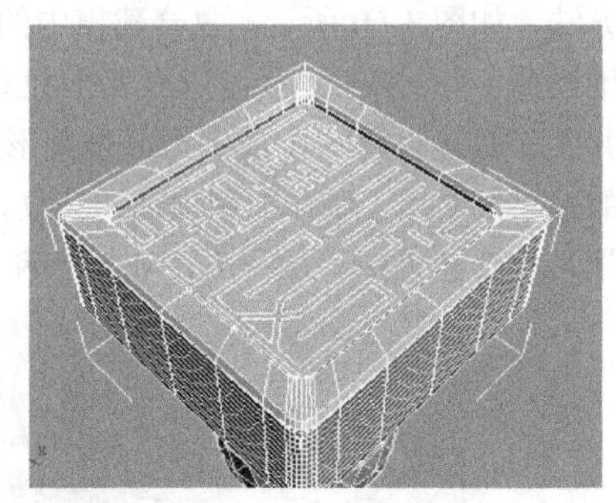

图 3-63　将印纹投影到印章主体的底面

在“图形合并”工具的“拾取运算对象”卷展栏中，“参考”“复制”“移动”“实例”单选钮用于设置如何将图形投影到复合对象中，各单选钮的作用如下。

- 参考：表示将图形复制到复合对象中，此时改变原图形不会影响复合对象中的图形，但改变复合对象中的图形将影响原图形。
- 复制：表示将图形复制到复合对象中，原图形与复合对象中的图形无关联关系。
- 移动：表示将图形移动到复合对象中并删除原图形。
- 实例：表示将图形复制到复合对象中，此时改变原图形或复合对象中的图形都将影响另一图形。

“图形合并”工具的“参数”卷展栏的“操作”设置区中的参数用于设置图形合并的方式，各参数的作用如下。

- 饼切：选中该单选钮时，系统将自动删除投影曲线所在曲面中二维图形内或二维图形外的部分。
- 合并：选中该单选钮时，系统只将二维图形投影到曲面中。
- 反转：选中该复选框，表示反转被切除的部分。

Step 03 将合并后的印章主体转化为可编辑网格，并设置修改对象为“多边形”，然后选中如图 3-64 中图所示多边形，将其挤出 1 个单位。至此，就完成了印章印纹的创建，效果如图 3-64 右图所示。

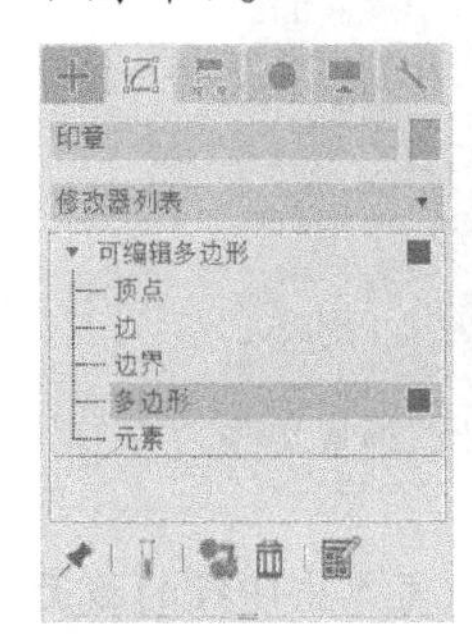

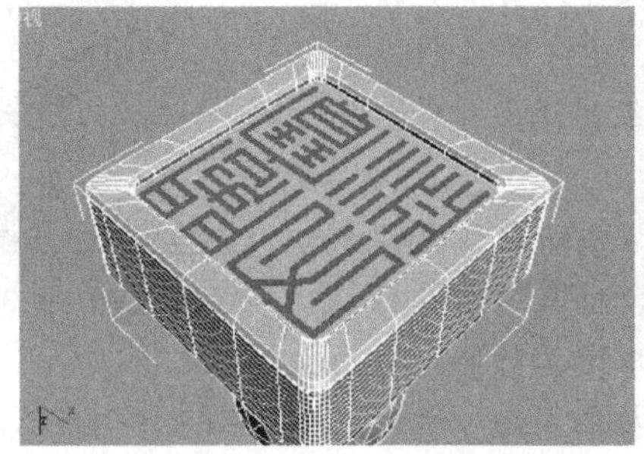

图 3-64　将印纹多边形挤出 1 个单位及其效果图

3.2.2 布尔工具

创建一个长方体和一个球体，放置在如图 3-65 左图所示的位置，然后选择长方体，单击“创建”>“几何体”面板“复合对象”分类中的“布尔”按钮，在打开的“运算对象参数”卷展栏中单击“差集”按钮，再在“布尔参数”卷展栏中单击“添加运算对象”按钮，然后单击球体，效果如图 3-65 右图所示。

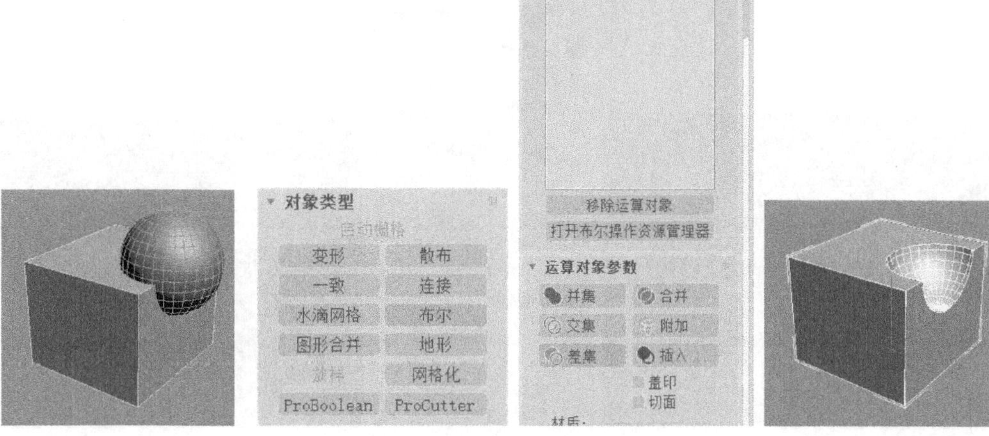

图 3-65　进行布尔运算及效果图

“布尔”工具的“运算对象参数”卷展栏用于设置进行布尔运算的方式，各运算方式的效果如图 3-66 所示，含义如下。

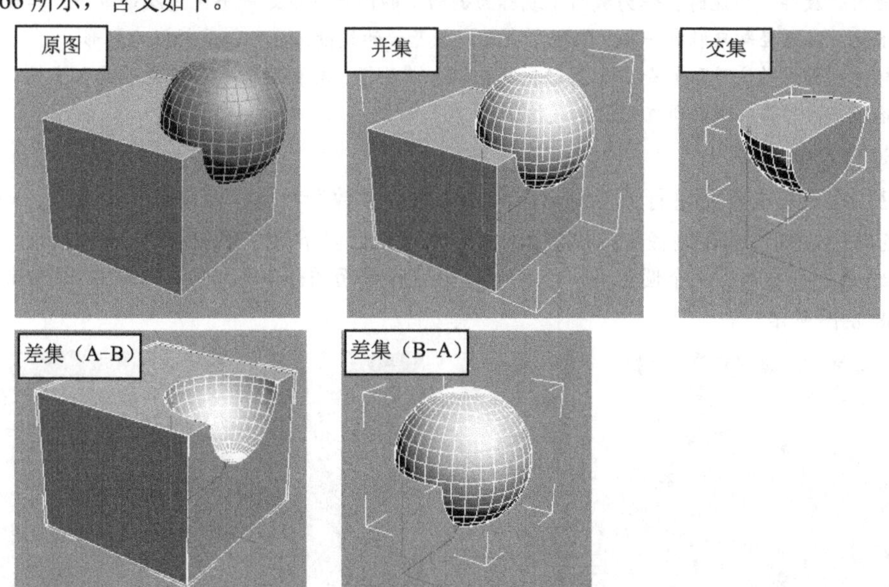

图 3-66　各布尔运算方式的效果图

- 并集：将两个物体组合成一个物体，相交的部分将被删除。
- 交集：两个物体相互重叠的部分被保留下来，其余部分消失。
- 差集：从基础（假设长方体为A，球体为B）对象中移除相交的体积。

3.2.3 放样工具

1. 放样工具的使用方法

创建一个星形和一条圆弧，首先选中圆弧，然后单击“创建”>“几何体”面板“复合对象”分类中的“放样”按钮，在打开的“创建方法”卷展栏中单击“获取图形”按钮，再单击星形，即可将星形沿所选的圆弧路径进行放样，生成三维模型，如图 3-67 所示。

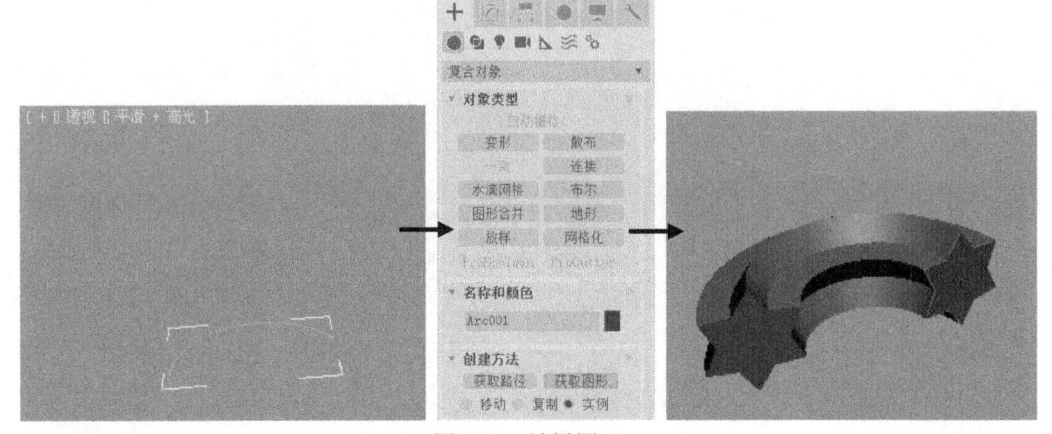

图 3-67 放样图形

温馨提示：

在使用“放样”功能时，作为截面（或称为剖面）的图形可以是一个也可以是多个，其数目和形态没有限制，而路径却只能有一条。路径本身可以为开放的线段，也可以是封闭的图形。

放样时，如果首先选取的是截面图形，则在单击“放样”按钮后，需要单击“获取路径”按钮，再单击路径，此时将在截面所在位置生成物体。

2. 设置路径级别

当使用多个截面图形进行放样时，可利用“路径参数”卷展栏设置第二、第三、……个截面图形的路径级别（即在路径中的位置）。我们通过执行以下操作来说明这一点。

Step 01 绘制一个星形、一个圆形和一个矩形作为放样截面图形，再绘制一个圆弧作为放样路径，如图 3-68 左图所示。

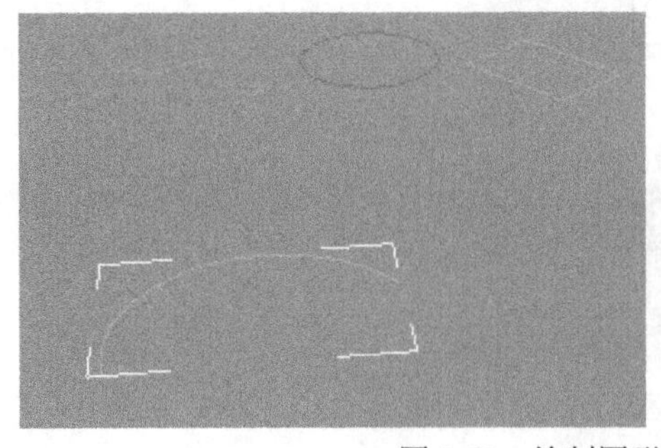

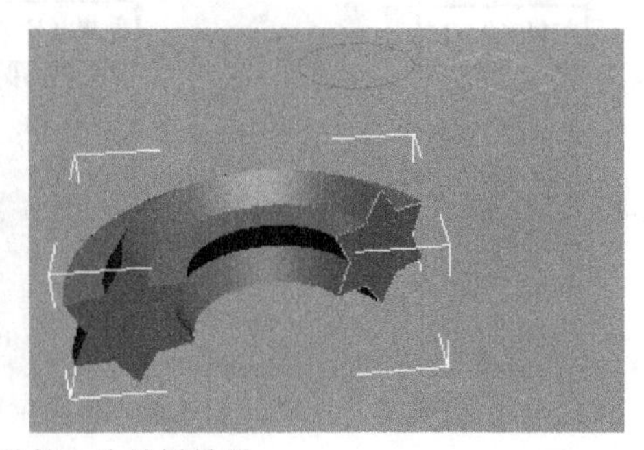

图 3-68 绘制图形及第一次放样效果

Step 02 选择圆弧路径，单击“创建”>“几何体”面板“复合对象”分类中的“放样”按钮，在打开的“创建方法”卷展栏中单击“获取图形”按钮，然后单击星形，放样效果如图3-68右图所示。

Step 03 在“路径参数”卷展栏“路径”编辑框中输入“30”，单击“获取图形”按钮，然后单击圆形，使其作为放样路径30%处的截面图形，效果如图3-69中图所示。

Step 04 在“路径参数”卷展栏“路径”编辑框中输入“70”，单击“获取图形”按钮，然后单击矩形，使其作为放样路径70%处的截面图形，效果如图3-69右图所示。

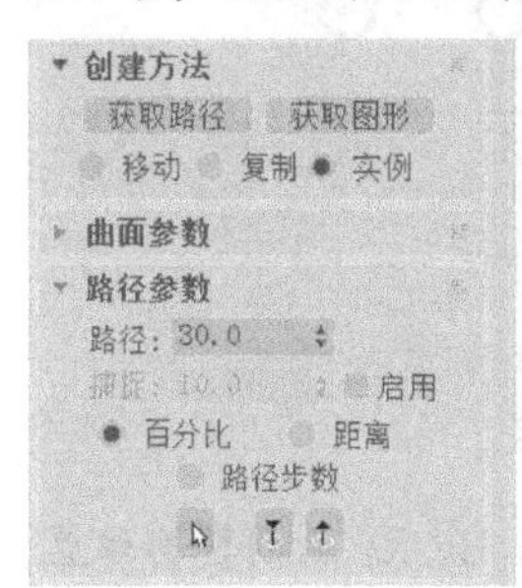

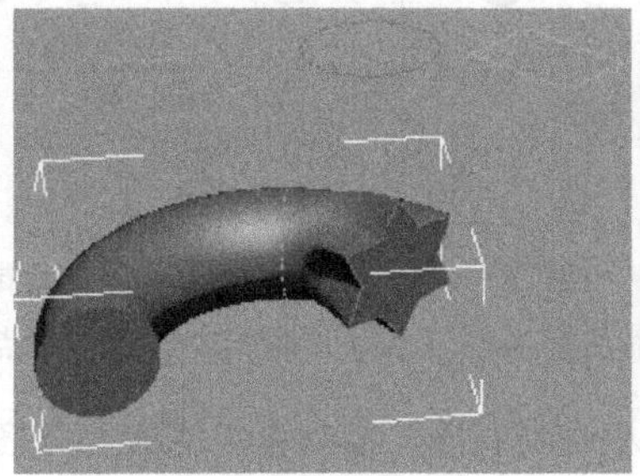
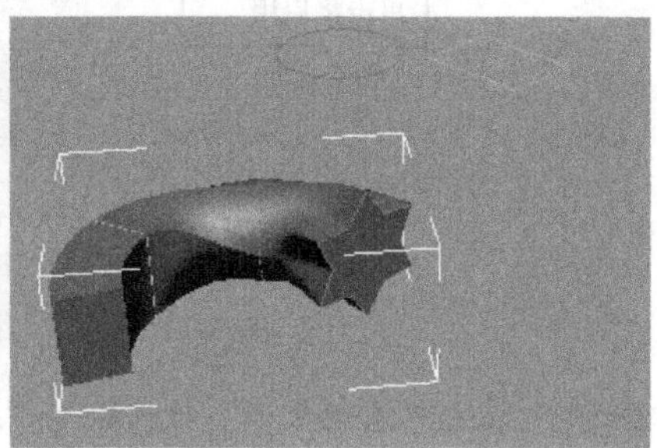

图3-69　对圆形和矩形放样的效果图

“路径参数”卷展栏中其他重要选项的作用如下。

- 百分比：将路径级别表示为路径总长度的百分比。
- 距离：将路径级别表示为路径第一个顶点的绝对距离。
- 路径步数：将截面图形置于路径步数和顶点上，而不是作为沿着路径的一个百分比或距离。
- 捕捉：用于设置沿着路径的截面图形之间的恒定距离。

3. 放样对象的变形

在制作好放样物体的造型后，我们可以利用“修改”面板“变形”卷展栏对路径不同位置上的截面进行变形，以生成各种复杂的造型。下面通过制作花瓶模型来进行说明。

Step 01 打开本书配套素材“素材与实例”>“第3章”文件夹>“放样工具.max”素材文件，选中透视视图中的星形，单击“创建”>“几何体”面板“复合对象”分类中的“放样”按钮，在打开的“创建方法”卷展栏中单击“获取路径”按钮，然后单击作为路径的线条，生成如图3-70右图所示的模型。

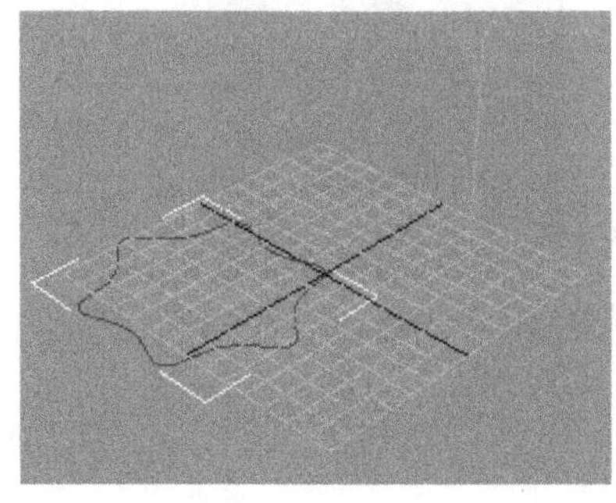

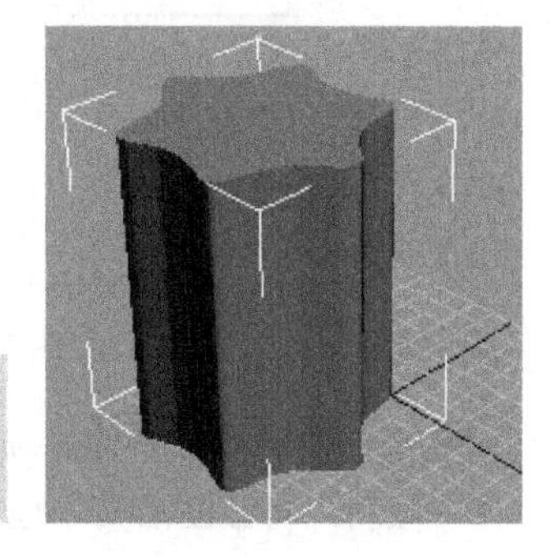

图3-70　生成放样模型

Step 02 切换到“修改”面板，单击“变形”卷展栏中的“缩放”按钮，如图3-71左图所示，打开“缩放变形”对话框，如图3-71右图所示。该对话框中的水平轴代表截面图形在路径上的百分比位置，垂直轴代表缩放比例。其中的红线为控制曲线，我们的工作就是对这条曲线进行编辑修改。此外，对话框的左上角提供了一组编辑修改工具，右下角提供了一组视图调整工具。

Step 03 在“缩放变形”对话框的“插入角点”按钮列表中选择“插入 Bezier 点”按钮，然后分别在图 3-71 右图所示的控制曲线位置单击，插入多个 Bezier 点。

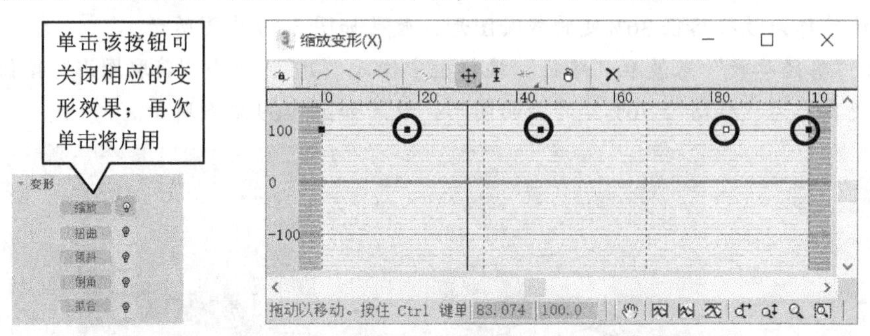

图 3-71　打开“缩放变形”对话框并插入多个 Bezier 点

Step 04 单击“缩放变形”对话框的“移动控制点”按钮，分别拖动各 Bezier 点调整其位置，同时拖动 Bezier 点两侧的控制柄调整控制曲线的曲率，最终将控制曲线调整为如图 3-72 左图所示的形状，此时模型效果如图 3-72 右图所示。最后关闭“缩放变形”对话框。

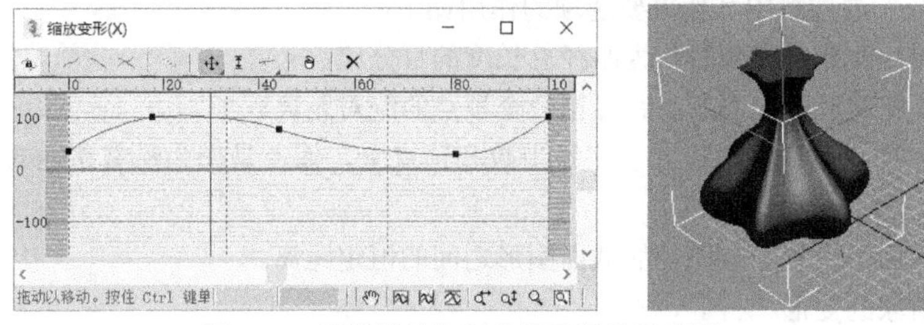

图 3-72　调整缩放控制曲线及调整效果图

Step 05 单击“修改”面板“变形”卷展栏中的“扭曲”按钮，打开“扭曲变形”对话框，参考以上方法将该对话框中的控制曲线调整为如图 3-73 左图所示的形状，此时模型调整效果如图 3-73 右图所示。

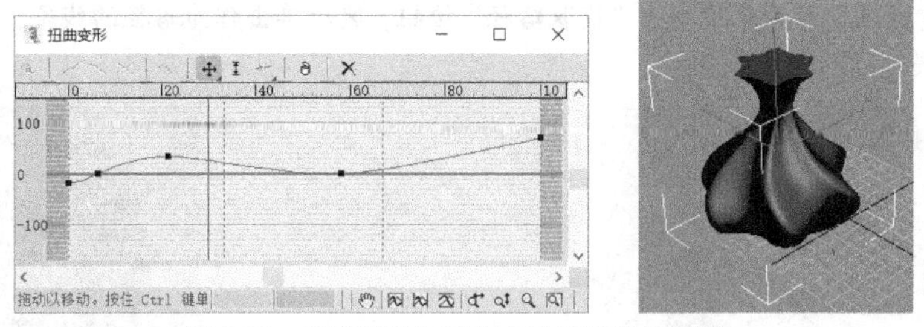

图 3-73　对模型进行扭曲变形及调整效果图

“变形”卷展栏中其他选项的含义如下。

- 倾斜：将截面沿其本地 X 与 Y 轴旋转。
- 倒角：对截面进行放缩，可产生内、外倒角。
- 拟合：根据指定的 X 轴和 Y 轴的拟合变形曲线，分别沿 X 轴和 Y 轴调整放样对象的形状，使放样对象在 X 轴和 Y 轴的截面图形与指定的拟合曲线相同。

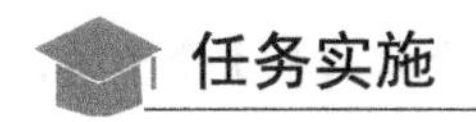

任务实施

制作饼干模型

3.2.4　制作饼干模型

制作思路

在创建饼干模型时，首先创建一个平面，并对其进行挤出处理，然后将平面复制 4 份，接着分别对第 1、3、5 个平面应用水滴网格复合对象，制作出饼干模型；再分别对第 2、4 个平面应用软选择和水滴网格复合对象，制作出奶油模型；最后调整饼干模型和奶油模型的位置，完成整个饼干模型的制作。

操作步骤

Step 01 在菜单栏中选择“自定义”>“单位设置”菜单，在打开的“单位设置”对话框中将“显示单位比例”设为“毫米”，如图 3-74 左图所示；单击“系统单位设置”按钮，在打开的“系统单位设置”对话框中将“系统单位比例”设为“毫米”，如图 3-74 右图所示，然后单击“确定”按钮。

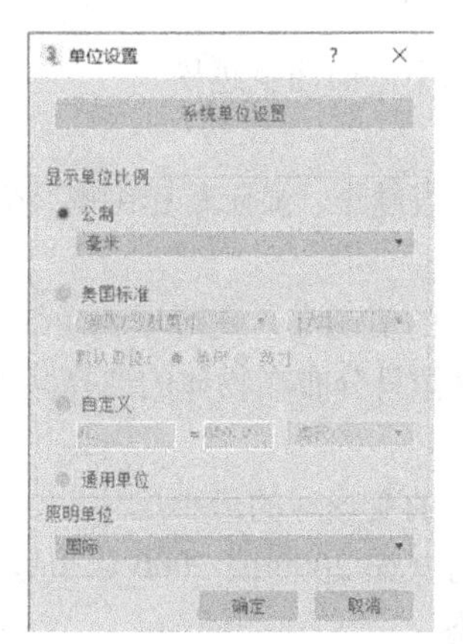

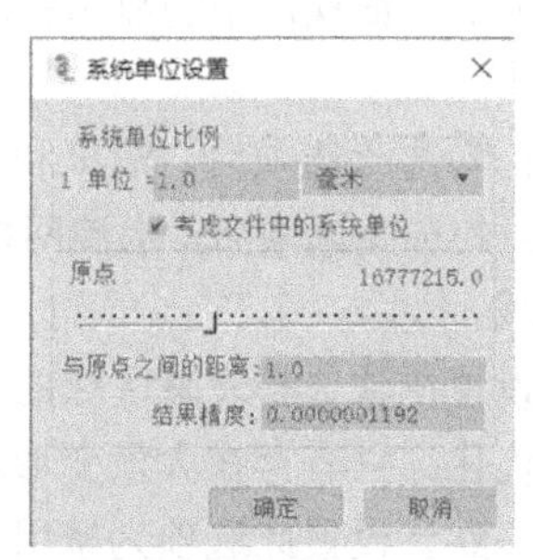

图 3-74　设置 3ds MAX 的系统单位

Step 02 单击“创建”>“几何体”面板“标准基本体”分类中的“平面”按钮，在顶视图中创建一个平面，并在“参数”卷展栏中设置其参数，如图 3-75 所示。

Step 03 在前视图中通过拖动复制的方法，将平面沿 *Y* 轴复制 4 份，如图 3-76 所示。

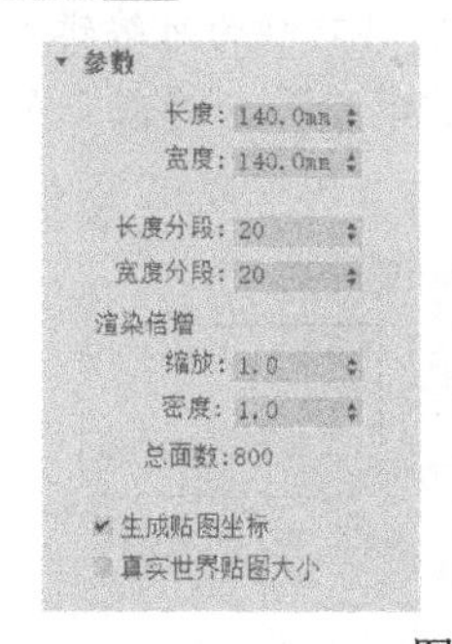

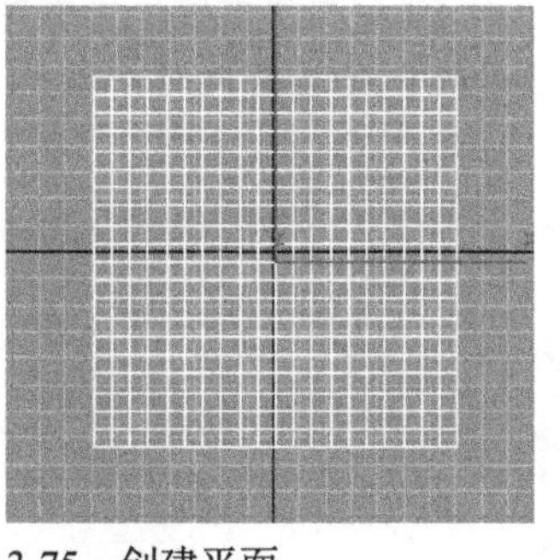

图 3-75　创建平面

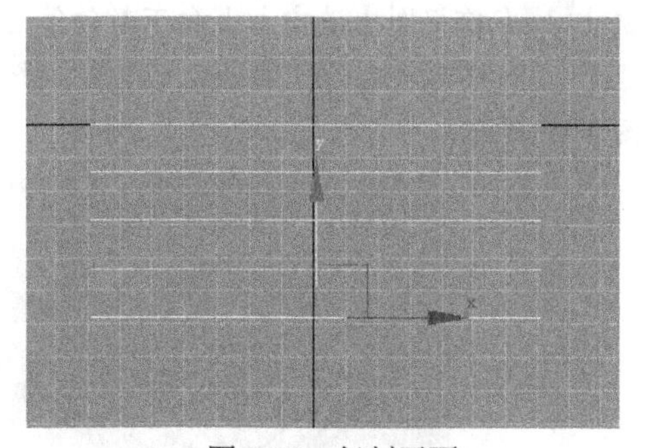

图 3-76　复制平面

Step 04 单击“创建”>“几何体”面板“复合对象”分类中的“水滴网格”按钮，然后在顶视图中的平面上单击，再在“修改”面板的“参数”卷展栏中设置其参数，如图 3-77 所示。

Step 05 单击“水滴对象”区的“拾取”按钮，然后在前视图中选取由上向下数的第 1 个平面，得到如图 3-78 右图所示的效果。

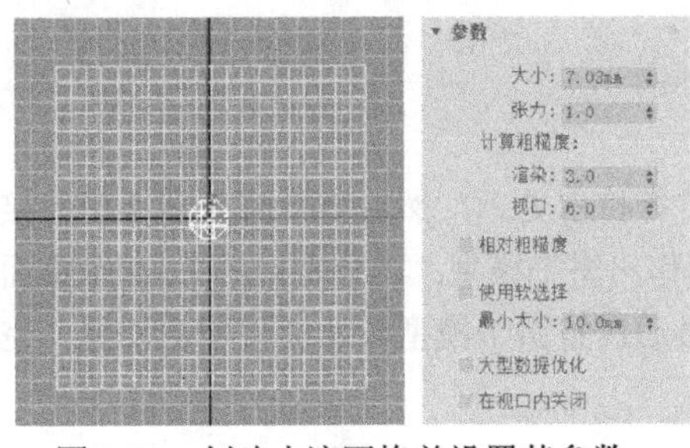

图 3-77　创建水滴网格并设置其参数

图 3-78　对平面进行水滴网格处理

水滴网格复合对象可以根据场景中的指定对象生成变形球，此后，这些变形球会形成一种网格效果，即水滴网格。使对象或粒子系统与水滴复合对象关联时，可以根据生成变形球时使用的对象分别放置这些变形球，并设置其大小，各选项参数如图 3-77 右图所示，含义如下。

- 大小：主要用于设置变形球的大小。
- 张力：用于确定曲面的松紧程度，该值越小，曲面就越松。
- 渲染：用于设置渲染的精度。
- 视口：主要用于设置视口中的显示精度，值越小，显示得越细腻，但此值不影响渲染的精度。
- 相对粗糙度：勾选此选项后，渲染和视图的值越高，变形球就越细腻。
- 使用软选择：勾选此选项后，水滴网格物体只分布在物体的选择区域内，尺寸由选择中心向四周递减。
- 最小大小：设置在软选择衰减区域的边缘的变形球的最小尺寸。
- 大型数据化优化：只有存在大量变形球时（如 2000 或 2000 以上），这种方法才比默认的方法高效，默认设置此选项为禁用状态。
- 在视口内关闭：禁止视口中显示水滴网格，水滴网格将仍显示在渲染中，默认设置此选项为禁用状态。

Step 06 参照 Step04、Step05 的操作，对前视图中由上向下数的第 3 个和第 5 个平面进行水滴网格处理，效果如图 3-79 所示。

Step 07 在前视图中选中由上向下数的第 2 个平面，然后利用右键快捷菜单将其转换为可编辑多边形，并将其命名为“奶油”，再在“修改”面板中将其修改对象设为“顶点”子对象，如图 3-80 所示。

图 3-79　对第 3 个和第 5 个平面进行水滴网格处理

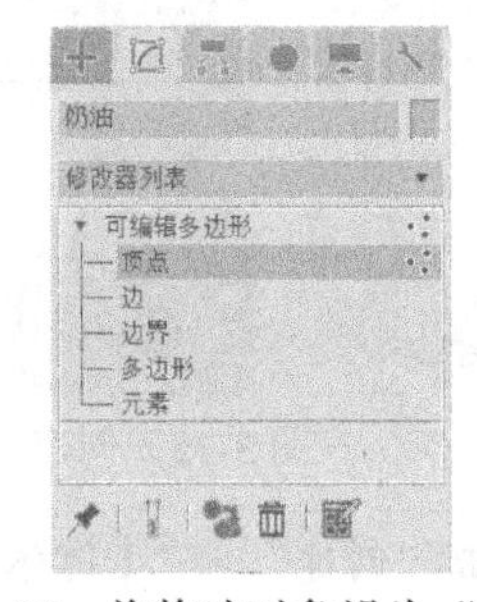

图 3-80　将修改对象设为“顶点”

Step 08 在“软选择”卷展栏中勾选“使用软选择”复选框，并将“衰减”设为“62mm”，如图 3-81 左图所示，然后按【Alt+Q】组合键进入“奶油”的孤立模式，再在顶视图中选中“奶油”中心的顶点，得到如图 3-81 右图所示的效果。

Step 09 在“软选择”卷展栏中勾选“锁定软选择”复选框，如图 3-82 所示。

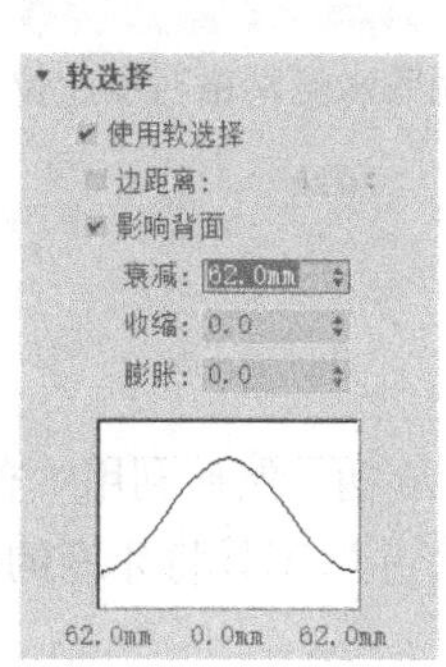

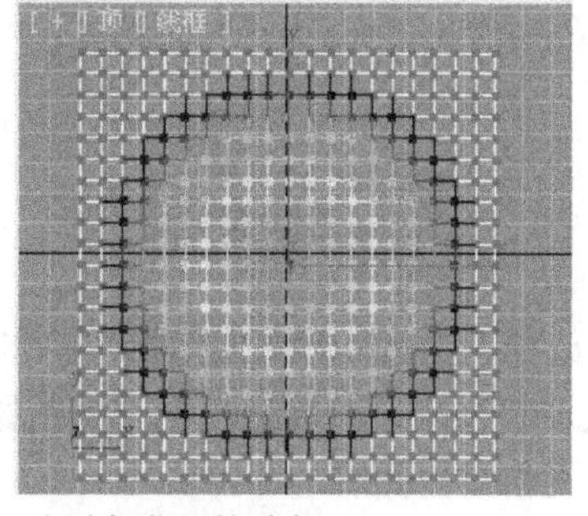
图 3-81 对顶点进行软选择

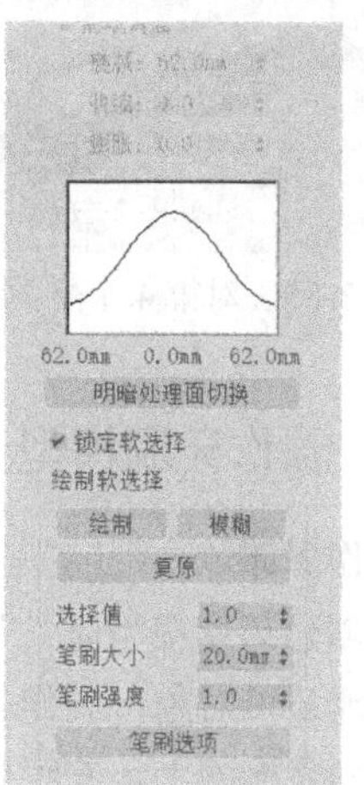

图 3-82 勾选“锁定软选择”复选框

Step 10 单击“创建”>“几何体”面板“复合对象”分类中的“水滴网格”按钮，然后在顶视图中的平面上单击，再在“修改”面板的“参数”卷展栏中勾选“使用软选择”复选框，如图 3-83 所示。

Step 11 单击“修改”面板“参数”卷展栏“水滴对象”区的“拾取”按钮，然后在视图中选取“奶油”，得到如图 3-84 所示的效果。

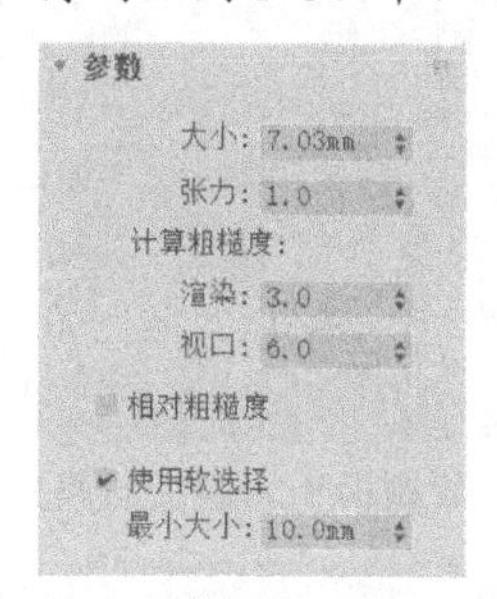

图 3-83 勾选“使用软选择”复选框

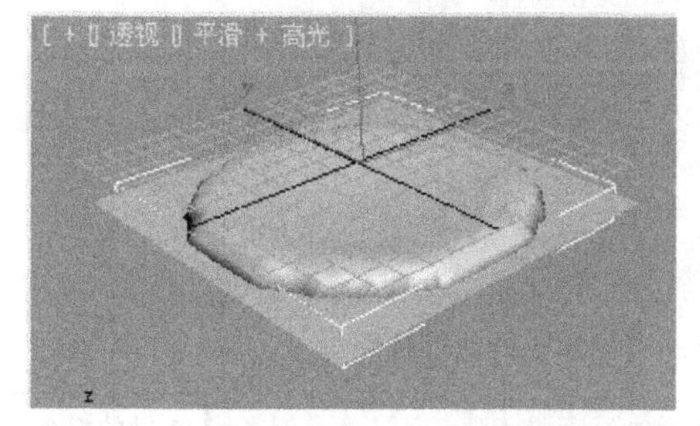

图 3-84 对“奶油”进行水滴网格处理

Step 12 退出“奶油”的孤立模式，参照前面的操作，对前视图中由上向下数的第 4 个平面进行水滴网格处理，效果如图 3-85 所示。

Step 13 利用“按名称选择”按钮选中视图中的所有平面，并通过右键快捷菜单将其隐藏，然后调整视图中水滴网格对象的位置，完成饼干模型的创建，如图 3-86 所示。本实例最终效果可参考本书配套素材“素材与实例”>“第 3 章”文件夹>“饼干模型.max”。

温馨提示：

“水滴网格”复合对象非常适合制作流动的液体和软的可融合的有机体。这种复合对象的原对象可以是几何体，也可以是以后要讲的粒子系统。当你要使用移动工具移动“水滴网格”后，再次渲染视口，会发现移动的“水滴网格”又回到了原位，这是因为你没有移动“水滴网格”的原对象，“水滴网格”会跟随原对象移动位置，它自己不能独立移动。

图 3-85　对第 4 个平面进行水滴网格处理

图 3-86　隐藏平面并调整水滴网格对象的位置

制作牙刷模型

3.2.5　制作牙刷模型

制作思路

在创建牙刷模型时，首先利用“放样”工具处理二维图形，制作牙刷柄；然后利用“布尔”工具处理三维对象，制作牙刷柄的纹理和牙刷毛；最后，利用“图像合并”工具将牙刷的品牌名投影到牙刷柄上，并转换为可编辑网格挤出品牌名即可。

操作步骤

Step 01 打开本书配套素材“素材与实例”>“第 3 章”文件夹>“牙刷曲线.max”素材文件，场景中已经创建了牙刷柄、牙刷头的截面图形，牙刷柄的放样路径，以及牙刷柄 X 轴和 Y 轴的拟合变形曲线，如图 3-87～图 3-89 所示。

图 3-87　牙刷柄的放样路径

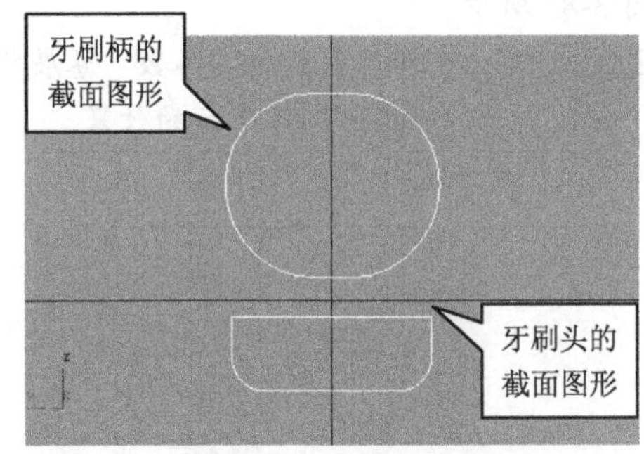

图 3-88　牙刷柄和牙刷头的截面图形

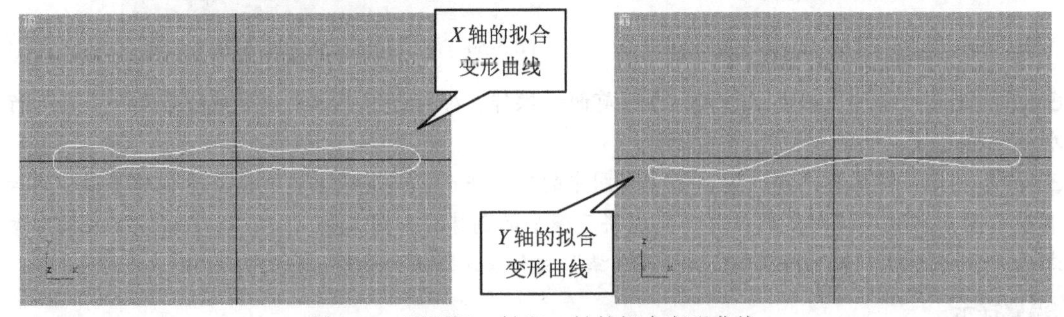

图 3-89　牙刷柄 X 轴和 Y 轴的拟合变形曲线

Step 02 选中牙刷柄的放样路径，然后单击“创建”>“几何体”面板“复合对象”分类中的“放样”按钮，在打开的“创建方法”卷展栏中单击“获取图形”按钮，再单击牙刷柄的截面图形，进行第一次放样，效果如图 3-90 右图所示。

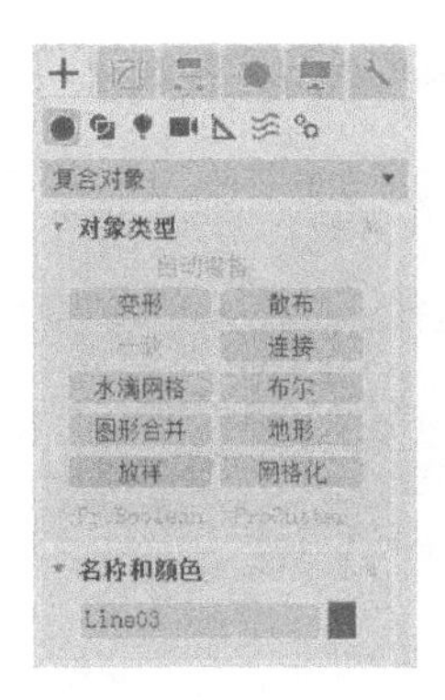

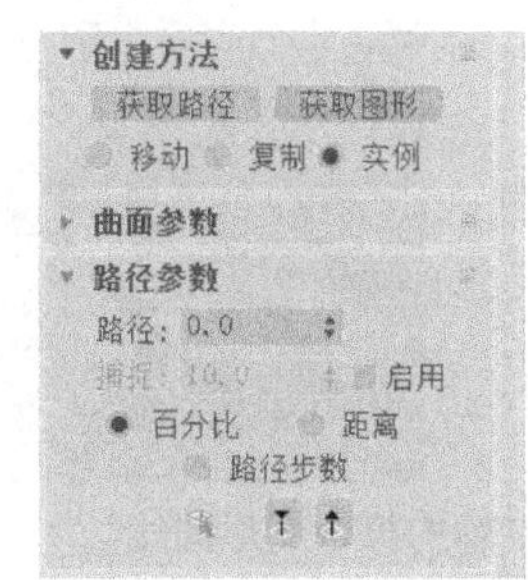

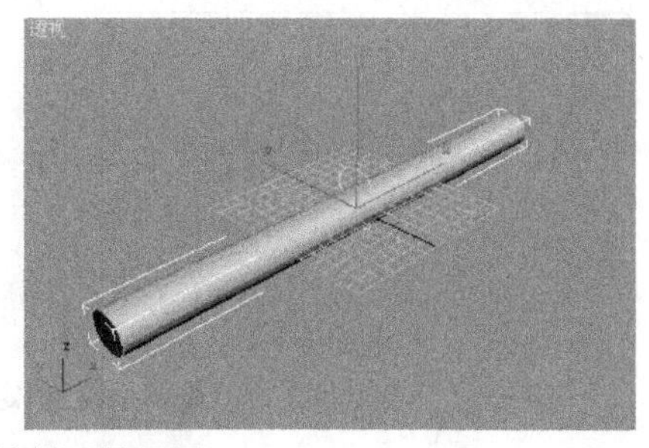

图 3-90　进行第一次放样及效果图

Step 03 设置“路径参数”卷展栏中“路径”编辑框的值为“85”，然后再次单击“获取图形”按钮，并单击牙刷头的截面图形，拾取该图形作为放样路径 85%处的截面图形，完成第二次放样，效果如图 3-91 右图所示。

Step 04 设置“路径”编辑框的值为“75”，然后拾取牙刷柄的截面图形作为放样路径 75%处的截面图形，完成第三次放样，效果如图 3-92 所示。

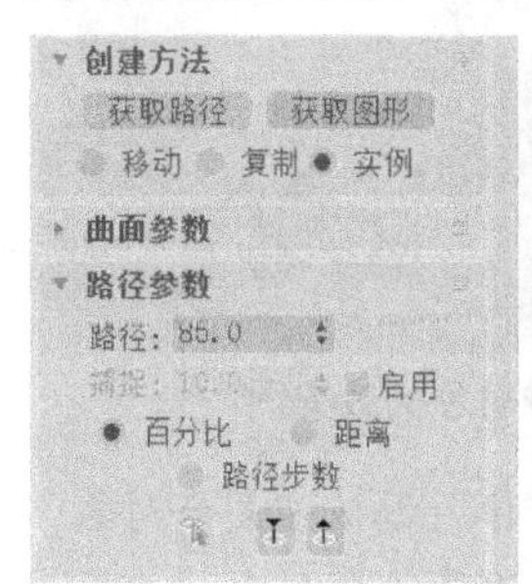

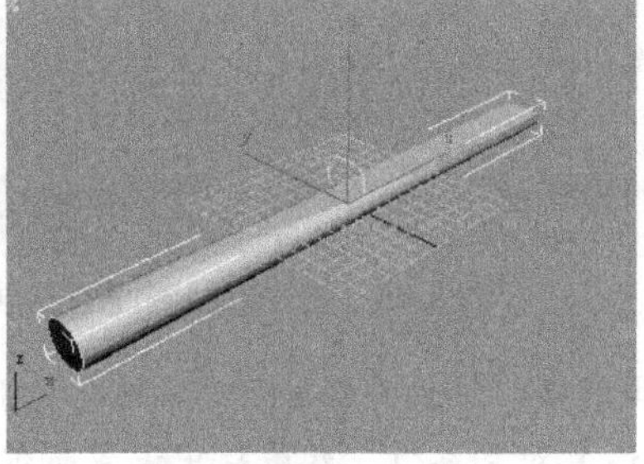

图 3-91　进行第二次放样及效果图

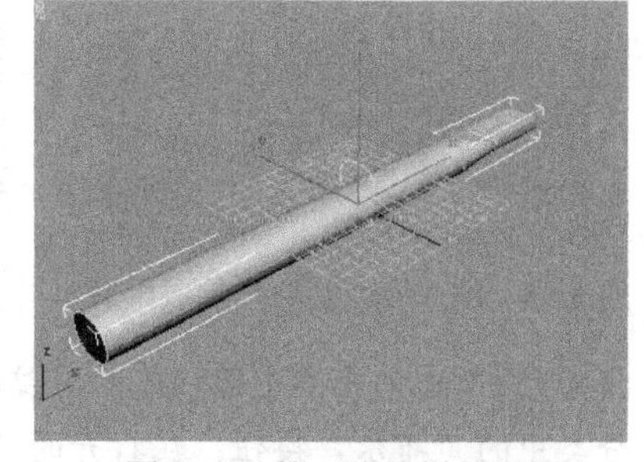

图 3-92　第三次放样效果图

Step 05 单击“变形”卷展栏中的“拟合”按钮，打开“拟合变形”对话框；然后取消选择对话框工具栏中的“均衡”按钮，进入 *X* 轴变形曲线编辑状态；再利用“获取图形”按钮拾取 *X* 轴的变形曲线，并利用“水平镜像”按钮水平翻转变形曲线，完成放样对象 X 轴的拟合变形处理，如图 3-93 所示。

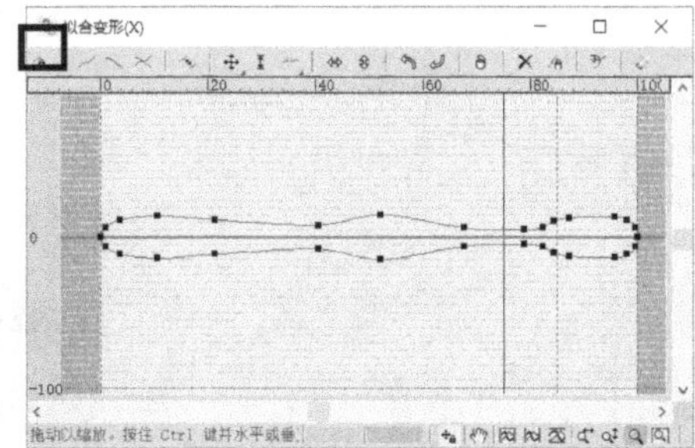

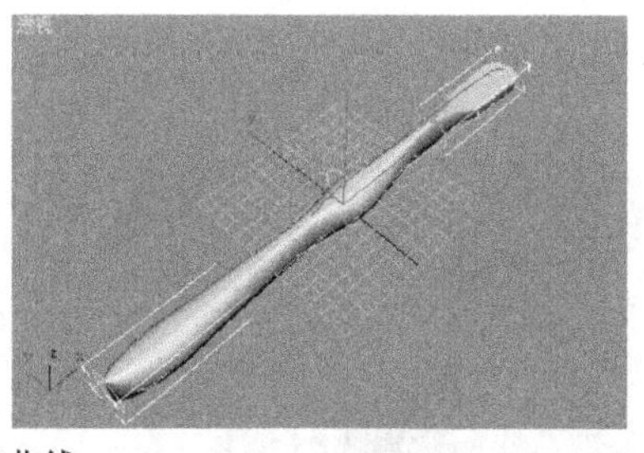

图 3-93　指定 X 轴的拟合变形曲线

Step 06 单击“拟合变形”对话框工具栏中的“显示 *Y* 轴”按钮，进入 *Y* 轴变形曲线编辑状态；然后利用“获取图形”按钮拾取 *Y* 轴的拟合变形曲线，并利用“水平镜像”按钮水平翻转变形曲线，完成放样对象 *Y* 轴的拟合变形处理，如图 3-94 所示。至此就完成了牙刷柄的创建。

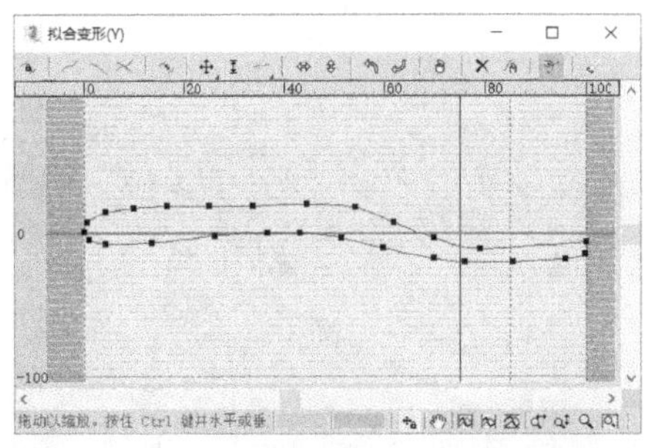
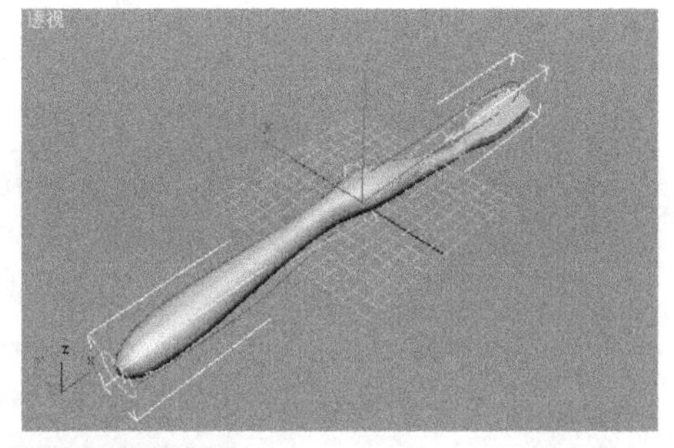

图 3-94　指定 *Y* 轴的拟合变形曲线

Step 07 在透视视图中创建多个圆柱体，并调整其位置，将所有圆柱体合并到同一可编辑网格中，作为制作牙刷毛的基本三维对象，效果如图 3-95 所示。

Step 08 在前视图中创建如图 3-96 左图所示的闭合曲线，然后利用“挤出”修改器进行挤出处理，创建出制作波浪形牙刷毛的三维对象，效果如图 3-96 右图所示。

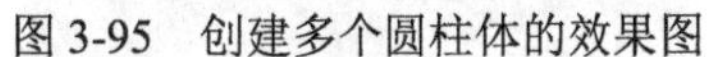

图 3-95　创建多个圆柱体的效果图

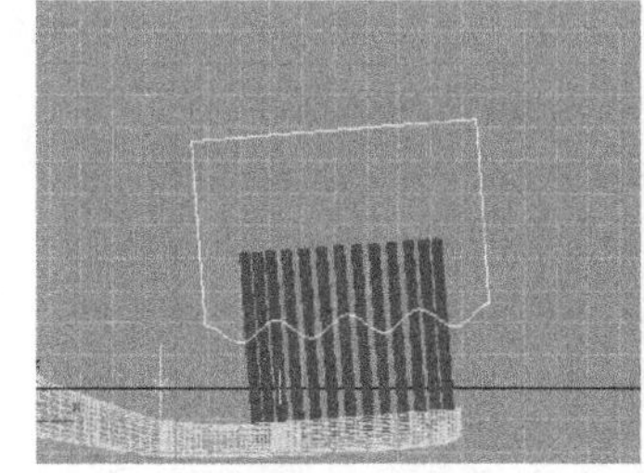

图 3-96　创建有波浪面的三维对象的效果图

Step 09 选中包含多个圆柱体的可编辑网格，然后单击“创建”>“几何体”面板“复合对象”分类中的“布尔”按钮，在打开的“运算对象参数”卷展栏中设置布尔运算的类型为“差集”；再单击“布尔参数”卷展栏中的“添加运算对象”按钮，拾取有波浪面的三维对象进行布尔运算，效果如图 3-97 右图所示。至此就完成了波浪形牙刷毛的制作。

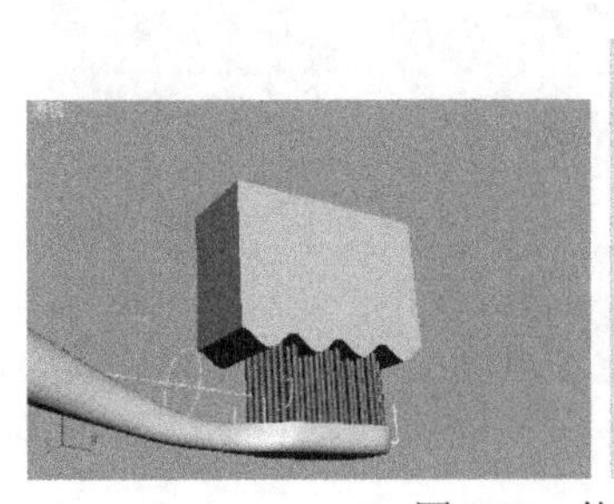
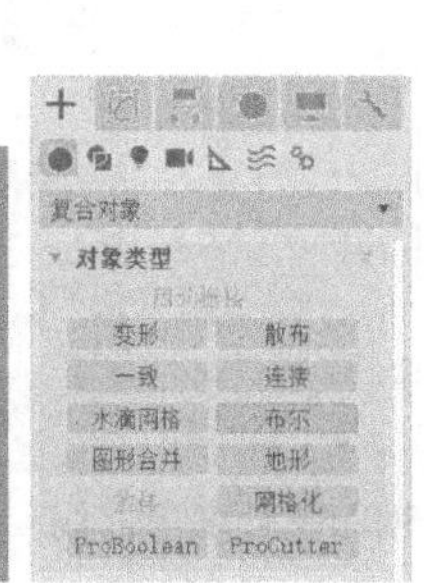

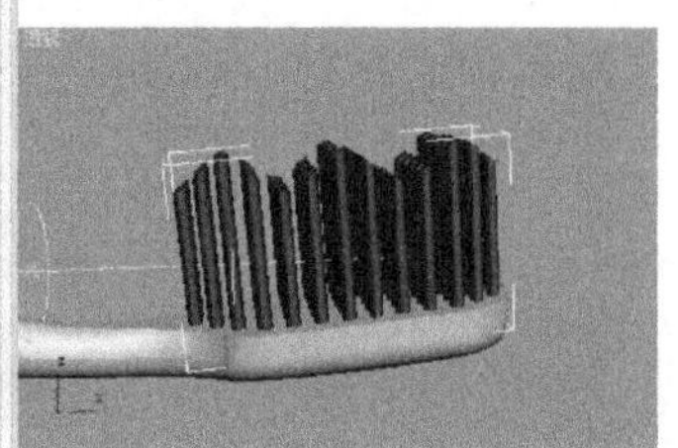

图 3-97　使用“布尔”工具处理圆柱体以制作波浪形牙刷毛

Step 10 在顶视图中牙刷柄的末端创建牙刷品牌名的文本，如图 3-98 所示。

Step 11 选中牙刷柄，然后单击“创建”>“几何体”面板“复合对象”分类中的“图形合并”

按钮，在打开的“拾取运算对象”卷展栏中单击“拾取图形”按钮，再单击牙刷的品牌名文本，将牙刷品牌名文本投影到牙刷柄上，如图 3-99 所示。

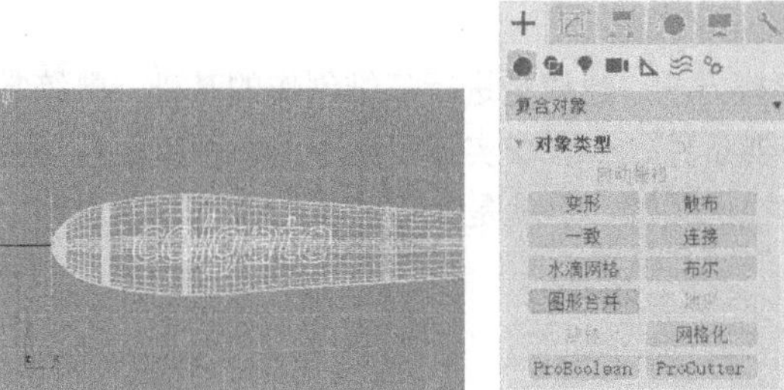

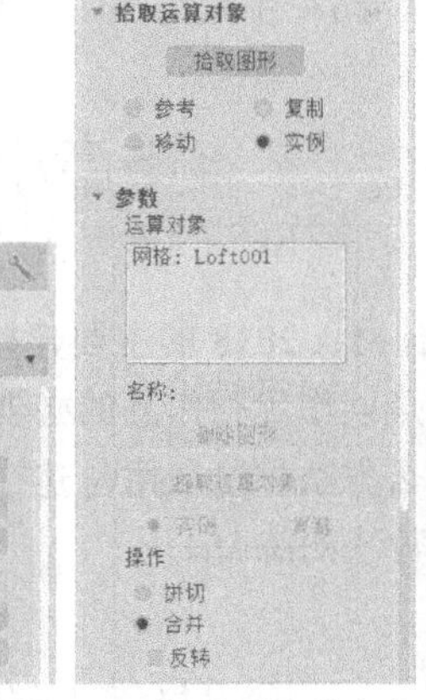

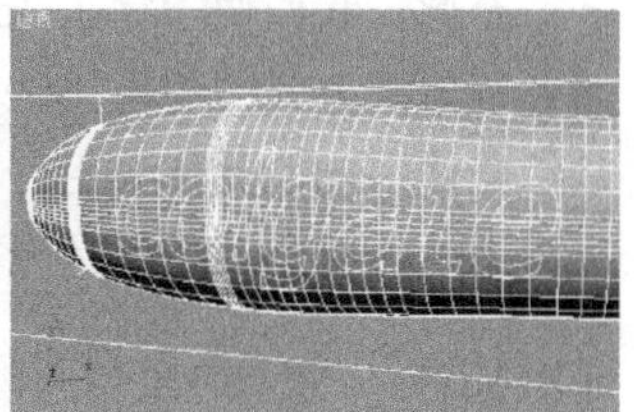

图 3-98　创建牙刷品牌名的文本　　　　图 3-99　将牙刷品牌名投影到牙刷柄上

Step 12 将牙刷柄转换为可编辑网格，然后选中品牌名多边形，并按组方式将其挤出 1 的高度，制作牙刷的品牌名，如图 3-100 所示。至此就完成了牙刷模型的制作，效果如图 3-61 左图所示，添加材质并渲染后的效果如图 3-61 右图所示。本实例最终效果可参考本书配套素材“素材与实例”>“第 3 章”文件夹>“牙刷模型.max”。

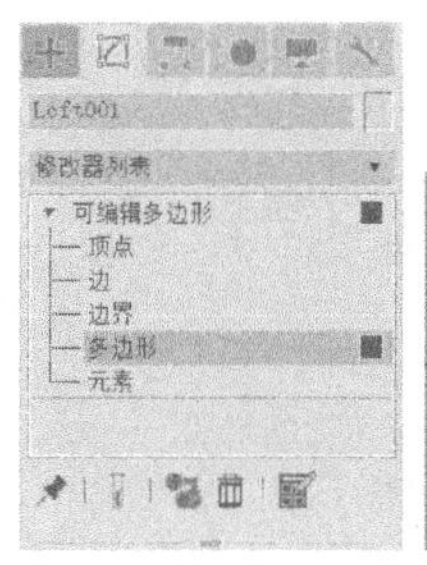

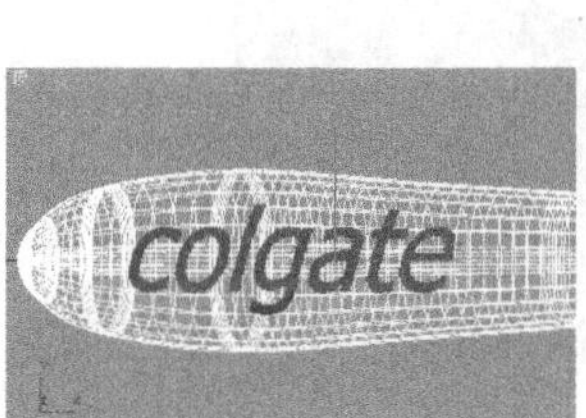

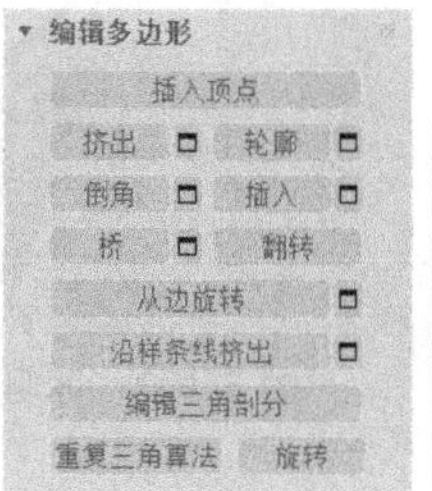

图 3-100　挤出处理多边形制作牙刷品牌名

温馨提示：

本实例主要利用“放样”工具、“布尔”工具和“图形合并”工具处理二维图形和三维对象，以制作牙刷模型。在创建过程中，关键是利用“放样”工具处理二维图形制作牙刷柄；另外，要熟练掌握“布尔”工具和“图形合并工具”的使用方法。

任务拓展

3.2.6　制作螺丝钉模型

图 3-101　螺丝钉模型效果图

制作螺丝钉模型

请制作一个螺丝钉模型，参考图如图 3-101 所示。

提示：

（1）螺丝钉的总长度为 160 个单位，上端螺帽截面图形为正六边形，半径为 60 个单位，长度约为 40 个单位；下端螺丝截面图形为圆形，半径为 30 个单位，长度约为120个单位。

（2）制作下端螺丝扭曲效果，扭曲角度为-800度。

（3）设置图形步数为20，路径步数为30，去除表面长度的光滑。

本章小结

至此，我们便学完了3ds Max 2018的主要建模方法。建模是进行三维创作的基础，熟练掌握各种建模方式的使用方法是创作优秀作品的必要条件之一。在实际工作中，各种建模技法都是综合使用的，具体该用什么方法和怎么用是建模的关键，也就是我们常说的模型创建思路。建模思路的建立基础就是无数次的练习。

思考与练习

1. 利用本章所学知识创建如图3-102所示的冰激凌模型。

图3-102　冰激凌模型效果图

提示：

（1）创建一个圆角星形，效果如图3-103左图所示；然后依次利用“挤出”、“扭曲”和“锥化”修改器进行挤出、扭曲和锥化处理，制作出冰激凌的上半部分，如图3-103中图所示。

（2）创建一个圆，并进行倒角处理，制作出冰激凌的下半部分，如图3-103右图所示。

（3）调整冰激凌上下两部分的位置，并进行群组，完成冰激凌模型的创建。

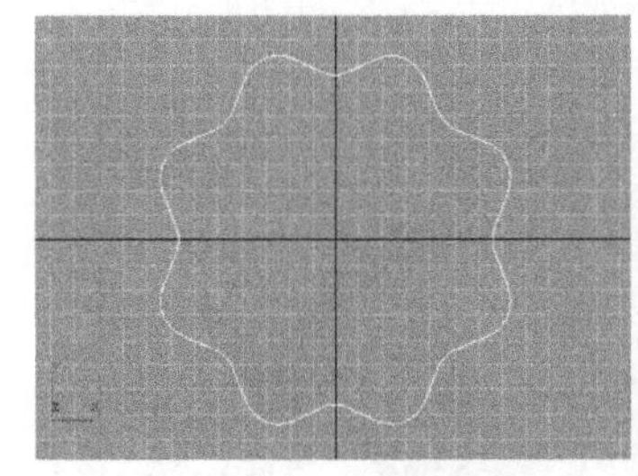
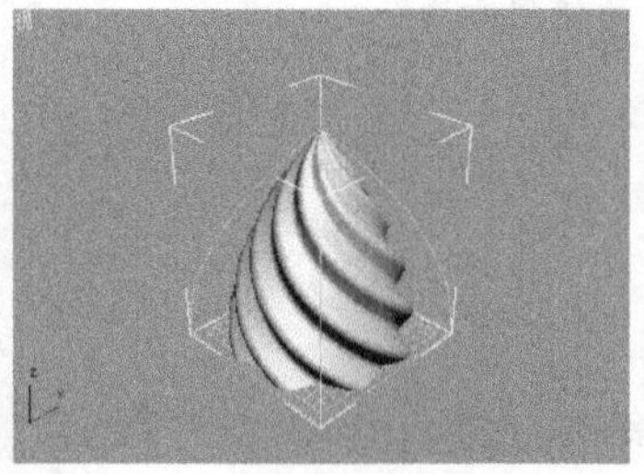
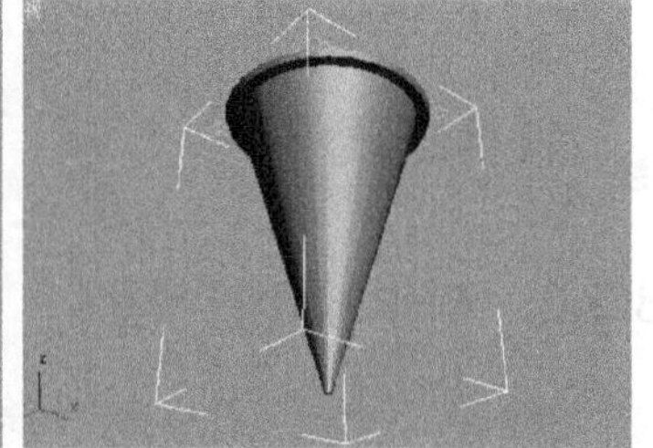

图3-103　冰激凌模型的创建过程

2. 利用本章所学知识创建如图3-104所示的车轮模型。

提示：

（1）使用“放样”工具对二维图形进行放样处理，创建车轮的轮胎和钢圈，如图3-105左图和中图所示。

图 3-104　车轮模型效果图

（2）将钢圈中空部分的截面图形投影到钢圈中，并进行多边形建模，创建钢圈的中空部分，如图 3-105 右图所示。

（3）调整轮胎和钢圈的位置，并进行群组，完成车轮模型的创建。

图 3-105　车轮模型的创建过程

第4章 材质与贴图

4.1 3ds Max 材质介绍

材质主要用来模拟物体的各种物理特性，它可以看成是材料和质感的结合，如玻璃、金属等。在渲染过程中，材质是模型表面各可视属性的结合，如色彩、纹理、光滑度、透明度、反射率、折射率和发光度等。正是有了这些属性，才使得场景更加具有真实感。

贴图是一个物体的表面纹理，简单地说就是附着到材质上的图像，通常可把它想象成 3D 模型的“包装纸”。

任务陈述

在 3ds Max 软件中，材质主要用于描述对象表面的物质形态，构造真实世界中自然物质表面的视觉表象。不同的材质能够给人们带来不同的视觉感受，因此它们是 3ds Max 中营造客观事物真实效果的最有效手段之一。本节通过完成 CD 光盘和灯泡的效果（如图 4-1 和图 4-2 所示)，帮助大家学习使用材质编辑器的材质模块。

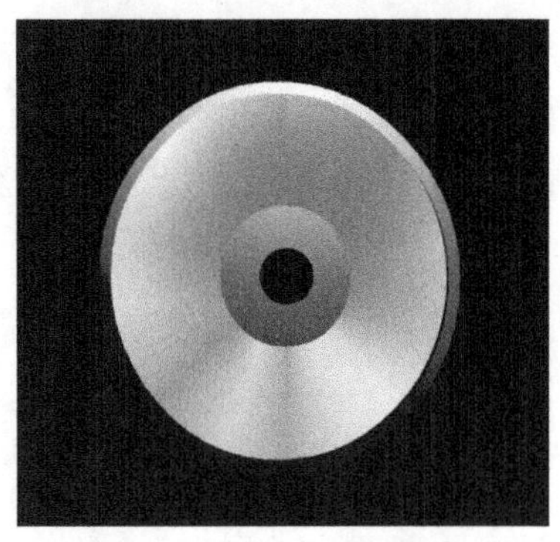

图 4-1　CD 光盘效果图

图 4-2　灯泡效果图

相关知识与技能

4.1.1 使用材质编辑器

3ds Max 主要利用材质编辑器来创建、编辑和为模型指定材质。下面我们首先了解一下材质编辑器，然后学习获取材质，为场景中的对象分配材质，以及保存材质的方法。

1. 认识材质编辑器

材质编辑器提供创建和编辑材质及贴图的功能。要打开材质编辑器，可单击工具栏中的“材质编辑器”按钮，或按快捷键【M】，或在菜单栏中选择“渲染”>“材质编辑器”命令。

材质编辑器由顶部的菜单栏、示例窗、工具栏和多个卷展栏（参数堆栈列表，其内容取决于活动的材质）组成，如图4-3所示。

（1）示例窗。

示例窗又称为“样本槽”或“材质球”，主要用来选择材质和预览材质的调整效果。当右击活动示例窗时，会弹出一个快捷菜单，如图4-4所示，菜单中各选项的含义如下。

- 拖动/复制：启用此选项后，可利用拖动方式将材质从一个示例窗拖到另一个示例窗，覆盖目标示例窗中的材质，或者将示例窗中的材质应用到场景中的对象。
- 拖动/旋转：启用此选项后，在示例窗中进行拖动将会旋转采样对象。
- 重置旋转：将采样对象重置为它的默认方向。
- 渲染贴图：渲染当前贴图，创建位图或AVI文件。
- 选项：显示“材质编辑器选项”对话框。
- 放大：生成当前示例窗的放大视图。

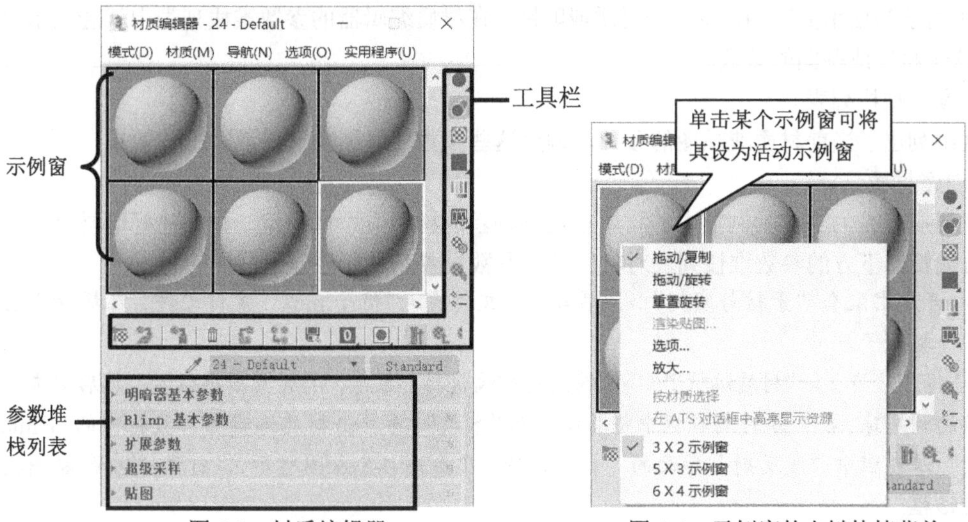

图4-3 材质编辑器

图4-4 示例窗的右键快捷菜单

（2）工具栏。

材质编辑器中有纵向和横向两个工具栏，这两个工具栏为用户提供了一些获取、分配和保存材质，以及控制示例窗外观的快捷工具按钮。示例窗下方和右侧工具栏中各按钮的作用如下。

- 获取材质：打开材质/贴图浏览器，从中可以为活动的示例窗选择材质或贴图。
- 将材质放入场景：在编辑好材质后，单击该按钮可更新已应用于对象的材质。
- 将材质指定给选定对象：将活动示例窗中的材质应用于场景中选定的对象。
- 重置贴图/材质为默认设置：将当前材质或贴图的参数恢复为系统默认。
- 生成材质副本：在活动示例窗中创建当前材质的副本。
- 使唯一：将实例化的材质设置为独立的材质。
- 放入库：将当前材质添加到场景使用的材质库中。

- 材质 ID 通道：为应用后期制作效果设置唯一的通道 ID。
- 在视口中显示贴图：在视口的对象上显示 2D 材质贴图。
- 显示最终结果：在示例图中显示材质及应用的所有层次。
- 转到父对象：在当前材质中向上移动一个层级。
- 转到下一个同级项：移动到当前材质中相同层级的下一个贴图或材质。
- 采样类型：选择示例窗中显示的对象类型，默认为球体类型，还有圆柱体和立方体类型。
- 背光：打开或关闭活动示例窗中的背景灯光。
- 背景：将多颜色的方格背景添加到活动示例窗中。如果要查看不透明度和透明度的效果，该图案背景很有用。
- 采样 UV 平铺：为活动示例窗中的贴图设置 UV 平铺显示。
- 视频颜色检查：检查示例窗中的材质颜色是否超过安全 NTSC 或 PAL 阈值。
- 生成预览、播放预览、保存预览：使用动画贴图向场景添加运动。
- 材质编辑器选项：控制如何在示例窗中显示材质和贴图。
- 按材质选择：基于材质编辑器中的活动材质选择对象。
- 材质/贴图导航器：打开“材质/贴图导航器”对话框，该对话框中列出了当前材质的子材质和使用的贴图，单击子材质或贴图，在材质编辑器的参数堆栈列表中就会显示出该子材质或贴图的参数。

（3）参数堆栈列表。

该区中列出了当前材质或贴图的参数，调整这些参数即可调整材质或贴图的效果。

2．创建材质

创建材质就是为当前示例窗中的材质指定一种新的材质类型或指定一种创建好的材质，并利用材质编辑器下方的参数堆栈列表对材质进行参数设置，从而创建出需要的材质。

Step 01 打开本书配套“素材与实例”>“第 4 章”文件夹>“椅子.max”素材文件，在场景中已经创建了一把椅子。

Step 02 选择“渲染”>“材质编辑器”>“精简材质编辑器”菜单，打开材质编辑器；然后单击任一未使用的材质球，在下方的编辑框中将其命名为“木质”，再单击材质编辑器工具栏中的“Blinn 基本参数”卷展栏中“漫反射”后面的“无”按钮（如图 4-5 左图所示），打开“材质/贴图浏览器”对话框。

Step 03 在“材质/贴图浏览器”对话框“中，选择“贴图”>“通用”>“位图”选项，双击“位图”贴图类型，在打开的对话框中选择本书配套素材“素材与实例”>“第 4 章”>“map”文件夹>“木纹.jpg”图像文件，单击“打开”按钮，如图 4-6 所示。

知识库：

精简材质编辑器：如果你在 3ds Max 2011 发布之前使用过 3ds Max，应该会熟悉精简材质编辑器界面。它是一个相当小的对话框，其中包含各种材质的快速预览。如果要指定已经设计好的材质，那么精简材质编辑器是非常实用的。

Slate 材质编辑器：Slate 材质编辑器是一个较大的对话框，在其中，材质和贴图显示为可以关联在一起以创建材质树的节点。如果要设计新材质，则 Slate 材质编辑器尤其有用，它包括搜索工具可以帮助你管理具有大量材质的场景。

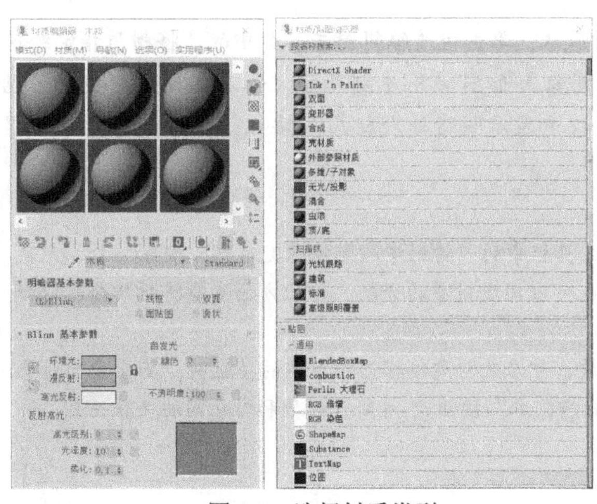

图 4-5　选择材质类型

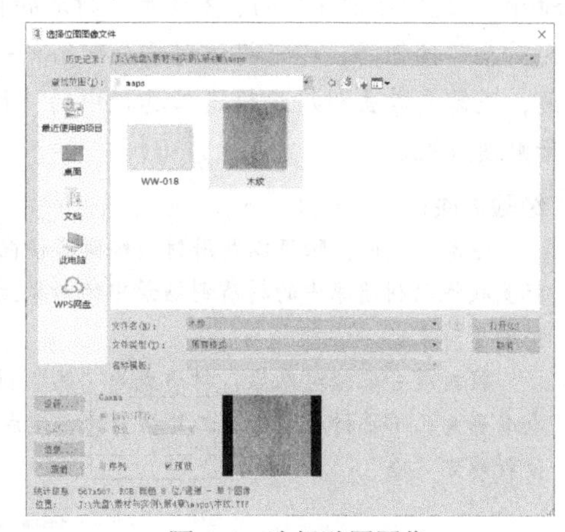

图 4-6　选择贴图图像

Step 04 此时材质编辑器的参数堆栈列表变为设置当前所选子对象（“位图”贴图）的设置界面，这里保持默认设置，单击工具栏中的“转到父对象”按钮，如图 4-7 左图所示，回到编辑“木质”材质的父界面。

Step 05 如图 4-7 右图所示，将“高光级别”设为“130”，“光泽度”设为“30”。至此，便完成了第一个材质的创建。读者可继续选择其他空材质球，创建其他材质。

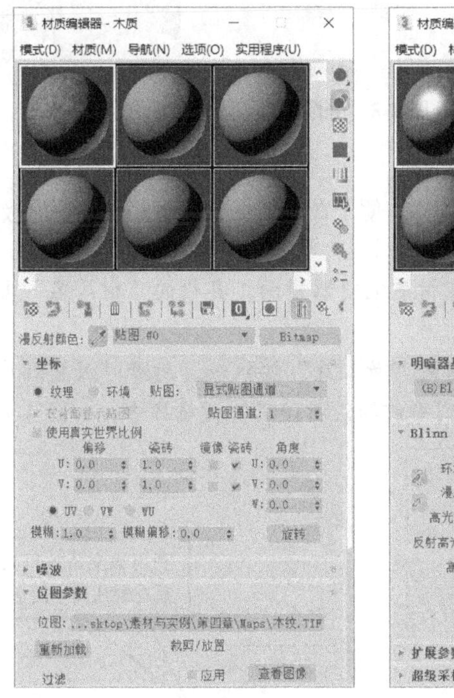

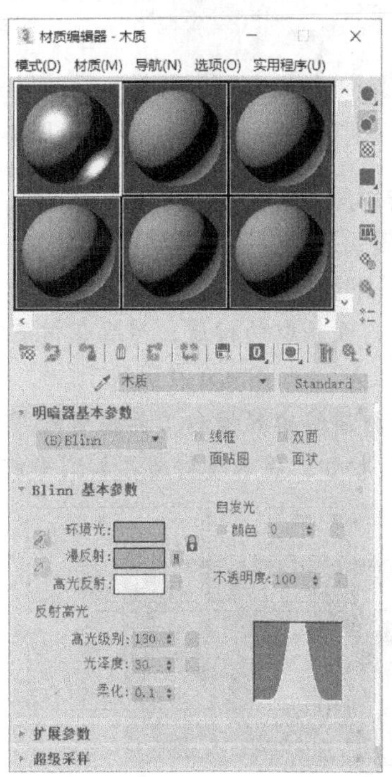

图 4-7　设置位图和材质参数

3．分配材质

分配材质就是将创建的材质应用到对象中，以模拟其表面纹理、透明情况、对光线的反射/折射程度等。下面承接前面“创建材质”的案例介绍一下如何分配材质。

Step 01 选中场景中要分配材质的椅子对象，如图 4-8 左图所示。

Step 02 选中已创建好的、要使用其材质的材质球，单击材质编辑器工具栏中的“将材质指定给选定对象”按钮，即可将该材质分配给椅子对象，如图 4-8 中图所示。如果在材质中使用了贴图，还需要单击材质编辑器工具栏中的“视口中显示明暗处理材质”按钮，才能在场景中显示贴图效果。

经验之谈：

分配材质时，除可以利用材质编辑器横向工具栏中的“将材质指定给选定对象”按钮外，用鼠标直接拖动材质球中的材质到场景中的对象上也可以实现材质的分配，但此方法不能将材质分配给模型的子对象。

将材质分配给对象后，材质成为“热”材质，即修改材质编辑器中材质的参数时，场景中的对象也受影响；单击材质编辑器工具栏中的“生成材质副本”按钮可断开材质和对象间的关联关系，即使材质变“冷”。

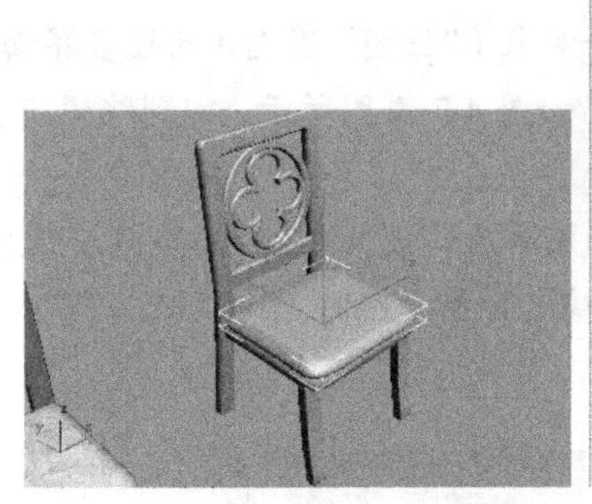

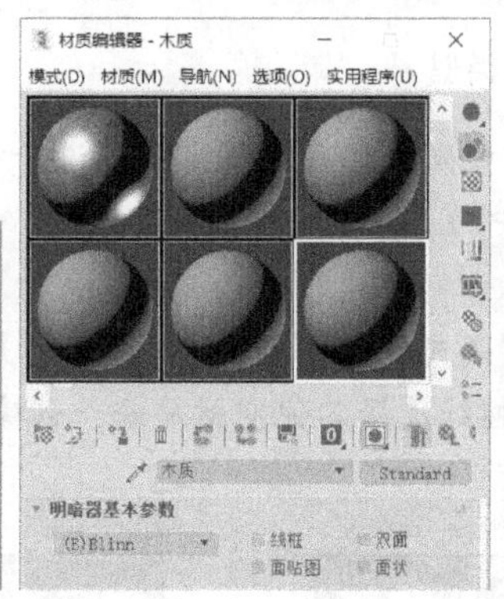

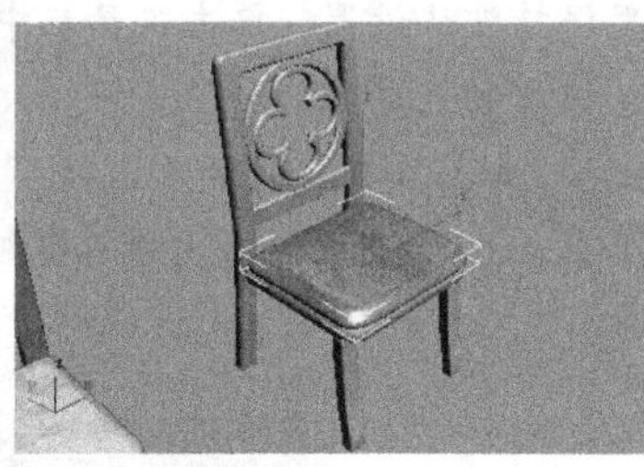

图 4-8　分配材质

4．保存材质

保存材质就是将材质保存到材质库中，便于在其他场景中调用。下面承接前面“分配材质”的案例介绍一下如何保存材质。

Step 01 选中前面获取的材质，然后在材质编辑器横向工具栏的“材质名”文本框中更改材质的名称为“木质”，如图 4-9 左图所示。

Step 02 单击材质编辑器横向工具栏中的“放入库”按钮，打开“放置到库”对话框；然后单击“确定”按钮，将木质材质添加到当前场景所使用的材质库中，如图 4-9 右图所示。

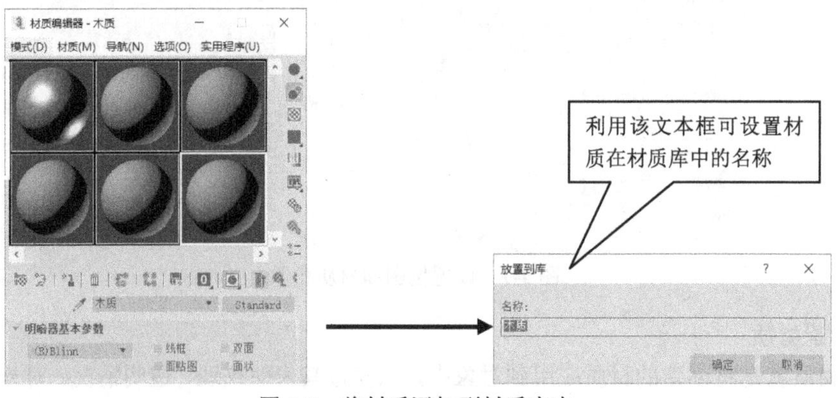

图 4-9　将材质添加到材质库中

Step 03 参照前述操作，打开“材质/贴图导航器”对话框，然后选中“浏览自”区中的“材质库”单选钮，如图 4-10 所示。

图 4-10 “材质/贴图导航器”对话框

4.1.2 常用材质介绍

3ds Max 为用户提供了多种类型的材质，下面为读者介绍几种比较常用的材质。

1. 标准材质

标准材质是 3ds Max 中默认且使用最多的材质，它可以提供均匀的表面颜色效果，而且可以模拟发光和半透明等效果，常用来模拟玻璃、金属、陶瓷、毛发等材料。下面介绍一下标准材质中常用的参数。

（1）“明暗器基本参数”卷展栏。

如图 4-11 所示，该卷展栏中的参数主要用于设置材质使用的明暗器和渲染方式。各参数的作用如下。

图 4-11 “明暗器基本参数”卷展栏

- 明暗器下拉列表框 (B)Blinn ：单击该下拉列表框，在弹出的下拉列表中选择相应的明暗器，即可更改材质使用的明暗器。如图 4-12 所示为各明暗器的高光效果。

各向异性：该明暗器可以在物体表面产生一种拉伸、且具有角度的椭圆形高光，主要用于模拟毛发或拉丝金属的高光效果

Blinn：该明暗器的高光呈正圆形，效果柔和，适于制作瓷砖、硬塑料和表面粗糙的金属等冷色、坚硬的材质

金属：该明暗器的高光区与阴影区具有明显的边界，且高光强烈，主要用于表现具有强烈反光效果的金属或其他光亮的材质

多层：该明暗器有两个高光区，且两组高光可以独立控制，主要用于模拟表面高度磨光的材质，如丝绸和抛光的油漆等

Oren-Nayar-Blinn：该明暗器是 Blinn 明暗器的变种，其高光更柔和，多用于表现织物、陶器和人体皮肤等表面粗糙的物体

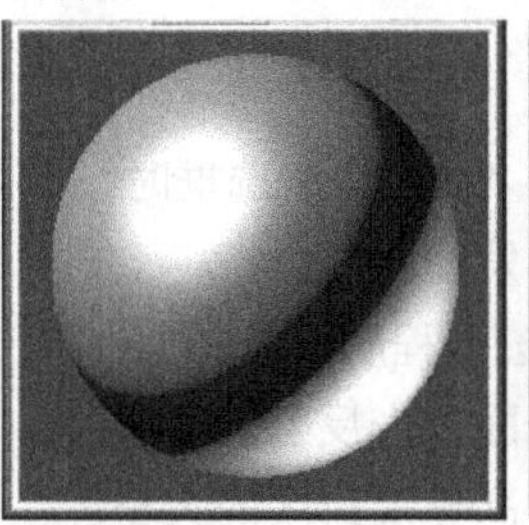

Phong：该明暗器的高光是发散混合的，背景反光为梭形，可真实地渲染出规则曲面的高光，常用于表现暖色柔和的材质

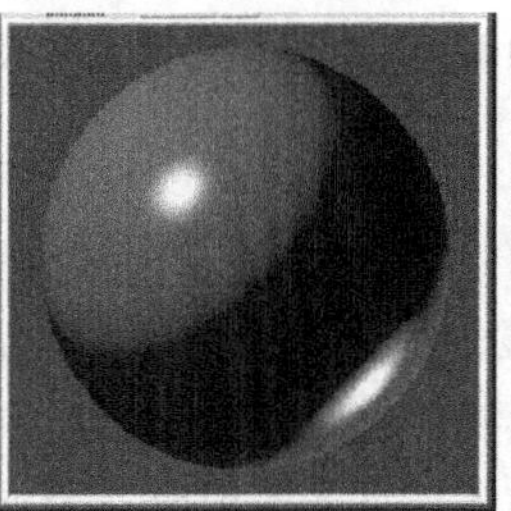

Strauss：该明暗器具有简单的光影分界线，而且可以控制材质金属化的程度，常用于模拟金属或类金属材质

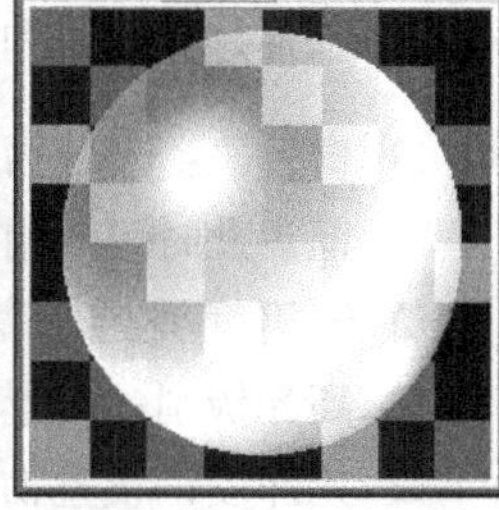

半透明：该明暗器能够制作出半透明效果，光线可穿过半透明物体，且在物体的内部发生离散，常用于表现薄的半透明物体

图 4-12 各明暗器的高光效果

- 线框/双面/面贴图/面状：这四个复选框用于设置材质的渲染方式，“线框”表示以线框方式渲染对象；“双面”表示为对象表面的正反面均应用材质；“面贴图”表示为对象中每个面均分配一个贴图图像；“面状”表示将对象的各个面以平面方式渲染，不进行相邻面的平滑处理。各种渲染方式下茶壶的渲染效果如图 4-13 所示。

“线框”渲染方式

“双面”渲染方式

“面贴图”渲染方式

“面状”渲染方式

图 4-13　不同渲染方式下茶壶的渲染效果

（2）“基本参数”卷展栏。

该卷展栏中的参数用于设置材质中各种光线的颜色和强度，不同的明暗器具有不同的参数，如图 4-14 所示。这里仅展示了“Blinn 基本参数”和“半透明基本参数”卷展栏。在此着重介绍以下几个参数。

- 环境光/漫反射/高光反射：设置对象表面阴影区、漫反射区（即阴影区与高光反射区之间的过渡区，该区中的颜色是用户观察到的物体表面的颜色）和高光反射区（即物体被灯光照射时的高亮区）的颜色，如图 4-15 所示。

温馨提示：

默认情况下，3ds Max 2018 的环境光为黑色，调整材质的环境光颜色无任何效果。又由于场景中阴影的颜色不能比环境光颜色暗，否则无法查看对象阴影中的对象。因此在设置环境光颜色时，通常将其设为黑色。

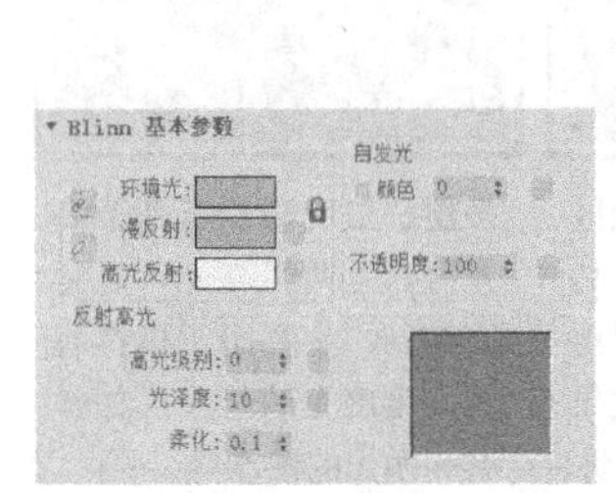

图 4-14　Blinn 和半透明明暗器的基本参数

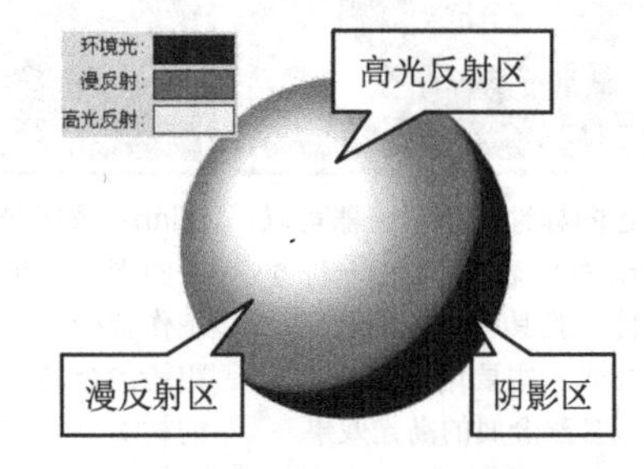

图 4-15　各颜色在物体中对应的区域

- 自发光：设置物体的自发光强度。选中“颜色”复选框时，该区中的编辑框将变为颜色框，此时可利用该颜色框设置物体的自发光颜色。
- 透明度/不透明度：设置物体的透明/不透明程度。
- 高光级别：设置物体被灯光照射时，表面高光反射区的亮度。
- 光泽度：设置物体被灯光照射时，表面高光反射区的大小。
- 金属度：设置材质的金属表现程度。
- 过滤颜色：设置透明对象的过滤色（即穿过透明对象的光线的颜色）。
- 发光度：勾选该复选框，可以调节对象的自发光数值，也可以通过颜色来调节。
- 透明度：勾选该复选框，可以调节对象的不透明度数值，也可以通过颜色来调节。
- 环境：勾选该复选框，可以设置环境贴图。

（3）“扩展参数”卷展栏。

如图 4-16 所示，“扩展参数”卷展栏中的参数用于设置材质的高级透明效果、渲染时对象中网格线框的大小，以及物体阴影区反射贴图的暗淡效果，具体如下。

- 衰减：该区中的参数用于设置材质的不透明衰减方式和衰减结束位置材质的透明度，如图 4-17 所示为不同衰减方式下材质的效果。

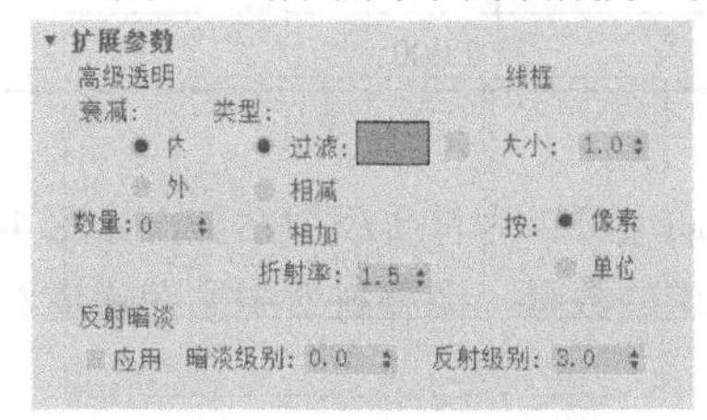

图 4-16 “扩展参数”卷展栏

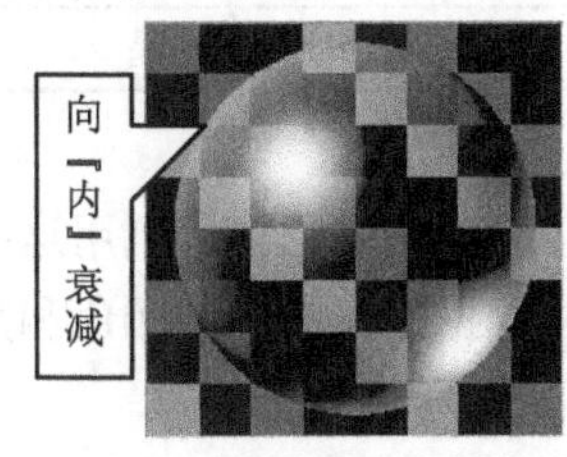

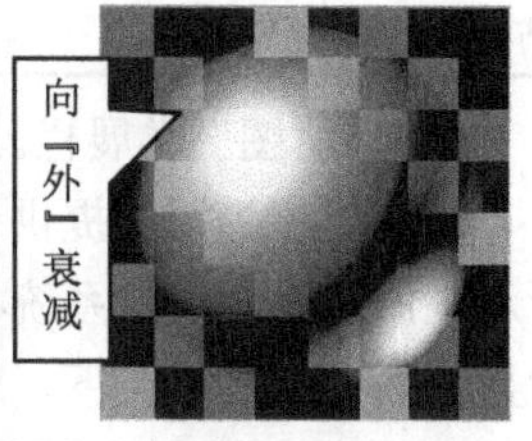

图 4-17 不同衰减方式下材质的透明效果

- 类型：该区中的参数用于设置材质的透明过滤方式和折射率，如图 4-18 所示为不同透明过滤方式下材质的效果。

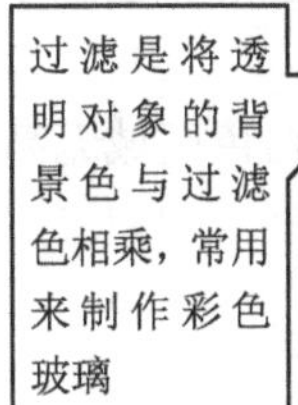

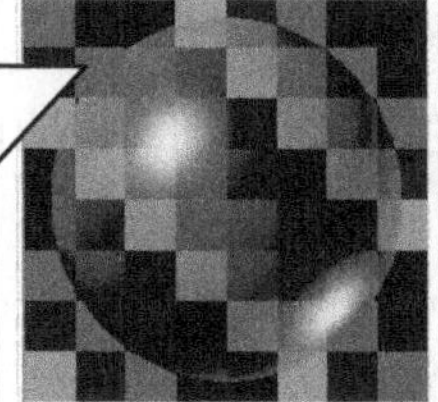

相减是从透明对象的背景色中减去材质的颜色，使背景色变深

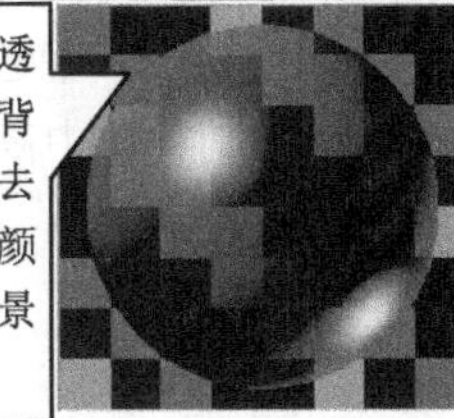

相加是将材质的颜色添加到透明对象的背景色中，使背景色变亮

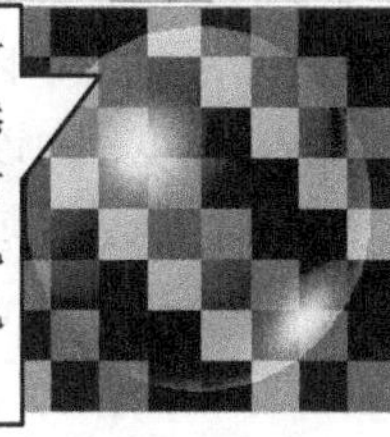

图 4-18 不同透明过滤方式下材质的效果

- 反射暗淡：该区中的参数用于设置物体各区域反射贴图的强度，其中，“暗淡级别”编辑框用于设置物体阴影区反射贴图的强度，“反射级别”编辑框用于设置物体非阴影区反射贴图的强度，如图 4-19 所示为调整暗淡级别时反射贴图的效果。

“暗淡级别”为“0”时阴影区为纯黑色

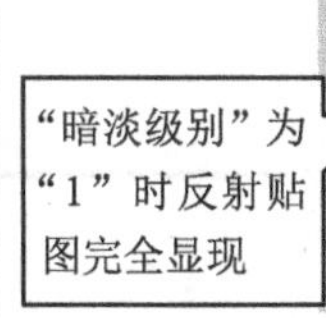

图 4-19 调整暗淡级别时阴影区反射贴图的效果

- 折射率：设置折射贴图和光线跟踪所使用的折射率。折射率用来控制材质对透射灯光的折射程度。例如，1.0 是空气的折射率，这表示透明对象后的对象不会产生扭曲；折射率为 1.5，后面的对象就会发生严重扭曲，就像玻璃球一样；对于略低于 1.0 的折射率，后面的对象会沿其边缘反射，如从水面下看到的气泡。常见的折射率如表 4-1 所示。

表 4-1 常见折射率

名称	折射率	名称	折射率
空气	1.0003	液体二氧化氮	1.200

续表

名称	折射率	名称	折射率
冰	1.309	水	1.333
酒精	1.329	玻璃	1.5（清晰的玻璃）到 1.7
翡翠	1.570	红宝石/蓝宝石	1.770
钻石	2.418	水晶	2.000

（4）“贴图”卷展栏。

该卷展栏为用户提供了多个贴图通道，利用这些贴图通道可以为材质添加贴图，如图 4-20 所示。添加贴图后，系统将根据贴图图像的颜色和贴图通道的数量，调整材质中贴图通道对应参数的效果，具体如下。

- 环境光颜色/漫反射颜色/高光颜色：为这三个通道指定贴图可以模拟物体相应区域的纹理效果。
- 高光级别/自发光/不透明度：为这三个通道指定贴图可以利用贴图图像的灰度控制高光反射区各位置的高光级别、物体各部分的自发光强度和不透明度（贴图图像的白色区域高光强度、自发光强度和不透明度最大，黑色区域三者均为 0）。
- 光泽度：为该通道指定贴图可以控制物体中高光出现的位置（贴图图像的白色区域无高光，黑色区域显示最强高光）。

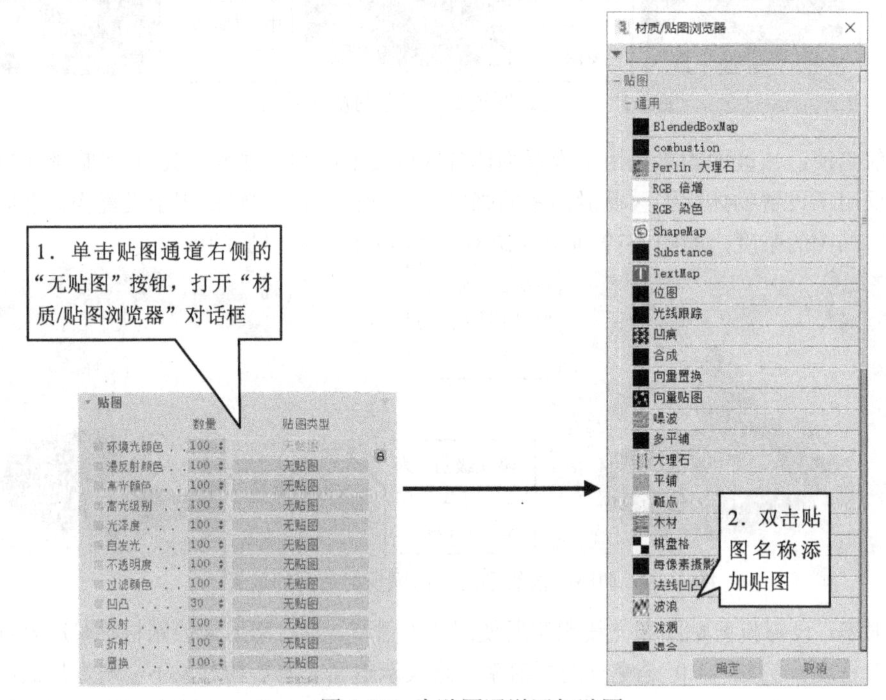

图 4-20　为贴图通道添加贴图

- 过滤颜色：为该通道指定贴图可以控制透明物体各部分的过滤颜色，常为该通道指定贴图来模拟彩色雕花玻璃的过滤颜色，如图 4-21 所示。
- 凹凸：为该通道指定贴图可以控制物体表面各部分的凹凸程度，产生类似于浮雕的效果，如图 4-22 所示。

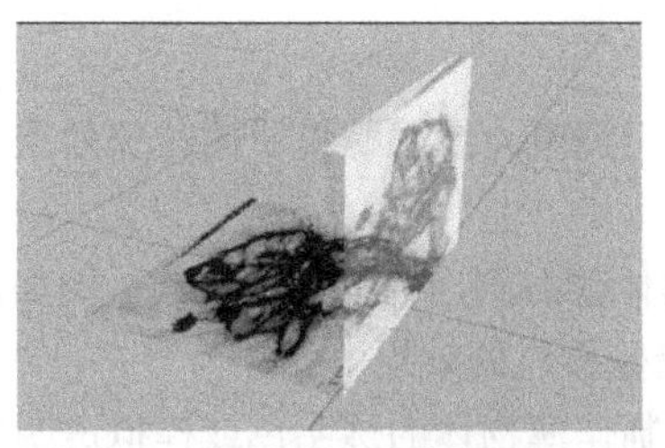

图 4-21　过滤颜色通道的贴图效果

图 4-22　凹凸通道的贴图效果

- ❑ 反射/折射：为这两个通道指定贴图分别可以模拟物体表面的反射效果和透明物体的折射效果，如图 4-23 和图 4-24 所示分别为反射和折射通道的贴图效果。

图 4-23　反射通道的贴图效果

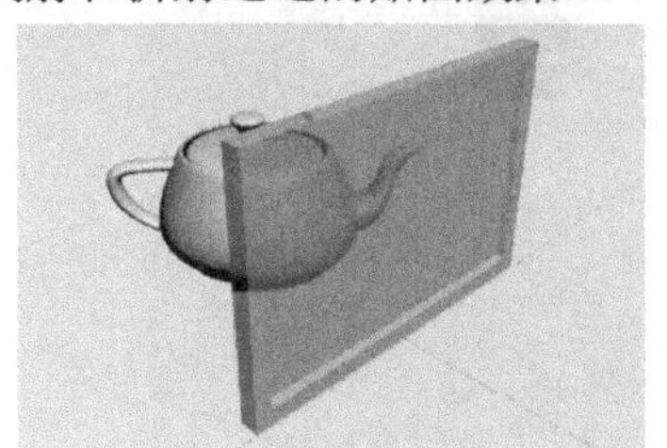

图 4-24　折射通道的贴图效果

2. 光线跟踪材质

光线跟踪材质是一种比标准材质更高级的材质，它不仅具有标准材质的所有特性，还可以创建真实的反射和折射效果，并且支持雾、颜色密度、半透明、荧光等特殊效果，主要用于制作玻璃、液体和金属材质。如图 4-25 所示为使用光线跟踪材质模拟的玻璃和金属材质的效果。下面介绍一下光线跟踪材质的主要参数。

（1）“光线跟踪基本参数”卷展栏。

如图 4-26 所示，“光线跟踪基本参数”卷展栏的参数与标准材质的基本参数类似，可以设置其环境光、漫反射光、反射高光等。光线跟踪以模拟真实世界中光的某些物理性质为最终目的。光线跟踪材质是高级表面着色材质，支持漫反射表面着色、颜色密度、半透明、荧光等效果，并且还可以创建完全光线跟踪的反射和折射。使用光线跟踪材质生成的反射和折射效果，比用“反射/折射”贴图更精确，但是渲染光线跟踪对象会更慢。光线跟踪常用来表现透明物体的物理特性。

光线跟踪材质的主要参数集中在“光线跟踪基本参数”卷展栏中，在此介绍以下几个参数。

- ❑ 发光度：勾选该复选框，可以调节对象的自发光数值，也可以通过颜色来调节。
- ❑ 透明度：勾选该复选框，可以调节对象的不透明度数值，也可以通过颜色来调节。
- ❑ 环境：勾选该复选框，可以设置环境贴图。

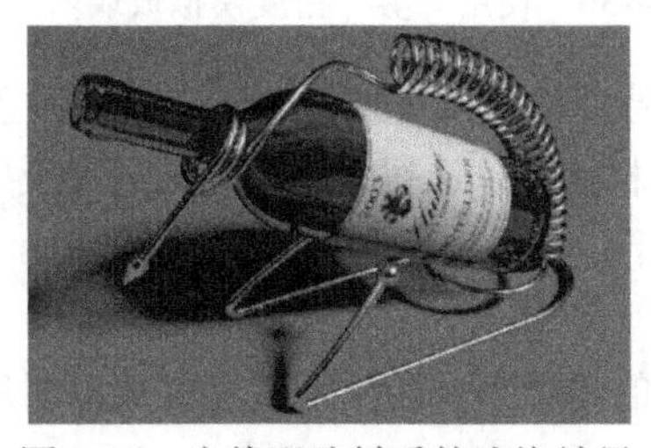

图 4-25　光线跟踪材质的渲染效果

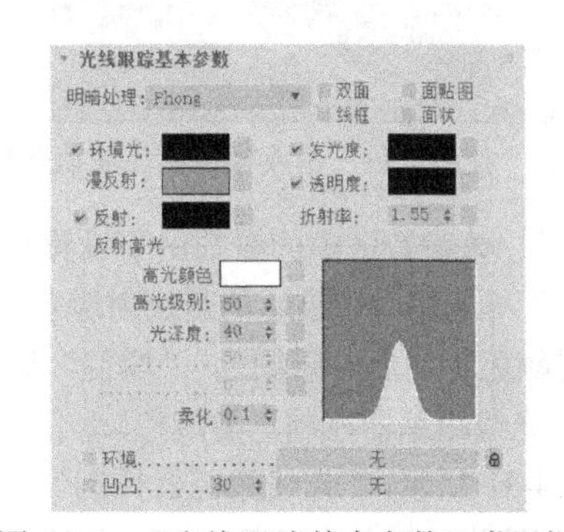

图 4-26　“光线跟踪基本参数”卷展栏

（2）“扩展参数”卷展栏。

如图 4-27 所示，“扩展参数”卷展栏主要用于调整光线跟踪材质的特殊效果、透明度属性和高级反射率等。在此着重介绍以下几个参数。

- 附加光：类似于环境光，用于模拟其他物体映射到当前物体的光线。例如，可使用该功能模拟强光下白色塑料球表面映射旁边墙壁颜色的效果。
- 半透明：设置材质的半透明颜色，常用来制作薄物体的透明色或模拟透明物体内部的雾状效果，如图 4-28 所示为使用该功能制作的蜡烛。

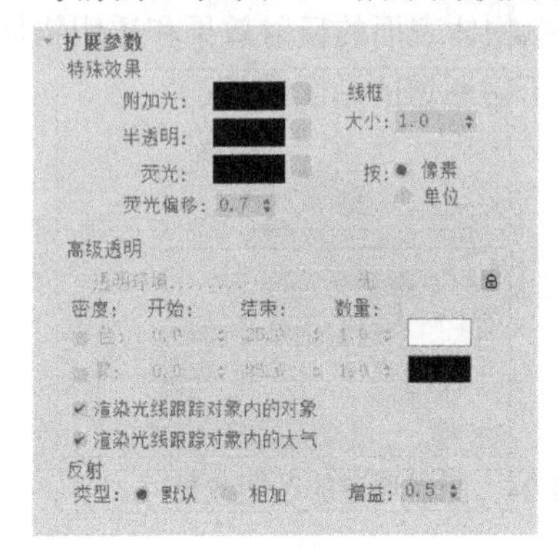

图 4-27 “扩展参数”卷展栏

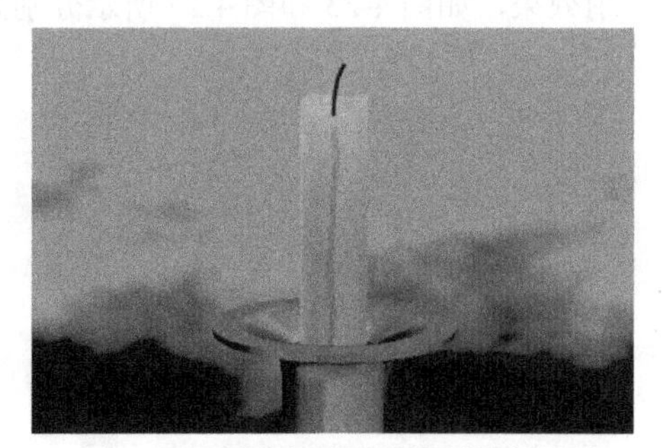

图 4-28 利用半透明功能制作的蜡烛

- 荧光：设置材质的荧光颜色，下方的“荧光偏移”编辑框用于控制荧光的亮度（1.0 表示最亮，0.0 表示无荧光效果）。需要注意的是，使用荧光功能时，无论场景中的灯光是什么颜色，分配该材质的物体只能发出类似黑色灯光下的荧光的颜色。
- 透明环境：类似于环境贴图，使用该参数时，透明对象的阴影区将显示出该参数指定的贴图图像，同时透明对象仍然可以反射场景的环境或“基本参数”卷展栏指定的“环境”贴图（右侧的“锁定”按钮🔒用于控制该参数是否可用）。
- 密度：该参数区中，“色”多用来创建彩色玻璃效果，“雾”多用来创建透明对象内部的雾效果，如图 4-29 和 4-30 所示，“开始”和“结束”编辑框用于控制颜色和雾的开始、结束位置，“数量”编辑框用于控制颜色的深度和雾的浓度。

图 4-29 使用“色”密度模拟彩色玻璃效果

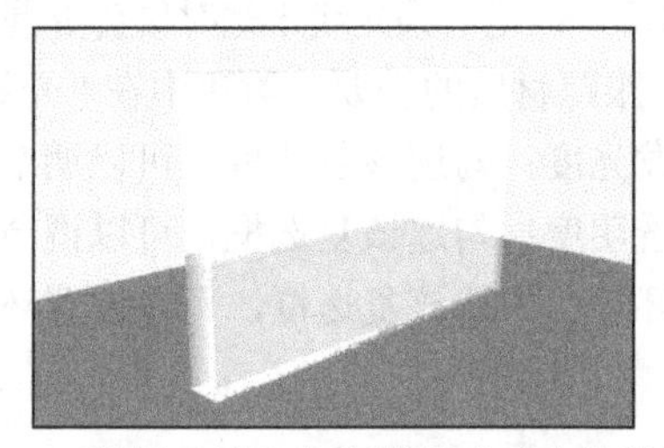

图 4-30 使用“雾”密度模拟玻璃内的雾效果

- 反射：该参数区中的参数用于设置具有反射特性的材质中漫反射区显示的颜色。选中“默认”单选钮时，显示的是反射颜色；选中“相加”单选钮时，显示的是漫反射颜色和反射颜色相加后的新颜色；“增益”编辑框用于控制反射颜色的亮度。

（3）“光线跟踪器控制”卷展栏。

如图 4-31 所示，“光线跟踪器控制”卷展栏中的参数主要用于设置光线跟踪材质自身的操作，以调整渲染的质量和渲染速度，具体如下。

- 启用光线跟踪：启用或禁用光线跟踪。禁用光线跟踪时，光线跟踪材质和光线跟踪贴图仍会反射/折射场景和光线跟踪材质的环境贴图。
- 启用自反射/折射：启用或禁用对象的自反射/折射。默认为启用，此时对象可反射/折射自身的某部分表面，例如茶壶的壶体反射壶把。
- 光线跟踪大气：控制是否进行大气效果的光线跟踪计算，默认为启用。
- 反射/折射材质 ID：控制是否反射/折射应用到材质中的渲染特效。例如，为灯泡的材质指定光晕特效，旁边的镜子使用光线跟踪材质模拟反射效果，开启此功能时，在渲染图像中，灯泡和镜子中的灯泡均有光晕；否则，镜子中的灯泡无光晕。

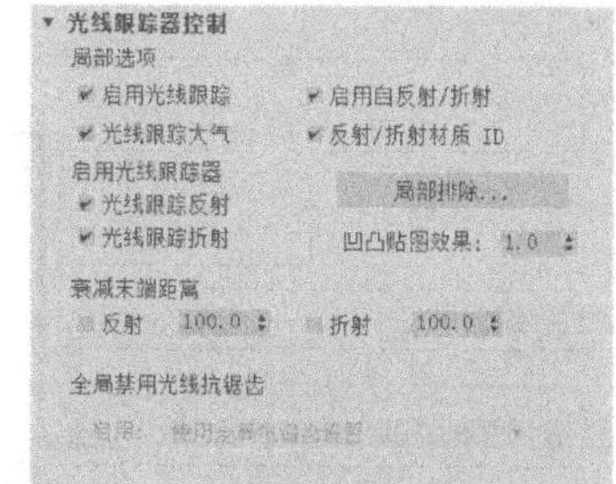

图 4-31 “光线跟踪器控制”卷展栏

知识库：

3ds Max 为用户提供了许多渲染特效，利用材质 ID 通道可将渲染特效指定给使用同一材质 ID 通道的材质（材质编辑器横向工具栏中的“材质 ID 通道”按钮 0 用于设置材质使用的材质 ID 通道）。

- 启用光线跟踪器：该参数区中的参数用于设置是否光线跟踪对象的反射/折线光线。
- 局部排除：单击此按钮将打开如图 4-32 所示的“排除/包含”对话框，利用该对话框可排除场景中不进行光线跟踪计算的对象。

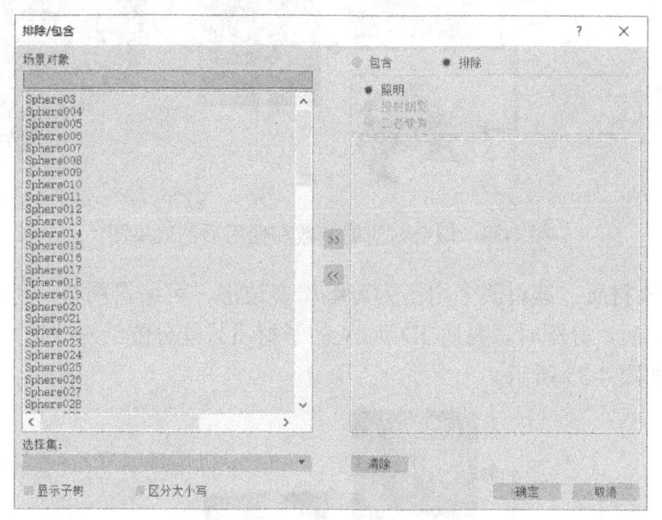

图 4-32 “排除/包含”对话框

- 凹凸贴图效果：设置凸凹贴图反射和折射光线的光线跟踪程度，默认为“1.0”。数值为“0”时，不进行凸凹贴图反射和折射光线的光线跟踪计算。
- 衰减末端距离：该参数区中的参数用于设置反射和折射光线衰减为黑色的距离。
- 全局禁用光线抗锯齿：在该参数区中的参数用于光线抗锯齿处理的设置，只有选中“渲染”对话框“光线跟踪器”标签栏“全局禁用光线抗锯齿”区中的“启用”复选框时，该参数区中的参数才可用。

3. 复合材质

标准材质和光线跟踪材质只能体现出物体表面单一材质的效果和光学性质，但真实场景中的色彩要更复杂，仅使用单一的材质很难模拟出物体的真实效果。因此，3ds Max 为用户提供了另一类型的材质——复合材质。3ds Max 中常用的复合材质主要有以下几种。

- ❒ 双面材质：如图 4-33 所示，该材质包含两个子材质，“正面材质”分配给物体的外表面，“背面材质”分配给物体的内表面。

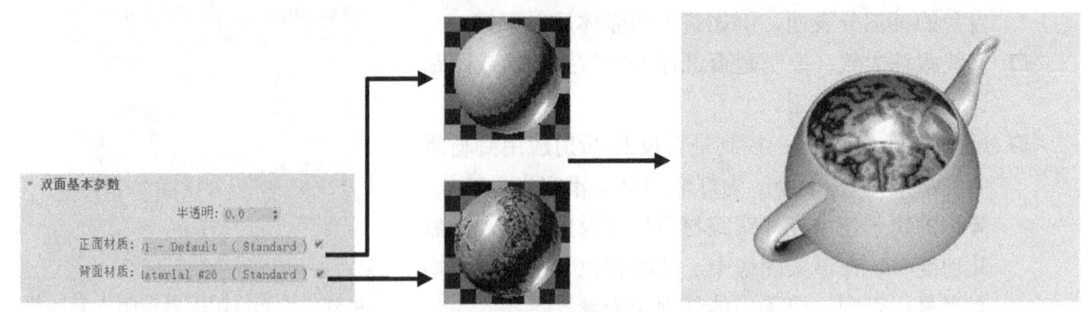

图 4-33　双面材质的参数和使用后的效果图

- ❒ 混合材质：如图 4-34 所示，该材质是根据混合量（或混合曲线）将两个子材质混合在一起后分配到物体表面的（也可以指定一个遮罩贴图，此时系统将根据贴图的灰度来决定两个子材质的混合程度）。

图 4-34　混合材质的参数和使用后的效果图

- ❒ 多维/子对象材质：该材质多用于为可编辑多边形、可编辑网格、可编辑面片等对象的表面分配材质，分配时，材质 ID 为 N 的子材质只能分配给对象表面中材质 ID 号为 N 的部分，如图 4-35 所示。

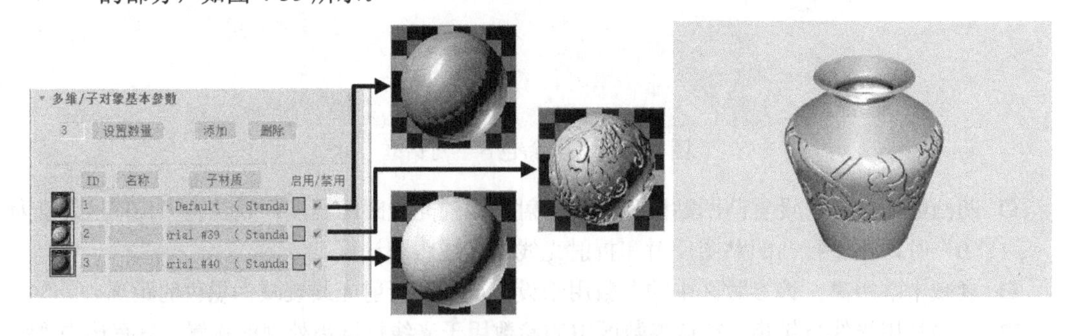

图 4-35　多维/子对象材质的参数和使用后的效果图

- ❒ 顶/底材质：如图 4-36 所示，使用此材质可以为物体的顶面和底面分配不同的子材质（物体的顶面是指法线向上的面，底面是指法线向下的面）。
- ❒ 无光/投影材质：该材质主要用于模拟不可见对象，将材质分配给对象后，渲染时对象在场景中不可见，但能在其他对象上看到其投影。

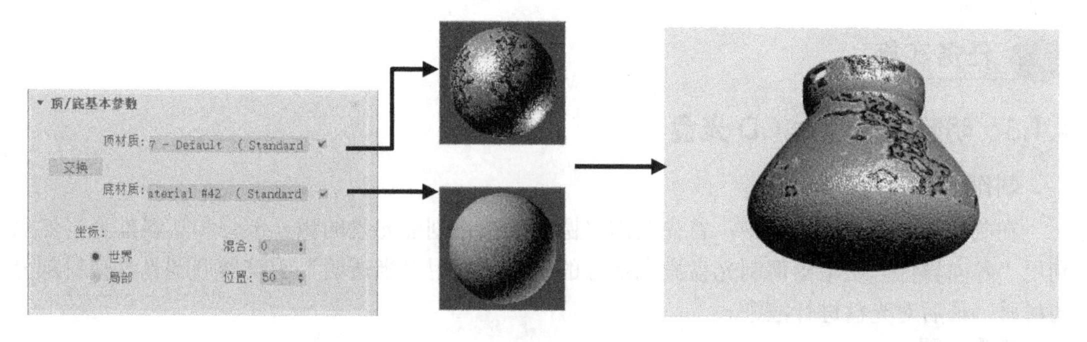

图 4-36　顶/底材质的参数和使用后的效果图

4．Ink'n Paint 材质

Ink'n Paint 材质常用来创建卡通效果。与其他大多数材质提供的三维真实效果不同，Ink'n Paint 材质提供带有“墨水”边界的平面明暗处理，如图 4-37 所示为应用该材质的效果。

图 4-37　应用 Ink'n Paint 材质的效果图

Ink'n Paint 材质有“基本材质扩展”“绘制控制”“墨水控制”等卷展栏。如图 4-38 所示为常用的“绘制控制”和“墨水控制”卷展栏，其中常用选项的含义如下。

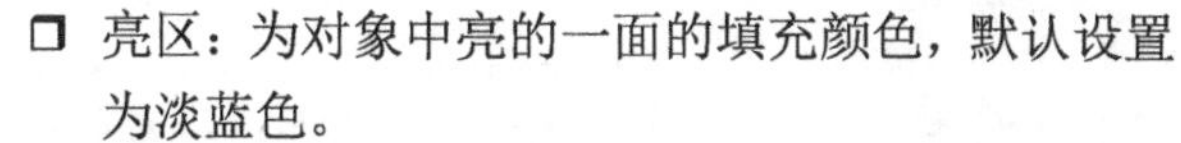

- 亮区：为对象中亮的一面的填充颜色，默认设置为淡蓝色。
- 暗区：左侧微调器中的值为显示在对象非亮面的亮色的百分比。
- 高光：反射高光的颜色。
- 墨水：启用该复选框时，会对渲染施墨。
- 墨水质量：影响画刷的形状及其使用的示例数量。
- 墨水宽度：以像素为单位的墨水宽度。
- 可变宽度：启用此复选框后，墨水宽度可以在最大值和最小值之间变化，可变宽度的墨水比固定宽度的墨水看起来更加流线化。
- 轮廓：设置对象外边缘处（相对于背景）或其他对象前面的墨水。
- 重叠：设置当对象的某部分自身重叠时所使用的墨水。
- 延伸重叠：与重叠相似，但将墨水应用到较远的曲面而不是较近的曲面。

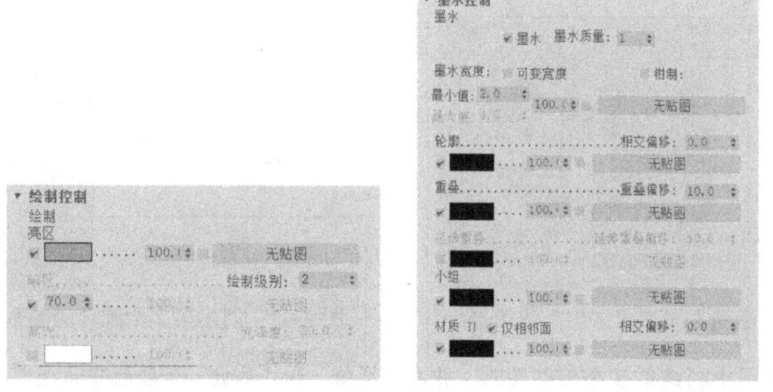

图 4-38　Ink'n Paint 材质的“绘制控制”和“墨水控制”卷展栏

任务实施

4.1.3 明暗器应用之 CD 光盘

制作思路

在制作光盘效果的过程中，首先利用“圆环”按钮创建光盘的激光部分和塑料部分；然后利用“各向异性”明暗器调制光盘激光部分的材质，利用“半透明”明暗器调制光盘塑料部分的材质；最后对光盘进行渲染。

操作步骤

明暗器应用之 CD 光盘-CD 光盘建模.

1. 建模部分

Step 01 单击“创建”>“图形”面板“样条线”分类下的“圆环”按钮，在前视图中创建一个圆环图形，并将其命名“激光”，然后在“插值”和“参数”卷展栏中设置其参数，如图 4-39 所示。

Step 02 保持“激光”图形的选中状态，右击工具栏中的“选择并移动”按钮，在弹出的“移动变换输入”对话框中将“绝对:世界”参数区中的“X”“Y”“Z”轴坐标值都设为“0”，如图 4-40 所示。

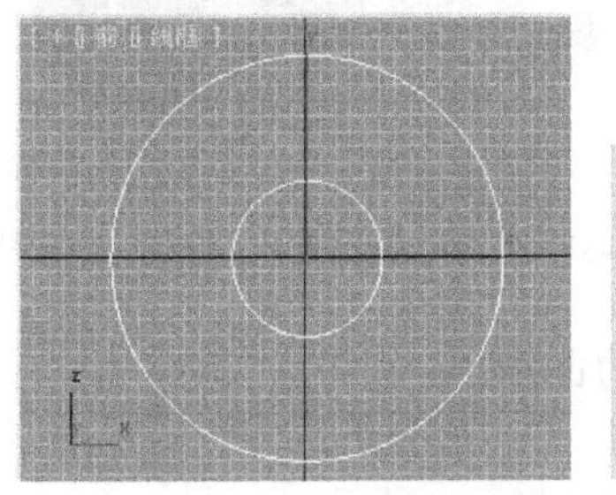
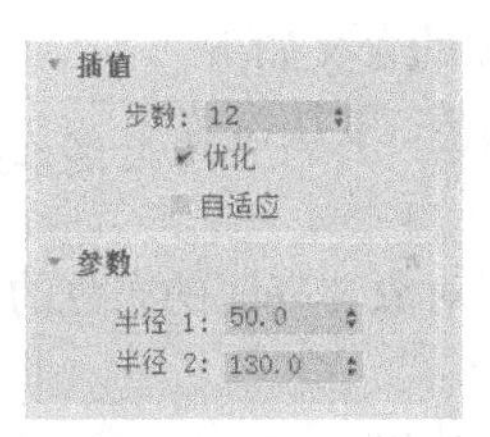

图 4-39 创建“激光”图形及参数设置

图 4-40 设置“激光”图形的位置

Step 03 在“修改”面板中为“激光”图形添加“挤出”修改器，并将挤出数量设为“1”，如图 4-41 所示。

Step 04 在前视图中创建第 2 个圆环图形，并在“插值”和“参数”卷展栏中设置其参数，如图 4-42 左图所示，然后右击工具栏中的“选择并移动”按钮，在弹出的“移动变换输入”对话框中将“绝对:世界”区中的“X”“Y”“Z”轴坐标值都设为“0”，效果如图 4-42 右图所示。

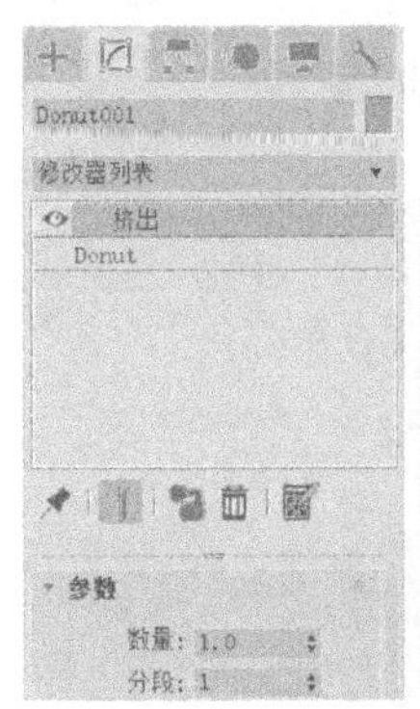

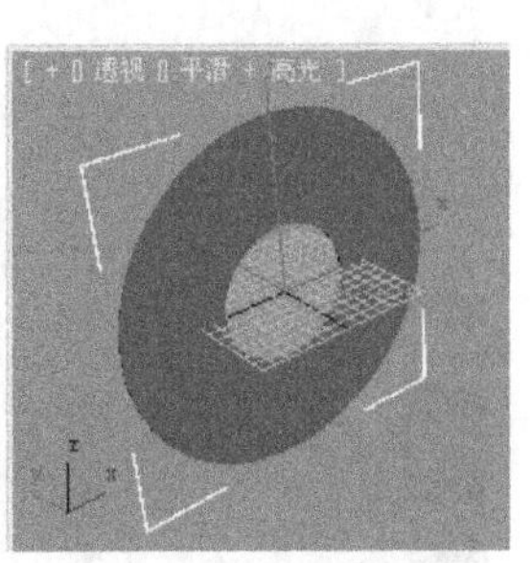

图 4-41 为“激光”添加“挤出”修改器

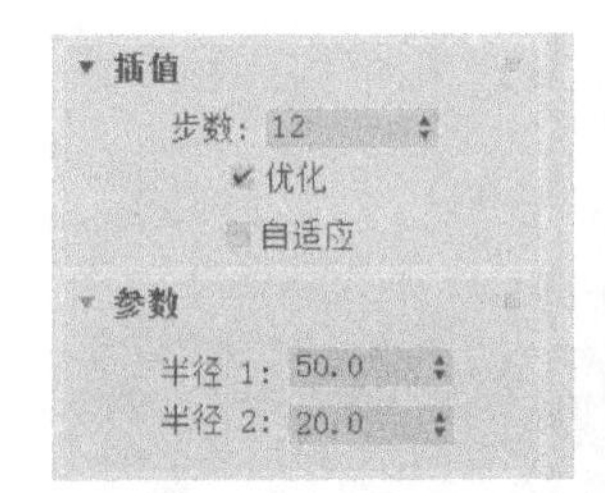

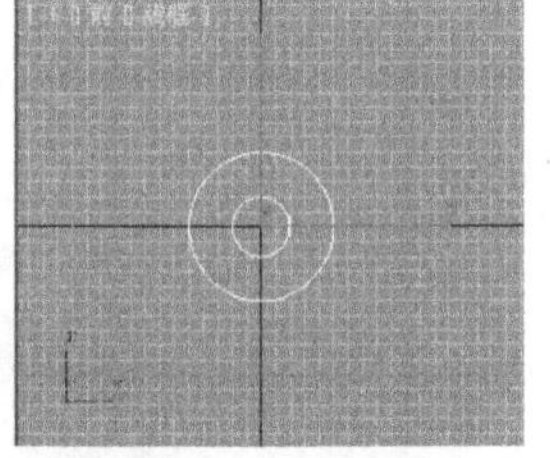

图 4-42 创建第 2 个圆环的参数设置及效果

Step 05 在前视图中创建第 3 个圆环图形，并在“插值”和“参数”卷展栏中设置其参数，如图 4-43 左图所示，然后参考 Step04 的操作，调整第 3 个圆环图形的位置，效果如图 4-43 右图所示。

Step 06 利用右键快捷菜单将第3个圆环图形转换为可编辑样条线，然后附加第2个圆环图形，并将可编辑网格命名为“塑料”，再为“塑料”添加“挤出”修改器，并将挤出数量设为“1”，如图4-44所示。

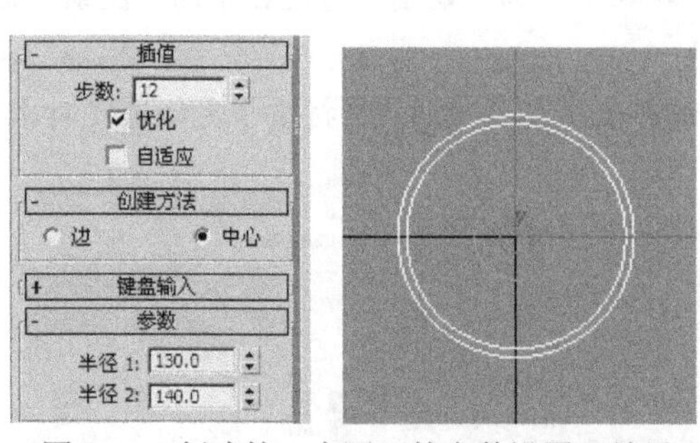

图4-43 创建第3个圆环的参数设置及效果

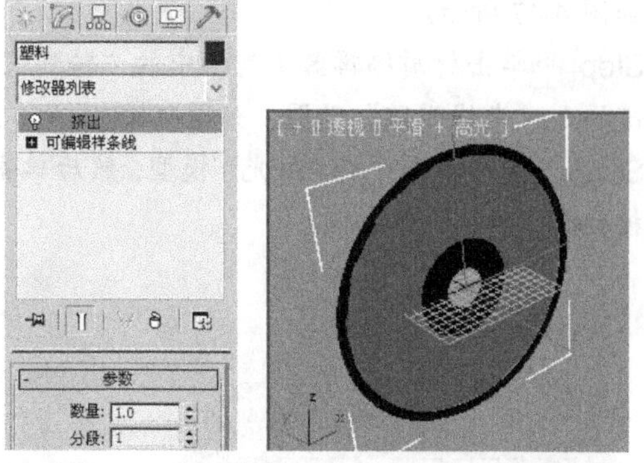

图4-44 为“塑料”添加“挤出”修改器

2. 材质部分

明暗器应用之CD光盘-CD光盘材质

Step 01 按快捷键【M】打开材质编辑器，选中一个未使用的材质球，并将其命名为“激光材质”，然后在“明暗器基本参数”卷展栏中将明暗器类型设为“(A)各向异性”，再在“各向异性基本参数”卷展栏中设置材质参数，如图4-45所示。

温馨提示：

“各向异性”明暗器主要用来解决3ds Max的非圆形高光问题，这种材质类型常用来制作比较有光泽的金属、光盘和激光防伪商标等高级反光材质。

Step 02 单击“贴图”卷展栏中“方向”通道右侧的“无贴图”按钮，在打开的“材质/贴图浏览器”对话框中双击“渐变坡度”选项，然后在“渐变坡度参数”卷展栏中将“渐变类型”设为“螺旋”，如图4-46所示。

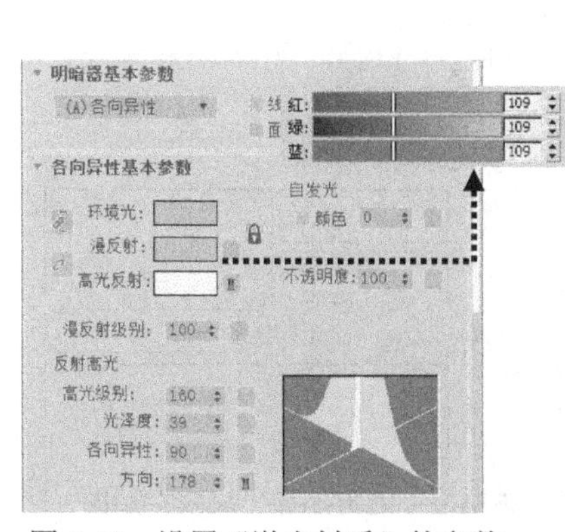

图4-45 设置“激光材质”的参数

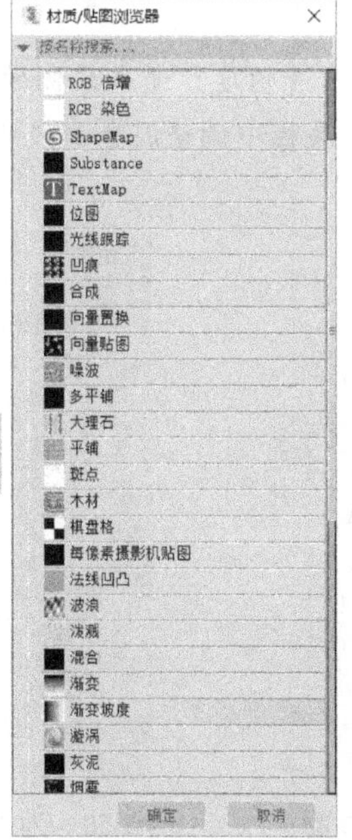

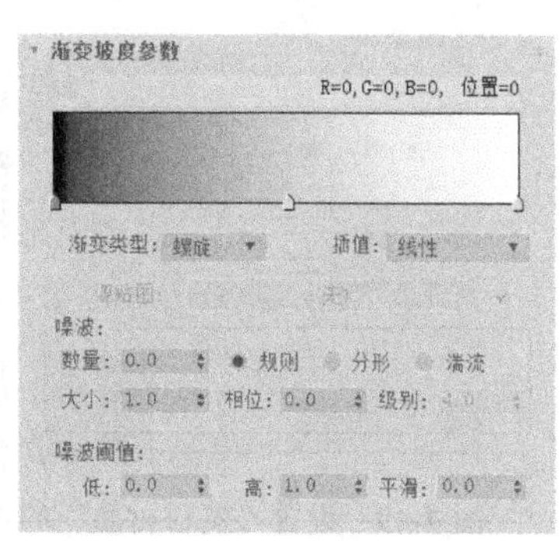

图4-46 为“方向”通道添加“渐变坡度”贴图

Step 03 单击材质编辑器工具栏中的“转到父对象”按钮，返回“激光材质”的参数堆栈列表，为“贴图”卷展栏中的“高光颜色”通道添加“渐变坡度”贴图，并在“渐变坡度参数”卷展栏中将“渐变类型”设为“螺旋”，将渐变颜色设为赤、橙、黄、绿、青、蓝、紫的二次循环，如图 4-47 所示。

Step 04 单击材质编辑器工具栏中的“转到父对象”按钮，为“贴图”卷展栏中的“反射”通道添加“光线跟踪”贴图，如图 4-48 所示。

Step 05 选中视图中的“激光”模型，然后单击材质编辑器工具栏中的“将材质指定给选定对象”按钮，为其添加材质。

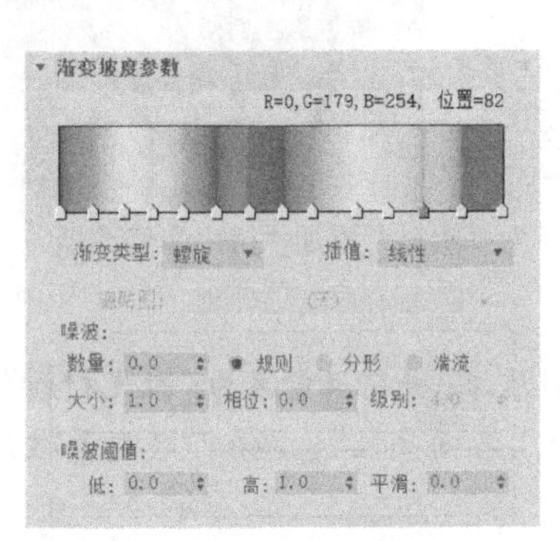

图 4-47　设置“渐变坡度”参数

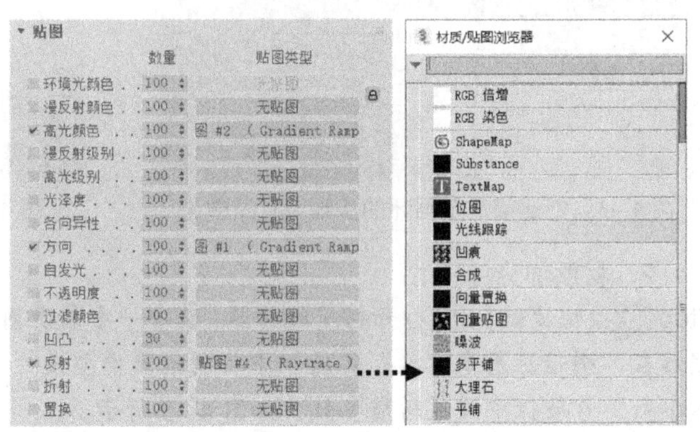

图 4-48　为“反射”通道添加“光线跟踪”贴图

Step 06 选中一个未使用的材质球，并将其命名为“塑料材质”，然后在“明暗器基本参数”卷展栏中将明暗器类型设为“半透明”，再在“半透明基本参数”卷展栏中设置材质参数，如图 4-49 所示。

温馨提示：

“半透明”明暗器能够制作出半透明效果，光线可穿过半透明物体，且在物体的内部发生离散，常用于表现薄的半透明物体。

Step 07 单击“贴图”卷展栏中“不透明度”通道右侧的“无贴图”按钮，为其添加一个“衰减”贴图，然后在“混合曲线”卷展栏中调整混合曲线的形状，如图 4-50 所示。

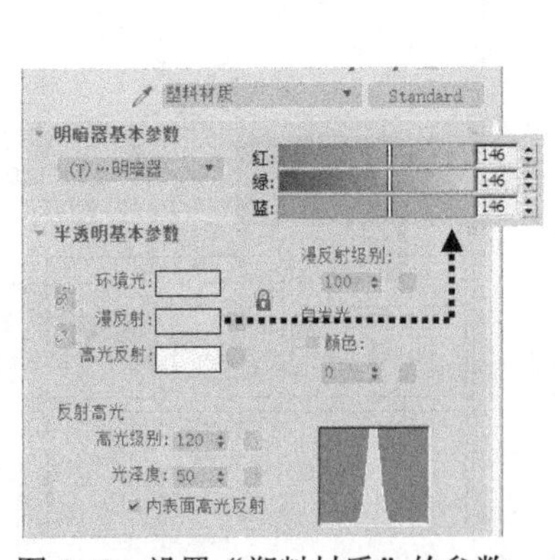

图 4-49　设置“塑料材质”的参数

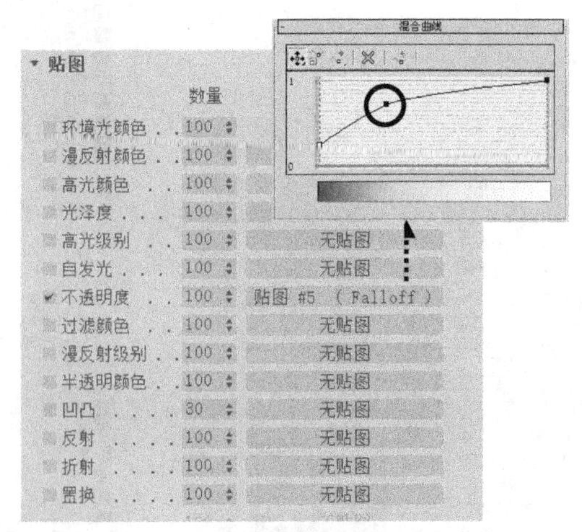

图 4-50　为“不透明度”通道添加“衰减”贴图

温馨提示：

“衰减”贴图是基于物体表面各网格面片法线的角度衰减情况，生成从白色到黑色的衰减变化效果，常用于不透明度、自发光和过滤色等贴图通道。

Step 08 单击“创建”>“灯光”面板“标准”分类中的“目标平行灯”按钮，在顶视图中按住鼠标左键并拖动，创建一盏目标平行灯，然后在“平行光参数”卷展栏中设置灯光参数，如图 4-51 所示。

Step 09 在顶视图和前视图中调整目标平行灯发光点的位置，如图 4-52 所示。

Step 10 设置好灯光后按快捷键【F9】，即可得到如图 4-1 所示的渲染效果。本实例最终效果可参考本书配套素材“素材与实例”>“第 4 章”文件夹>“光盘效果.max”。

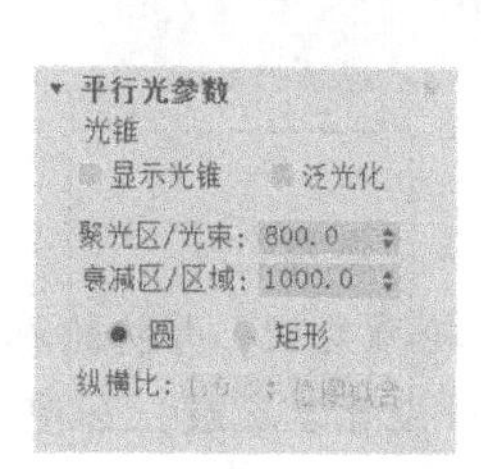

图 4-51　设置灯光参数

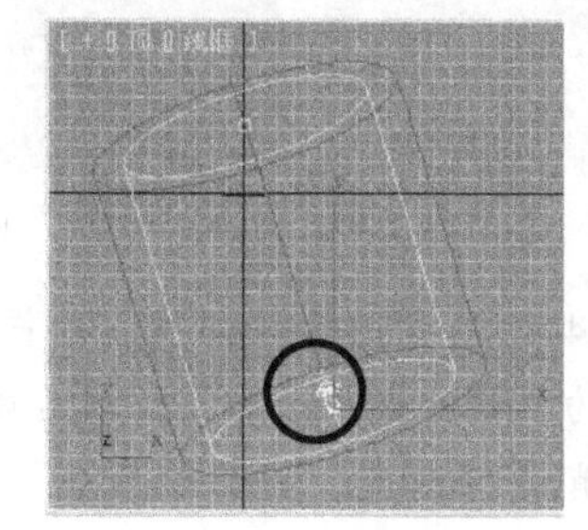

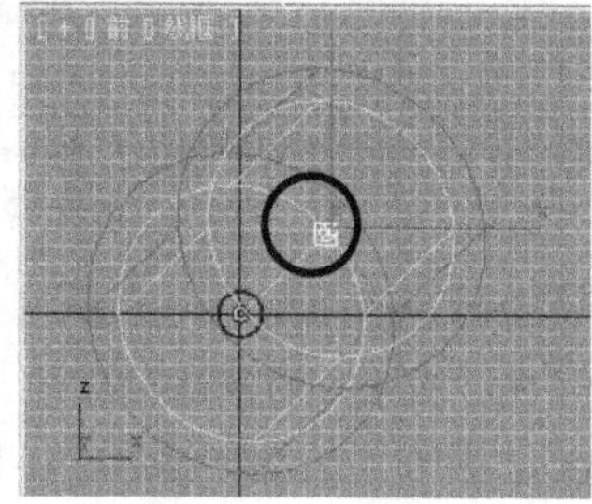

图 4-52　调整发光点位置

4.1.4　光线跟踪材质之灯泡

制作思路

首先通过创建曲线，并对曲线进行轮廓处理和车削处理来创建灯泡模型；然后为灯泡罩和灯芯玻璃调制光线跟踪材质，为灯泡底部、底部螺旋线和桌面调制标准材质；最后对灯泡进行渲染。

操作步骤

1．建模部分

光线跟踪材质之灯泡-灯泡建模

Step 01 单击“创建”>“图形”面板“样条线”分类中的“线”按钮，在前视图中绘制一条如图 4-53 所示的开放曲线，并将其命名为“灯泡罩”。

Step 02 在“修改”面板的修改器堆栈中将“灯泡罩”的修改对象设为“样条线”子对象，然后框选视图中的样条线，再在“几何体”卷展栏中“轮廓”按钮右侧的编辑框中输入“−2”，并按【Enter】键，效果如图 4-54 所示。

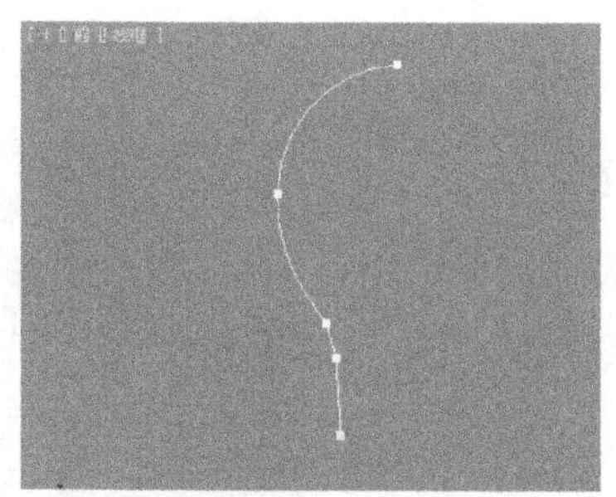

图 4-53　绘制开放曲线

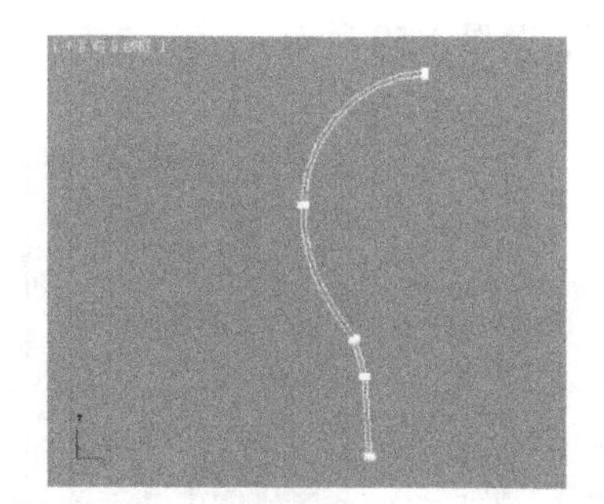

图 4-54　对“灯泡罩”进行轮廓处理

Step 03 为“灯泡罩”添加“车削”修改器，然后在“参数”卷展栏中设置其参数，如图 4-55 所示。

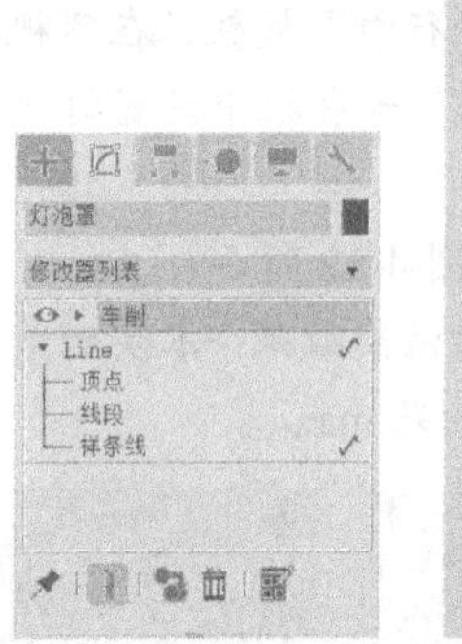

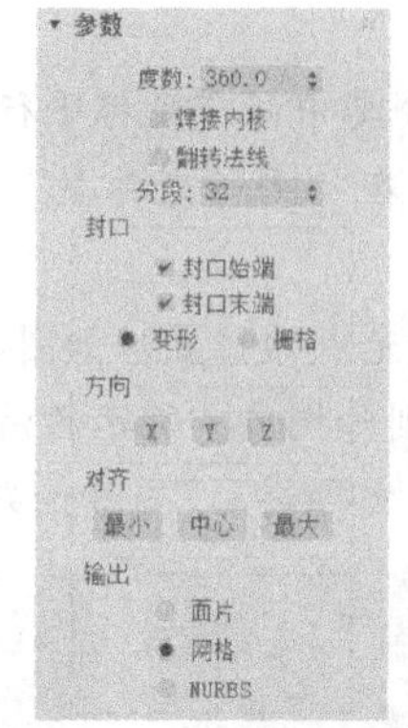

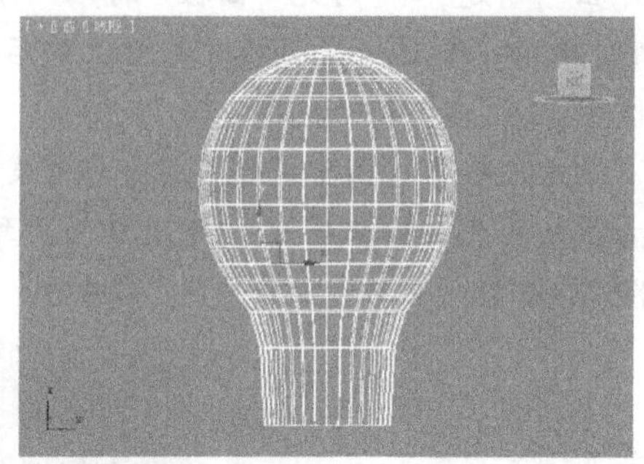

图 4-55　为“灯泡罩”添加“车削”修改器

Step 04 在前视图中绘制一条如图 4-56 所示的开放曲线，并将其命名为“底座”。

Step 05 将“底座”的修改对象设为“样条线”子对象，然后对其进行轮廓处理，并将轮廓量设为“-2”，再为“底座”添加“车削”修改器，并在“参数”卷展栏中设置其参数，如图 4-57 所示。

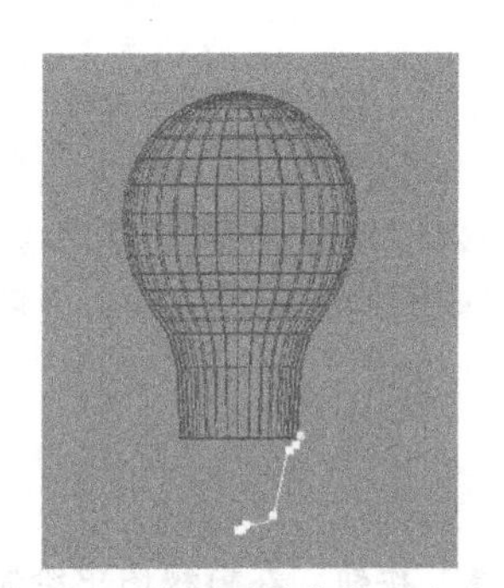

图 4-56　绘制开放曲线“底座”

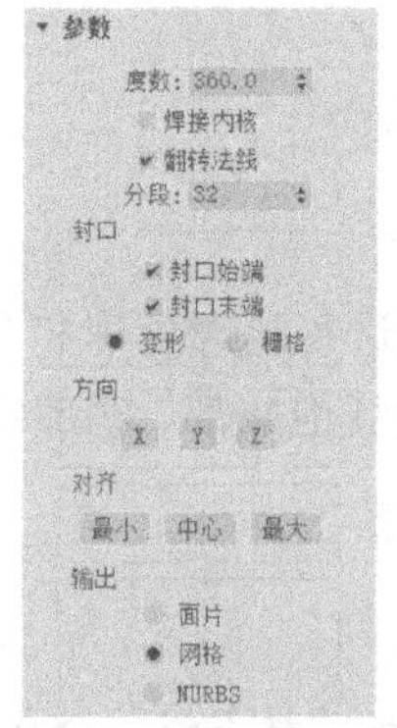

图 4-57　为“底座”添加“车削”修改器

Step 06 单击“创建”>“图形”面板“样条线”分类中的“螺旋线”按钮，在顶视图中创建一条螺旋线，并在“参数”卷展栏中设置其参数，再在前视图中调整其位置，如图 4-58 所示。

Step 07 在“渲染”卷展栏中勾选“在渲染中启用”和“在视口中启用”复选框，并将“厚度”设为“4”，如图 4-59 所示。

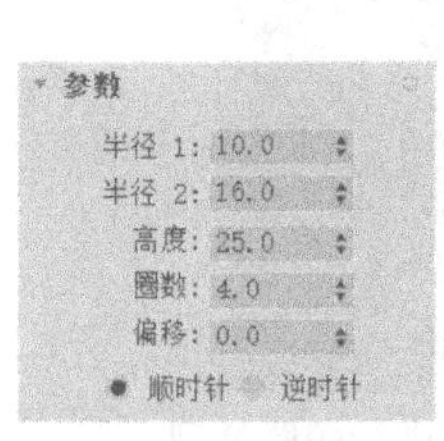

图 4-58　创建螺旋线

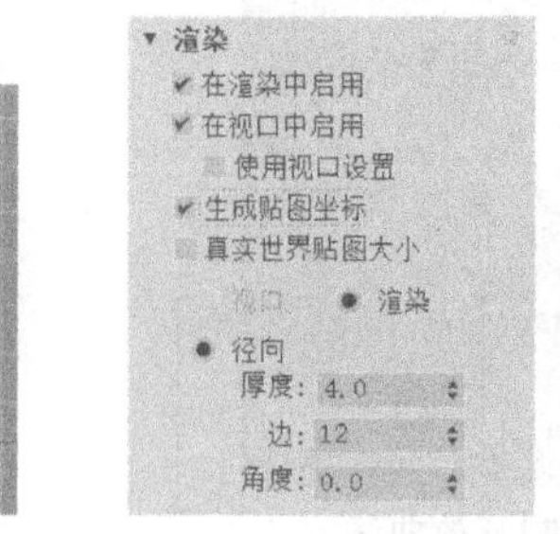

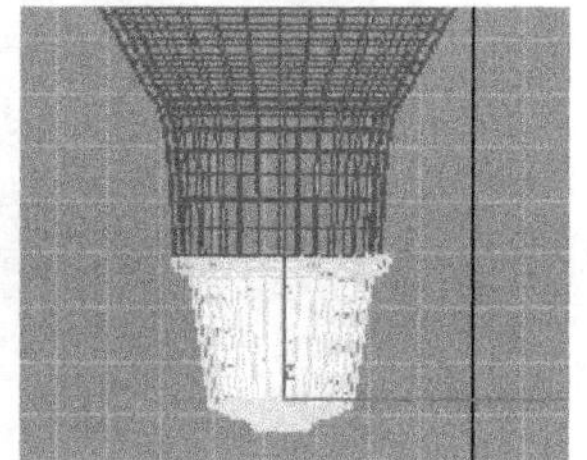

图 4-59　设置螺旋线的渲染参数

Step 08 在前视图中绘制一条如图 4-60 所示的开放曲线，并将其命名为“玻璃灯芯”。为其添加“车削”修改器，并在“参数”卷展栏中设置其参数，如图 4-61 左图所示；再在视图中调整“玻璃灯芯”的位置，效果如图 4-61 右图所示。

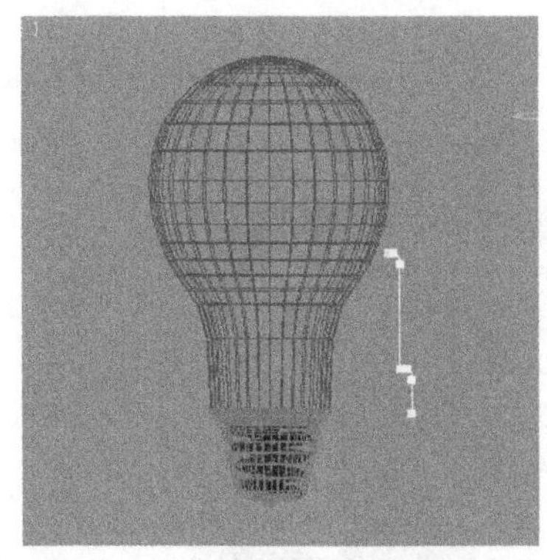

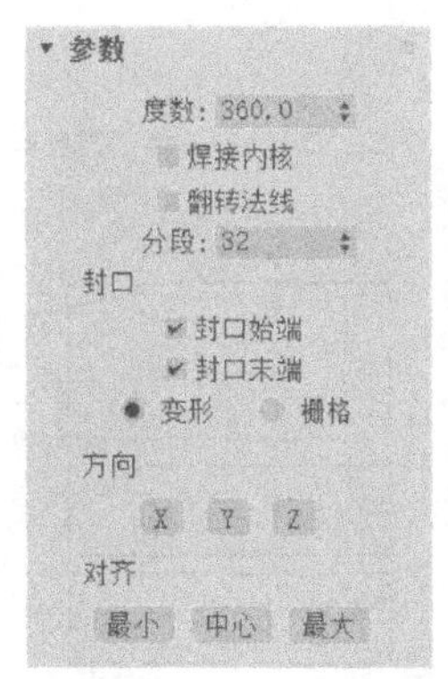

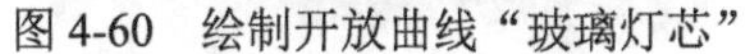
图 4-60　绘制开放曲线“玻璃灯芯”

图 4-61　创建“玻璃灯芯”的参数设置及其效果图

Step 09 在前视图中绘制一条如图 4-62 左图所示的开放曲线，并将其命名为“钨丝”，然后在“渲染”卷展栏中勾选“在渲染中启用”、“在视口中启用”和“生成贴图坐标”复选框，并将“厚度”设为“1”，如图 4-62 右图所示。

Step 10 在视图中将“钨丝”复制三份，并调整其角度和位置，如图 4-63 所示。

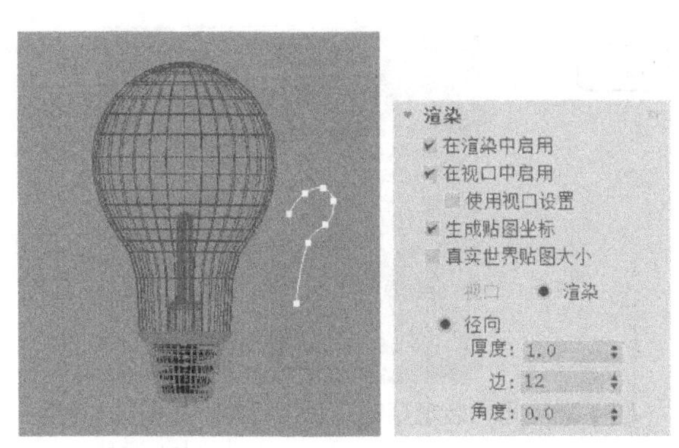

图 4-62　创建“钨丝”并设置其渲染参数

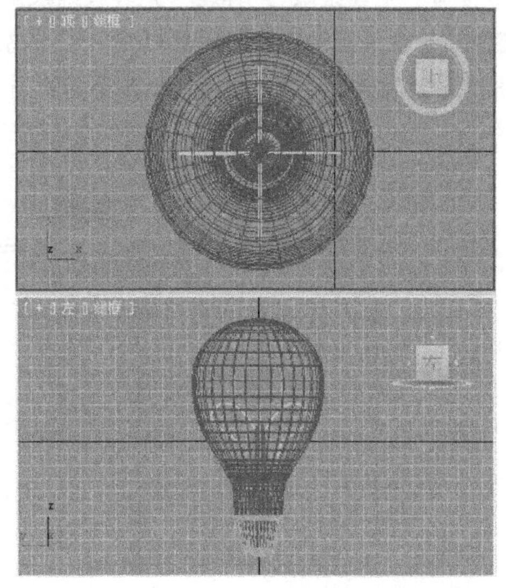

图 4-63　复制“钨丝”并调整其角度和位置

2. 材质部分

光线跟踪材质之灯泡-灯泡材质

Step 01 按快捷键【M】打开材质编辑器，然后选择一个未使用的材质球，并将其命名为“灯罩材质”，单击“Standard”按钮，在打开的“材质/贴图浏览器”对话框中双击“光线跟踪”选项，再在“光线跟踪基本参数”卷展栏中设置材质参数，如图 4-64 所示。

Step 02 在视图中选中“灯泡罩”模型，然后单击材质编辑器工具栏中的“将材质指定给选定对象”按钮，为“灯泡罩”模型添加材质。

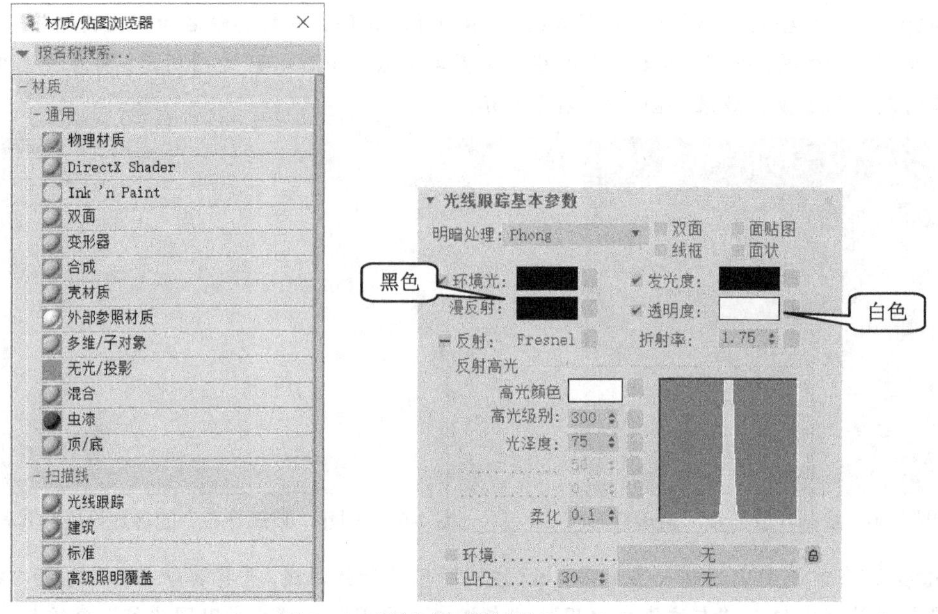

图 4-64　调制“灯罩材质”

Step 03 在材质编辑器中选择一个未使用的材质球，并将其命名为“灯芯材质”，然后将材质类型设为“光线跟踪”，再在“光线跟踪基本参数”卷展栏中设置材质参数，如图 4-65 所示。

Step 04 在视图中选中“玻璃灯芯”和“钨丝”模型，然后单击材质编辑器工具栏中的“将材质指定给选定对象”按钮，为其添加材质，如图 4-66 所示。

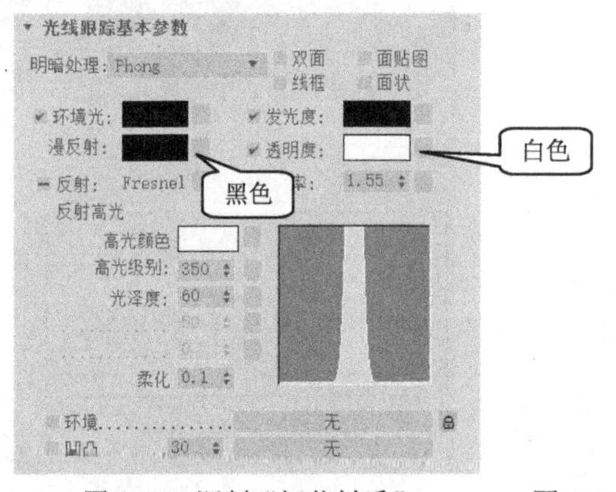

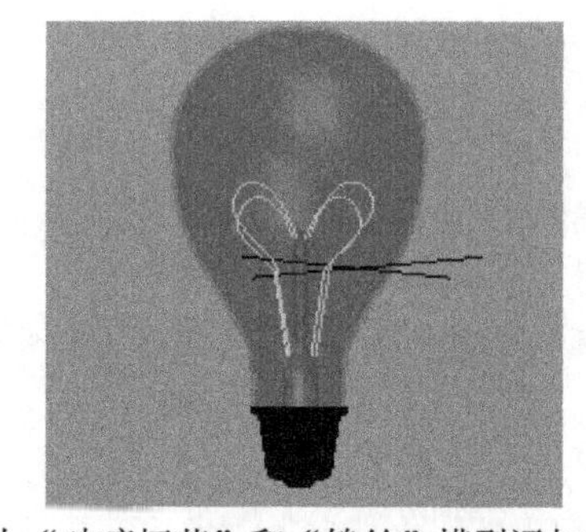

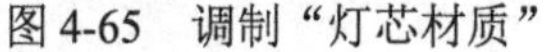

图 4-65　调制“灯芯材质”　　图 4-66　为“玻璃灯芯”和“钨丝”模型添加材质

Step 05 在材质编辑器中选择一个未使用的材质球，并将其命名为“金属材质”，然后在“明暗器基本参数”卷展栏中将明暗器的类型设为“金属”，再在“金属基本参数”卷展栏中设置材质参数，如图 4-67 所示。

Step 06 利用“按名称选择”按钮选中视图中的“底座”模型和螺旋线，然后单击材质编辑器工具栏中的“将材质指定给选定对象”按钮，为其添加材质。

Step 07 在顶视图中创建一个平面，并将其命名为“桌面”，然后调整灯泡的角度和位置，如图 4-68 所示。

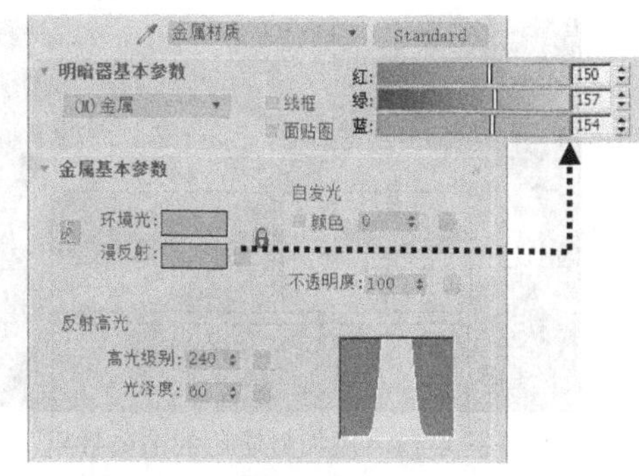

图 4-67　调制“金属材质”

图 4-68　创建“桌面”并调整灯泡的角度和位置

Step 08 在材质编辑器中选择一个未使用的材质球，并将其命名为“桌面材质”，然后在“Blinn 基本参数”卷展栏中设置材质参数，并将“漫反射”通道的贴图指定为本书配套素材“素材与实例”>“第 4 章” >“maps”文件夹>“WW-108.jpg”图像文件，如图 4-69 所示。

Step 09 选中视图中的“桌面”模型，单击材质编辑器工具栏中的“将材质指定给选定对象”按钮，为其添加材质，效果如图 4-70 所示。至此，本实例就制作完成了，最终效果可参考本书配套素材“素材与实例”>“第 4 章”文件夹>“灯泡材质.max”。

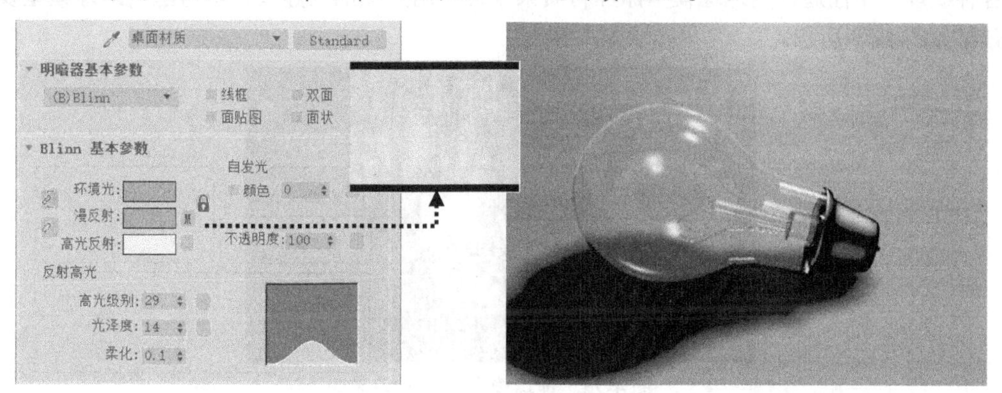

图 4-69　调制“桌面材质”

图 4-70　为“桌面”模型添加材质效果图

温馨提示：

菲涅尔反射用来渲染一种类似瓷砖表面有釉或者木头表面有清漆的效果。菲涅尔反射是指当光达到材质交界面时，一部分光被反射，一部分发生折射，即当视线垂直于表面时，反射较弱；而当视线非垂直于表面时，夹角较小，反射较明显。在真实世界中，除了金属，其他物质都有“菲涅尔现象”。因此加菲涅尔反射正是为了模拟真实世界的这种光学现象。

任务拓展

4.1.5　轴承和手镯材质

请使用适当的方法完成轴承和手镯的建模，效果图如 4-71 所示。然后利用本章所学知识创建轴承和手镯模型的材质，添加材质后的实时渲染效果如图 4-72 所示。

图 4-71　轴承和手镯模型

图 4-72　添加材质后的渲染效果

4.2　3ds Max 常用贴图

任务陈述

在现实生活中，对象的外观取决于它们外部的表面纹理。在 3ds Max 中可以使用贴图来模拟各种纹理。下面通过为地球模型添加材质来学习常用贴图的创建及修改方法，地球模型及材质效果如图 4-73 所示。

图 4-73　地球模型及材质效果

相关知识与技能

4.2.1　常用贴图类型

单击材质编辑器“贴图”卷展栏中“材质”通道右侧的“无贴图”按钮，利用打开的“材质/贴图浏览器”对话框，可以为该贴图通道添加贴图。此外，单击材质“基本参数”卷展栏各参数右侧的空白按钮，也可为相应的贴图通道添加贴图，如图 4-74 所示。

3ds Max 的贴图可分为 2D 贴图、3D 贴图、合成器、颜色修改器和其他五类，下面主要介绍一下 2D 和 3D 贴图。

1．2D 贴图

2D 贴图属于二维图像，只能贴附于模型表面，没有深度，主要用于模拟物体表面的纹理图案，或作为场景的背景贴图、环境贴图。比较常用的 2D 贴图如下。

- 位图：该贴图是最常用的 2D 贴图，它可以使用位图图像或 AVI、MOV 等格式的动画作为模型的表面贴图。

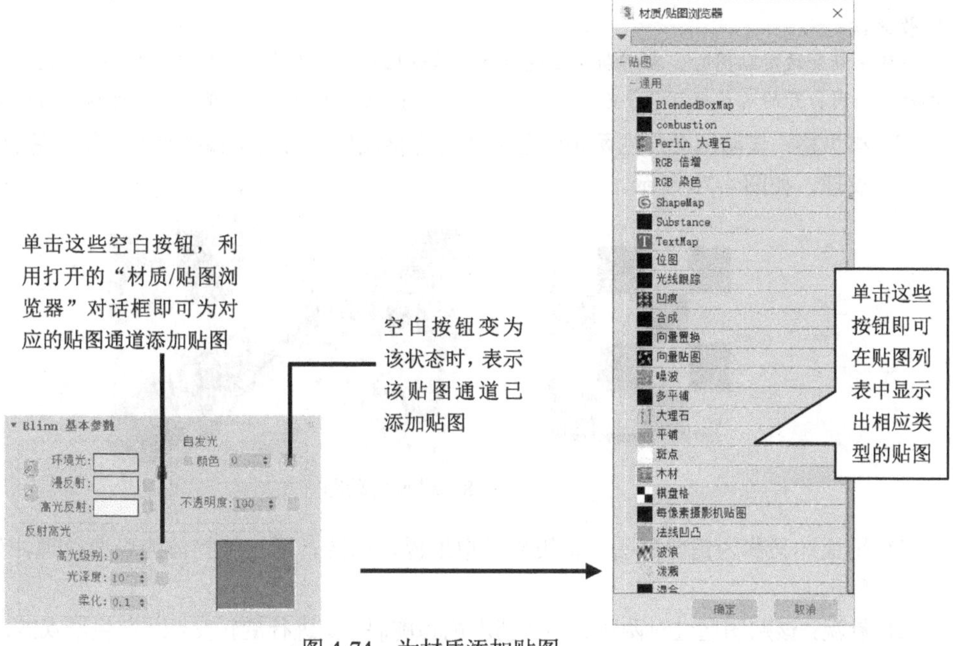

图 4-74　为材质添加贴图

经验之谈：

使用位图贴图时，利用“位图参数”卷展栏“裁剪/放置”区中的参数可以裁剪或缩放位图图像，如图 4-75 所示（选中“应用”复选框和“裁剪”单选钮，然后参照裁剪位图图像的操作即可缩放位图图像）。

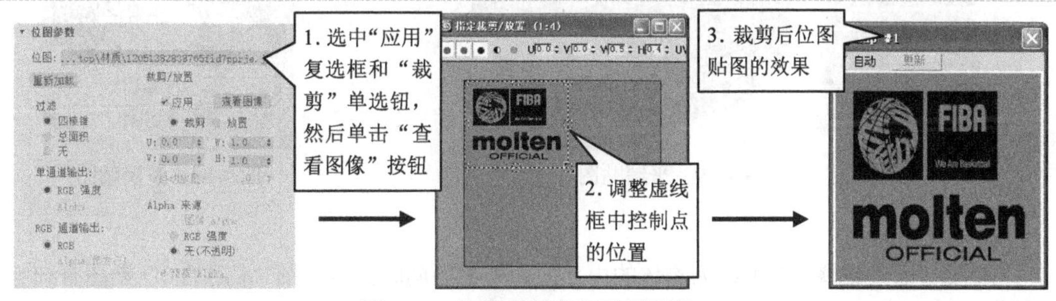

图 4-75　裁剪/缩放位图贴图图像

- 渐变：渐变贴图用于产生三种颜色间线性或径向的渐变效果，如图 4-76 所示；渐变坡度贴图类似于渐变贴图，它可以产生更多种颜色间的渐变效果，且渐变类型更多，如图 4-77 所示。

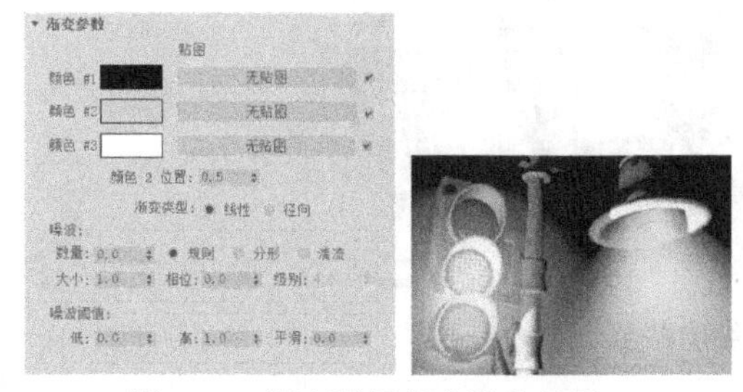

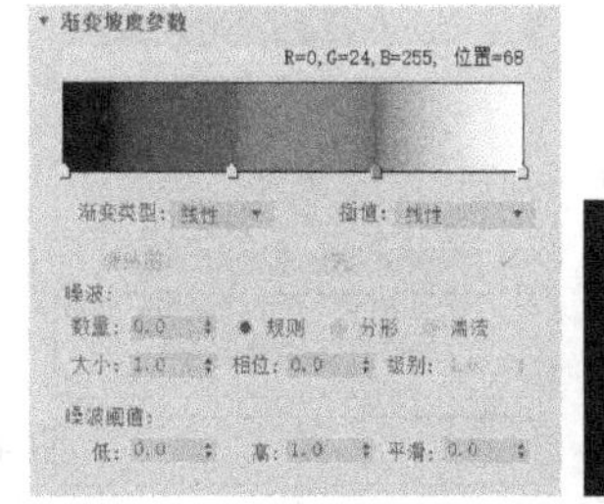

图 4-76　渐变贴图的参数和效果

图 4-77　渐变坡度贴图的参数和效果

经验之谈：

使用渐变坡度贴图时，在“渐变坡度参数”卷展栏的色盘中单击，即可添加一个色标“▲”；双击色标，利用打开的对话框可调整色标所在位置的颜色；拖动色标，可调整色标在色盘中的位置。

- 棋盘格：该贴图会产生两种颜色交错的方格图案，常用于模拟地板、棋盘等物体的表面纹理，如图 4-78 所示。

图 4-78　棋盘格贴图

- 平铺：又称为瓷砖贴图，常用来模拟地板、墙砖、瓦片等物体的表面纹理，如图 4-79 所示。
- 旋涡：该贴图通过对两种颜色（基本色和旋涡色）进行旋转交织，产生漩涡或波浪效果，如图 4-80 所示。

图 4-79　平铺贴图

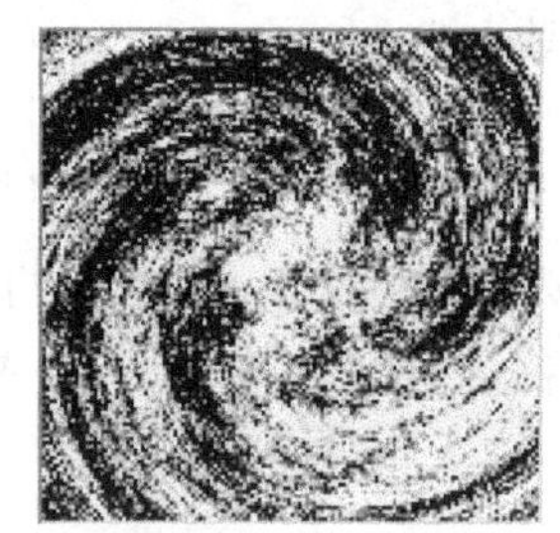

图 4-80　漩涡贴图

2. 3D 贴图

3D 属于程序贴图，它可以为物体的内部面和外部面同时指定贴图。常用的 3D 贴图有细胞、凹痕、大理石、烟雾、木材等。常见 3D 贴图的用途和效果如下。

- 细胞：该贴图可以生成各种效果的细胞图案，常用于模拟铺满马赛克的墙壁、鹅卵石的表面和海洋的表面等，如图 4-81 所示。

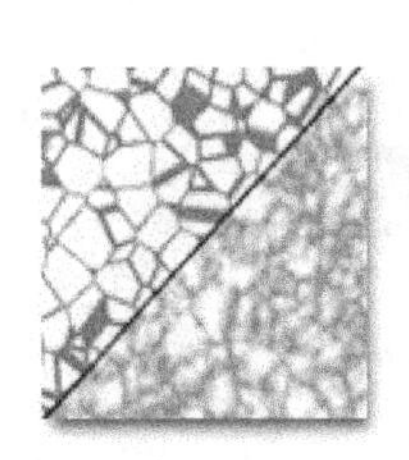

图 4-81　细胞贴图

- 凹痕：该贴图可以在对象表面产生随机的凹陷效果，如图 4-82 所示，常用于模拟对象表面的风化和腐蚀效果。

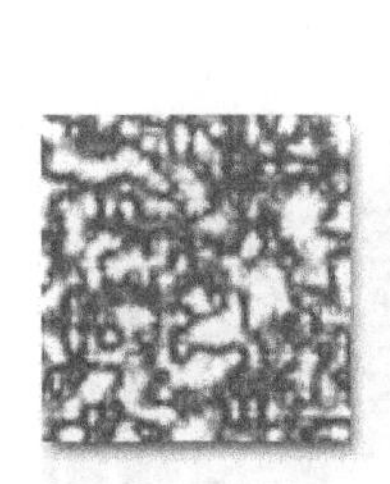

图 4-82　凹痕贴图

- 大理石：该贴图可以生成带有随机色彩的大理石效果，常用于模拟大理石地板的纹理或木纹纹理，如图 4-83 所示。

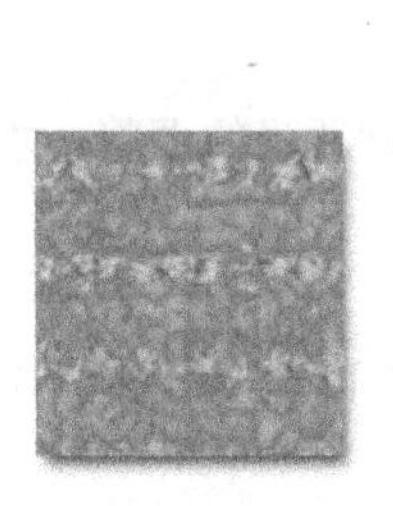

图 4-83　大理石贴图

- 烟雾：该贴图可以创建随机的、不规则的丝状、雾状或絮状的纹理图案，常用于模拟烟雾或其他云雾状流动的图案效果，如图 4-84 所示。

图 4-84　烟雾贴图

- 灰泥：该贴图可以创建随机的表面图案，主要用于模拟墙面粉刷后的凹凸效果，如图 4-85 所示。

图 4-85　灰泥贴图

❐ 木材：该贴图可以对两种颜色进行处理，产生木材的纹理效果，并可控制纹理的方向、粗细和复杂度，如图 4-86 所示。

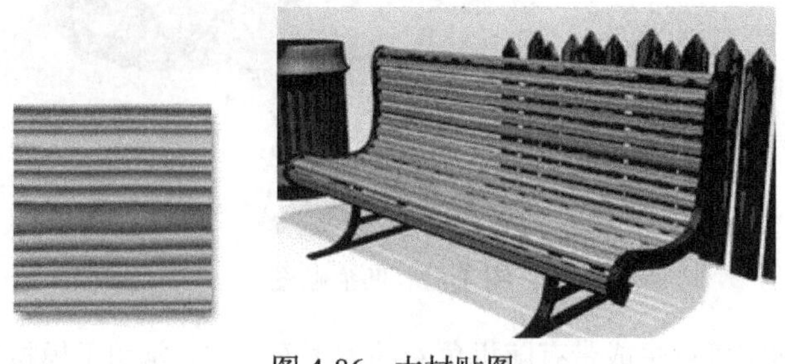

图 4-86　木材贴图

4.2.2　贴图的常用参数

为材质的贴图通道添加贴图后，必须对贴图的参数进行适当的调整，才能符合实际需要。下面介绍一下各类贴图中一些通用且常用的参数。

1. “坐标”卷展栏

该卷展栏主要用于调整贴图的坐标、对齐方式、平铺次数等，如图 4-87 所示为位图贴图的“坐标”卷展栏。在此着重介绍以下几个参数。

❐ 纹理：将贴图坐标锁定到对象的表面，对象表面的贴图图像不会随对象的移动而产生变化，常用于制作对象表面的纹理效果。右侧的“贴图”下拉列表框用于设置该贴图坐标使用的贴图方式，默认为“显示贴图通道”（即利用下方“贴图通道”编辑框指定的贴图通道进行贴图）。

知识库：

贴图通道与材质 ID 类似，主要用于解决同一表面上无法拥有多个贴图坐标的问题，与“UVW 贴图”修改器配合使用，可以使每个贴图拥有一个独立的贴图坐标（为对象添加“UVW 贴图”修改器后，在“参数”卷展栏中设置修改器使用的贴图通道，使修改器的贴图通道与贴图的贴图通道相同，此时即可使用修改器调整该贴图的贴图坐标，如图 4-88 所示）。

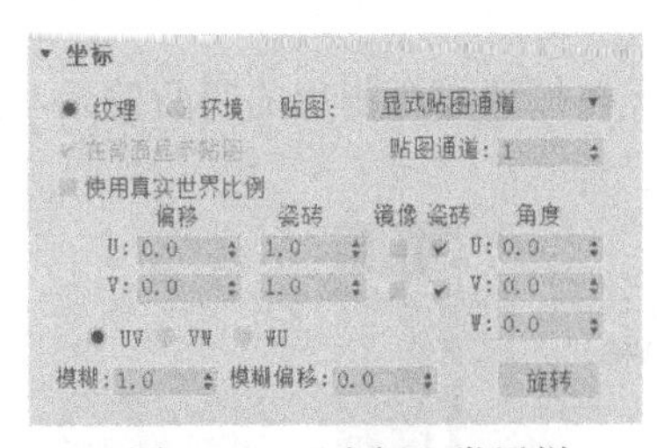

图 4-87　“坐标”卷展栏

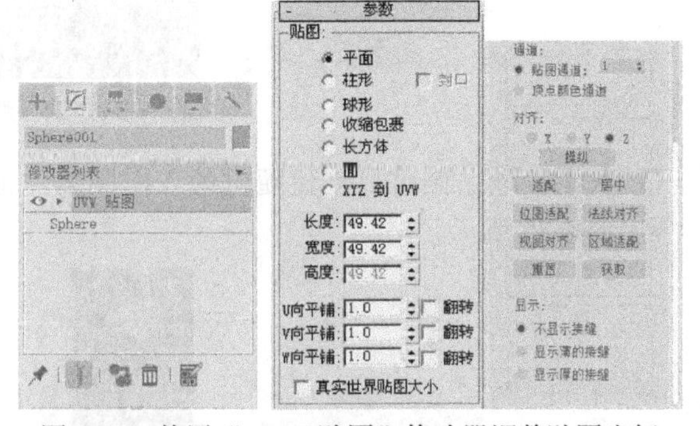

图 4-88　使用“UVW 贴图”修改器调整贴图坐标

❐ 环境：将贴图坐标锁定到场景某一特定的环境中，然后投射到对象表面，移动对象时，对象表面的贴图图像将发生变化（如图 4-89 所示），常用在反射、折射及环境贴图中。该贴图坐标有球形环境、柱形环境、收缩包裹环境和屏幕四种贴图方式，默认使用屏幕贴图方式。

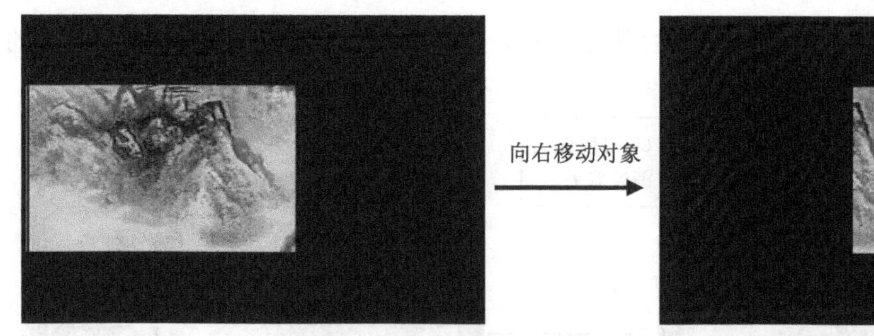

图 4-89　使用“环境”坐标时不同位置对象的贴图效果

- 在背面显示贴图：控制是否在对象的背面进行投影贴图，默认为启用（当纹理贴图的贴图方式为“对象 *XYZ* 平面”或“世界 *XYZ* 平面”，且贴图的 *U* 向平铺和 *V* 向平铺未开启时，该复选框可用）。

知识库：

在 3ds Max 中，贴图坐标使用 *UVW* 坐标进行标记。该坐标与对象的 *XYZ* 坐标对应，即 *U* 向、*V* 向、*W* 向分别对应于 *X* 轴、*Y* 轴、*Z* 轴。

- 使用真实世界比例：选中此复选框，并选中对象“参数”卷展栏中的“真实世界贴图大小”复选框时，系统会将下方参数设定的宽度和高度作为贴图图像的长和宽，并将其投影到对象表面。
- 偏移：设置贴图沿 *U* 向和 *V* 向偏移的百分比（取值范围为-1.0～1.0），如图 4-90 所示（选中“使用真实世界比例”复选框时，利用这两个编辑框可设置贴图在宽度和高度方向上偏移的距离）。

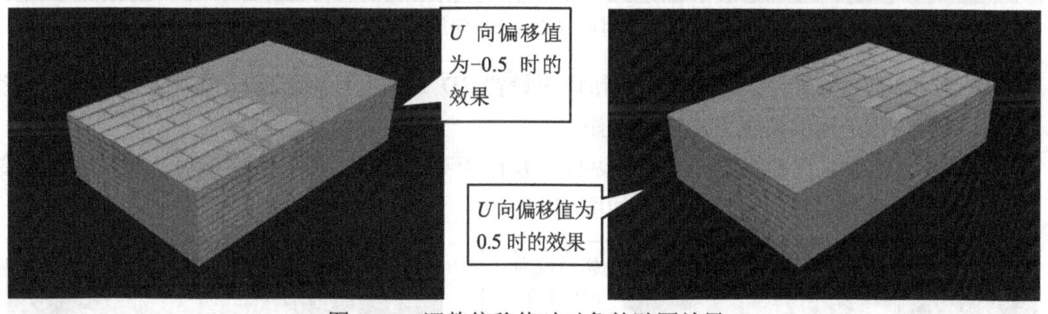

图 4-90　调整偏移值时对象的贴图效果

- 平铺：设置贴图沿 *U* 向和 *V* 向平铺的次数，如图 4-91 所示，右侧的“平铺”复选框用于控制贴图是否沿 *U* 向和 *V* 向铺满对象表面（选中“使用真实世界比例”复选框时，可利用这两个编辑框设置贴图图像的宽度和高度）。

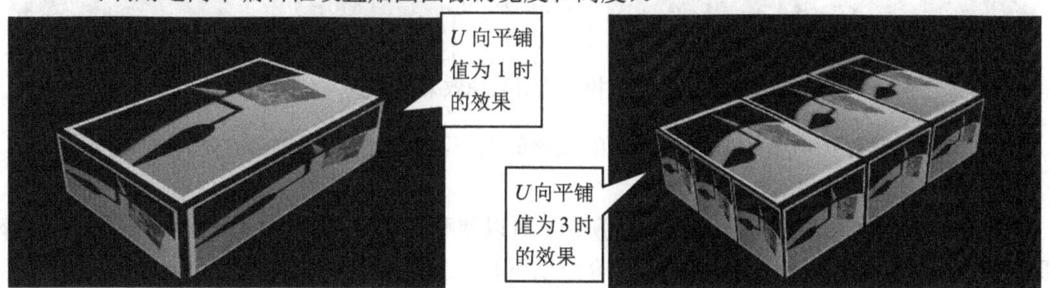

图 4-91　平铺次数对贴图效果的影响

❒ 镜像：设置是否沿 *U* 向或 *V* 向进行镜像贴图，如图 4-92 所示为 *U* 向镜像和 *V* 向镜像的效果。

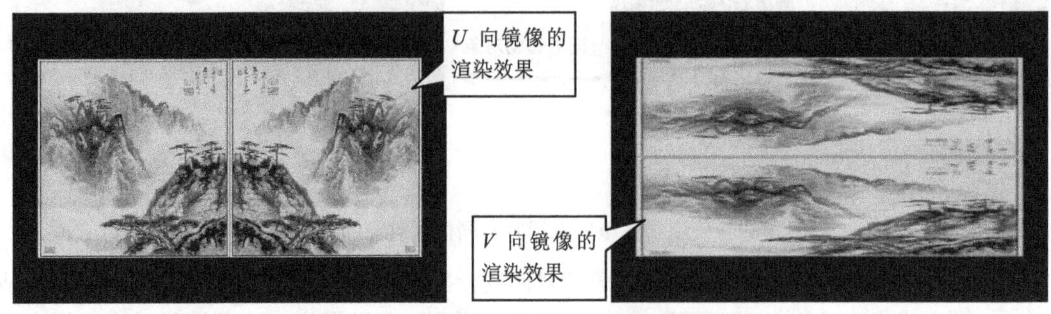

图 4-92　贴图 *U* 向镜像和 *V* 向镜像的效果

❒ 角度：设置贴图绕 *U*、*V*、*W* 方向旋转的角度，如图 4-93 所示为将贴图绕 *W* 方向旋转时的效果。

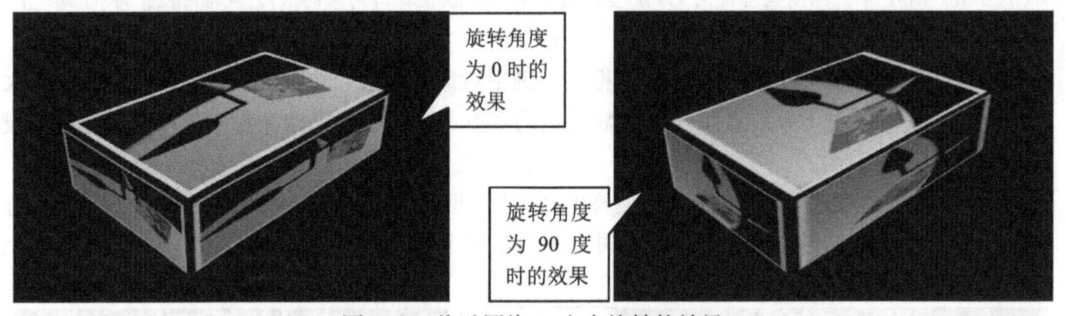

图 4-93　将贴图绕 *W* 方向旋转的效果

❒ UV、VW、WU：这三个单选按钮用来设置 2D 贴图的投影方向，选中某一按钮时，系统将沿该平面的法线方向进行投影。

❒ 模糊：设置贴图的模糊基数，随贴图与视图距离的增加，模糊值由模糊基数开始逐渐变大，贴图效果也越来越模糊，如图 4-94 所示。

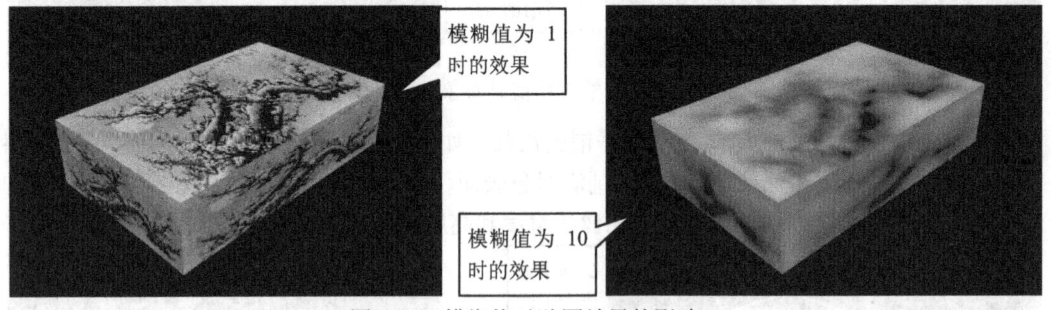

图 4-94　模糊值对贴图效果的影响

❒ 模糊偏移：该数值用来增加贴图的模糊效果，不会随视图距离的远近而发生变化。

2. "噪波" 卷展栏

利用该卷展栏中的参数（如图 4-95 所示）可以使贴图在像素上产生扭曲，从而使贴图图案更复杂，效果如图 4-96 所示。在此着重介绍以下几个参数。

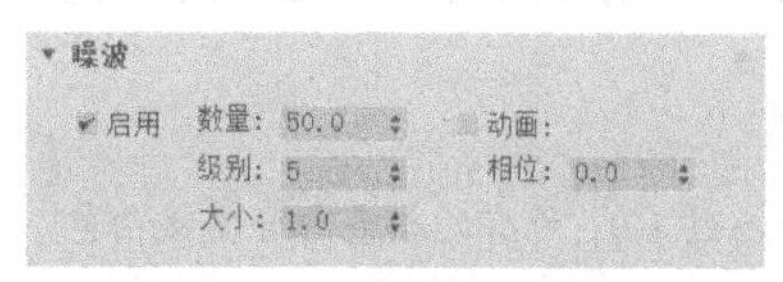

图 4-95 “噪波”卷展栏

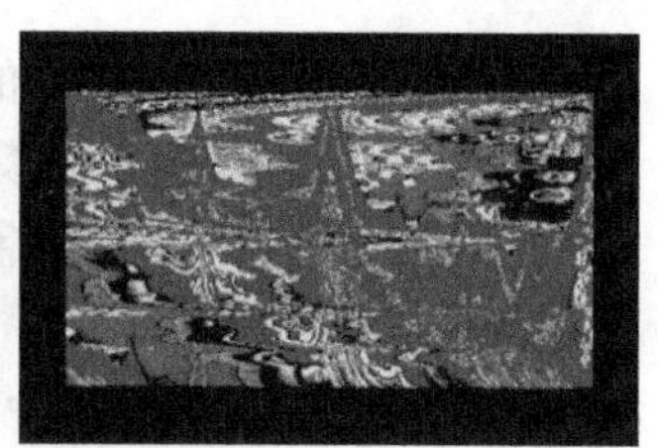

图 4-96 调整噪波参数前后贴图的效果

- 数量：设置贴图图像中噪波效果的强度，取值范围为0～100。
- 级别：设置贴图图像中噪波效果的应用次数，级别越高，效果越复杂。
- 大小：设置噪波效果相对于三维对象的比例，取值范围为0～100，默认为1.0。
- 动画：选中此复选框后，可以利用下方的“相位”编辑框为贴图的噪波效果设置动画。相位不同，噪波效果也不相同；在固定的时间段中，相位变化越大，噪波动画的变化也越快。

3. “时间”卷展栏

当使用动画作为位图图像时，可以使用该卷展栏的参数控制动画的开始、结束、播放速率等，如图 4-97 所示。在此着重介绍以下几个参数。

- 开始帧：设置贴图中的动画在场景动画中的哪一帧开始播放。
- 播放速率：设置贴图中动画的播放速率。
- 结束条件：该区中的参数用于设置动画播放结束后执行的操作。“循环”表示使动画反复循环播放；“往复”表示使动画向后播放，使每个动画序列平滑循环；“保持”表示将动画定格在最后一个画面直到场景结束。
- 将帧与粒子年龄同步：选中此复选框后，系统会将位图动画的帧与贴图所应用粒子的年龄同步，使每个粒子从出生开始显示该动画，而不是被指定于当前帧。

4. “输出”卷展栏

如图 4-98 所示，该卷展栏中的参数主要用于设置贴图的输出参数，以确定贴图的最终显示情况。在此着重介绍以下几个参数。

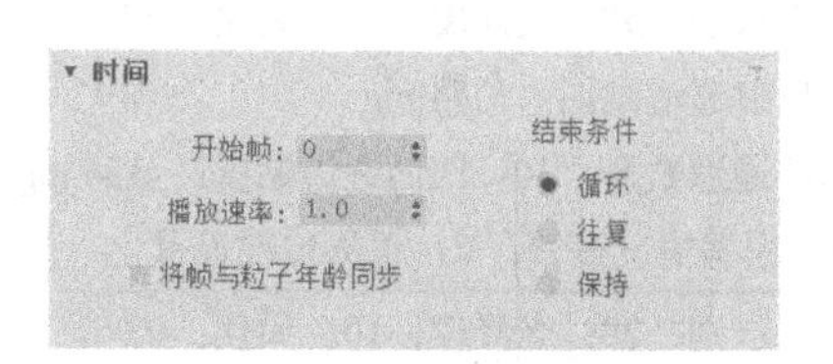

图 4-97 “时间”卷展栏

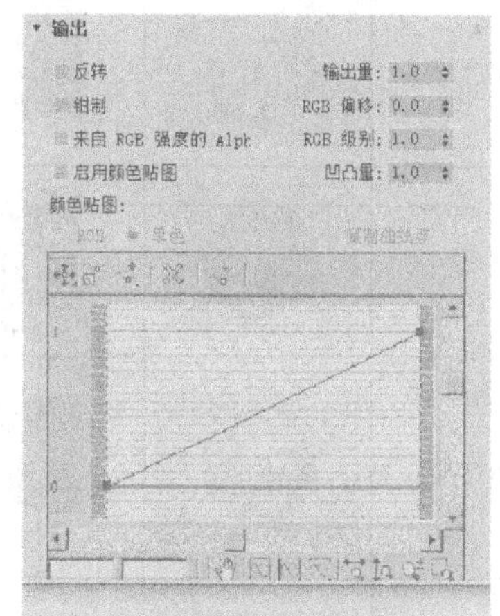

图 4-98 “输出”卷展栏

- 反转：反转贴图的色调，使之类似彩色照片的底片。
- 输出量：调整贴图的色调和 Alpha 通道值。当贴图为合成贴图的一部分时，常利用该编辑框控制贴图被混合的量。

- ❒ 钳制：将贴图中任何颜色的颜色值限制为不超过 1.0。要想增加贴图的 RGB 级别，但不想让贴图自发光，则需选中此复选框。

温馨提示：

选中“钳制”复选框后，如果将“RGB 偏移”编辑框的值设为超过 1.0，所有的颜色都会变成白色。

- ❒ RGB 偏移：设置贴图 RGB 值增加或减少的数量。
- ❒ RGB 级别：设置贴图颜色的 RGB 值，以调整贴图颜色的饱和度。增大此值能使贴图变得自发光，降低此值能使贴图的颜色变灰。
- ❒ 来自 RGB 强度的 Alpha：选中此复选框时，系统会根据贴图中 RGB 通道的强度生成一个 Alpha 通道。黑色区域变得透明，白色区域变得不透明。
- ❒ 凹凸量：设置贴图的凹凸量，只有贴图用于凹凸贴图通道时此参数才有效。
- ❒ 启用颜色贴图：选中此复选框时，下方“颜色贴图”区中的参数变为可用（调整该区中的颜色曲线可调整贴图的色调范围，进而影响贴图的高光、中间色调和阴影，颜色曲线的调整方法类似于放样对象中的变形曲线，在此不做介绍）。

4.2.3 常用材质制作技巧

由于篇幅所限，本书无法一一介绍所有材质的制作方法，下面以表格形式介绍一些常用材质的主要参数设置，如表 4-2 所示。

表 4-2　常用材质主要参数设置

材质名称	示例图	贴图	参数
树干材质		树干	高光级别：10；光泽度：8；柔化：0.05 漫反射通道贴图：树皮.jpg 凹凸通道数量：30；凹凸通道贴图：树皮.jpg
草地材质		草地	高光级别：12；光泽度：14；柔化：0.1 漫反射通道贴图：草坪.jpg
木地板材质		木地板	高光级别：50；光泽度：40；柔化：0.1 漫反射通道贴图：地板.jpg 凹凸通道数量：30；凹凸通道贴图：地板.jpg
柏油马路材质		柏油马路	高光级别：30；光泽度：20；柔化：0.1 漫反射通道贴图：马路.jpg 凹凸通道数量：30；凹凸通道贴图：马路.jpg U：根据情况设置；V：根据情况设置
砖墙材质		砖墙	高光级别：20；光泽度：10；柔化：0.05 漫反射通道贴图：砖墙.jpg 凹凸通道数量：30；凹凸通道贴图：砖墙.jpg U：根据情况设置；V：根据情况设置

续表

材质名称	示例图	贴图	参数
瓷砖材质		瓷砖	高光级别：70；光泽度：50；柔化：0.05 漫反射通道贴图：瓷砖.jpg 凹凸通道数量：30；凹凸通道贴图：瓷砖.jpg U：根据情况设置；V：根据情况设置
布料材质		布料	高光级别：14；光泽度：16；柔化：0.1 漫反射通道贴图：布料.jpg
皮革材质		皮革	高光级别：60；光泽度：40；柔化：0.1 漫反射通道贴图：皮革.jpg 凹凸通道数量：20；凹凸通道贴图：皮革.jpg U：根据情况设置；V：根据情况设置
不锈钢材质		不锈钢	明暗器类型（M）金属； 高光级别：85；光泽度 75； 反射通道数量：100；反射通道贴图：不锈钢.jpg 贴图类型：纹理
水材质			高光级别：60；光泽度：40；柔化：0.1 漫反射颜色：R：204；G：221；B ：221 反射通道数量：30；反射通道贴图：光线跟踪
镜子材质			高光级别：72；光泽度：49；柔化：0.1 漫反射颜色：黑色 反射通道数量：100；反射通道贴图：光线跟踪

任务实施

为地球添加材质

4.2.4 为地球添加材质

制作思路

将标准材质球分配给地球表层模型，然后设置该材质的参数，并为其“漫反射”和“自发光”通道添加位图贴图，再将另一个标准材质球分配给地球大气模型，接着设置该材质的参数并为其“自发光”和“不透明度”通道添加“衰减”贴图，最后设置环境贴图并进行渲染。

操作步骤

Step 01 打开本书配套素材“素材与实例”>“第 4 章”文件夹>“地球素材.max”素材文件，按快捷键【M】打开材质编辑器，然后选中一个未使用的材质球，将其命名为“地球表层”，如图 4-99 所示。

Step 02 在场景资源管理器中选中场景中的“地球表层”模型，并隐藏“地球大气”模型，如图 4-100 所示，然后选中材质编辑器中的“地球表层”材质，并单击“将材质指定给选定对象”按钮和“在视口显示明暗处理材质”按钮，将“地球表层”材质赋予“地球表层”模型。

Step 03 在材质编辑器“Blinn 基本参数”卷展栏中的“反射高光”选项区中进行设置，然后单击“漫反射”选项右侧的“无贴图”按钮，在打开的对话框中双击“位图”选项，再在打开的“选择位图图像文件”对话框中选择本书配套素材“素材与实例”>“第 4 章”>“Maps”>“地球贴图”文件夹>“地球贴图.jpg”图像文件，单击“打开”按钮，如图 4-101 所示。

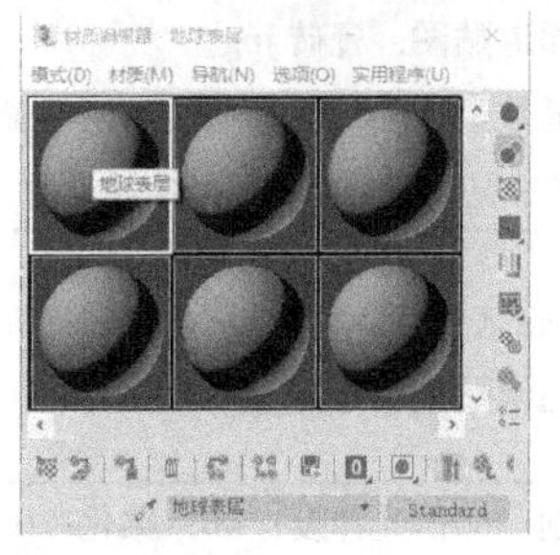

图 4-99 创建“地球表层”材质

图 4-100 选择并隐藏模型

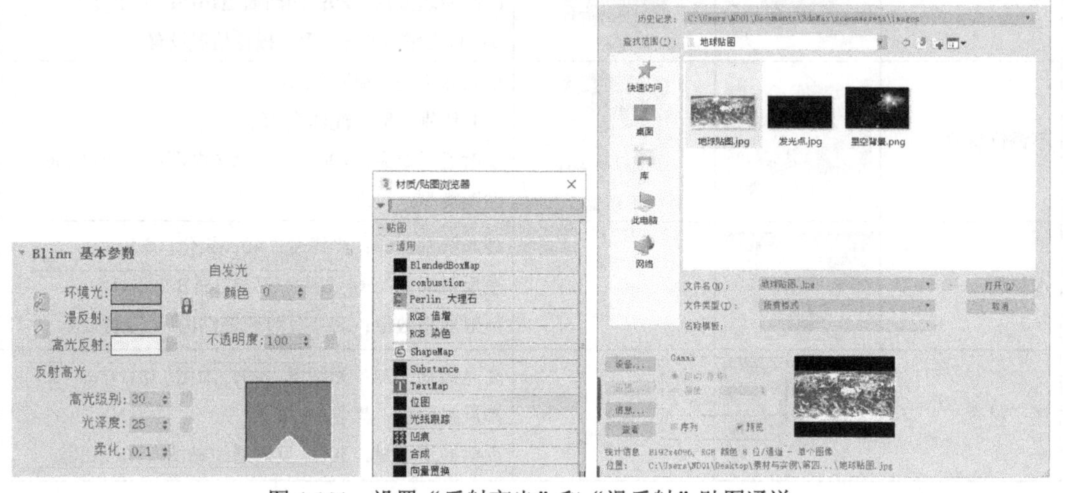

图 4-101 设置“反射高光”和“漫反射”贴图通道

Step 04 单击材质编辑器中的“转到父级”按钮，返回至“地球表层”材质的第一层级，然后单击“Blinn 基本参数”卷展栏中“自发光”选项右侧的“无贴图”按钮，在打开的对话框中双击“位图”选项，再在打开的“选择位图图像文件”对话框中选择“发光点.jpg”图像文件，如图 4-102 所示。

Step 05 在场景资源管理器中显示并选中“地球大气”模型，然后再材质编辑器中选中一个未使用的材质球，并将其命名为“地球大气”，再单击“将材质指定给选定对象”按钮和“在视口中显示明暗处理材质”按钮，将该材质赋予“地球大气”模型。

Step 06 在“地球大气”材质的“Blinn 基本参数”卷展栏中设置“漫反射”通道的颜色为 RGB(0,155,255)和“反射高光”选项区的参数，再在“扩展参数”卷展栏中进行设置，如图 4-103 所示。

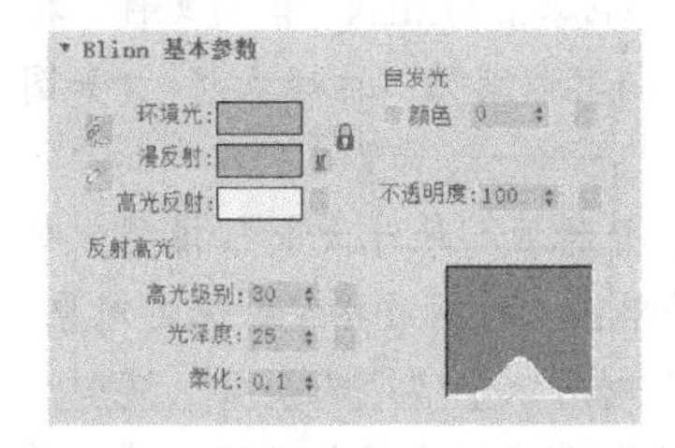

图 4-102 设置“自发光”通道贴图

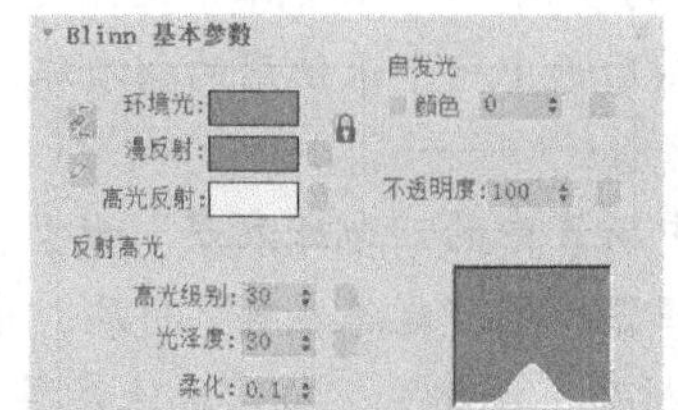

图 4-103 调制“地球大气”材质

Step 07 单击“Blinn 基本参数”卷展栏中“自发光”选项右侧的“无贴图”按钮，在打开的对话框中双击“衰减”选项，然后在“衰减参数”卷展栏中设置“衰减类型”为“Fresnel”，如图 4-104 所示。

Step 08 单击材质编辑器中的“转到父级”按钮，返回“地球大气”材质的第一层级，然后将“自发光”通道的贴图拖到“不透明”通道中，并在弹出的对话框中选择“实例”单选钮，最后单击“确定”按钮，如图 4-105 所示。

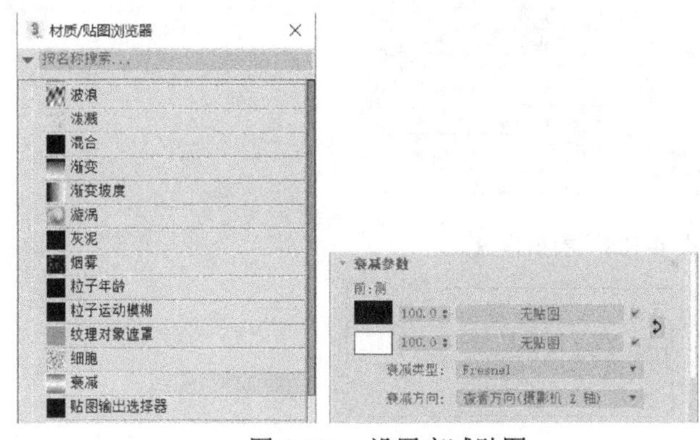

图 4-104　设置衰减贴图

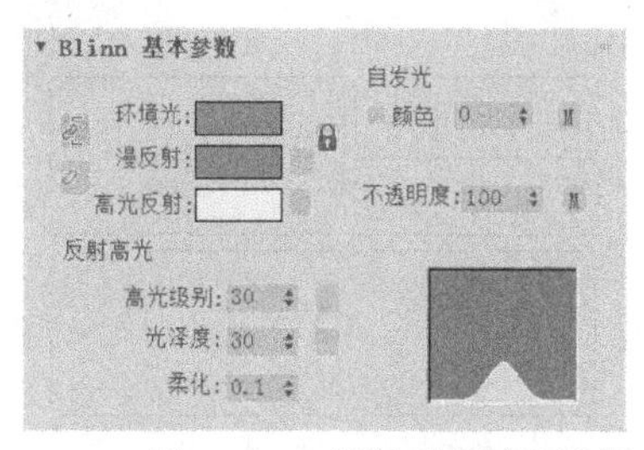

图 4-105　复制“衰减”贴图

Step 09 在菜单栏中选择“渲染”>“环境”命令，或者按快捷键【8】，打开“环境和效果”对话框”，单击“环境贴图”选项下方的“无”按钮，在打开的对话框中双击“位图”选项，再在打开的“选择位图图像文件”对话框中选择“星空背景.png”图像文件，如图 4-106 所示。

Step 10 将“环境和效果”对话框中的环境贴图拖到材质编辑器中任一未使用的材质球上，在弹出的对话框中选择“实例”单选钮，并将该材质球命名为“背景”，然后在“坐标”卷展栏中设置“贴图”选项为“屏幕”，如图 4-107 所示。

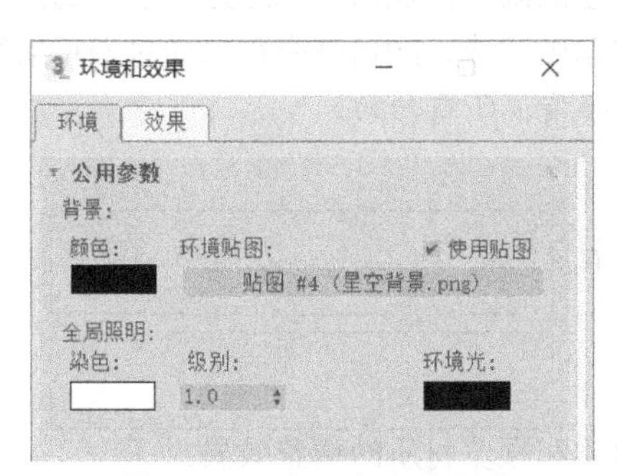

图 4-106　给环境赋予贴图

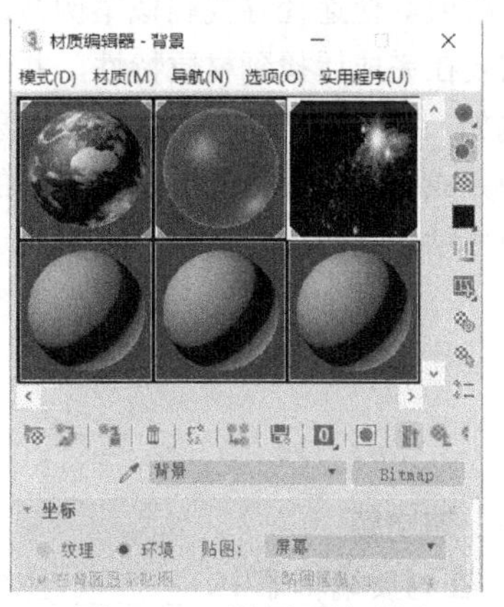

图 4-107　设置环境贴图

Step 11 选中摄影机视图，在菜单栏中选择“渲染”>“渲染”命令，或按快捷键【F9】，即可对摄影机视图进行渲染，等待一段时间后可看到渲染效果。至此，本实例制作完成。

任务拓展

4.2.5　围棋棋盘材质

围棋棋盘
材质

请制作一个围棋棋盘，参考图如图 4-108 所示。提示：用切角长方体完成棋盘建模；使用

Blinn 渲染模式，在适当的贴图通道上赋予木纹 4。JPG 和 four.JPG 贴图材质，使长方体成为一个围棋棋盘三维模型，并渲染出图。

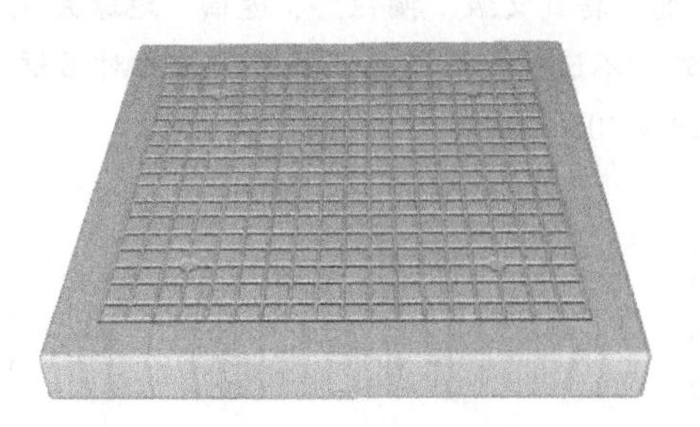

图 4-108　围棋棋盘

本章小结

为复杂对象赋予材质是三维制作中非常重要的知识点，好的材质将使三维场景更具有真实感。3ds Max 提供了一个复杂精密的材质系统，可以通过各种材质的搭配做出千变万化的材质效果。本章详细讲解了材质编辑器、各种材质和贴图类型，以及 UVW 贴图的使用方法。在实际的制作中需要举一反三，灵活地使用各种材质。

学完本章内容后，读者基本已经具备了为第 2 章所建模型添加材质的能力，希望读者能自行调试完成第 2 章相关模型的材质。在初次调试时，一般很难准确地捕捉到物体的质感，可以通过网络或其他途径寻找相似案例帮助完成调试内容。材质的灵活应用是一个总结与积累的过程，需要在完成后找到材质特性，并做好调试思路的笔记。

例如，水有三个特性，分别是反射、波纹与颜色的渐变，反射可以通过反射通道的光线跟踪贴图完成，波纹可以通过凹凸通道的噪波或波浪贴图完成，颜色渐变可以通过漫反射贴图通道的渐变贴图完成。注意，总结的重点是思路而不是背诵所有参数。

思考与练习

一、填空题

1．在材质编辑器中，________主要用来选择材质和预览材质的调整效果。

2．当选中材质编辑器工具栏中的________按钮时，在示例窗中将显示彩色方格背景，以便于观察玻璃、液体、塑料等透明或半透明材质的效果。

3．__________材质是一种比标准材质更高级的材质，它能够创建真实的反射、折射和半透明效果，另外还支持雾、颜色密度、荧光等特殊效果，常用来模拟玻璃和液体材料。

4．3ds Max 为用户提供了许多贴图，按性质和用途可分为五类，其中________贴图只能应用在对象的表面，________贴图主要用于模拟物体的光学特性。

二、选择题

1．单击材质编辑器工具栏中的（　　）按钮可打开“材质/贴图浏览器”对话框，利用该对话框可以获取材质、更改材质类型和保存材质库。

A．放入库　　B．Standard

C．材质/贴图导航器　　D．按材质选择

2．为材质的（　　）贴图通道添加贴图，可以利用贴图控制物体中高光出现的位置。

A．高光级别　　B．高光颜色　　C．光泽度　　D．过滤色

3．在 3ds Max 的贴图中，（　　）类型的贴图用于模拟物体的光学特性。

A．3D 贴图　　B．2D 贴图　　C．颜色修改器贴图　　D．其他贴图

4．在材质编辑器的明暗器基本参数卷展栏中，下列（　　）明暗器适合制作无光曲面，如布料、陶瓦等材质的高光。

A．Oren-Nayar-Blinn　　B．各向异性

C．多层　　D．Blinn

三、操作题

请制作一个青花瓷瓶，参考图如图 4-109 所示。

提示：

1. 先绘制青花瓷瓶的轮廓，再用“车削”修改器完成青花瓷瓶的建模。

2. 使用 Blinn 渲染模式，给瓶体附上青花瓷器图案材质，贴图文件为 SIX-2.TGA，必要时修改贴图坐标，贴图坐标与瓶体体积一致，设置瓶体一定的高光。

图 4-109　青花瓷瓶

第5章 灯光与摄影机

5.1 使用灯光

任务陈述

本案例是桌面一角的夜景表现（效果如图5-1所示），通过这一案例，我们来学习使用目标平行光和目标聚光灯的方法。了解3ds Max中创建模型、设定材质、制作灯光及渲染图像等一整套的工作流程。

图5-1 桌面一角夜景效果图

相关知识与技能

5.1.1 灯光简介和类型

灯光是模拟实际灯光（例如家庭或办公室的灯、舞台和电影工作中的照明设备及太阳本身）的对象。不同种类的灯光对象用不同的方法投影灯光，模拟真实世界中不同种类的光源。

灯光是创建真实世界视觉感受最有效的手段之一，适合的灯光不仅可以增加场景氛围，还可以表现对象的立体感及材质的质感。

灯光不仅有照明的作用，更重要的是为营造环境氛围与装饰的层次感而服务，特别是夜幕降临的时候，灯光会营造整个环境空间的节奏氛围。

为了便于创建场景，3ds Max 2018为用户提供了一种默认的照明方式，它由两盏放置在场景对角线处的泛光灯组成。用户也可以自己为场景创建灯光（此时默认的照明方式会自动关闭）。

3ds Max 2018的“灯光”面板（如图5-2所示）中列出了用户可以创建的所有灯光，大致可分为“标准”和“光度学”两类，下面分别介绍一下这两类灯光。

1. 标准灯光

标准灯光包括聚光灯、平行光、泛光灯和天光，主要用于模拟家庭、办公、舞台、电影和工作中使用的设备灯光及太阳光。与光度学灯光不同的是，标准灯光不具有基于物理的强度值。

- 聚光灯：聚光灯产生的是从发光点向某一方向照射、照射范围为锥形的灯光，常用于模拟路灯、舞台追光灯等的照射效果，如图 5-3 所示。
- 平行光：和聚光灯不同，平行光产生的是圆形或矩形的平行照射光线，常用来模拟太阳光、探照灯、激光光束等的照射效果，如图 5-4 所示。

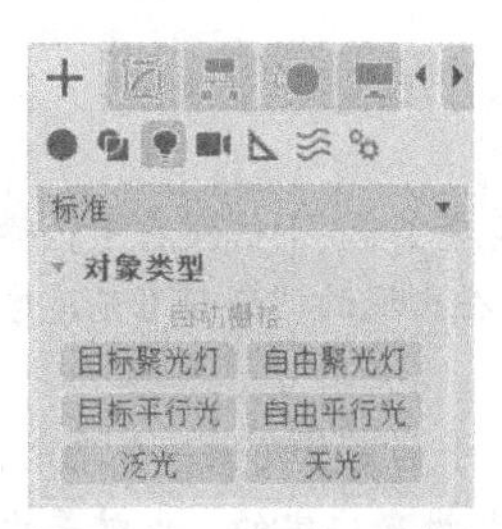

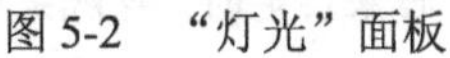
图 5-2 “灯光”面板

图 5-3 聚光灯

图 5-4 平行光

知识库：

根据灯光有无目标点，可以将聚光灯分为目标聚光灯和自由聚光灯（如图 5-5 和图 5-6 所示），将平行光分为目标平行光和自由平行光。目标聚光灯和目标平行光可以分别调整其发光点和目标点，使用起来灵活方便；自由聚光灯和自由平行光无目标点，照射范围不容易发生变化，常用于要求有固定照射范围的动画场景。

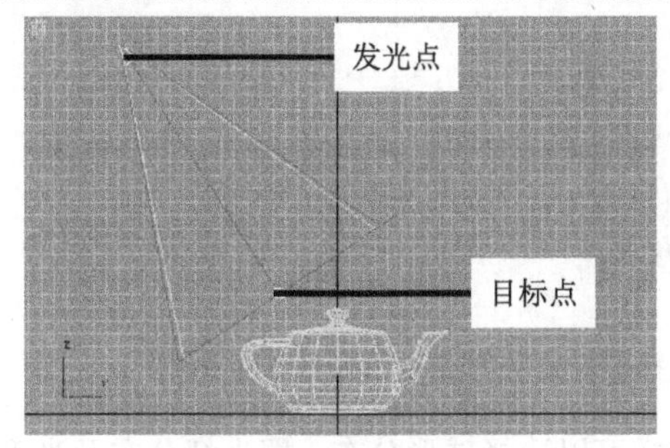

图 5-5 目标聚光灯

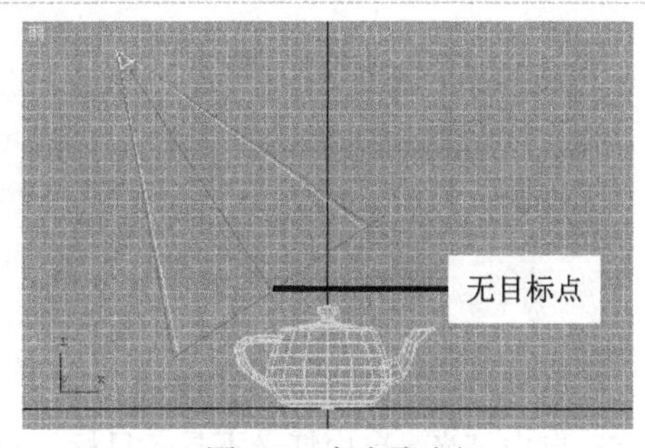

图 5-6 自由聚光灯

- 泛光灯：泛光灯属于点光源，它可以向四周发射均匀的光线，照射范围大，无方向性，常用来照亮场景或模拟灯泡、吊灯等的照射效果，如图 5-7 左图所示。
- 天光：天光可以从四面八方同时向物体投射光线，还可以产生穹顶灯一样的柔化阴影，其缺点是被照射物体的表面无高光效果。天光常用于模拟日光或室外场景的灯光，如图 5-7 右图所示。

2. 光度学灯光

光度学灯光不同于标准灯光，它使用光度学（光能）来精确地定义灯光，就像在真实世界一样，可以设置光度学灯光的分布、强度、色温和其他真实世界灯光的特性，还可以导入照明制造商的特定光度学文件以便设计基于灯光的照明。光度学灯光包括目标灯光、自由灯光和太阳定位器，如图 5-8 所示，各灯光的特点如下。

- 目标灯光：可以用于指向灯光的目标子对象（目标点），可以选择球形分布、聚光灯分布及光度学 Web 分布等灯光发散方式。

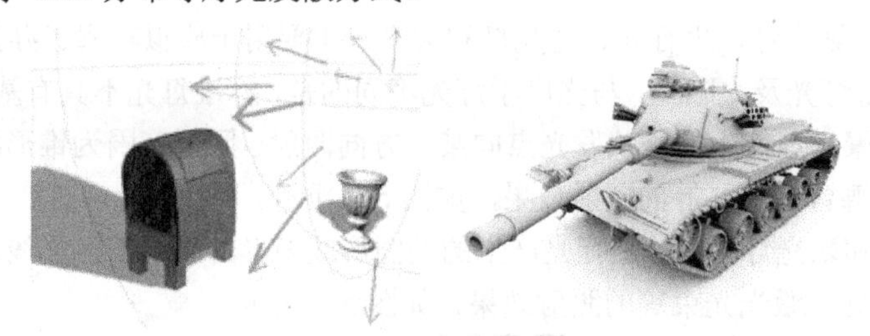

图 5-7　泛光灯和天光

知识库：

选择某光度学灯光创建按钮后，可在“常规参数”卷展栏的“灯光分布（类型）”下拉列表中选择其灯光发散方式，如图 5-9 左图所示。若选择“光度学 Web”分布类型，则可在出现的“分布（光度学 Web）”卷展栏中加载光域网（光度学）文件，如图 5-9 右图所示。

光域网是灯光的一种物理性质，用来确定光在空气中的发散方式。例如，手电筒会发出一个光束，而台灯发出的光又是另一种形式，这些不同的灯光发散方式是由灯光的自身特性来决定的，也就是由光域网决定的。

在 3ds Max 中可以利用图 5-9 右图所示的卷展栏，为灯光加载各个制造商所提供的光度学数据文件（扩展名为.ies），从而产生与现实生活中相同的光发散效果。

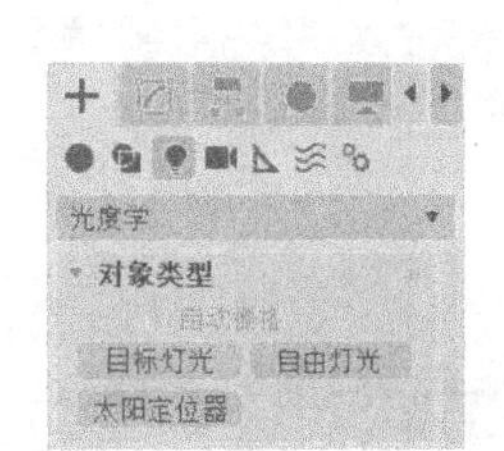

图 5-8　光度学灯光类型

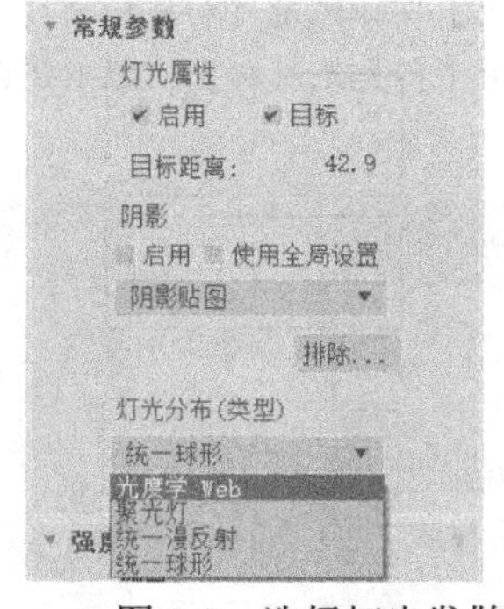

图 5-9　选择灯光发散方式和加载光域网文件

- 自由灯光：自由灯光不具备目标子对象，同样可以选择球形分布、聚光灯分布及光度学 Web 分布等灯光发散方式。
- 太阳定位器：新的太阳定位器和物理天空是日光系统的简化替代方案，可为基于物理的现代化渲染器用户提供协调的工作流。类似于其他可用的太阳光和日光系统，太阳定位器和物理天空使用的灯光遵循太阳在地球上某一给定位置的符合地理学的角度和运动，可以选择位置、日期、时间和指南针方向，也可以设置日期和时间的动画。该系统适用于计划中的和现有结构的阴影研究。此外，可通过“纬度”、“经度”、“北向”和“轨道缩放”进行动画设置。

5.1.2　在场景中布光的方法

为场景创建灯光又称“布光”。在动画、摄影和影视制作中，最常用的布光方法是“三点照明法”——创建三盏或三盏以上的灯光，分别作为场景的主光源、辅助光、背景光和装饰灯光。

该布光方法可以从几个重要角度照亮物体，从而明确地表现出场景的主体和所要表达的气氛。此外，为场景布光时需要注意以下几点。

- 灯光的创建顺序：创建灯光时要有一定的顺序，通常先创建主光源，再创建辅助光，最后创建背景光和装饰灯光。
- 灯光强度的层次性：设置灯光强度时要有层次性，以体现出场景的明暗分布，通常情况下，主光源强度最大，辅助光次之，背景光和装饰灯光强度较弱。
- 场景中灯光的数量：场景中灯光的数量宜精不宜多，灯光越多，场景的显示和渲染速度越慢。

下面以一个简单的实例来介绍 3ds Max 2018 中灯光的创建方法，以及如何使用三点照明法为场景布光。

Step 01 打开本书配套素材“素材与实例”>“第 5 章”文件夹>“三点照明.max”素材文件，场景效果如图 5-10 所示。

Step 02 单击“创建”>“灯光”面板“标准”分类中的“目标聚光灯”按钮，然后在前视图中单击并拖动鼠标，到适当位置后释放左键，创建一盏目标聚光灯，作为场景的主光源，如图 5-11 所示。

图 5-10　场景效果

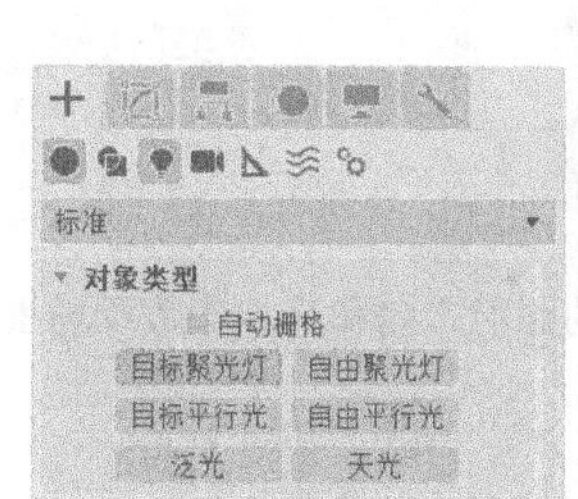

图 5-11　在前视图中创建一盏目标聚光灯

Step 03 如图 5-12 左图所示，使用移动工具在顶视图中调整目标聚光灯发光点的位置，以调整其照射方向；然后参照图 5-12 右侧三图所示在“修改”面板的“常规参数”“强度/颜色/衰减”“聚光灯参数”卷展栏中调整聚光灯的基本参数，完成场景主光源的调整。此时摄影机视图 Camera01 的实时渲染效果如图 5-13 所示。

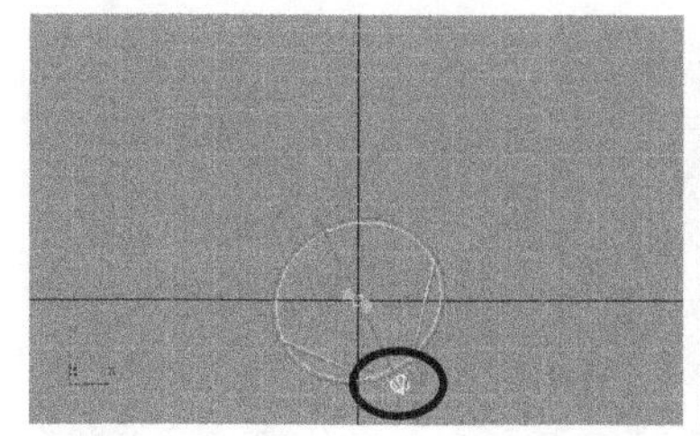

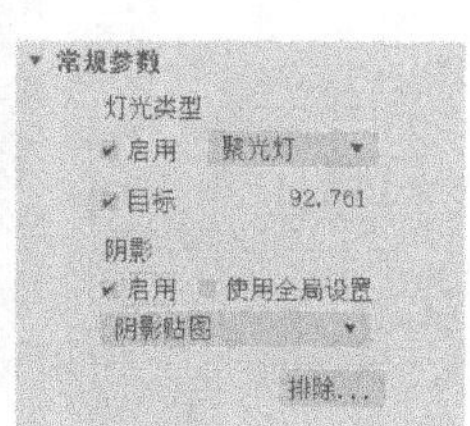

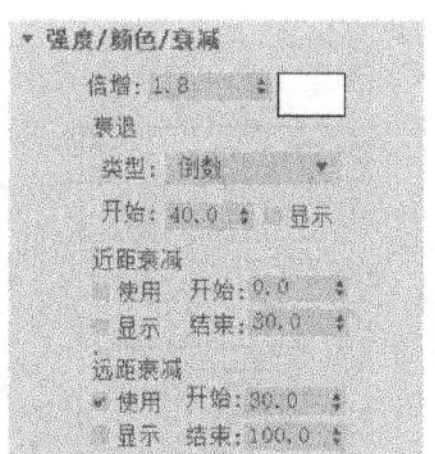

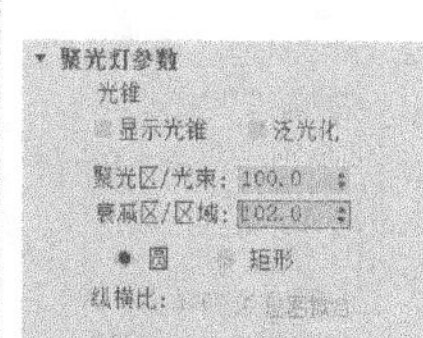

图 5-12　调整目标聚光灯的照射方向和参数

知识库：

主光源是场景的主要照明灯光，光照强度最大，其作用是确定场景中光照的角度和类型，并产生投射阴影。主光源的位置和照射方向由场景要表达的气氛决定，通常情况下，主光源的照射方向与摄影机的观察方向成 35 度～45 度角，且主光源的位置比摄影机图标的位置稍高。

Step 04 在前视图中选中目标聚光灯的发光点，然后通过移动克隆再复制出一盏目标聚光灯，作为场景的辅助光；调整辅助光发光点的高度，如图 5-14 所示。

图 5-13　创建主光源后的渲染效果

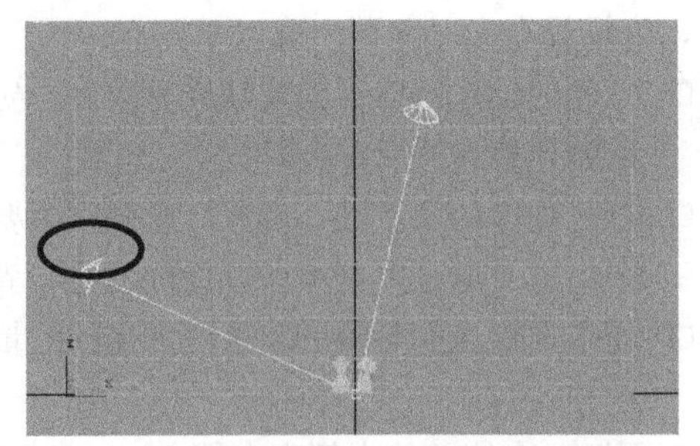

图 5-14　创建辅助光并调整其高度

Step 05 在顶视图中继续调整辅助光发光点的位置，以调整其照射方向，如图 5-15 左图所示；然后参照图 5-15 中间两图所示在“修改”面板的“常规参数”和“强度/颜色/衰减”卷展栏中调整辅助光的基本参数，完成场景辅助光的调整。此时场景的实时渲染效果如图 5-15 右图所示。

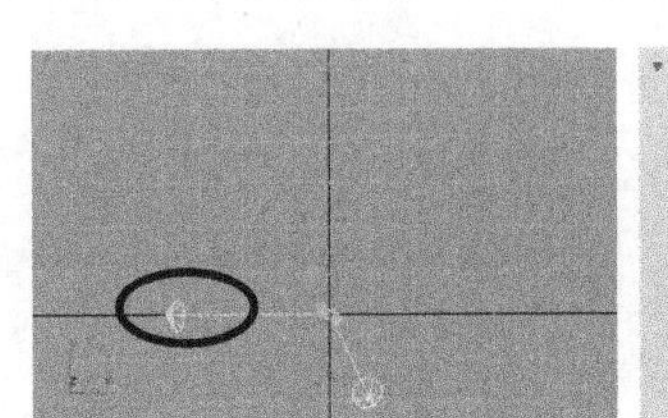

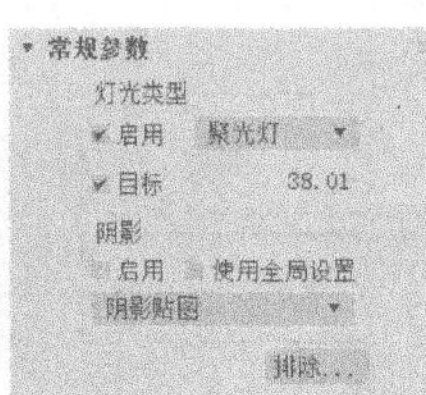

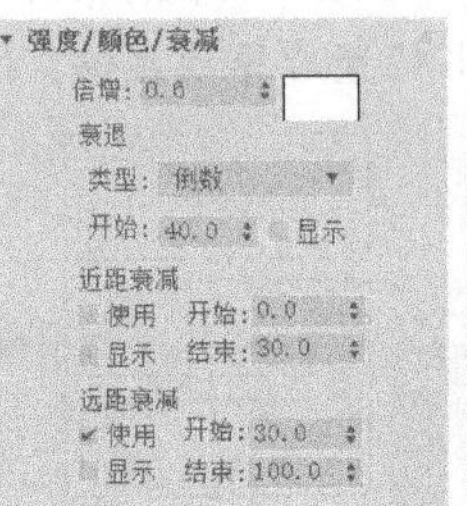

图 5-15　调整辅助光的照射方向和基本参数及场景的渲染效果

知识库：

辅助光用于填充主光源的照明遗漏区，使场景中的更多对象可见；还可以降低阴影的对比度，使光亮部分变得柔和。辅助光发光点的高度通常比主光源发光点稍低，且照射方向与主光源照射方向成 90 度角的位置；辅助光与主光源的亮度比通常为 1∶3。

Step 06 单击“创建”>“灯光”面板“标准”灯光分类中的“泛光”按钮，然后分别在顶视图中如图 5-16 中图所示位置单击鼠标，创建两盏泛光灯，作为场景的背景光；再在前视图中调整其高度，灯光倍增值为 0.4，可以根据实际情况微调，如图 5-16 右图所示。

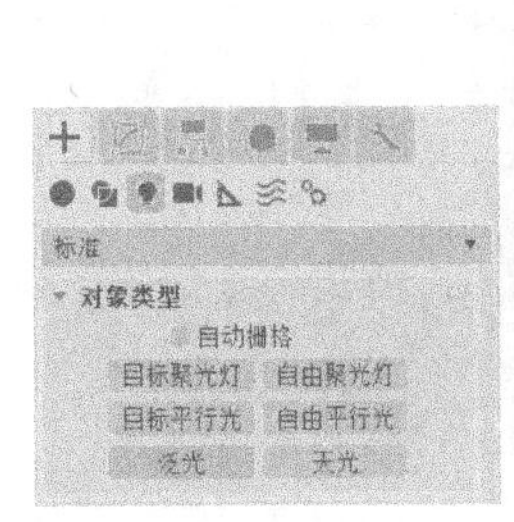

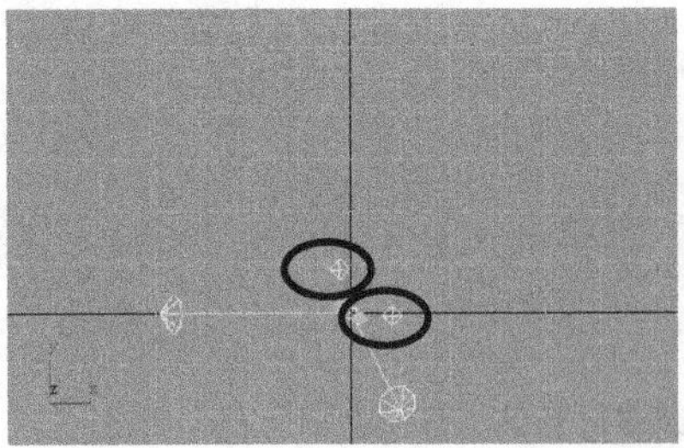

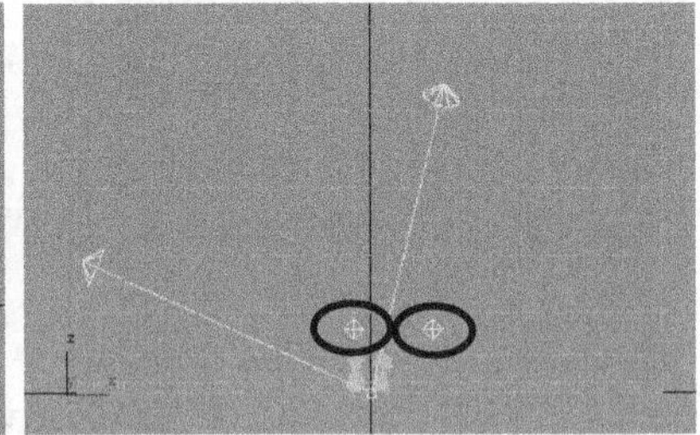

图 5-16　创建两盏泛光灯作为场景的背景光

Step 07 参照如图 5-17 所示，单击“修改”面板“常规参数”卷展栏“阴影”区中的“排除”按钮，利用打开的“排除/包含”对话框将“Ground”（地面）从泛光灯的照射对象中排除（泛光灯的其他参数设置使用系统默认值即可）。至此就完成了为场景布光的操作，此时场景的快速渲染效果如图 5-18 所示。

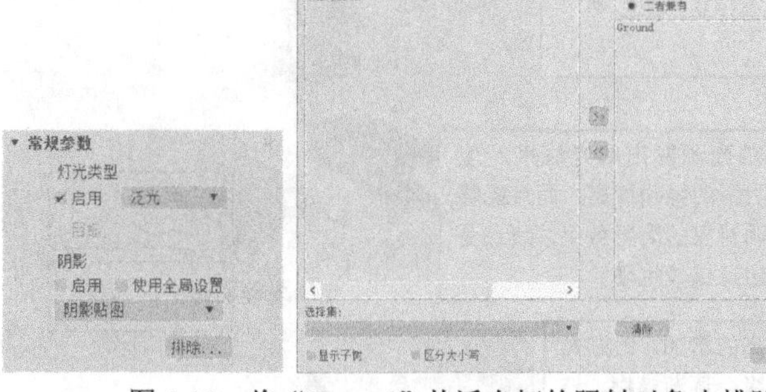

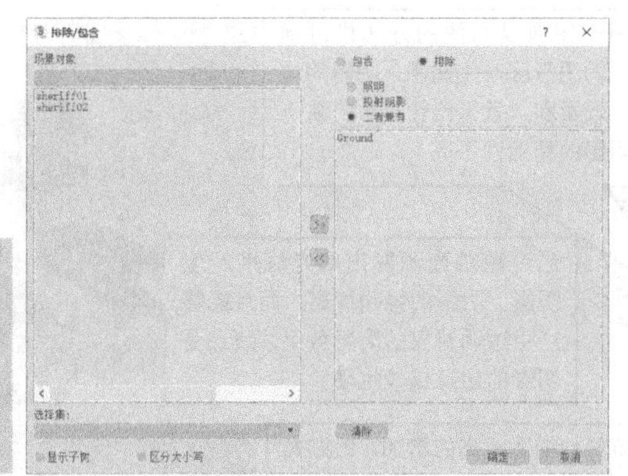

图 5-17　将“Ground”从泛光灯的照射对象中排除

图 5-18　创建灯光后的渲染效果

知识库：

背景光的作用是通过照亮对象的边缘，将目标对象与背景分开，从而衬托出对象的轮廓形状。

“排除/包含”对话框决定选定的灯光不照亮哪些对象或在无光渲染元素中考虑哪些对象，其各选项的意义如下。

- 排除/包含：决定灯光（或无光渲染元素）是排除还是包含右侧列表中的对象。
- 照明：排除或包含对象表面的照明。
- 阴影投影：排除或包含对象阴影的创建。
- 二者兼有：排除或包含上述两者。
- 场景对象：选中左边场景对象列表中的对象，然后使用箭头按钮将它们添加至右面的扩展列表中。
- 选择集：显示命名选择集列表，可通过从此列表中选择一个选择集来选中在场景对象列表中的对象。

5.1.3　灯光的基本参数

在创建灯光的过程中，需要调整灯光的参数，才能达到最佳照明效果。灯光的参数集中在“常规参数”、“强度/颜色/衰减”、“阴影参数”、“高级效果”和“大气和效果”等卷展栏中，下面分别介绍一下这几个卷展栏。

1.“常规参数”卷展栏

如图 5-19 所示，该卷展栏中的参数主要用于更改灯光的类型和设置灯光的阴影产生方式，各重要参数的作用如下。

- 灯光类型：该区中的参数主要用于切换灯光类型，另外，利用“启用”复选框可以控制灯光效果的开启和关闭，利用“目标”复选框可以设置灯光是否有目标点（复选框右侧的数值为发光点和目标点间的距离）。
- 阴影：该区中的参数用于设置渲染时是否渲染灯光的阴影，以及阴影的产生方式，各阴影产生方式的效果如图 5-20 所示。下方的“排除”按钮用于设置场景中哪些对象不产生阴影。

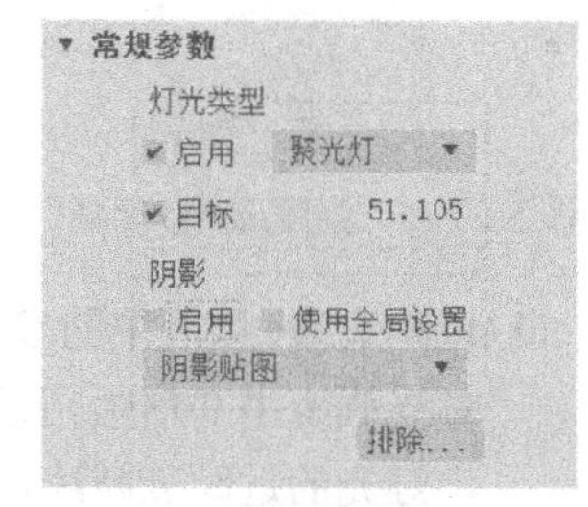

图 5-19　“常规参数”卷展栏

图 5-20　各阴影产生方式的效果

2. “强度/颜色/衰减”卷展栏

如图 5-21 所示，该卷展栏中的参数主要用于设置灯光的强度、颜色，以及灯光强度随距离的衰减情况，各重要参数的作用如下。

- 倍增：设置灯光的光照强度，右侧的颜色框用于设置灯光的颜色（当倍增值为负数时，灯光将从场景中吸收光照强度）。
- 衰退：该区中的参数用于设置灯光强度随距离衰减的情况。衰减类型设为“倒数”时，灯光强度随距离线性衰减；设为“平方反比”时，灯光强度随距离的平方线性衰减；“开始”编辑框用于设置衰减的开始位置（选中“显示”复选框时，在灯光开始衰减的位置以绿色线框进行标记，如图 5-22 所示）。

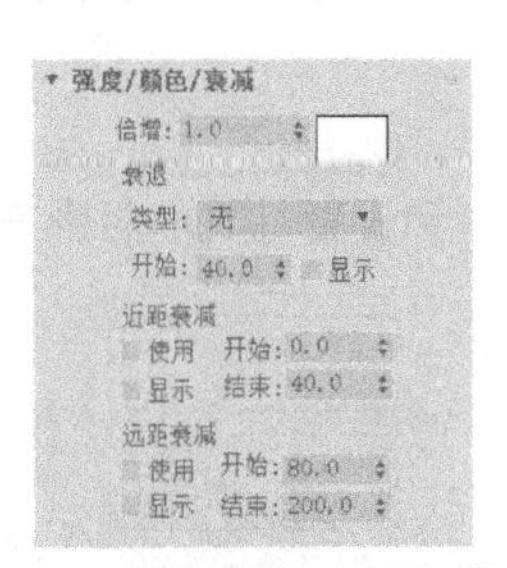

图 5-21　“强度/颜色/衰减”卷展栏

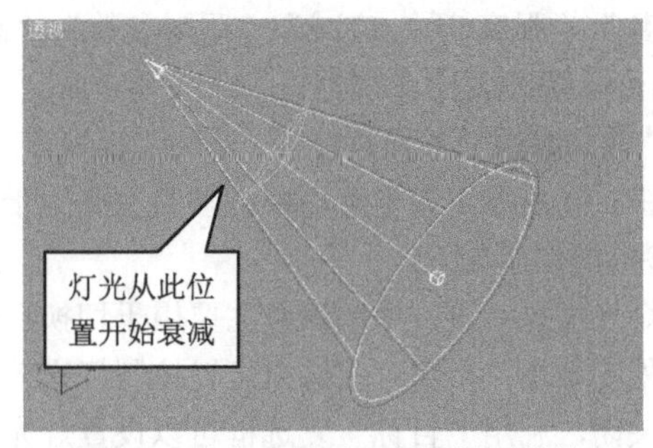

图 5-22　选中“显示”复选框后的效果

- 近距衰减：该区中的参数用于设置灯光由远及近衰减（即从衰减的开始位置到结束位置，灯光强度由 0 增强到设定值）的情况。选中“显示”复选框时，在灯光的光锥中将显示出灯光的近距衰减线框，如图 5-23 所示。
- 远距衰减：该区中的参数用于设置灯光由近及远衰减（即从衰减的开始位置到结束位置，

灯光强度由设定值衰减为0）的情况。选中“显示”复选框时，在灯光的光锥中将显示出灯光的远距衰减线框，如图5-24所示。

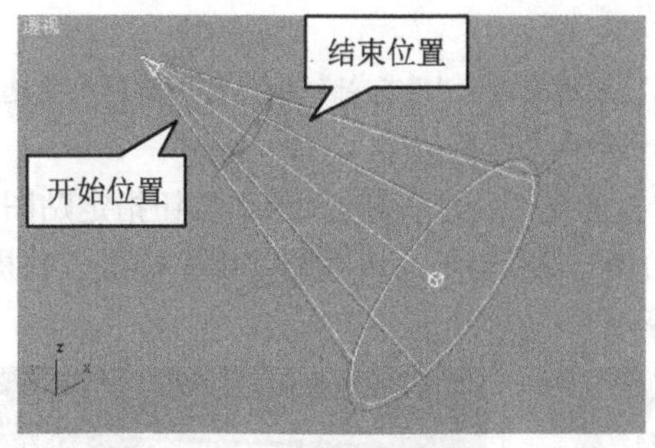

图5-23　近距衰减线框

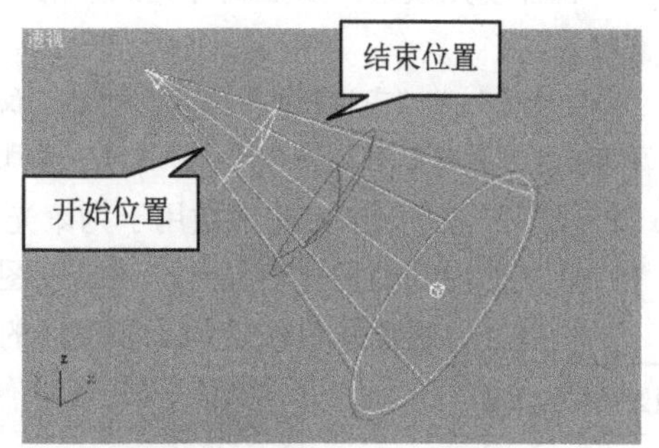

图5-24　远距衰减线框

3．“阴影参数”卷展栏

如图5-25所示，该卷展栏中的参数主要用于设置对象和大气的阴影，各重要参数的作用如下。

- 颜色：单击右侧的颜色框可以设置对象阴影的颜色。
- 密度：该编辑框用于设置阴影的密度，从而使阴影变暗或者变亮，默认值为1。当该值为0时，不产生阴影；当该值为正数时，产生左侧设定颜色的阴影；当该值为负数时，产生与左侧设定颜色相反的阴影。
- 贴图：单击右侧的“无”按钮可以为阴影指定贴图，指定贴图后，对象阴影的颜色将由贴图取代，常用来模拟复杂透明对象的阴影。如图5-26右图所示为指定棋盘格贴图时茶壶的阴影效果。

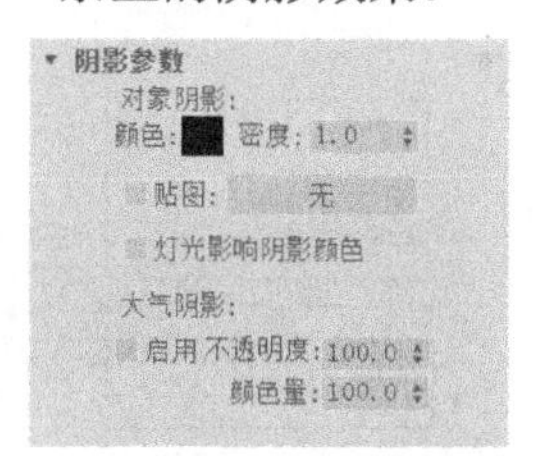

图5-25　“阴影参数”卷展栏

图5-26　为对象阴影指定贴图前后的效果

- 灯光影响阴影颜色：选中此复选框，灯光的颜色将会影响阴影的颜色，阴影的颜色为灯光颜色与阴影颜色混合后的颜色。
- 不透明度：设置大气阴影的不透明度，即阴影的深浅程度，默认值为100。取值为0时，大气效果没有阴影。
- 颜色量：设置大气颜色与阴影颜色混合的程度，默认值为100。

4．“高级效果”卷展栏

如图5-27所示，该卷展栏中的参数主要用来设置灯光对物体表面的影响方式，以及设置投影灯的投影图像，各重要参数的作用如下。

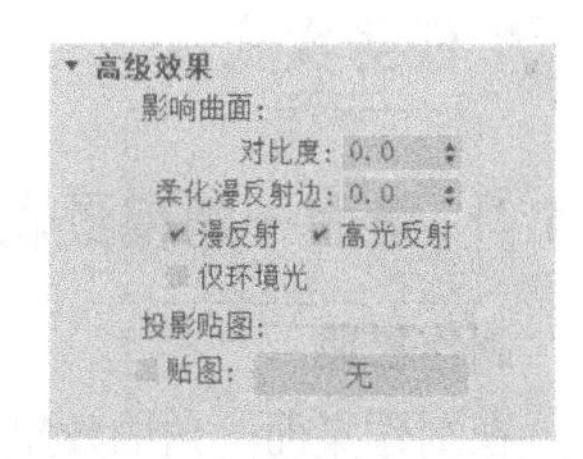

图5-27　“高级效果”卷展栏

- 对比度：设置被灯光照射的对象中明暗部分的对比度，取值范围为0～100，默认值为0。
- 柔化漫反射边：设置对象漫反射区域边界的柔和程度，取值范围为0～100，默认值为0。

❐ 漫反射/高光反射/仅环境光：这三个复选框用于控制是否开启灯光的漫反射、高光反射和环境光效果，以控制灯光照射的对象中是否显示相应的颜色。

温馨提示：

当勾选了灯光“高级效果”卷展栏中的“仅环境光”复选框时，“漫反射”和“高光反射”复选框不可用，灯光照射的对象中只显示环境光，无漫反射颜色和高光效果。

❐ 投影贴图：该区中的参数用于为聚光灯设置投影贴图，为右侧的“无”按钮指定贴图后，灯光照射到的位置将显示出该贴图图像，如图 5-28 所示。该功能常用来模拟放映机的投射光、透过彩色玻璃的光和舞厅的灯光等。

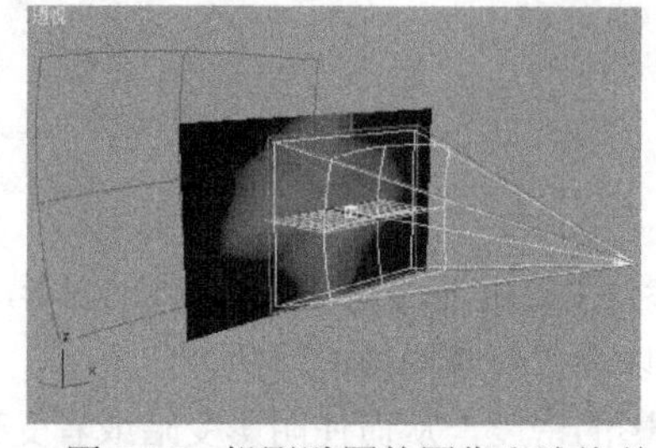

图 5-28　投影贴图的图像和渲染前后的效果

5.“大气和效果”卷展栏

如图 5-29 所示，该卷展栏主要用于为灯光添加或删除大气效果和渲染特效。单击卷展栏中的“添加”按钮，在打开的“添加大气或效果”对话框中单击“体积光”选项，然后单击“确定”按钮，即可为灯光添加体积光大气效果。

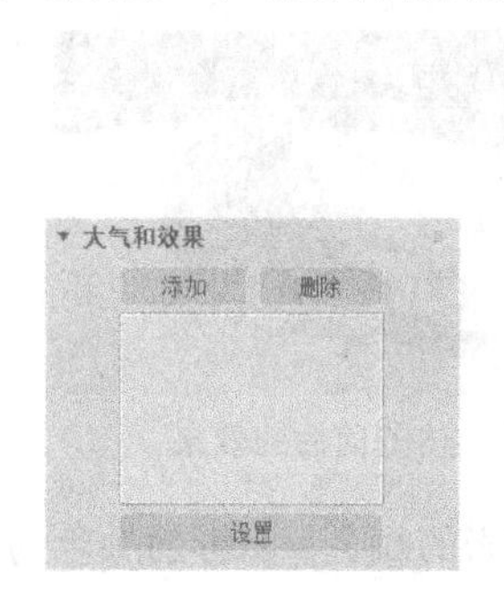

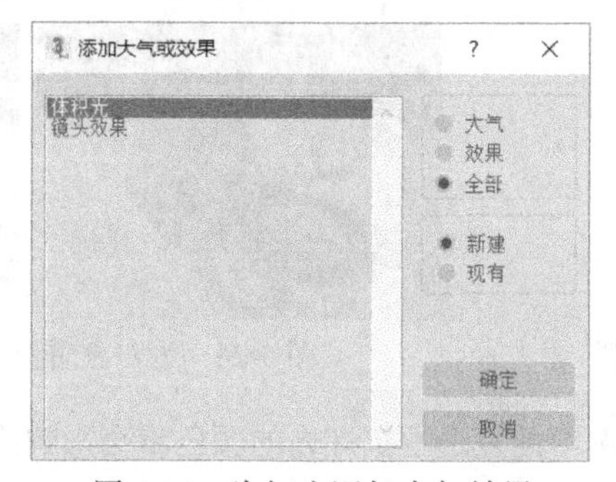

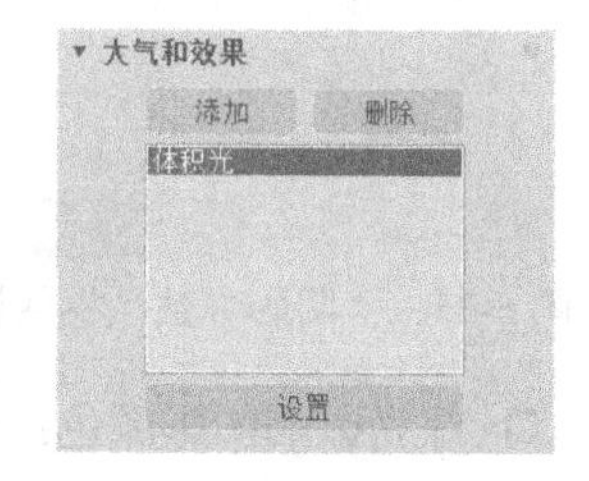

图 5-29　为灯光添加大气效果

单击该卷展栏中的“删除”按钮可删除选中的大气效果；单击“设置”按钮可打开“环境和效果”对话框，利用该对话框中的参数可调整大气效果。

任务实施

5.1.4　桌面一角夜景表现

制作思路

在制作桌面一角的效果时，首先通过创建目标平行光模拟日光光线；然后通过创建目标聚光灯模拟台灯的灯光效果；再通过“环境和效果”对话框为场景添加环境贴图和体积光效果；最后对场景进行渲染。

操作步骤

桌面一角夜景表现-桌面一角建模

1. 建模部分

Step 01 创建墙。在左视图中创建两个矩形，其中一个矩形的长度为 80，宽度为 100；另一个矩形的长度为 45，宽度为 25，摆放如图 5-30 所示。

Step 02 把其中一个矩形转化为“可编辑样条线”，附加另一个矩形，并添加“挤出”修改器，数量为 6，得到如图 5-31 所示的图形，命名为“墙”。

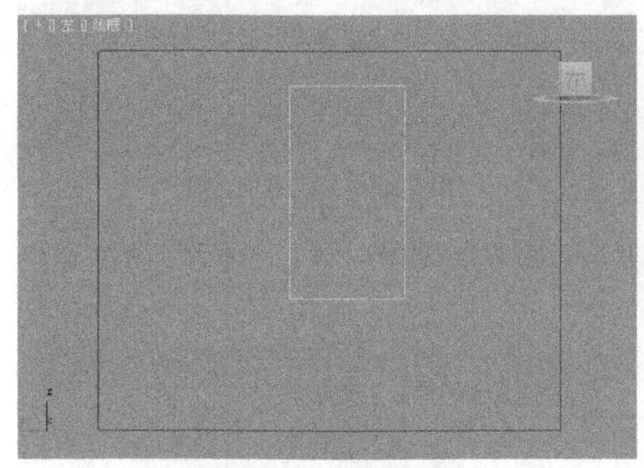

图 5-30　创建两个矩形

图 5-31　附加矩形并挤出

Step 03 创建窗框。在左视图中创建一个长度为 45，宽度为 25 的矩形，并将此矩形转化为可编辑样条线。进入“样条线”子对象层级，按【Ctrl+A】组合键，全选样条线，在命令面板的“轮廓”按钮后的编辑框中输入“2”，按【Enter】键。再添加“挤出”修改器，数量为 2。效果如图 5-32 所示。

Step 04 把做好的模型命名为“窗框”。为“窗框”添加“编辑网格”修改器，进入“面”子对象层级，选中如图 5-33 所示的面，并按住【Ctrl】键，向下拖动鼠标复制窗框，得到如图 5-34 所示的效果。同理继续复制相应的面，得到如图 5-35 所示的窗框。

图 5-32　外窗框的建模

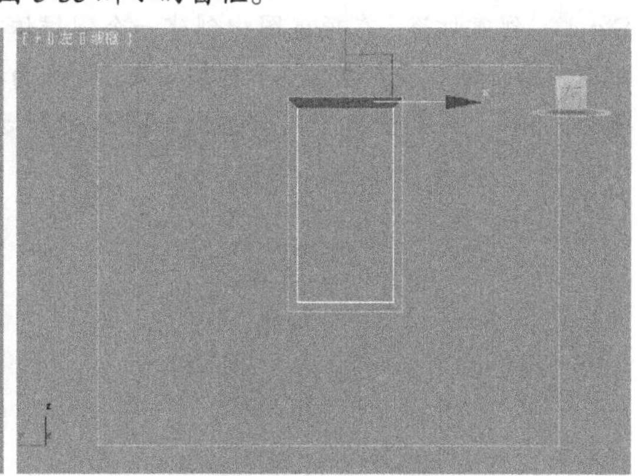

图 5-33　为窗框添加“编辑网格”修改器

Step 05 在顶视图中，把窗框放置在墙面的中部，效果如图 5-36 所示。给窗框加入“UVW 贴图”修改器，设置贴图为长方体。

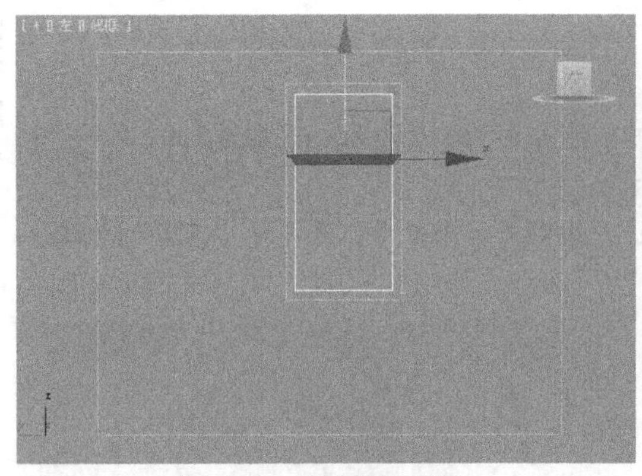
图 5-34　复制横向内框

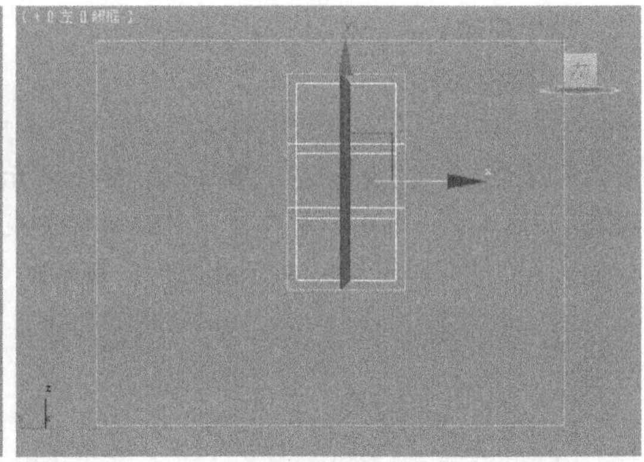
图 5-35　复制纵向内框

Step 06 创建桌面。在顶视图中，创建一个长度为 80，宽度为 100 的平面，命名为“桌面”，放置在如图 5-37 所示的位置。

图 5-36　把窗框放置在窗洞中间

图 5-37　创建桌面

Step 07 创建灯罩。在顶视图中创建一个圆锥体，参数设置如图 5-38 所示。将圆锥体转化为可编辑网格，进入“多边形”子对象层级，删除面积较大的圆面，并添加“壳”修改器，设置内部量为“0.1”，外部量为“0.”，得到如图 5-39 所示的效果，并命名为“灯罩”。

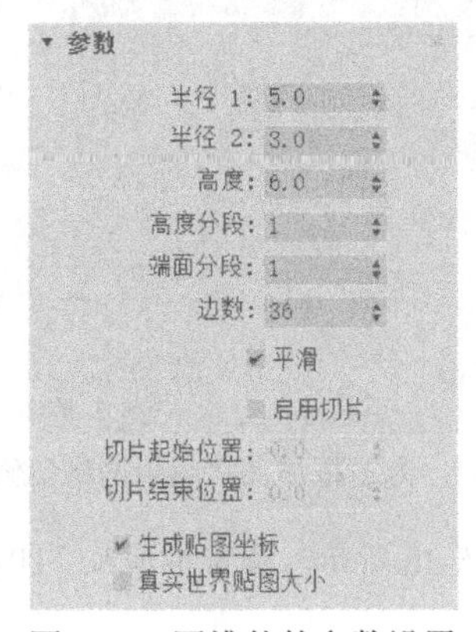

图 5-38　圆锥体的参数设置

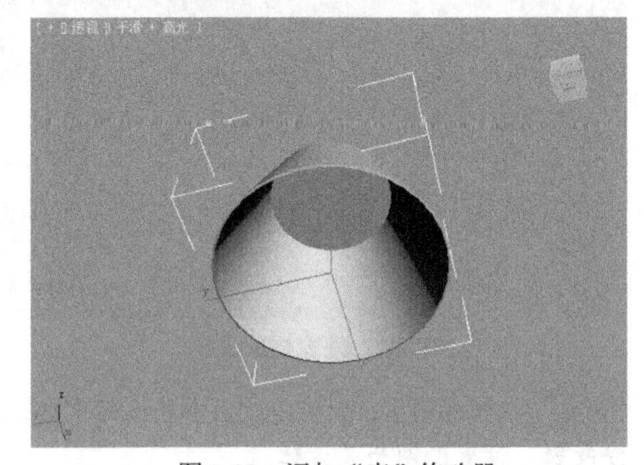
图 5-39　添加“壳”修改器

Step 08 创建灯座。在前视图中绘制如图 5-40 所示的线，命名为“灯座”。为灯座添加“车削”修改器，并适当调整轴，得到如图 5-41 所示的效果。

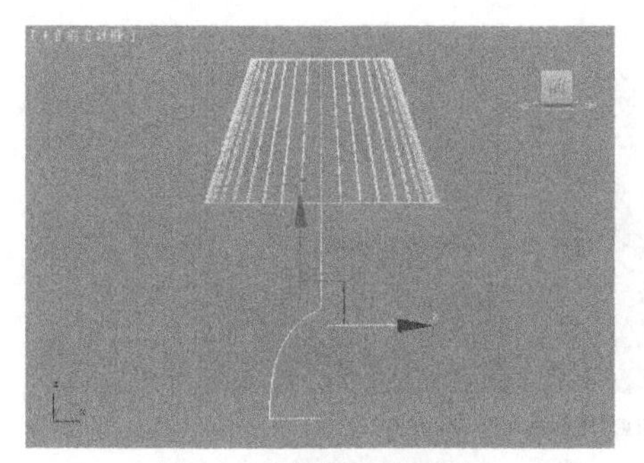

图 5-40　绘制灯座曲线

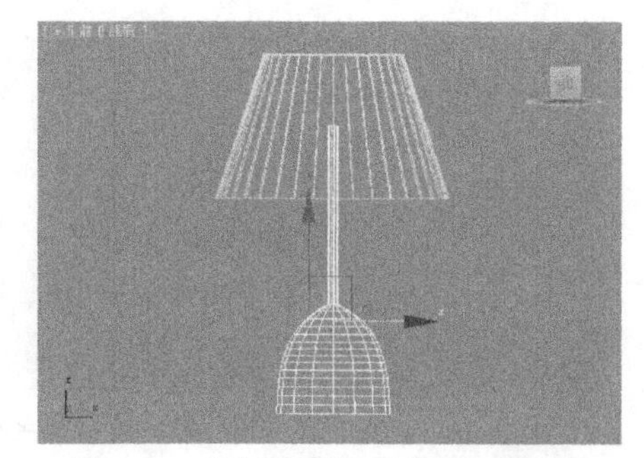

图 5-41　为灯座添加“车削”修改器

Step 09 为灯座添加“UVW 贴图”修改器，设置贴图为柱形。移动灯座和灯罩到如图 5-42 所示的位置。

2. 材质部分

桌面一角夜景表现-桌面一角灯光与材质

Step 01 白色乳胶漆材质。单击工具栏中的“材质编辑器”按钮，打开材质编辑器面板，选择一个样本球，设置“漫反射”颜色为（255,255,255）。将该材质赋予到“墙”模型上。

Step 02 木纹材质。选择一个空样本球，设置“高光级别”为“79”，“光泽度”为“37”。单击“漫反射”后面的“无贴图”按钮，弹出“材质/贴图浏览器”面板，选择“位图”选项，打开“选择位图图像文件”对话框，选择“wood.jpg”图片，单击“打开”按钮。选择“桌面”和“窗框”模型，单击按钮。

Step 03 灯罩材质。选择一个空样本球，设置“高光级别”为“57”，“光泽度”为“30”。在自发光颜色后面的编辑框中输入“100”。单击“漫反射”后面的“无贴图”按钮，弹出“材质/贴图浏览器”面板，选择“位图”选项，打开“选择位图图像文件”对话框，选择“灯罩.jpg”图片，单击“打开”按钮。选择“灯罩”模型，单击按钮。

Step 04 陶瓷材质。选择一个样本球，设置明暗器类型为“（A）各向异性”。设置“漫反射”颜色为（255,51,0）。设置“高光级别”为“97”，“光泽度”为“65”，如图 5-43 所示。将陶瓷材质赋予“灯座”模型。

图 5-42　移动灯罩和灯座

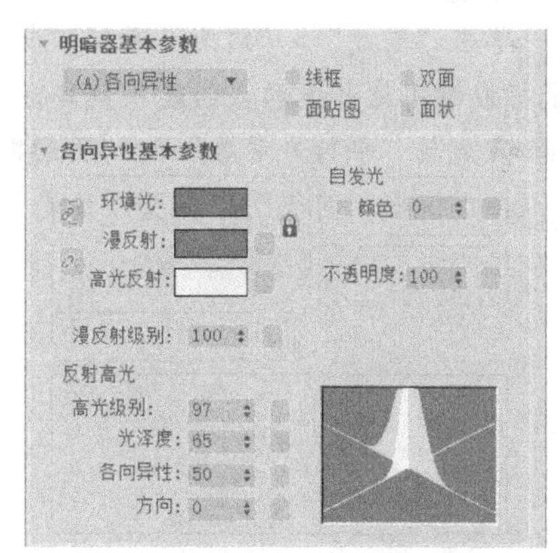

图 5-43　设置陶瓷材质

3. 创建摄影机

Step 01 选择透视视图，按【Shift+F】组合键显示安全框（设置渲染尺寸），如图 5-44 左图所示。

Step 02 利用视图控制区中的“缩放”按钮缩放透视视图，然后单击“平移视图”按钮，在按住【Alt】键的同时按住鼠标中键并拖动，旋转透视视图的角度，如图 5-44 右图所示。

图 5-44　显示安全框并调整透视视图的视角

Step 03 保持透视视图的激活状态，选择菜单栏中的“创建”>“摄影机”>“从视图创建标准摄影机”命令，会自动创建一个目标摄影机，并将透视视图转换为摄影机视图，如图 5-45 所示。

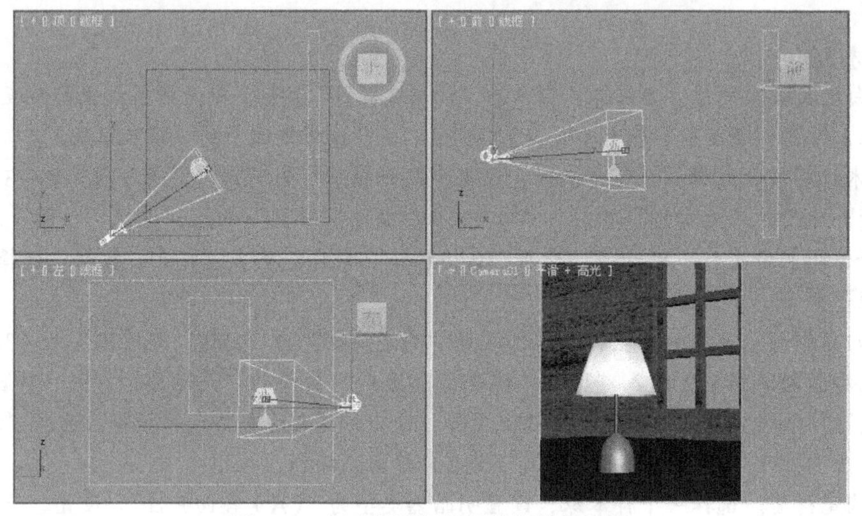

图 5-45　创建摄影机并转换摄影机视图

4．创建灯光

Step 01 单击“创建”>“灯光”面板“标准”分类下的“目标平行灯”按钮，然后在顶视图中按住鼠标左键不放并拖动，创建一盏目标平行灯，并命名为“日光”，然后在“常规参数”、“强度/颜色/衰减”、“平行光参数”和“阴影贴图参数”卷展栏中设置灯光参数，如图 5-46 所示。

Step 02 在顶视图和前视图中调整“日光”发光点的位置，如图 5-47 所示。

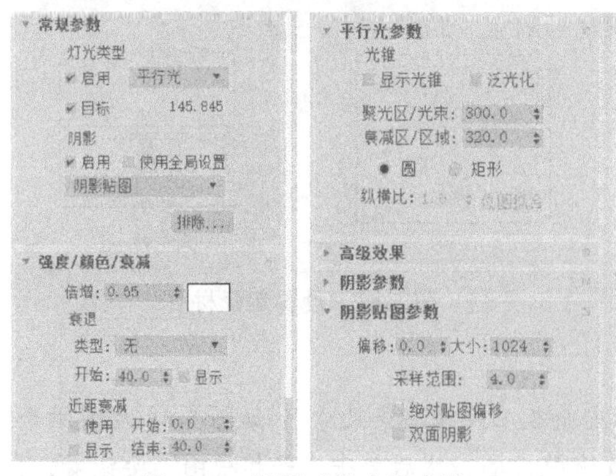

图 5-46　设置“日光”参数

图 5-47　调整“日光”发光点位置

Step 03 添加“日光”后，按快捷键【F9】对摄影机视图进行渲染，效果如图 5-48 所示。

Step 04 单击“创建”>“灯光”面板“标准”分类中的“目标聚光灯”按钮，在前视图中创建一盏目标聚光灯，并命名为“台灯光”，然后在“常规参数”、“强度/颜色/衰减”和“聚光灯参数”卷展栏中设置灯光参数，如图 5-49 所示。

图 5-48　添加“日光”后的渲染效果

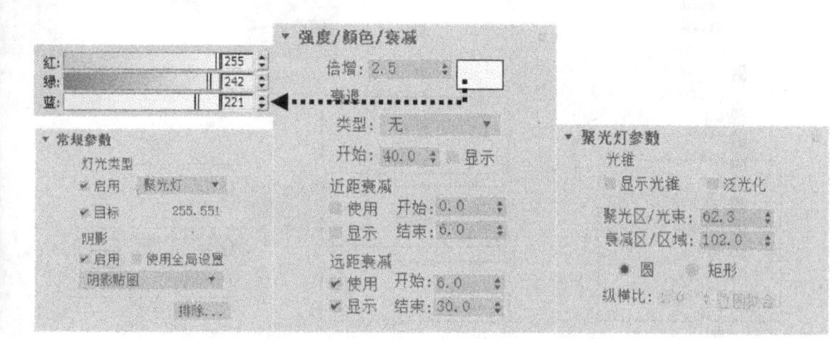

图 5-49　设置“台灯光”参数

Step 05 在视图中调整“台灯光”的位置，如图 5-50 所示。

Step 06 添加“台灯光”后，按快捷键【F9】对摄影机视图进行渲染，效果如图 5-51 所示。

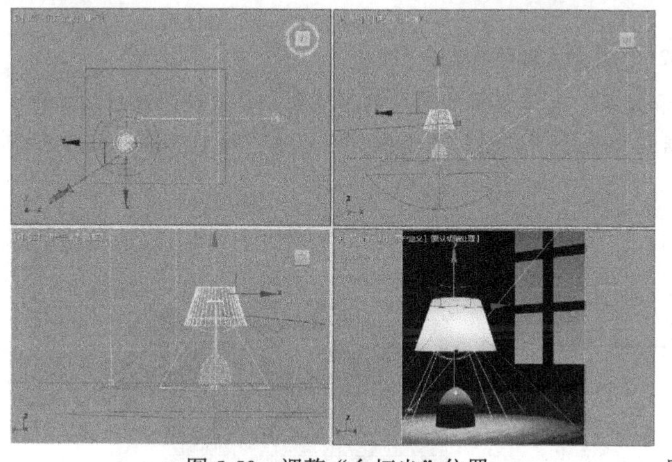

图 5-50　调整“台灯光”位置

图 5-51　添加“台灯光”后的渲染效果

5. 设置环境贴图和大气效果

Step 01 在菜单栏中选择“渲染”>“环境”命令，在打开的“环境和效果”对话框中单击“公用参数”卷展栏下的“环境贴图”按钮，在打开的“材质/贴图浏览器”对话框中双击“位图”选项，再在打开的“选择位图图像文件”对话框中选择本书配套素材“素材与实例”>“第 5 章”>“maps”文件夹>“环境贴图.jpg”图像文件，并单击“打开”按钮，如图 5-52 所示。

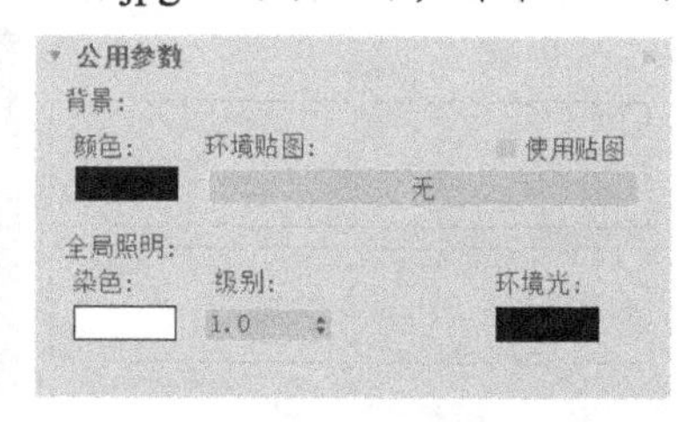

图 5-52　为场景添加环境贴图

图 5-52　为场景添加环境贴图（续）

Step 02 打开材质编辑器，将“环境和效果”对话框中的环境贴图拖到一个未使用的材质球中，在弹出的“实例（副本）贴图”对话框中选择“实例”单选钮，并单击“确定”按钮，然后将其命名为“环境”，如图 5-53 所示。

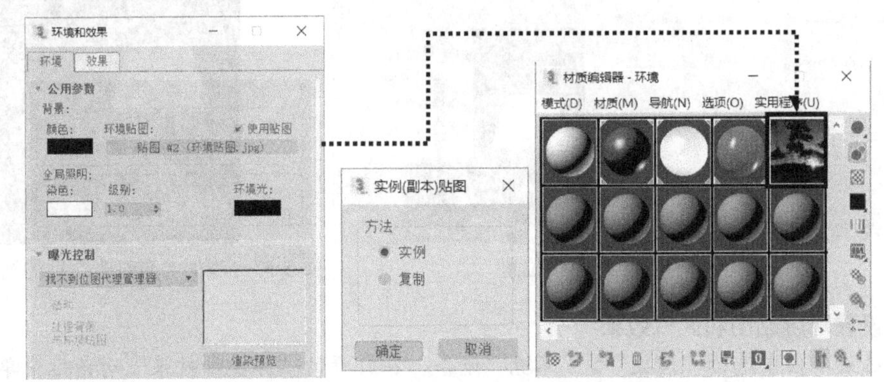

图 5-53　将环境贴图拖到材质球中

Step 03 在“环境”材质的“坐标”卷展栏中设置材质参数，如图 5-54 所示。

Step 04 按快捷键【F9】，对摄影机视图进行渲染，效果如图 5-55 所示。

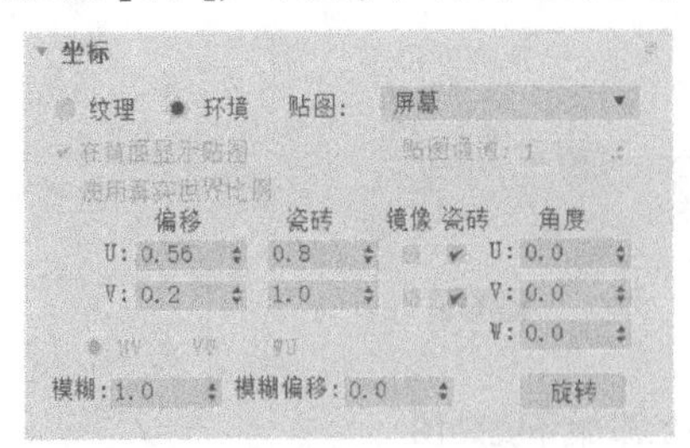

图 5-54　设置“环境”材质参数

图 5-55　添加环境贴图后的渲染效果

Step 05 在“环境和效果”对话框的“大气”卷展栏中单击“添加”按钮，在打开的“添加大气效果”对话框中双击“体积光”选项，如图5-56所示。

Step 06 在“环境和效果”对话框的“体积光参数”卷展栏中单击“拾取灯光”按钮，然后选取视图中的“台灯光”目标聚光灯，并设置体积光的参数，如图5-57所示。

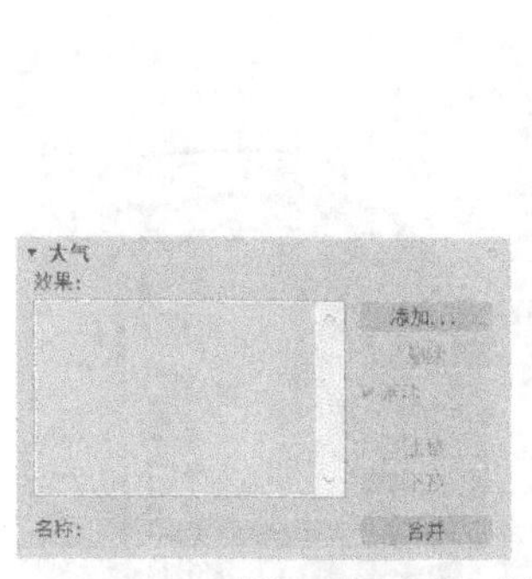

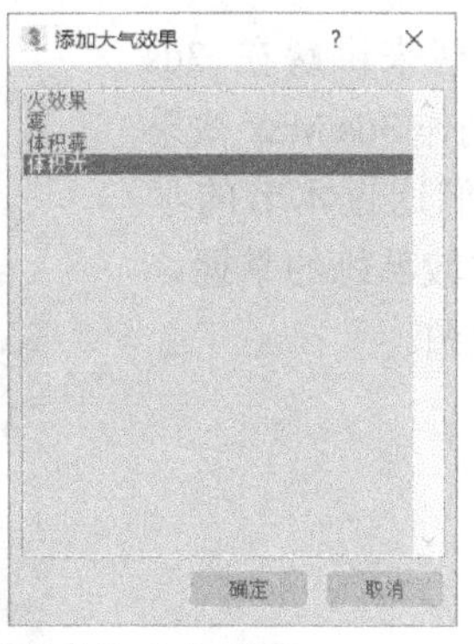

图5-56　添加“体积光”大气效果

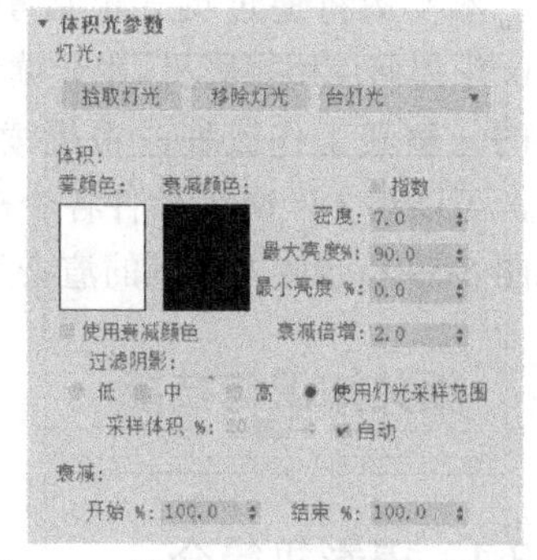

图5-57　拾取灯光并设置体积光参数

Step 07 按快捷键【F9】，对摄影机视图进行渲染，效果如图5-1所示。至此，本实例就制作完成了，最终效果可参考本书配套素材“素材与实例”>“第5章”文件夹>“桌面一角.max”。

温馨提示：

激活透视视图，然后按【Ctrl+C】组合键，可自动创建一个与透视视图观察效果相匹配的目标摄影机，并将透视视图切换到该摄影机视图。在设计三维动画时，常使用该方法创建摄影机，记录场景的观察视角。

任务拓展

5.1.5　阳光照射窗户效果

阳光照射
窗户效果

（1）创建如图5-58所示的阳光照射窗户的模型。

（2）为场景中的物体设置材质。

（3）为场景设置环境光。

（4）再创建一盏适当的灯光并设置有关参数，使之产生阳光投射窗户的效果，并且阳光有一定的光束。

（5）渲染成图，尺寸为640像素×480像素。最终效果可参考本书配套素材“素材与实例”>“第5章”>“效果图”文件夹>“阳光照射窗户.jpg”。

图5-58　阳光照射窗户效果图

5.2 使用摄影机

任务陈述

本实例将通过英式电话亭外观表现来讲解在 3ds Max 中如何使用摄影机，也让读者熟悉制作 3ds Max 效果图的一整套工作流程。希望读者朋友们通过本节的学习，可以对 3ds Max 软件各个模块有比较熟练的掌握。如图 5-59 所示为本实例的渲染效果表现图。

图 5-59　英式电话亭效果图

相关知识与技能

5.2.1　摄影机简介

在 3ds Max 2018 中，摄影机与现实世界中的摄影机非常相似，主要用于帮助用户选取合适的视角、录制动画等工作。此外，摄影机的可修改性很强，用户可以随意地修改其位置与角度，这样就大大提高了在三维场景中调整视角和创建动画的效率。本节将介绍摄影机的创建方法及其原理等内容。

1．摄影机的特性

在真实世界中，摄影机使用镜头将场景反射的灯光聚焦到具有灯光敏感性曲面的焦点平面，形成影像，如图 5-60 所示展示了在成像过程中的两个要素，*A* 为焦距长度，*B* 为视野。

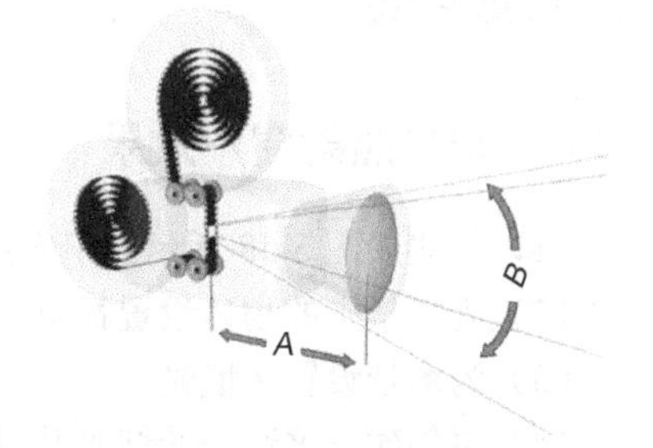

图 5-60　成像要素

- 焦距：镜头和灯光敏感性曲面间的距离，不管是在电影还是视频电子系统中都被称为镜头的焦距。焦距影响对象出现在图片上的清晰度。焦距越小图片中包含的场景就越多，加大焦距将包含更少的场景，但会显示远距离对象的更多细节。焦距始终以毫米为单位进行测量。50mm 镜头通常是摄影机的标准镜头，焦距小于 50mm 的镜头称为短镜头或广角镜头，焦距大于 50mm 的镜头称为长镜头或长焦镜头。
- 视野：视野（FOV）控制可见场景的数量。FOV 以水平线度数进行衡量，它与镜头的焦距直接相关。例如，50mm 的镜头显示水平线为 46 度。镜头越长，FOV 越窄；镜头越短，FOV 越宽。
- 透视与 FOV 的关系：短焦距（宽 FOV）强调透视的扭曲，使对象朝向观察者看起来更深、更模糊；长焦距（窄 FOV）减少了透视扭曲，使对象压平或与观察者平行。如图 5-61 所示的效果展示了透视与 FOV 的关系。

图 5-61　透视与 FOV 的关系

2. 摄影机类型

使用摄影机视口可以调整摄影机，就好像你正在通过其镜头进行观看一样，这对编辑几何体和设置渲染的场景非常有用，如图 5-62 所示。3ds Max 2018 为用户提供了三种摄影机：自由摄影机、目标摄影机和物理摄影机（其创建面板如图 5-63 所示）。这三种摄影机具有不同的特点和用途，具体如下。

- 目标摄影机：该摄影机类似于灯光中带有目标点的灯光，它由摄影机图标、目标点和观察区三部分构成，如图 5-64 所示。使用时，用户可分别调整摄影机图标和目标点的位置，容易定位，适合拍摄静止画面、追踪跟随动画等大多数场景。其缺点是，当摄影机图标无限接近目标点或处于目标点正上方或正下方时，摄影机将发生翻转，拍摄画面不稳定。
- 自由摄影机：该摄影机类似于灯光中无目标点的灯光，只能通过移动和旋转摄影机图标来控制摄影机的位置和观察角度。其优点是不受目标点的影响，拍摄画面稳定，适用于对拍摄画面有固定要求的动画场景。
- 物理摄影机：可通过设置快门速度、光圈、景深和曝光等参数来调整效果，其相关功能与用户熟悉的真实摄影机的功能相似。

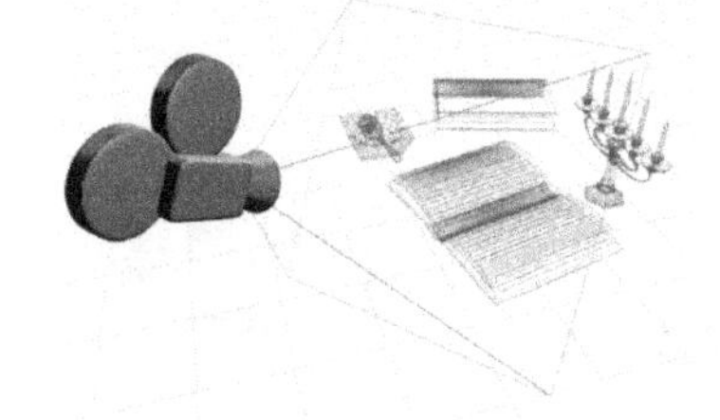

图 5-62　使用摄影机视口

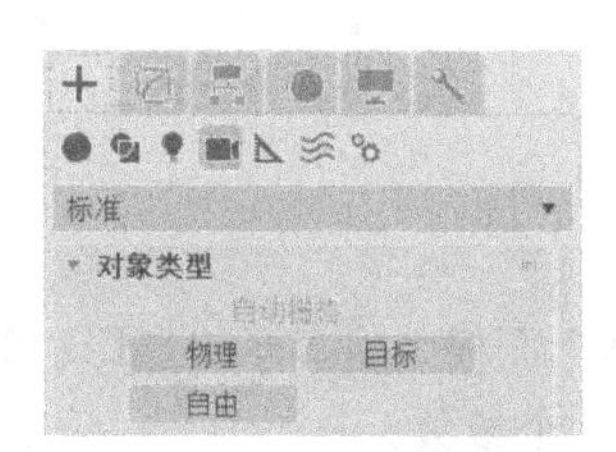

图 5-63　摄影机类型

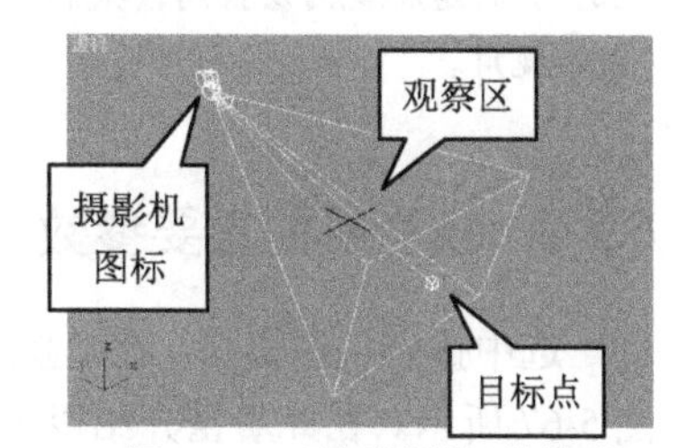

图 5-64　目标摄影机的构成

5.2.2　创建摄影机

目标摄影机的创建方法与目标灯光类似，如图 5-65 所示，单击“创建”>“摄影机”面板中的“目标”按钮，然后在视图中单击并拖动鼠标，到适当位置后释放鼠标左键，确定摄影机图标和目标点的位置，即可创建一个目标摄影机。

单击“创建”>“摄影机”面板中的“自由”按钮，然后在视图中单击鼠标，即可创建一个拍摄方向垂直于当前视图的自由摄影机。在透视视图中单击时，将创建一个拍摄方向垂直向下的自由摄影机，如图 5-66 所示。

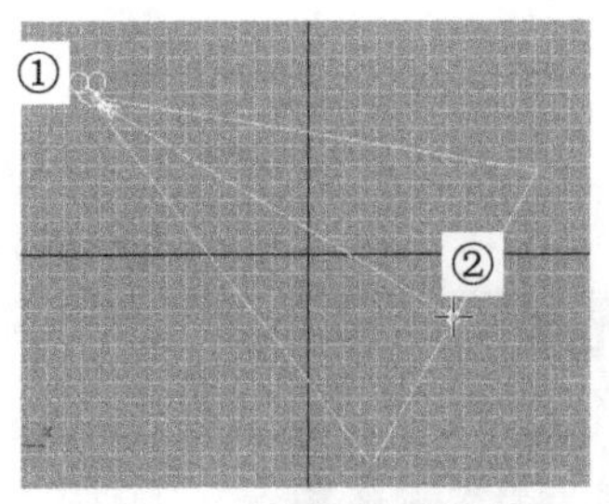

图 5-65　创建目标摄影机

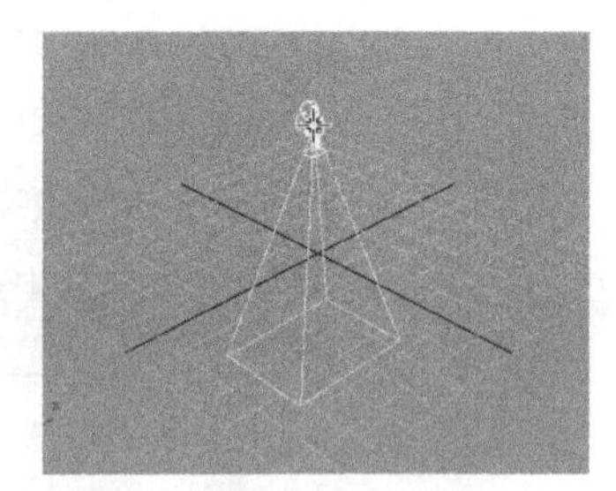
图 5-66　创建自由摄影机

创建完摄影机后，按快捷键【C】可将当前视图切换为摄影机视图。此时利用 3ds Max 窗口左下角视图控制区中的工具可调整摄影机视图的观察效果，在此着重介绍以下几个工具。

- 推拉摄影机：选中此按钮，然后在摄影机视图中拖动鼠标，可使摄影机图标靠近或远离拍摄对象，以缩小或增大摄影机的观察范围。
- 视野：选中此按钮，然后在摄影机视图中拖动鼠标，可缩小或放大摄影机的观察区。由于摄影机图标和目标点的位置不变，因此，使用该工具调整观察视野时，容易造成观察对象的视觉变形。
- 平移摄影机：选中此按钮，然后在摄影机视图中拖动鼠标，可沿摄影机视图所在的平面平移摄影机图标和目标点，以平移摄影机的观察视野。
- 环游摄影机：选中此按钮，然后在摄影机视图中拖动鼠标，可使摄影机图标绕目标点旋转（摄影机图标和目标点的间距保持不变）。按住此按钮不放会弹出“摇移摄影机”按钮，使用此按钮可使目标点绕摄影机图标旋转。
- 侧滚摄影机：选中此按钮，然后在摄影机视图中拖动鼠标，可使摄影机图标绕自身 *Z* 轴（即摄影机图标和目标点的连线）旋转。

经验之谈：

激活透视视图，然后按【Ctrl+C】组合键，可自动创建一个与透视视图观察效果相匹配的物理摄影机，并将透视视图切换到该摄影机视图。在设计三维动画时，常使用此方法创建摄影机，记录场景的观察视角。

5.2.3　摄影机的重要参数

选中摄影机图标后，在“修改”面板中将显示出摄影机的参数，如图 5-67 所示。在此着重介绍以下几个参数。

- 镜头：显示和调整摄影机镜头的焦距。
- 视野：显示和调整摄影机的视角（左侧按钮设为、或时，“视野”编辑框显示和调整的分别为摄影机观察区对角方向、水平方向和垂直方向的角度）。
- 正交投影：选中此复选框后，摄影机无法移动到物体内部进行观察，且渲染时无法使用大气效果。
- 备用镜头：单击该区中任一按钮，即可将摄影机的镜头和视野设为该备用镜头的焦距和视野。需要注意的是，小焦距多用于制作鱼眼的夸张效果，大焦距多用于观测较远的景物，以保证

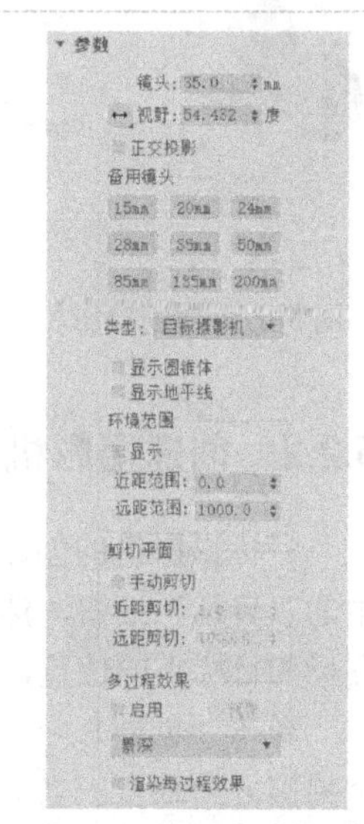

图 5-67　摄影机的参数

物体不变形。

- 类型：该下拉列表框用于转换摄影机的类型，目标摄影机转换为自由摄影机后，摄影机的目标点动画将会丢失。
- 显示地平线：选中此复选框后，在摄影机视图中将显示出一条黑色的直线，表示远处的地平线。
- 环境范围：该区中的参数用于设置摄影机观察区中出现大气效果的范围。“近距范围”和“远距范围”表示大气效果的出现位置和结束位置与摄影机图标的距离（选中“显示”复选框时，在摄影机的观察区中将显示出表示该范围的线框）。
- 剪切平面：该区中的参数用于设置摄影机视图中显示哪一范围的对象，常利用此功能观察物体内部的场景。选中“手动剪切”复选框可开启此功能，利用“远距剪切”和“近距剪切”编辑框可设置远距剪切平面和近距剪切平面与摄影机图标的距离，效果如图 5-68 所示。

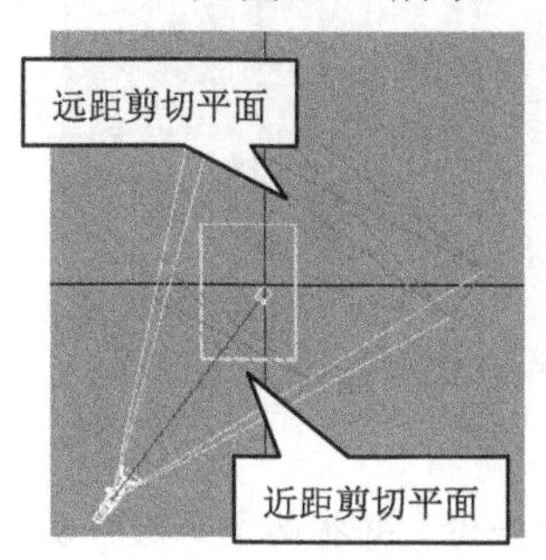

图 5-68　剪切平面及剪切前后摄影机视图的效果

- 多过程效果：该区中的参数用于设置渲染时是否对场景进行多次偏移渲染，以产生景深或运动模糊的摄影特效。选中“启用”复选框可开启此功能；下方的“效果”下拉列表框用于设置所用的多过程效果（选定某一效果后，在“修改”面板将显示出该效果的参数，默认选中“景深”选项）。
- 目标距离：该编辑框用于显示和设置目标点与摄影机图标间的距离。

任务实施

5.2.4　英式电话亭外观表现

1. 制作电话亭底座

单击“创建”>“几何体”面板“扩展基本体”分类中的“切角长方体”按钮，在顶视图中创建一个切角长方体，并将其命名为“底座”，再在“参数”卷展栏中设置其参数，如图 5-69 所示。

2. 制作电话亭亭身

Step 01 选中前视图中的“底座”模型，在按住【Shift】键的同时利用移动工具将其向上拖动，复制一份模型，并将副本模型命名为“亭身”，然后在“修改”面板的“参数”卷展栏中对“亭身”模型的参数进行修改，如图 5-70 所示。

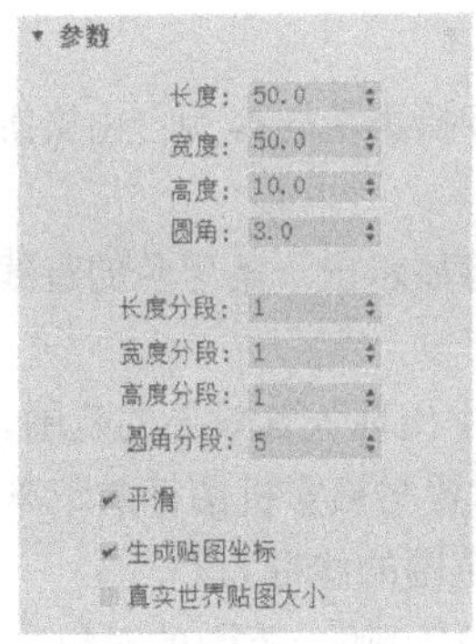

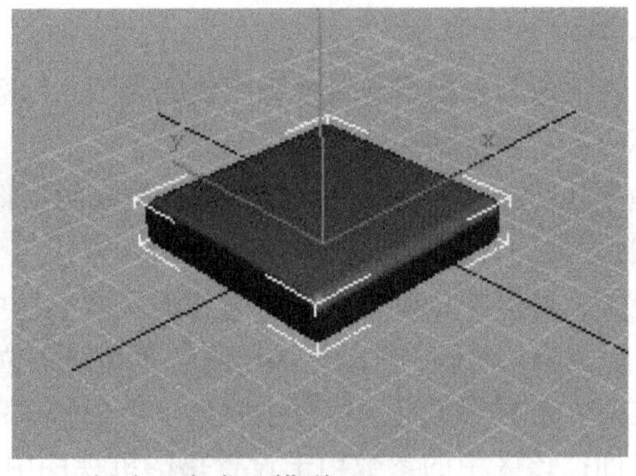

图 5-69　创建“底座”模型

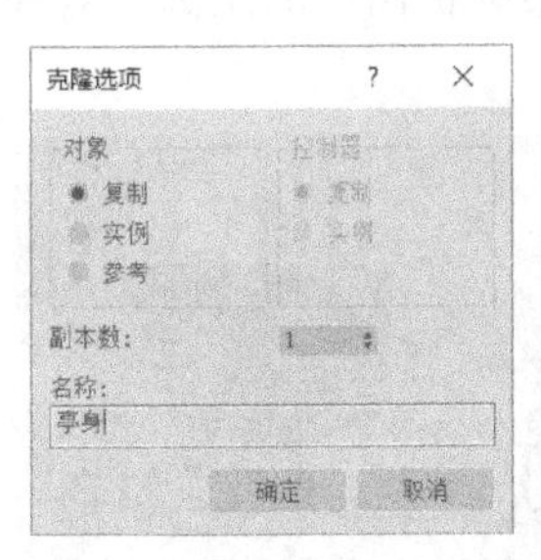

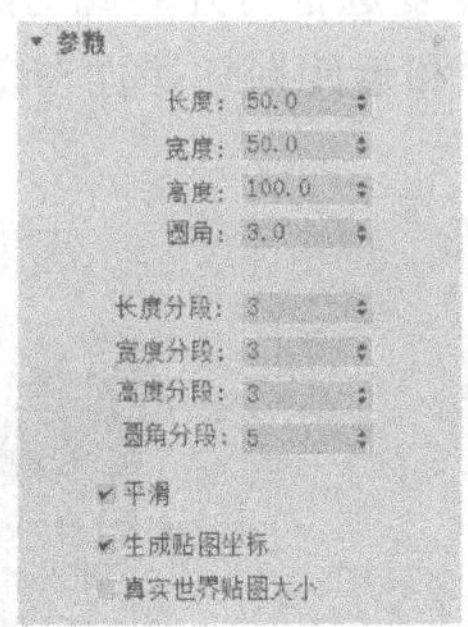

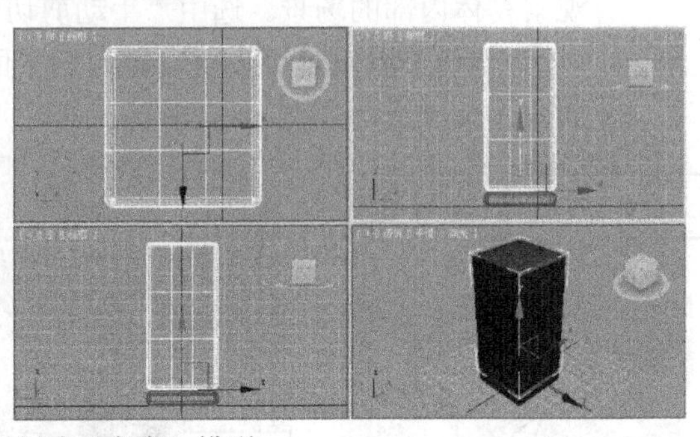

图 5-70　通过复制创建“亭身”模型

Step 02 在前视图中绘制一个长、宽都为“8”的矩形，然后将其复制一份，并将两个矩形移动到如图 5-71 所示的位置。

Step 03 参考 Step02 的操作在左视图中创建两个长、宽都为“8”的矩形，并移动到如图 5-72 所示的位置。

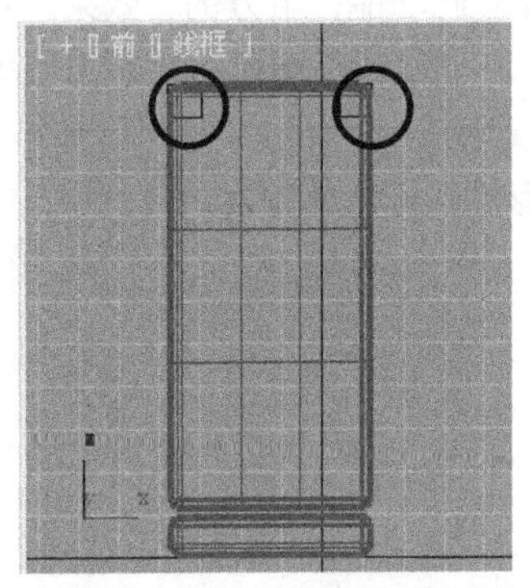

图 5-71　创建前视图中的矩形

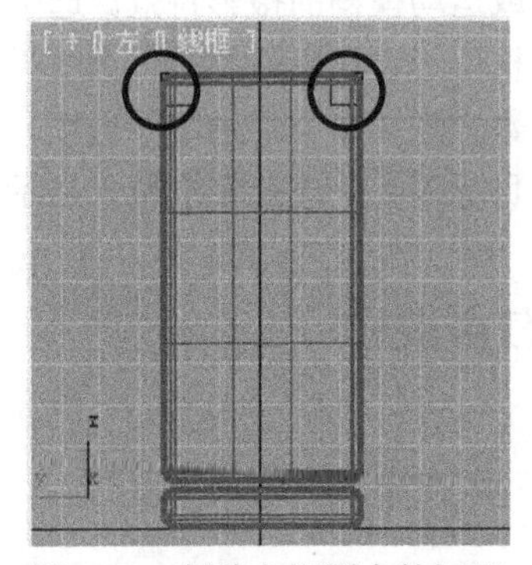

图 5-72　创建左视图中的矩形

Step 04 选中视图中的“亭身”模型，并右击“亭身”模型，在弹出的快捷菜单中选择“转换为”>“转换为可编辑多边形”命令，如图 5-73 所示。

Step 05 在“修改”面板中将修改对象设为“边”子对象，然后使用“选择并移动”按钮在前视图中选中上方横向的边线，并单击“选择”卷展栏中的“循环”按钮，选中一圈横向的边线，再将所选边线向上移动至参考矩形，如图 5-74 所示。

Step 06 参照 Step04 的操作移动纵向的两圈边线，效果如图 5-75 所示。

Step 07 参照 Step05 的操作移动左视图中的纵向边线，效果如图 5-76 所示。

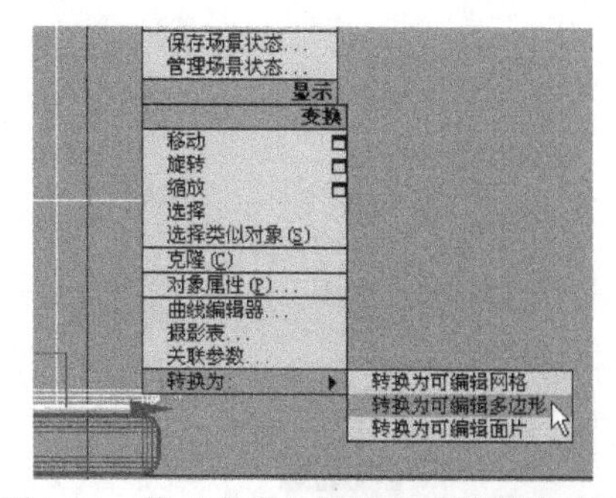

图 5-73　将“亭身”转换为可编辑多边形

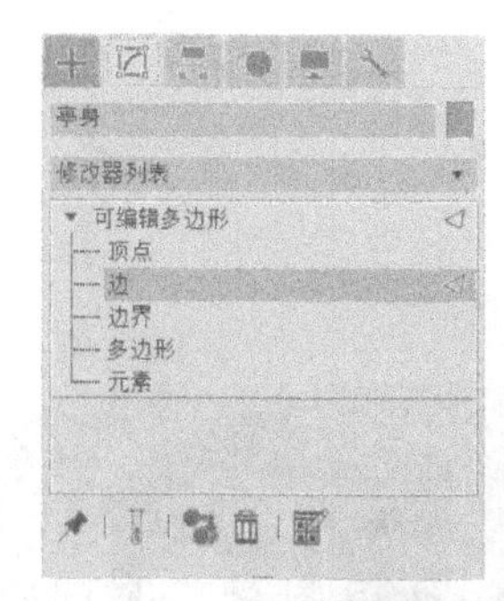

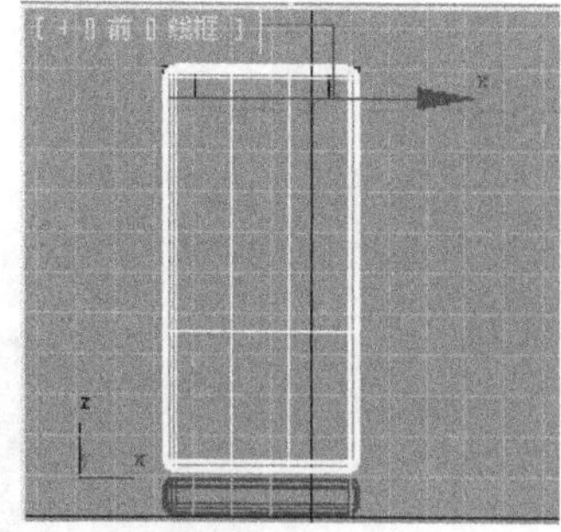

图 5-74　移动上方横向边线

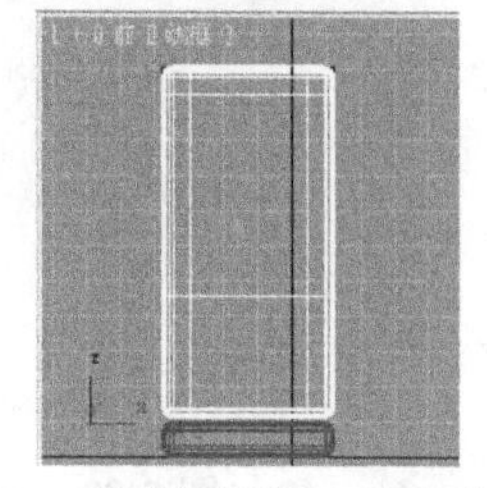

图 5-75　移动前视图中的纵向边线

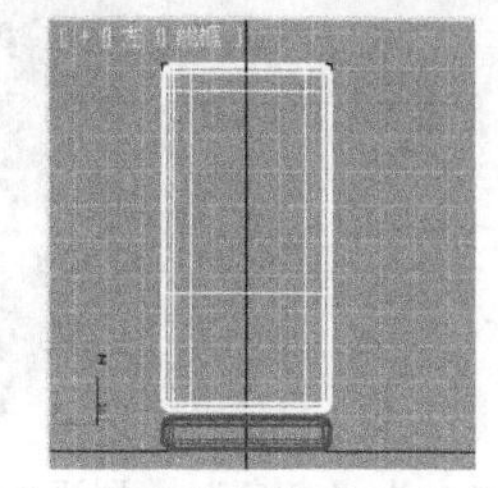

图 5-76　移动左视图中的纵向边线

Step 08 在前视图中选中“亭身”下方横向的一圈边线，并将其移动到如图 5-77 所示位置。

Step 09 将“亭身”的修改对象设为“多边形”子对象，然后在前视图中选中如图 5-78 左图所示的多边形，并按【Delete】键将其删除，如图 5-78 右图所示。

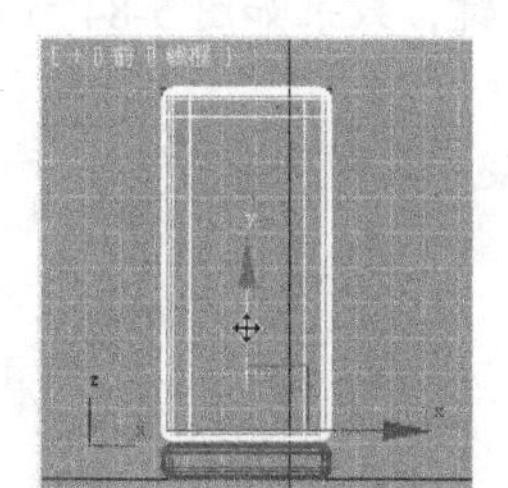

图 5-77　移动下方横向边线

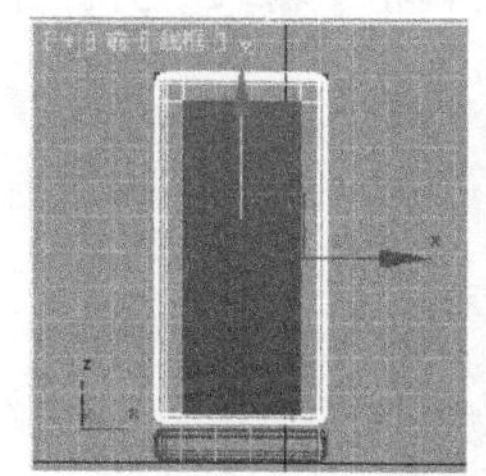

图 5-78　删除多边形

Step 10 参照 Step09 的操作删除左视图和右视图中的多边形，效果如图 5-79 所示。

Step 11 在前视图中框选如图 5-80 左图所示的多边形，并按【Delete】键将其删除，效果如图 5-80 右图所示。

图 5-79　删除左、右视图中的多边形

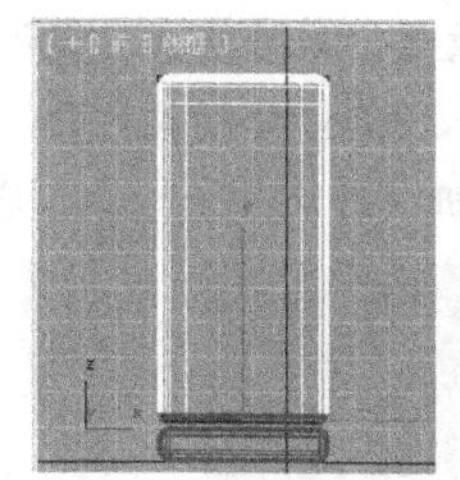

图 5-80　删除所选多边形

Step 12 删除作为参考的矩形，然后为“亭身”模型添加“壳”修改器，并在“参数”卷展栏中设置其参数，增加“亭身”模型的厚度，如图 5-81 所示。

Step 13 在工具栏中的“捕捉开关”按钮 2 上右击，在打开的“栅格和捕捉设置”对话框中只勾选“顶点”复选框，如图 5-82 所示，然后关闭该对话框。

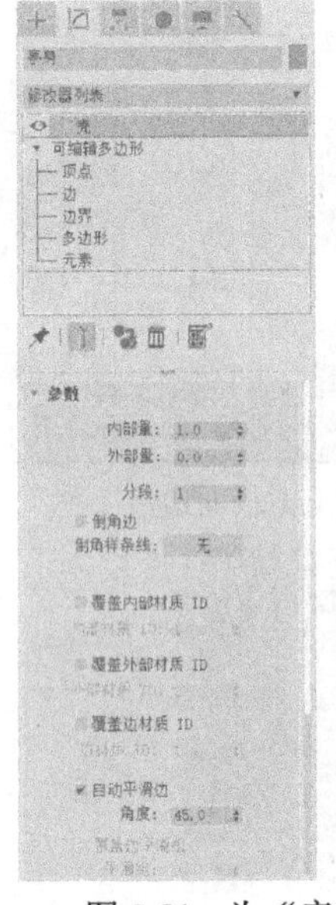
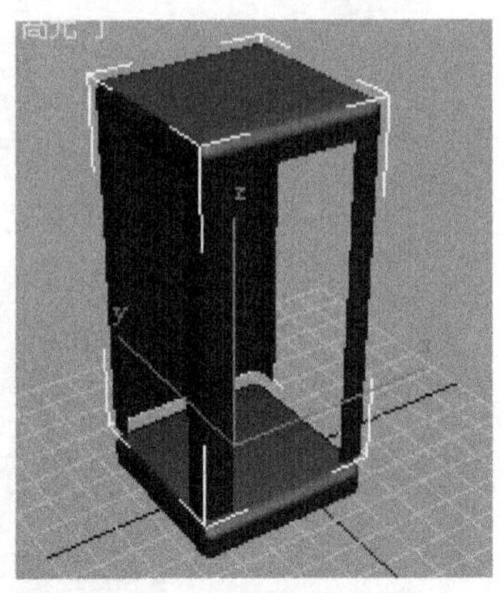

图 5-81　为“亭身”模型添加“壳”修改器

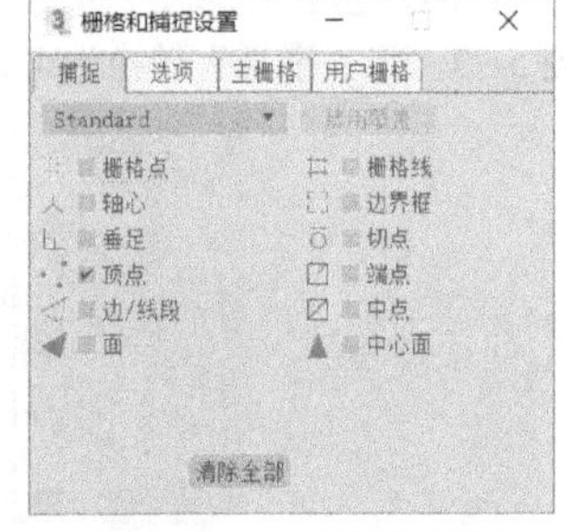

图 5-82　设置捕捉开关

Step 14 单击工具栏中的“捕捉开关”按钮，在前视图中沿门框形状创建一个矩形，如图 5-83 所示。

Step 15 将矩形转化为可编辑样条线，并将修改对象设为“样条线”子对象，然后在“几何体”卷展栏“轮廓”按钮右侧的编辑框中输入“5”，并按【Enter】键，效果如图 5-84 所示。

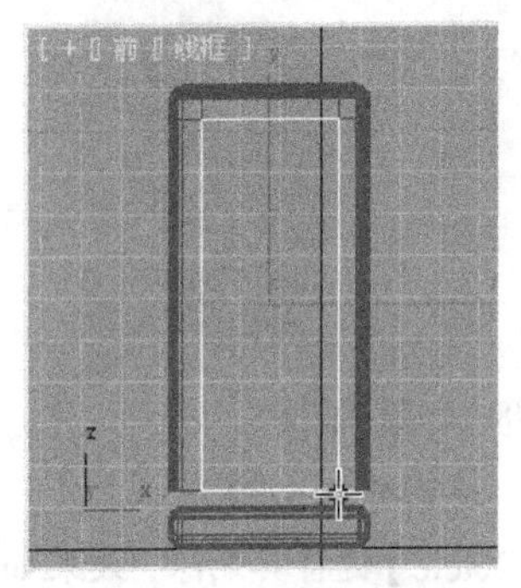

图 5-83　创建矩形

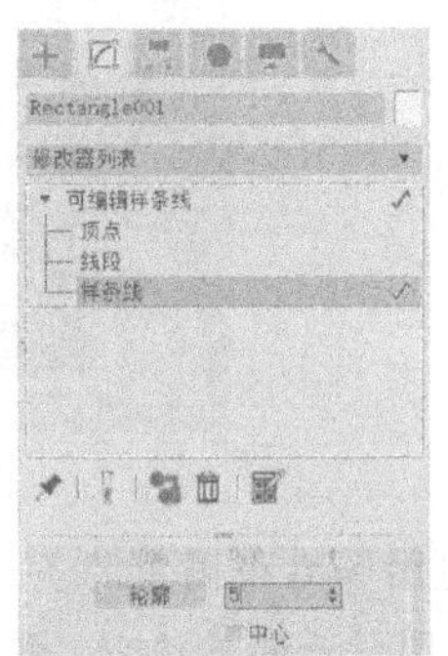
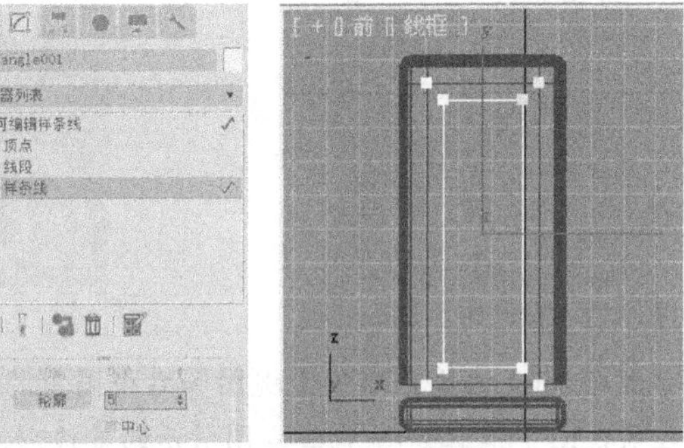

图 5-84　对矩形进行轮廓处理

Step 16 为矩形添加“挤出”修改器，并将挤出数量设为“1”，如图 5-85 所示，然后将其转化为可编辑网格，并命名为“门”。单击“创建”>“几何体”面板“标准基本体”分类中的“平面”按钮，在前视图中利用“捕捉开关”按钮创建一个平面，分段数如图 5-86 所示，并将其命名为“玻璃”。

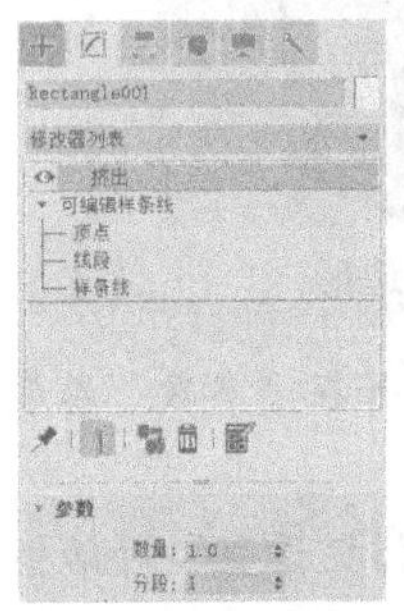
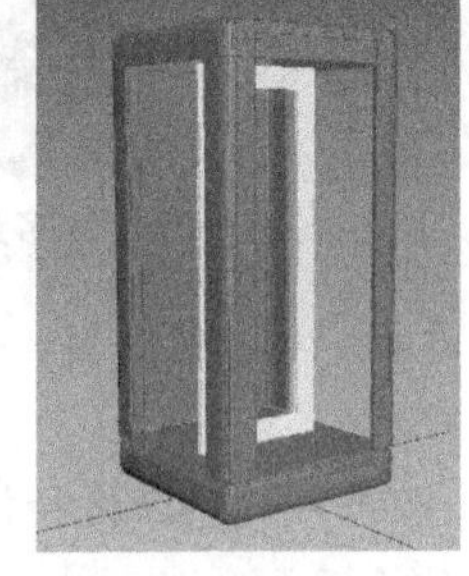

图 5-85　对矩形进行挤出处理

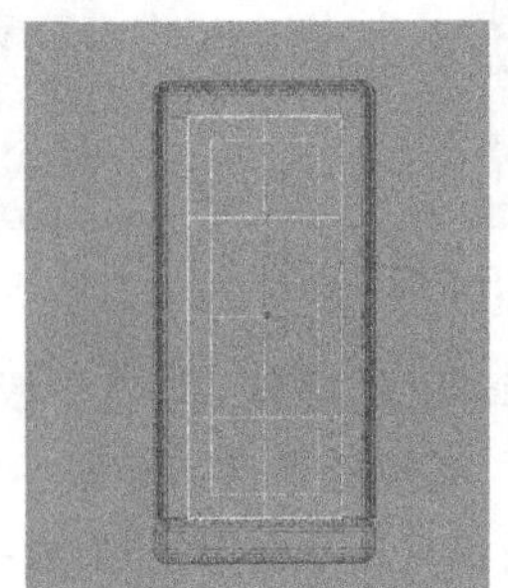
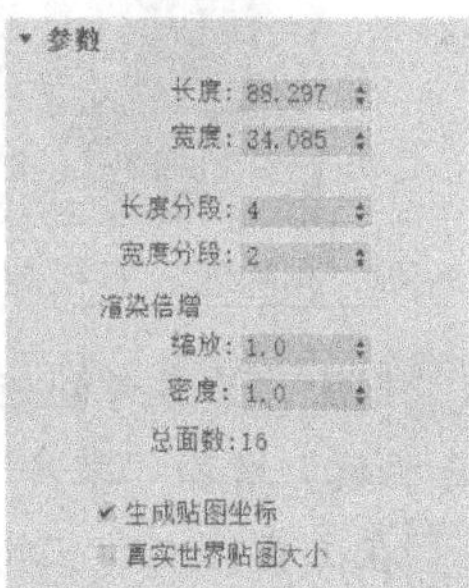

图 5-86　绘制玻璃

Step 17 右击“门”，将门转化为可编辑网格，进入“面”子对象层级，然后在前视图中选中纵向的面，在按住【Shift】键的同时沿 X 轴进行拖动，在弹出的“克隆部分网格”对话框中选择“克隆到元素”单选钮，并单击“确定”按钮进行克隆，克隆的位置以“玻璃”的分段数为参考，如图 5-87 所示。

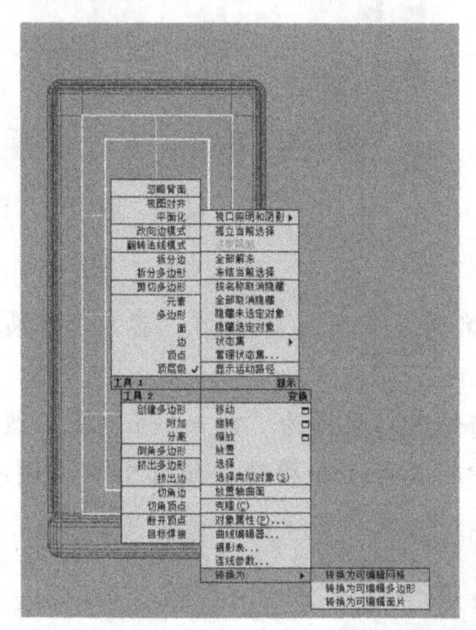

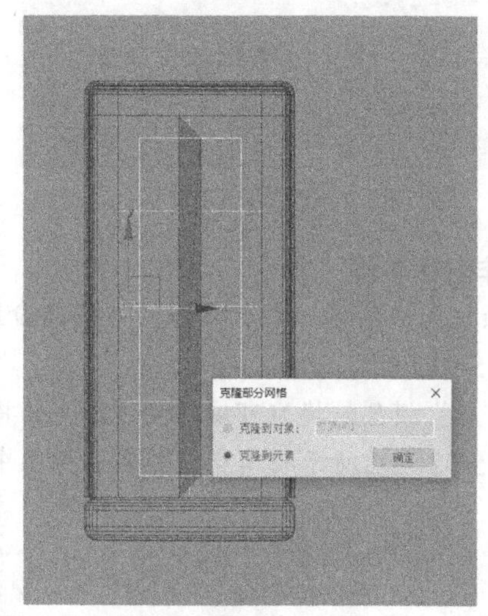

图 5-87　克隆到元素

Step 18 参照前面的操作复制横向的面，创建“门”模型的横向框架，以“玻璃”的分段数为“门”的经纬的参照物。选中克隆出的对象，将其修改对象设为“顶点”子对象，然后对其顶点进行调整，把“门”的横向面调整窄一点，然后再进入“面”层级，继续复制几个横向面，效果如图 5-88 所示。

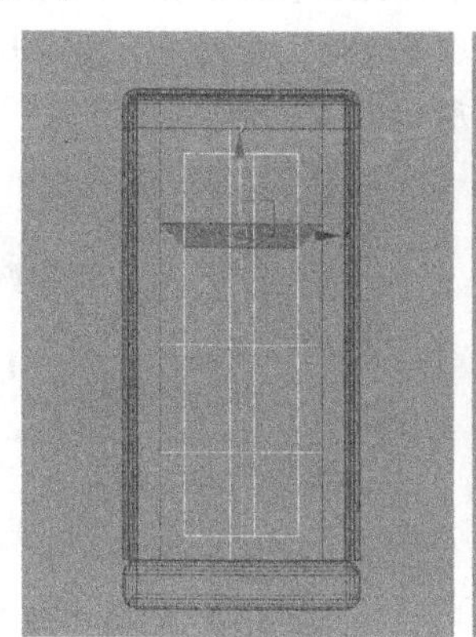
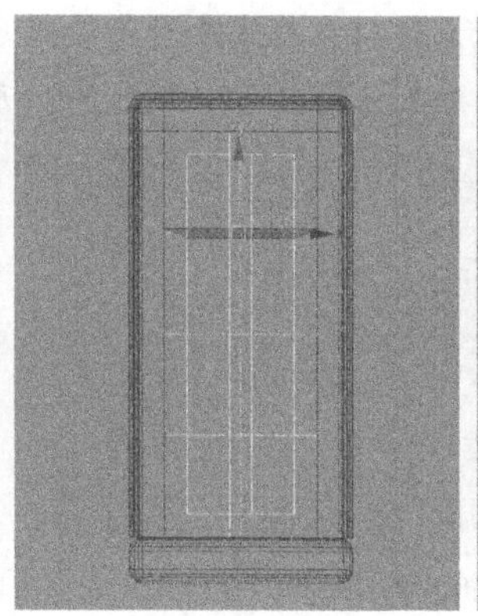
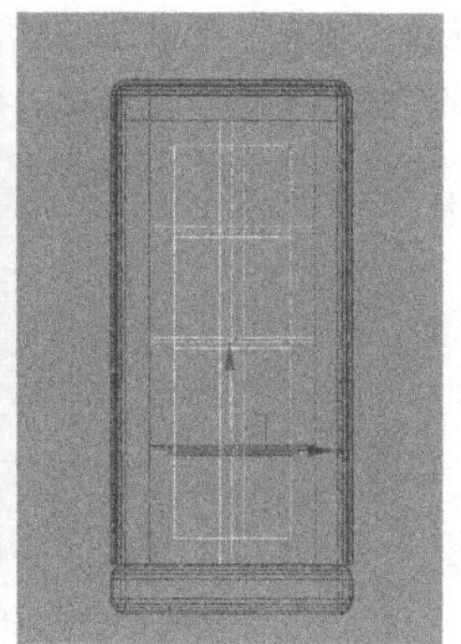

图 5-88　复制门的横向面

Step 19 退出“门”的“面”层级，选中“玻璃”模型，把玻璃的长、宽分段数都改为“1”。按快捷键【T】进入顶视图，把“玻璃”放在“门”的中间，效果如图 5-89 左图所示。同时选择“玻璃”和“门”，把它们同时移动到如图 5-89 右图所示的位置。透视视图效果如图 5-90 右图所示。

Step 20 选中“门”和“玻璃”模型及门上的框架，在菜单栏中选择“组”>“成组”命令将其成组，并命名为“玻璃门”，然后将“玻璃门”复制两份，并调整副本模型的角度和位置。效果如图 5-90 右图所示。

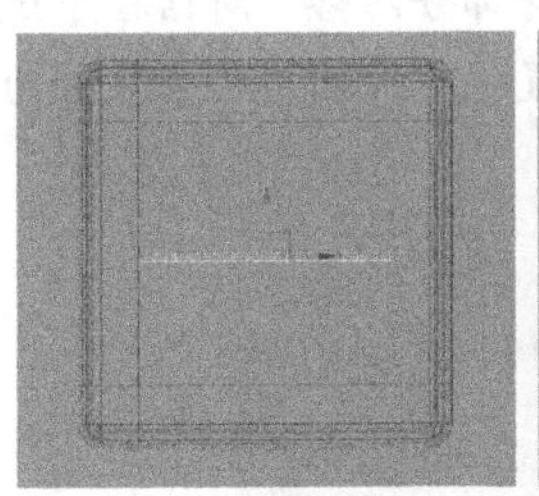
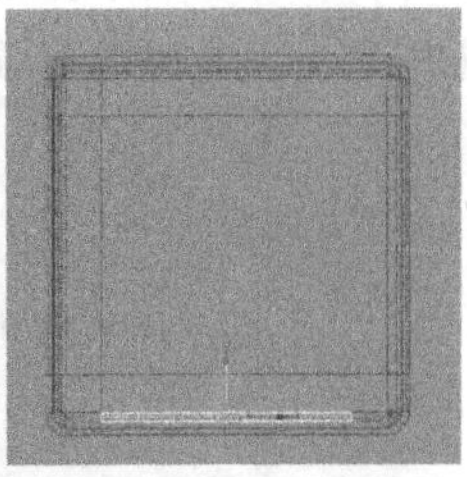
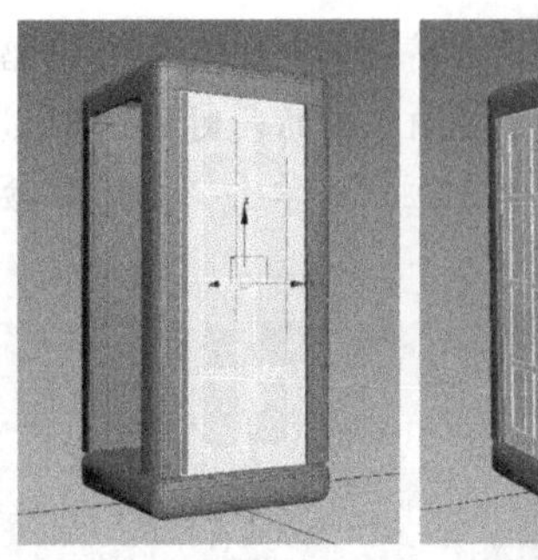
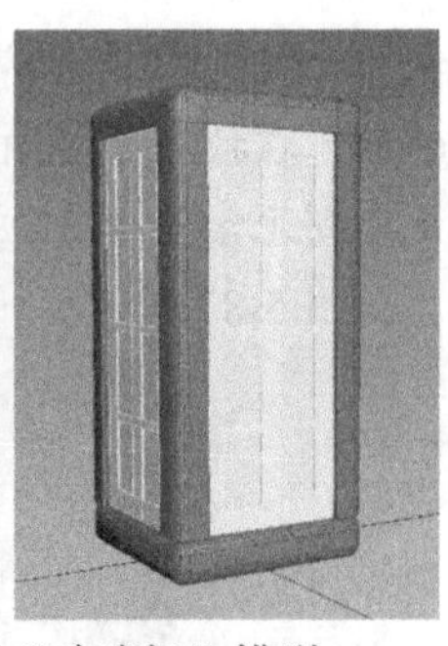

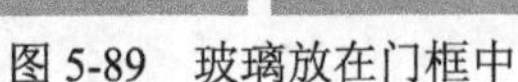
图 5-89　玻璃放在门框中

图 5-90　复制“玻璃门”模型

3．制作电话亭顶

Step 01 在顶视图中创建一个长方体，并将其命名为“亭顶”，然后在“参数”卷展栏中设置其参数，如图 5-91 所示。

Step 02 将“顶”模型转换为可编辑多边形，并将修改对象设为“顶点”子对象，然后在顶视图中选中如图 5-92 左图所示的顶点，并在前视图中将其沿 Y 轴移动，如图 5-92 右图所示。

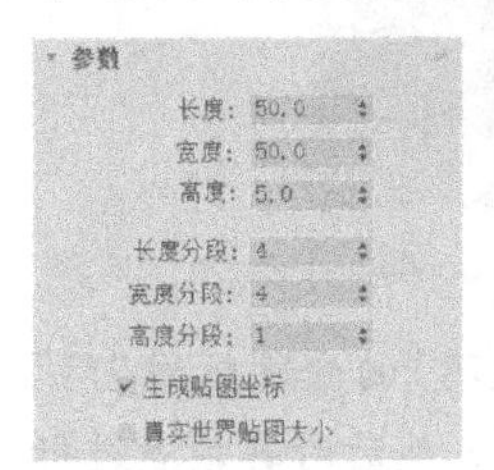

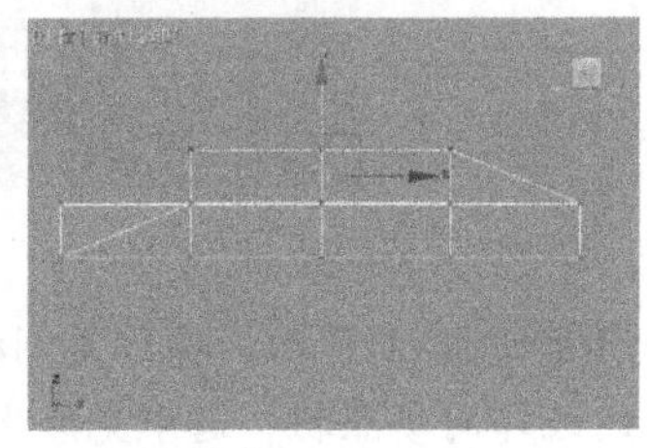

图 5-91　创建“亭顶”模型

图 5-92　移动顶点

Step 03 在顶视图中框选“亭顶”中心的顶点，然后在前视图中将其沿 Y 轴移动，如图 5-93 所示。

Step 04 退出“顶点”子对象层级，然后将其修改对象设为“多边形”子对象，并勾选“选择”卷展栏中的“忽略背面”复选框，再在视图中选中如图 5-94 所示的多边形。

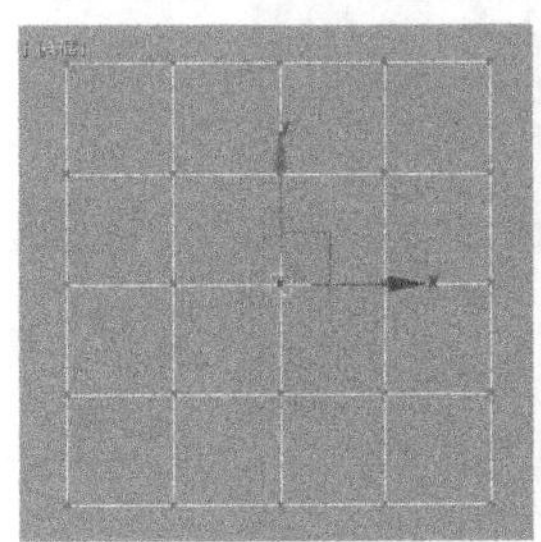
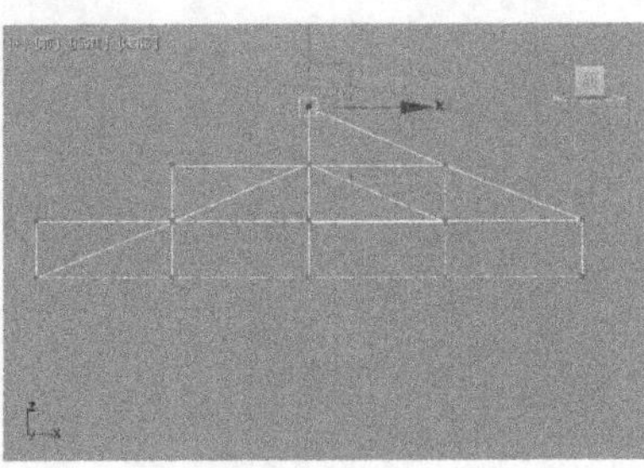
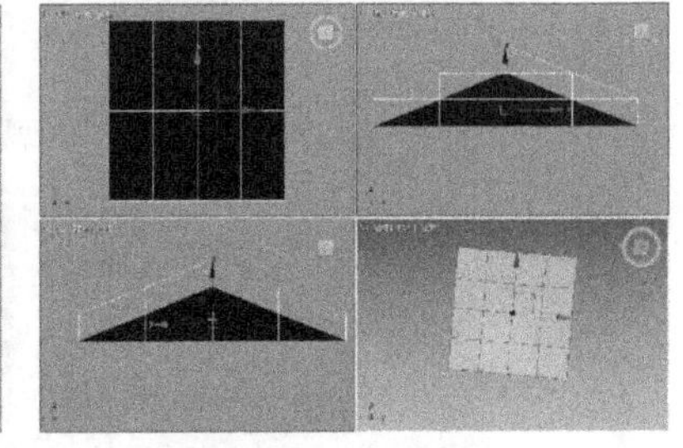

图 5-93　移动中心顶点

图 5-94　选择多边形

Step 05 单击“修改”面板“编辑多边形”卷展栏中“插入”按钮右侧的“设置”按钮，在打开的“插入多边形”对话框中将“插入量”设为“5”，然后单击“确定”按钮插入一个多边形，如图 5-95 所示。

Step 06 单击“编辑多边形”卷展栏中“挤出”按钮右侧的“设置”按钮，在打开的“挤出多边形”对话框中将“挤出高度”设为“14”，然后单击“确定”按钮，如图 5-96 所示。

Step 07 按【Delete】键删除所选多边形，然后将修改对象设为“边”子对象，配合使用【Ctrl】键和“循环”按钮在透视视图中选中如图 5-97 所示的边线。

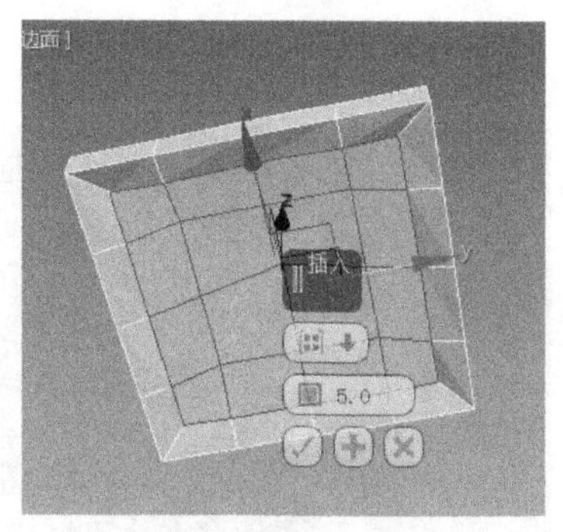

图 5-95　插入多边形

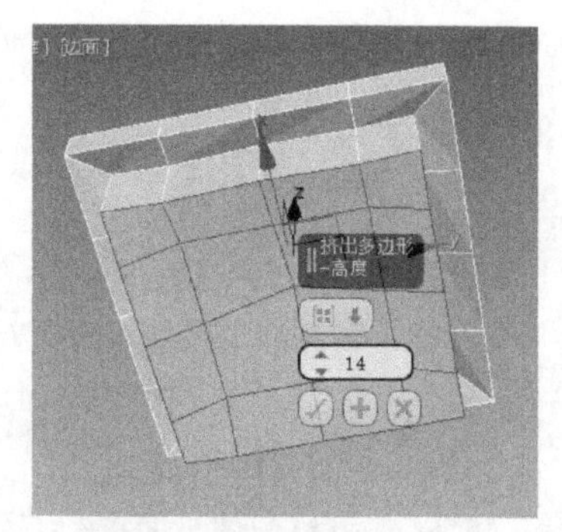

图 5-96　挤出多边形

Step 08 单击“编辑边”卷展栏中“切角”按钮右侧的“设置”按钮□，在打开的“切角”对话框中将“切角量”设为“0.4”，然后单击“确定”按钮，如图 5-97 所示。效果如图 5-98 所示。

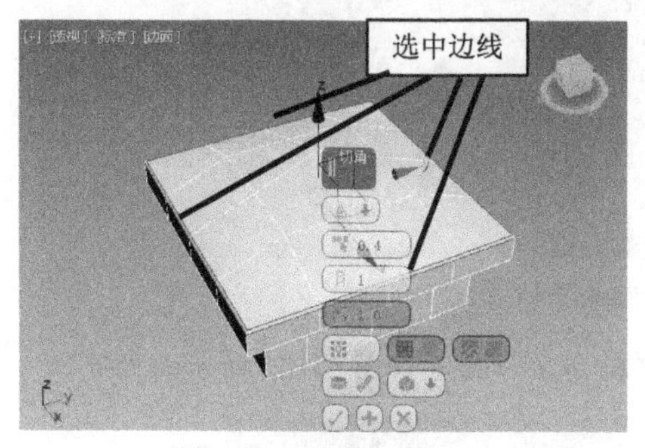

图 5-97　选中边线

图 5-98　对所选边进行切角处理

Step 09 参照 Step07、Step08 的操作，选中如图 5-99 左图所示的边线，并对其进行切角处理，“切角量”设为“0.4”，效果如图 5-99 右图所示。

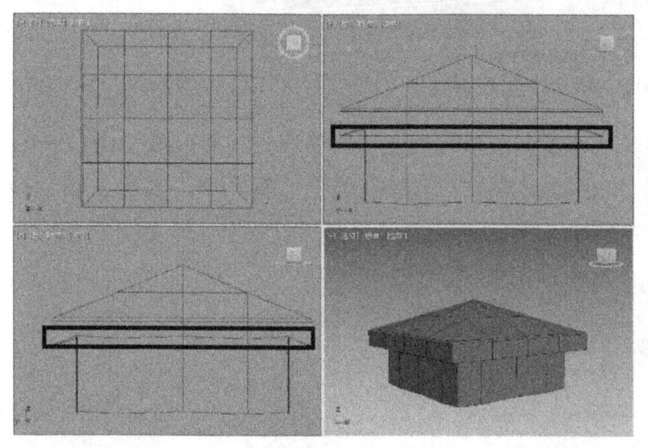

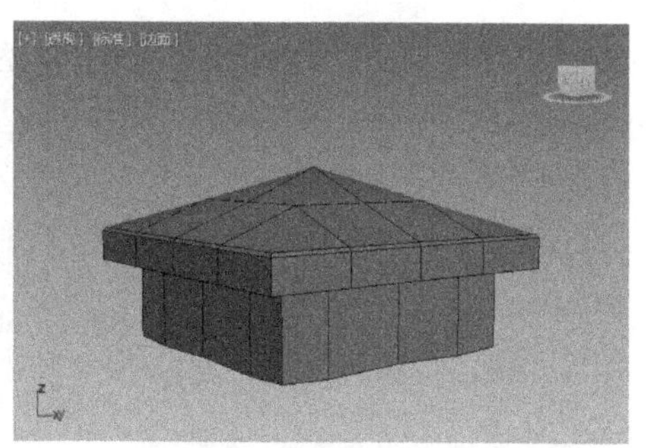

图 5-99　对所选边进行切角处理

Step 10 参照 Step07～Step09 的操作，选中四条纵向的边线，并对其进行切角处理，“切角量”设为“0.4”，效果如图 5-100 所示。

Step 11 退出“边”子对象层级，为“亭顶”添加“FFD3×3×3”修改器，并将修改对象设为“控制点”子对象，在透视视图中选择如图 5-101 左图所示的控制点，并将其沿 *Z* 轴向下移动，如图 5-101 右图所示。

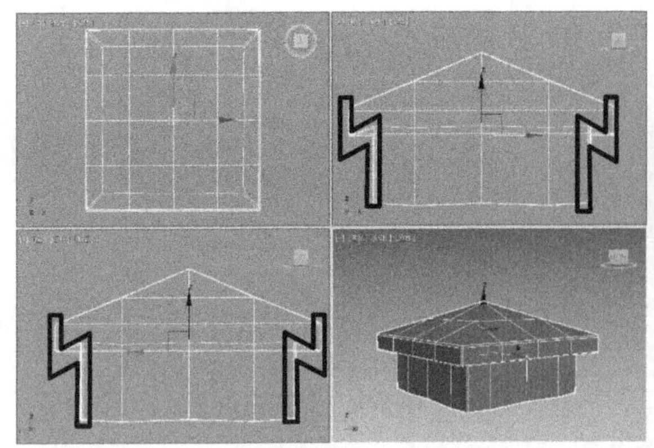
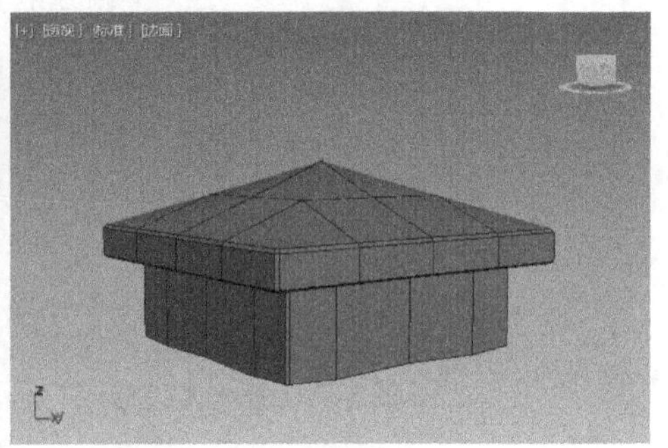

图 5-100　对纵向边线进行切角处理

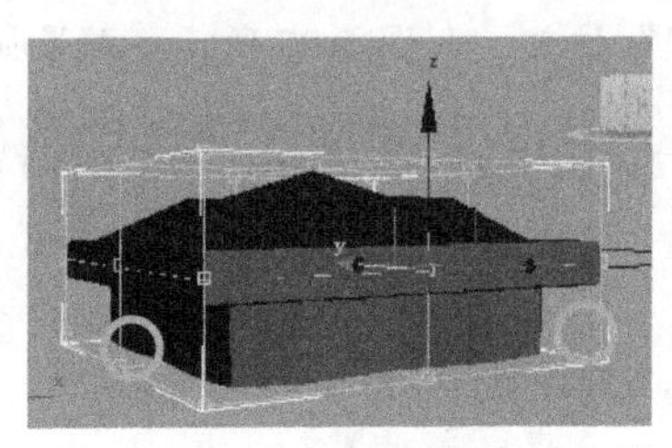
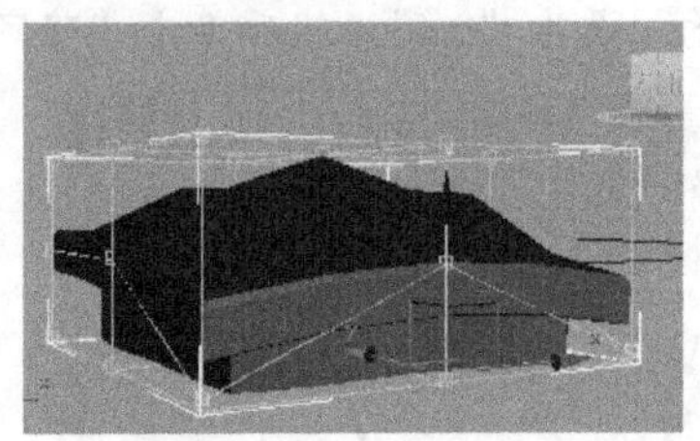

图 5-101　移动两侧控制点

Step 12 选中“亭顶”中间的控制点，并将其沿 Z 轴向上移动至如图 5-102 所示的位置。

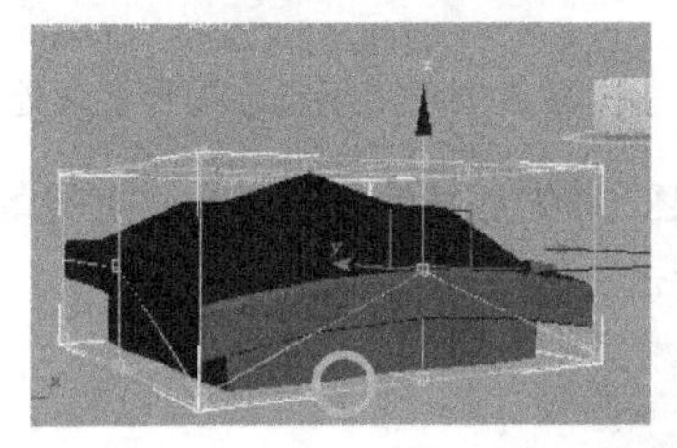

图 5-102　移动中间控制点

Step 13 参照 Step11、Step12 的操作，调整其他角度相应的控制点，调整后的效果如图 5-103 所示。

Step 14 为“亭顶”模型添加“涡轮平滑”修改器，并在“涡轮平滑”卷展栏中设置其参数，如图 5-104 所示。

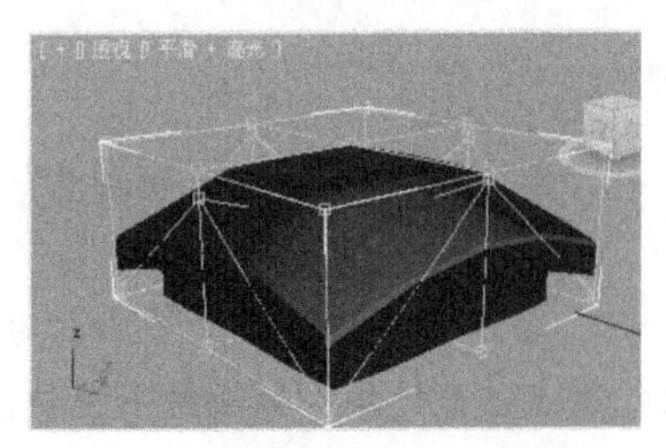

图 5-103　调整其他角度的控制点

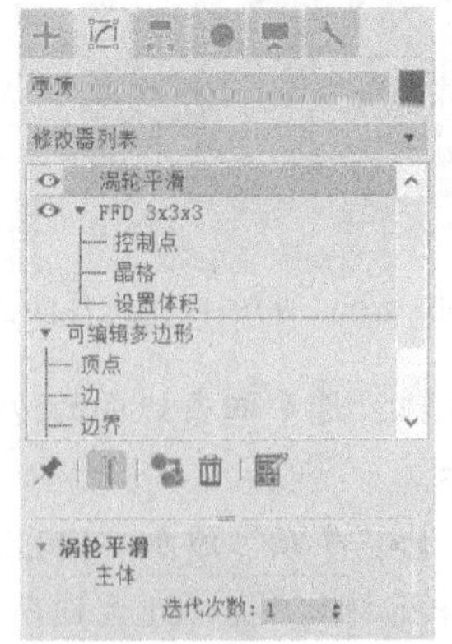

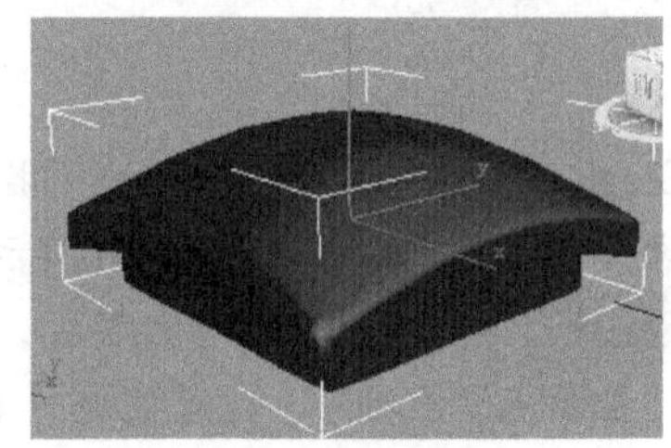

图 5-104　为“亭顶”添加“涡轮平滑”修改器

Step 15 在前视图中绘制一个矩形，并将其命名为“字框”，然后在“参数”卷展栏中设置其参数，如图 5-105 所示。

Step 16 将“字框”转换为可编辑样条线，并将修改对象设为“样条线”，然后在“几何体”卷展栏中“轮廓”按钮右侧的编辑框中输入“1”，并按【Enter】键，如图 5-106 所示。

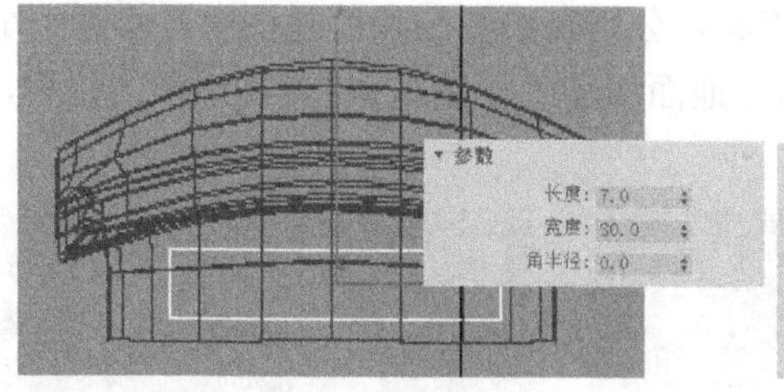

图 5-105　创建矩形

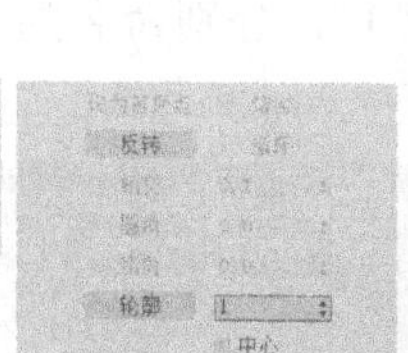

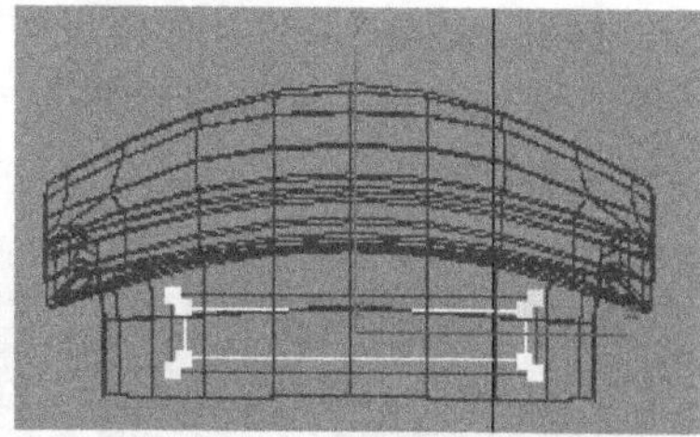

图 5-106　对“字框”进行轮廓处理

Step 17 为“字框”添加“挤出”修改器，并将挤出数量设为“0.5”。

Step 18 单击“创建”>“几何体”面板“标准基本体”分类中的“平面”按钮，利用“捕捉开关”按钮在前视图中绘制一个与“字框”等大的平面，并将其命名为“白板”，如图 5-107 所示。

Step 19 单击“创建”>“图形”面板“样条线”分类中的“文本”按钮，并在“参数”卷展栏中设置参数，然后在前视图单击创建文本，如图 5-108 所示。

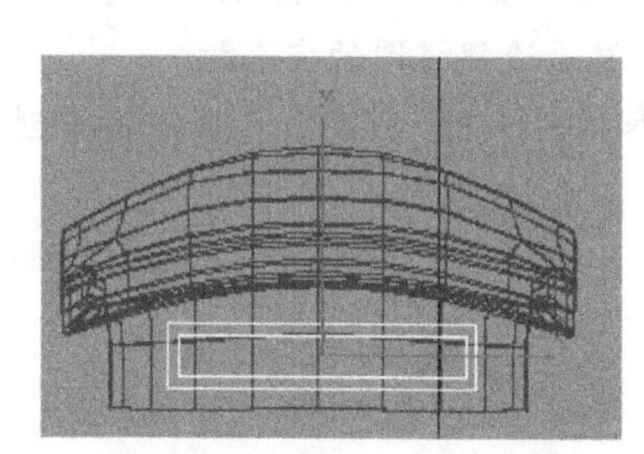

图 5-107　创建“白板”模型

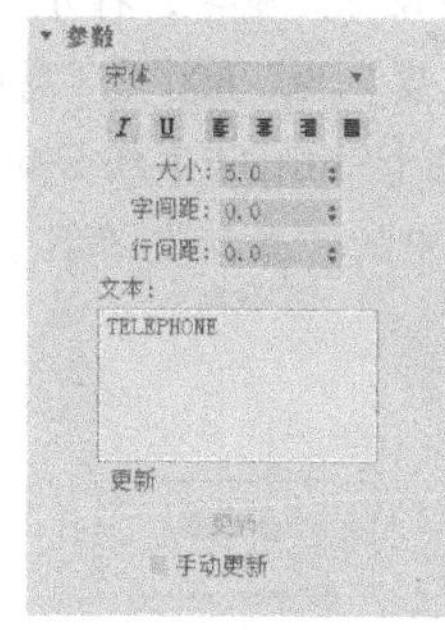

图 5-108　创建文本

Step 20 对文本添加“挤出”修改器，并将挤出数量设为“0.5”，然后将视图中的“字框”、“白板”和文本模型移动到适当位置，如图 5-109 所示。

Step 21 将“字框”、“白板”和文本模型成组，并将其命名为“标牌”，然后将“标牌”复制三份，并调整副本模型的位置和角度，将其移动到其他三个面中。效果如图 5-110 所示。

图 5-109　挤出文本

图 5-110　复制“标牌”模型

4．组合电话亭模型

将电话亭各组成部分参照图 5-111 右图所示移动到适当的位置，电话亭模型就制作完成了。

温馨提示：

本实例主要通过对切角长方体、矩形和长方体进行编辑多边形建模来创建电话亭模型。在建模的过程中，应注意“FDD3×3×3”修改器和“挤出”“切角”等编辑命令的应用。

5．创建环境

利用“创建”>“几何体”面板中的“平面”工具，分别在顶视图和前视图中各绘制一个平面，并修改长、宽分段数都为“1”，分别命名为“地面”和“墙壁”，放置在适当的位置，如图 5-111 所示。

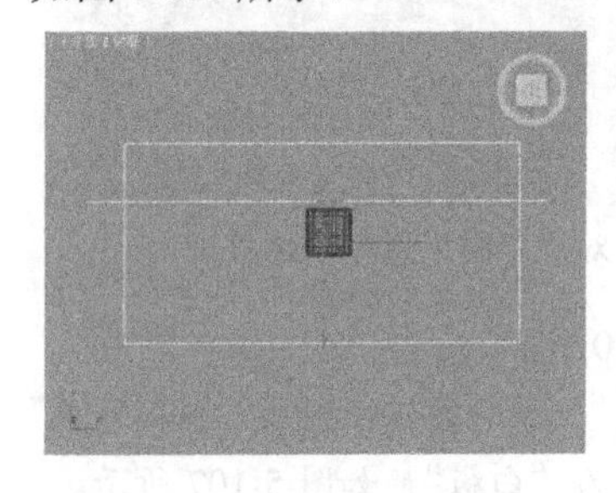

图 5-111　绘制地面和墙壁

6．创建摄影机

Step 01 在菜单栏中选择“渲染”>“渲染设置”命令，打开“渲染设置”对话框，在“公用”选项卡中的“公用参数”卷展栏中，设置“宽度”为“600”，“高度”为“800”，如图 5-112 所示。

Step 02 将透视视图设置为活动视口，按【Shfitl+F】组合键，显示透视视图的安全框。

Step 03 利用“创建”>“摄影机”面板中的“目标”工具，参照图 5-113 所示，在顶视图中创建目标摄影机。

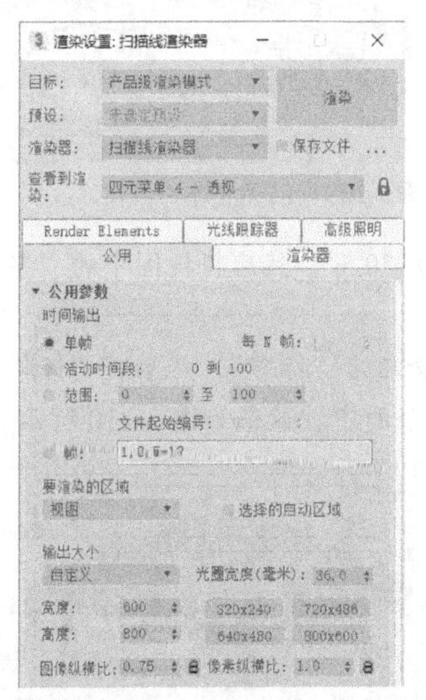

图 5-112　在“渲染设置”对话框中设置渲染输出大小

图 5-113　创建目标摄影机

Step 04 激活透视视图，然后按快捷键【C】切换到摄影机视图（该操作的目的是方便观察摄影机的调整效果，在下面的操作中，用户可边调整摄影机，边在摄影机视图中观察调整效果），然后在前视图中调整摄影机和目标点的位置，效果如图 5-114 所示。

Step 05 选中摄影机，在“修改”面板的“参数”卷展栏中设置“镜头”为“35mm”，如图 5-115 所示。

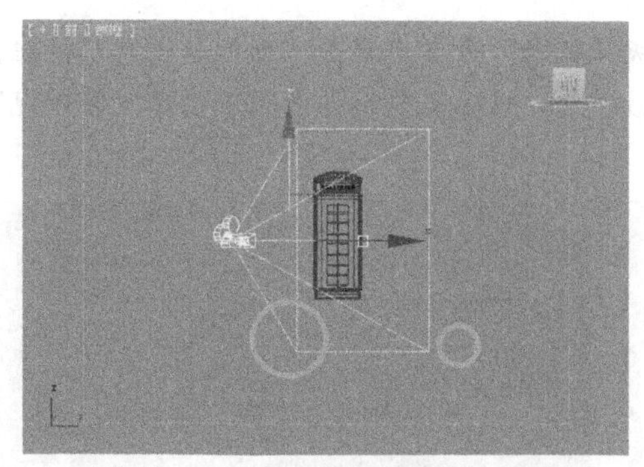
图 5-114　在前视图中调整摄影机位置

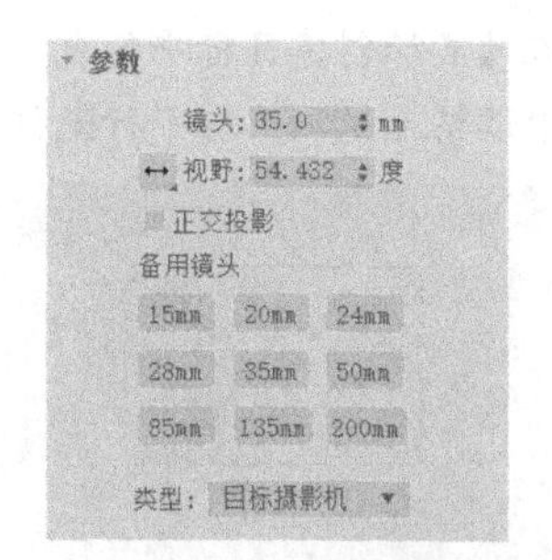

图 5-115　设置镜头

Step 06 在顶视图选中摄影机，沿 X 轴和 Y 轴移动摄影机的位置，再适当调整目标点位置，效果如图 5-116 所示。此时在摄影机视图中得到如图 5-117 所示的效果，摄影机创建成功。

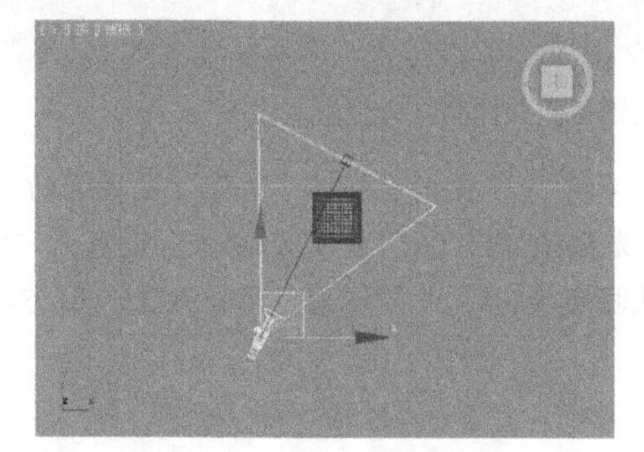
图 5-116　在顶视图中调整摄影机位置

图 5-117　摄影机创建效果

7. 创建灯光

英式电话亭外观表现-电话亭灯光与材质

Step 01 创建天光并设置高级照明。单击“创建”>“灯光”面板“标准”分类中的“天光”按钮，然后在视图中单击，创建一盏“天光”，如图 5-118 左图所示，然后在“修改”面板“参数”卷展栏中设置“天光”的“倍增”为“0.6”，如图 5-118 中图所示。

Step 02 在菜单栏中选择 “渲染”>“光跟踪器”命令，当前的高级照明方式自动指定为“光跟踪器”，这里将“光线/采样”设置为“90”，如图 5-118 右图所示。

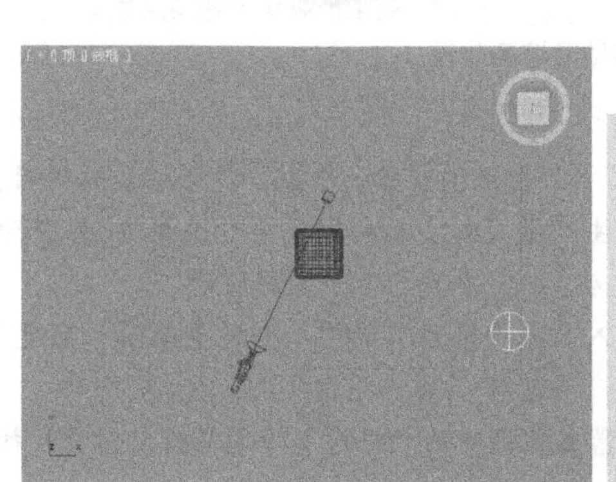
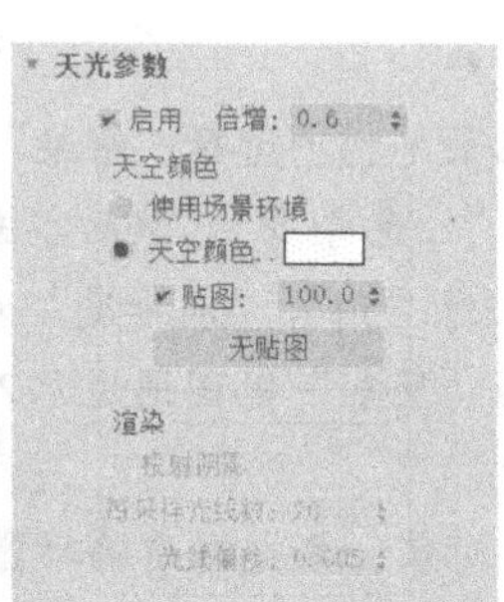

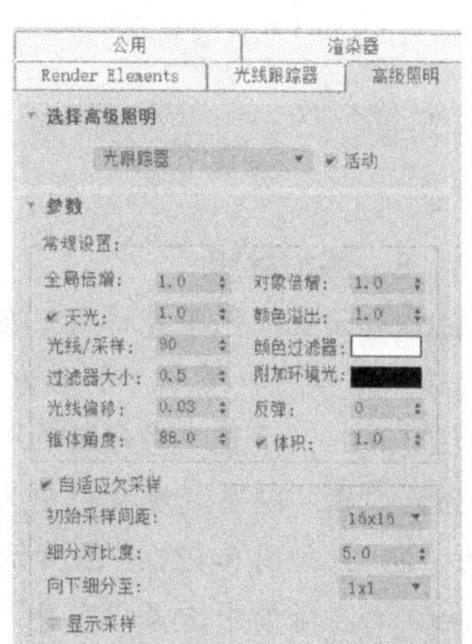

图 5-118　创建天光并设置高级照明

Step 03 创建主光。在“创建”>“灯光”面板“标准”分类中单击“目标平行光”按钮，在视图中拖动鼠标创建目标平行光，将其作为投影灯光，然后参考如图 5-119 所示，在顶视图和前视图中调整天光和目标平行光位置。

图 5-119　创建目标平行光，设置参数并调整灯光位置

Step 04 选中目标平行光，在“修改”面板的“常规参数”卷展览下勾选“阴影”设置区的“启用”选项，在“平行光参数”卷展栏中分别将“聚光区/光束”和“衰减区/区域”设置为“88”和“270”，如图 5-120 左图和中图所示，此时按快捷键【F9】进行渲染，场景效果如图 5-120 右图所示。

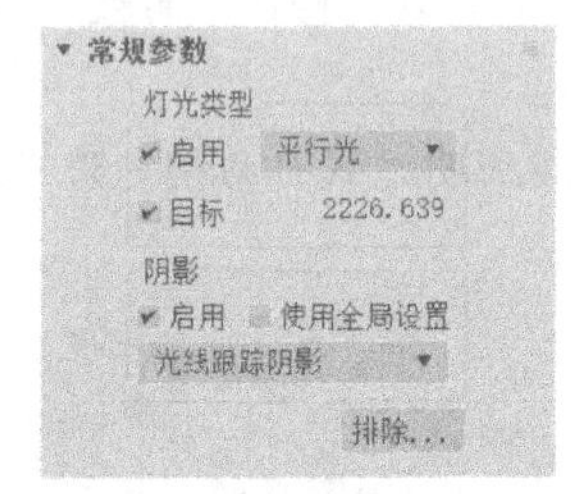

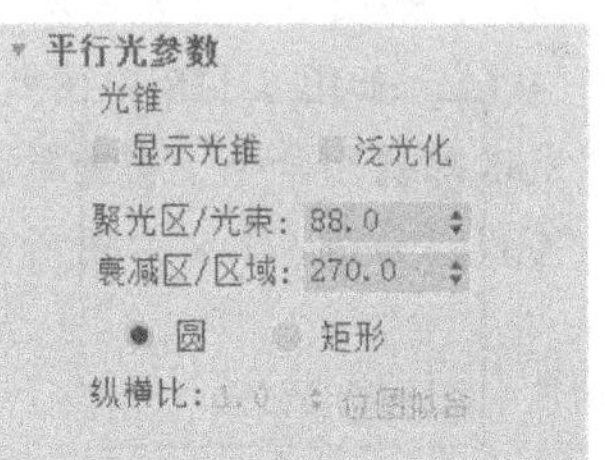

图 5-120　设置平行光参数及渲染效果

8. 添加材质

Step 01 设置红色亭身材质。在菜单栏中选择“渲染”>“材质编辑器”命令，打开材质编辑器，选择一个空白材质球，命名为“红色亭身”，然后单击“漫反射”后的颜色条，设置 RGB 值为（231,0,0），设置“高光级别”为“39”，“光泽度”为“9”，如图 5-121 左图所示。

Step 02 在“贴图”卷展栏中为“反射”贴图通道加入“光线跟踪”贴图，并设置贴图“强度”为“20”，如图 5-121 右图所示。

Step 03 在场景中选择“亭身”对象，单击材质编辑器工具栏中的“将材质指定给选定对象”按钮，将设置好的“红色亭身”材质指定给亭身、玻璃门、底座和字框等对象（如果创建模型时已将某些对象群组，可先选中对象后，在菜单栏中选择“组”>“解组”进行解组）。

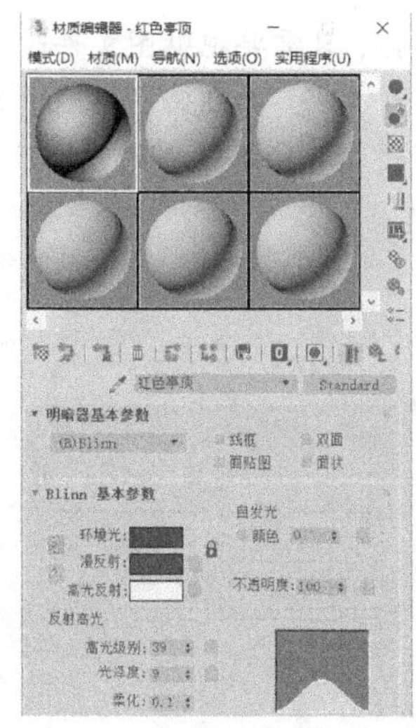

	数量	贴图类型
环境光颜色	100	无贴图
漫反射颜色	100	无贴图
高光颜色	100	无贴图
高光级别	100	无贴图
光泽度	100	无贴图
自发光	100	无贴图
不透明度	100	无贴图
过滤颜色	100	无贴图
凹凸	30	无贴图
✔反射	20	贴图 #1 （Raytrace）
折射	100	无贴图
置换	100	无贴图

图 5-121　设置“红色亭身”材质

Step 04 设置文字和白板材质。使用拖动方式复制红色材质球到一个空白材质球上，将复制过来的材质球命名为“文本”，然后单击“漫反射”后的颜色条，设置 RGB 值为（0,0,0），最后将“文本”材质指定给场景中的“文字”对象。

Step 05 复制红色材质球到另一个空白材质球上，将复制过来的材质球命名为“白板”，然后单击“漫反射”后的颜色条，设置 RGB 值为（255, 255, 255），最后将“白板”材质指定给场景中的“白板”对象。

Step 06 设置“玻璃”材质。选择一个空白材质球，命名为“玻璃”，单击“Standard”按钮，在弹出的“材质/贴图浏览器”对话框中单击“光线跟踪”材质，然后单击“确定”按钮。

Step 07 将“漫反射”颜色设置为黑色，“透明度”颜色设置为白色，双击“反射”后面的☑按钮，将反射改为菲尼尔方式；设置“高光级别”为“96”，“光泽度”为“32”，如图 5-122 所示。最后将该材质指定给场景中的“玻璃”对象。

Step 08 设置墙材质。选择一个空白材质球，命名为“墙”，单击“漫反射”后的 按钮，在弹出的“材质/贴图浏览器”对话框中双击“位图”类型，弹出“选择位图图像文件”对话框，选择本书配套素材“素材与案例” > “第 5 章” > “maps” 文件夹> “墙砖.jpg” 图像文件，并设置 *U* 向和 *V* 向平铺值都为“6”，如图 5-123 所示。

Step 09 返回“墙”设置界面，在“反射高光”参数组中设置“高光级别”为“5”，“光泽度”为“11”，最后将该材质指定给场景中的“墙壁”对象。

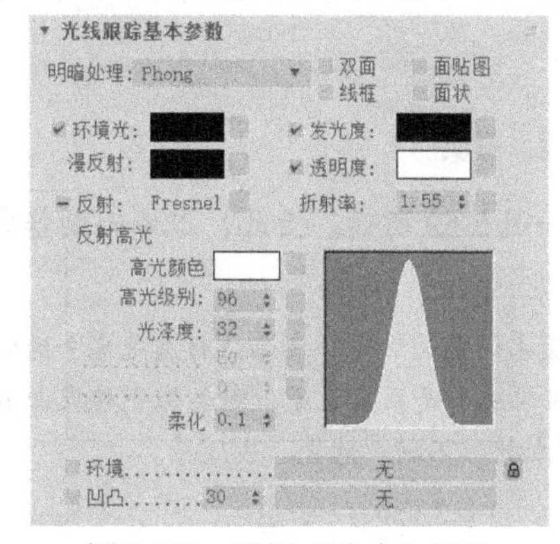

图 5-122　设置“玻璃”材质

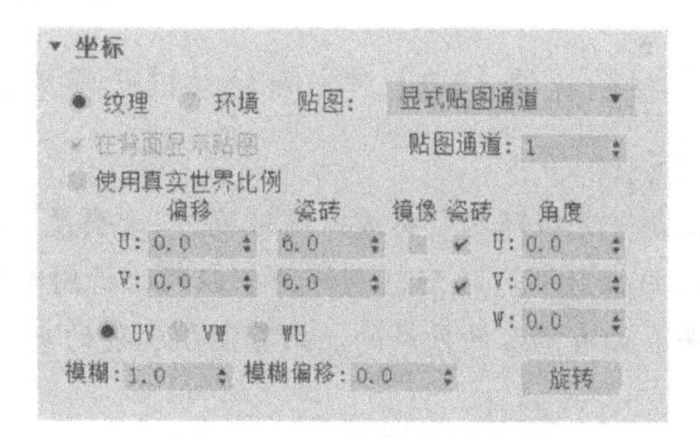

图 5-123　设置位图参数

Step 10 设置地面材质。地面材质的做法与墙材质类似，只需要把贴图文件改为本书配套素材中的“地砖.jpg”图像文件，*U* 向和 *V* 向平铺值都设为“1”，并在凹凸贴图中加入强度为“30”的“地砖.jpg”贴图，如图 5-124 所示。最后将该材质指定给场景中的“地面”对象。

图 5-124　设置“地面”材质

Step 11 设置环境材质。在菜单栏中选择“渲染”>“环境”命令，在弹出的“环境和效果”对话框中单击“环境贴图”选项下面的“无”按钮，打开“材质/贴图浏览器”对话框，在其中选择“位图”选项，在弹出的“选择位图图像文件”对话框中选择本书配套素材中的“1.hdr”文件，在弹出的“HDRI 加载设置”对话框中单击“确定”按钮。

Step 12 将“环境贴图”选项下的按钮拖拽到材质编辑器的一个空材质球上，在弹出的对话框中选择“实例”单选钮，然后在材质编辑器的“坐标”卷展栏中设置“贴图”为“球形环境”，并调节 *U* 向“偏移”为“-0.18”，“模糊偏移”为“0.01”，如图 5-125 所示。

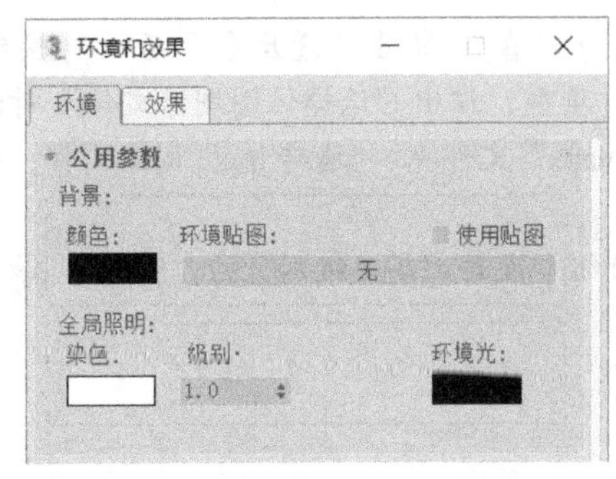

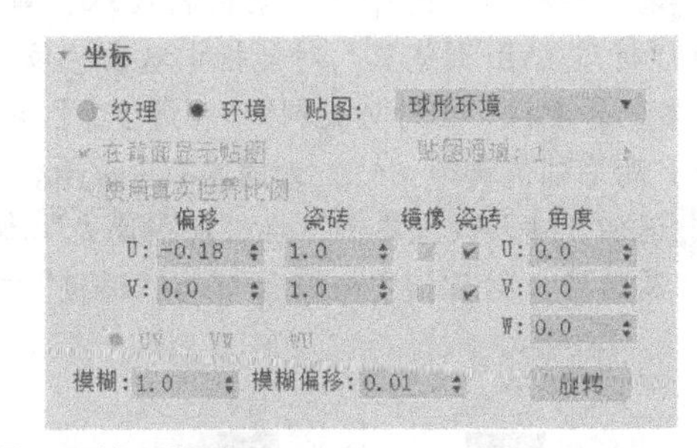

图 5-125　设置“环境”材质

Step 13 按快捷键【F9】对当前场景进行渲染，效果如图 5-59 所示。至此，本实例制作完成。

经验之谈：

使用“光线跟踪”材质设置玻璃，“透明度”参数的颜色设置为白色，表示该材质是完全透明的，而默认的折射率是 1.55，刚好符合玻璃的折射率值。菲涅尔反射是用来渲染一种类似瓷砖表面有釉或者木头表面有清漆的效果的。用菲涅尔反射的东西一般有木材、石材、陶瓷、玻璃等。

任务拓展

5.2.5 山洞景深效果

山洞景深效果

知识点介绍

“景深”是指摄影机拍摄时产生清晰图像的范围，此范围外的场景在渲染图像中是模糊的；“运动模糊”是指摄影机拍摄时物体在运动的瞬间产生的视觉模糊效果。使用3ds Max的摄影机制作景深和运动模糊效果都是通过对当前场景进行多次偏移渲染（即每次渲染都将摄影机偏移一定距离，以获得不同的渲染效果），然后重叠渲染结果产生的。

制作思路

在本实例中，首先创建一个目标摄影机，然后利用视图控制区中的工具调整摄影机的观察效果；接下来，开启摄影机的景深效果，并调整景深效果的参数；最后，快速渲染场景，即可获得山洞的景深效果，如图5-126所示。

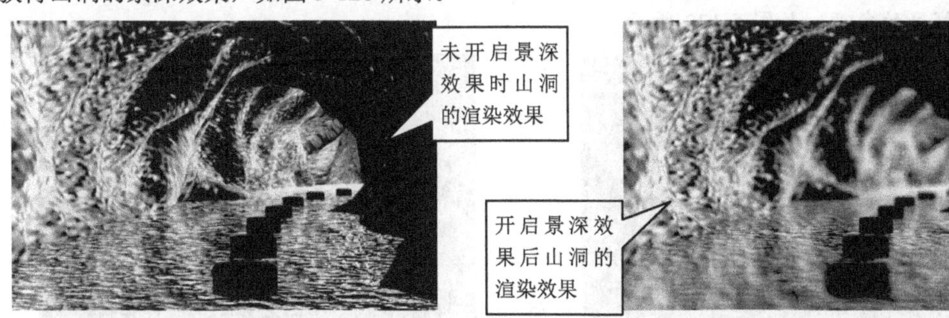

图5-126　开启和未开启景深效果时山洞的快速渲染效果

操作步骤

Step 01 打开本书配套素材“素材与实例”>“第5章”文件夹>“山洞模型.max”素材文件，场景效果如图5-127所示。

Step 02 单击“创建”>“摄影机”面板中的“目标”按钮，然后在顶视图中单击并拖动鼠标，到适当位置后释放左键，创建一个目标摄影机，如图5-128所示。

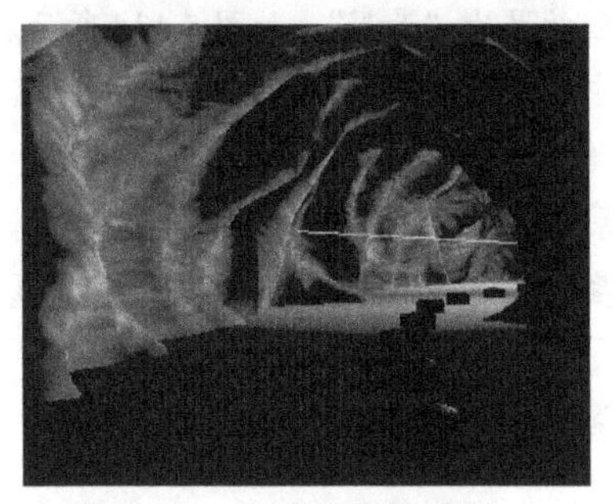

图5-127　山洞模型效果图

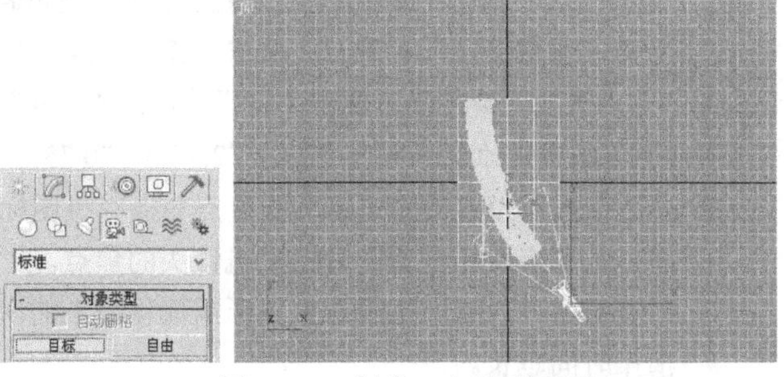

图5-128　创建一个目标摄影机

Step 03 单击激活透视视图，然后按快捷键【C】，将透视视图切换为Camera01摄影机视图，此时Camera01摄影机视图的观察效果如图5-129所示。

Step 04 单击视图控制区中的“推拉摄影机+目标点”按钮（若视图控制区中无此按钮，可按住“推拉摄影机”按钮或“推拉目标”按钮，从弹出的按钮列表中选择该按钮），然后在摄影机视图中单击并向上拖动鼠标，使摄影机图标和目标点同时向拍摄对象靠近，如图 5-130 所示。

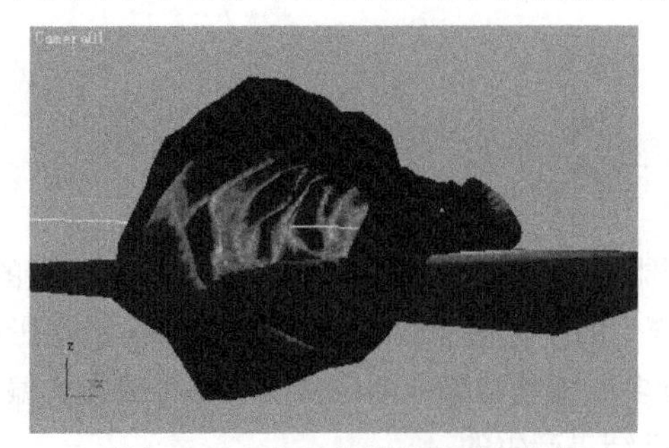

图 5-129　未调整前的摄影机视图

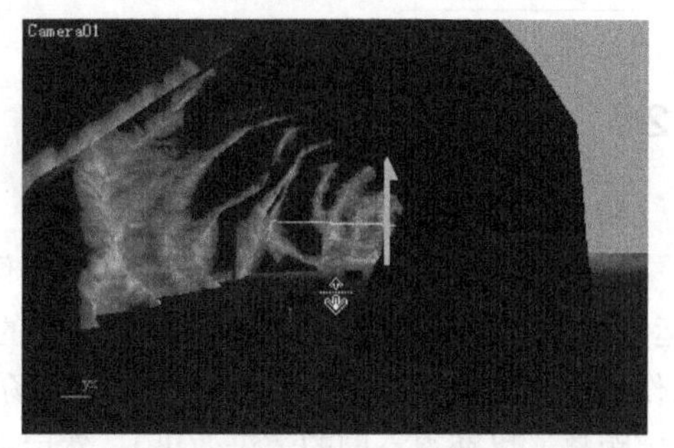

图 5-130　推拉摄影机图标和目标点

Step 05 单击视图控制区中的“摇移摄影机”按钮，然后在摄影机视图中单击并向右拖动鼠标，将摄影机整体向右移动一定的距离，如图 5-131 所示。

Step 06 单击视图控制区中的“视野”按钮，然后在摄影机视图中单击并向上拖动鼠标，增大摄影机观察区的角度，如图 5-132 所示。

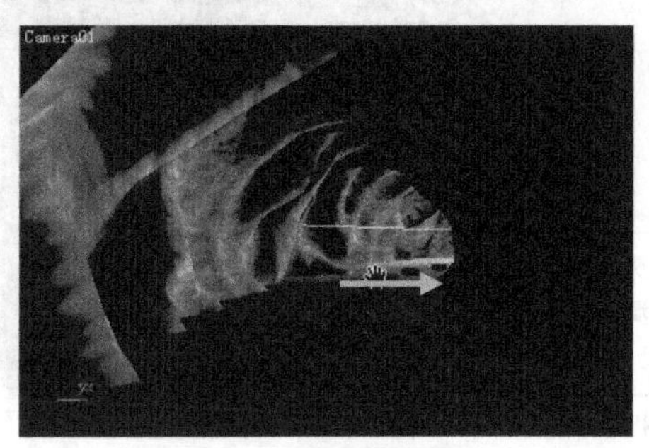

图 5-131　平移摄影机

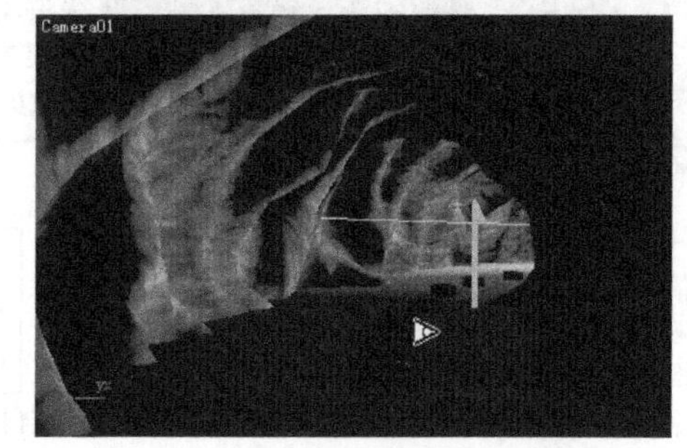

图 5-132　调整摄影机的视野

Step 07 单击视图控制区的“环游摄影机”按钮，然后在摄影机视图中单击并拖动鼠标，使摄影机图标绕目标点旋转一定的角度，以调整摄影机的观察角度，最终效果如图 5-133 所示。至此就完成了摄影机观察视野的调整。

Step 08 选中摄影机图标，然后选中“修改”面板“参数”卷展栏“多过程效果”区中的“启用”复选框，开启摄影机的多过程效果，再设置摄影机当前使用的多过程效果为“景深”，如图 5-134 所示。

Step 09 打开“景深参数”卷展栏，取消选择“焦点深度”区中的“使用目标距离”复选框，然后输入“焦点深度”编辑框的值为“400”，再在“采样”区中输入“过程总数”、“采样半径”和“采样偏移”编辑框的值分别为“20”、“2.5”和“0.75”，完成景深参数的设置，如图 5-135 所示。

- 焦点深度：设置摄影机镜头的焦点与摄影机图标的距离。选中“使用目标距离”复选框时，目标点所在位置即为摄影机镜头的焦点。
- 过程总数：设置产生景深效果所需偏移渲染的次数，数值越大，景深效果的质量越好，渲染时间越长。
- 采样半径：设置摄影机最大偏移范围的半径，数值越大，景深效果越明显，图像中清晰区域的范围越小。
- 采样偏移：设置每次渲染后摄影机偏移距离的大小。
- 规格化权重：使用规格化的权重混合各偏移渲染的结果，使景深效果更平滑。此选项默认为启用状态。

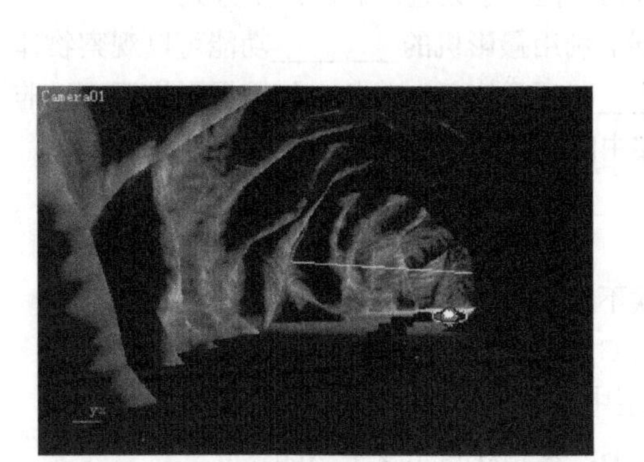

图 5-133　调整摄影机的观察角度的最终效果

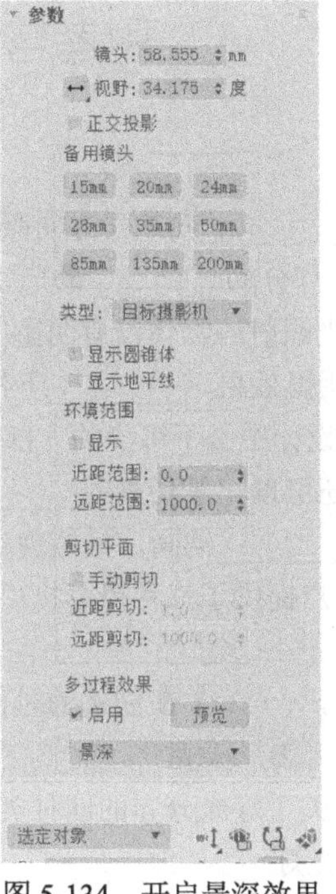

图 5-134　开启景深效果

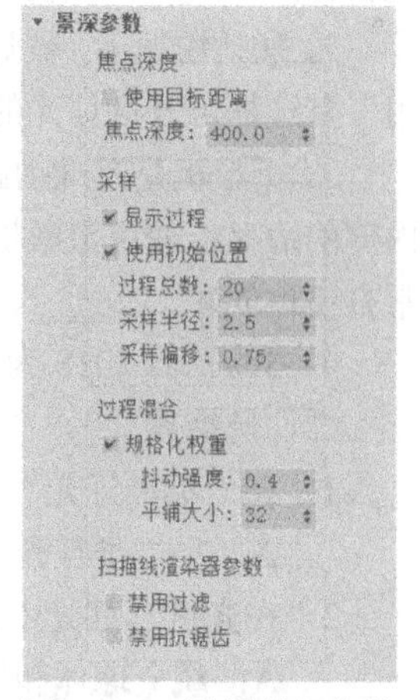

图 5-135　设置景深参数

- 抖动强度：设置混合各偏移渲染的结果时，渲染器的抖动强度，数值越大，抖动越强烈，最终的景深效果中，颗粒状效果越明显。
- 扫描线渲染器参数：该区中的参数用于取消多过程渲染中的过滤处理和抗锯齿处理。在测试景深效果时经常启用这两个选项，以减少渲染时间。

Step 10 激活摄影机视图，然后按快捷键【F9】进行快速渲染，即可得到如图 5-126 右图所示的山洞景深效果。本实例最终效果可参考本书配套素材“素材与实例”>“第 5 章”文件夹>“山洞景深效果.max”。

温馨提示：

本实例主要利用目标摄影机创建山洞的景深效果。在创建的过程中，关键是调整摄影机的观察效果，以及设置景深效果的参数。另外，通过本实例的学习，读者要了解 3ds Max 制作景深效果的原理，知道如何确定摄影机镜头焦点的位置。

本章小结

灯光与摄影机是三维建模中两个重要的组成部分，它们本身不能被渲染，但在表现场景、气氛、动作和构图等方面发挥着重要作用。

一般情况下主光选择目标聚光灯或目标平行光。主光一般用来模拟太阳光，让物体产生阴影，所以主光的阴影一般都是开启的。在顶视图中，主光一般和摄影机成 90 度夹角；在前视图中，主光一般与地面成 45 度夹角。

如果摄影机的目标点和摄影机在一条平行线上，就叫作平视，平视物体时，能真实地反映物体的长宽高；如果目标点在摄影机之上，就叫作仰视；如果目标点在摄影机之下，就叫作俯视。俯视和仰视物体时，物体都会有一定程度的变形。

思考与练习

一、填空题

1. 聚光灯产生的是从________向某一方向照射、照射范围为________的灯光。根据灯光有无目标点，3ds Max 将聚光灯分为________聚光灯和________聚光灯两种。

2. 默认情况下，被灯光照射的物体没有阴影，选中“常规参数”卷展栏________区中的“启用”复选框可开启灯光的阴影效果，________下拉列表框用于设置阴影的产生方式。

3. 摄影机是三维动画设计中必不可少的一部分，利用摄影机的________功能可以观察物体内部的情况；使用摄影机还可以记录场景的________，便于恢复；此外，使用摄影机还可以非常方便地创建________、________动画，模拟现实中的________特效。

4. 3ds Max 2018 为用户提供了三种摄影机：________、________和________。

二、选择题

1. 在“标准灯光”中，（　　）在创建的时候不需要考虑位置的问题。

A. 目标平行光　B. 天光　C. 泛灯光　D. 目标聚光灯

2. 在光度学灯光中，关于灯光分布的四种类型中，（　　）类型可以载入光域网使用。

A. 统一球体和聚光灯　B. 聚光灯和光度学 Web

C. 光度学 Web　D. 光度学 Web 和统一漫反射

3. 在摄影机参数中，以下（　　）选项的描述是正确的。

A. 当勾选“显示圆锥体”复选框后，摄影机能够被渲染

B. 当勾选“显示地平线”复选框后，该摄影机视图一定能够看见“地平线”

C. 即使同时勾选“显示圆锥体”和“显示地平线”复选框，最终渲染的结果也不会受到这两个选项的影响

D. 如果同时勾选“显示圆锥体”和“显示地平线”复选框，最终渲染的结果将会显示摄影机的“圆锥体”及一条可见的“地平线”

4. 在灯光的阴影产生方式中，（　　）是将阴影图像以贴图的方式投射到对象的阴影区产生阴影，阴影的边缘比较柔和，效果比较真实；缺点是阴影的精确性不高。

A. 阴影贴图　B. 光线跟踪阴影　C. 区域阴影　D. 高级光线跟踪阴影

第6章 环境、效果和渲染

6.1 环境与效果

任务陈述

3ds Max 2018 为用户提供了“火效果”、“雾”、“体积雾”和“体积光”四种大气效果。“火效果”用于制作火焰、烟雾、爆炸等效果；“雾”用于制作雾、蒸汽等效果；“体积雾”用于在场景中生成密度不均的三维云团；“体积光”用于制作光透过缝隙和光线中灰尘的效果。下面通过制作如图 6-1 所示的云山雾罩效果，使读者掌握大气效果的应用方法。

图 6-1　云山雾罩效果图

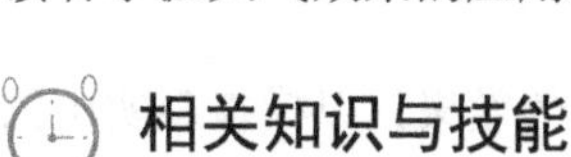

相关知识与技能

6.1.1　环境

在真实世界中，所有的物体都不是孤立存在的，其周围都存在相应的环境。在 3ds Max 中，我们也可为不同的场景添加不同的环境。例如，冬天大雪后的小镇与夏天大雨后的小镇有很大的不同，在制作这样的场景时需要应用不同的环境。因此，合理地设置场景的环境对于最终的渲染效果具有很重要的作用。

温馨提示：

为场景添加环境和效果后，需要对场景进行渲染才能看到添加效果。

在菜单栏中选择“渲染”>“环境”命令，或者按快捷键【8】，利用打开的“环境和效果”对话框的“环境”选项卡可设置场景的环境，如图 6-2 所示。其中各个参数卷展栏的用途如下。

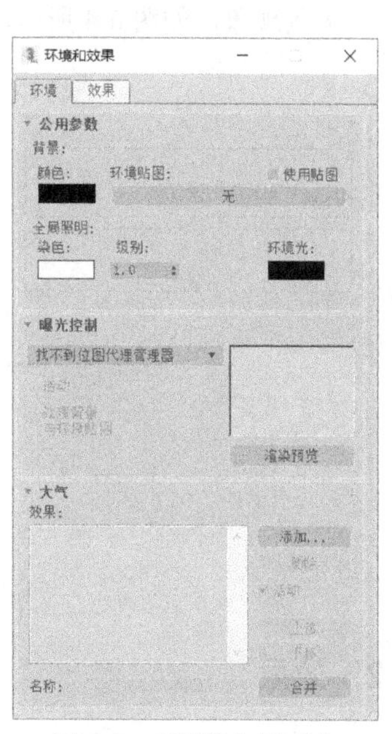

图 6-2　“环境”选项卡

❒ “公用参数”卷展栏：该卷展栏中的参数用于设置场景的背景颜色、背景贴图及全局照明方式下光线的颜色、光照强度、环境光颜色。

经验之谈：

单击“公用参数”卷展栏“背景”区中的“无”按钮，可以为场景指定背景贴图，此时场景的背景变为贴图图像。当场景中的灯光使用全局照明设置时，利用“全局照明”区中的参数可以调整场景中灯光的颜色、光照级别和环境光颜色。

❒ “曝光控制”卷展栏：该卷展栏中的参数用于设置渲染场景时使用的曝光控制方式。其中，“曝光类型”下拉列表框用于设置场景的曝光控制方式；“处理背景与环境贴图”复选框用于控制是否对场景的背景和环境贴图应用曝光控制，如图 6-3 所示。

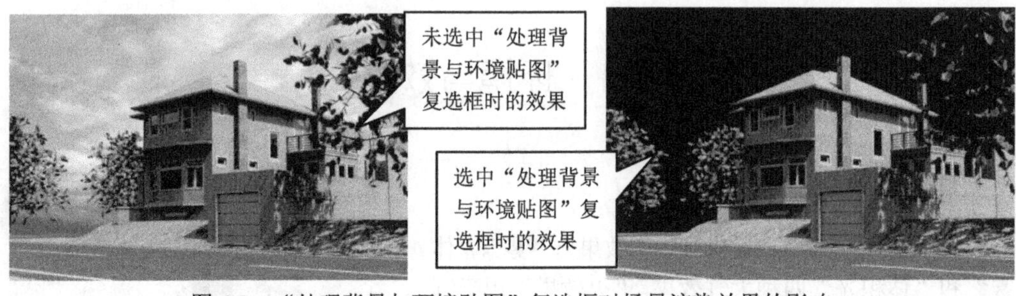

图 6-3 “处理背景与环境贴图”复选框对场景渲染效果的影响

经验之谈：

设置场景的曝光控制方式时需注意，“对数曝光控制”多用于动画场景和使用光度学灯光、日光的场景；“自动曝光控制”多用于渲染静态图像或具有多个灯光的场景；“线性曝光控制”多用于低动力学范围的场景（如夜晚或多云的场景）；“伪彩色曝光控制”多用于使用高级照明解决方案和具有放射性粒子的场景。

❒ “大气”卷展栏：使用该卷展栏中的参数可以为场景添加大气效果，以模拟现实中的大气现象，如图 6-4 所示。

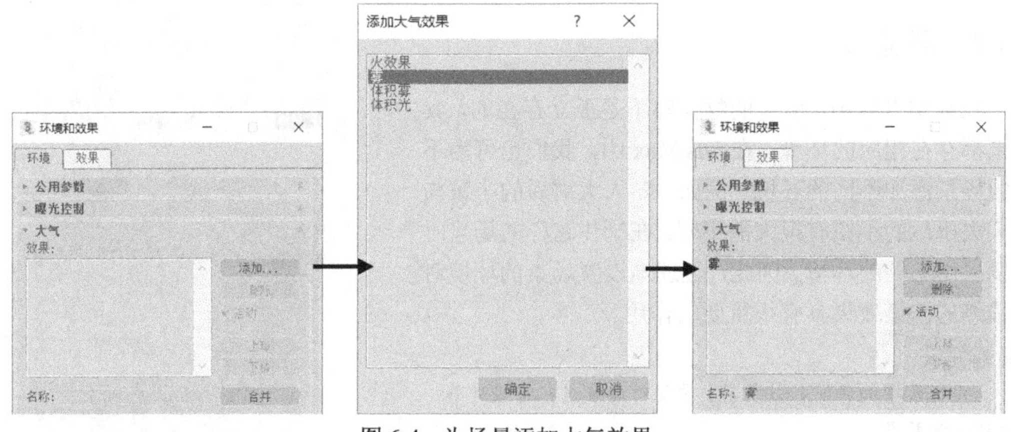

图 6-4 为场景添加大气效果

6.1.2 效果

利用“渲染和效果”对话框的“效果”效果选项卡可以为场景添加 Hair 和 Fur（头发和

毛发)、模糊和色彩平衡等效果。单击该选项卡中的“添加”按钮，在打开的“添加效果”对话框中双击任一渲染特效，即可将其添加到场景中，如图 6-5 所示。各渲染特效的用途如下。

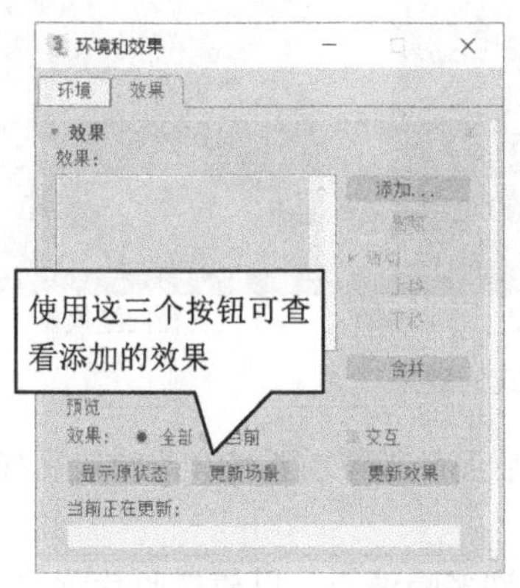

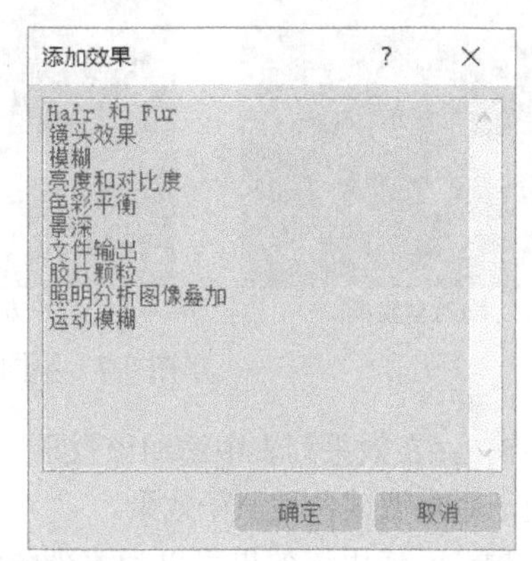

图 6-5　为场景添加效果

- Hair 和 Fur：该渲染特效用来渲染添加了毛发的场景。为模型添加“Hair 和 Fur”修改器时，系统会自动添加该渲染特效。
- 镜头效果：利用该渲染特效可以模拟摄影机拍摄时灯光周围的光晕效果，如图 6-6 所示为各种镜头效果的渲染效果。

Glow（发光）效果

Ring（光环）效果

Ray（放射）效果

Auto Secondary（自动二级）效果

Star（星）效果

Streak（条纹）效果

图 6-6　各种镜头效果的渲染效果

- 模糊：使用该效果可以使渲染图像变模糊，它有均匀型、方向型和径向型三种模糊方式，如图 6-7 所示为不同模糊方式的效果。
- 亮度和对比度：使用该效果可以改变渲染图像的亮度和对比度。
- 色彩平衡：使用该效果可以分别调整渲染图像中红、绿、蓝颜色通道的值，以调整渲染图像的色调。
- 景深：使用该效果可以非常方便地为摄影机视图的渲染图像添加景深效果，使背景和前景图像模糊，以突出表现场景中的某一对象（相对于摄影机自带的景深效果来说，景深渲染特效的渲染时间短，且易于控制），如图 6-8 所示。

均匀型模糊

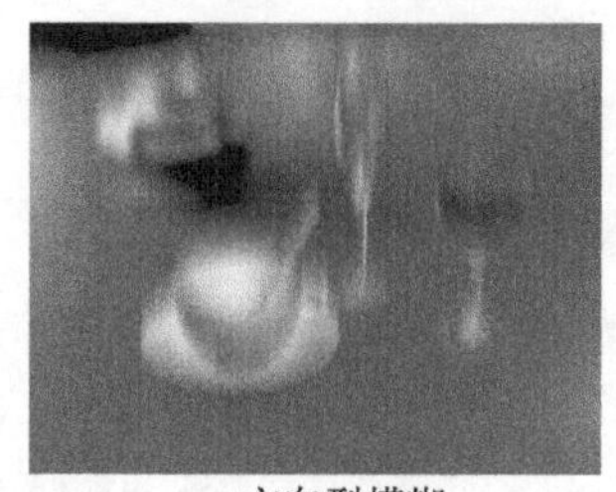
方向型模糊

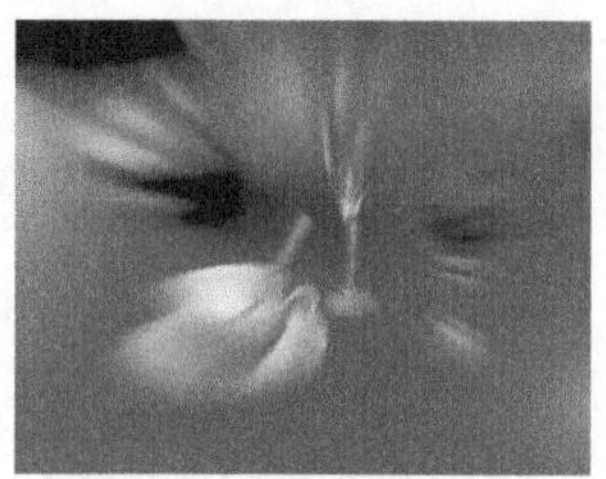
径向型模糊

图 6-7　不同模糊方式的效果

- 文件输出：在效果列表中添加该效果后，应用后面的效果前系统会为渲染图像创建快照，以便于用户调试各种渲染效果。
- 胶片颗粒：使用该效果可以为渲染图像加入许多噪波点，以模拟胶片颗粒的效果，如图 6-9 所示。

图 6-8　景深效果

图 6-9　胶片颗粒效果

- 照明分析图像叠加：图像叠加是一种渲染效果，它用于在渲染场景时计算和显示照明级别。图像叠加的度量值会叠加显示在渲染场景之上，颜色取决于在“分析值颜色编码”卷展栏上显示的伪颜色控件，如图 6-10 所示。
- 运动模糊：使用该效果可以模拟摄影机拍摄运动物体时，物体运动瞬间的视觉模糊效果，以增强渲染动画的真实感，如图 6-11 所示。

图 6-10　照明分析图像叠加效果

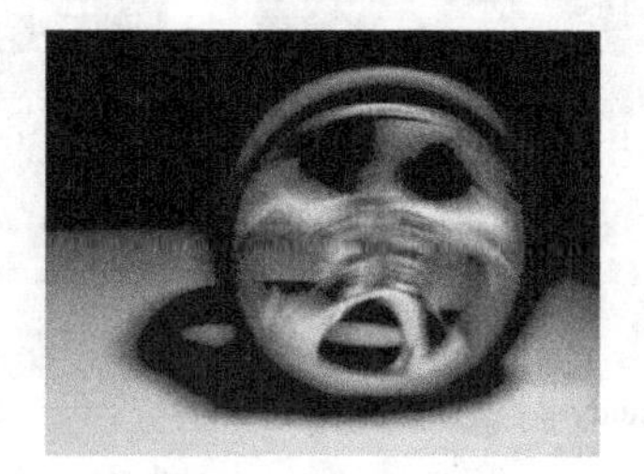
图 6-11　运动模糊效果

任务实施

云山雾罩

6.1.3　云山雾罩

制作思路

在制作云山雾罩效果时，首先为平面模型添加“置换”修改器创建山峰的模型，再创建海面模型；然后为山峰和海面添加材质和灯光；最后通过环境和效果添加“体积雾”和“雾”大气效果，制作云雾缭绕的效果。

操作步骤

1. 创建模型

Step 01 在顶视图中创建一个平面模型，并将其命名为“山峰”，然后在“参数”卷展栏中设置其参数，如图 6-12 所示。

Step 02 在“修改”面板中为“山峰”添加“置换”修改器，然后在“参数”卷展栏中将“强度”设为“600”，再单击“贴图”区的“无”按钮，在打开的“材质/贴图浏览器”对话框中双击“Noise（噪波）”选项，如图 6-13 所示。

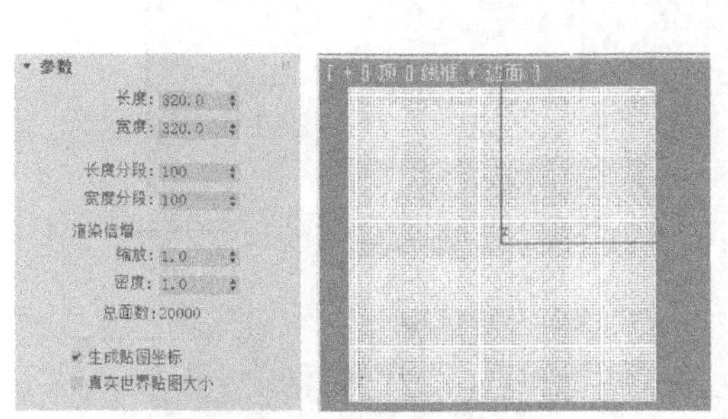

图 6-12　创建“山峰”平面及其参数设置

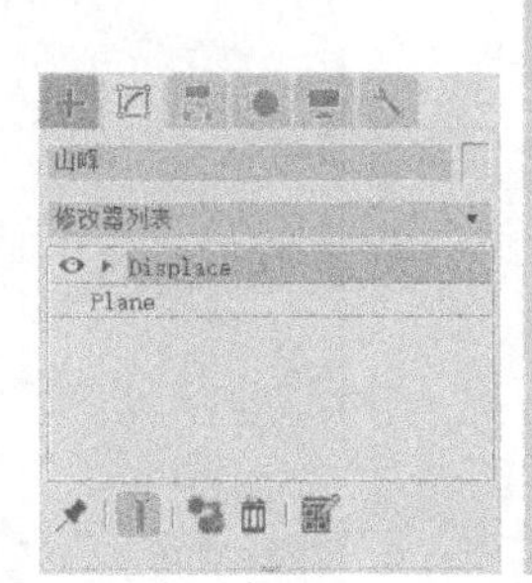

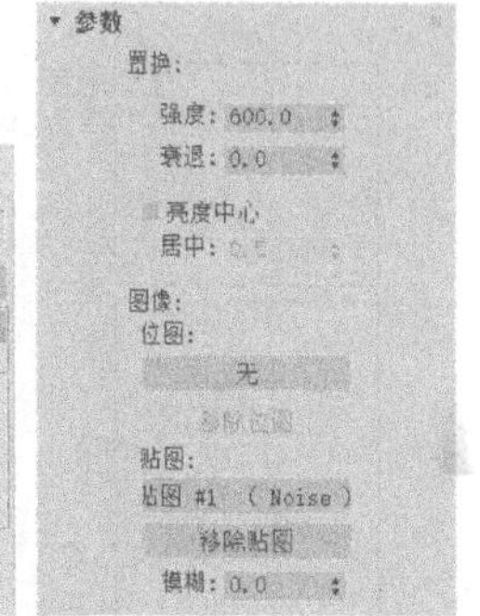

图 6-13　为“山峰”添加“置换”修改器的参数设置

Step 03 按快捷键【M】打开材质编辑器，将“修改”面板“参数”卷展栏中的“噪波”贴图拖到材质编辑器中一个未使用的材质球中的“凹凸”通道上，并在弹出的“实例（副本）贴图”对话框中选择“实例”单选钮，如图 6-14 所示。

Step 04 单击材质编辑器“贴图”卷展栏中“凹凸”通道右侧的贴图按钮，在“噪波参数”卷展栏中设置参数，如图 6-15 所示。

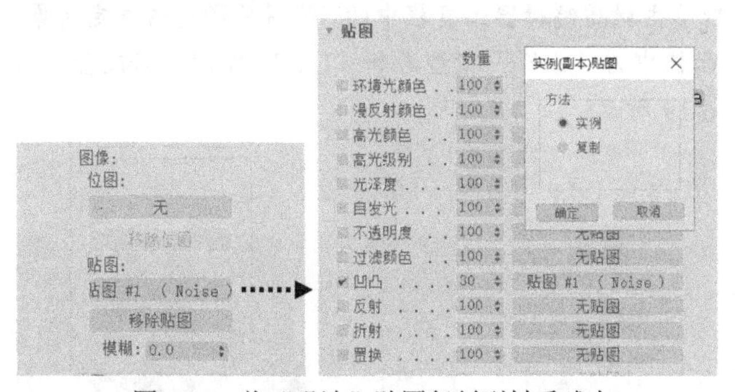

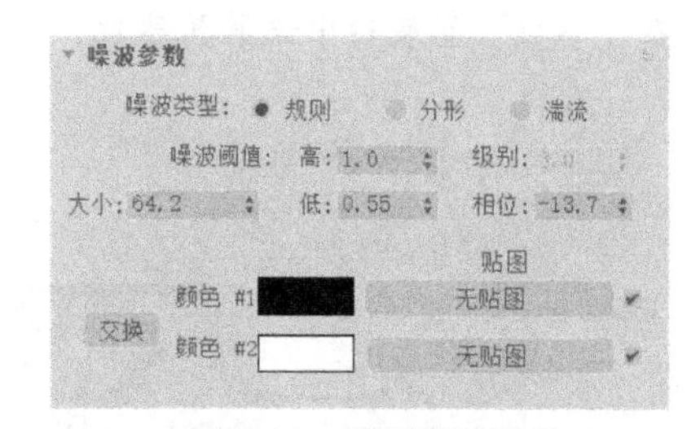

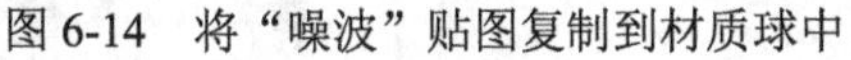
图 6-14　将“噪波”贴图复制到材质球中

图 6-15　设置噪波参数

Step 05 在顶视图中再创建一个平面，并将其命名为“海面”，然后在“参数”卷展栏中设置其参数，再在视图中调整其位置，如图 6-16 所示。

Step 06 在顶视图中创建一个目标摄影机，然后选中目标摄影机的摄影机图标，并在“参数”卷展栏中设置其参数，如图 6-17 左图所示。

Step 07 在视图中调整目标摄影机的位置，然后选中透视视图，并按快捷键【C】，将其转换为摄影机视图，使用视图控制区中的按钮对摄影机视图进行调整，如图 6-17 右图所示。

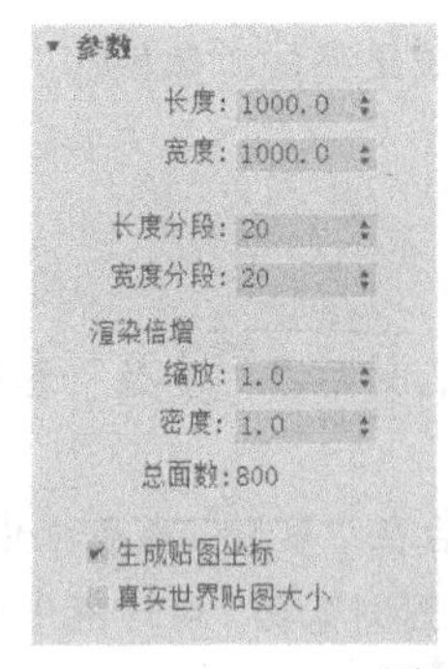

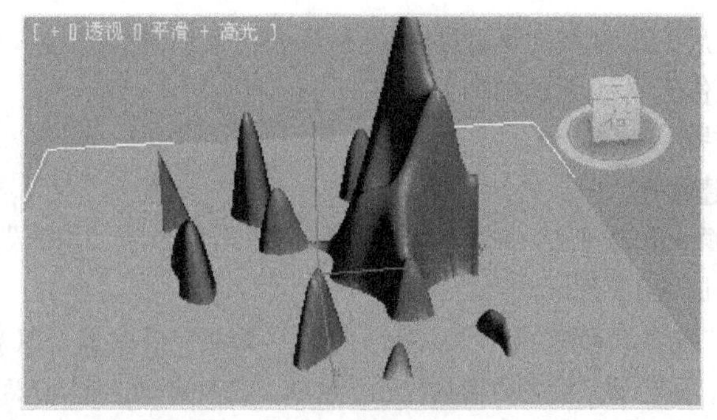

图 6-16　创建“海面”平面及其参数设置

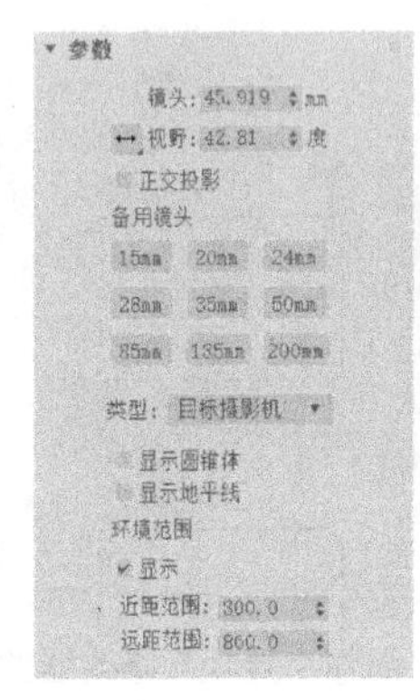

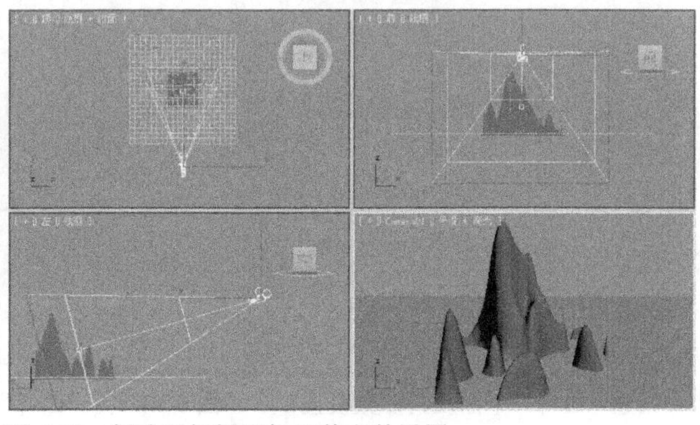

图 6-17　创建目标摄影机及其参数设置

2．添加材质

Step 01 在材质编辑器中选中一个未使用的材质球，并将其命名为“山峰材质”，然后在“Blinn 基本参数”卷展栏中设置材质参数，并将“漫反射”通道的贴图指定为本书配套素材“素材与实例”>“第 6 章”>“maps”文件夹>“山峰.jpg”图像文件，如图 6-18 所示。

Step 02 选中视图中的“山峰”模型，然后单击材质编辑器工具栏中的“将材质指定给选定对象”按钮，为其添加材质，再在“修改”面板中为“山峰”模型添加“UVW 贴图”修改器，并在“参数”卷展栏中设置其参数，如图 6-19 所示。

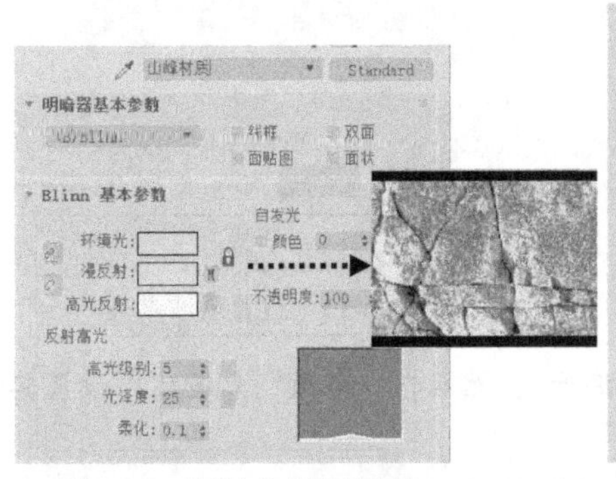

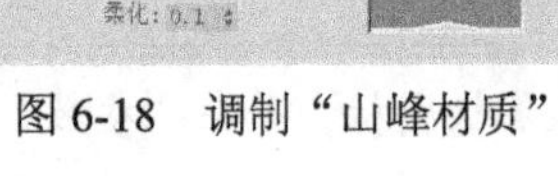

图 6-18　调制“山峰材质”

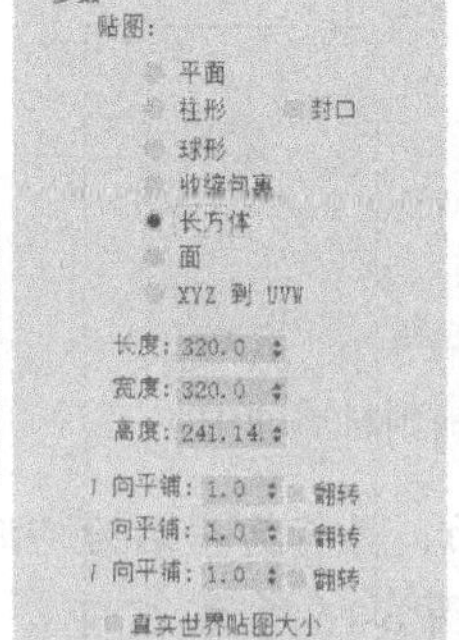

图 6-19　为“山峰”模型添加材质和“UVW 贴图”修改器

Step 03 在材质编辑器中选择一个未使用的材质球，并将其命名为“海水材质”，然后在“Blinn 基本参数”卷展栏中设置材质参数，如图 6-20 所示。

Step 04 在“贴图”卷展栏将“凹凸”通道的强度设为“200”，然后单击右侧的“无贴图”按钮，在打开的“材质/贴图浏览器”对话框中双击“波浪”选项，并在“波浪参数”卷展栏中设置参数，如图6-21所示。

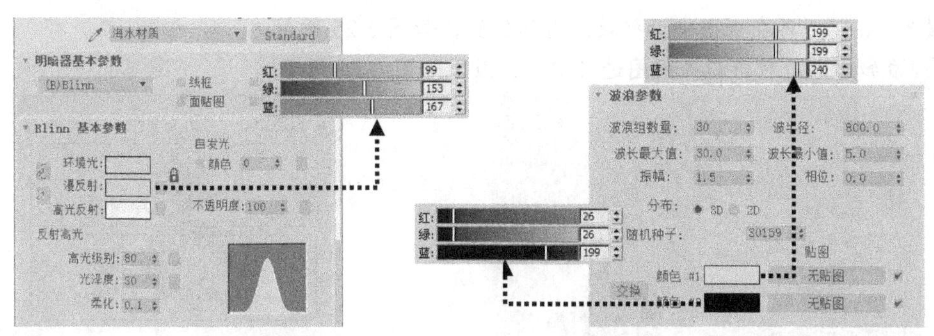

图6-20　调制“海水材质”　　　　图6-21　设置“凹凸”通道“波浪”贴图参数

Step 05 单击材质编辑器工具栏中的“转到父对象”按钮，将“贴图”卷展栏中的“反射”通道强度设为“20”，再通过拖动复制将“凹凸”通道的贴图复制到“反射”通道中，然后单击“反射”通道的材质按钮，切换到“波浪”贴图的参数堆栈列表，在“波浪参数”卷展栏中设置参数，如图6-22所示。

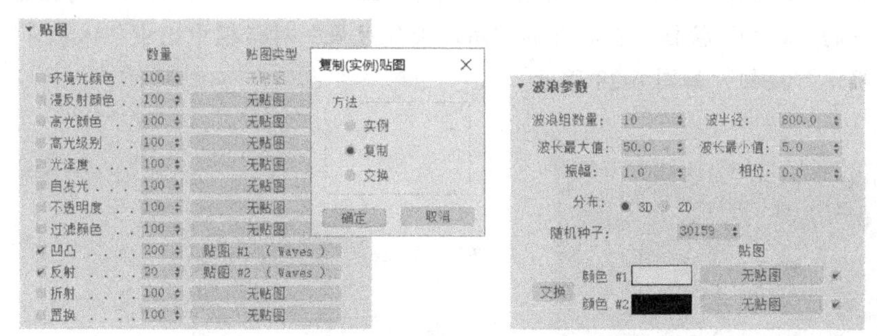

图6-22　设置“反射”通道“波浪”贴图参数

Step 06 选中视图中的“海面”模型，然后单击材质编辑器工具栏中的“将材质指定给选定对象”按钮，为其添加材质。

Step 07 在菜单栏中选择 “渲染”>“环境”命令，在打开的“环境和效果”对话框中将“环境贴图”指定为本书配套素材“素材与实例”>“第6章”>“maps”文件夹>“sky1.jpg”图像文件，如图6-23所示。

Step 08 选中摄影机视图，然后按快捷键【F9】进行快速渲染，效果如图6-24所示。

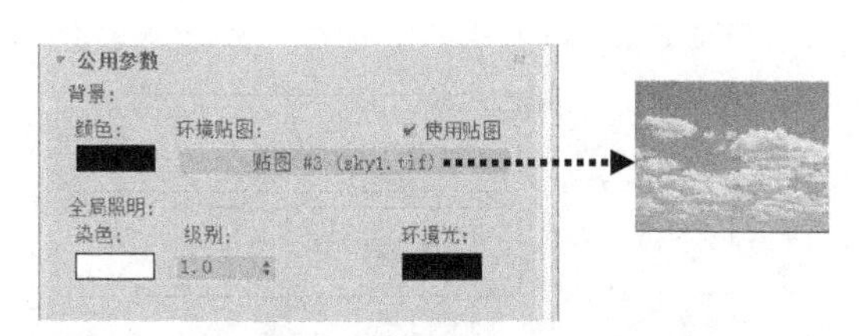

图6-23　指定环境贴图

图6-24　添加材质后的渲染效果

温馨提示：

例如，第5章桌面一角夜景表现，可以把贴图环境拖到材质编辑器中一个未使用的材质球中，选择实例模式，再在材质编辑器中选择贴图为“屏幕”。

3. 设置灯光

Step 01 在顶视图中创建两盏泛光灯，并在“强度/颜色/衰减”卷展栏中将这两盏泛光灯的“倍增”设为“0.7”，再在视图中调整泛光灯的位置，如图 6-25 所示。

Step 02 添加灯光后对摄影机视图进行渲染，效果如图 6-26 所示。

图 6-25 为场景添加泛光灯

图 6-26 添加灯光后的渲染效果

4. 设置特效

Step 01 单击“创建”>“辅助对象”面板“大气装置”分类中的“球体 Gizmo”按钮，在前视图中创建一个球体 Gizmo，然后使用“选择并均匀缩放”按钮沿 *X* 轴对其进行缩放，如图 6-27 所示。

Step 02 在菜单栏中选择“渲染”>“环境”命令，在打开的“环境和效果”对话框中单击“大气”卷展栏中的“添加”按钮，在打开的“添加大气效果”对话框中选中“体积雾”大气效果，然后单击“确定”按钮，如图 6-28 所示。

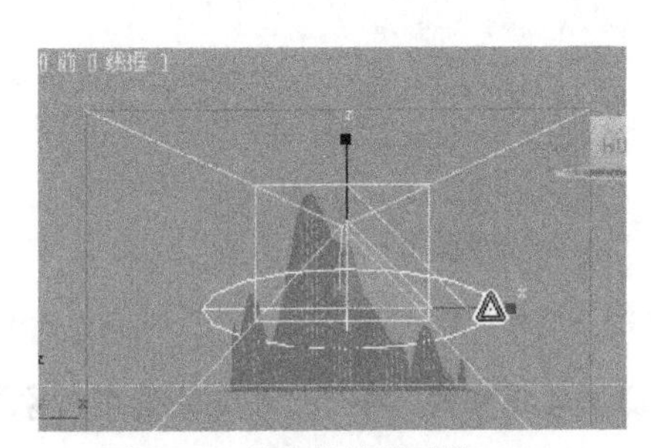

图 6-27 创建并缩放球体 Gizmo

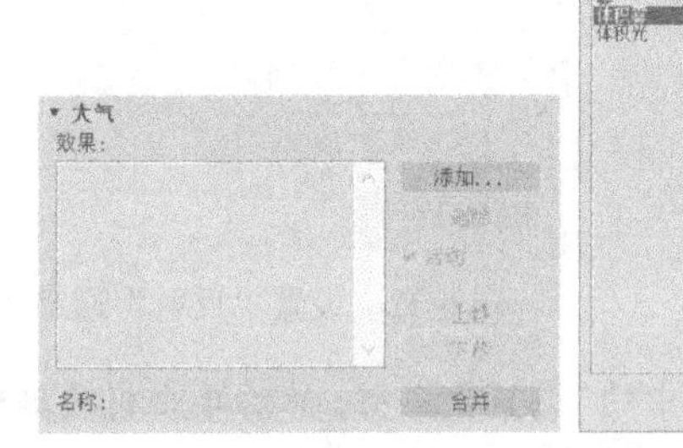

图 6-28 添加“体积雾”大气效果

Step 03 单击“体积雾参数”卷展栏中的“拾取 Gizmo”按钮，然后选取视图中的球体 Gizmo，并设置其参数，如图 6-29 所示。

Step 04 将视图中的球体 Gizmo 复制多份，并调整其位置，以制作云朵的效果，如图 6-30 所示。

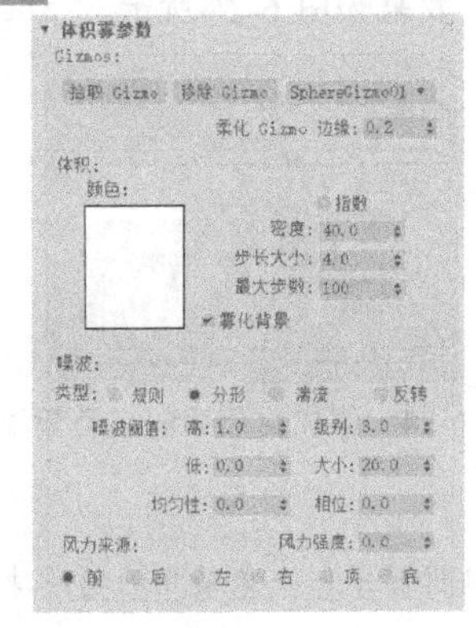

图 6-29 设置“体积雾”参数

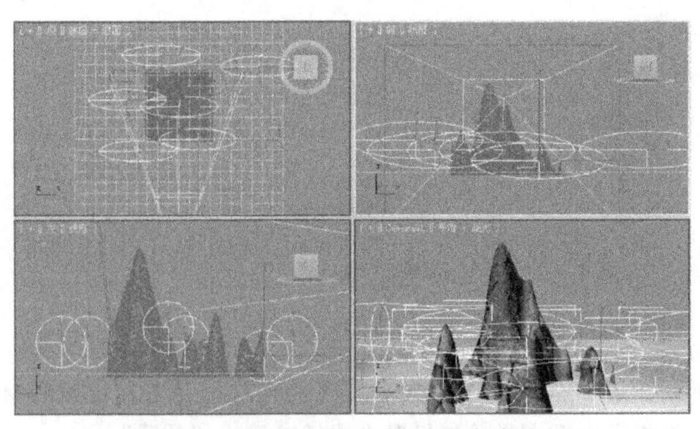

图 6-30 复制球体 Gizmo 并调整其位置

Step 05 选中摄影机视图，按快捷键【F9】进行渲染，效果如图 6-31 所示。

Step 06 单击“环境和效果”对话框“大气”卷展栏中的“添加”按钮，在打开的“添加大气效果”对话框中选中“雾”大气效果，然后单击“确定”按钮，如图 6-32 所示。

图 6-31　添加“体积雾”大气效果后的渲染效果

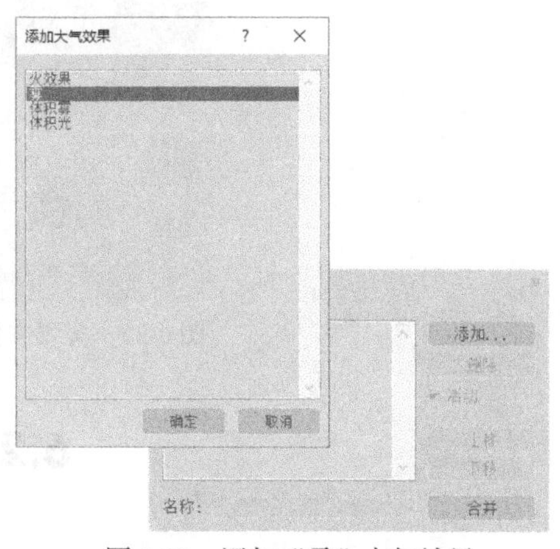

图 6-32　添加“雾”大气效果

Step 07 在“雾参数”卷展栏中设置“雾”大气效果的参数，如图 6-33 所示。

Step 08 选中摄影机视图，按快捷键【F9】进行渲染，效果如图 6-34 所示。至此，本实例就制作完成了，最终效果可参考本书配套素材“素材与实例”>“第 6 章”文件夹>“云山雾罩.max”。

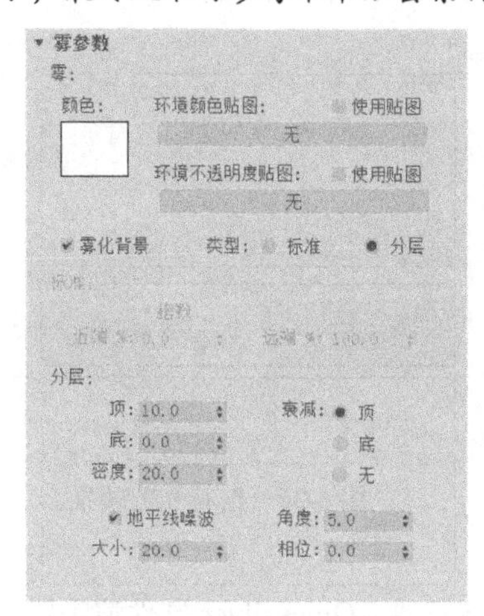

图 6-33　设置“雾”参数

图 6-34　添加“雾”大气效果后的渲染效果

温馨提示：

只有在 3ds Max 摄影机视图或透视视图中才能渲染“雾”效果。

任务拓展

6.1.4　雾气中俯视群楼

雾气中俯视群楼

打开本书配套素材“素材与实例”>“第 6 章”文件夹>“雾气中俯视群楼.max”素材文件，场景中的物体均已设置好材质，无须更改。如图 6-35 所示，增加适当的环境效果并设置参数，调整摄像机的相关参数，使场景中的群楼底部及中部产生雾气效果。

图 6-35　雾气中俯视群楼最终渲染效果

6.2 渲染

渲染就是将场景中的模型、材质、贴图、灯光、环境和效果等以图像或动画的形式表现出来，并进行输出保存。渲染是实现创意和前期设计构想的关键环节，直接决定作品的视觉效果。高水平的渲染可以细致地显示出材质纹理和光景效果，使模型更加生动逼真。

任务陈述

“镜头效果高光”特效控制物体在表面高光区产生耀眼的星状光芒，它主要通过各种通道来控制对象，常用来模拟钻石表面的光芒。下面通过制作如图 6-36 所示的钻石光芒效果，为读者介绍 Video Post 中“镜头效果高光”特效的使用方法。

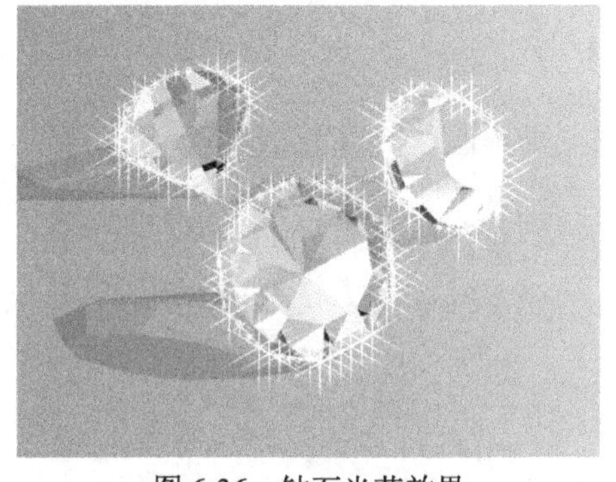

图 6-36　钻石光芒效果

相关知识与技能

6.2.1　选择渲染器

3ds Max 附带五种渲染器：扫描线渲染器、Arnold 渲染器、Quicksilver 硬件渲染器、ART 渲染器和 VUE 文件渲染器。用户也可以安装其他一些渲染器插件，如 Vray 渲染器、Renderman 渲染器和 Lightscape 渲染器等。

3ds Max 默认使用的渲染器为扫描线渲染器，要选择其他渲染器，可在菜单栏中选择“渲染”>“渲染设置”命令，或按快捷键【F10】，打开“渲染设置”对话框，在其“公用”选项卡的“指定渲染器”卷展栏中选择渲染器，如图 6-37 所示。下面介绍一下 3ds Max 中的常用渲染器。

- 扫描线渲染器：扫描线渲染器以一系列水平线来渲染场景，其渲染速度很快，单渲染功能不强。
- Arnold 渲染器：Arnold 是一款高级的、跨平台的渲染 API。与传统用于 CG 动画的扫描线渲染器（Renderman）不同，Arnold 是照片真实、基于物理的光线追踪渲染器。

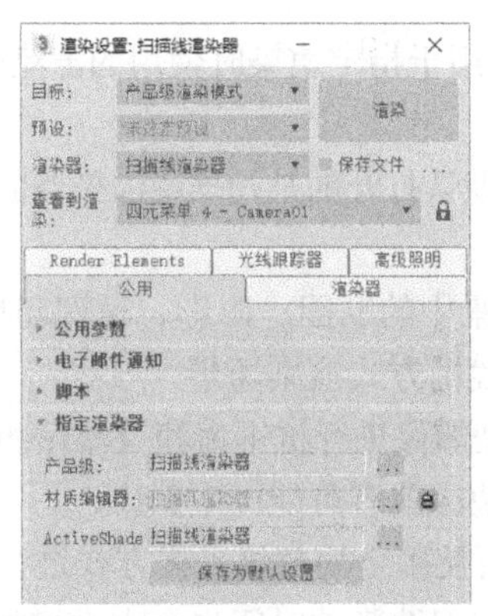

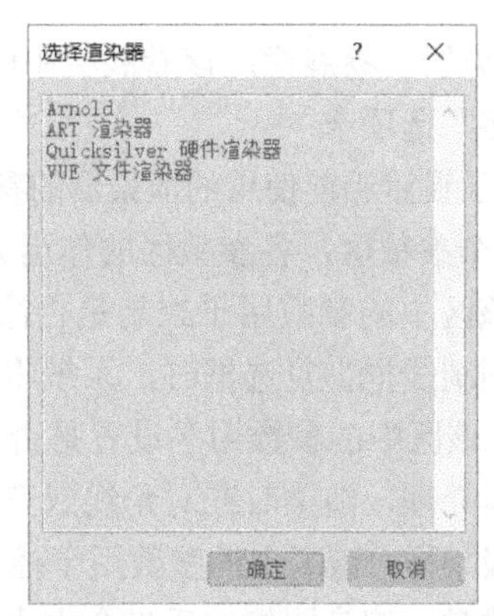

图 6-37　选择渲染器

- ART 渲染器：Autodesk Raytracer（ART）渲染器是一种仅使用 CPU 并且基于物理方式的快速渲染器，适用于建筑、产品和工业设计渲染与动画。
- Quicksilver 硬件渲染器：同时使用 CPU（中央处理器）和 GPU（图形处理器）加速渲染，这有点像在 3ds Max 内具有游戏引擎渲染器。CPU 的主要作用是转换场景数据以进行渲染，包括为使用中的特定图形卡编译明暗器。因此，渲染第一帧要花费一段时间，直到明暗器编译完成，这在每个明暗器上只发生一次，越频繁使用 Quicksilver 渲染器，其速度将越快。
- VUE 文件渲染器：VUE 文件渲染器是一种特殊用途的渲染器，可以生成场景的 ASCII 文本说明。视图文件可以包含多个帧。
- Vray 渲染器：Vray 渲染器是一款高质量的渲染器，主要以插件的形式安装在 3ds Max 中。由于 Vray 渲染器可以真实地模拟现实中的光照，而且操作简单，可控性强，因此被广泛应用于建筑设计、工业设计和动画制作等领域，是目前效果图制作领域最为流行的渲染器之一。

6.2.2　设置渲染参数

在菜单栏中选择“渲染”>“渲染设置”命令，或按快捷键【F10】，打开“渲染设置”对话框后，不仅可以选择要使用的渲染器，还可对所选渲染器的参数进行设置。下面简单介绍一下 3ds Max 默认的扫描线渲染器的参数设置。

1. “公用”选项卡

该选项卡包括“公用参数”、“电子邮件通知”、“脚本”和“指定渲染器”四个卷展栏，如图 6-38 所示，各卷展栏的作用如下。

- “公用参数”卷展栏：该卷展栏是渲染的主要参数区，其中，“时间输出”区中的参数用于设置渲染的范围；“输出大小”区中的参数用于设置渲染输出的图像或视频的宽度和高度；“选项”区中的参数用于控制是否渲染场景中的大气效果、渲染特效和隐藏对象；“高级照明”区中的参数用于控制是否使用高级照明渲染方式；“渲染输出”区中的参数用于设置渲染结果的输出类型和保存位置。
- “电子邮件通知”卷展栏：渲染复杂场景时，可在该卷展栏中设置通知邮件。当渲染到指定进度、出现故障或渲染完成后，系统就会发送邮件通知用户，用户则可以利用渲染的时间进行其他工作。
- “脚本”卷展栏：该卷展栏中的参数用于指定渲染前或渲染后要执行的脚本。

❐ “指定渲染器”卷展栏：该卷展栏中的参数用于指定渲染时使用的渲染器。

2. “渲染器”选项卡

该选项卡用于设置当前使用的渲染器的参数，默认打开的是扫描线渲染器的参数，如图 6-39 所示，它包含七个参数区，各参数区的作用如下。

❐ 选项：该区中的参数用于控制是否渲染场景中的贴图、阴影、模糊和反射/折射效果。选中“强制线框”复选框时，系统将使用线框方式渲染场景。

❐ 抗锯齿：该区中的参数用于设置是否对渲染图像进行抗锯齿和过滤贴图处理。如果不进行抗锯齿处理，渲染时在对角线或弯曲线边缘就有可能产生锯齿。

❐ 全局超级采样：该区中的参数用于控制是否使用全局超级采样方式进行抗锯齿处理。使用该方式时，渲染图像的质量会大大提高，但渲染的时间也会大大增加。

❐ 对象/图像运动模糊：这两个区中的参数用于设置使用何种方式的运动模糊效果，模糊持续的时间等。

❐ 自动反射/折射贴图：该区中的参数用于设置反射贴图和折射贴图的渲染迭代值。

❐ 颜色范围限制：该区中的参数用于设置防止颜色过亮所使用的方法。

❐ 内存管理：选中“节省内存”复选框后，系统会自动优化渲染过程，以减少渲染时内存的使用量。

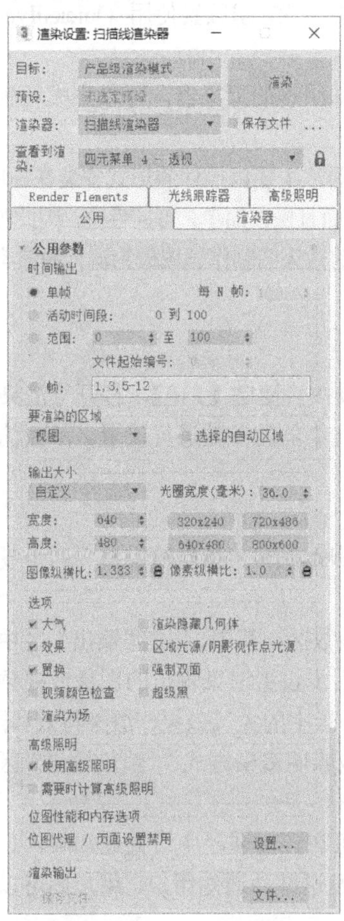

图 6-38　“公用”选项卡

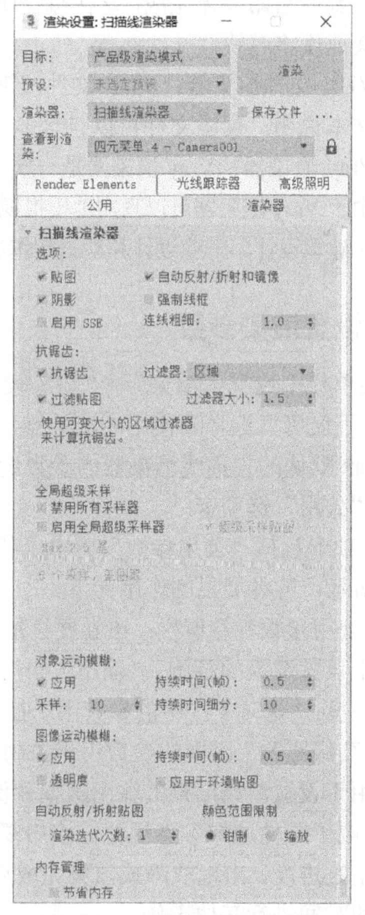

图 6-39　“渲染器”选项卡

3. “Render Elements”选项卡

该选项卡用于设置渲染时渲染场景中的哪些元素。如图 6-40 所示，单击“Render Elements”选项卡中的“添加”按钮，在打开的“渲染元素”对话框中选中要添加的元素，然后单击“确定”按钮，即可添加这些元素。设置好渲染元素后，单击“渲染”按钮即可渲染指定的元素。

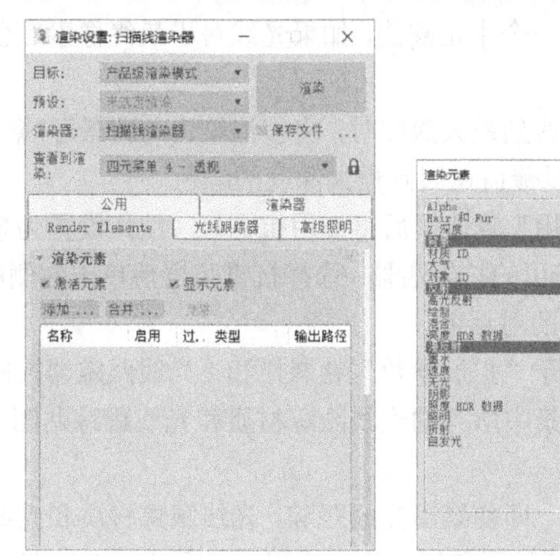

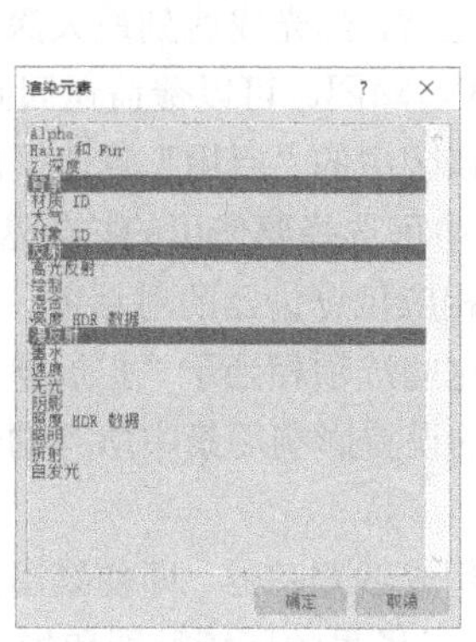

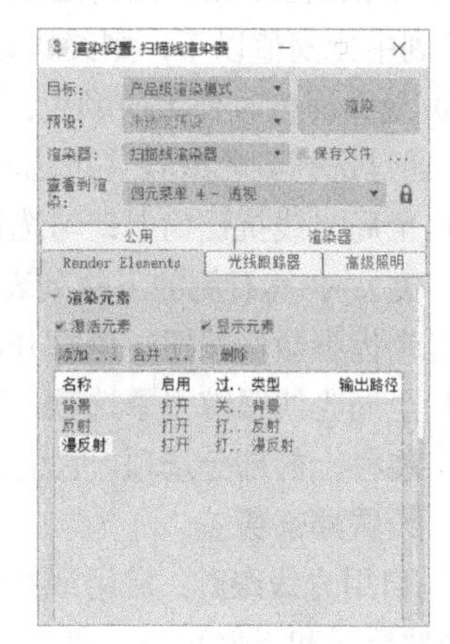

图 6-40　添加渲染元素

4. “高级照明”选项卡

该选项卡用于设置高级照明渲染的参数，它有“光跟踪器”和“光能传递”两种渲染方式，如图 6-41 所示。其中，“光跟踪器”比较适合渲染照明充足的室外场景，其缺点是渲染时间长，光线的相互反射无法表现出来；“光能传递”主要用于渲染室内效果，通常与光度学灯光配合使用。

5. “光线跟踪器”选项卡

该选项卡用于设置渲染时光线跟踪器的参数，以影响场景中所有光线跟踪材质、光线跟踪贴图、光线跟踪阴影等的效果，同时也影响场景的渲染速度，如图 6-42 所示。

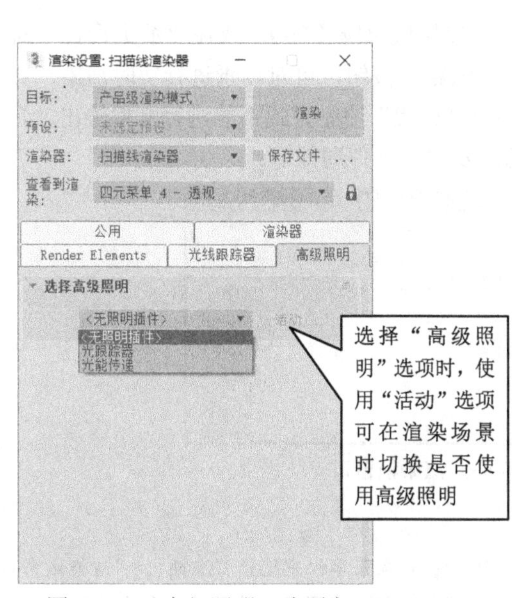

图 6-41　“高级照明”选项卡

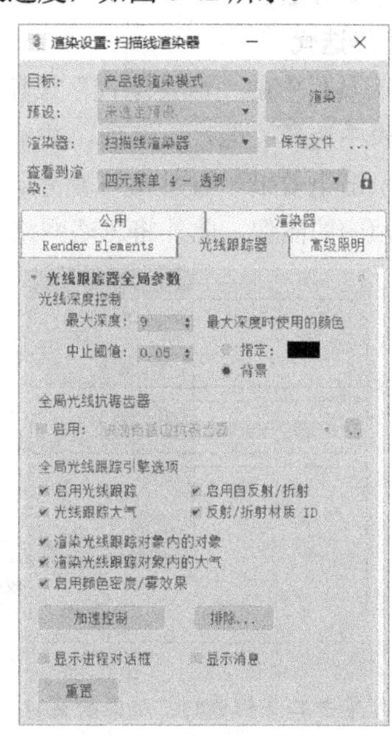

图 6-42　“光线跟踪器”选项卡

- 光线深度控制：光线深度也称作递归深度，利用该区的参数可以控制渲染器允许光线在其被视为丢失或捕获之前反弹的次数。

① 最大深度：用来设置最大递归深度，增加该值会潜在地提高场景的真实感，但却会增加渲染时间。

② 中止阈值：用来为自适应光线级别设置一个中止阈值，如果光线对于最终像素颜色的作用降低到中止阈值以下，则终止该光线。

③ 最大深度时使用的颜色：通常，当光线达到最大深度时，将被渲染为与背景环境一样的颜色，通过选择颜色或设置可选环境贴图，可以覆盖返回到最大深度的颜色。

- 全局光线抗锯齿器：勾选该区中的“启用”复选框后将使用抗锯齿（默认设置为禁用状态）；在其右侧的下拉列表中可选择要使用的抗锯齿器；选择抗锯齿器后单击右侧的“抗锯齿参数”按钮，可打开相应抗锯齿器的对话框。
- 全局光线跟踪引擎选项：这些选项相当于“扩展参数”卷展栏和“光线跟踪器控制”卷展栏上的部分选项。它们的设置影响场景中所有的光线跟踪材质和光线跟踪贴图，除非设置局部覆盖。

① 启用光线跟踪：启用或禁用光线跟踪器。即使禁用光线跟踪，光线跟踪材质和光线跟踪贴图仍然反射和折射环境，包括用于场景的环境贴图和指定给光线跟踪材质的环境贴图。

② 光线跟踪大气：启用或禁用大气效果的光线跟踪。大气效果包括火、雾、体积光等。

③ 启用自反射/折射：启用或禁用自反射/折射。默认情况下，光线跟踪材质和光线跟踪贴图反射指定给某个材质 ID 的效果。

6.2.3 常用渲染方法

3ds Max 为用户提供了多种渲染方法，不同的渲染方法具有不同的用途，下面介绍几种比较常用的渲染方法。

1. 渲染迭代

单击工具栏中的“渲染迭代”按钮，或按快捷键【F9】，或在“渲染设置”对话框底部的下拉列表中选择“迭代”选项，并单击“渲染”按钮，可对场景进行实时渲染，并在渲染帧窗口中显示渲染效果，如图 6-43 所示。利用“迭代”渲染方式不能进行文件输出，且只能渲染场景当前帧中的图像，此外将忽略网络渲染及电子邮件通知等。

图 6-43　渲染帧窗口

温馨提示：

用户可单击工具栏中的“渲染帧窗口”按钮，或在菜单栏中选择“渲染”>“渲染帧窗口”命令，打开渲染帧窗口，在该窗口中可进行选择渲染区域、切换渲染通道、执行渲染和存储渲染图形等操作。

2. 产品级渲染

单击工具栏中的“渲染产品”按钮，或在“渲染设置”对话框底部的下拉列表中选择“产品”选项并单击“渲染”按钮（或在菜单栏中选择“渲染”>“渲染”命令），此时系统就会按“渲染场景”对话框中的设置渲染场景，并输出渲染效果。

3. 批处理渲染

在菜单栏中选择“渲染”>“批处理渲染”命令，打开“批处理渲染”对话框，在该对话框中添加渲染任务，然后单击“渲染”按钮，系统就会按指定的任务顺序进行渲染输出，如图6-44所示。该方法主要用于输出同一场景不同观察角度的渲染效果。

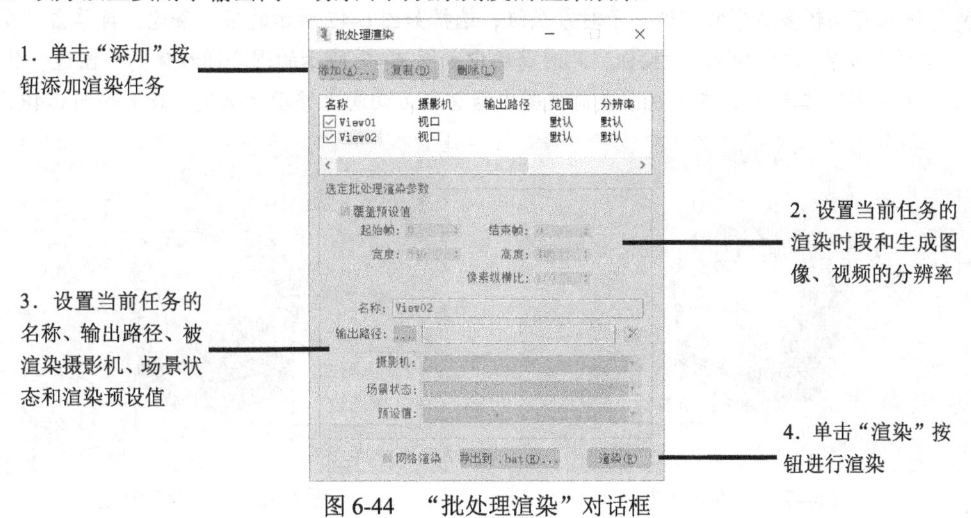

图6-44 “批处理渲染”对话框

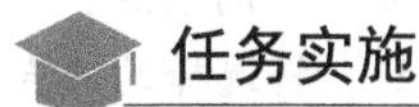

任务实施

6.2.4 制作钻石镜头效果高光案例

制作思路

在制作钻石光芒效果时，首先为钻石添加材质，并设置环境贴图；然后利用三点布光法为场景设置灯光；最后为钻石模型添加镜头效果高光特效。

操作步骤

1. 创建模型

钻石镜头效果高光-钻石建模

Step 01 在顶视图中利用“创建”>“几何体”面板中的“圆柱体”工具，创建一个圆柱体并参考图6-45所示修改参数。

Step 02 在圆柱体上右击，在弹出的快捷菜单中选择“转换为可编辑多边形”命令，将它转换为可编辑多边形。

Step 03 进入可编辑多边形的“多边形”子对象层级，在“顶视图”中选中圆柱体顶部的面，然后利用缩放工具，将选中的面在 X 和 Y 轴方向上缩小，如图6-46所示。

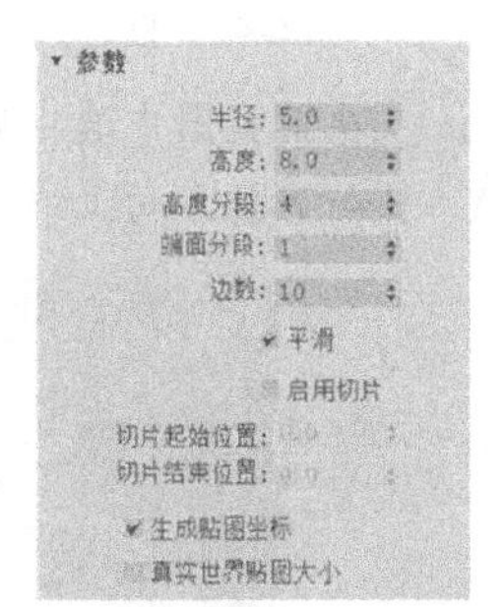

图6-45 修改圆柱体参数

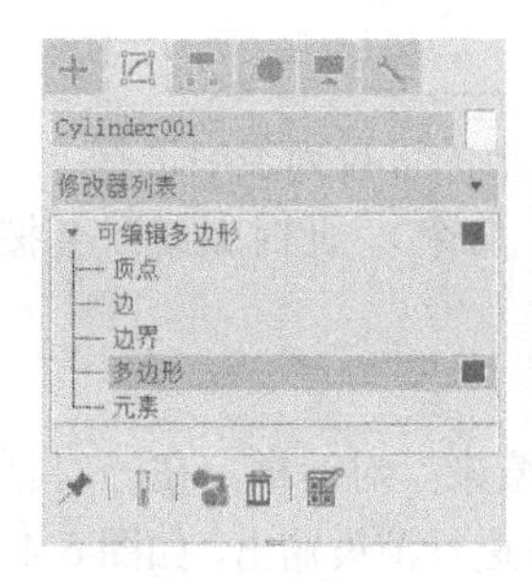

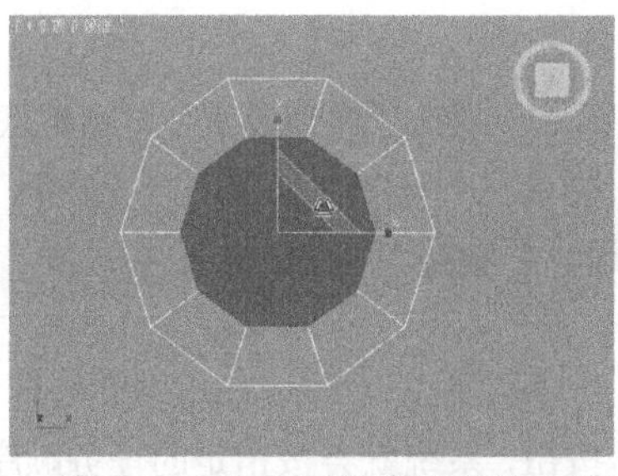
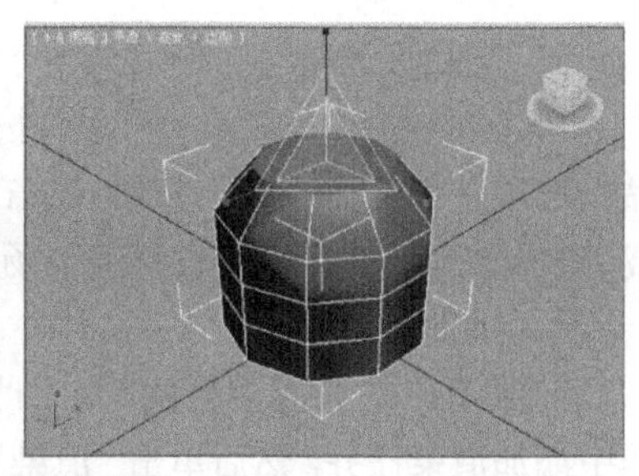

图 6-46　选中圆柱体顶部的一块面并缩小

Step 04 进入可编辑多边形的“边”子对象层级，选择如图 6-47 所示的某一条边，再单击“修改”面板“选择”卷展栏中的 循环 按钮，此时将选中如图 6-47 所示的围绕圆柱体的一圈边。然后使用“选择并移动”工具，在顶视图或前视图中沿 Z 轴方向向上移动所选边，效果如图 6-48 所示。

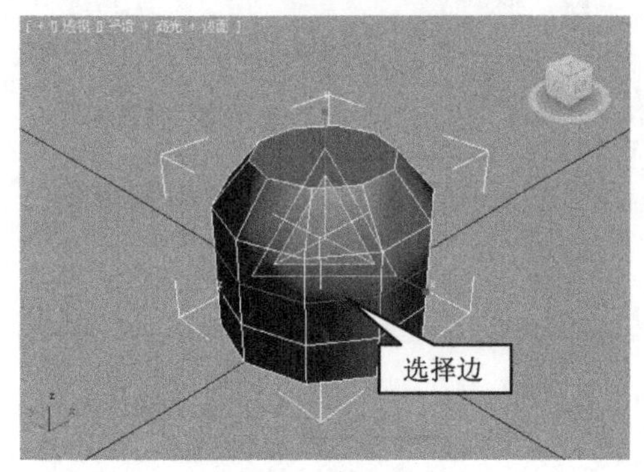

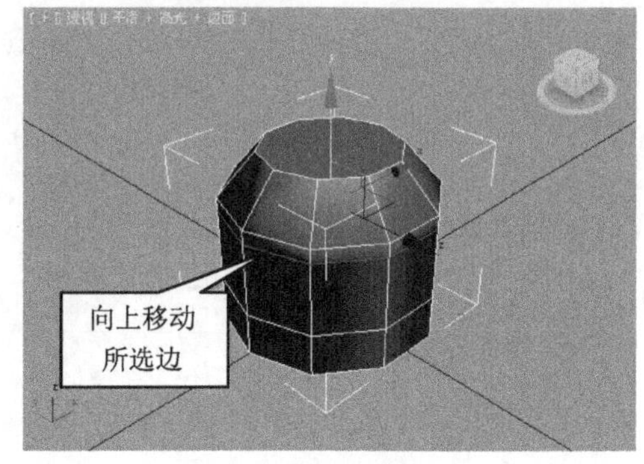

图 6-47　循环选择边　　　　图 6-48　向上移动所选边

Step 05 进入可编辑多边形的“顶点”子对象层级，在前视图中框选圆柱体底部的一圈顶点，如图 6-49 所示，然后单击“修改”面板“编辑几何体”卷展栏中的 塌陷 按钮，将选择的顶点塌陷成位于选择区中间位置的单个子对象，如图 6-50 所示。

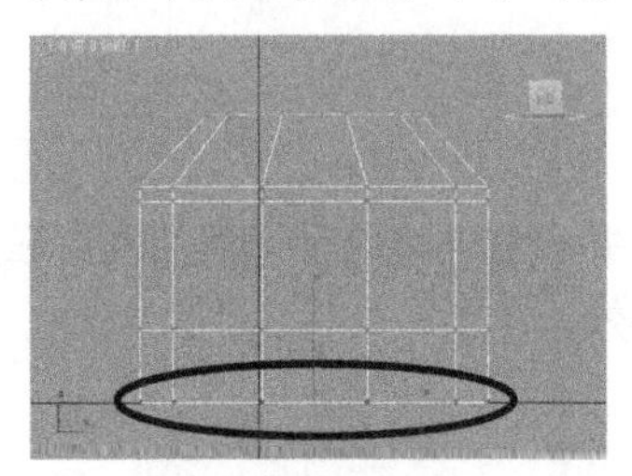
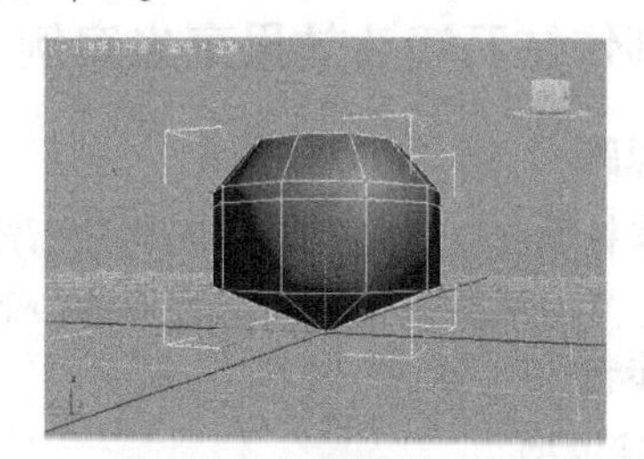

图 6-49　框选圆柱体底部的一圈顶点　　　　图 6-50　塌陷所选顶点

Step 06 在前视图中选中从下面数第二排的所有顶点，如图 6-51 左图所示，使用缩放工具，在 X、Y 和 Z 轴方向上缩放所选顶点，使其菱形边缘平直，效果如图 6-51 右图所示。

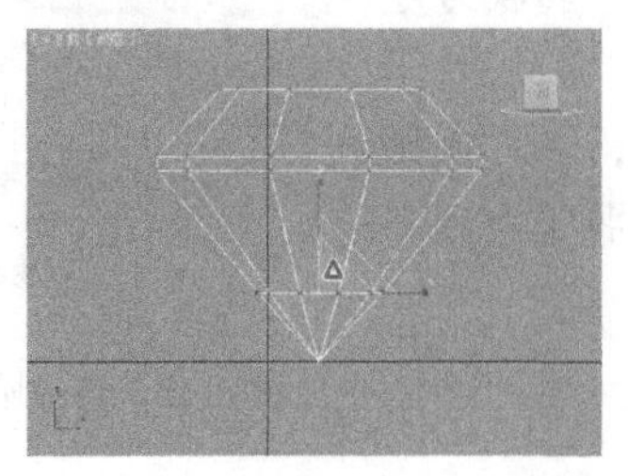
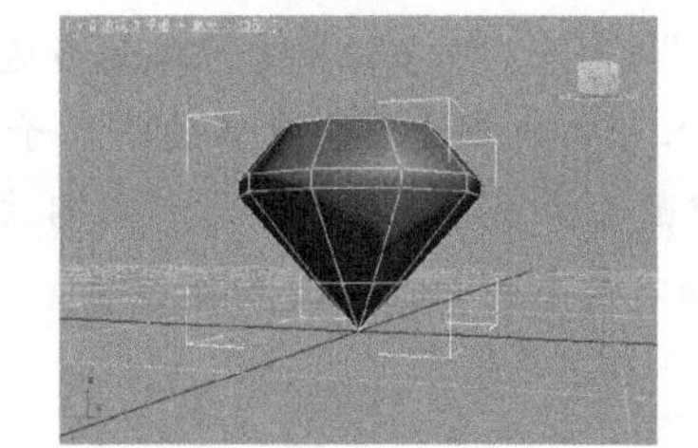

图 6-51　缩放所选顶点

Step 07 进入可编辑多边形的“多边形”子对象层级，然后在顶视图中配合【Ctrl】键单击，选中物体上部所有的侧面，如图 6-52 左图所示。接着单击“修改”面板“编辑几何体”卷展栏中 细化 按钮旁边的“设置”方框，在弹出的对话框中选择“面”单选钮，单击“确定”按钮，细化选择的面，效果如图 6-52 右图所示。

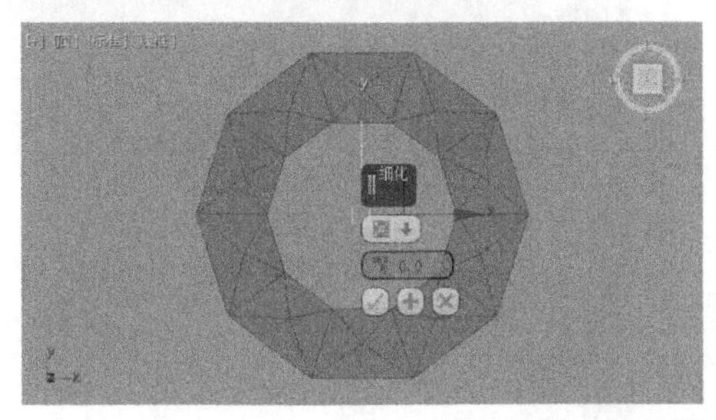
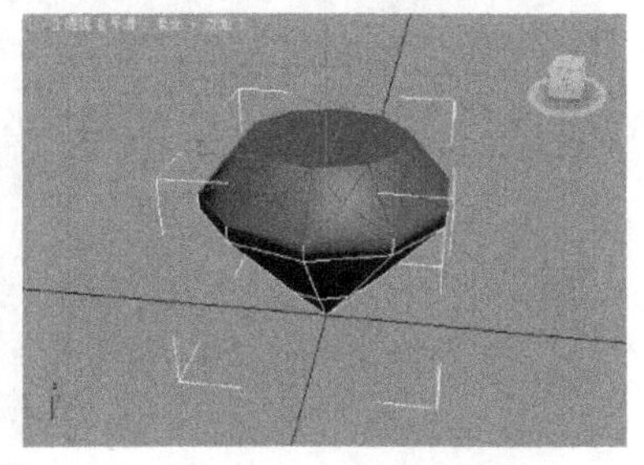

图 6-52　细化面

知识库：

利用 细化 按钮可在可编辑多边形或选中的子对象中创建新边，以细分可编辑多边形或选中的子对象。右侧的“设置”按钮□用于设置细分的方式，“边”表示从多边形中心到各边的中心创建新边，“面”表示从多边形中心到多边形各顶点创建新边。

Step 08 按【Ctrl+A】组合键全选物体，然后单击“修改”面板“多边形：平滑组”卷展栏中的 清除全部 按钮，清除所有光滑组，使物体棱角分明。

Step 09 进入“边”子对象层级，利用“修改”面板“选择”卷展栏中的 循环 按钮，选中物体下面的两圈边线，如图 6-53 所示，然后单击“编辑边”卷展栏中的 连接 钮，将选中边的中心点用一条新的边连接起来，效果如图 6-54 所示。

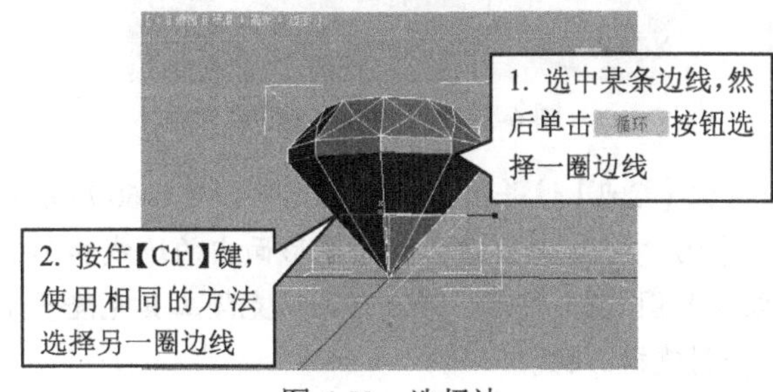

图 6-53　选择边

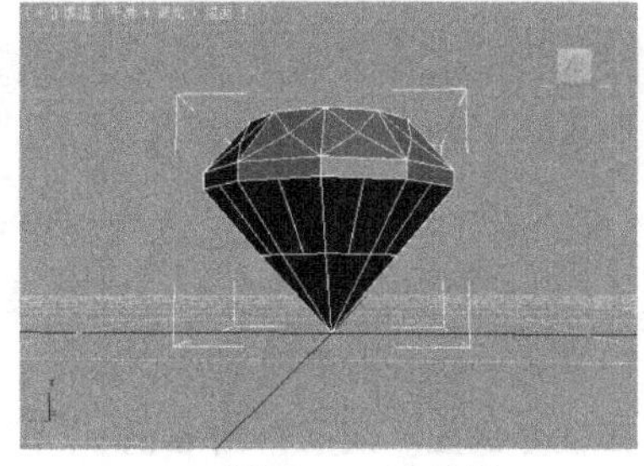

图 6-54　连接边

Step 10 进入“顶点”子对象层级，在透视视图中框选最下两行的顶点，如图 6-55 所示，然后单击“编辑顶点”卷展栏中的 连接 钮，产生新的竖直边线，如图 6-56 所示。

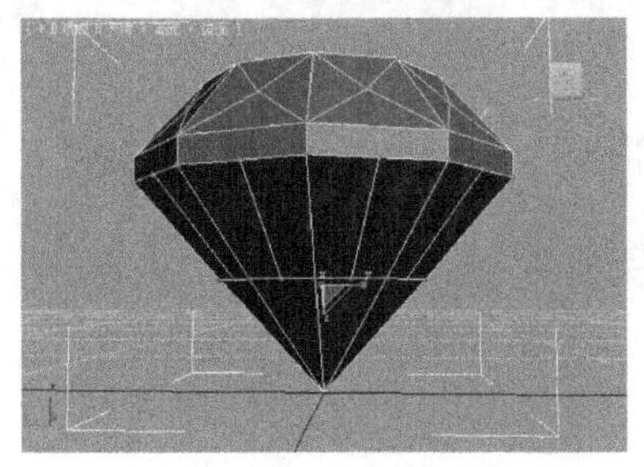

图 6-55　框选最下两行的顶点

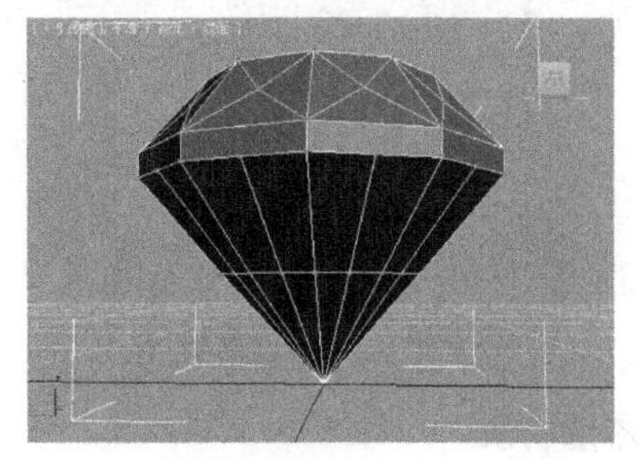

图 6-56　连接所选顶点产生新的竖直边线

Step 11 将顶视图所在的视口的视图模式切换为“底视图”，然后选中如图 6-57 左图所示的顶点，单击 连接 按钮，将模型下部中间的一圈顶点以间隔排列的方式与其上面一圈的顶点连接起来，效果如图 6-57 右图所示。

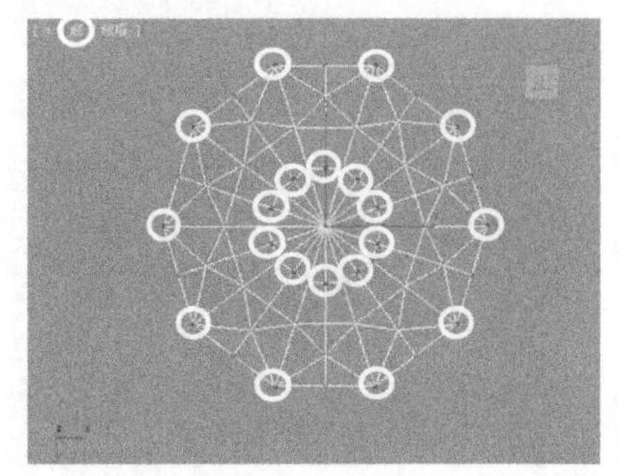
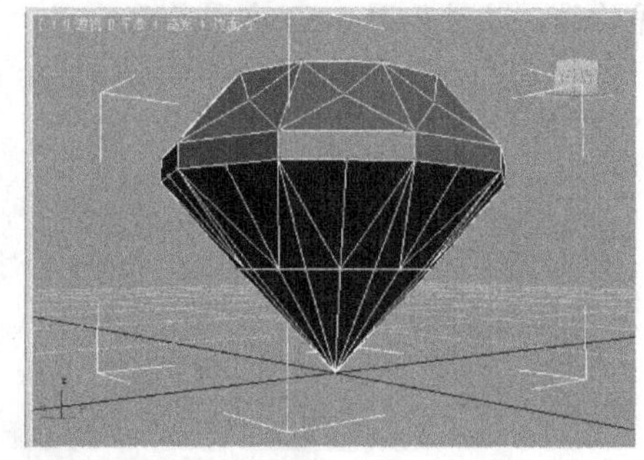

图 6-57　以间隔排列的方式连接顶点

Step 12 单击“编辑顶点”卷展栏中的 目标焊接 按钮，在前视图中单击如图 6-58 所示的顶点，然后将鼠标指针移至其旁边的顶点并单击，将其与该顶点焊接起来，该操作的目的是取消竖线；使用相同的方法，取消其他竖线，效果如图 6-59 所示。

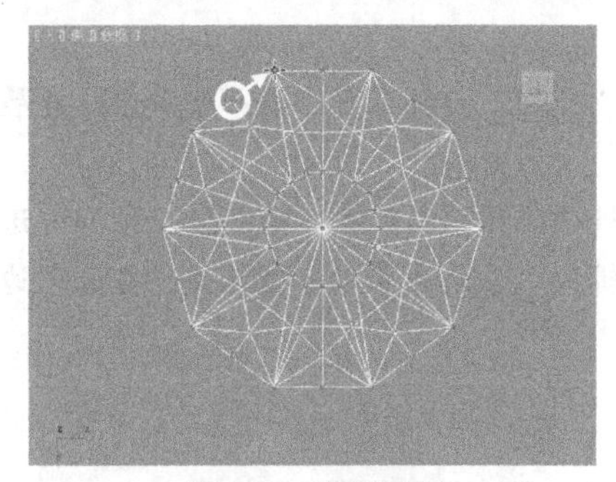

图 6-58　焊接顶点

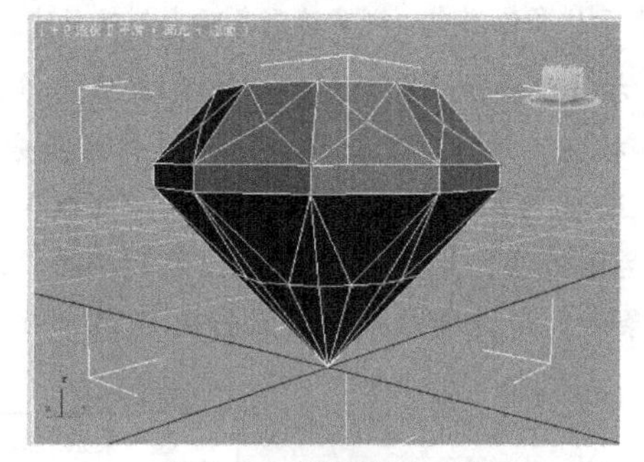

图 6-59　焊接顶点效果

Step 13 进入“边”子对象层级，在顶视图中按住【Ctrl】键并依次单击，选中如图 6-60 所示的边。按住【Ctrl】键并单击“编辑边”卷展栏中的 移除 按钮，移除菱形面内的边线和不需要的顶点。至此，钻石模型便创建完成了，效果如图 6-61 所示。用户可利用克隆工具克隆多个钻石，并摆放好位置。效果如图 6-61 所示，并创建摄影机。

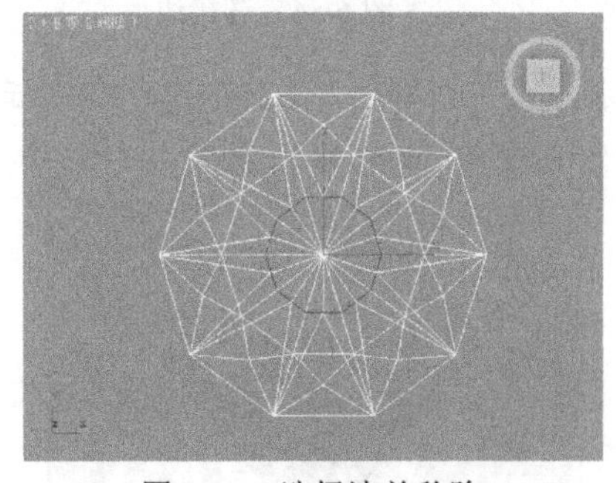

图 6-60　选择边并移除

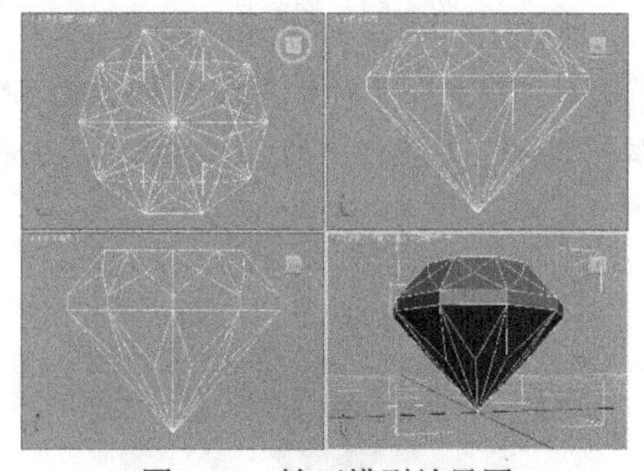

图 6-61　钻石模型效果图

钻石镜头效果高光-钻石材质与灯光

2．添加材质

Step 01 按快捷键【M】打开材质编辑器，选中一个未使用的材质球，并将其命名为“钻石 1”，然后将材质类型由“Standard”改为“光线跟踪”，并在“光线跟踪基本参数”卷展栏中设置其参数，如图 6-62 所示。

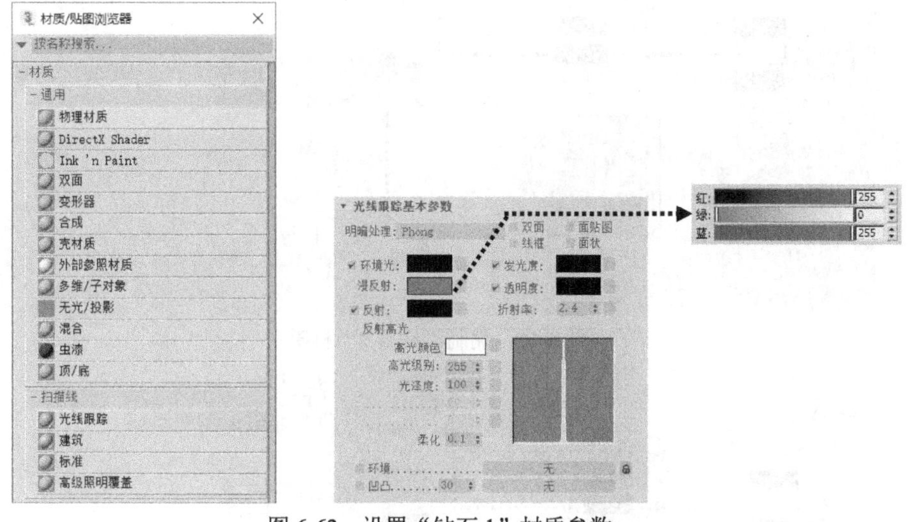

图 6-62　设置“钻石 1”材质参数

Step 02 在“贴图”卷展栏中单击“半透明”通道右侧的“无”按钮，在打开的“材质/贴图浏览器”中双击“衰减”选项，然后在“衰减参数”卷展栏中设置衰减参数，如图 6-63 所示。

Step 03 单击材质编辑器工具栏中的“转到父对象”按钮，返回第一个子材质的参数堆栈列表，将“贴图”卷展栏中“半透明”通道的贴图拖动复制到“透明度”通道中，如图 6-64 所示。

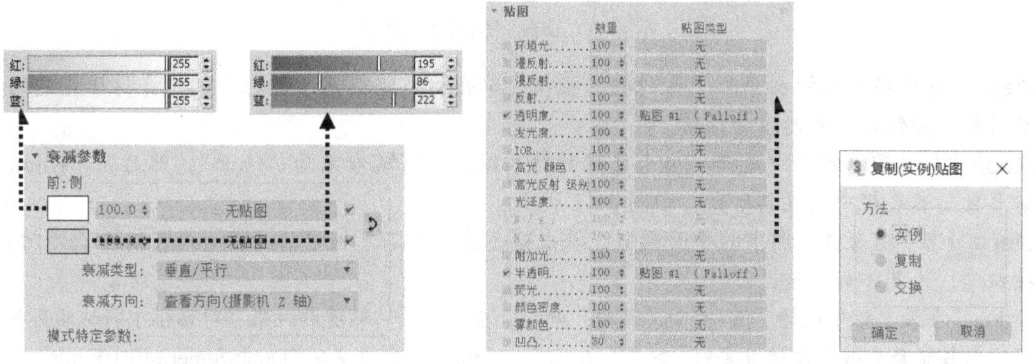

图 6-63　设置衰减参数　　　　图 6-64　复制通道贴图

Step 04 选中摄影机视图中左上方的钻石模型，单击材质编辑器工具栏中的“将材质指定给选定对象”按钮，为其添加材质。

Step 05 在材质编辑器中将“钻石 1”材质球拖到一个未使用的材质球上，进行复制，并将复制的材质球命名为“钻石 2”，然后修改“光线跟踪基本参数”卷展栏中的“漫反射”颜色，以及“半透明”和“透明度”通道中“衰减”贴图的颜色，如图 6-65 所示。

Step 06 选中摄影机视图中下方的钻石模型，单击材质编辑器工具栏中的“将材质指定给选定对象”按钮，为其添加材质。

Step 07 参照 Step06 的操作创建“钻石 3”材质，并在“光线跟踪基本参数”卷展栏中设置“漫反射”颜色，在“半透明”和“透明度”通道中修改“衰减”贴图的颜色，如图 6-66 所示。

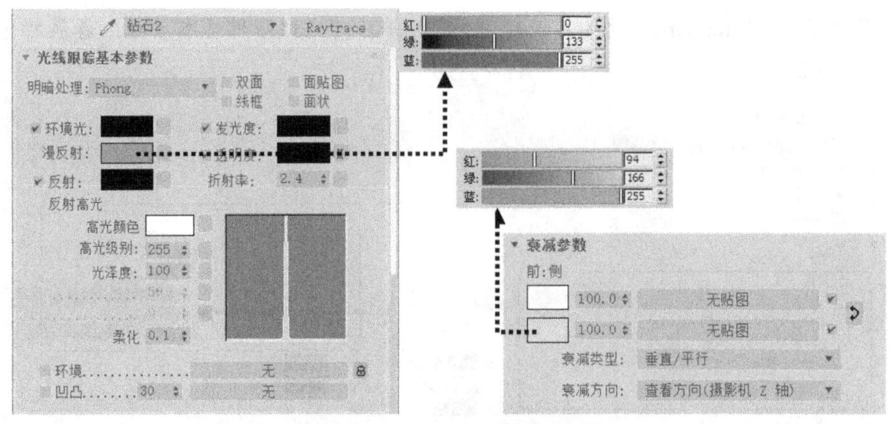
图 6-65　调制“钻石 2”材质

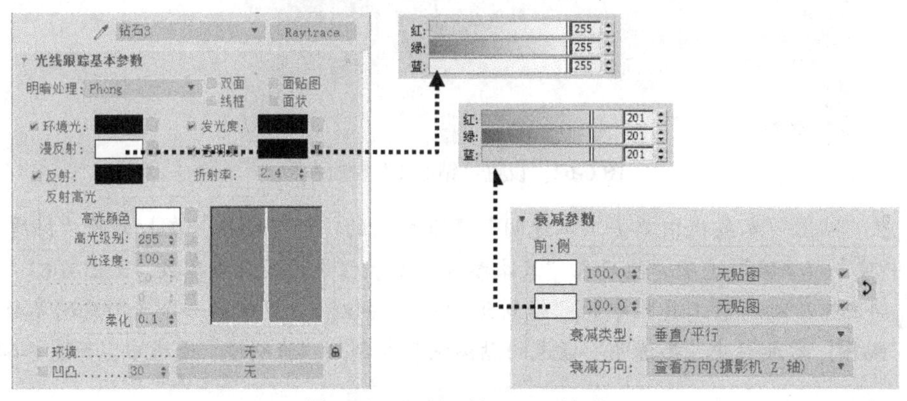
图 6-66　调制“钻石 3”材质

Step 08 选中摄影机视图中右上方的钻石模型，单击材质编辑器工具栏中的“将材质指定给选定对象”按钮，为其添加材质。

Step 09 在材质编辑器中选择一个未使用的材质球，并将其命名为“地面”，然后在“Blinn 基本参数”卷展栏中设置其参数，如图 6-67 所示。

Step 10 选中摄影机视图中的平面模型，单击材质编辑器工具栏中的“将材质指定给选定对象”按钮，为其添加材质。

Step 11 在菜单栏中选择“渲染”>“环境”命令，在打开的“环境和效果”对话框中将环境贴图指定为本书配套素材“素材与实例”>“第 6 章”>“maps”文件夹>“Dock-Sphere-FREE.hdr”图像文件，如图 6-68 所示。

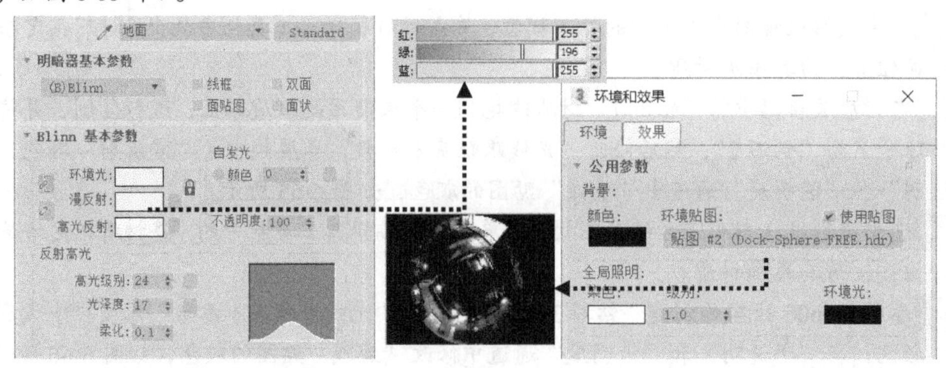
图 6-67　调制“地面”材质　　图 6-68　设置环境贴图

Step 12 按快捷键【F9】，对摄影机视图进行快速渲染，效果如图 6-69 所示。

3．设置灯光

Step 01 在顶视图中创建一盏目标聚光灯，并将其命名为“主光源”，然后在“常规参数”、“强度/颜色/衰减”和“聚光灯参数”卷展栏中设置灯光参数，如图 6-70 所示。

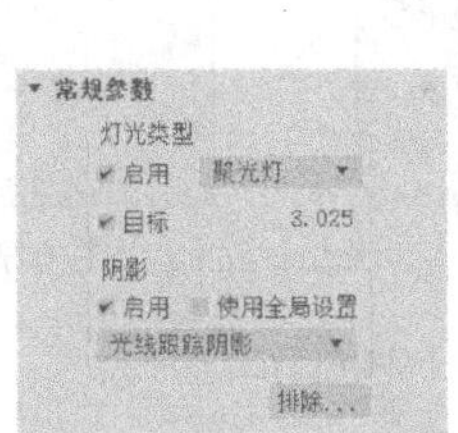

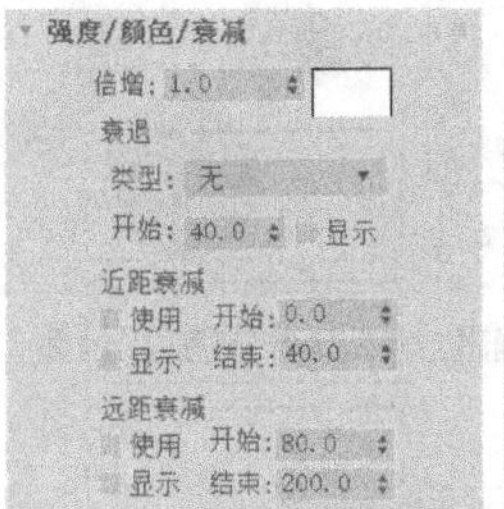

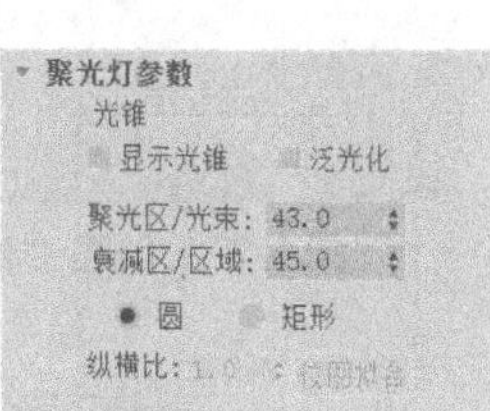

图 6-69　添加材质后的渲染效果　　图 6-70　设置“主光源”的灯光参数

Step 02 在视图中调整“主光源”的位置，如图 6-71 所示。

Step 03 在顶视图中创建一盏泛光灯，并将其命名为“辅助光 1”，然后在“强度/颜色/衰减”卷展栏中将“倍增”设为“0.3”，再在视图中调整“辅助光 1”的位置，如图 6-72 所示。

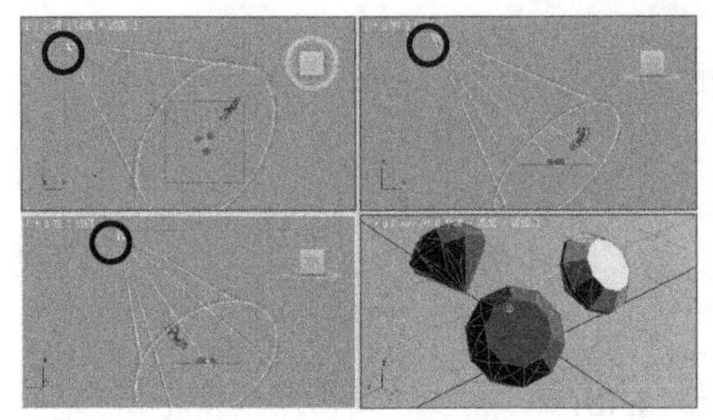

图 6-71　调整“主光源”位置

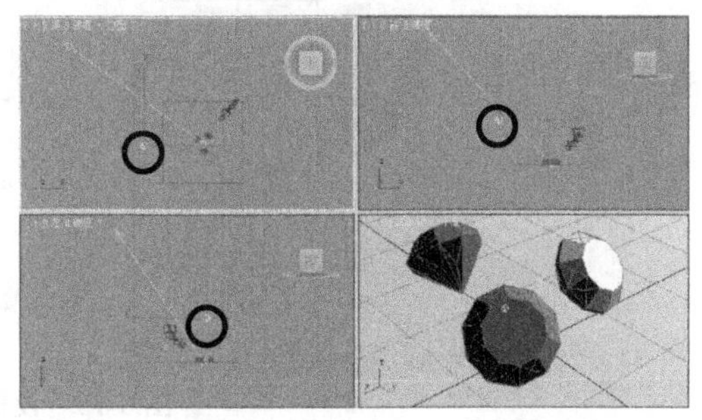

图 6-72　创建“辅助光 1”并调整其位置

Step 04 在顶视图中创建一盏泛光灯，并将其命名为“辅助光 2”，然后在“强度/颜色/衰减”卷展栏中将“倍增”设为“0.2”，再在视图中调整“辅助光 2”的位置，如图 6-73 所示。

Step 05 按快捷键【F9】，对摄影机视图进行快速渲染，效果如图 6-74 所示。

温馨提示：

三点照明，又称为区域照明，常用于较小范围的场景照明，一般有三盏灯即可，分别为主体光、辅助光与背景光。

主体光：通常用它来照亮场景中的主要对象与其周围区域，并且担任给主体对象投影的功能。主体光决定了主要的明暗关系，包括投影的方向。主体光的任务根据需要也可以用几盏灯光来共同完成。如主光灯在 15 度到 30 度的位置上，称为顺光；在 45 度到 90 度的位置上，称为侧光；在 90 度到 120 度的位置上，称为侧逆光。主体光常用聚光灯来完成。

4．设置特效

Step 01 选中摄影机视图中下方的钻石模型，并在模型上右击，在弹出的快捷菜单中选择“对象属性”命令，在打开的“对象属性”对话框的“常规”选项卡中将“对象 ID:”设为“1”，然后单击“确定”按钮，如图 6-75 所示。

Step 02 参照 Step01 的操作，将另外两个钻石模型的“对象 ID:”也都设为“1”。

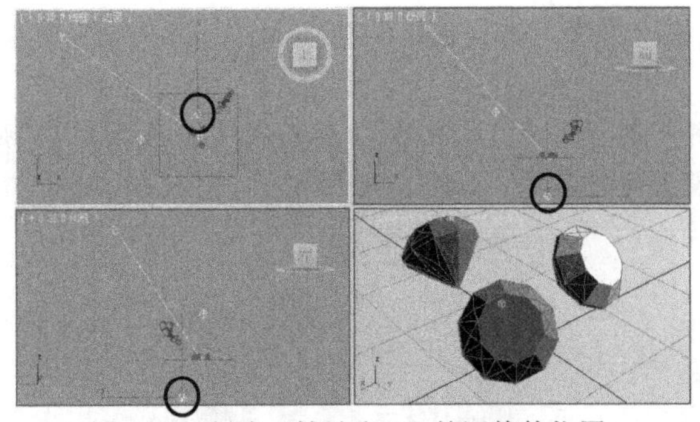

图 6-73　创建“辅助光 2”并调整其位置

图 6-74　添加灯光后的渲染效果

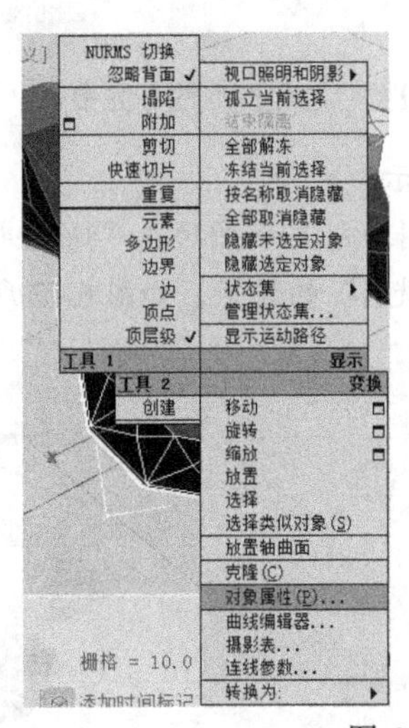

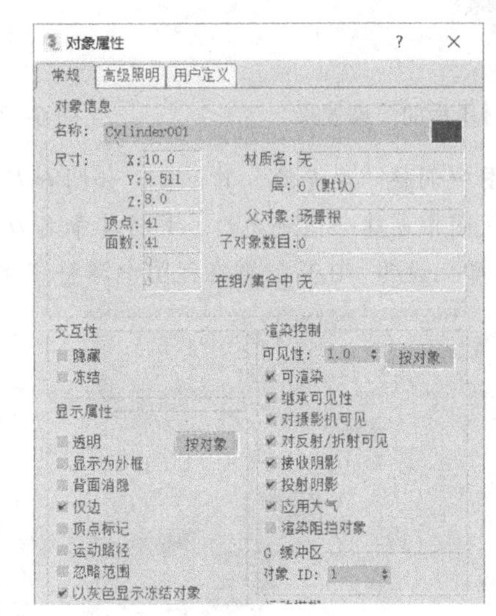

图 6-75　设置“对象 ID:”

Step 03 在菜单栏中选择 “渲染” > “视频后期处理” 命令，在打开的“视频后期处理”对话框中双击按钮，在打开的“编辑场景事件”对话框的“视图”区中选择“Camera01”选项，然后单击“确定”按钮，如图 6-76 所示。

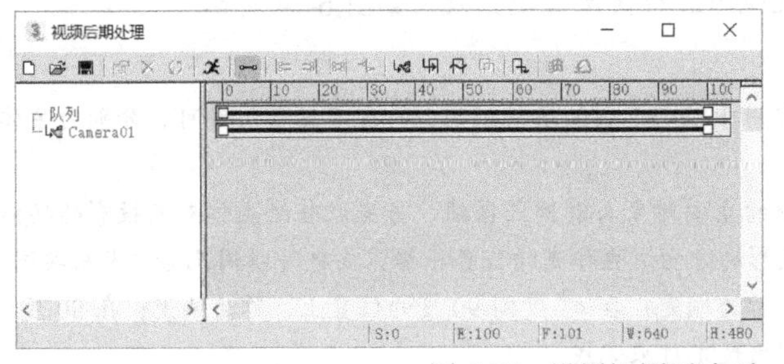

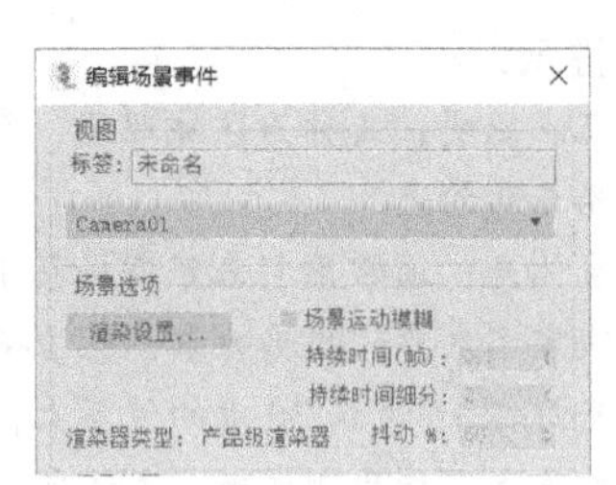

图 6-76　设置视图区选项

Step 04 单击“Video Post”对话框中的“添加图像过滤事件”按钮，在打开的“添加图像过滤事件”对话框中选择“镜头效果高光”过滤器，然后单击“设置”按钮。在打开的“镜头效果高光”对话框的“属性”选项卡中将“对象 ID”设为“1”，使其与 Step01 中的 ID 号相对应，如图 6-77 所示。

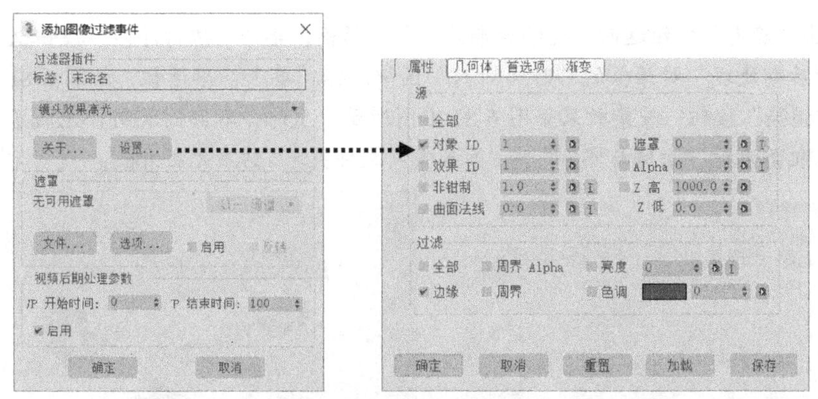

图 6-77 设置进行“镜头效果高光”处理的对象 ID

Step 05 切换到“镜头效果高光”对话框中的“几何体”选项卡，将“效果”区中的“角度”设为“60”，“钳位”设为“20”，如图 6-78 所示。

Step 06 切换到“镜头效果高光”对话框中的“首选项”选项卡，将“效果”区中的“大小”设为“8”，“点数”设为“6”，如图 6-79 所示。

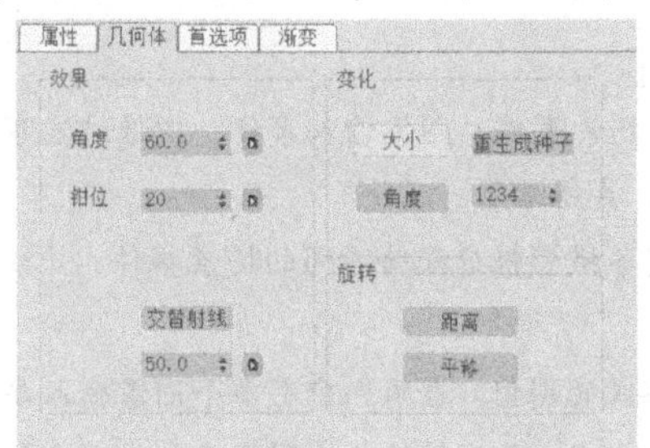

图 6-78 设置“几何体”选项卡

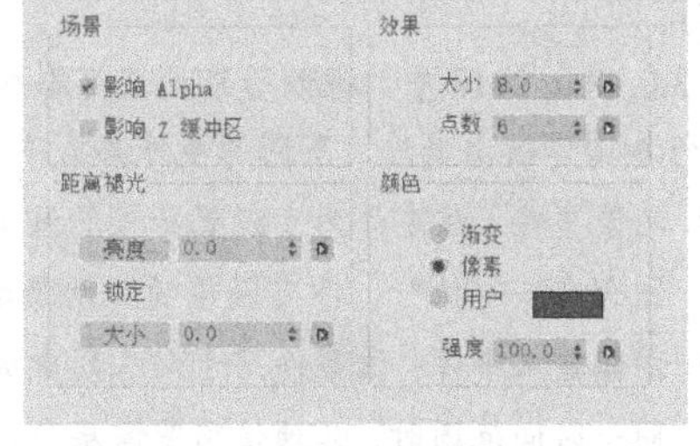

图 6-79 设置“首选项”选项卡

Step 07 单击“确定”按钮返回“视频后期处理”对话框，单击“添加图像输出事件”按钮，在打开的“添加图像输出事件”对话框中单击“文件”按钮，设置输出图像的文件名、存储位置及格式，然后单击“保存”按钮，如图 6-80 所示。

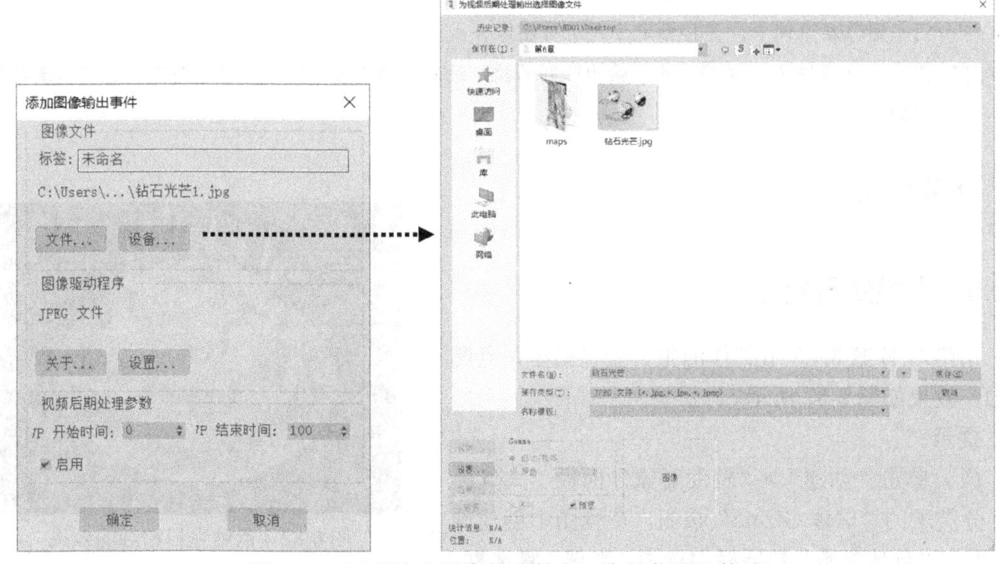

图 6-80 设置输出图像的文件名、存储位置及格式

Step 08 单击“确定”按钮返回“视频后期处理”对话框，单击“执行序列”按钮，在打开的“执行视频后期处理”对话框的“时间输入”区中选择“单个”单选钮，如图 6-81 左图所示；然后单击“渲染”按钮，渲染效果如图 6-81 右图所示。至此，本实例就制作完成了，最终效果可参考本书配套素材“素材与实例”>“第 6 章”文件夹>“钻石光芒.jpg”。

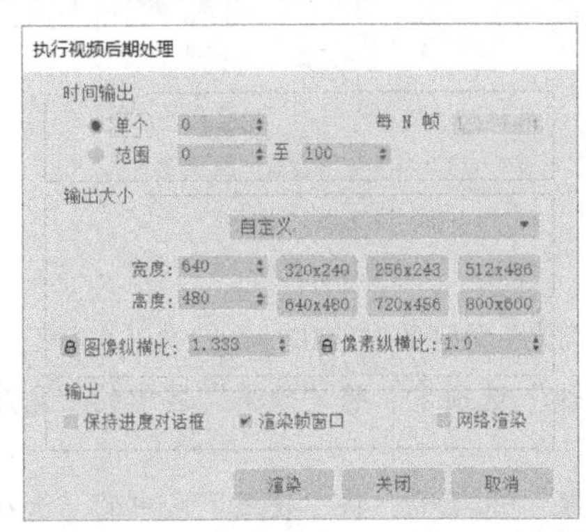

图 6-81　设置时间输出范围并渲染

知识库：

在 3ds Max 2018 中，视频后期处理可添加的事件有场景事件、图像输入事件、图像过滤事件、图像层事件和图像输出事件，不同的事件具有不同的用途，具体如下。

- 场景事件：该事件用于设置场景的渲染参数。将各摄影机分配给不同的场景事件，并按时间段组合在一起执行，即可获得镜头切换动画。
- 图像输入事件：该事件用于向队列中加入各种格式的图像。当队列中有多个图像输入事件共享同一时间范围时，必须使用图像层事件进行图像合成，否则最后一个图像事件的图像将覆盖其他图像。
- 图像过滤事件：该事件用于向队列中添加图像过滤器，以处理渲染时获得的图像或队列中的图像。
- 图像层事件：使用该事件可以将队列中选中的场景事件、图像输入事件或图像过滤事件合并到同一图像层事件中，并按指定方式进行图像合成。
- 图像输出事件：该事件用于输出队列的执行结果。输出方式可以是静态图像，也可以是动画视频。

任务拓展

点燃生日蜡烛

6.2.5　点燃生日蜡烛

请给本书第 3.1.2 节制作的生日蛋糕模型，点燃蜡烛，效果如图 6-82 所示。

图 6-82　点燃生日蜡烛的效果

提示：

（1）单击“创建”>“辅助对象”面板“大气装置”分类下的“球体 Gizmo”按钮，在视图中创建球体，并在“球体参数”卷展栏中选中“半球”复选框。

（2）选中视图中的半球，在“修改”面板的“大气和效果”卷展栏中单击“添加”按钮，在打开的“添加大气效果”对话框中选择“火效果”大气效果。

（3）在“大气和效果”卷展栏中选中“火效果”选项，然后单击“设置”按钮，观察火焰并设置适当的参数。

本章小结

本章详细讲解了如何在场景中添加效果及各种特效的使用方法。在实际制作中，好的特效无疑是整个特效的点睛之笔，熟练掌握特效的使用方法，可以制作出具有真实氛围的场景。此外，在三维软件中，精心创建的场景，最终要通过渲染引擎渲染出来，熟练使用渲染引擎，可以渲染出更好的效果，并且使图像更具有真实感。

思考与练习

一、填空题

1．在菜单栏中选择________>________命令，或按快捷键________可以打开“环境和效果”对话框的“环境”选项卡，利用选项卡中________卷展栏的参数可以设置场景的曝光控制方式；利用________卷展栏中的参数可以为场景添加大气效果，以模拟现实中的大气现象。

2．利用“环境和效果”对话框________选项卡中的参数可以为场景添加渲染特效，从而为渲染图像添加后期处理效果。例如，使用________渲染特效可以模拟摄影机拍摄时灯光周围的光晕效果，使用________渲染特效可以调整渲染图像的色调。

3．单击工具栏中的__________按钮，或按快捷键________，可对场景进行实时渲染，利用该渲染方式不能进行文件输出，且只能渲染当前帧上的对象。

4．若要对当前场景（包括动画）进行渲染输出，需要将渲染方式设置为__________。

5．3ds Max 附带三种渲染器：__________、__________和__________。

二、选择题

1．在 3ds Max 提供的各种渲染方法中，利用（　　）方法可实时观察场景中材质和灯光的调整效果。

A．产品级渲染　　B．迭代渲染

C．批处理渲染　　D．Video Post 编辑器渲染

2．在设置场景的环境和效果时，利用（　　）大气效果可以制作光透过缝隙和光线中灰尘的效果。

A．体积光　　B．火效果　　C．体积雾　　D．雾

第7章 动画制作

7.1 动画和时间控制

任务陈述

利用 3ds Max 软件窗口底部的时间滑块、轨迹栏和动画控制区可以方便地创建各种基础动画。在动画制作过程中，光线起着举足轻重的作用。一般说来，光有两类使用风格，一类是自然朴实的风格，这类作品要求尽量模拟现实世界，对光的要求是越体现物体的真实性越好，以假乱真是最高境界；另一类则是追求奇幻的风格，竭力表现现实中没有或很难实现的场景，即通常所说的光的特技效果。下面通过学习制作文字体光动画，为读者介绍如何在 3ds Max 中利用光的特技效果来实现具有体光效果的动画。

相关知识与技能

7.1.1 基础动画

制作动画前，需要对三维动画有初步的了解。下面将从动画的原理和基本创建方法入手，介绍一下三维动画的基础知识。

1．动画原理

看过露天电影的人都知道，电影放映就是使用强光照射不断移动的电影胶片，将胶片上连贯的影像投射到电影银幕上。那么，为什么这些单个的影像在连续播放时，就变成了人们看到的电影呢？

这是利用了人眼的“视觉滞留”特性，某一事物消失后，其影像仍会在人眼的视网膜上滞留 0.1～0.4 秒。因此，只要将一系列连贯的静止画面以短于视觉滞留时间的间隔进行连续播放，在人眼中看到的就是连贯的动作。例如，摇晃火把时看到一条光带就是这个原因。

知识库：

在动画中，每个静止画面称为动画的一“帧”，每秒钟播放静止画面的数量称为“帧频”（单位为 FPS，帧/秒）。

在 3ds Max 中制作动画也是利用了这一原理，但制作过程更简单，用户只需创建出动画的起点和终点关键帧（记录运动物体关键动作的图像），系统就会自动计算这两个关键帧之间的插补值，在这两个帧之间生成完整的动画，如图 7-1 所示。最后，对动画场景进行渲染输出，即可生成高质量的三维动画。

经验之谈：

在 3ds Max 中，可以通过改变不同时间点（关键帧）上模型的位置、角度、缩放程度、修改器参数，或材质、灯光和摄影机等来制作动画。

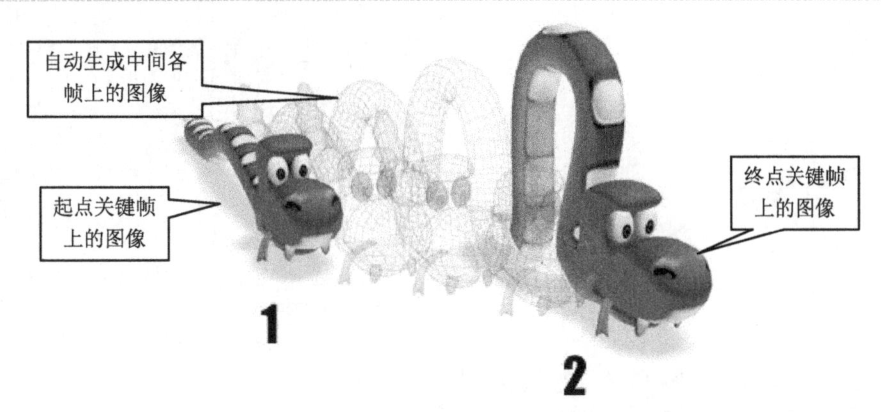

图 7-1　3ds Max 动画的创建方法

2．创建动画

在 3ds Max 中可以利用软件窗口底部的时间滑块、轨迹栏和动画控制区来创建动画，有两种创建方式，一种是自动关键点模式，另一种是设置关键点模式，分别说明如下。

（1）自动关键点模式

启用该模式时，将时间滑块拖到某一帧上，然后对模型进行移动、缩放和旋转等操作时，系统会自动将模型的变化记录为关键帧，并在前后两个关键帧之间生成动画。

Step 01 在菜单栏中选择“自定义”>“显示 UI”>“显示轨迹栏”命令，在场景中创建一个球体。

Step 02 单击动画控制区的“时间配置”按钮，打开“时间配置”对话框，将动画帧频设为“自定义”的“20”，动画长度设为“50”，单击“确定”按钮，如图 7-2 所示。“时间配置”对话框中各重要设置区的作用如下。

- 帧速率：设置动画帧频。其中，“NTSC”为美国和日本视频标准，帧速率为 30 帧/秒；“PAL”为中国和欧洲视频标准，帧速率为 25 帧/秒；“电影”为电影胶片标准，帧速率为 24 帧/秒；选择“自定义”选项后，可在下方的编辑框中输入自定义的速率。
- 时间显示：设置在轨迹栏中的动画时间的显示方式。其中，“帧”表示完全使用帧来显示时间，单个帧代表的时间取决于当前设置的帧速率；“SMPTE”表示使用电影电视工程协会指定的格式显示时间，该格式从左到右依次显示分钟、秒和帧，适用于大多数专业动画制作；“帧:TICK”表示使用帧和程序的内部时间增量显示时间；“分:秒:TICK”表示以分钟、秒和 TICK 显示时间。
- 动画：设置动画的开始时间、结束时间、总长度、帧数（指可渲染的总帧数，它等于动画的时间总长度加 1）、当前时间（当前滑块所在时间）等。

Step 03 在如图 7-2 左图所示的动画控制区中单击“自动”按钮，开启动画记录模式。

Step 04 将时间滑块拖动到第 50 帧处，如图 7-3 上图所示，然后使用缩放工具将球体沿 Z 轴方向进行压缩，如图 7-3 右下图所示。

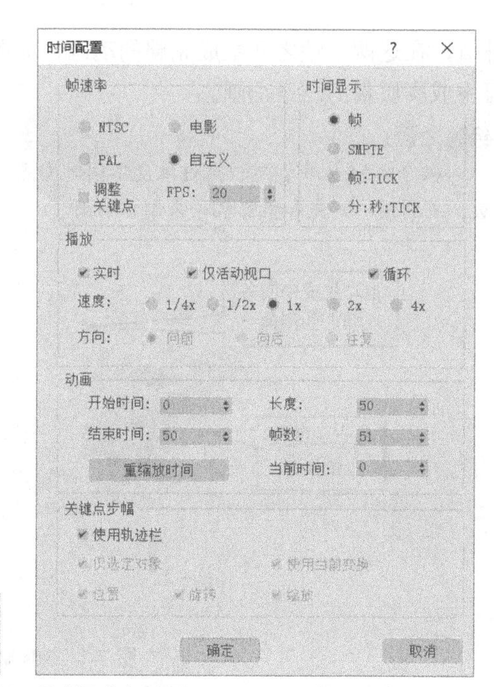

图 7-2　打开“时间配置”对话框进行设置

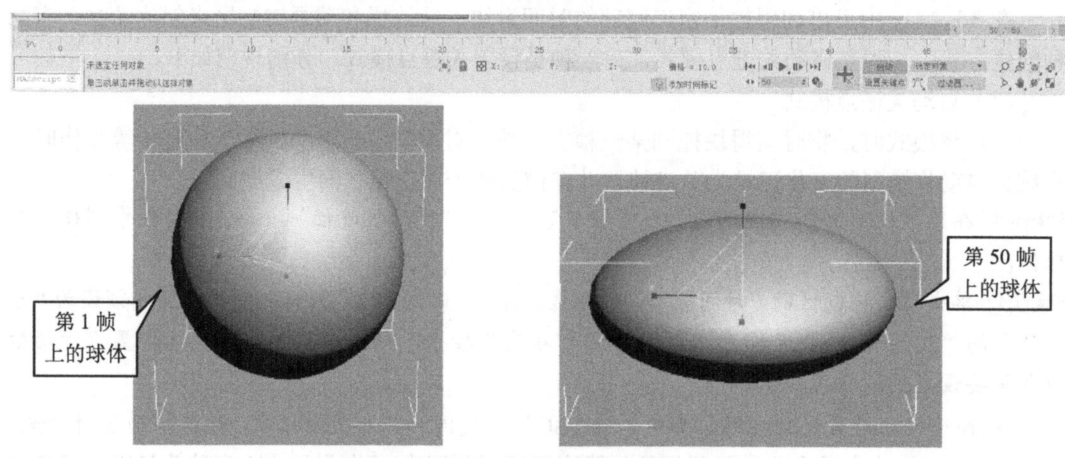

图 7-3　利用自动关键点模式创建动画

Step 05 单击动画控制区的“播放动画”按钮▶，或按【Enter】键在场景中预览动画效果。

（2）手动关键点模式

若单击动画控制区的“设置关键点”按钮，使用手动关键点模式创建动画，则需要单击“设置关键点”按钮左侧的+按钮来创建关键帧。

Step 01 重置场景，同样地在场景中创建一个球体。

Step 02 在动画控制区中单击“设置关键帧”按钮，开启设置关键帧模式。单击“设置关键点”按钮左侧的+按钮，在第 0 帧处创建一个关键帧，如图 7-4 上图所示。

Step 03 将时间滑块移动到第 50 左侧的帧处，并缩放对象，然后再单击“设置关键点”按钮左侧的+按钮，在该帧处创建一个关键帧，将对象的变化记录为关键帧，如图 7-4 下图所示。按【Enter】键在场景中预览动画效果。

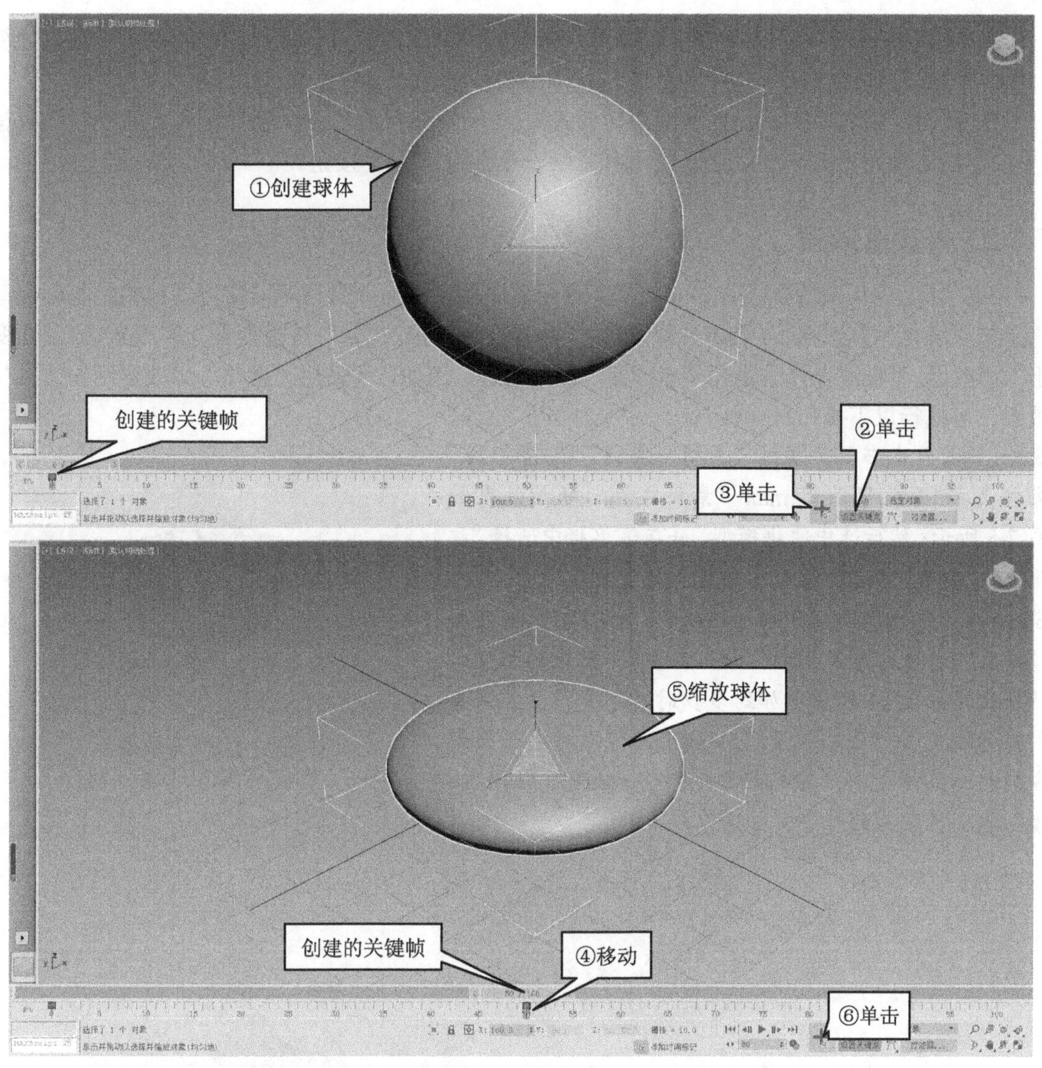

图 7-4　利用手动关键点模式创建动画

知识库：

要移动关键帧，可在轨迹栏中单击选中（按住【Ctrl】键依次单击可同时选中多个关键帧）要移动的关键帧，然后按住鼠标左键并拖动；若在拖动过程中按住【Shift】键，则移动操作变为复制操作。此外，选中关键帧后，按【Delete】键可将其删除。

3ds Max 动画控制区中其他重要按钮的作用如下。

- 关键点过滤器：过滤可以设置关键帧的对象变化。
- 转至开头：将时间滑块移动到活动时间段的第 0 帧。
- 上一帧：将时间滑块往回移动一帧。
- 播放动画/播放选定对象：单击“播放动画”按钮可在活动视口中播放整个场景中的动画；单击“播放选定对象”按钮可播放选定对象的动画。播放动画时，该按钮变为“停止播放”按钮，单击它可停止动画播放。
- 下一帧：将时间滑块向前移动一帧。
- 转至结尾：将时间滑块移动到活动时间段的最后一帧。

- 当前帧：显示当前帧编号，指出时间滑块的位置。也可以在此字段中输入帧编号来转到该帧。
- 关键点模式切换：切换帧跳转模式。按下该按钮后，“上一帧”和“下一帧”按钮将变为“上一个关键点”和“下一个关键点”按钮。

7.1.2 修改器动画

3ds Max 为用户提供了许多修改器，使用其中的一些修改器可以非常方便地为模型创建动画，如“融化”修改器、“柔体”修改器、“路径变形”修改器、“链接变换”修改器、“曲面变形”修改器、“噪波”修改器和“变形器”修改器等。例如，要使用“融化”修改器制作冰融化效果，可执行以下操作。

Step 01 打开本书配套素材“素材与实例”>“第 7 章”文件夹>“融化修改器.max”素材文件，场景效果如图 7-5 所示；然后选中冰块模型，并在菜单栏中选择“编辑”>“克隆”命令，通过原位克隆再复制出一个冰块。

图 7-5 场景效果

Step 02 为任一冰块模型添加“融化”修改器，然后在“参数”卷展栏中设置融化的“数量”（融化的程度）、“融化百分比”（数量增加到多少时对象会产生扩散及扩散的程度）、“固态”类型（融化过程中对象凸出部分的相对高度）和“融化轴”（沿哪一轴进行融化），模拟冰块已融化的部分，如图 7-6 所示。

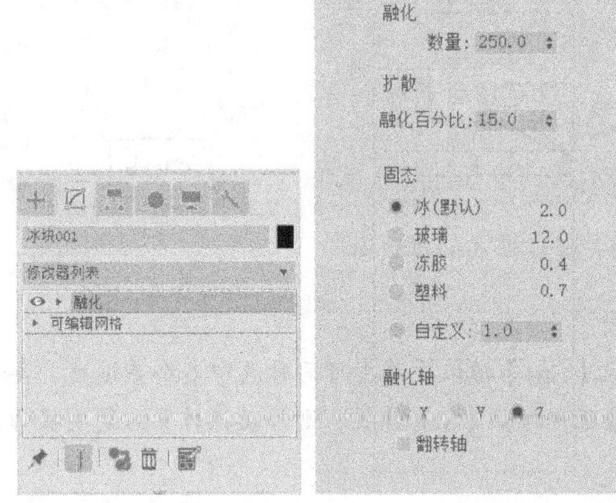

图 7-6 对任一冰块进行“融化”修改模拟冰块已融化的部分

Step 03 如图 7-7 所示，为另一冰块添加“融化”修改器，然后单击动画控制区中的“自动”按钮，开启动画的自动关键点模式。在第 60、90 和 100 帧处分别设置融化的“数量”为“60”、“116”和“166”；再选中第一块冰块（可利用“按名称选择”工具进行选择），在第 60、90 和 100 帧处分别设置融化的“数量”为“500”、“600”和“650”。

Step 04 单击“自动”按钮，退出动画的自动关键点模式，完成融化动画关键帧的设置。此时，单击动画控制区中的“播放动画”按钮，即可观察到冰块融化的过程，如图 7-8 所示为不同帧处冰块的融化效果。

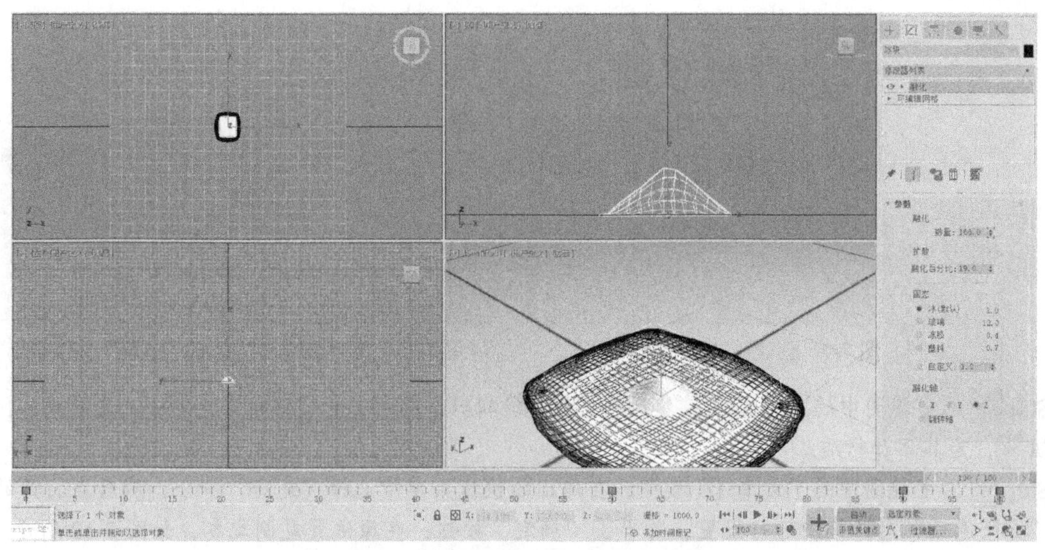

图 7-7 设置冰块融化动画的关键帧

第 0 帧效果

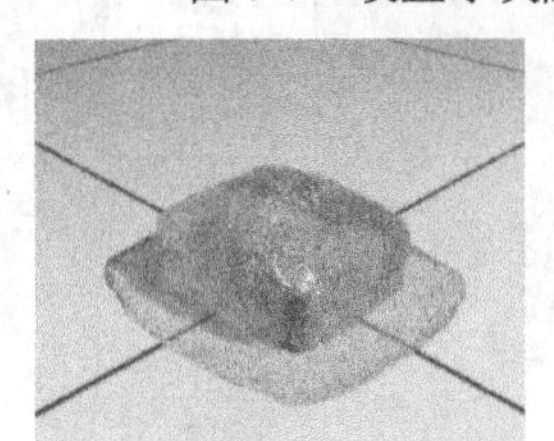

第 60 帧效果

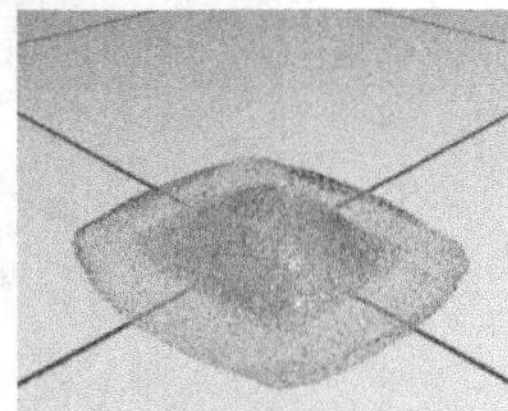

第 90 帧效果

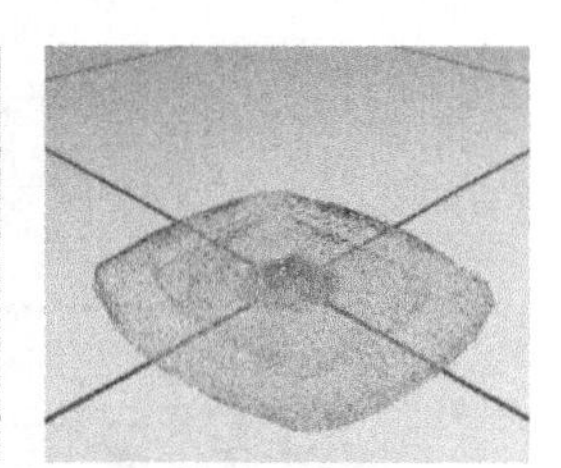

第 100 帧效果

图 7-8 不同帧处冰块融化的效果

任务实施

文字体光动画

7.1.3 文字体光动画

制作思路

在制作文字体光动画的过程中，首先创建文本图形，为其添加“倒角”修改器将其转换为三维对象，并为文字模型添加材质；然后克隆文本模型，并对其修改器进行设置创建关键点动画，再为文本副本添加文本体光材质；创建背景平面，为其添加材质；接着为场景设置灯光，并创建摄影机动画；最后设置动画的输出范围和保存参数，并对动画进行渲染输出。

操作步骤

1．创建文本

Step 01 单击“创建”>“图形”面板“样条线”分类中的“文本”按钮，在“参数”卷展栏中设置其参数，在前视图中单击创建文本图形，并将其命名为“文本 1”，如图 7-9 所示。

Step 02 在“修改”面板中为“文本 1”添加“倒角”修改器，然后在“倒角值”卷展栏中设置其参数，如图 7-10 所示。

2．调制文字材质

Step 01 按快捷键【M】打开材质编辑器，选择一个未使用的材质球，并将其命名为“文字材质”，然后在“Blinn 基本参数”卷展栏中设置材质参数，如图 7-11 所示。

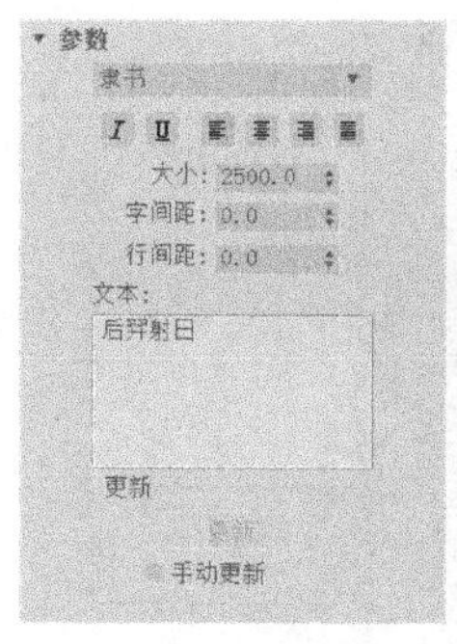

图 7-9　创建“文本 1”

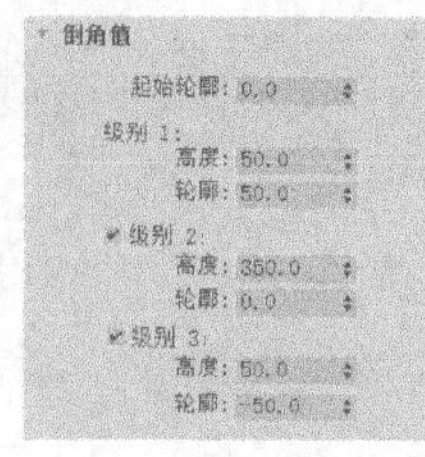

图 7-10　为“文本 1”添加“倒角”修改器

Step 02 选中视图中的“文本 1”，然后单击材质编辑器工具栏中的“将材质指定给选定对象”按钮，为其添加材质。

Step 03 右击视图中的“文本 1”模型，在弹出的快捷菜单中选择“克隆”命令，然后在打开的“克隆选项”对话框中进行设置，并单击“确定”按钮，在原位置复制文本，如图 7-12 所示。

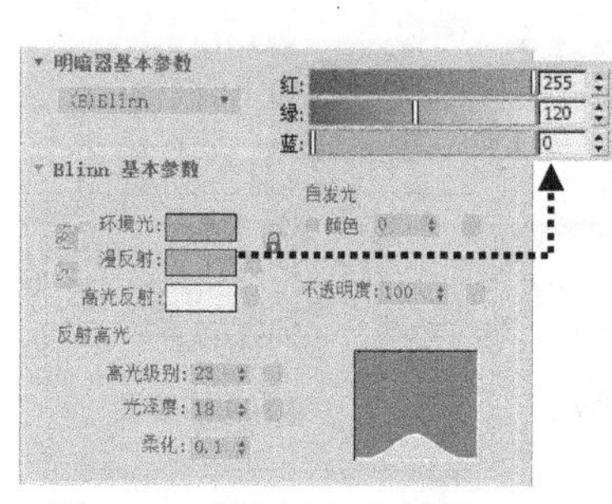

图 7-11　调制“文字材质”

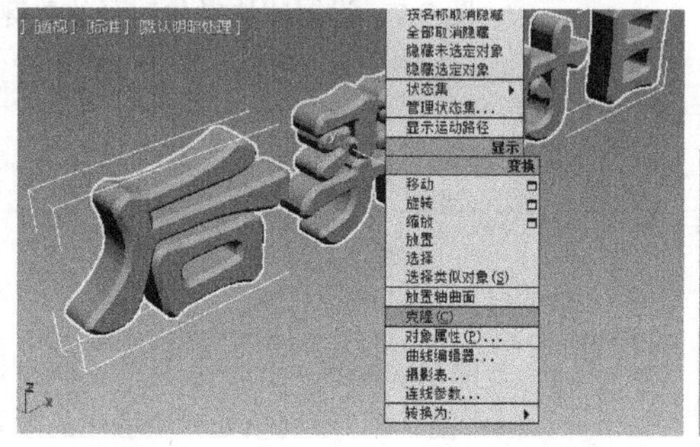

图 7-12　克隆文本

Step 04 选中视图中的“文本 2”模型，在“修改”面板中的修改器堆栈列表中删除“倒角”修改器，添加“挤出”修改器，然后在“参数”卷展栏中设置“挤出”修改器的参数，如图 7-13 所示。

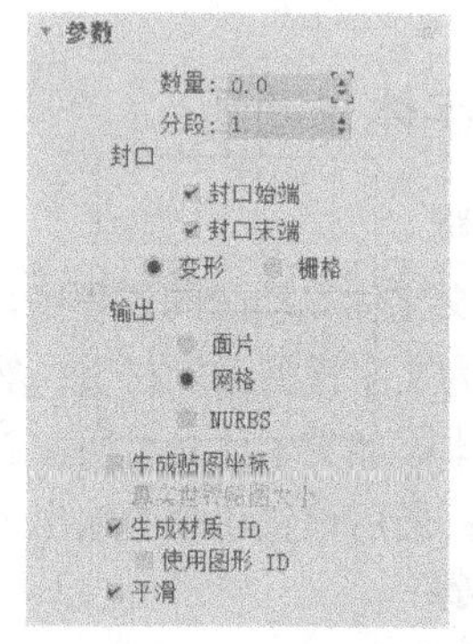

图 7-13　为“文本 2”添加“挤出”修改器

3．设置文本体光动画

Step 01 单击动画控制区的“自动”按钮，激活自动关键点命令，然后将时间滑块拖到第 10 帧处，并将“修改”面板“参数”卷展栏中的“数量”设为“15”，如图 7-14 所示。

Step 02 将时间滑块拖到第 20 帧处，然后在“参数”卷展栏中将“数量”设为“13000”，再单击 自动 按钮，取消自动关键点命令，如图 7-15 所示。

4．调制文本体光材质

Step 01 打开材质编辑器，将“文字材质”的材质球拖到一个未使用的材质球上，复制材质，并将复制材质的名称改为“体光材质”，然后在“Blinn 基本参数”卷展栏中将“自发光”区“颜色”设为“100”，如图 7-16 所示。

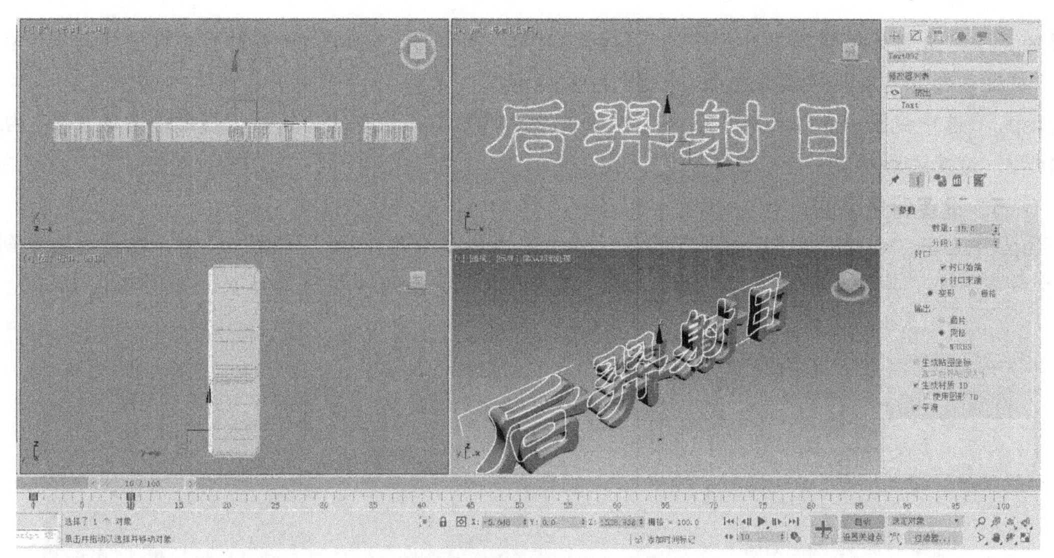

图 7-14　创建关键点动画

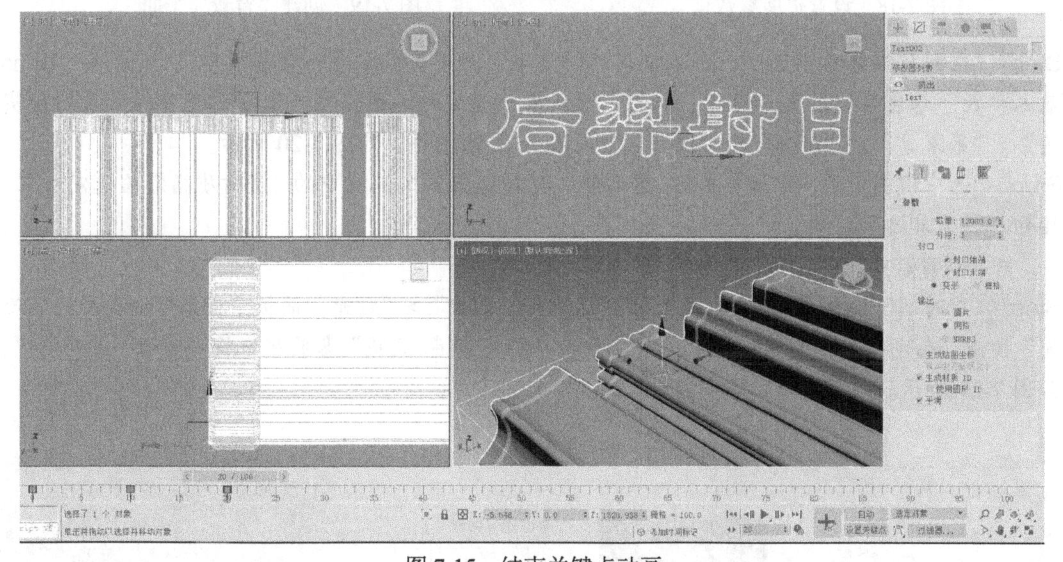

图 7-15　结束关键点动画

Step 02 单击“贴图”卷展栏中“不透明度”通道右侧的“无”按钮，在打开的“材质/贴图浏览器”对话框中双击“渐变”选项，再在“渐变参数”卷展栏中设置渐变参数，如图 7-17 所示。

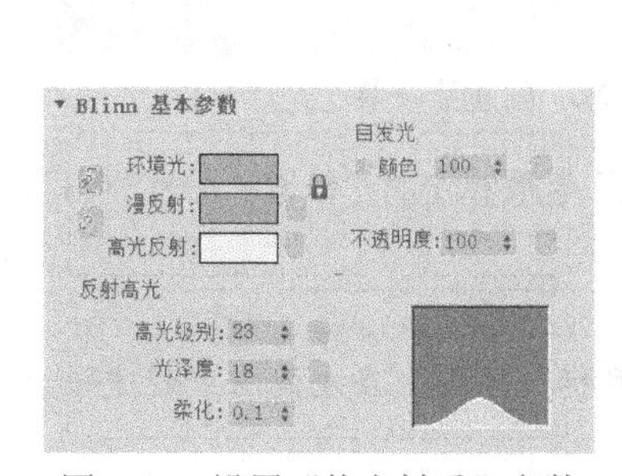

图 7-16　设置“体光材质”参数

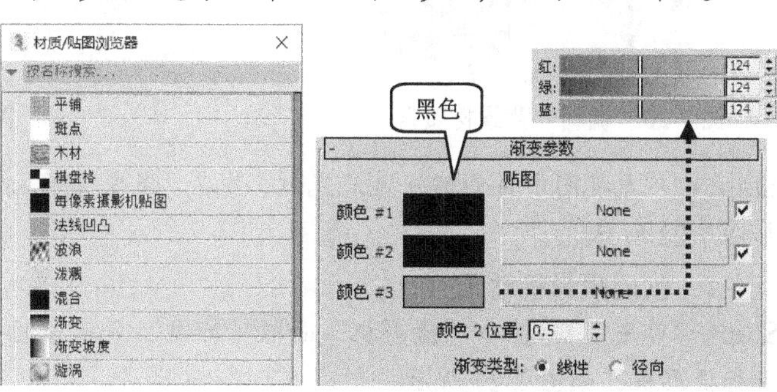

图 7-17　设置渐变参数

Step 03 单击材质编辑器工具栏中的“转到父对象”按钮，返回上一级材质参数堆栈列表，在“扩展参数”卷展栏中设置参数，如图 7-18 所示。

Step 04 选中视图中的“文本 2”，然后单击材质编辑器工具栏中的“将材质指定给选定对象”按钮，为其添加材质。

5. 设置背景贴图

Step 01 单击“创建”>“几何体”面板“标准基本体”分类中的“平面”按钮，在前视图中创建一个平面，并将其命名为“背景”，然后在“参数”卷展栏中设置其参数，如图 7-19 所示。

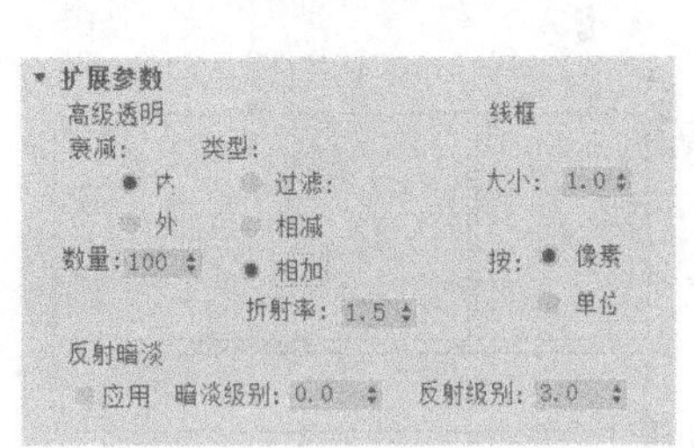

图 7-18 设置扩展参数

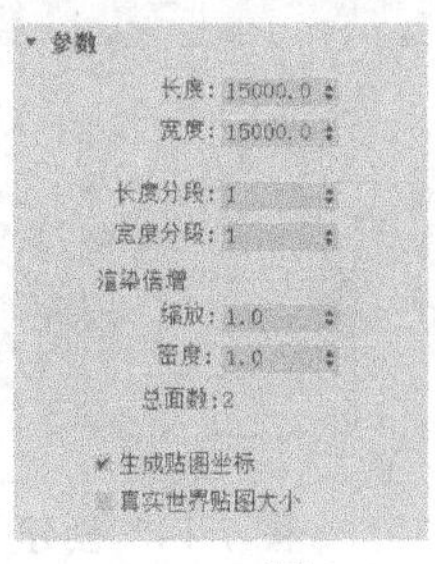

图 7-19 创建“背景”平面

Step 02 在材质编辑器中选中一个未使用的材质球，并将其命名为“背景材质”，然后在“Blinn 基本参数”卷展栏中设置其参数，再将“漫反射”通道的贴图指定为本书配套素材“素材与实例”>“第 7 章”>“maps”文件夹>“成语.jpg”图像文件，如图 7-20 所示。

Step 03 选中视图中的“背景”平面，然后单击材质编辑器工具栏中的“将材质指定给选定对象”按钮，为其添加材质。

6. 设置灯光

Step 01 将时间滑块拖动到第 20 帧处，然后单击“创建”>“灯光”面板“标准”分类中的“泛光”按钮，在左视图中创建一盏泛光灯，并在“强度/颜色/衰减”卷展栏中将“倍增”设为“1”，如图 7-21 所示。

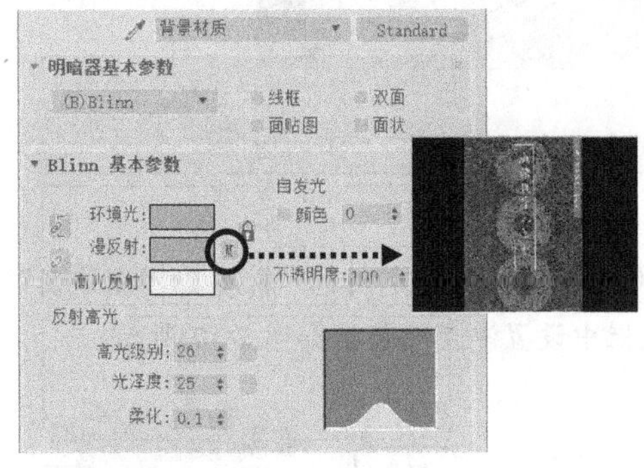

图 7-20 调制“背景材质”

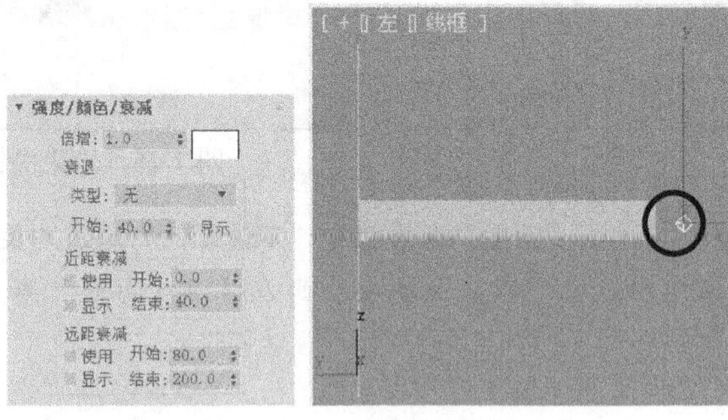

图 7-21 创建第一盏泛光灯

Step 02 在左视图中再创建一盏泛光灯，并在“强度/颜色/衰减”卷展栏中将“倍增”设为“0.3”，如图 7-22 所示。

7. 创建摄影机动画

Step 01 单击“创建”>“摄影机”面板“标准”分类中的“目标”按钮，在左视图中创建一台目标摄影机，如图 7-23 所示。

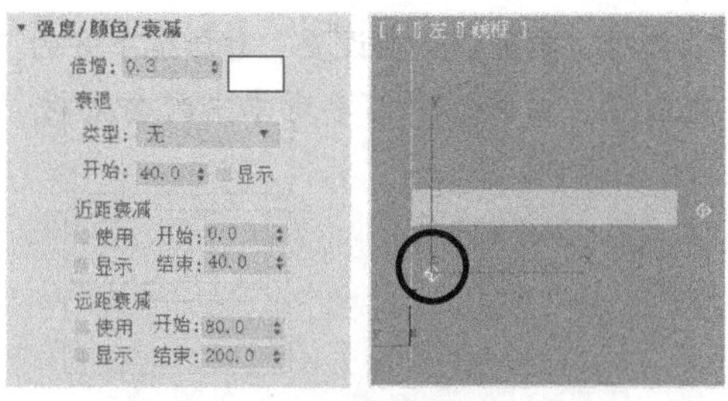

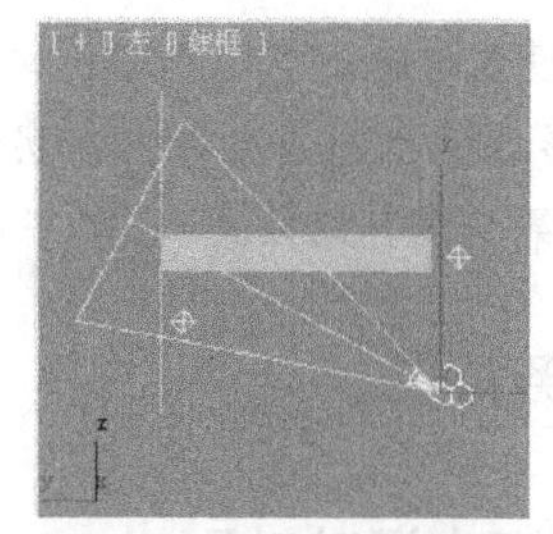

图 7-22　创建第二盏泛光灯　　　　图 7-23　创建目标摄影机

Step 02 选择透视视图，并按快捷键【C】将其转换为摄影机视图，然后将时间滑块调整到第 0 帧处，并利用视图控制区中的工具调整摄影机视图的视角，如图 7-24 所示。

Step 03 单击“自动”按钮，激活自动关键点命令，然后将滑块拖至第 100 帧处。

Step 04 选中左视图中的摄影机和目标点，将其沿 *Y* 轴向下移动，如图 7-25 所示。

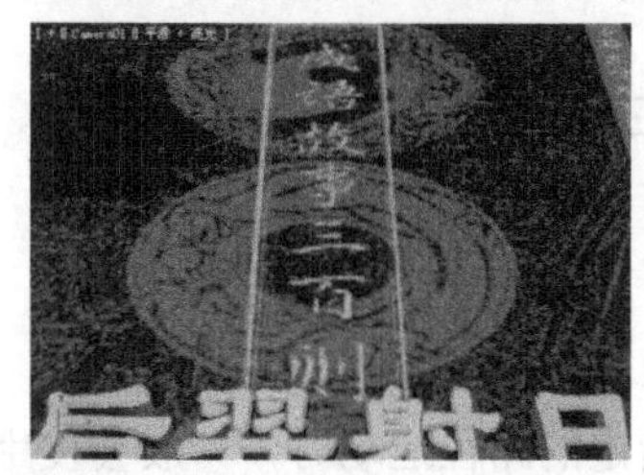

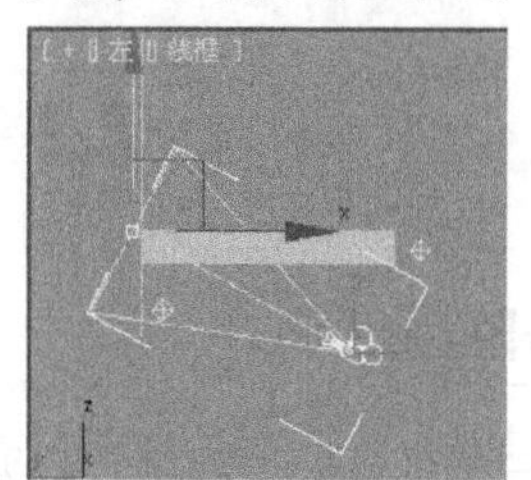

图 7-24　调整摄影机视图的视角　　　　图 7-25　调整摄影机和目标点

8．渲染输出

Step 01 在菜单栏中选择“渲染”>“渲染设置”命令，或按快捷键【F10】，在打开的“渲染设置”对话框中设置“公用”选项卡“公用参数”卷展栏“时间输出”区中的参数，如图 7-26 所示。

Step 02 单击“公用参数”卷展栏中“渲染输出”区中的“文件”按钮，在打开的“渲染输出文件”对话框中设置输出文件的保存路径、名称和格式，如图 7-27 所示。

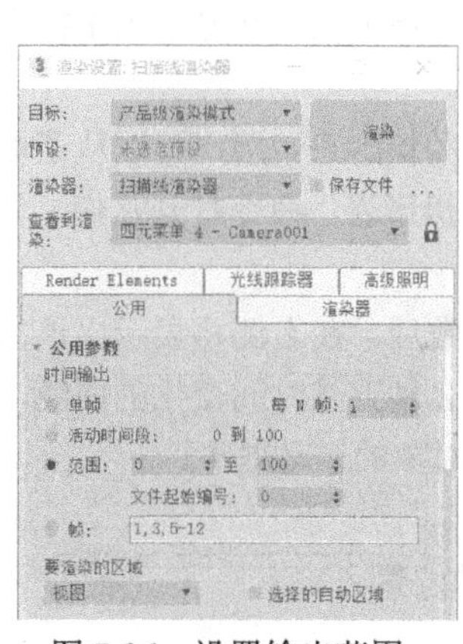

图 7-26　设置输出范围

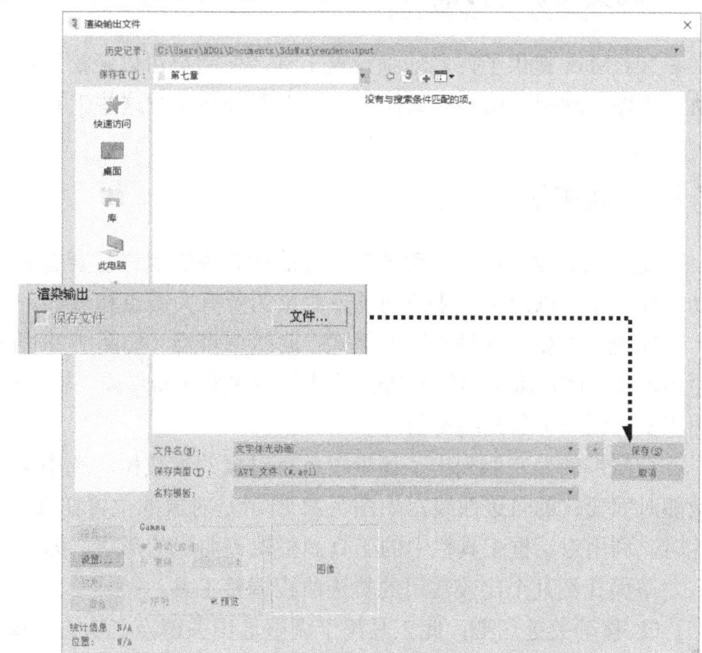

图 7-27　设置输出文件的保存路径、名称和格式

Step 03 设置好输出范围和输出文件的保存参数后，单击“渲染设置”对话框下方的“渲染”按钮对摄影机视图进行渲染，本实例就制作完成了，最终效果可参考本书配套素材“素材与实例”>“第 7 章”文件夹>“文字体光动画.avi”。

任务拓展

7.1.4 海水涌动动画

海水涌动动画

请打开在第 6.1.3 节中制作好的云山雾罩源文件，利用它完成海水涌动动画。要求：整个动画由 126 帧构成，播放制式为 PAL 制式；播放期间，海水产生不规则的涌动效果，涌动幅度为 10，涌动频率为 0.3；渲染精度为 320 像素×240 像素。

7.2 动画约束与控制器

任务陈述

在制作三维动画的过程中，当要使一个物体沿指定的路径运动时，一般会使用路径约束功能。路径约束是指物体被一条曲线控制并沿曲线路径运动，或是在多条曲线的位置加权平均值处运动，路径曲线可以是任何类型的曲线。由于路径约束功能具有灵活多变的特点，所以在很多三维动画的制作中都会用到这种功能。本实例通过制作迷宫动画，为读者介绍路径约束功能在三维动画制作中的应用。

相关知识与技能

3ds Max 提供了许多动画设置工具，使用户可以轻松地制作出更精确、更复杂的动画，如轨迹视图、动画约束和动画控制等，下面分别介绍这些工具。

7.2.1 轨迹视图

使用轨迹视图可以对动画中创建的所有关键点进行查看和编辑，还可以在轨迹视图中指定动画控制器，以便插补或控制场景对象的所有关键点和参数。

轨迹视图使用两种不同的模式：曲线编辑器（如图 7-28 所示）和摄影表，用户可以从菜单栏中选择“图形编辑器”>“轨迹视图-曲线编辑器”或“轨迹视图-摄影表”命令打开它们。下面主要介绍一下曲线编辑器。

曲线编辑器左侧列出了场景中所有对象的参数树，选中某个参数后，在右侧将显示出该参数随时间变化的轨迹曲线，如图 7-28 所示是对象的位置在 X、Y 和 Z 轴上随时间变化的曲线，此时，利用对话框工具栏中的工具调整轨迹曲线的形状，即可调整对象的运动效果。

下面介绍几个比较常用的轨迹曲线调整工具。

- 移动关键点 ：此工具用于调整选中关键点在轨迹视图中的位置。

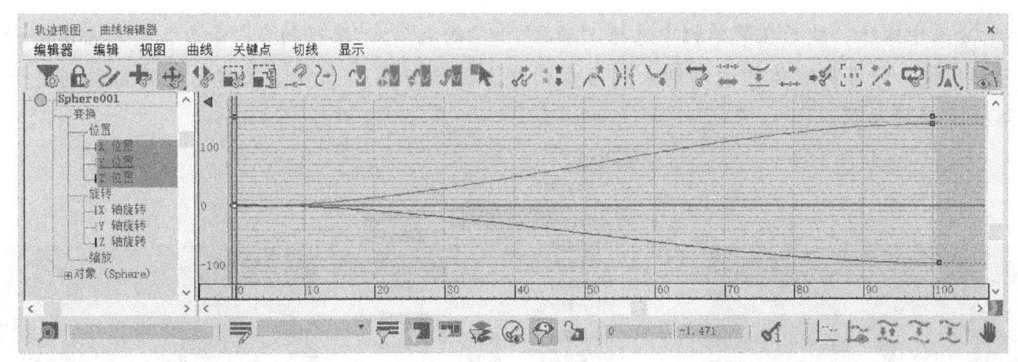

图 7-28　“轨迹视图-曲线编辑器”对话框

- 滑动关键点：使用此工具向左（或向右）移动关键点时，轨迹曲线中关键点左侧（或右侧）的部分将随之移动相同的距离。
- 添加/移除关键点：使用此工具可以在轨迹曲线中插入或移除关键点（按住【Shift】键时移除）。
- 绘制曲线：使用此工具可以为选中的参数绘制轨迹曲线，或使用手绘方式编辑原有的轨迹曲线。
- 简化曲线：单击此工具将打开“减少关键点”对话框，设置好阈值后，单击“确定”按钮，即可根据阈值精简轨迹曲线中的关键点。此工具常用来消除手绘轨迹曲线中不必要的关键点。
- 将切线设置为自动：单击此按钮，系统将调整选中关键点处切线的斜率，且关键点两侧将出现蓝色的虚线控制柄（用于手动调整关键点处切线的斜率）。
- 将切线设置为自定义：单击此按钮，关键点处切线的斜率不变，但关键点两侧会出现黑色的实线控制柄，用于手动调整关键点处切线的斜率。
- 将切线设置为快速：单击此按钮，系统将调整选中关键点处切线的斜率，使参数在关键点附近的变化变为快速增加或快速减少。
- 将切线设置为慢速：单击此按钮，系统将调整选中关键点处切线的斜率，使参数在关键点附近的变化变为缓慢增加或缓慢减少。
- 将切线设置为阶跃：单击此按钮，轨迹曲线在关键点处变为阶跃曲线，此时参数在关键点处的变化变为阶跃式的突变。
- 将切线设置为线性：单击此按钮，关键点两侧将变为直线段，类似于可编辑样条线中的角点型顶点，此时参数在关键点附近匀速增加或减少。
- 将切线设置为平滑：单击此按钮，关键点两侧将变为平滑的曲线段，类似于样条线中的平滑型顶点。

7.2.2　动画约束

动画约束是指在制作动画时，将物体 A 约束到物体 B 上，使物体 A 的运动受物体 B 的限制（物体 A 称为被约束对象；物体 B 称为约束对象，又称为目标对象）。下面以制作沿曲线运动的小球为例，说明一下什么是动画约束。

Step 01 在视图中创建一条 S 形曲线和一个球体，场景效果如图 7-29 所示。

Step 02 选中球体，然后在菜单栏中选择“动画”>“约束”>“路径约束”命令，再单击前面创建的S形曲线，即可将球体的运动约束到S形曲线上，如图7-30所示。此时系统将自动创建小球沿路径运动的动画。

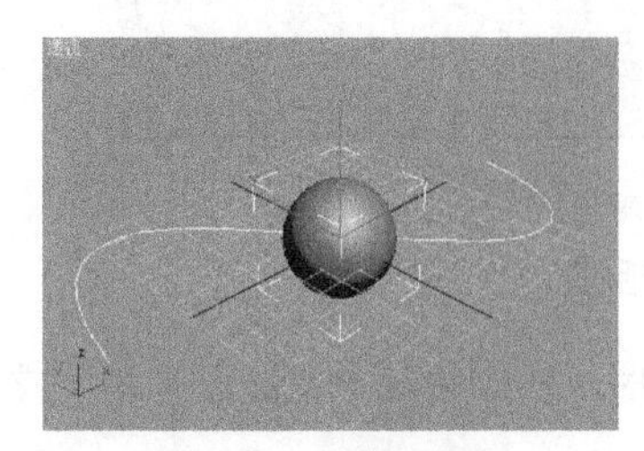

图7-29　场景效果

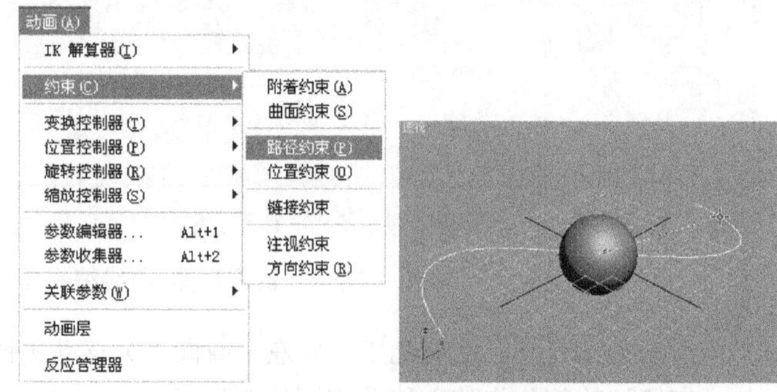

图7-30　将球体的运动约束到S形曲线上

Step 03 单击动画控制区的“播放动画”按钮，可观察到，小球将自动沿S形曲线从曲线的始端向末端运动，效果如图7-31所示。

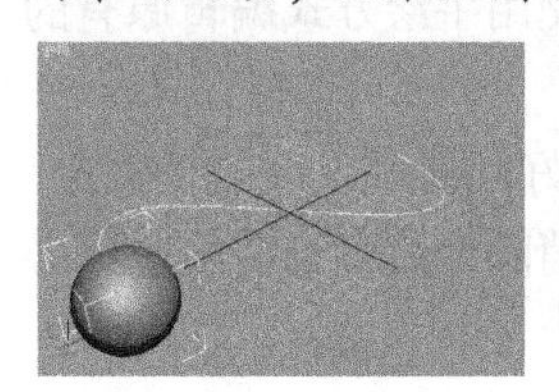
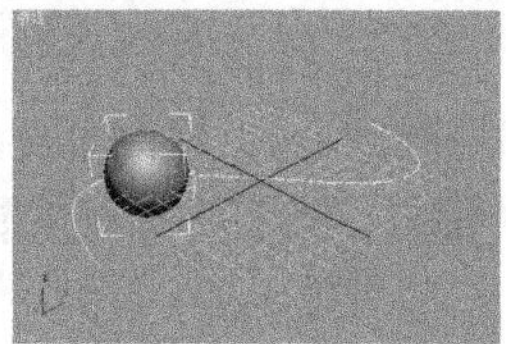
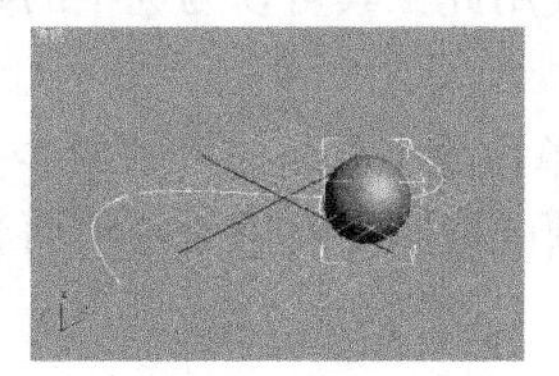
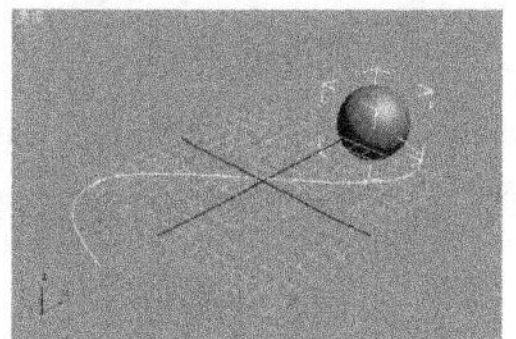

图7-31　小球的运动效果

温馨提示：

将小球约束到S形曲线后，读者可使用“选择并移动”工具调整小球的位置，观察小球是否能按正常的情况移动。

3ds Max为用户提供了多种约束方式，不同的约束方式具有不同的用途，下面介绍几种比较常用的动画约束。

- 附着约束：附着约束就是将物体A附着于物体B的表面，以约束物体A的移动范围（此时物体A只能在物体B的表面移动），如图7-32所示。需要注意的是，物体B必须是网格对象或能转换为网格对象的对象，否则无法进行附着约束。
- 链接约束：链接约束可以用来创建对象与目标对象之间彼此链接的动画，如图7-33所示。

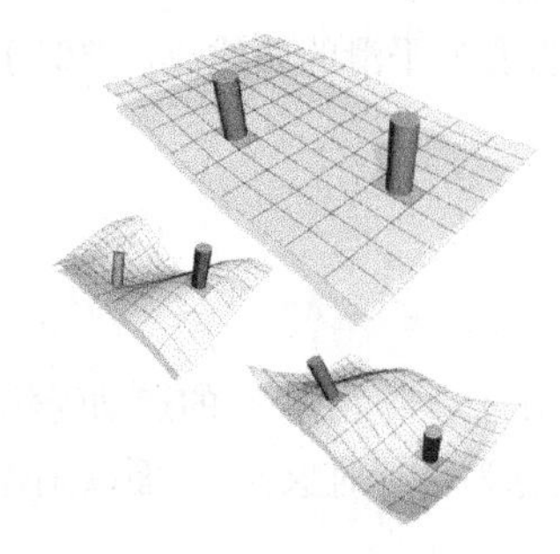

图7-32　附着约束

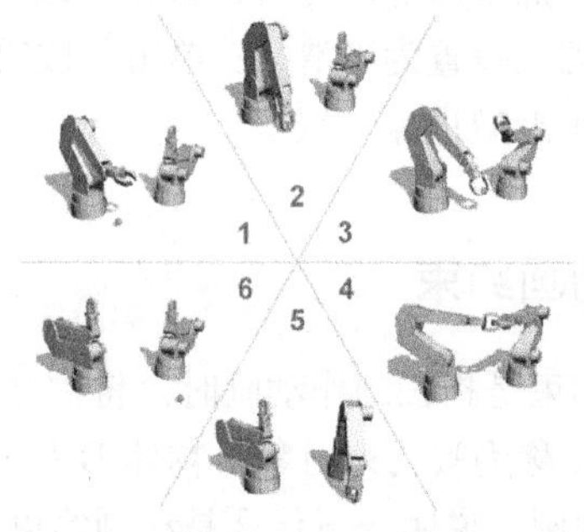

图7-33　链接约束

- 注视约束：注视约束是使物体 A 的某一局部坐标轴始终指向物体 B，以保持物体 A 对物体 B 的注视状态，如图 7-34 所示。注视约束常用于摄影机的跟踪拍摄和灯光的跟踪照射。

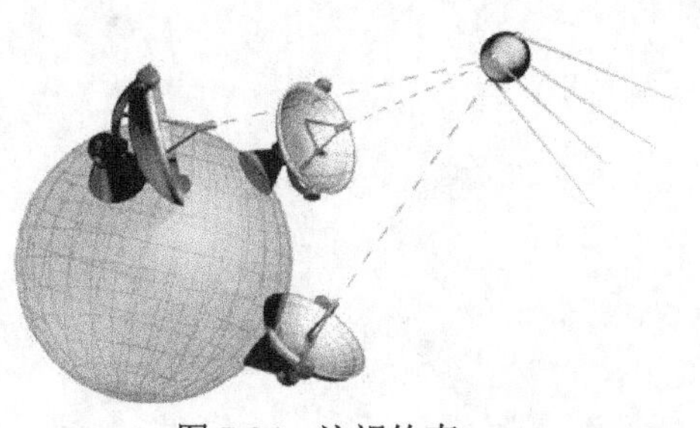

图 7-34　注视约束

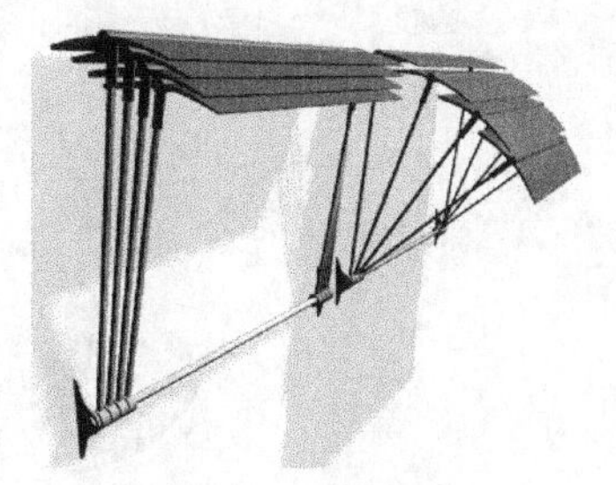

图 7-35　方向约束

- 方向约束：方向约束是使物体 A 的局部坐标与物体 B 的局部坐标相匹配，并始终保持一致，如图 7-35 所示。进行方向约束后，旋转物体 B 时，物体 A 将随之产生相同的旋转。
- 路径约束：路径约束就是将物体约束到指定的曲线中，使物体只能沿曲线运动，如图 7-36 所示。
- 位置约束：位置约束就是将物体 A 的轴心与物体 B 的轴心对齐，并保持二者的相对位置不变，如图 7-37 所示。当物体 A 有多个目标对象时，其位置为所有目标对象的加权平均位置。
- 曲面约束：曲面约束也是将物体 A 约束到物体 B 的表面，如图 7-38 所示。需要注意的是，物体 B 的表面必须能用参数来表示，符合条件的三维对象有球体、圆锥体、圆柱体、圆环、四边形面片、放样对象和 NURBS 对象。

图 7-36　路径约束

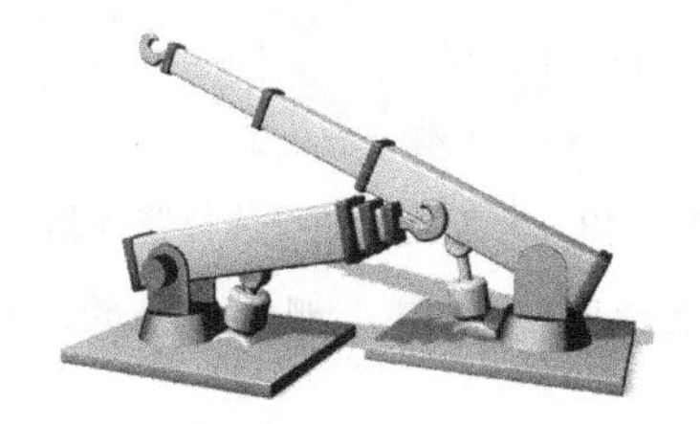

图 7-37　位置约束

图 7-38　曲面约束

7.2.3　动画控制器

简单地讲，动画控制器就是控制物体运动动画的工具。使用动画控制器可以在物体原有动画的基础上附加其他动画效果，以调整物体的运动效果。下面以“躁动的茶壶”动画为例，说明一下什么是动画控制器，以及如何为物体添加动画控制器。

Step 01 在透视视图中创建一个茶壶，然后开启动画的自动关键点模式，再拖动时间滑块到第 100 帧处，并将茶壶放大，创建茶壶的膨胀动画，如图 7-39 所示。

Step 02 选中茶壶，打开“运动”命令面板，选中“参数”选项卡“指定控制器”卷展栏参数列表中的“位置：位置 *XYZ*”项，再单击“指定控制器”按钮，利用打开的“指定位置控制器”对话框为茶壶添加“噪波位置”控制器，如图 7-40 所示，

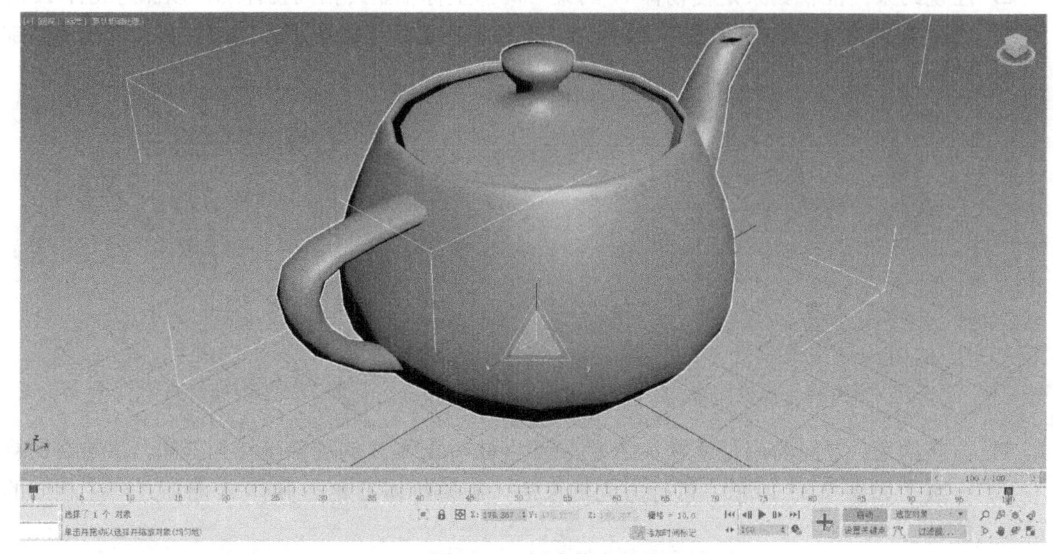

图 7-39 创建茶壶的膨胀动画

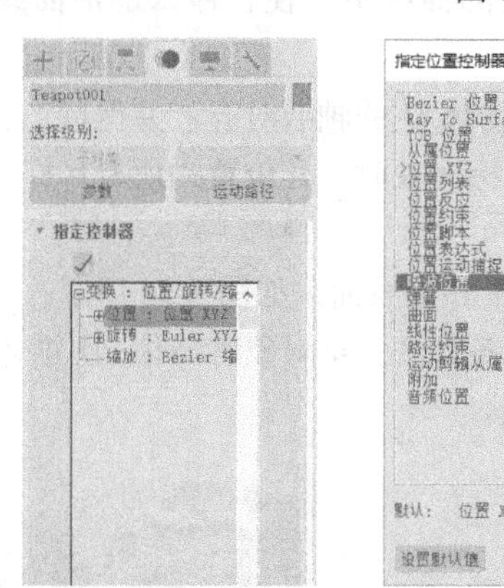

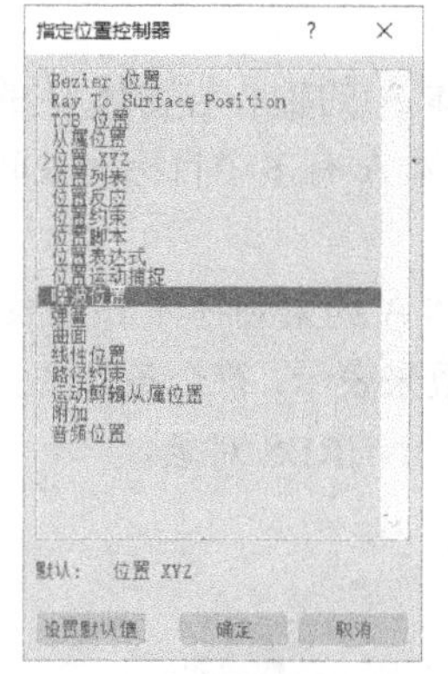

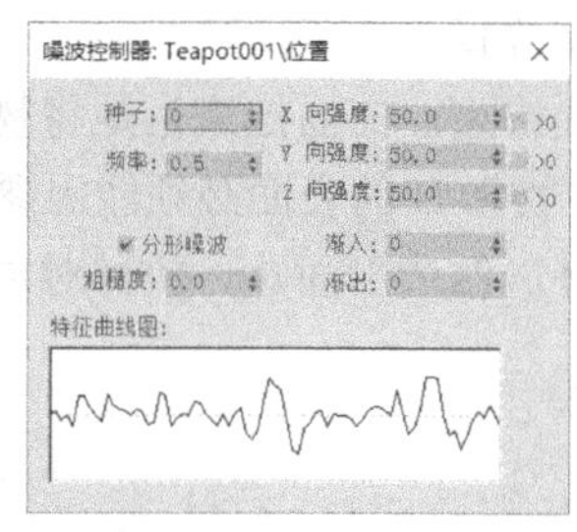

图 7-40 为茶壶添加噪波位置控制器

Step 03 单击动画控制区的“播放动画”按钮▶，观察茶壶的运动动画，可以发现茶壶在膨胀的过程中四处跳动。

3ds Max 为用户提供了许多用途不同的控制器，根据控制器作用的不同，可分为变换控制器、位置控制器、旋转控制器和缩放控制器四类，在此着重介绍以下几个控制器。

- “Beizer 位置”控制器：该控制器是许多参数的默认控制器，它利用一条可调整的 Bezier 曲线将物体运动轨迹的各关键点连接起来，调整各关键点处曲线的曲率即可调整关键点之间的插值。
- “TCB 位置”控制器：该控制器也是用来调整物体运动轨迹中两个关键点之间的插值，但它是利用关键点处的张力、连续性和偏移值来进行调整的。
- “线性位置”控制器：为动画参数添加该控制器后，轨迹曲线各关键点之间的线段将变为直线段，参数在两个关键点之间线性变化。当动画参数在各关键点间的变化比较规则或均匀时常使用该控制器，例如，一种颜色过渡到另一种颜色、机械运动等。
- “噪波位置”控制器：为动画参数添加该控制器后，参数将在指定范围内随机变化。常利用该控制器创建具有特殊效果的动画。

- "列表"控制器：该控制器是一个合成控制器，它可以将多个控制器组合在一起，按从上到下的排列顺序进行计算，产生组合的控制效果。
- "音频"控制器：该控制器可以将声音文件的振幅或实时声音波形转换为可供动画参数使用的数值。
- "运动捕捉"控制器：为动画参数添加该控制器后，可以利用外部设备控制参数的变化，可以使用的外部设备有鼠标、键盘、游戏杆和MIDI设备。
- "表达式"控制器：为动画参数指定该控制器后，可以使用数学表达式控制参数变化。

任务实施

7.2.4 迷宫动画

制作思路

在制作迷宫动画时，首先通过创建曲线并对其进行轮廓和挤出处理创建迷宫模型；然后创建作为运动路径的曲线和自由摄影机，并进行路径约束操作；接着通过创建球体并对其顶点进行操作，制作球形天空模型；再为迷宫、天空和地面添加材质；最后为场景添加灯光并进行渲染输出。

操作步骤

1．创建迷宫

Step 01 选中顶视图，然后在菜单栏中选择"视图" >"视口配置">"背景"命令，在打开的"视口配置"对话框"背景"选项卡中选择"使用文件"单选钮，单击"设置"区中的"文件"按钮，在打开的"选择背景图像"对话框中选择本书配套素材"素材与实例">"第7章">"maps"文件夹>"迷宫背景.png"图像文件，单击"打开"按钮，如图7-41所示。

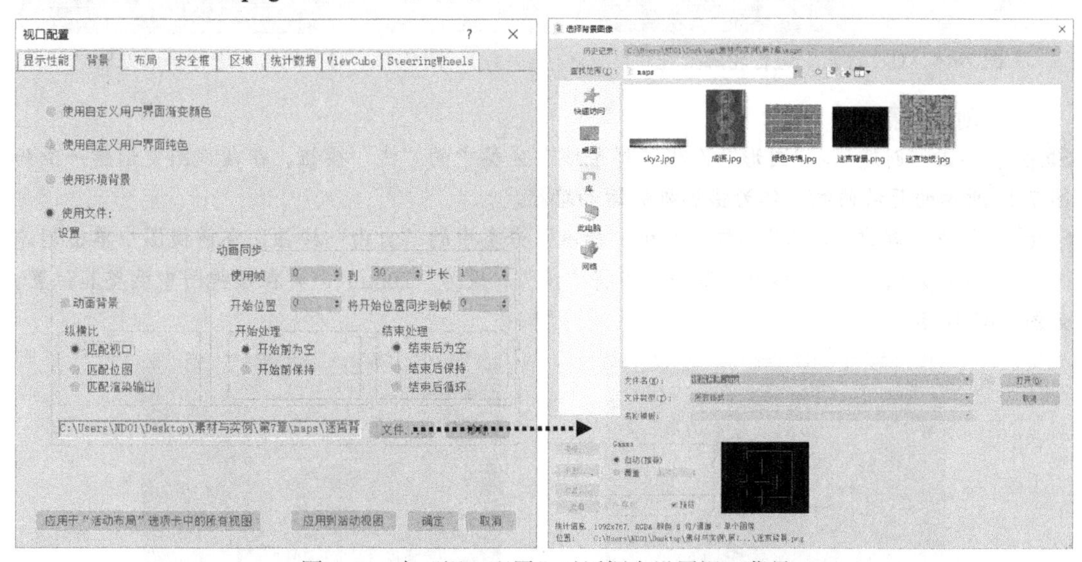

图7-41 在"视口配置"对话框中设置视口背景

Step 02 在"视口配置"对话框"背景"选项卡的"纵横比"设置区中选择"匹配视口"单选钮，并单击"确定"按钮，即可在顶视图中显示"迷宫背景"的图像，效果如图7-42所示。

Step 03 单击"创建">"图形"面板"样条线"分类中的"线"按钮，在顶视图中沿"迷宫背景”中的红线绘制曲线，然后将绘制完成的曲线附加到同一可编辑样条线中，并命名为“迷宫”。

Step 04 在菜单栏中选择“视图”>“视口背景”>“配置视口背景”命令，在弹出的对话框中单击“移除”按钮，隐藏“迷宫背景”图像，效果如图 7-43 所示。

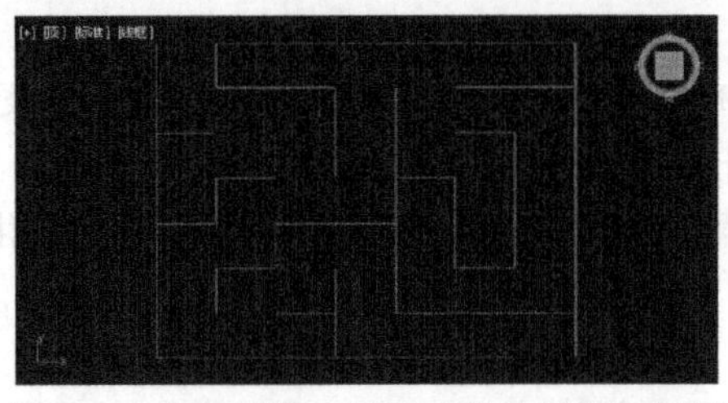

图 7-42　在顶视图中显示“迷宫背景”图像

图 7-43　创建曲线并隐藏背景图像

Step 05 在“修改”面板中将“迷宫”的修改对象设为“样条线”子对象，然后框选顶视图中的全部样条线，在“几何体”卷展栏“轮廓”按钮右侧的编辑框中输入“2”，并按【Enter】键，如图 7-44 所示。

Step 06 为“迷宫”添加“挤出”修改器，并将挤出数量设为“20”，如图 7-45 所示。

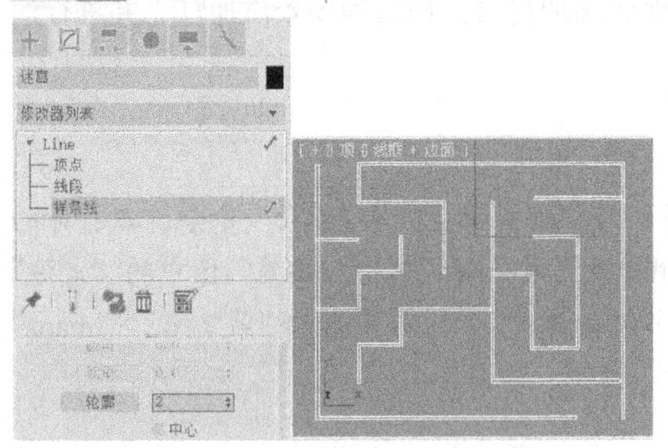

图 7-44　对“迷宫”进行轮廓处理

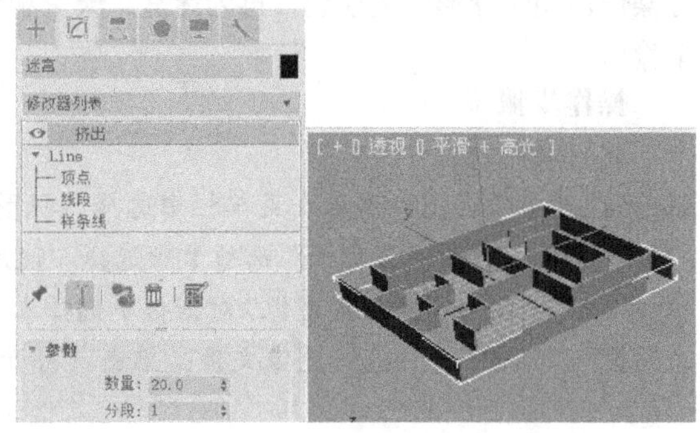

图 7-45　对“迷宫”进行挤出处理

2. 创建摄影机

Step 01 单击“创建”>“图形”面板“样条线”分类中的“线”按钮，在顶视图中创建一条如图 7-46 所示的开放曲线，作为摄影机的运动路径。

Step 02 单击“创建”>“摄影机”面板“标准”分类中的“自由”按钮，在前视图中单击创建一台自由摄影机，并在“参数”卷展栏中将“镜头”设为“20mm”，再在顶视图中调整其位置，如图 7-47 所示。

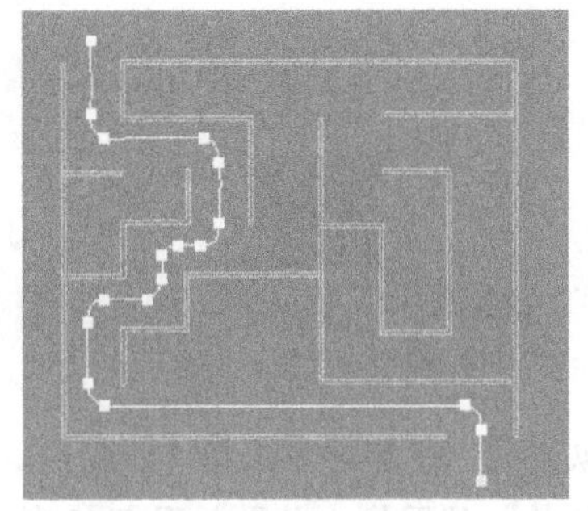

图 7-46　绘制开放曲线

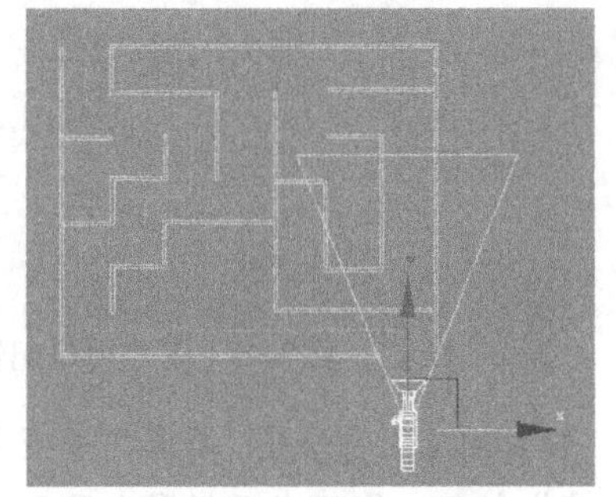

图 7-47　创建自由摄影机

Step 03 保持自由摄影机的选中状态，在菜单栏中选择“动画”>“约束”>“路径约束”命令，然后选取绘制好的曲线，再在“修改”面板“路径参数”卷展栏中勾选“跟随”复选框，并在“轴”设置区选择“Y”单选钮，如图7-48所示。

Step 04 选中透视视图，然后按快捷键【C】将其转换为摄影机视图，会发现摄影机的视角很低，此时在前视图中将作为路径的曲线沿 Y 轴向上移动，摄影机的视图效果如图7-49所示。

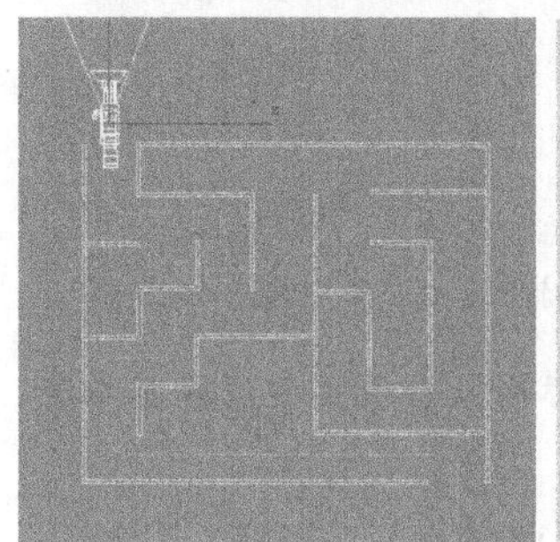

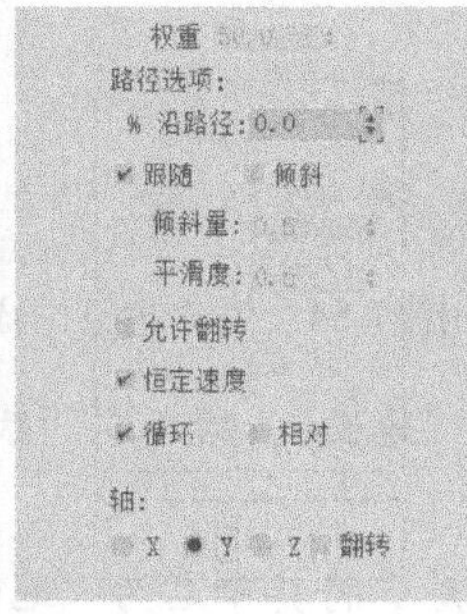

图7-48　设置约束路径参数

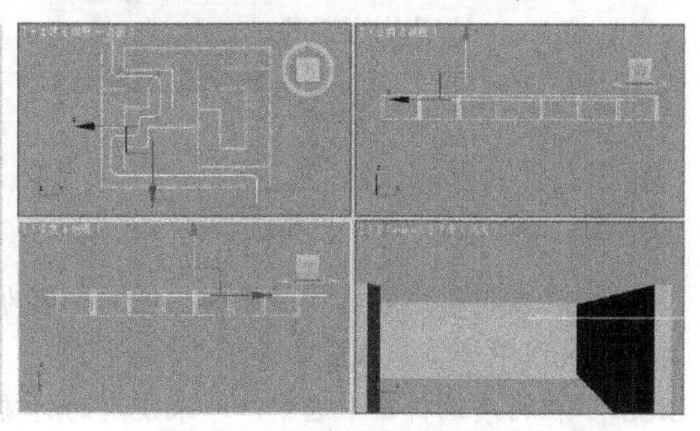

图7-49　调整摄影视图的效果

3. 创建球形天空

Step 01 单击“创建”>“几何体”面板“标准基本体”分类中的“球形”按钮，在顶视图中创建一个球体，并将其命名为“球形天空”，然后在“参数”卷展栏中设置其参数，将其调整为半球，如图7-50所示。

Step 02 在“修改”面板中为“球形天空”添加“编辑网格”修改器，然后将修改对象设为“顶点”子对象，在前视图中选中“球形天空”上方的顶点，并利用“选择并均匀缩放”按钮对其进行缩放，如图7-51所示。

Step 03 为“球形天空”添加“法线”修改器。

Step 04 右击视图中的“球形天空”模型，在弹出的快捷菜单中选择“对象属性”命令，在打开的“对象属性”对话框中勾选“背面消隐”复选框，然后单击“确定”按钮，如图7-52所示。

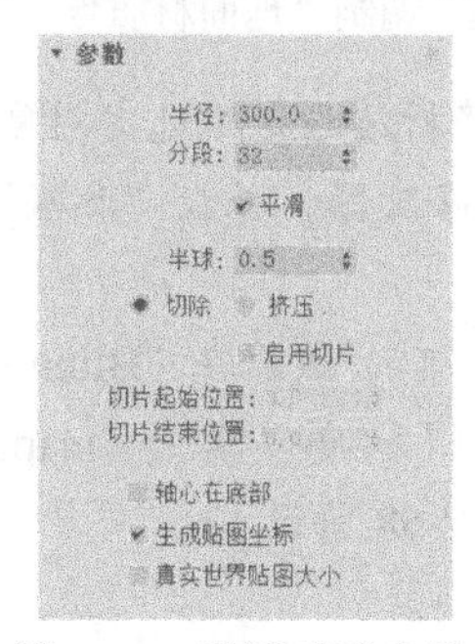

图7-50　设置球形参数

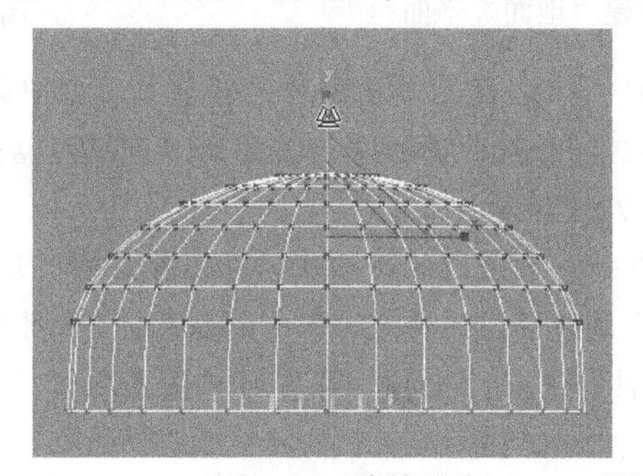

图7-51　缩放顶点

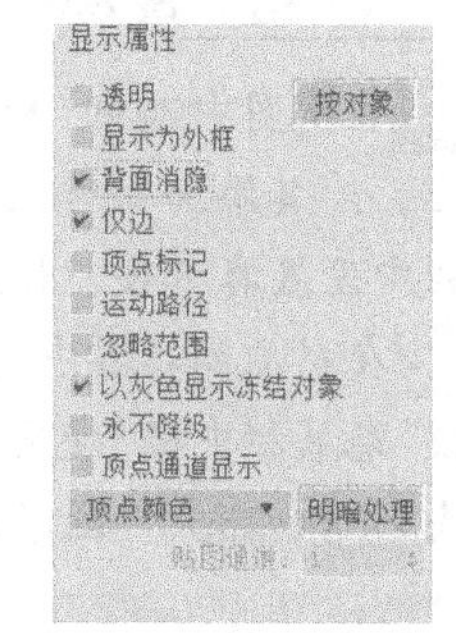

图7-52　勾选“背面消隐”复选框

4. 添加材质

Step 01 按快捷键【M】，在打开的材质编辑器中选中一个未使用的材质球，将其命名为“墙体”，然后在“Blinn基本参数”卷展栏中设置其参数，并将“漫反射”通道的贴图指定为本书配套素材“素材与实例”>“第7章”>“maps”文件夹>“绿色砖墙.jpg”图像文件，如图7-53所示。

Step 02 在视图中选中“迷宫”模型，然后单击材质编辑器工具栏中的“将材质指定给选定对象”按钮，为其添加材质，再在“修改”面板中为其添加“UVW贴图”修改器，并在“参数”

卷展栏中设置其参数，如图 7-54 所示。

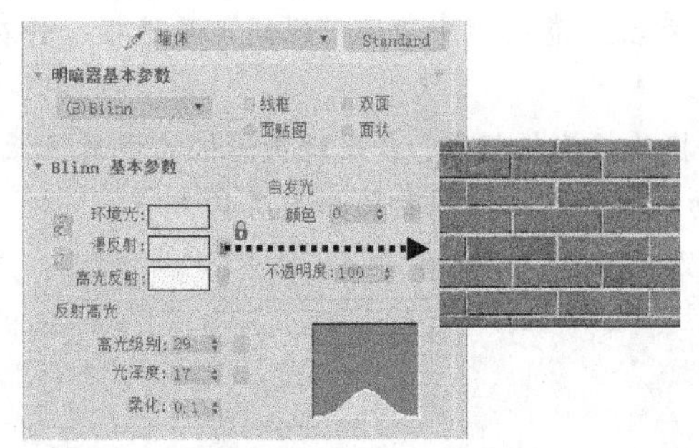

图 7-53　调制“墙体”材质

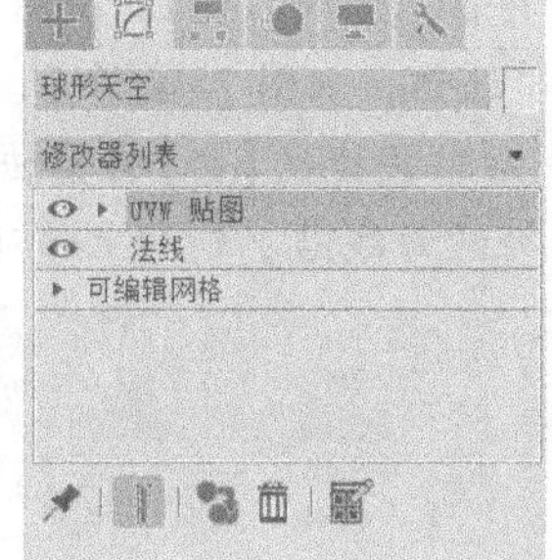
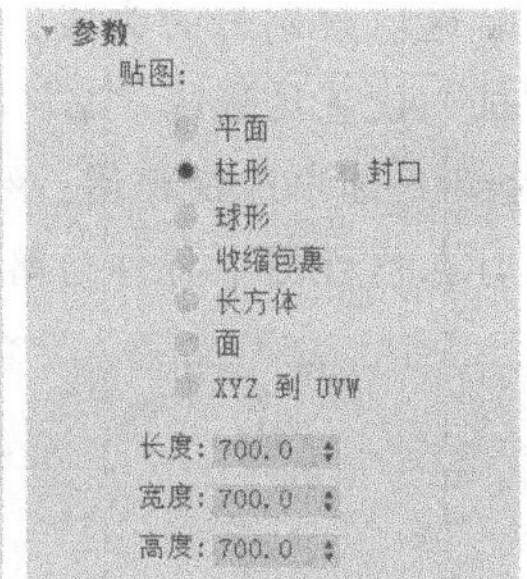

图 7-54　为“迷宫”添加“UVW 贴图”修改器

Step 03 在顶视图中创建一个平面，将其命名为“地面”，然后在“参数”卷展栏中设置其参数，再在前视图中调整其位置，如图 7-55 所示。

Step 04 在材质编辑器中选中一个未使用的材质球，将其命名为“地面材质”，然后在“Blinn 基本参数”卷展栏中设置其参数，并将“漫反射”通道的贴图指定为本书配套素材“素材与实例”>“第 7 章”>“maps”文件夹>“迷宫地板.jpg”图像文件，如图 7-56 所示。

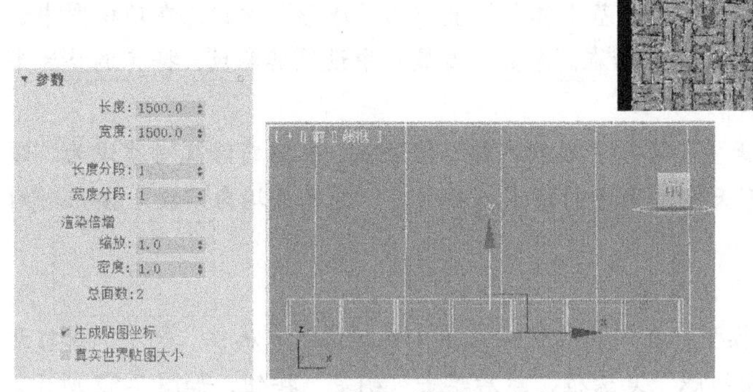

图 7-55　创建“地面”平面

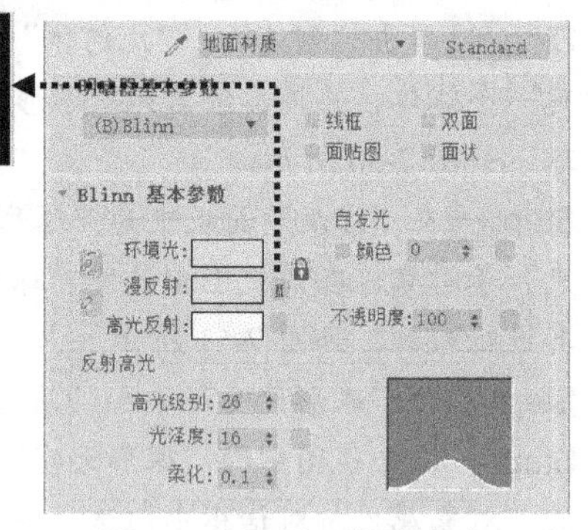

图 7-56　调制“地面材质”

Step 05 在视图中选中“地面”平面，然后单击材质编辑器工具栏中的“将材质指定给选定对象”按钮，为其添加材质，再在“修改”面板中为其添加“UVW 贴图”修改器，并在“参数”卷展栏中设置其参数，如图 7-57 所示。

Step 06 在材质编辑器中选中一个未使用的材质球，将其命名为“天空材质”，然后在“Blinn 基本参数”卷展栏中将“漫反射”通道的贴图指定为本书配套素材“素材与实例”>“第 7 章”>“maps”文件夹>“sky2.jpg”图像文件，并在“坐标”卷展栏中设置参数，如图 7-58 所示。

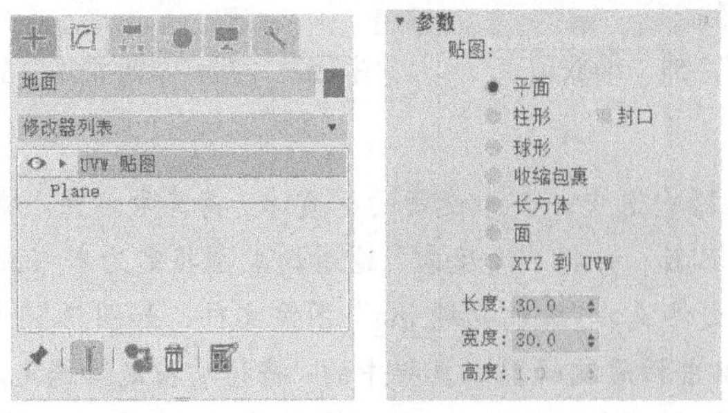

图 7-57　为“地面”添加“UVW 贴图”修改器

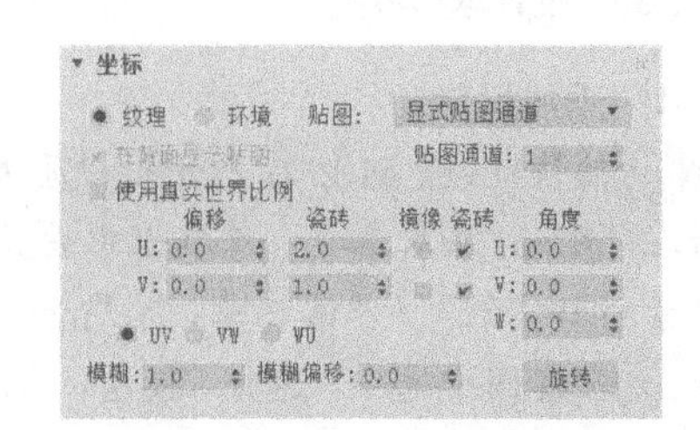

图 7-58　设置贴图的平铺参数

Step 07 单击材质编辑器工具栏中的“转到父对象”按钮，将“贴图”卷展栏中“漫反射”通道中的贴图拖动复制到“自发光”通道中，如图 7-59 所示。

Step 08 在视图中选中“球形天空”模型，然后单击材质编辑器工具栏中的“将材质指定给选定对象”按钮，为其添加材质，再在“修改”面板中为其添加“UVW 贴图”修改器，并在“参数”卷展栏中设置其参数，如图 7-60 所示。

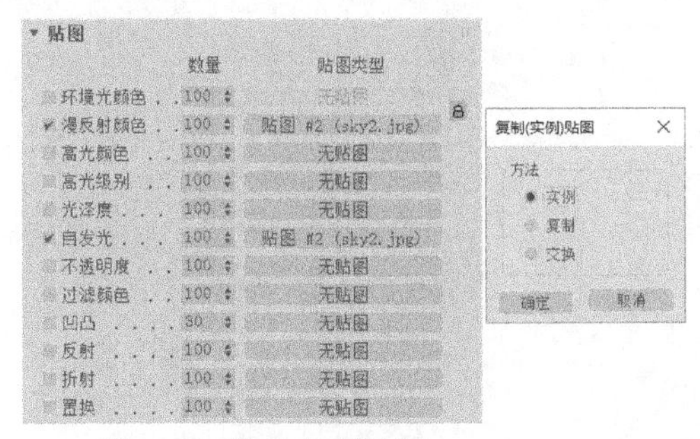

图 7-59　拖动复制贴图

图 7-60　为“球形天空”添加“UVW 贴图”修改器

Step 09 在“修改”面板的修改器堆栈中将“UVW 贴图”修改器的修改对象设为“Gizmo”子对象，然后在前视图中沿 Y 轴调整 Gizmo 的位置，如图 7-61 所示。

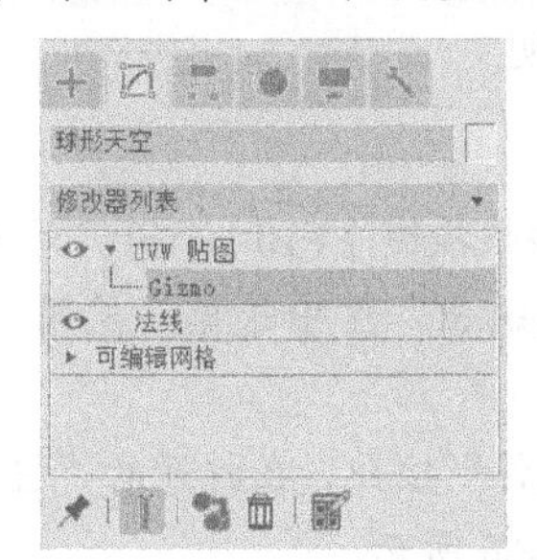

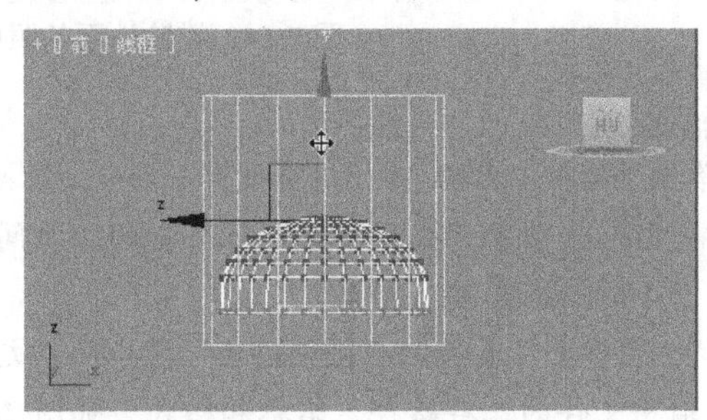

图 7-61　调整“UVW 贴图”修改器 Gizmo 的位置

5. 设置灯光

Step 01 单击“创建”>“灯光”面板“标准”分类中的“泛光”按钮，在顶视图中创建一盏泛光灯，并在“强度/颜色/衰减”卷展栏中将其“倍增”设为“0.55”，然后通过拖动复制法，将泛光灯复制四份，并在视图中调整其位置如图 7-62 所示。

Step 02 在顶视图中选择最左侧的泛光灯，在“常规参数”卷展栏的“阴影”区中勾选“启用”复选框，并将阴影类型设为“阴影贴图”，如图 7-63 所示。

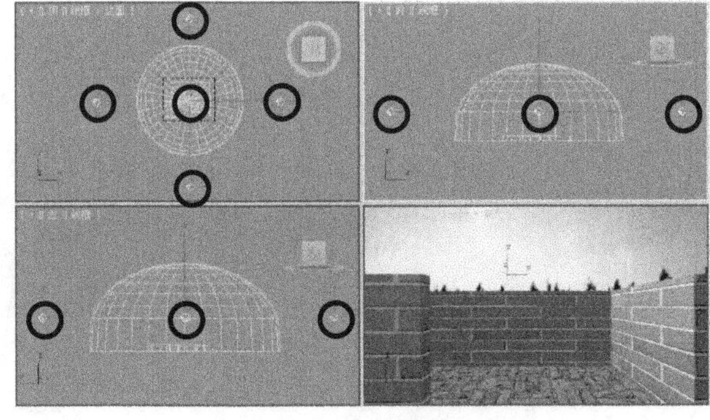

图 7-62　创建并复制泛光灯

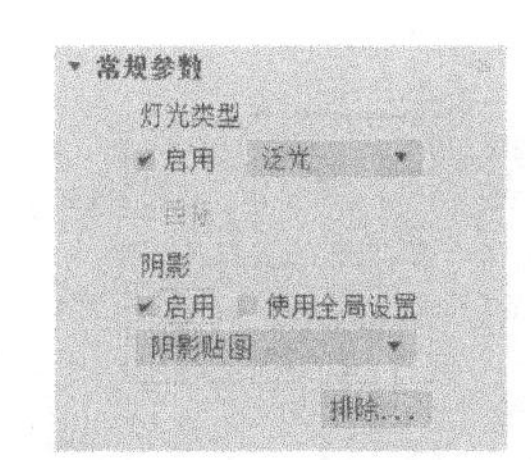

图 7-63　设置最左侧泛光灯的参数

Step 03 在顶视图中选择中间的泛光灯，然后单击“常规参数”卷展栏中的“排除”按钮，在打开的“排除/包含”对话框“场景对象”列表中选中“地面”选项并单击>>按钮，最后单击“确定”按钮，如图 7-64 所示。

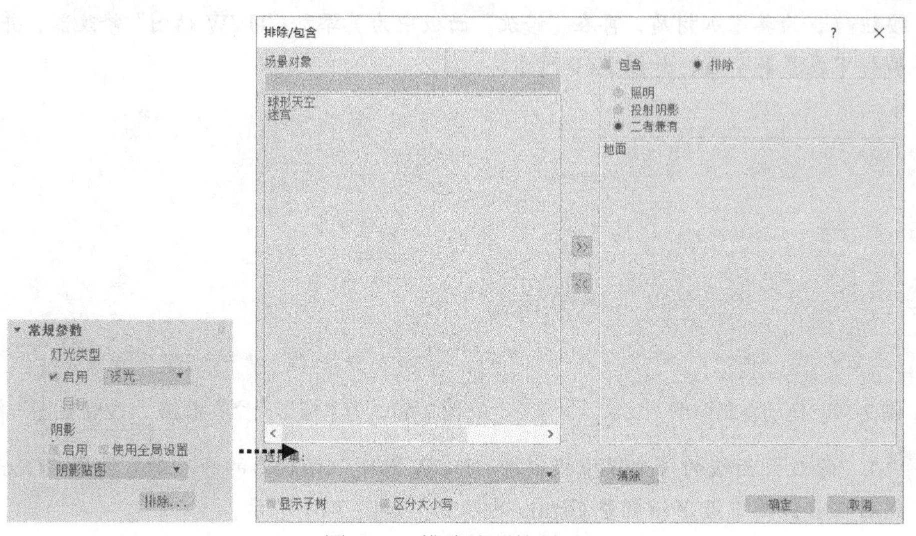

图 7-64　排除地面的照明

6. 渲染输出

Step 01 在菜单栏中选择“渲染”>“渲染设置”命令，或按快捷键【F10】打开“渲染设置”对话框，然后在“公用”选项卡“公用参数”卷展栏的“时间输出”区中选择“范围”单选钮，并将范围设为 0 至 100，如图 7-65 所示。

Step 02 单击“公用参数”卷展栏“渲染输出”区中的“文件”按钮，在打开的“渲染输出文件”对话框中设置输出文件的保存路径、名称和格式，如图 7-66 所示。

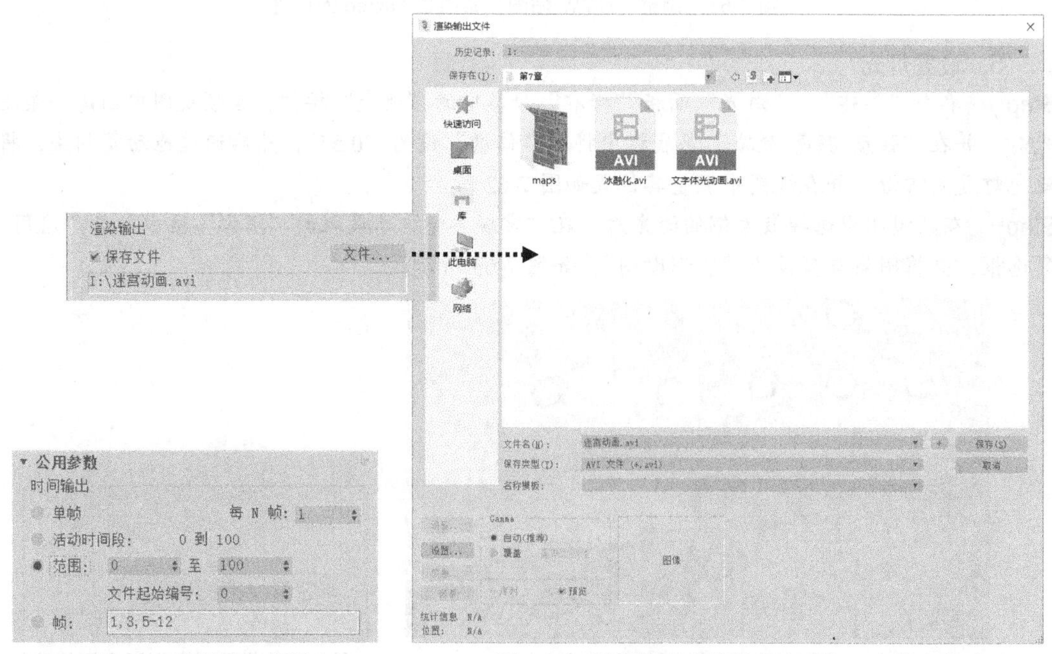

图 7-65　设置输出范围　　图 7-66　设置输出文件的保存路径、名称和格式

Step 03 单击“渲染设置”对话框下方的“渲染”按钮对摄影机视图进行渲染，然后双击生成的AVI文件进行播放，会发现动画播放速度很快。

Step 04 单击动画控制区中的“时间配置”按钮，在打开的“时间配置”对话框中将动画的长度设为“500”，然后单击“确定”按钮，如图7-67所示。

Step 05 选中视图中的摄影机图标，时间轴上会出现两个红色关键帧，将第100帧处的红色关键帧拖到第500帧处，如图7-68所示。

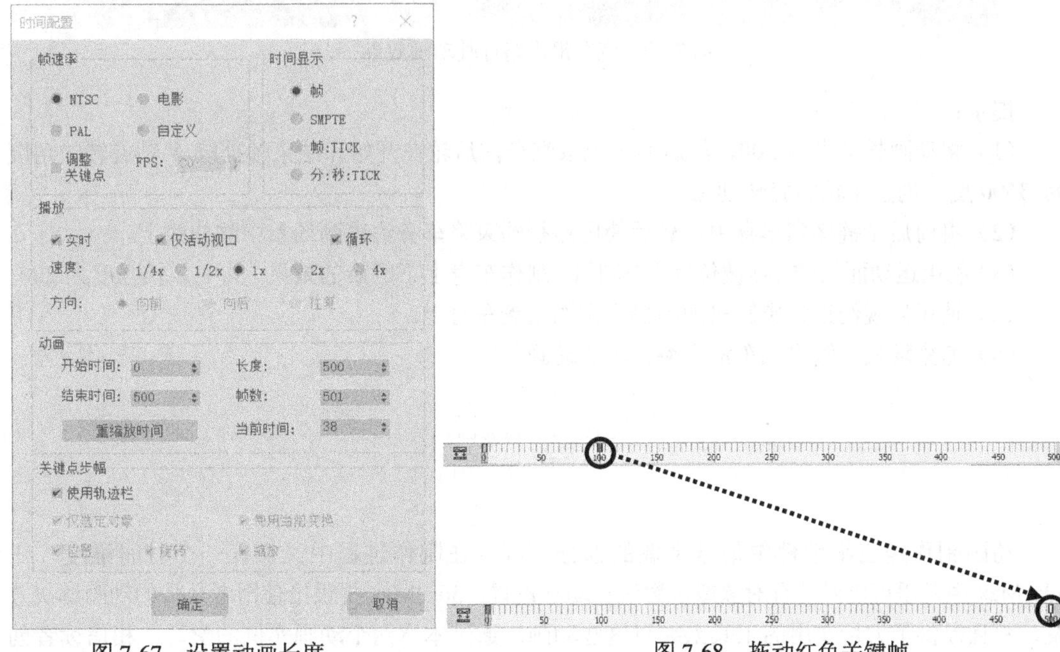

图7-67　设置动画长度　　图7-68　拖动红色关键帧

Step 06 在“渲染设置”对话框中将输出范围设为0～500，然后再次单击下方的“渲染”按钮对摄影机视图进行渲染，本实例就制作完成了，最终效果可参考本书配套素材“素材与实例”>“第7章”文件夹>“迷宫动画.avi”。

温馨提示：

3ds Max 2018还有一种新的动画功能——穿行助手，该功能专门用于制作沿路径运动的三维动画。下面利用“穿行助手”完成迷宫动画。

（1）删除上面做好的“自由摄影机”。

（2）在菜单栏中选择“动画”>“穿行助手”命令，在打开的“穿行助手”对话框中单击“创建新的摄影机”按钮。

（3）选中透视视图，勾选“图标”复选框，单击“穿行助手”对话框中的“设置视口为摄像机”按钮，然后单击“拾取路径”按钮，在视图中选取作为路径的曲线。这时摄像机会自动对齐到路径的起始位置。

利用“穿行助手”制作的迷宫动画就制作完成了。

任务拓展

7.2.5　汽车行驶动画

汽车行驶动画

打开本书配套素材“素材与实例”>“第7章”文件夹>“山路行驶素材.max”素材文件，

利用本章所学知识创建一个 300 帧的汽车沿山路行驶的动画，效果如图 7-69 所示。

图 7-69　汽车沿山路行驶动画效果

提示：

（1）将动画长度设为 300，然后通过记录汽车前后轮在开始和结束帧处绕 *X* 轴旋转的角度为-3600 度，创建车轮的旋转动画。

（2）将前后轮链接到车身中，然后使用路径约束将车身约束到场景中的曲线上。

（3）利用运动面板的“噪波位置”控制器，制作车身上下颠簸的效果，其中 *Z* 轴强度为 200。

（4）使用注视约束将摄影机的拍摄方向约束到车身上。

（5）渲染场景，输出汽车沿山路行驶的动画。

本章小结

动画制作是三维软件中最难掌握的部分，因为在制作过程中又加入一个时间维度。在 3ds Max 中几乎可以对所有对象或参数进行动画设置，3ds Max 提供给使用者众多的动画解决方案，并且提供了大量实用的工具来编辑这些动画。通过本章两个动画实例的学习，相信读者创作的思路和制作三维动画的一般流程已经逐渐变得清晰起来，制作动画能力的培养将在这里掀开新的篇章。

思考与练习

一、填空题

1．在动画中，每个静止的画面称为动画的________，动画每秒钟播放静止画面的数量称为________（单位为________）。

2．在 3ds Max 中创建动画时，用户只需创建出动画的________帧和________帧，然后渲染场景，即可生成三维动画。

3．动画约束是指在制作动画时，将物体 A______到物体 B 上，使物体 A 的运动受物体 B 的限制（物体 A 称为被约束对象；物体 B 称为约束对象，又称为__________）。

二、选择题

1．在 3ds Max 中创建动画时，单击动画控制区中的（　　）按钮可开启动画的自动关键点模式。

A．自动关键点　　　　B．设置关键点

C．关键点过滤器　　　D．关键点模式切换

2．在轨迹视图中调整物体的运动轨迹时，单击工具栏中的（　　）按钮可使运动参数在选中关键点附近匀速增加或减少。

A．将切线设置为自动　　B．将切线设置为阶跃

C．将切线设置为平滑　　D．将切线设置为线性

3．在使用动画约束来约束物体的运动时，利用（　　）可以将对象的运动范围约束在物体的指定表面。

A．路径约束　　B．位置约束

C．附着约束　　D．注视约束

4．以下（　　）功能无法在“时间配置”对话框中完成。

A．更改渲染输出时动画的时间长度

B．更改时间轴的时间显示范围

C．改变播放速度

D．更改时间显示类型

5．下列关于约束控制器说法错误的是（　　）。

A．可以通过设置权重值来影响多目标约束中某一个对象的影响力

B．可以通过修改面板更改对象在受约束后的轴向

C．可以通过“保持初始偏移”来让对象受约束后仍保持原有位置或方向不变

D．如果要使对象在不同时间段被链接到不同的对象，需使用“链接约束”控制器

第8章 模拟和效果

8.1 空间扭曲对象

任务陈述

空间扭曲的种类不同，作用在对象上的力场也不同，对象的效果自然也就不同。根据功能的不同，可将空间扭曲分为力、导向器、几何/可变形和基于修改器等类别。本实例将通过制作如图 8-1 所示的手雷爆炸动画，为读者介绍“几何/可变形”类别中“爆炸”空间扭曲的应用。此外，还会为读者介绍使用火效果和大气装置模拟爆炸火焰的方法。

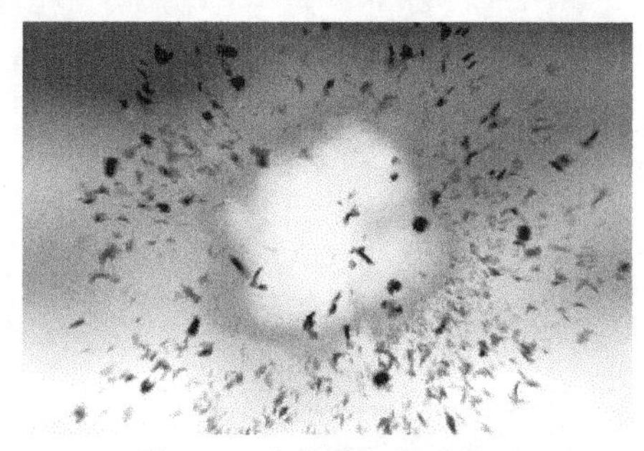

图 8-1　手雷爆炸动画效果

相关知识与技能

8.1.1　空间扭曲

空间扭曲可以看作是添加到场景中的一种力场，它能影响所有绑定到空间扭曲的场景对象，使其产生变形，从而创建出涟漪、波浪和风吹等效果。空间扭曲的行为方式类似于修改器，只不过空间扭曲影响的是世界空间，而几何体修改器影响的是对象空间。

知识库：

创建空间扭曲对象时，视口中会显示一个线框。空间扭曲只会影响和它绑定在一起的对象，用户可以像对其他 3ds Max 对象那样改变空间扭曲的位置、角度和比例，进而改变其作用范围和强度等。

利用“创建”>“空间扭曲”面板中的按钮可以创建不同类别的空间扭曲，如图 8-2 所示。

图 8-2　空间扭曲的分类和创建按钮

下面，我们利用粒子系统和空间扭曲创建一个“喷泉”动画，其效果如图 8-3 所示。读者可通过此实例熟悉一下超级喷射粒子系统和空间扭曲的基本用法。

Step 01 打开本书提供的“素材与实例”>“第 8 章”文件夹>“喷泉模型.max”素材文件，场景效果如图 8-4 所示。

图 8-3　喷泉动画效果

图 8-4　场景效果

Step 02 使用“创建”>“几何体”面板“粒子系统”分类中的 超级喷射 按钮在顶视图中创建一个超级喷射粒子系统，并在前视图中调整其位置，使粒子发射器位于喷泉的出口处，如图 8-5 所示。

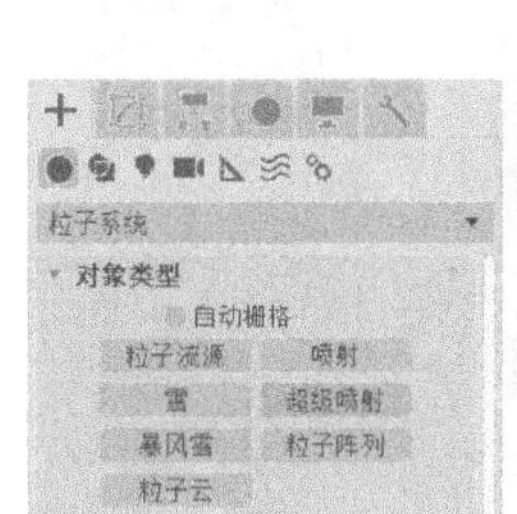

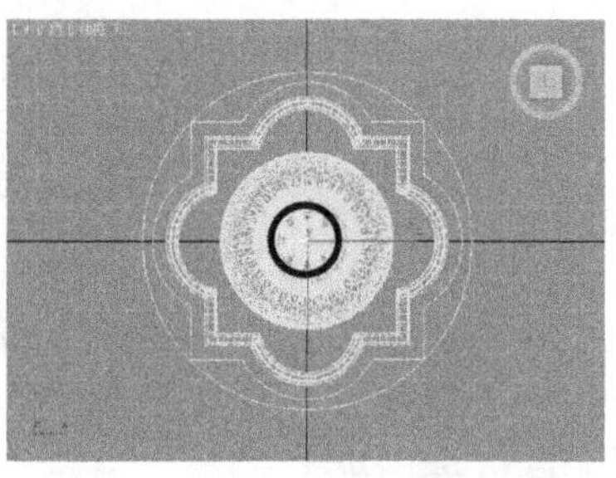

图 8-5　创建超级喷射粒子系统

Step 03 单击“创建”>“空间扭曲”面板“力”分类中的 重力 按钮，然后在顶视图中单击并拖动鼠标，到适当位置后释放鼠标左键，创建一个重力空间扭曲，再在前视图中将其移动到如图 8-6 所示位置。

Step 04 单击工具栏中的“绑定到空间扭曲”按钮，然后单击重力空间扭曲并拖动鼠标到超级喷射粒子系统中（此时将从重力空间扭曲引出一条白色虚线与光标相连，如图 8-7 所示），再释放鼠标左键，将重力空间扭曲绑定到超级喷射粒子系统中。

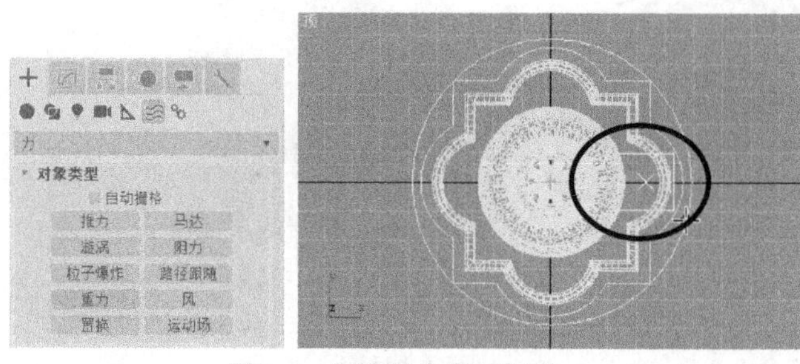

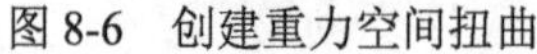

图 8-6　创建重力空间扭曲

图 8-7　将重力空间扭曲绑定到粒子系统中

Step 05 参照图 8-8 所示的参数设置调整重力的强度，然后在场景中选中超级喷射粒子系统，参照图 8-9 所示调整其参数。

Step 06 单击“空间扭曲”创建面板“导向器”分类中的 导向板 按钮，然后在顶视图中单击并拖动鼠标，到适当位置后释放鼠标左键，创建一个导向板，再在前视图中调整其位置，如图 8-10 所示。

Step 07 参照图 8-11 所示调整导向板的材质参数，以调整导向板的弹性和影响范围；再参照 Step04 所述操作将导向板绑定到超级喷射粒子系统中，完成喷泉模型的创建。

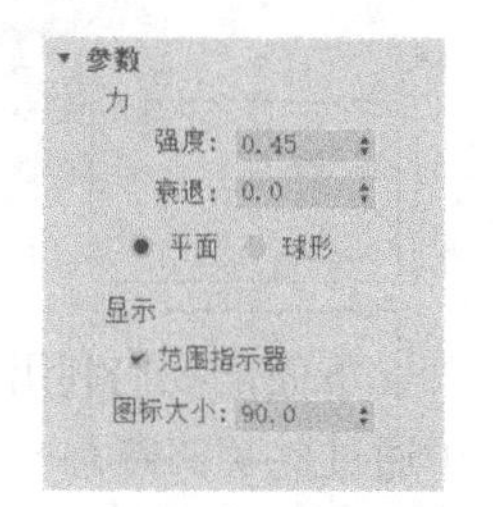

图 8-8　重力参数

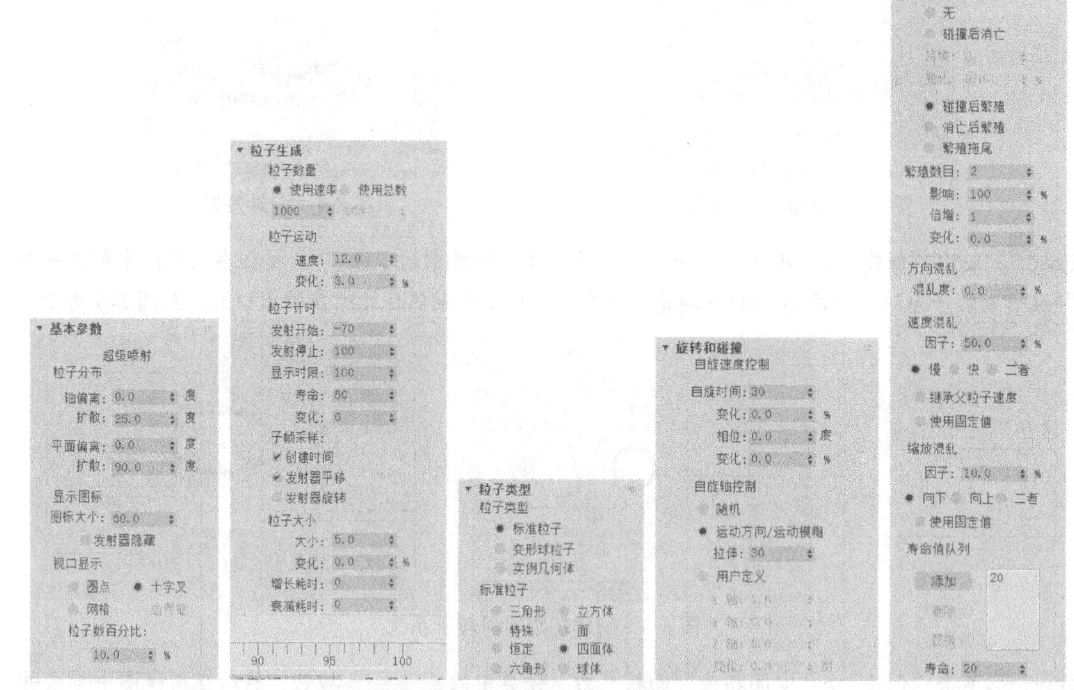

图 8-9　超级喷射粒子系统参数

Step 08 打开材质编辑器，任选一未使用的材质球分配给超级喷射粒子系统，然后参照图 8-12 左图所示调整材质的基本参数，再为材质的“折射”贴图通道添加“薄壁折射”贴图（贴图的参数如图 8-12 右图所示），完成水珠材质的创建。

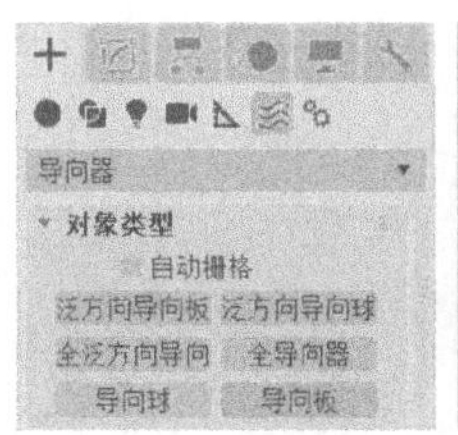

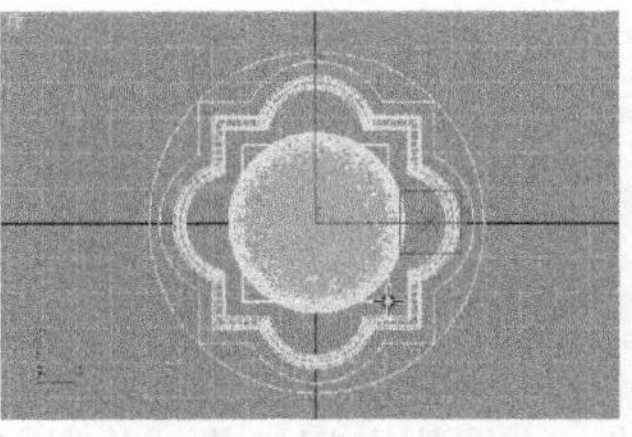
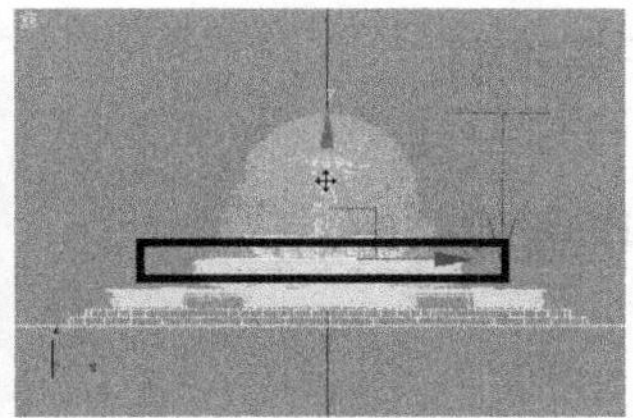

图 8-10　创建导向板并移动

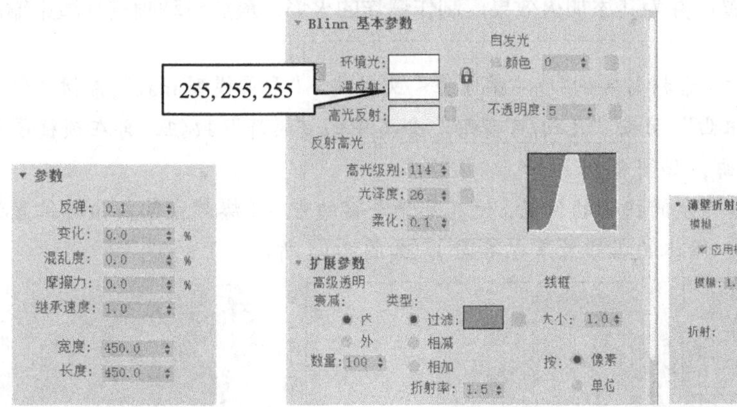

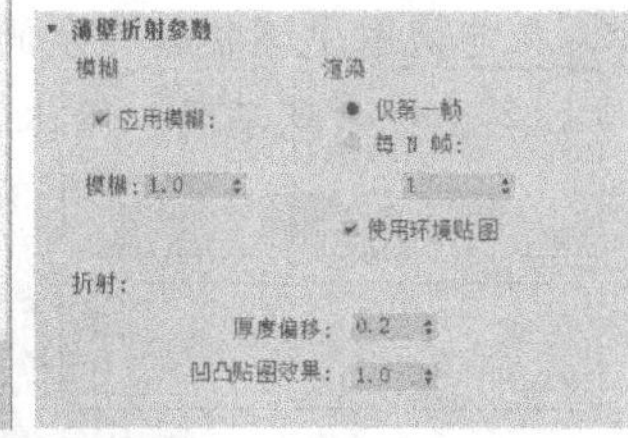

图 8-11　导向板材质参数　　　　　图 8-12　创建水珠材质

Step 09 在菜单栏中选择“渲染”>“渲染设置”命令，打开“渲染设置”对话框，然后参照图 8-13 左图所示调整场景的渲染参数；最后，设置渲染视口为“Camera01”，并单击“渲染”按钮，进行渲染输出即可。

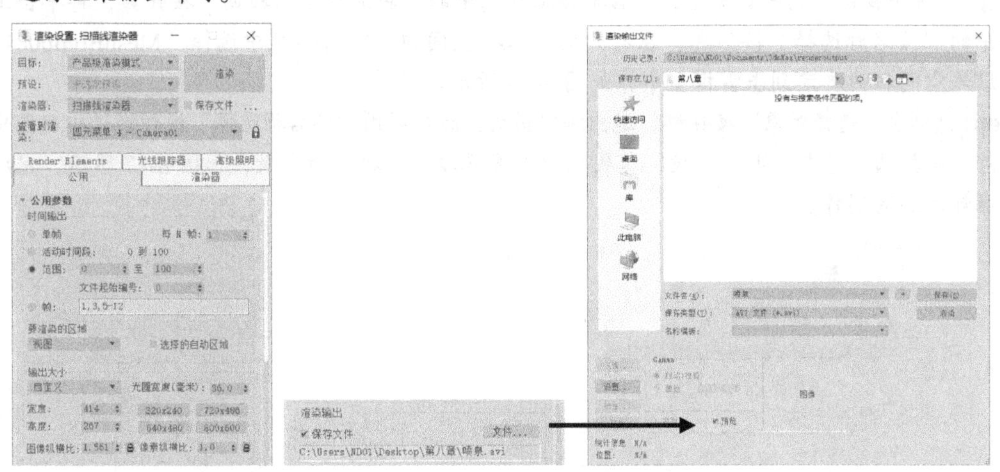

图 8-13　调整场景的渲染参数

温馨提示：

“力”分类中的空间扭曲主要用来模拟现实中各种力的作用效果，大多数都可作用于粒子系统，其中，重力、粒子爆炸、风、马达和推力还可作用于动力学系统。在推力情况下，用户不用把扭曲和对象绑定在一起，而应把它们指定为模拟中的效果。

“导向器”分类中的空间扭曲可应用于粒子系统或动力学系统，以模拟粒子或物体的碰撞反弹动画效果。

“几何/可变形”分类中的空间扭曲主要用于使三维对象产生变形效果，以制作变形动画。

“基于修改器”分类中的空间扭曲可应用于许多对象，它与修改器的应用效果基本相同。

任务实施

手雷爆炸动画

8.1.2 手雷爆炸动画

制作思路

在创建手雷爆炸动画时，首先创建一个爆炸空间扭曲，并绑定到手雷中，创建手雷的爆炸效果；然后创建一个大气装置，并为其添加火效果，制作爆炸的火焰；最后对动画进行渲染输出。

操作步骤

Step 01 打开本书配套素材“素材与实例”>“第 8 章”文件夹>“手雷模型.max”素材文件，然后单击“创建”>“空间扭曲”面板“几何/可变形”分类中的“爆炸”按钮，再在顶视图中单击，创建一个爆炸空间扭曲，如图 8-14 所示。

Step 02 在前视图中调整爆炸空间扭曲的位置，使其处于手雷的中心（爆炸空间扭曲的位置为爆炸的中心点，中心点不同，物体的爆炸效果也不同），如图 8-15 所示。

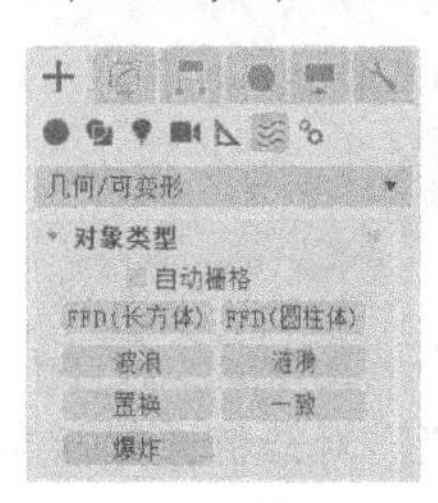

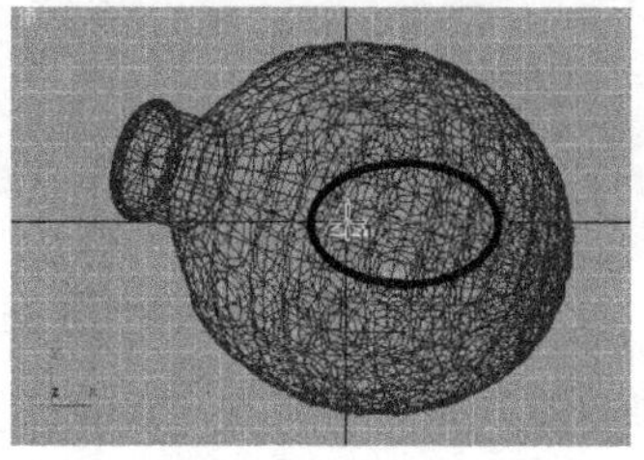

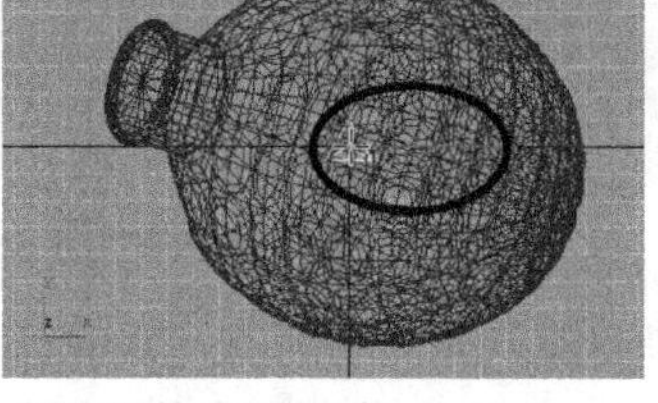

图 8-14 创建爆炸空间扭曲

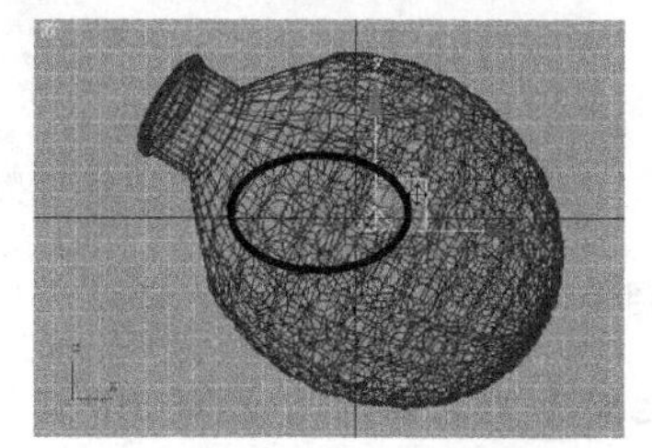

图 8-15 调整爆炸空间扭曲的位置

Step 03 选中视图中的手雷模型，然后单击工具栏中的“绑定到空间扭曲”按钮，再单击工具栏中的“按名称选择”按钮，在打开的“选择空间扭曲”对话框中选择“MeshBomb001”，将爆炸空间扭曲绑定到手雷模型中，如图 8-16 所示。

Step 04 单击“选择对象”按钮，退出绑定模式，然后利用“按名称选择”按钮选中视图中的爆炸空间扭曲，并在“爆炸参数”卷展栏中设置爆炸空间扭曲的参数，如图 8-17 所示，完成手雷爆炸动画的制作。

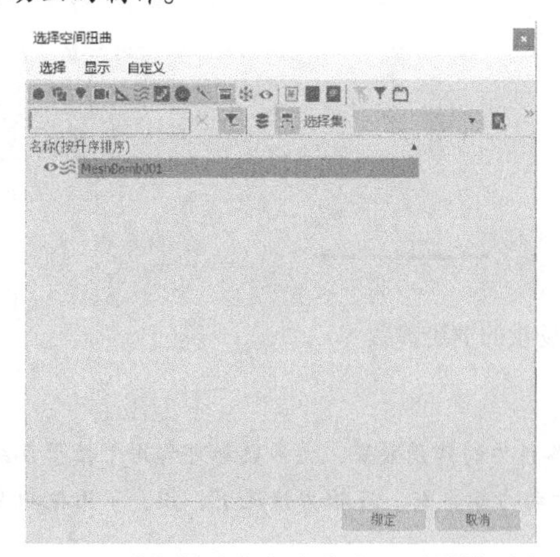

图 8-16 将爆炸空间扭曲绑定到手雷模型中

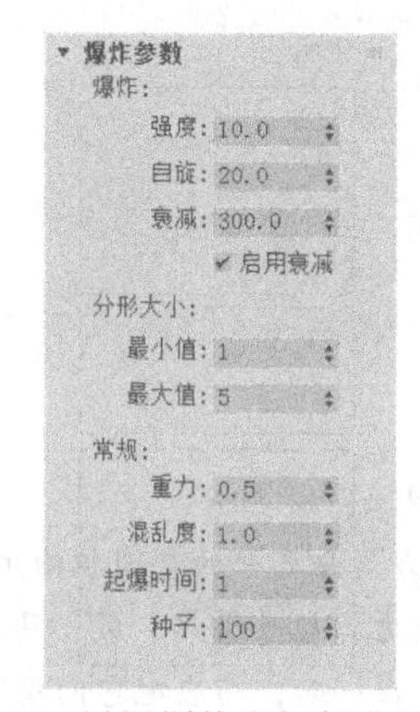

图 8-17 设置爆炸空间扭曲的参数

Step 05 单击“创建”>“辅助对象”面板“大气装置”分类中的“球体 Gizmo”按钮，然后在顶视图中按住鼠标左键并拖动，到适当位置后释放鼠标左键，创建一个球形大气装置，再调整大气装置的位置，使其中心与爆炸空间扭曲对齐（球形大气装置的位置决定了后面制作的爆炸火焰效果的产生位置），如图 8-18 所示。

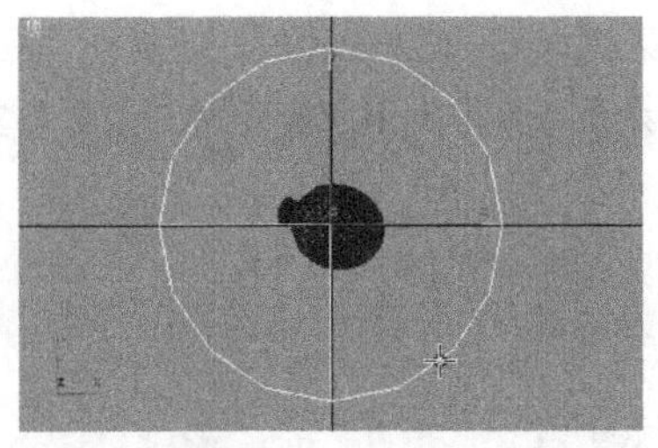

图 8-18　创建球形大气装置

Step 06 在“修改”面板“球体 Gizmo 参数”卷展栏中将球形大气装置的“半径”设为“300”，然后单击“大气和效果”卷展栏中的“添加”按钮，在打开的“添加大气”对话框中为球形大气装置添加“火效果”，如图 8-19 所示。

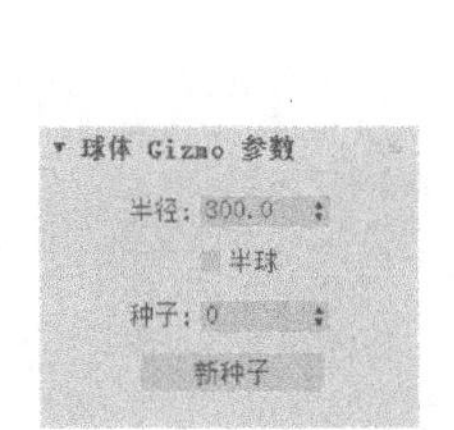

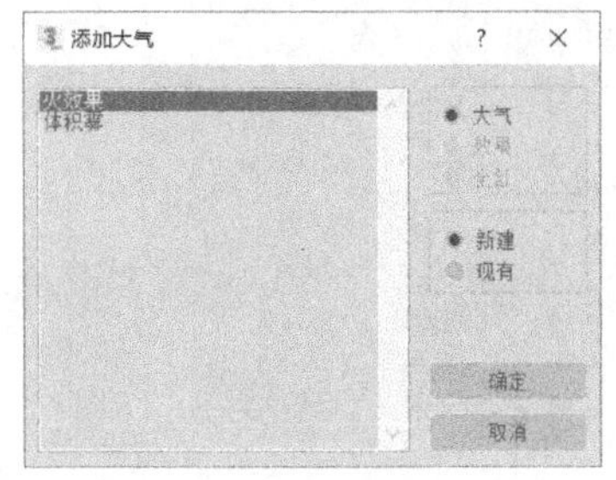

图 8-19　设置球形大气装置的半径并为其添加“火效果”

Step 07 选中“大气和效果”卷展栏中的“火效果”选项（见图 8-20 左图），单击“设置”按钮，打开“环境和效果”对话框；在“火效果参数”卷展栏中参照图 8-20 中图所示调整火效果的参数，然后单击“爆炸”区中的“设置爆炸”按钮，在打开的“设置爆炸相位曲线”对话框中设置爆炸的开始和结束时间，如图 8-20 右图所示，完成爆炸火焰效果的制作。

Step 08 右击手雷模型，在弹出的快捷菜单中选择“对象属性”命令，在打开的“对象属性”对话框的“运动模糊”区中调整运动模糊的参数，如图 8-21 所示。

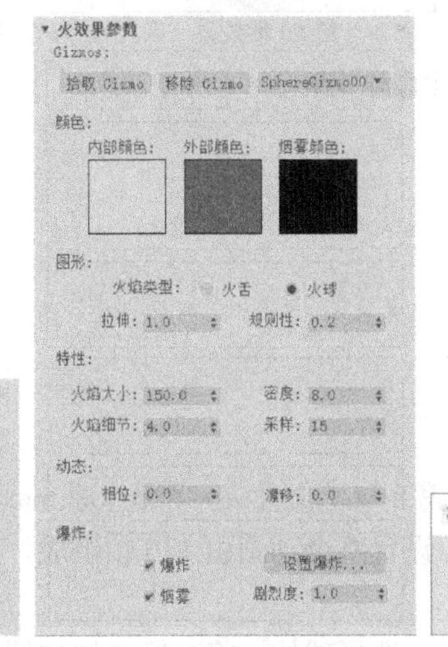

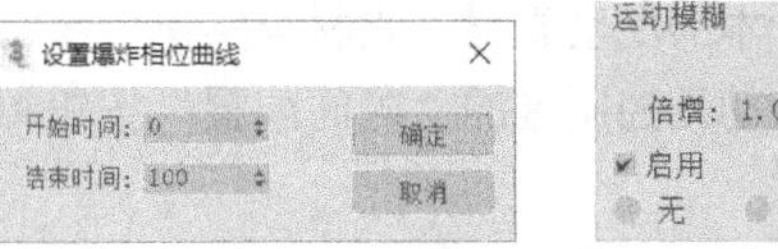

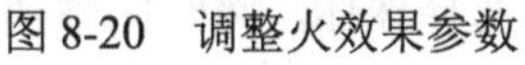

图 8-20　调整火效果参数　　图 8-21　调整运动模糊参数

Step 09 在菜单栏中选择“渲染”>“渲染设置”命令，打开“渲染设置”对话框，参照图 8-22 所示调整场景的渲染参数。

Step 10 设置渲染视口为“Camera01”，并单击“渲染”按钮，进行渲染输出即可，效果如图 8-23 所示。本实例最终效果可参考本书配套素材“素材与实例”>“第 8 章”文件夹>“手雷爆炸.avi”。

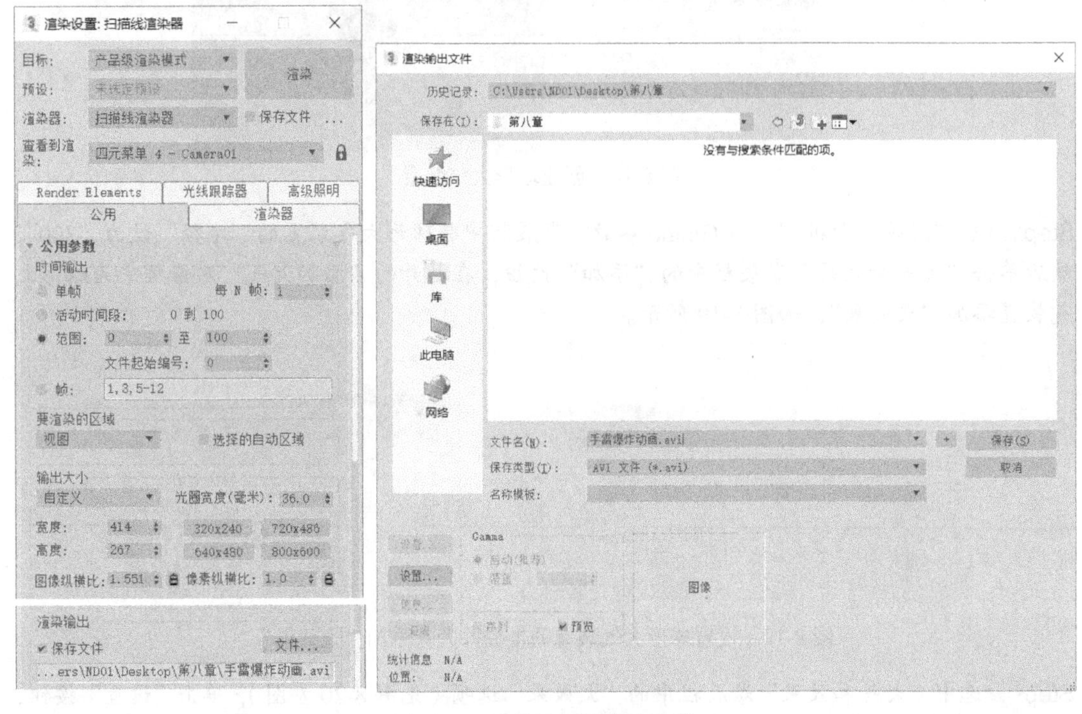

图 8-22　调整场景的渲染参数

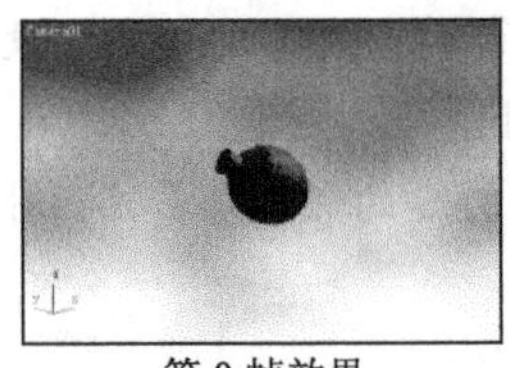
第 0 帧效果

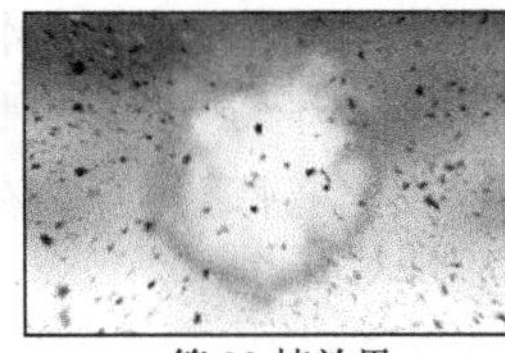
第 22 帧效果

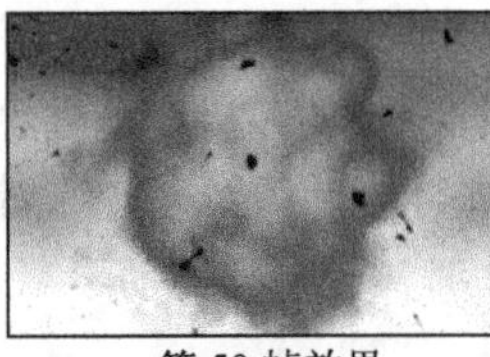
第 50 帧效果

第 70 帧效果

图 8-23　手雷爆炸效果

任务拓展

爆炸星球动画

8.1.3　爆炸星球动画

制作爆炸星球动画，效果如图 8-24 所示。

提示：

（1）打开本书配套素材“素材与实例”>“第 8 章”文件夹>“爆炸球.max”素材文件。

（2）单击动画控制区的“时间配置”按钮，设置整个动画由 126 帧组成，播放制式为 PAL 制式。

（3）切换到自动关键点模式，开始录制动画，选择球体，将时间轴拖到第 126 帧的位置，右击“旋转”按钮，在“偏移:世界组”中设置Z的值为“-360”，然后关闭自动关键点模式。

（4）再次切换到自动关键点模式，选中导弹，将时间轴拖到第50帧的位置，将导弹移到球体旁边，嵌入球体，然后关闭自动关键点模式。

（5）单击“空间扭曲”按钮，再单击“几何/可变形”中的“爆炸”按钮，在视图中放置“爆炸”，在“编辑”面板中设置其参数，强度为“2”、自旋为“3”、最小值为“1”、最大值为“1”、重力为“1”、凌乱度为“5”、起爆时间为“50”、种子为“2”。

（6）将爆炸球和导弹绑定到空间扭曲。

（7）在渲染设置中将渲染输出大小设为320像素×240像素，渲染动画。

图8-24 爆炸星球动画效果

8.2 粒子系统

粒子系统是3ds Max的一项重要功能，利用它可以非常方便地模拟各种自然现象和物理现象，如雨、雪、喷泉、爆炸、烟花等。

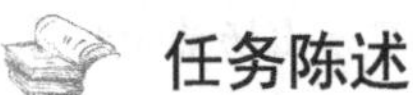

任务陈述

粒子流源的功能非常强大，使用这个粒子可以制作各种粒子动画效果，无论是天空中的雨、雪，还是群鸟飞翔、鱼群跳跃、粒子变形等，都可以利用粒子流源来制作。下面通过制作如图8-25所示的扭曲字效动画，为读者介绍粒子流源的使用方法及流程。

图8-25 扭曲字效动画

相关知识与技能

8.2.1 认识粒子系统

简单地讲，粒子系统就是众多粒子的集合，它通过发射源来发射粒子流，并以此创建各种动画效果。粒子系统常用来制作动态效果，因为它与时间和速度有着非常密切的联系。用户可以把粒子系统作为一个整体来设置动画，并可通过调整它的属性来控制每个粒子的行为。

3ds Max 在“创建”>“几何体”面板的“粒子系统”分类中为用户提供了各种粒子系统的创建按钮。下面，我们利用粒子系统创建“下雪”动画效果，以此初步熟悉一下粒子动画的创建流程，具体步骤如下。

Step 01 单击“创建”>“几何体”面板“粒子系统”分类中的“雪”按钮 雪 ，然后在透视视图中单击并拖动鼠标，到适当位置后释放鼠标左键，创建雪粒子系统，如图 8-26 所示。

Step 02 打开“修改”面板，参照图 8-27 所示调整雪粒子系统的参数，完成雪粒子系统的创建。

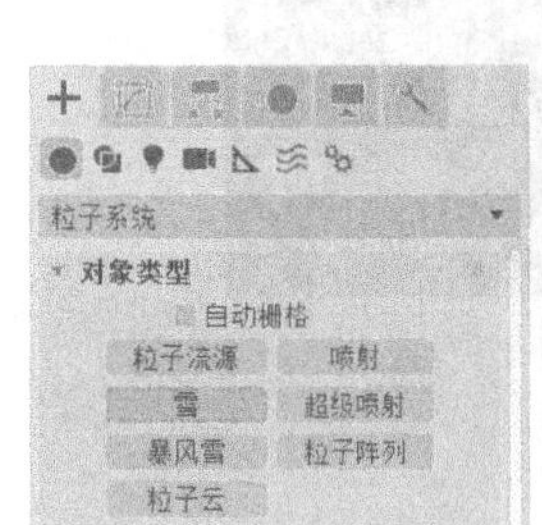

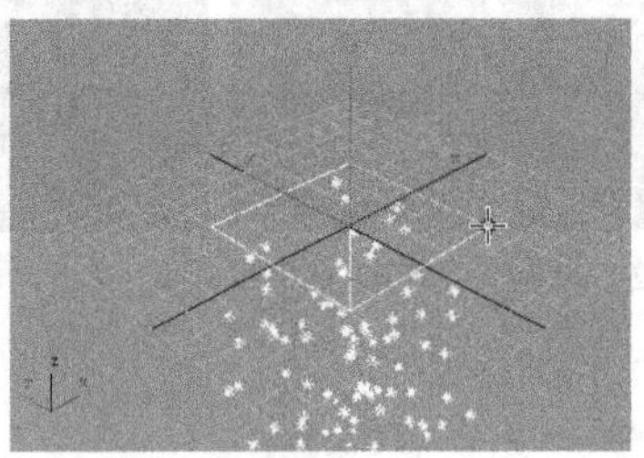

图 8-26 创建雪粒子系统

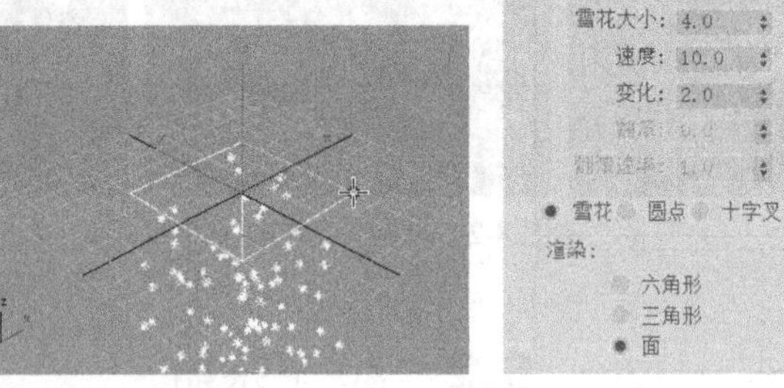

图 8-27 雪粒子系统参数

Step 03 在菜单栏中选择“渲染”>“环境”命令，通过打开的“环境和效果”对话框指定一个位图贴图作为场景的背景（贴图图像为本书配套素材“素材与实例”>“第 8 章”>“maps”文件夹>“雪景.jpg”图像文件），如图 8-28 所示。

Step 04 在菜单栏中选择“视图”>“视口背景”>“环境背景”命令，使透视视图显示出场景的背景。

Step 05 调整透视视图的观察效果，使雪粒子的飘落方向与背景相匹配，且雪粒子的喷射范围覆盖整个透视视图，如图 8-29 所示。

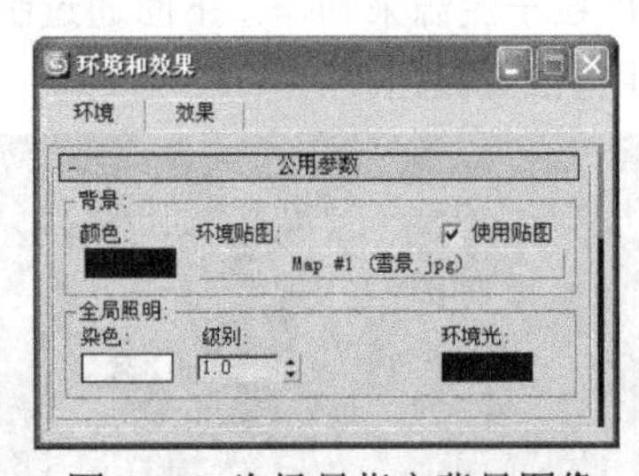

图 8-28 为场景指定背景图像

图 8-29 调整后透视视图的观察效果

Step 06 打开材质编辑器，任选一未使用的材质球分配给雪粒子系统，并命名为“雪花”，然后参照图 8-30 所示调整雪花材质的基本参数。

Step 07 打开雪花材质的“贴图”卷展栏，然后为“不透明度”贴图通道添加“渐变”贴图，贴图的参数如图 8-31 右图所示。至此就完成了对雪花材质的编辑调整。

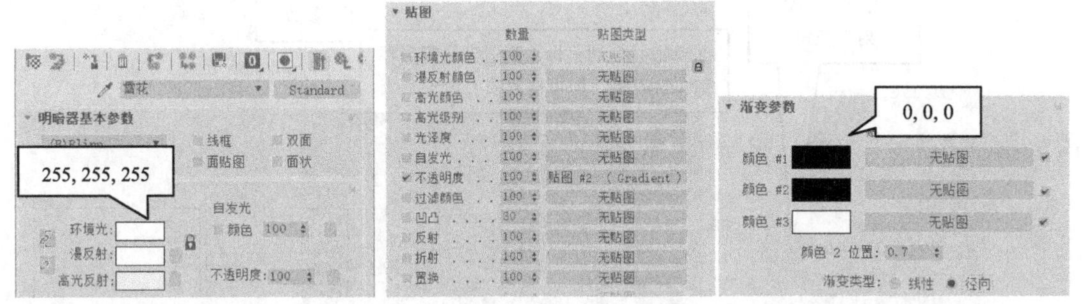

图 8-30　雪花材质的基本参数　　　　图 8-31　为“不透明度”贴图通道添加“渐变”贴图

Step 08 在菜单栏中选择“渲染”>“渲染”命令，打开“渲染场景”对话框，然后参照图 8-32 所示调整场景的渲染参数；最后，设置渲染视口为“透视”，并单击“渲染”按钮，进行渲染输出即可。

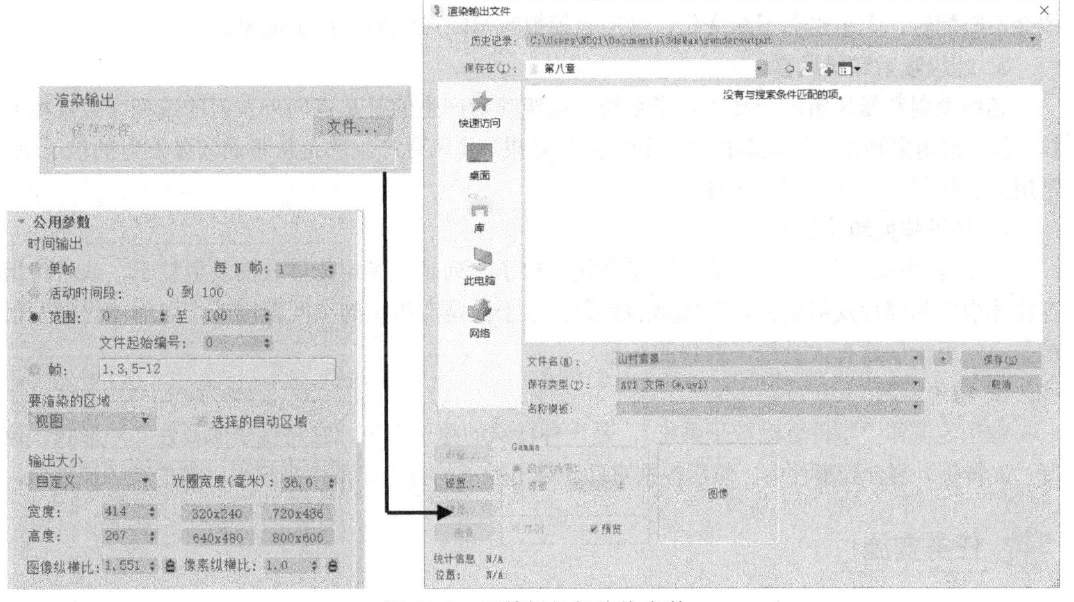

图 8-32　调整场景的渲染参数

8.2.2　常用粒子系统

1. 喷射

喷射粒子系统中的粒子在整个生命周期内始终朝指定方向移动，主要用于模拟雨、喷泉和火花等。如图 8-33 所示为创建喷射粒子系统的操作。创建完粒子系统后，利用“修改”面板“参数”卷展栏中的参数（如图 8-33 右图所示）可以调整粒子系统中粒子的数量、移动速度、寿命和渲染方式等。

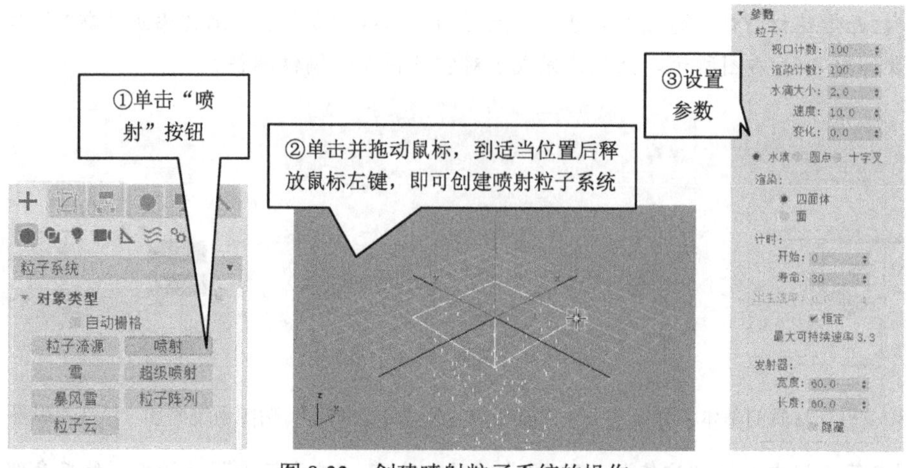

图 8-33　创建喷射粒子系统的操作

2. 雪

在雪粒子系统中，粒子的运动轨迹不是始终指向恒定方向的直线，而且粒子在移动的过程中会不断翻转，大小也会不断变化，常用来模拟雪等随风飘舞的粒子现象。

3. 超级喷射和暴风雪

超级喷射和暴风雪属于高级粒子系统。超级喷射产生的是从点向外发射的线型（或锥型）粒子流，常用来制作飞船尾部的喷火和喷泉等效果。暴风雪产生的是从平面向外发射的粒子流，常用来制作气泡上升和烟雾升腾等效果。

4. 粒子阵列和粒子云

粒子阵列和粒子云也属于高级粒子系统。粒子阵列是从指定物体表面发射粒子，或者将指定物体崩裂为碎片发射出去，形成爆裂效果。粒子云是在指定的空间范围或指定物体内部发射粒子，常用于创建有大量粒子聚集的场景。

5. 粒子流源

粒子流源即“事件驱动粒子系统”，是一种特殊的粒子系统，它将粒子的属性（如形状、速度、旋转等）复合到事件中，然后根据事件计算出粒子的行为，常用来模拟可控的粒子流现象。

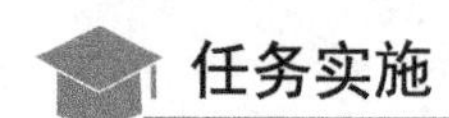

任务实施

8.2.3　扭曲字动画

扭曲字动画

制作思路

在制作扭曲字效动画的过程中，首先创建文本图形，并对其进行挤出处理；然后通过“粒子流源”对话框制作文字的粒子效果；接着在场景中创建漩涡和风对象，并将其添加到“粒子流源”对话框的“力空间扭曲”列表中；再为文本粒子调制材质，并利用“视频后期处理”对话框加亮粒子；最后设置并输出扭曲字效动画。

操作步骤

Step 01 单击“创建”>“图形”面板“样条线”分类中的“文本”按钮，然后在“参数”卷展栏中设置其参数，再在前视图中单击创建文本图形，如图 8-34 所示。

Step 02 为文本图形添加“挤出”修改器，并将挤出数量设为“0”，如图 8-35 所示。

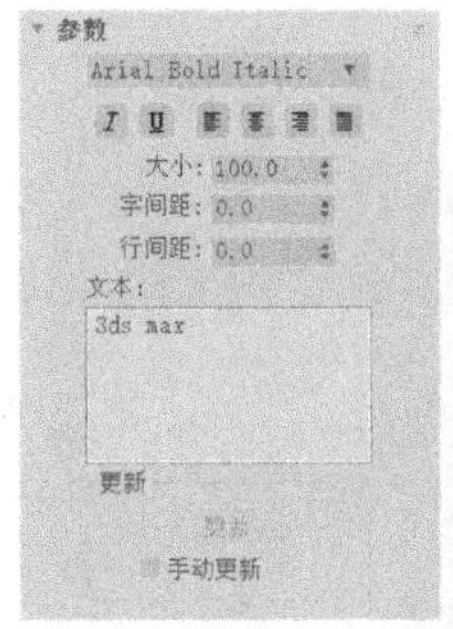

图 8-34　创建文本图形

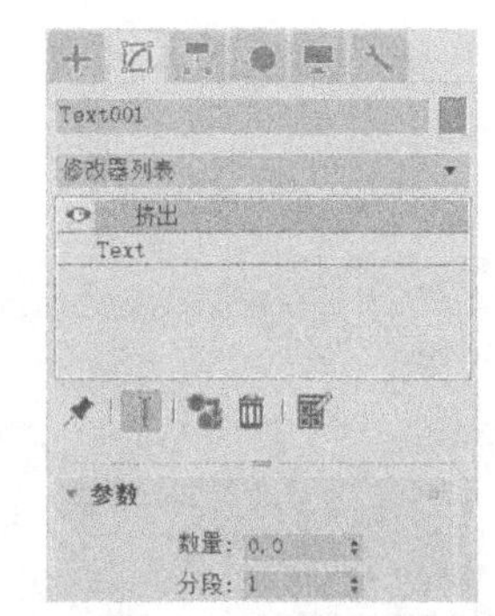

图 8-35　为文本图形添加“挤出”修改器

Step 03 选中透视视图，按【Ctrl+C】组合键创建物理摄影机，并将透视视图转换为摄影机视图，然后利用视图控制区中的工具调整摄影机视图的视角，如图 8-36 所示。

Step 04 单击“创建”>“几何体”面板“粒子系统”分类中的“粒子流源”按钮，然后单击“名称和颜色”卷展栏中的“粒子视图”按钮，在打开的“粒子视图”对话框中选择菜单栏中的“编辑”>“粒子系统”>“标准流”命令。再单击 出生 001，然后在右侧的参数面板中设置其参数，如图 8-37 所示。

图 8-36　调整摄影机视图

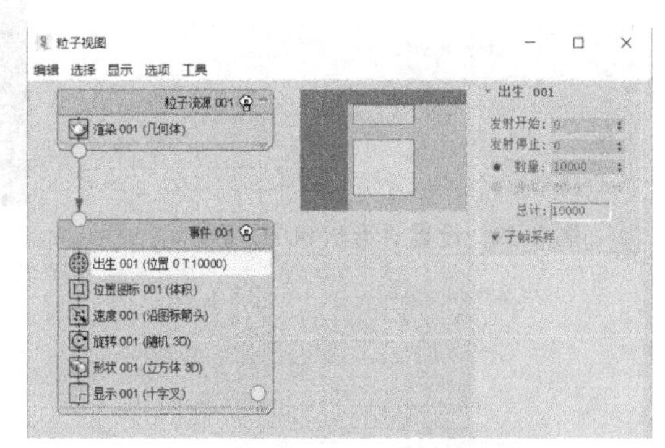

图 8-37　设置“出生 001”参数

Step 05 在事件显示区中分别右击 位置图标 001 (体积)、 速度 001 (沿图标箭头) 和 旋转 001 (随机 3D)，在弹出的快捷菜单中选择“删除”命令，然后右击“事件 001”，在弹出的快捷菜单中选择“插入”>“操作符”>“位置对象”命令，则在事件中插入了 位置对象 001 (无)。再单击 位置对象 001 (无)，在右侧的参数面板中单击“发射器对象”区中的“按列表”按钮，在打开的“选择发射器对象”对话框中选择“Text001”，并单击“选择”按钮，如图 8-38 所示。

Step 06 选中视图中的文本，并在文本上右击，在弹出的快捷菜单中选择“隐藏当前选择”命令，将其隐藏。

Step 07 单击事件显示区中的 形状 001 (立方体 3D)，在右侧的参数面板中设置参数，如图 8-39 所示。

Step 08 选中摄影机视图，按快捷键【F9】进行快速渲染，会得到如图 8-40 所示的效果。

Step 09 单击“创建”>“空间扭曲”面板“力”分类中的“漩涡”按钮，在前视图中按住鼠标左键不放并拖动，创建一个漩涡对象，然后在“参数”卷展栏中设置其参数，如图 8-41 所示。

Step 10 选中左视图中的“漩涡”对象，单击工具栏中的“镜像”按钮，将其沿 X 轴进行镜像（不克隆）。

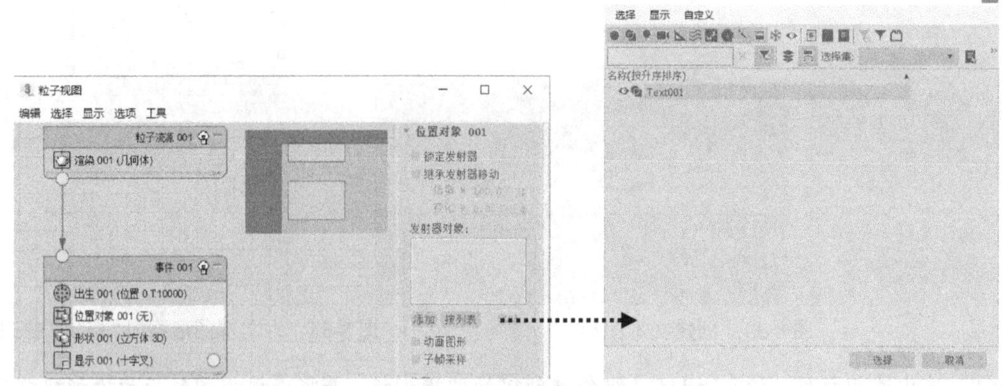

图 8-38 设置“位置对象 001”参数

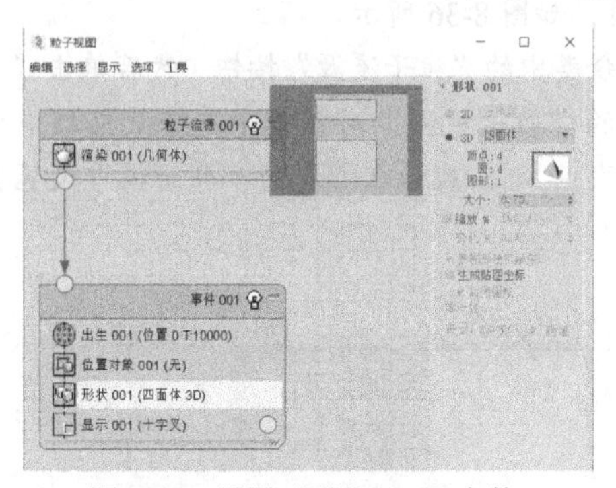

图 8-39 设置“形状 001”参数

图 8-40 摄影机视图的渲染效果

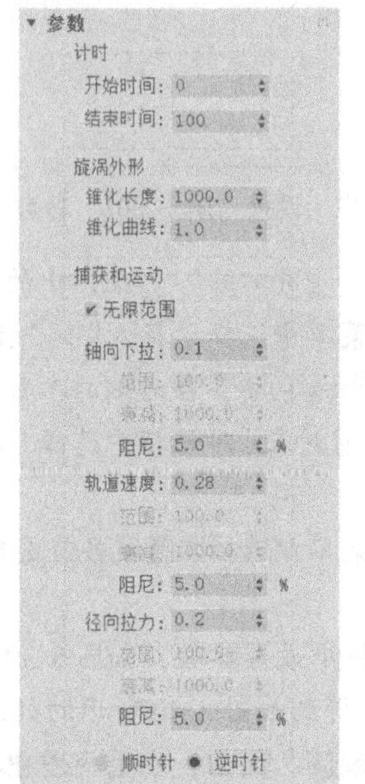

图 8-41 创建漩涡并设置其参数

Step 11 右击“事件 001”，在弹出的快捷菜单中选择“插入”>“操作符”>“力”命令，则在事件中插入了 力 001 (Vortex001)，然后单击右侧参数面板“力空间扭曲”区中的“添加”按钮，然后选取视图中的漩涡对象，如图 8-42 所示。

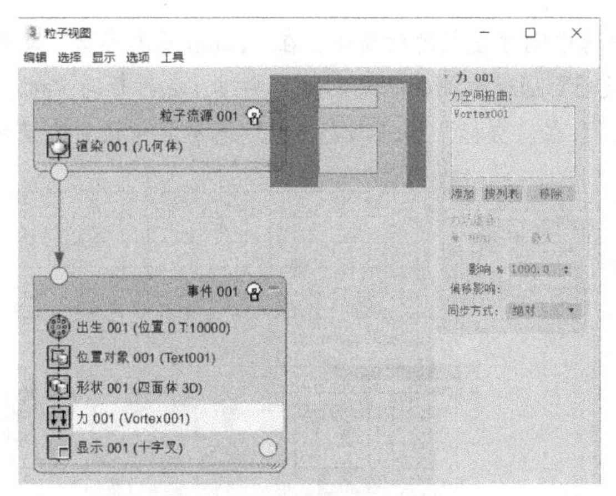

图 8-42　设置力 001 参数

Step 12 单击“创建”>“空间扭曲”面板“力”分类中的“风”按钮，在前视图中按住鼠标左键不放并拖动，创建一个风对象，然后在“参数”卷展栏中设置其参数，如图 8-43 所示。

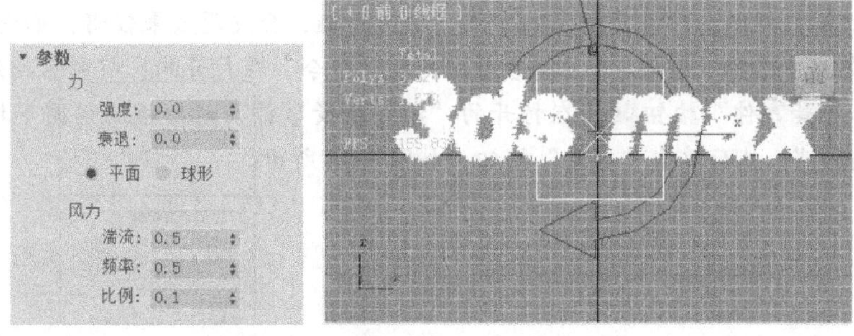

图 8-43　创建风对象并设置其参数

Step 13 在“粒子视图”对话框右侧的参数面板中单击“力空间扭曲”区中的“添加”按钮，然后选取视图中的风对象，如图 8-44 所示。

Step 14 右击“事件 001”，在弹出的快捷菜单里选择“插入”>“操作符”>“材质静态”命令，则在事件中插入了 材质静态 001 (无)，然后按快捷键【M】打开材质编辑器，将一个未使用的材质球拖到“粒子视图”对话框右侧参数面板“指定材质”复选框下的“None”按钮上，在弹出的“实例（副本）材质”对话框中选择“实例”单选钮，单击“确定”按钮返回，再勾选“指定材质 ID”和“在视口中显示”复选框，如图 8-45 所示。

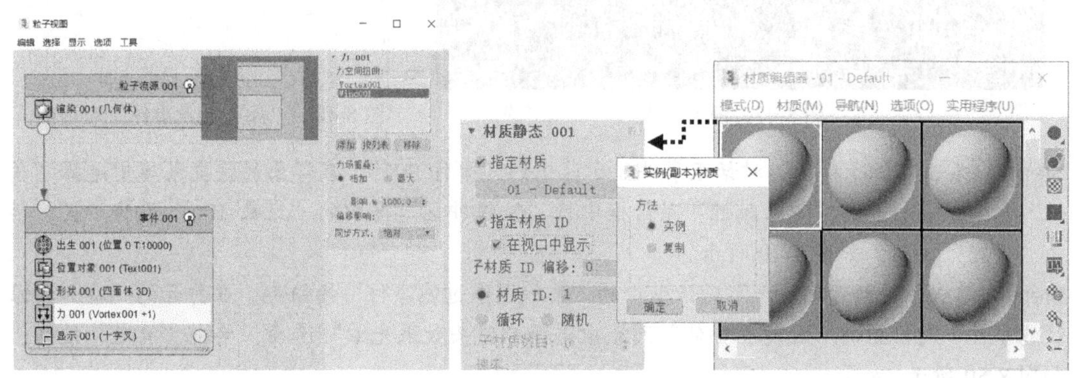

图 8-44　添加风对象　　　　图 8-45　指定材质

Step 15 在材质编辑器中选中刚才复制的材质球，在“Blinn 基本参数”卷展栏中将“自发光”设为“100”，然后单击“漫反射”通道右侧的“无贴图”按钮，在打开的“材质/贴图浏览器”对话框中为其添加“渐变”贴图，再在“坐标”和“渐变参数”卷展栏中设置渐变参数，如图 8-46 所示。

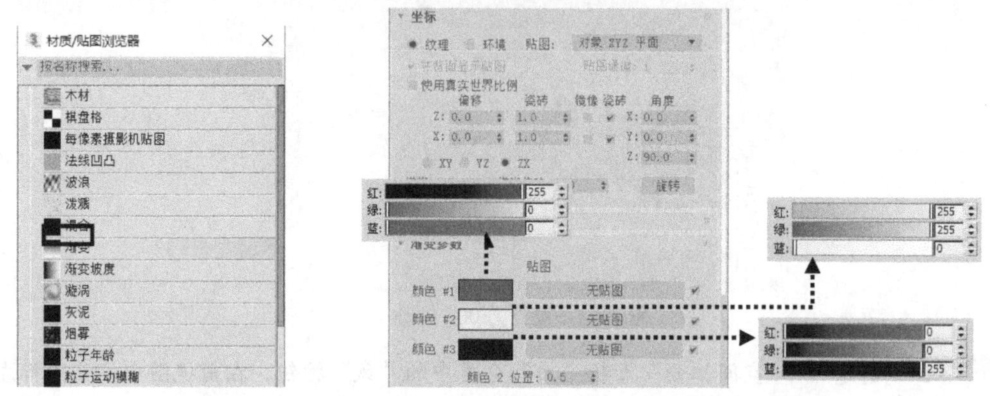

图 8-46　为“漫反射”通道添加“渐变”贴图并设置渐变参数

Step 16 选中摄影机视图，按快捷键【F9】进行快速渲染，会发现效果较暗，如图 8-47 所示。

Step 17 在菜单栏中选择“渲染”>“视频后期处理”命令，在打开的“视频后期处理”对话框中单击“添加场景事件”按钮，在打开的“添加场景事件”对话框的视图下拉列表中选择“PhysCamera001”，然后单击“确定”按钮，如图 8-48 所示。

图 8-47　渲染效果

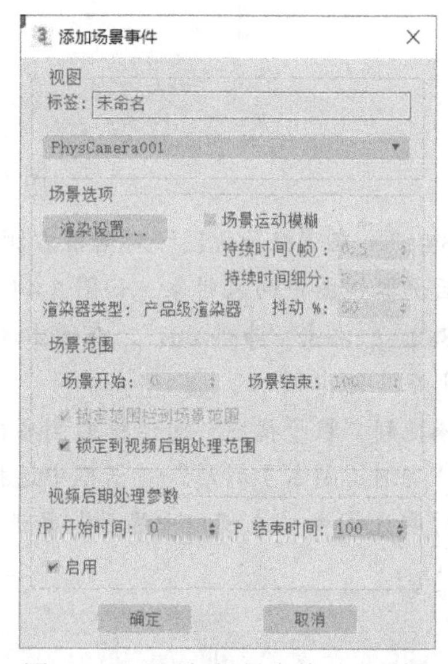

图 8-48　“添加场景事件”对话框

Step 18 右击“粒子视图”对话框事件显示区中的“事件 001”，在弹出的快捷菜单中选择“属性”命令，在打开的“对象属性”对话框中将“G 缓冲区”区中的“对象 ID:”设为“1”，单击“确定”按钮，如图 8-49 所示。

Step 19 单击“视频后期处理”对话框中的“添加图像过滤事件”按钮，在打开的“添加图像过滤事件”对话框的“过滤器插件”列表中选择“镜头效果光晕”选项，单击“确定”按钮，如图 8-50 所示。

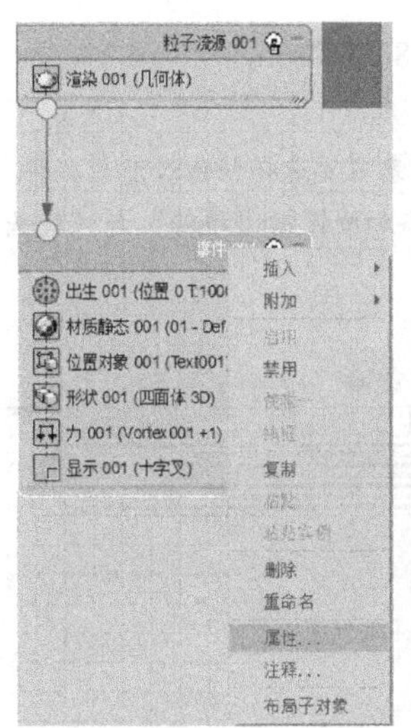

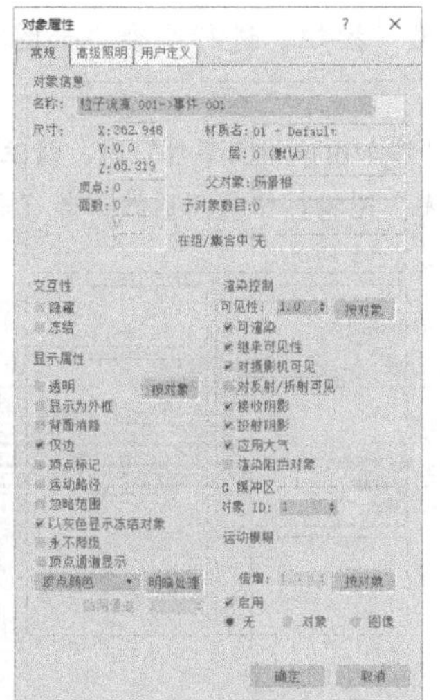

图 8-49　设置对象 ID

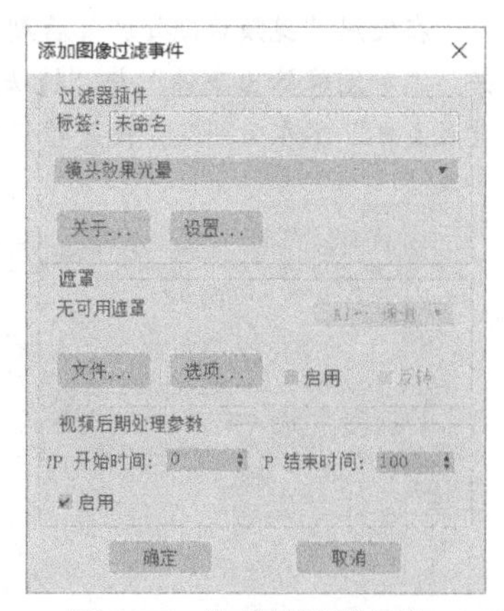

图 8-50　选择过滤器插件

Step 20 双击“视频后期处理”对话框队列中的“镜头效果光晕”，在弹出的“编辑过滤事件”对话框中单击“设置”按钮，在打开的“镜头效果光晕”对话框中选择“首选项”选项卡，设置参数，如图 8-51 所示。

Step 21 单击“确定”按钮，返回“视频后期处理”对话框，单击对话框中的“添加图像输出事件”按钮，在打开的“添加图像输出事件”对话框中单击“文件”按钮，在打开的“为视频后期处理输出选择图像文件”对话框中设置输出文件的保存路径、名称及格式，如图 8-52 所示。

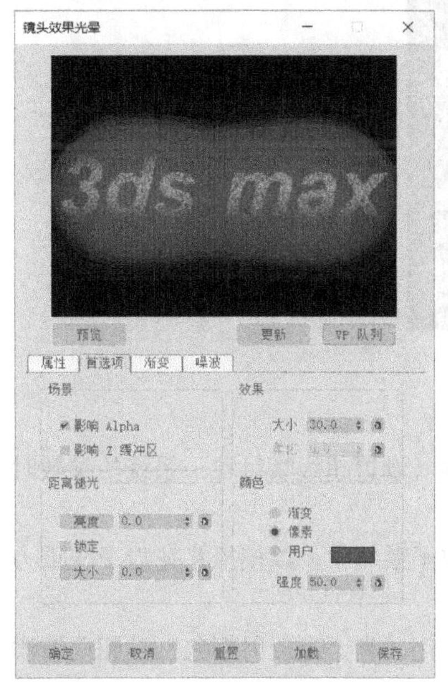

图 8-51　设置镜头效果光晕参数

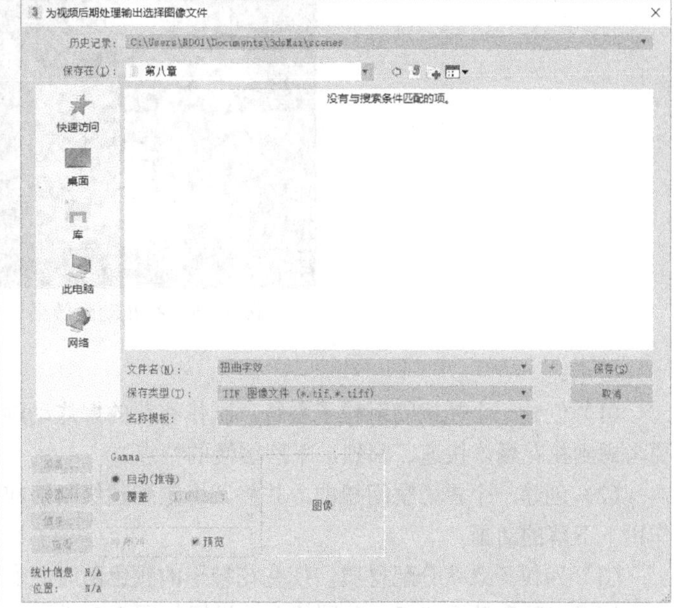

图 8-52　设置输出文件的保存路径、名称和格式

Step 22 单击“保存”按钮，在弹出的“TIF 图像控制”对话框中保持默认参数，并单击“确定”按钮。

Step 23 单击“视频后期处理”对话框中的“执行序列”按钮，在弹出的“执行视频后期处理”

对话框中保持默认参数不变并单击“渲染”按钮，进行渲染，如图 8-53 所示。

温馨提示：

在使用“视频后期处理”后期合成器“添加图像输出事件”时，请注意不要选择任何过滤器插件。若“添加图像输出事件”与“镜头效果高光”同级，便是正确的；若“添加图像输出事件”与“镜头效果高光”不在同一级，便是错误的，如图 8-54 所示。

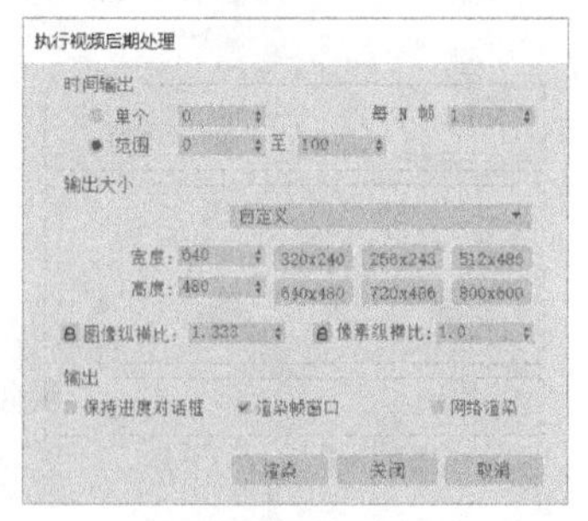

图 8-53　“执行视频后期处理”对话框

图 8-54　判断“添加图像输出事件”的对错

任务拓展

礼花动画

8.2.4　礼花动画

利用本章所学知识创建如图 8-55 所示的礼花动画。

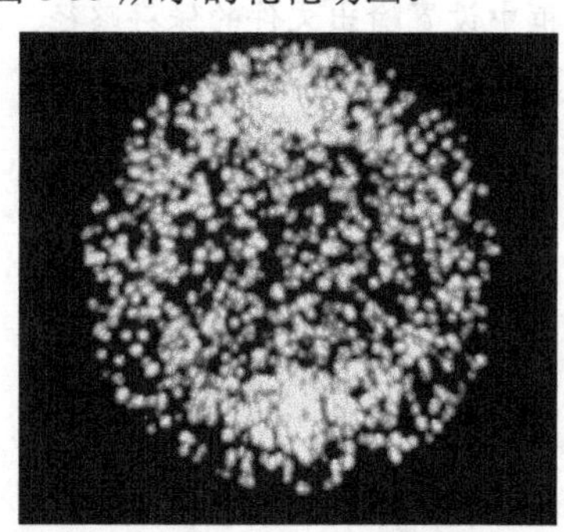

图 8-55　礼花动画效果

提示：

（1）创建一个超级喷射粒子系统，制作礼花的爆炸动画（设置超级喷射粒子系统的参数时要考虑到礼花爆炸快速、剧烈，下落缓慢的特点）。

（2）创建一个重力空间扭曲，并将其绑定到超级喷射粒子系统中，以模拟礼花粒子在重力作用下下落的动画。

（3）为粒子系统分配材质，使礼花粒子的颜色随时间变化（为“漫反射颜色”贴图通道添加“粒子年龄”贴图即可，贴图的参数设置如图 8-56 所示）。

（4）为场景添加“光晕”镜头效果（参数设置如图 8-57 所示），并在“对象属性”对话框的“G 缓冲区”区中设置粒子系统的“对象 ID:”为“1”，使礼花粒子周围产生光晕。

（5）将场景渲染输出为动画，效果如图 8-58 所示。

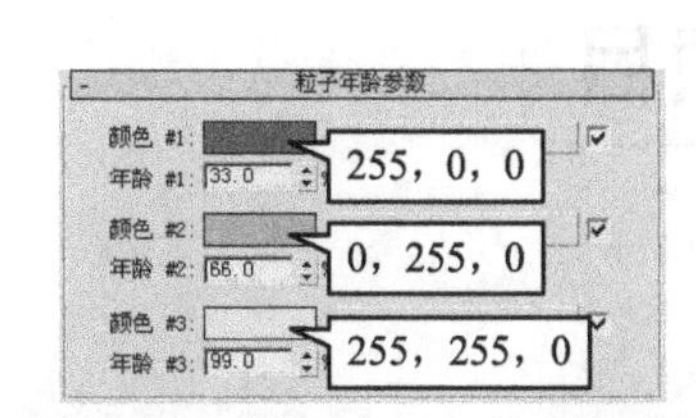

图 8-56　“粒子年龄”贴图参数

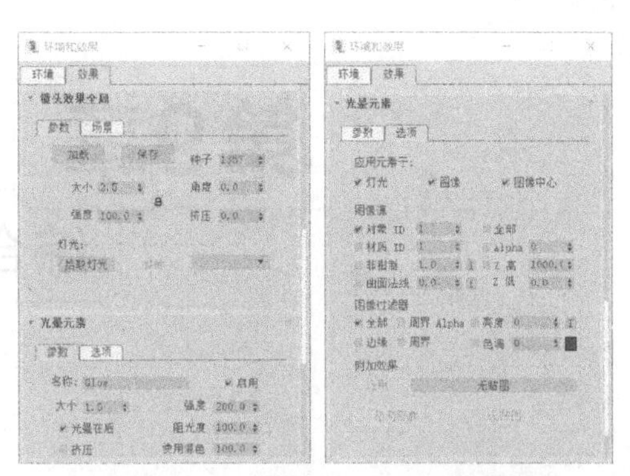

图 8-57　“光晕”镜头效果参数

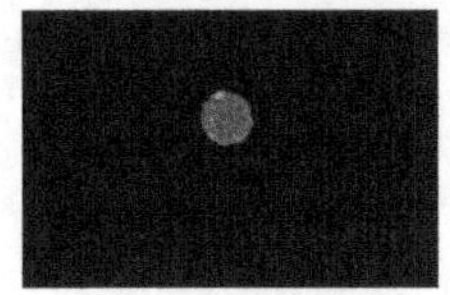
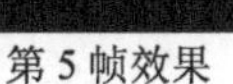

第 5 帧效果

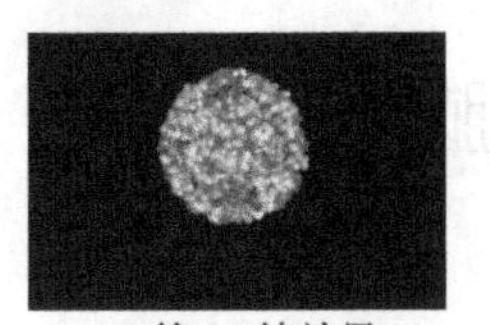

第 15 帧效果

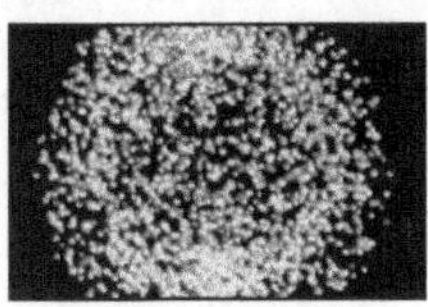

第 35 帧效果

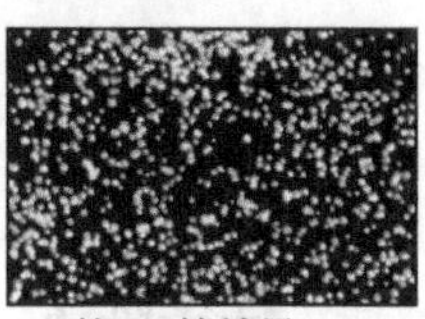

第 55 帧效果

图 8-58　礼花动画效果

本章小结

在三维动画设计中，经常使用粒子系统和空间扭曲模拟一些自然现象和物理现象，比如雨、雪、烟、喷泉、爆炸等。读者应了解粒子系统和空间扭曲的基本功能与原理。

利用 3ds Max 中的动力学系统可以非常方便地模拟现实生活中的物理属性动画，熟练掌握动力学系统可以制作非常逼真的动画效果。

思考与练习

一、填空题

1．在 3ds Max 的粒子系统中，__________是事件粒子系统。

2．力空间扭曲主要用来模拟现实中各种力的作用效果。其中，________可以为粒子系统和动力学系统提供螺旋状的推力；________和________主要用来模拟现实中重力和风的效果，以表现粒子在重力作用下下落及在风的吹动下飘飞的效果。

3．导向器主要应用于________系统或________系统，以模拟粒子或物体的__________动画。__________空间扭曲主要用于使三维对象产生变形效果，以制作变形动画。

二、选择题

1．在下面的粒子系统中，（　　）常用来制作气泡上升和烟雾升腾等效果。

A．暴风雪　　B．喷射　　C．雪　　D．粒子阵列

2．下列不属于力空间扭曲的是（　　）。

A．推力　　B．波浪　　C．马达　　D．漩涡

3．空间扭曲可以看作是添加到场景中的一种力场，它影响（　　）。

A．所有粒子系统　　B．所有几何体和圆柱体

C．所有场景对象　　D．所有绑定到空间扭曲的对象

第9章 综合实战项目

9.1 掌上电脑展示动画

任务陈述

通过前面章节的学习，读者已经基本掌握了使用 3ds Max 制作三维动画的相关知识。本章将带领读者从创建场景、添加材质、创建灯光和摄影机、创建动画到渲染输出，一步步地去创建一个完整的动画，以巩固和练习前面所学的知识。如图 9-1 所示为创建好的掌上电脑展示动画效果。

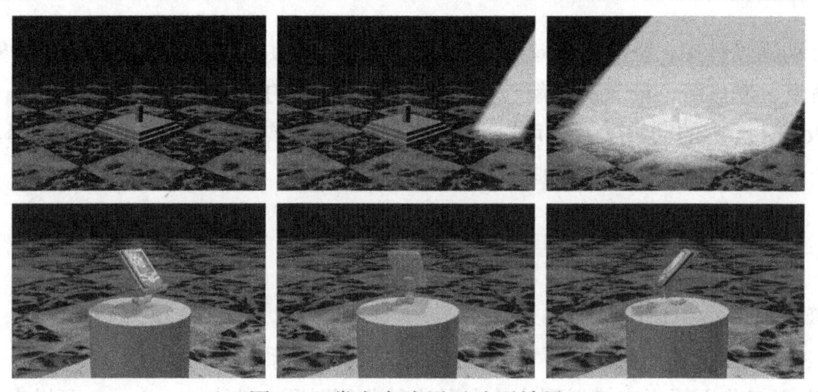

图 9-1 掌上电脑展示动画效果

任务实施

9.1.1 创建场景

由图 9-1 可知，本动画场景主要包括两部分：掌上电脑和展示台，下面分别介绍一下这两部分的创建过程。

掌上电脑-创建掌上电脑

1. 创建掌上电脑

掌上电脑可分为外壳、按键和品牌名三部分进行创建，各部分的创建过程具体如下。

1）外壳

创建时，首先利用“倒角”修改器处理二维图形，制作外壳的主体；然后利用“图形合并”工具将二维图形投影到外壳主体的表面，并进行多边形建模，制作出掌上电脑的屏幕和按键槽即可。

Step 01 利用“矩形”工具在顶视图中创建一个长为260、宽为160的矩形，并将其转换为可编辑样条线，然后设置其修改对象为“顶点”，并调整矩形下边顶点水平方向的控制柄，使矩形下边产生一定的弧度，如图9-2所示。

Step 02 利用“几何体”卷展栏中的“圆角”工具对矩形上边和下边的顶点分别进行圆角处理（上边顶点的“圆角”为“10”，下边顶点的“圆角”为“20”），完成掌上电脑外壳截面图形的创建，效果如图9-3右图所示。

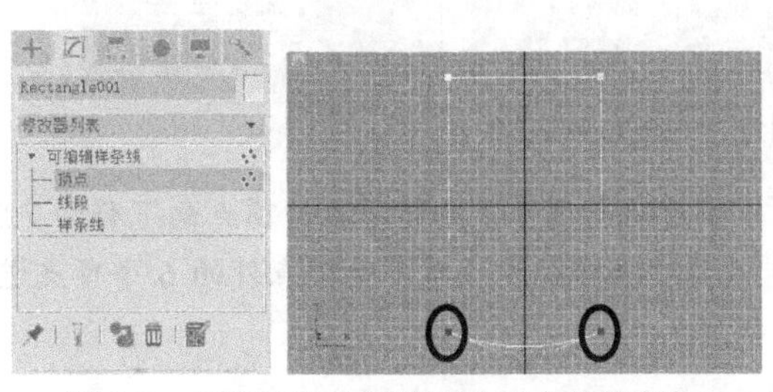

图9-2　创建矩形并调整下边顶点的控制柄

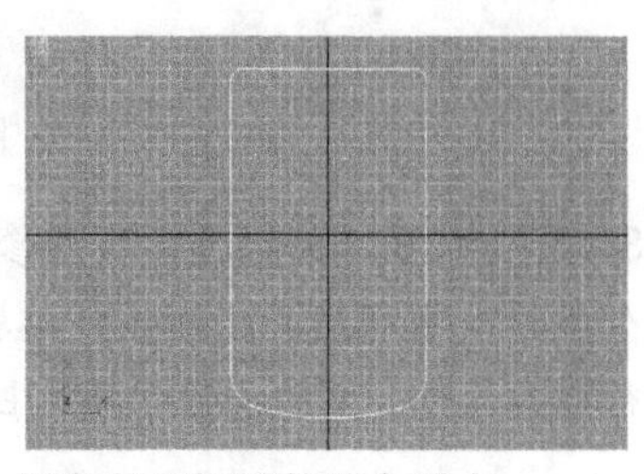

图9-3　圆角处理矩形的四个顶点

Step 03 为掌上电脑外壳的截面图形添加“倒角”修改器，进行倒角处理，制作掌上电脑外壳的主体，修改器的参数和修改效果如图9-4所示。

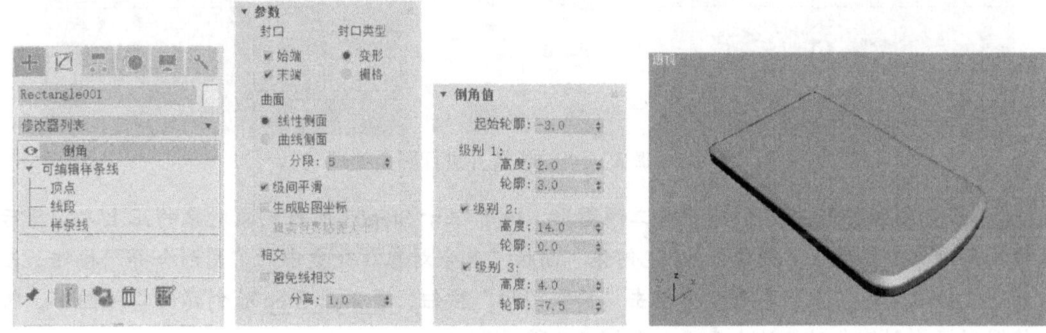

图9-4　倒角处理掌上电脑外壳的截面图形

Step 04 利用“矩形”和“圆”工具在顶视图中创建两个矩形和一个圆，并调整其位置，矩形、圆的参数和效果如图9-5所示。

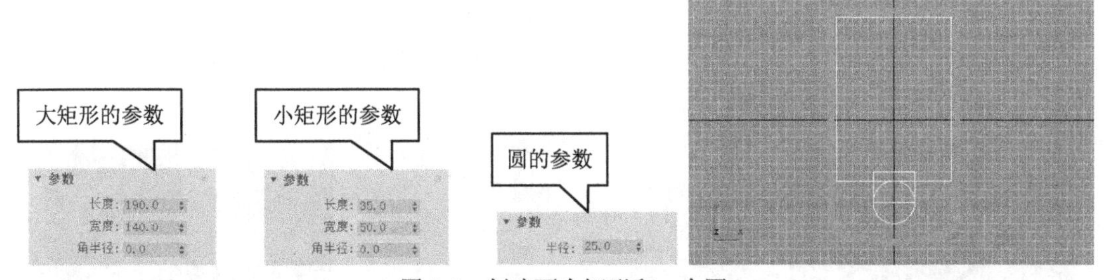

图9-5　创建两个矩形和一个圆

Step 05 将大矩形转换为可编辑样条线，并将小矩形和圆附加到其中，然后设置其修改对象为“样条线”，再利用“几何体”卷展栏中的“布尔”工具对矩形和圆进行并集布尔运算，效果如图9-6右图所示。

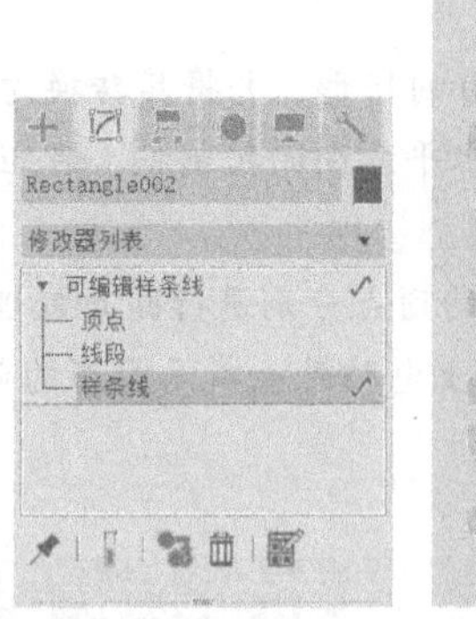

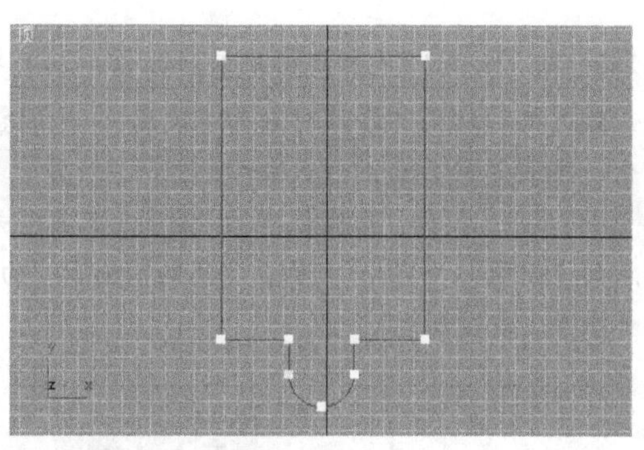

图 9-6 对矩形和圆进行并集布尔运算

Step 06 设置可编辑样条线的修改对象为“顶点”，然后将如图 9-7 左图所示的顶点向下移动 7.5 个单位；再利用“几何体”卷展栏中的“圆角”工具对除样条线底端三个顶点外的 6 个顶点进行圆角处理，效果如图 9-7 右图所示。

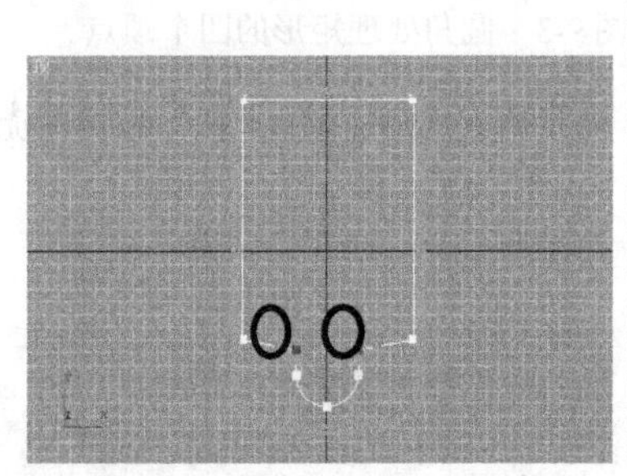
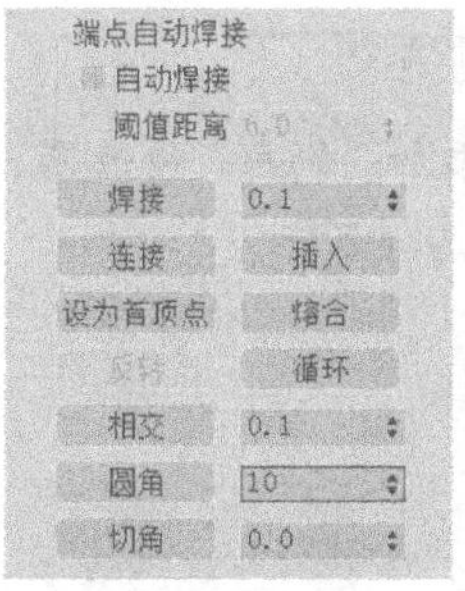

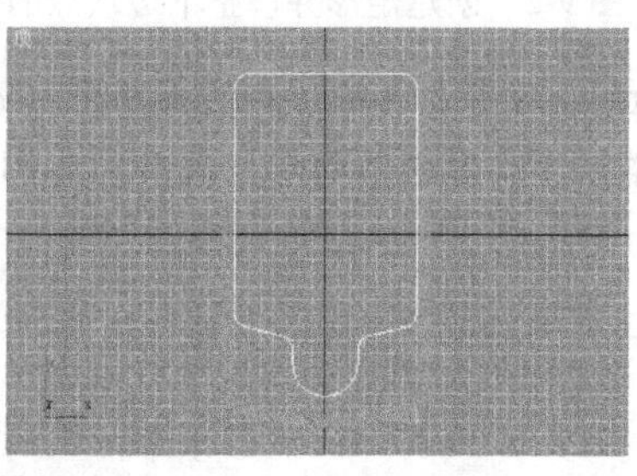

图 9-7 调整顶点的位置并进行圆角处理

Step 07 沿 Z 轴调整 Step06 创建好的二维图形，使其位于 Step03 所建倒角对象的正上方，然后选中倒角对象，并单击“创建”>“几何体”面板“复合对象”分类中的“图形合并”按钮，在打开的“拾取运算对象”卷展栏中单击“拾取图形”按钮，再单击 Step06 创建的二维图形，将二维图形投影到倒角对象的上表面，如图 9-8 所示。

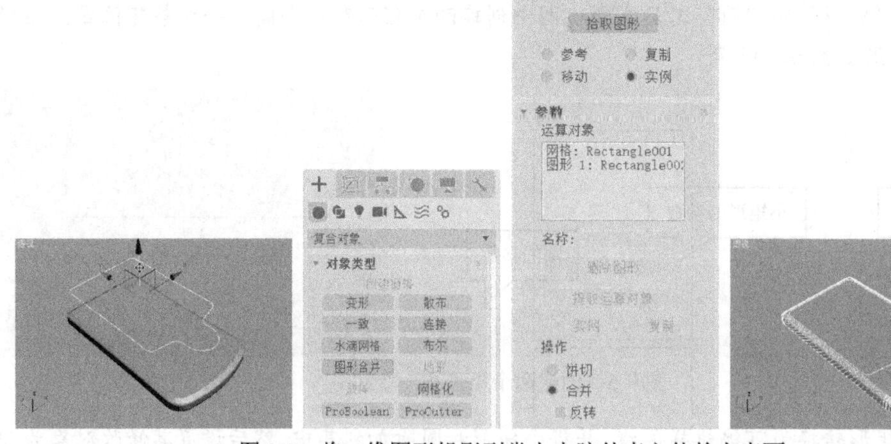

图 9-8 将二维图形投影到掌上电脑外壳主体的上表面

Step 08 将倒角对象转换为可编辑多边形，然后设置其修改对象为“多边形”，并选中投影曲线中的多边形，如图 9-9 左侧两图所示；接下来，单击“编辑多边形”卷展栏中“倒角”按钮右侧的“设置”按钮，利用打开的“倒角多边形”对话框倒角处理选中的多边形，如图 9-9 右侧两图所示。

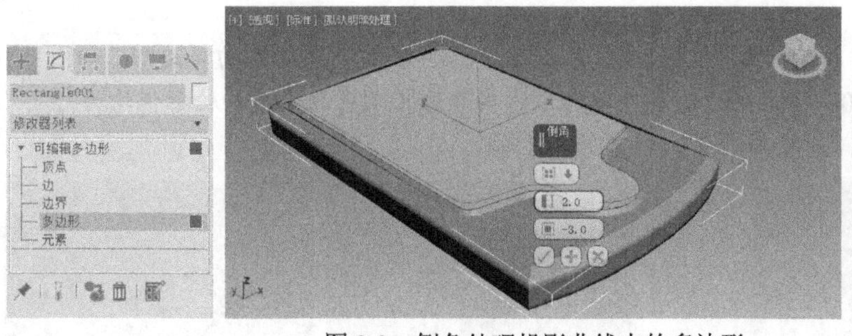

图 9-9　倒角处理投影曲线中的多边形

温馨提示：

若投影曲线中的多边形与所需形状不符，可删除该多边形，然后设置修改对象为“边界”，并利用“编辑边界”卷展栏中的“封口”按钮为删除多边形产生的孔洞封口，即可获得所需形状的多边形，如图 9-10 所示。

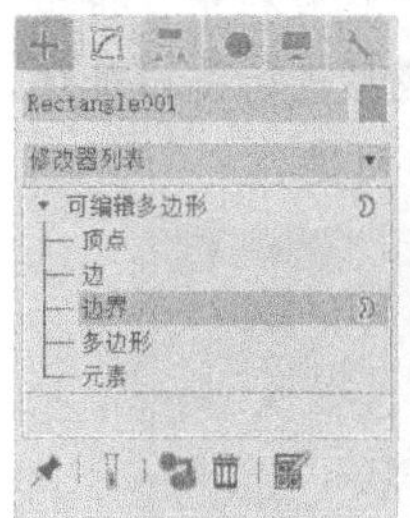

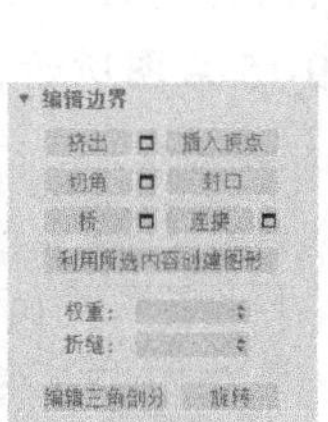
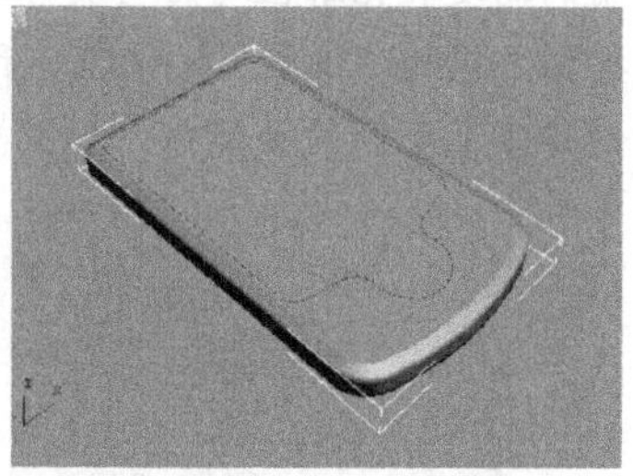

图 9-10　对边界进行封口处理

Step 09 利用“矩形”和“圆”工具在顶视图中再创建一个矩形和两个圆（矩形的长为 150、宽为 120，大圆的半径为 20，小圆的半径为 10），并调整其位置，作为掌上电脑的屏幕、方向键和开关的截面图形，如图 9-11 所示。

Step 10 在顶视图中创建一个长为 15、宽为 18 的矩形，然后将其转换为可编辑样条线，并进行适当的处理，创建掌上电脑功能键的截面图形，如图 9-12 左图所示；再利用移动和镜像克隆制作出另外三个功能键的截面图形，如图 9-12 右图所示。

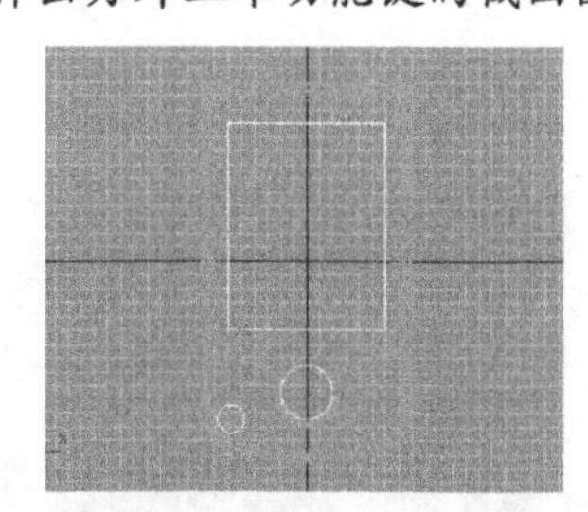

图 9-11　创建矩形和圆

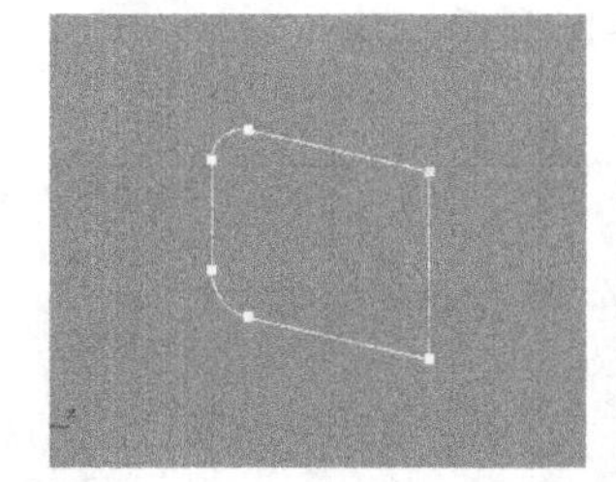
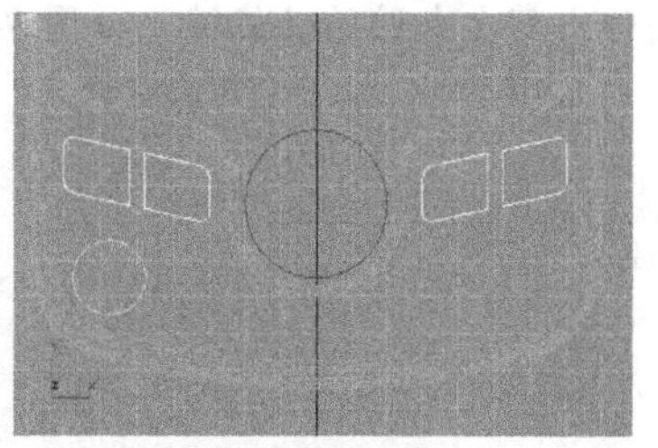

图 9-12　创建掌上电脑功能键的截面图形

Step 11 参照 Step07 所述操作，将 Step09 和 Step10 中创建的二维图形投影到倒角对象的上表面，效果如图 9-13 所示。

经验之谈：

使用图形合并工具将功能键和开关的截面图形投影到掌上电脑的外壳时，最好选中“拾取运算对象”卷展栏中的“复制”单选钮，这样，原图形在图形合并后仍然被保留下来，方便在后续操作中创建功能键和开关按钮。

Step 12 将倒角对象转换为可编辑多边形，然后选中作为掌上电脑屏幕的多边形，如图 9-14 左图所示；再参照 Step08 所述操作倒角处理选中的多边形（倒角的高度和轮廓值均为-2），完成掌上电脑屏幕的创建，效果如图 9-14 右图所示。

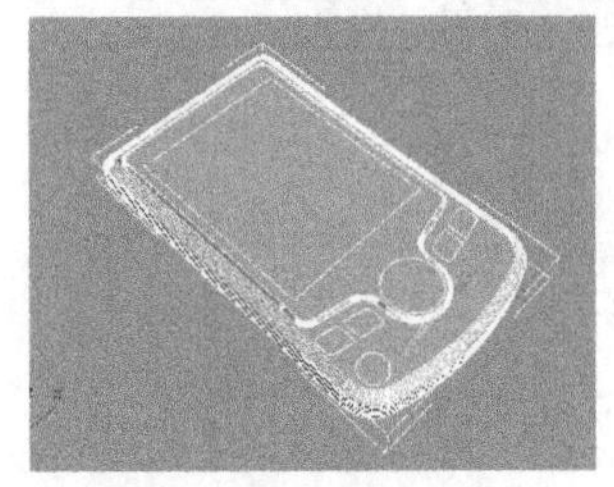

图 9-13　图形投影后的效果

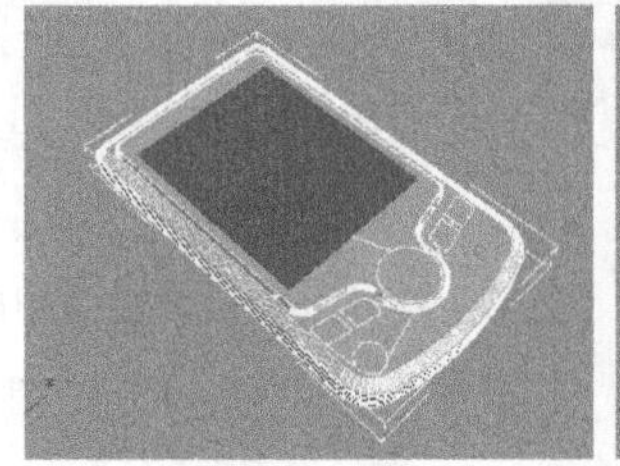

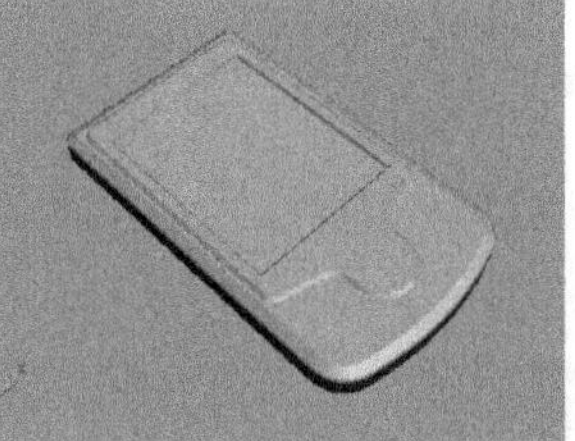

图 9-14　创建掌上电脑屏幕

Step 13 选中作为掌上电脑方向键、功能键和开关的多边形，然后参照前述操作进行倒角处理（倒角的高度和轮廓值均为-1），效果如图 9-15 左图所示；再单击“编辑多边形”卷展栏中“挤出”按钮右侧的“设置”按钮，利用打开的“挤出多边形”对话框对选中的多边形进行挤出处理，创建掌上电脑的按键槽，如图 9-15 右图所示，至此就完成了掌上电脑外壳的创建。

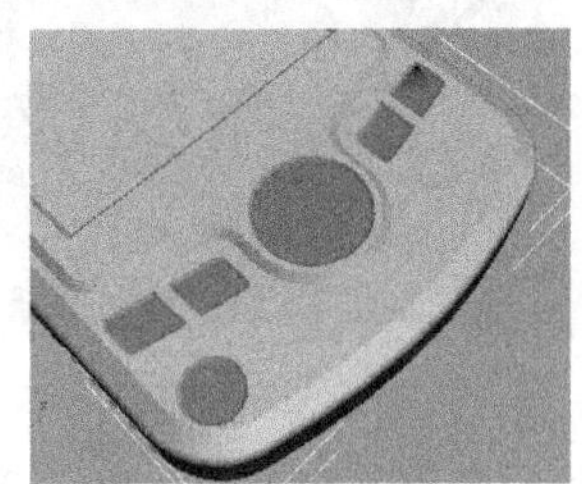

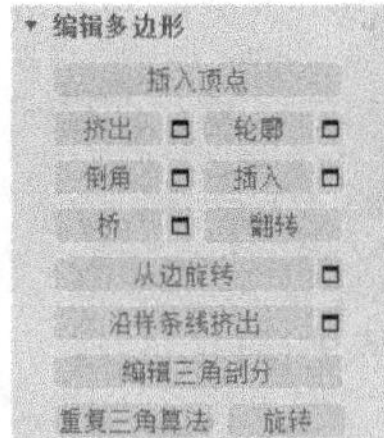

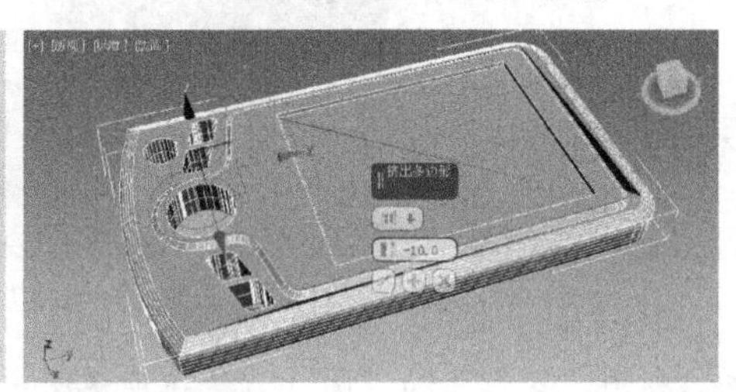

图 9-15　制作掌上电脑的按键槽

2）按键和品牌名

创建按键时，功能键和开关可通过倒角处理功能键和开关的截面图形来进行创建，方向键可使用管状体和油罐来创建；创建品牌名时，可通过挤出处理品牌名的截面图形来进行创建。

Step 01 选中前面创建的掌上电脑功能键的截面图形，为其添加“倒角”修改器，进行倒角处理，制作出掌上电脑的功能键，如图 9-16 所示。

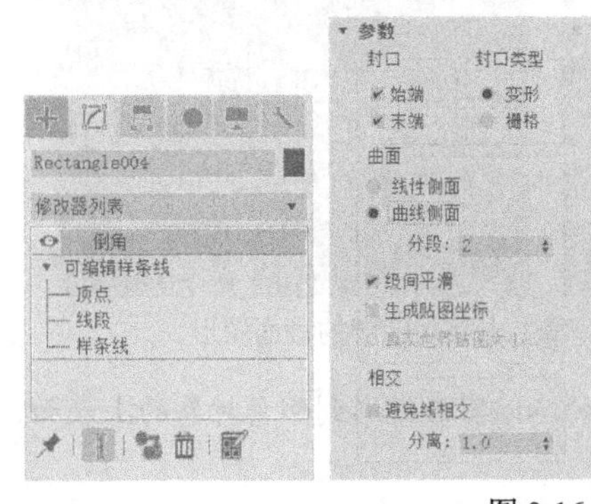

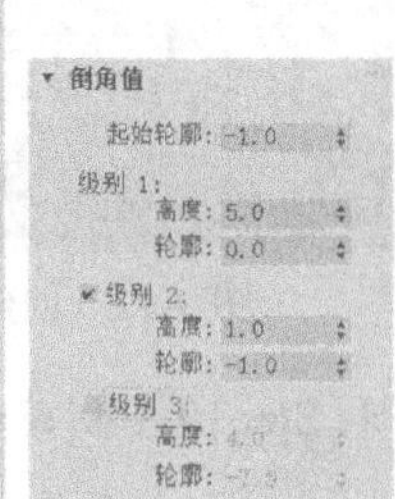

图 9-16　倒角处理功能键的截面图形

Step 02 选中掌上电脑开关按钮的截面图形，然后为其添加“倒角”修改器，进行倒角处理，制作出掌上电脑开关的基本形状，如图 9-17 所示。

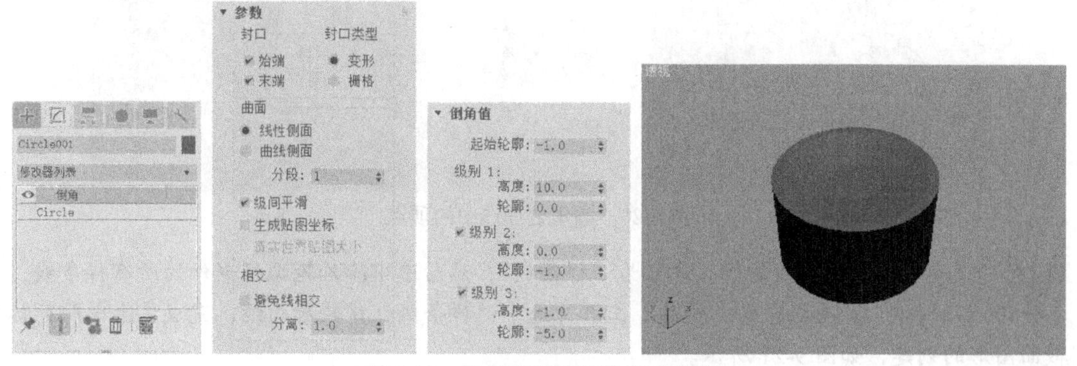

图 9-17　倒角处理开关的截面图形

Step 03 为开关按钮添加“网格平滑”修改器，进行网格平滑处理，完成开关按钮的创建，如图 9-18 所示。

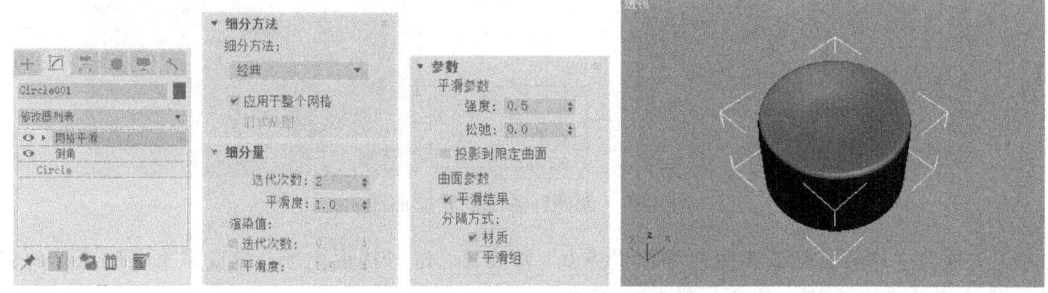

图 9-18　网格平滑处理开关按钮

Step 04 在顶视图中创建一个管状体和一个油罐，并参照图 9-19 左图和中图所示调整二者的参数；然后为管状体添加“网格平滑”修改器，进行网格平滑处理（修改器的参数使用系统默认即可），再调整管状体和油罐的位置，完成掌上电脑方向键的创建，效果如图 9-19 右图所示。

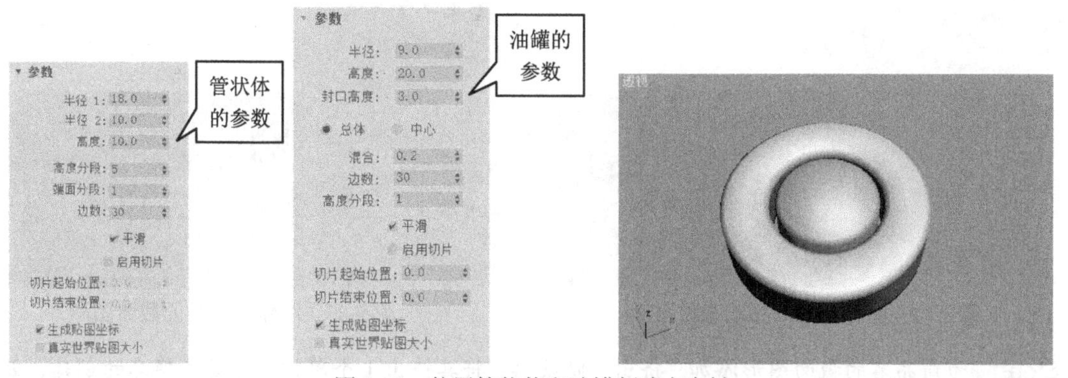

图 9-19　使用管状体和油罐创建方向键

Step 05 使用“矩形”、“椭圆”和“线”工具在顶视图中创建如图 9-20 左图所示的曲线，并合并到同一可编辑样条线中；然后设置可编辑样条线的修改对象为“顶点”，并选中图 9-20 左图所示的顶点子对象，再使用“圆角”工具（如图 9-20 中图所示）对选中的顶点进行圆角处理，效果如图 9-20 右图所示。

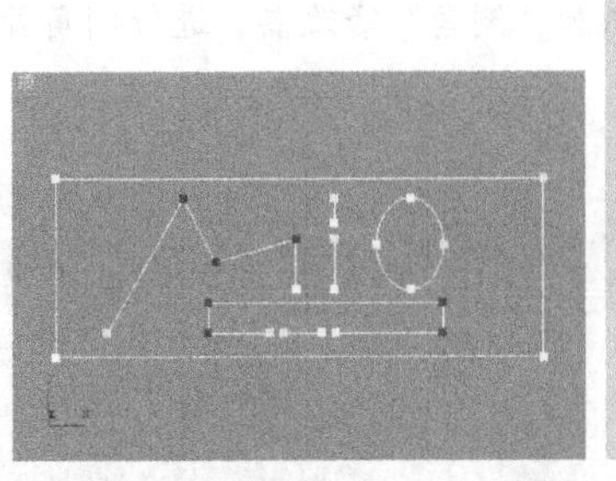
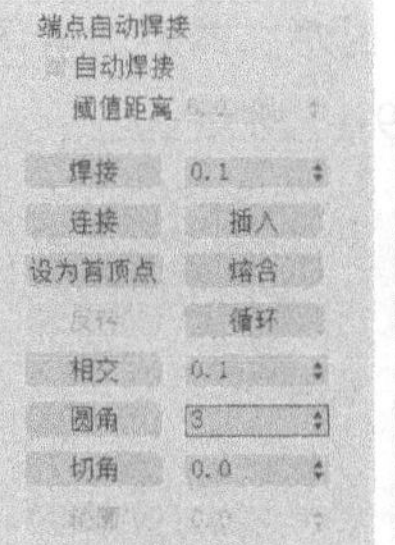

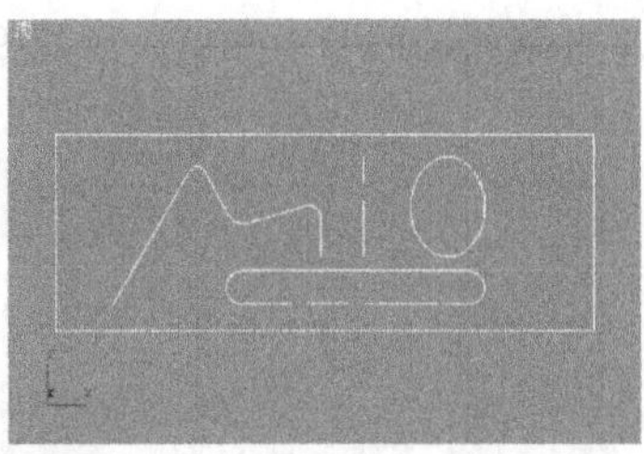

图 9-20　圆角处理选中的顶点

Step 06 设置可编辑样条线的修改对象为“样条线”，然后选中除外轮廓矩形外的所有样条线，再使用“几何体”卷展栏中的“轮廓”工具为选中的样条线创建轮廓曲线，完成掌上电脑商标截面图形的创建，如图 9-21 所示。

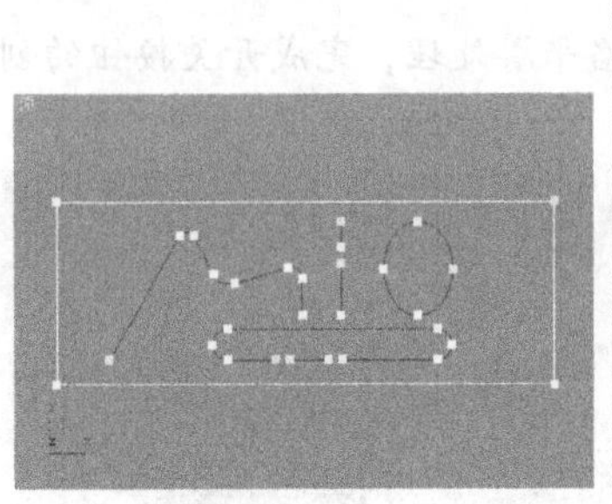
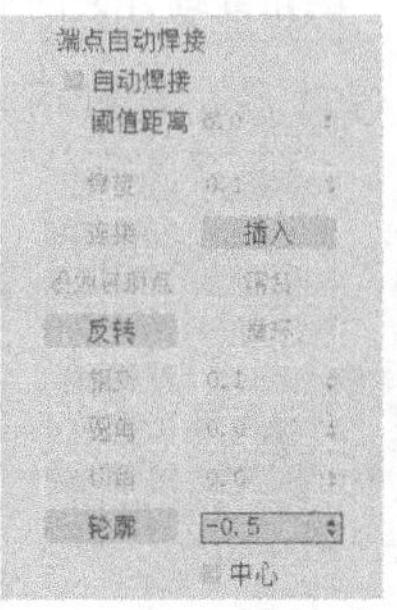

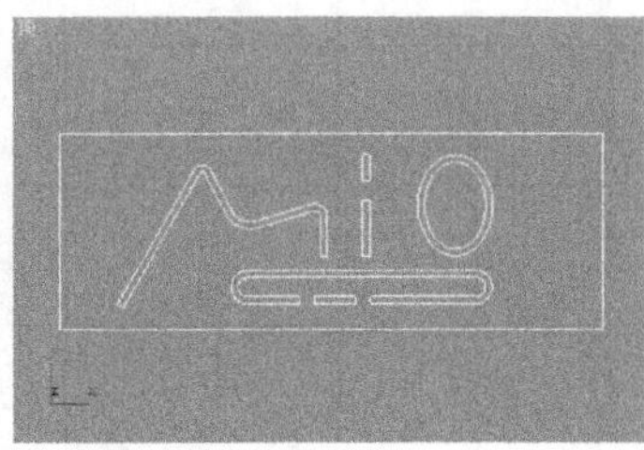

图 9-21　创建样条线的轮廓曲线

Step 07 为创建好的商标截面图形添加“挤出”修改器，进行挤出处理，完成掌上电脑商标的制作，修改器的参数和挤出效果如图 9-22 所示。

Step 08 使用“文本”工具在顶视图中创建一个文本，作为掌上电脑商品名的截面图形，文本的参数和效果如图 9-23 所示。

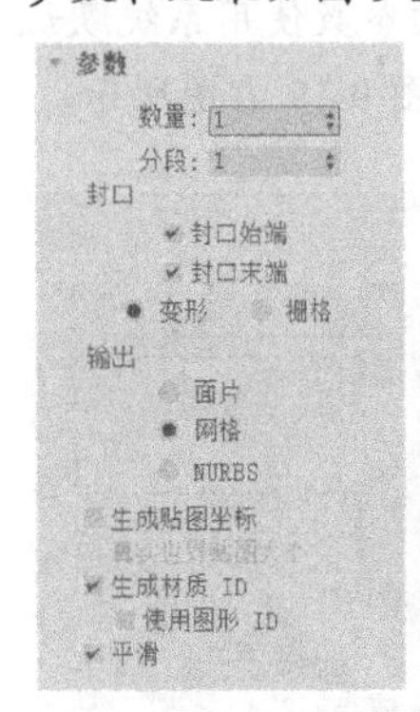

图 9-22　挤出处理商标的截面图形

图 9-23　制作品牌名的截面图形

Step 09 为商品名的截面图形添加“挤出”修改器，将其挤出 1 个单位，完成品牌名的创建，效果如图 9-24 所示。

Step 10 调整掌上电脑各组成部件的位置和大小，完成掌上电脑的创建，模型的效果如图 9-25 所示。

图 9-24　掌上电脑品牌名的效果

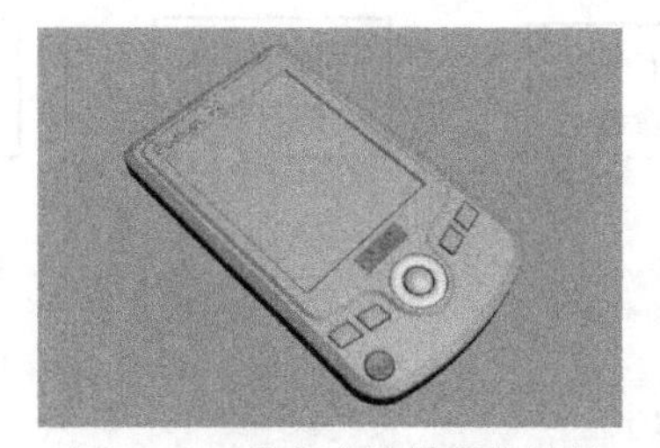

图 9-25　掌上电脑模型的效果

2. 制作展示台

展示台可分为展示架、展示柱、台基和地面四部分。创建时，首先使用切角长方体、管状体和 L 形体创建展示架；然后使用长方体和圆柱体制作展示台的台基和展示柱；最后，创建一个平面，作为展示场景的地面即可。

Step 01 使用“切角长方体”工具在顶视图中创建一个切角长方体，参数如图 9-26 左图所示；然后为切角长方体添加“锥化”修改器，进行锥化处理，制作展示架的底座，修改器的参数和应用效果如图 9-26 右侧两图所示。

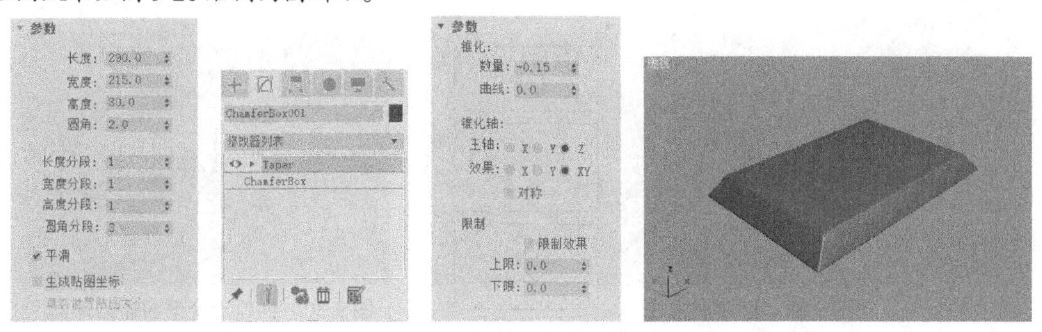

图 9-26　制作展示架的底座

Step 02 使用“管状体”和“L-Ext”工具在顶视图中创建一个管状体和一个 L 形体（参数如图 9-27 左图和中图所示），然后调整二者的角度和位置，作为展示架的支柱和托盘，效果如图 9-27 右图所示。至此就完成了展示架的创建。

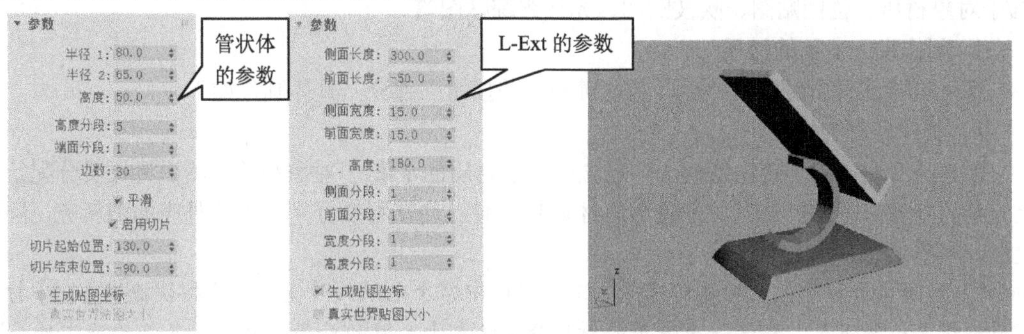

图 9-27　创建展示架的支柱和托盘

Step 03 使用“长方体”工具在顶视图中创建三个长方体，并调整其位置，作为展示台的台基，如图 9-28 所示。

Step 04 使用“圆柱体”工具在顶视图中创建一个圆柱体，并调整其位置，作为展示台的展示柱，如图 9-29 所示。

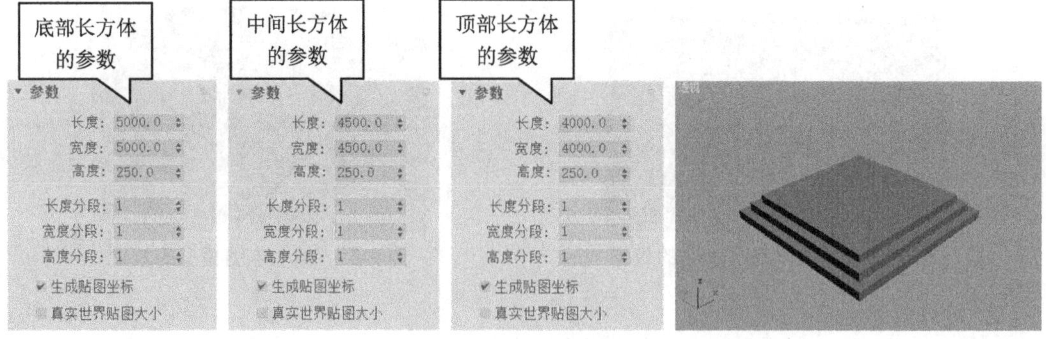

图 9-28　创建展示台的台基

Step 05 使用“平面”工具在顶视图中创建一个长 100000、宽 100000 的平面，并调整其位置，作为展示场景的地面。此时，场景的效果如图 9-30 所示。至此就完成了掌上电脑展示场景的制作。

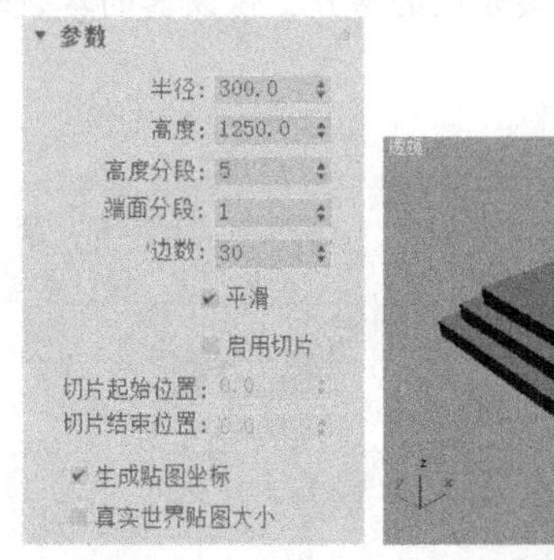

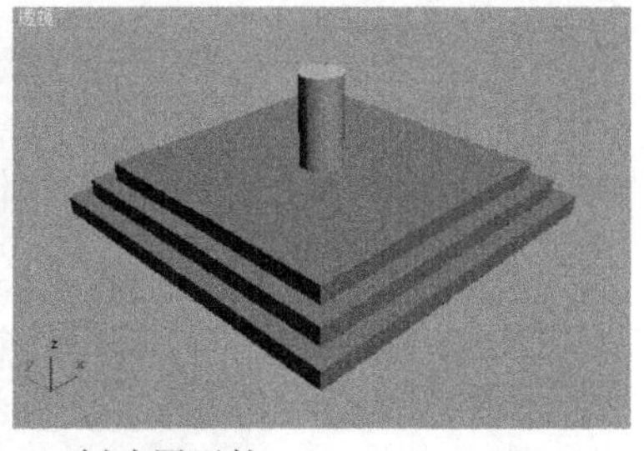

图 9-29　创建展示柱

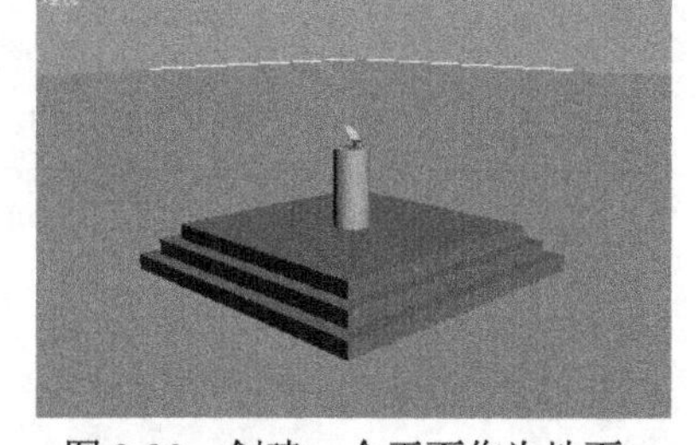

图 9-30　创建一个平面作为地面

掌上电脑-添加材质

9.1.2　添加材质

本节介绍为掌上电脑的展示场景添加材质的操作，主要用到标准材质、光线跟踪材质、多维/子对象材质、位图贴图、噪波贴图、光线跟踪贴图等。

1. 制作掌上电脑的材质

掌上电脑的材质可分为外壳、功能键和开关按钮三部分，具体制作如下。

1）制作外壳的材质

创建外壳材质时，首先创建一个包含三个子材质的多维/子对象材质，然后将材质分配给掌上电脑的外壳，再设置外壳各多边形的材质 ID，使三个子材质分别分配给外壳的塑料壳、屏幕边框和屏幕。

Step 01 利用工具栏中的“按名称选择”工具选中掌上电脑的外壳，然后按快捷键【M】打开材质编辑器；接下来，任选一未使用的材质分配给掌上电脑的外壳，并更改其名称为“外壳”，创建外壳材质，如图 9-31 左图所示。

Step 02 单击材质编辑器工具栏中的“Standard”按钮，利用打开的“材质/贴图浏览器”更改材质的类型为“多维/子对象”，如图 9-31 中图和右图所示。

Step 03 单击外壳材质“多维/子对象基本参数”卷展栏中的“设置数量”按钮，设置子材质的“材质数量”为“3”，如图 9-32 所示。

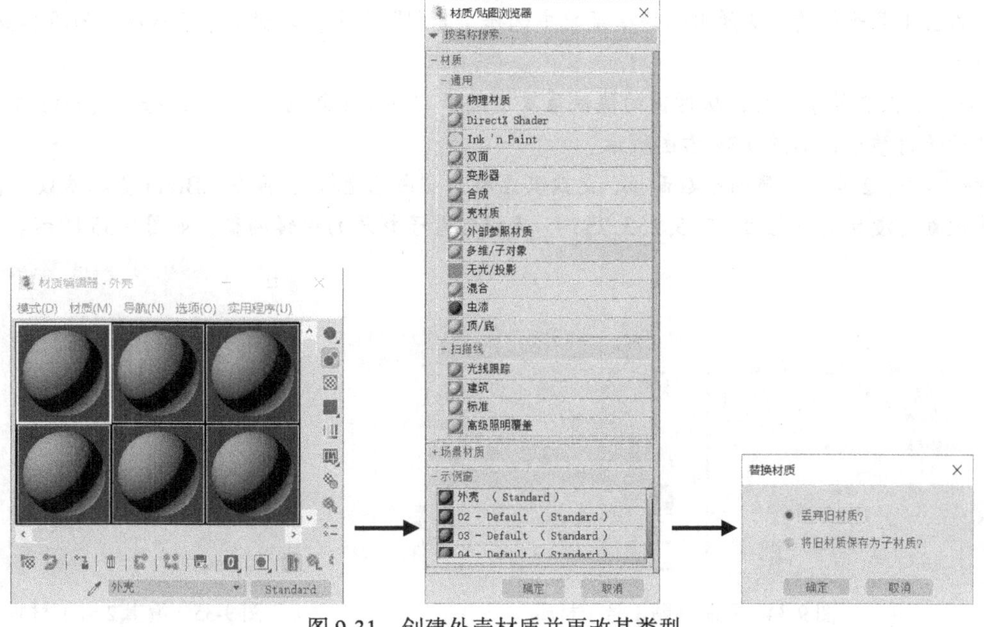

图 9-31　创建外壳材质并更改其类型

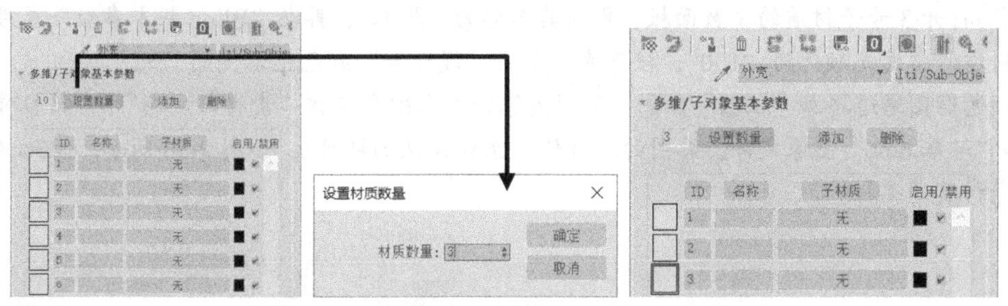

图 9-32　设置多维/子对象材质中子材质的数量

Step 04 单击“多维/子对象基本参数”卷展栏中 1 号子材质的材质按钮，打开其参数面板，更改此子材质的名称为“青色塑料”，再参照图 9-33 左图所示设置材质的基本参数。

Step 05 打开 1 号子材质的“贴图”卷展栏，设置“凹凸”贴图通道的数量为“10”，然后单击右侧的“无贴图”按钮，利用打开的“材质/贴图浏览器”对话框为该通道添加“噪波”贴图，以模拟塑料表面的凹凸效果，如图 9-33 中图和右图所示。

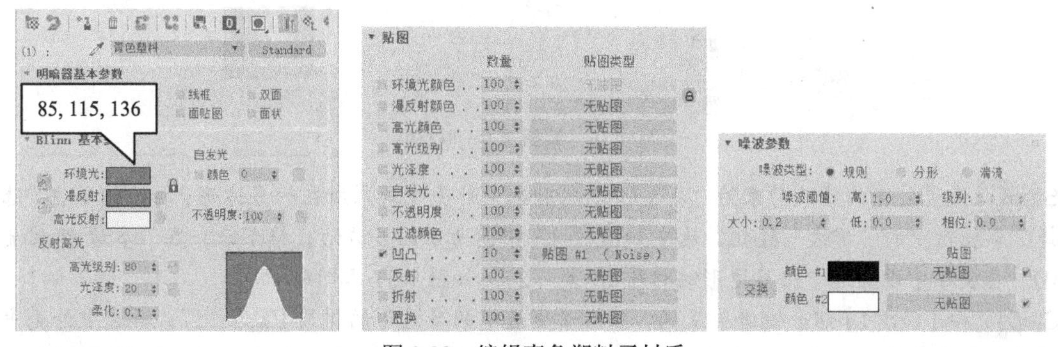

图 9-33　编辑青色塑料子材质

Step 06 连续单击材质编辑器工具栏中的“转到父对象”按钮，返回多维/子对象材质的参数面板；

然后右击 1 号子材质，从弹出的快捷菜单中选择“复制”命令，复制 1 号子材质，如图 9-34 左图所示。

Step 07 右击 2 号子材质，从弹出的快捷菜单中选择“粘贴（复制）”命令，将复制的材质粘贴到 2 号子材质中，如图 9-34 右图所示。

Step 08 打开 2 号子材质的参数面板，更改其名称为“白色塑料”，再在“Blinn 基本参数”卷展栏中设置其漫反射颜色为（255, 255, 255），完成 2 号子材质的编辑调整，如图 9-35 所示。

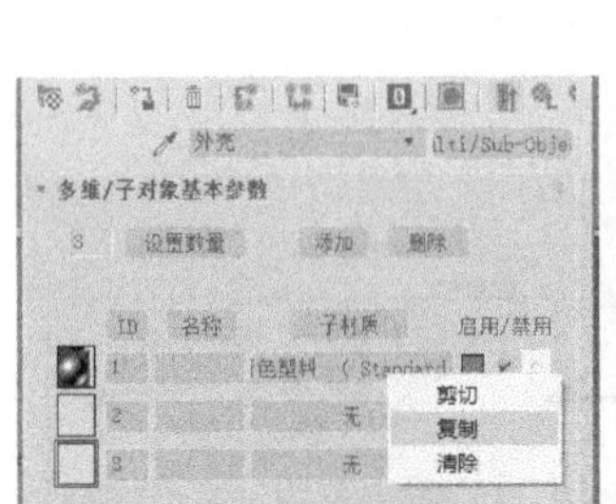
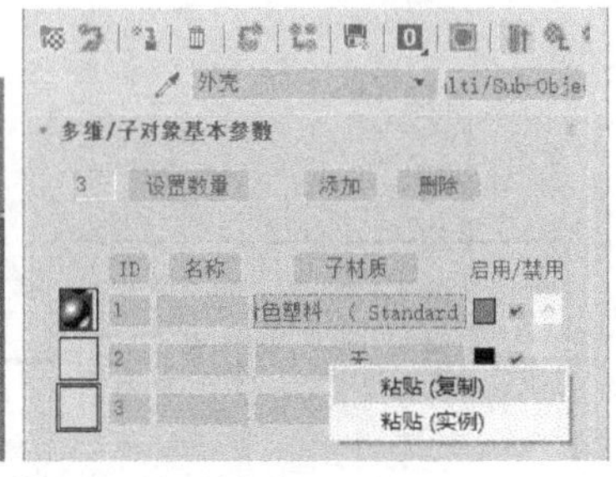

图 9-34　复制粘贴 1 号子材质

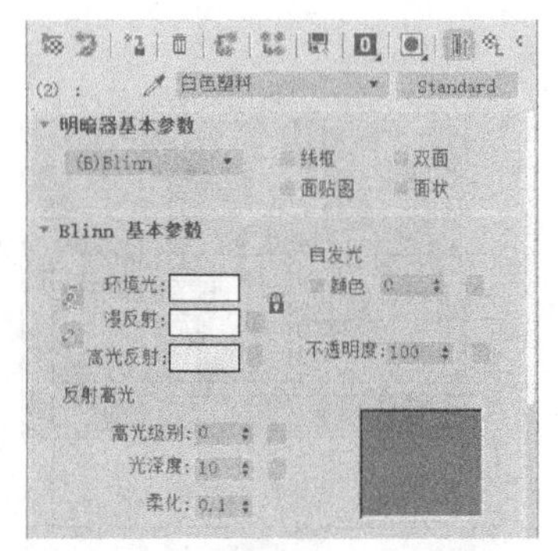

图 9-35　编辑 2 号子材质

Step 09 打开 3 号子材质的参数面板，更改其名称为“屏幕”，再在“Blinn 基本参数”卷展栏中设置材质的自发光颜色为“100”；接下来，单击“漫反射”颜色框右侧的“无”按钮，为漫反射颜色贴图通道添加“位图”贴图（贴图图像为本书配套素材“素材与实例”>“第 9 章”文件夹>“屏幕.bmp”图像文件，贴图的参数使用系统默认的即可），如图 9-36 所示。至此就完成了外壳材质的编辑。

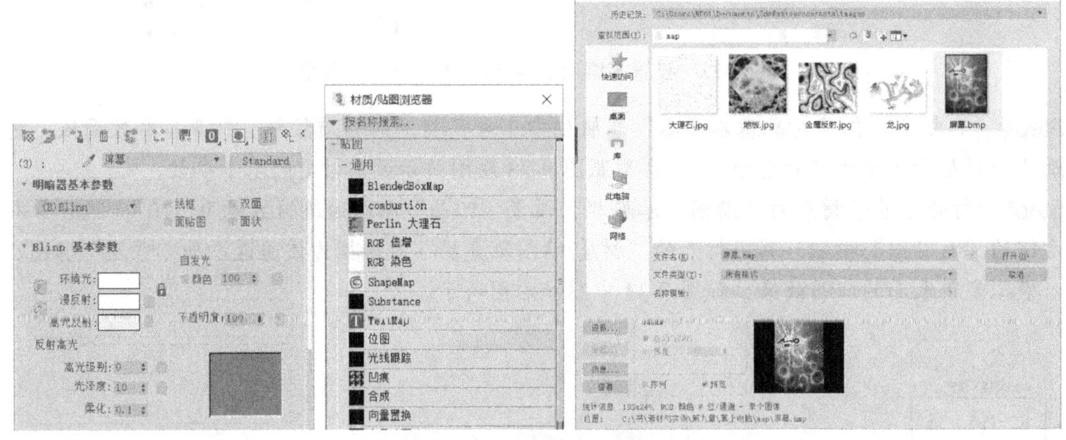

图 9-36　编辑 3 号子材质

Step 10 设置外壳的修改对象为“多边形”，然后选中外壳中屏幕所在的多边形，再连续单击“选择”卷展栏中的“扩大”按钮，选中如图 9-37 中图所示的多边形；接下来，在“多边形:材质 ID”卷展栏中设置选中的多边形的材质 ID 为“2”，如图 9-37 右图所示。

Step 11 按【Ctrl+I】组合键进行反选，然后设置选中的多边形的材质 ID 为“1”；再选中外壳中屏幕所在的多边形，并设置其材质 ID 为“3”。至此就完成了外壳中各多边形材质 ID 的设置，此时掌上电脑外壳的实时渲染效果如图 9-38 所示。

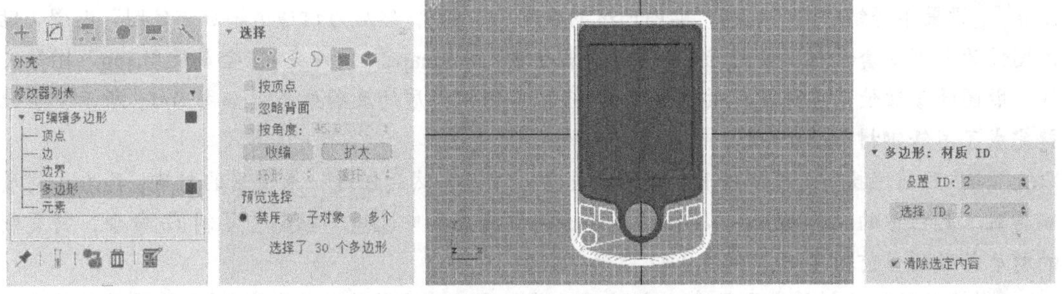

图 9-37 设置外壳中多边形的材质 ID

2）制作功能键和开关按钮的材质

功能键的材质使用标准材质，配合“噪波”贴图和“位图”贴图进行制作；开关按钮的材质可利用材质的复制粘贴功能来进行创建分配。

Step 01 在材质编辑器中任选一未使用的材质并分配给掌上电脑的功能键和方向键，然后更改材质的名称为“不锈钢”，创建不锈钢材质；再参照图 9-39 所示调整不锈钢材质的基本参数。

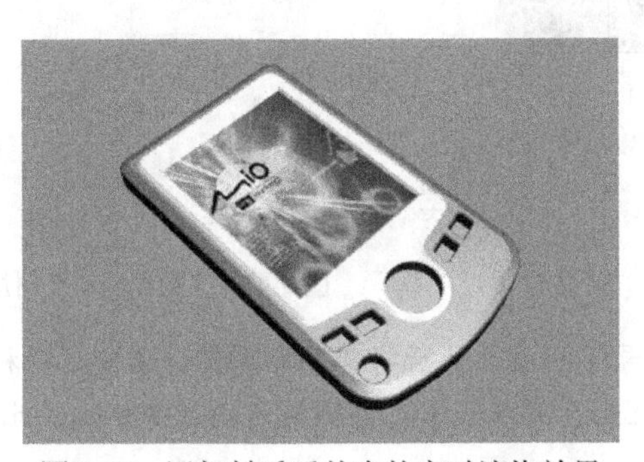

图 9-38 添加材质后外壳的实时渲染效果

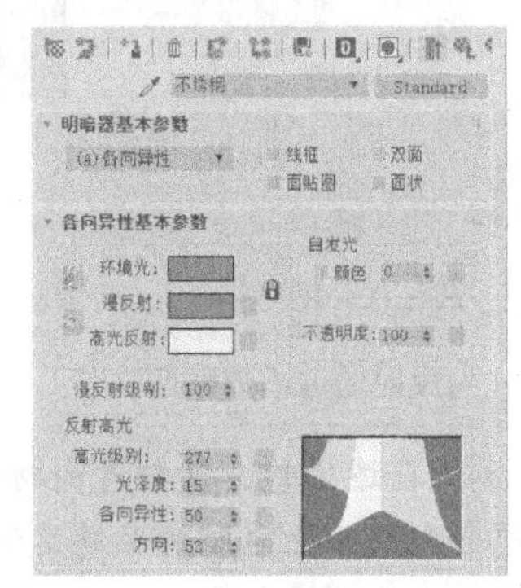

图 9-39 不锈钢材质的基本参数

Step 02 打开不锈钢材质的“贴图”卷展栏，设置“凹凸”贴图通道的数量为“10”，然后单击右侧的“无贴图”按钮，为凹凸贴图通道添加“噪波”贴图，以模拟不锈钢材质的凹凸效果，如图 9-40 所示。

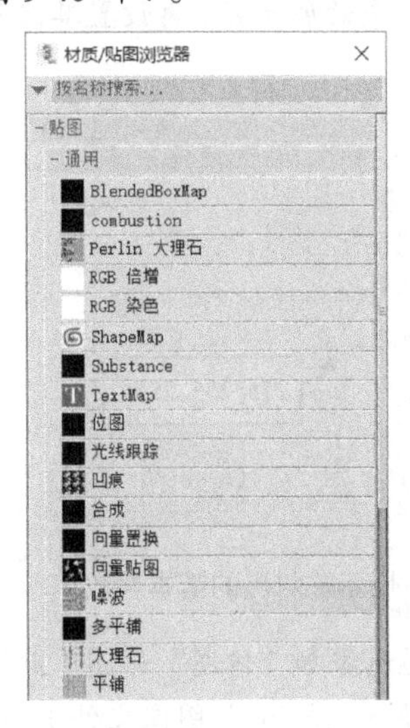

图 9-40 为不锈钢材质指定“凹凸”贴图

Step 03 设置不锈钢材质“反射”贴图通道的数量为“50”，然后为该通道添加“位图”贴图（贴图图像为本书配套素材“素材与实例”>“第 9 章”>“maps”文件夹>“金属反射.jpg”图像文件，贴图的参数使用系统默认的即可），以模拟不锈钢材质的反射效果，如图 9-41 所示，至此就完成了不锈钢材质的编辑。

Step 04 参照前述操作，复制外壳材质中的 1 号子材质；然后任选一未使用的材质，再右击材质编辑器工具栏中的“Standard”按钮，从弹出的快捷菜单中选择“粘贴（复制）”命令，将复制的材质粘贴到当前材质中，如图 9-42 所示。

Step 05 将粘贴后的材质分配给掌上电脑的开关，更改其名称为“蓝色塑料”，再设置其漫反射颜色为（165, 175, 235），至此就完成了开关材质的编辑，如图 9-43 所示。

图 9-41　为反射通道添加贴图

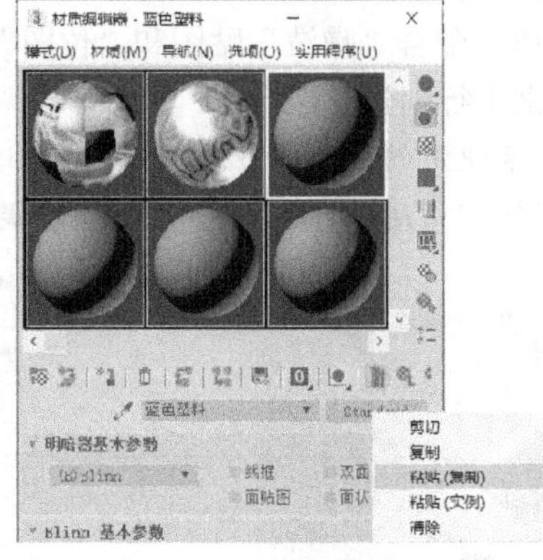

图 9-42　粘贴材质

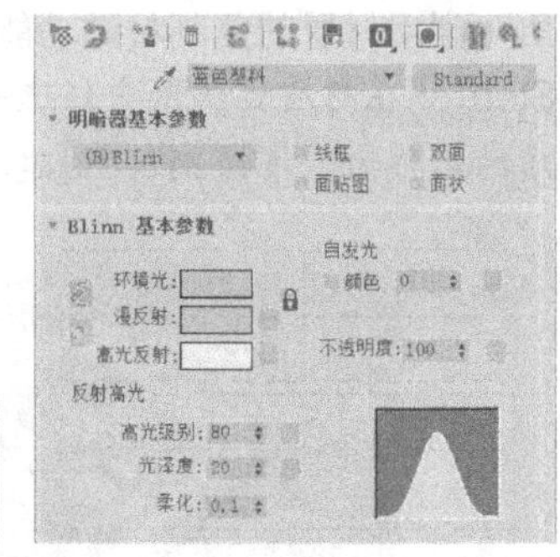

图 9-43　“蓝色塑料”材质的参数

Step 06 参照前述操作，复制外壳材质中的 1 号子材质，然后将其粘贴到任一未使用的材质中；再将材质分配给掌上电脑的品牌名和商标。至此就完成了掌上电脑材质的创建分配，此时掌上电脑的实时渲染效果如图 9-44 所示。

2. 制作展示台和地板的材质

创建展示台和地板的材质时，台基、展示柱和地面可使用标准材质，配合“位图”贴图和“光线跟踪”贴图来进行制作；展示架的材质可使用光线跟踪材质进行模拟。

Step 01 在材质编辑器中任选一未使用的材质，然后将其分配给场景中的展示柱，再设置其名称为“展示柱”；接下来参照图 9-45 所示调整材质的基本参数。

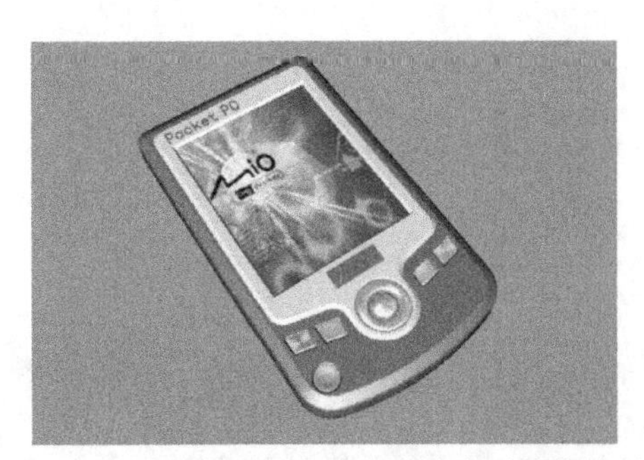

图 9-44　分配材质后的掌上电脑实时渲染效果

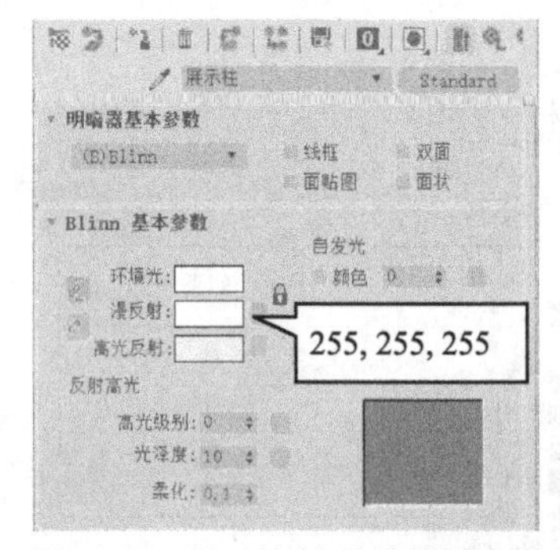

图 9-45　展示柱材质的基本参数

Step 02 打开展示柱材质的“贴图”卷展栏，然后为“凹凸”贴图通道添加“位图”贴图（贴图图像为本书配套素材“素材与实例”>“第 9 章”>“maps”文件夹>“龙.jpg”图像文件），以模拟展示柱侧面的浮雕效果，如图 9-46 所示，至此就完成了展示柱材质的编辑。

Step 03 任选一未使用的材质分配给场景中的台基，并设置其名称为“台基”；然后为材质的“漫反射颜色”贴图通道添加“位图”贴图（贴图图像为本书配套素材“素材与实例”>“第 9 章”>“maps”文件夹>“大理石.jpg”图像文件），模拟台基表面的纹理；再设置“反射”贴图通道的数量为“10”，并为其添加“光线跟踪”贴图，模拟台基的反光效果。至此就完成了台基材质的编辑，如图 9-47 所示。

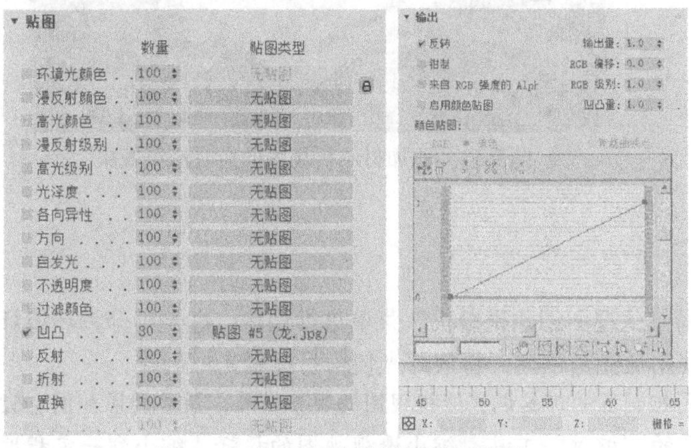

图 9-46　为凹凸贴图通道添加贴图　　图 9-47　创建台基材质并添加贴图

Step 04 任选一未使用的材质分配给场景中的地面，并设置其名称为“地板”；然后为材质的“漫反射颜色”贴图通道添加“位图”贴图（贴图图像为本书配套素材“素材与实例”>“第 9 章”>“maps”文件夹>“地板.jpg”图像文件），模拟地面的纹理，如图 9-48 所示。

Step 05 设置地板材质“反射”贴图通道的数量为“10”，然后为该贴图通道添加“光线跟踪”贴图（贴图的参数使用系统默认即可），模拟地面的反光效果。至此就完成了地面材质的编辑，如图 9-48 所示。

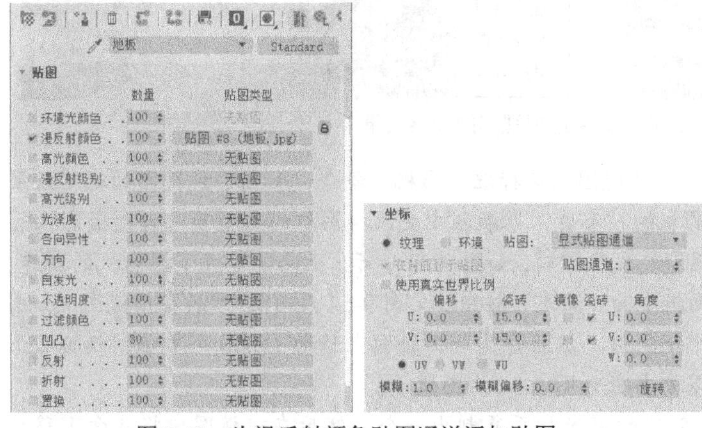

图 9-48　为漫反射颜色贴图通道添加贴图　　图 9-49　为反射通道添加贴图

Step 06 任选一未使用的材质分配给场景中的展示架，并设置其名称为“玻璃”；然后单击材质编辑器工具栏中的“Standard”按钮，更改材质为光线跟踪材质；接下来，参照图 9-50 所示调整材质的基本参数，完成玻璃材质的编辑。至此就完成了掌上电脑展示场景材质的添加，场景的实时渲染效果如图 9-51 所示。

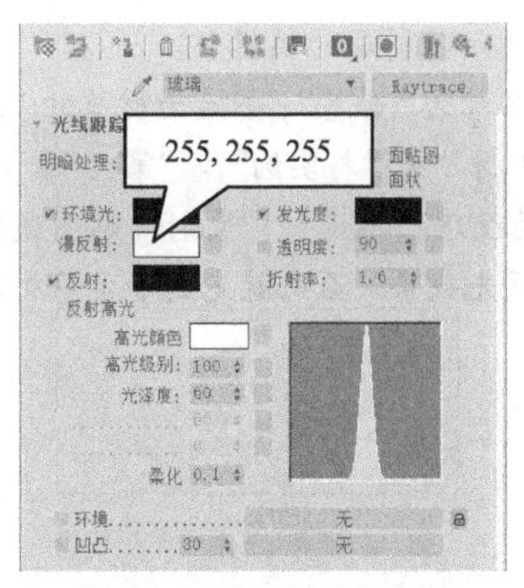

图 9-50 玻璃材质的参数

图 9-51 添加材质后场景的实时渲染效果

掌上电脑-创建灯光和摄影机

9.1.3 创建灯光和摄影机

在本动画场景中，摄影机可利用“从视图创建摄影机”菜单进行创建；灯光则分为环境灯光和特效灯光，创建时，环境灯光使用泛光灯创建，特效灯光使用目标聚光灯创建。

Step 01 激活透视视图，然后利用视图控制区的工具调整透视视图的观察效果，最终效果如图 9-52 左图所示。此时，若利用视图控制区的“缩放”工具缩小透视视图的视野，缩小到一定程度后，掌上电脑将位于视图的中心位置，如图 9-52 右图所示（此观察效果便于在后续操作中创建摄影机的推拉动画）。

图 9-52 调整透视视图的观察效果

Step 02 在菜单栏中选择“视图”>“从视图创建标准摄影机”命令，参照透视视图的观察效果创建一个目标摄影机，然后在摄影机的“参数”卷展栏中更改摄影机的类型为“自由摄影机”，以防止创建摄影机推拉动画时，摄影机发生翻转，如图 9-53 所示。至此就完成了摄影机的创建。

Step 03 单击“创建”>“灯光”面板中的“泛光”按钮（见图 9-54 左图），然后在顶视图中如图 9-54 中图所示位置单击，创建一个泛光灯，然后将其沿 Z 轴向上移动 15000 个单位，模拟从上方照亮展示台的灯光。泛光灯的基本参数如图 9-54 右图所示。

Step 04 利用移动克隆工具将前面创建的泛光灯再复制出一个，然后在前视图中将其向下移动 30000 个单位，模拟地面反射光线的灯光，如图 9-55 所示。

Step 05 单击“创建”>“灯光”面板中的“目标聚光灯”按钮，然后在前视图中如图 9-56 右图所示位置单击并拖动鼠标，创建一个目标聚光灯，模拟照射到展示台的光束的灯光。

图 9-53　摄影机的参数

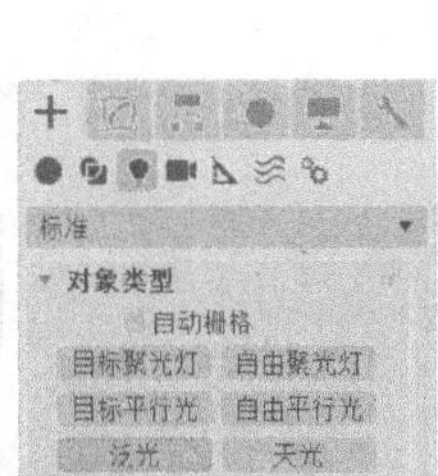

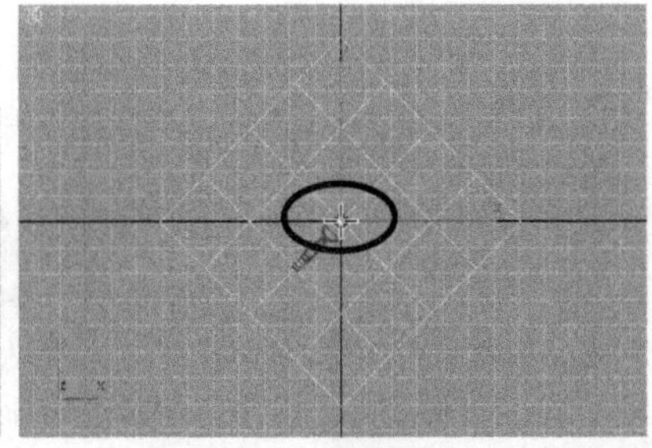

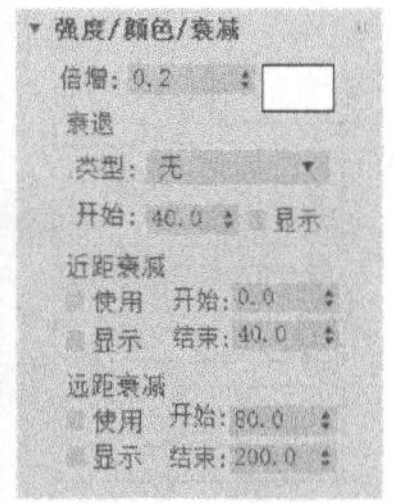

图 9-54　创建泛光灯

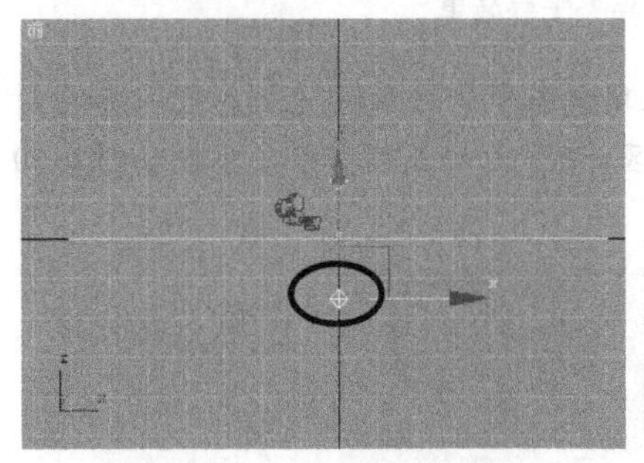

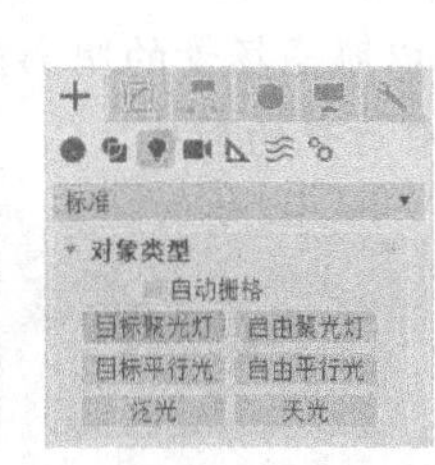

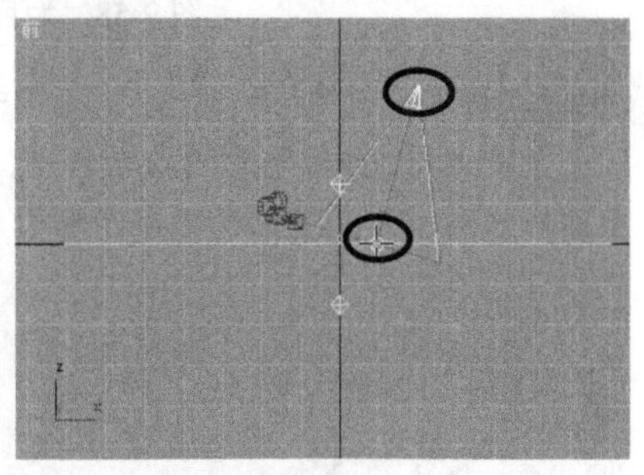

图 9-55　创建地面反射灯光　　图 9-56　创建目标聚光灯

Step 06 参照图 9-57 上排左图所示在顶视图中调整目标聚光灯发光点和目标点的位置，然后参照图 9-57 下排四图所示调整目标聚光灯的基本参数。

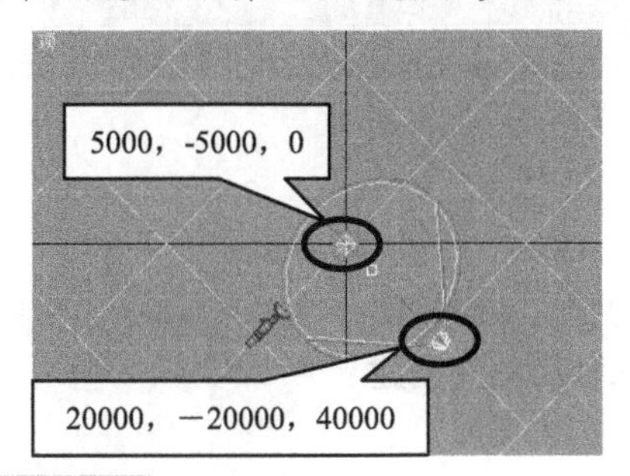

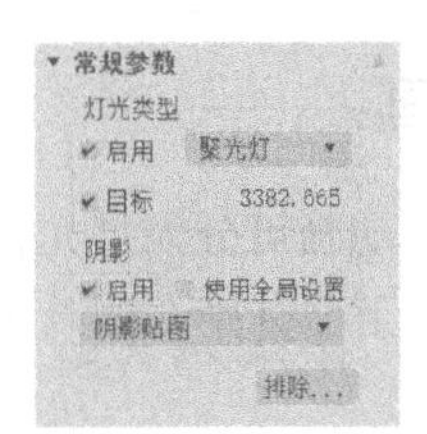

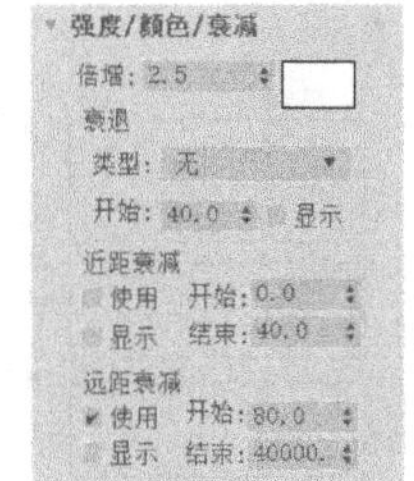

图 9-57　调整目标聚光灯的照射方向和参数

Step 07 打开目标聚光灯的“大气和效果”卷展栏，单击“添加”按钮，利用打开的“添加大气或效果”对话框为目标聚光灯指定体积光大气效果，以模拟投射到场景中的光束，如图 9-58 左侧两图所示。

Step 08 选中“大气和效果”卷展栏中的“体积光”效果，单击“设置”按钮，打开“环境和效果”对话框的“环境”选项卡，然后参照图 9-58 右图所示设置体积光的参数。至此就完成了特效灯光的制作。

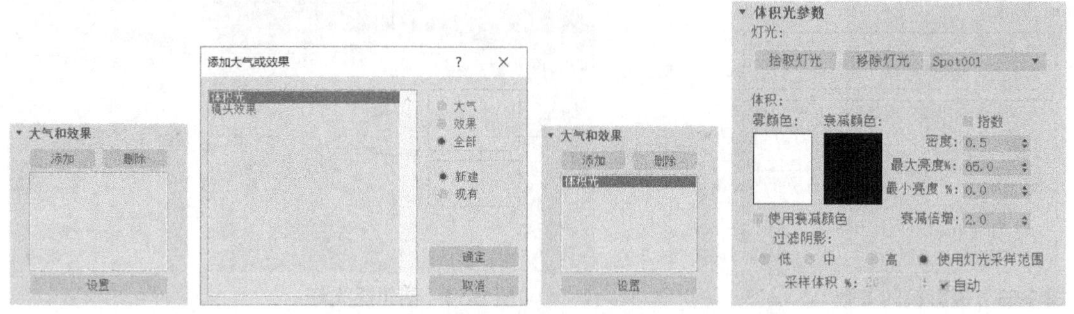

图 9-58　为目标聚光灯添加“体积光”大气效果

Step 09 利用“创建”>“灯光”面板中的“泛光”按钮在顶视图中如图 9-59 左图所示位置再创建一个泛光灯，作为场景的辅助灯光，以照亮场景的阴影区；泛光灯的高度和基本参数如图 9-59 中图和右图所示。至此就完成了场景中灯光的创建。

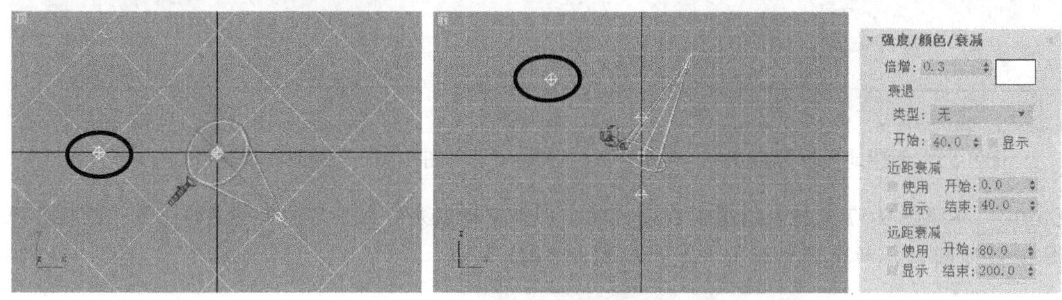

图 9-59　创建场景的辅助灯光

掌上电脑-设置动画、渲染输出

9.1.4　设置动画

在本实例中，动画可分为灯光特效动画、摄影机动画和展示柱动画。下面分别介绍一下这三种动画的创建过程。

1. 设置灯光特效动画

灯光特效动画表现的是将聚光灯光束投射到地面，然后将照射范围移动到展示台并逐渐放大的效果。通过记录不同时间点处聚光灯衰减范围的变化情况，可制作光束投射到地面的动画；通过记录不同时间点处目标点的变化情况，可制作光束移动的动画；通过记录不同时间点处照射范围的变化情况，可制作光束变大的动画。

Step 01 单击动画控制区中的“时间配置”按钮，在打开的“时间配置”对话框中设置动画的长度为“600”帧，如图 9-60 所示。

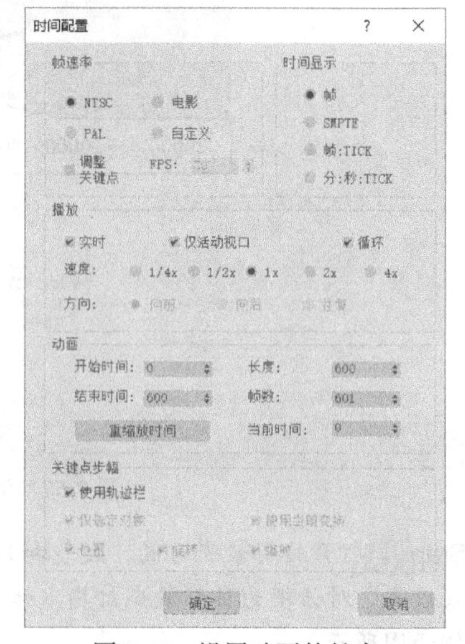

图 9-60　设置动画的长度

Step 02 单击动画控制区中的“自动”按钮，开启自动关键帧模式；然后拖动时间滑块到第 60 帧处，再设置聚光灯远距衰减的结束值为“60000”，完成光束投射到地面动画的制作，如图 9-61 所示。

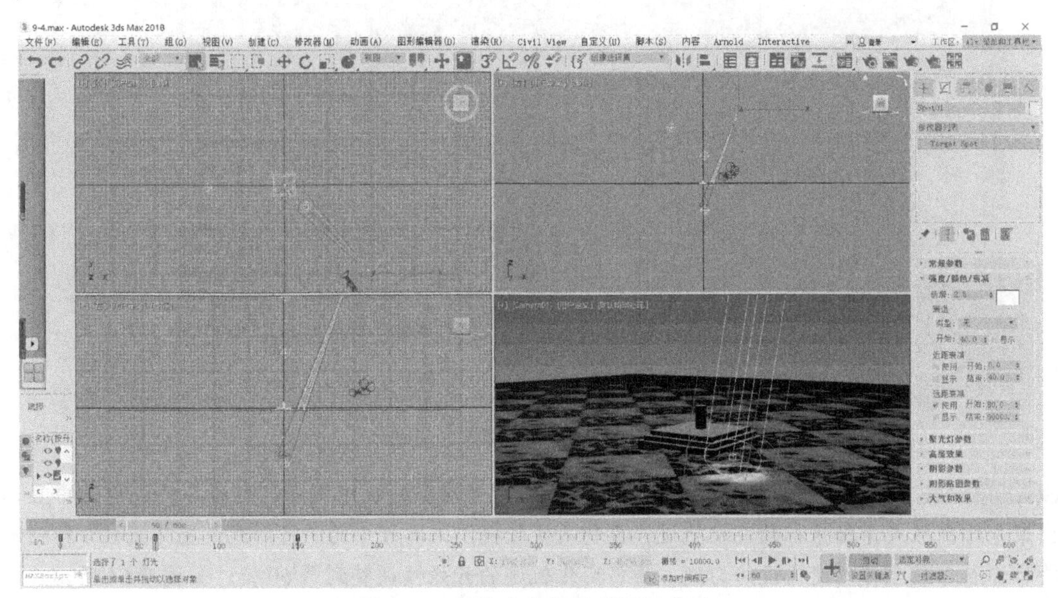

图 9-61　制作光束投射到地面动画

Step 03 拖动时间滑块到第 150 帧处，然后在顶视图中调整聚光灯目标点的位置，使目标聚光点位于世界坐标的轴心处，此时聚光灯照射到展示台上，如图 9-62 所示。

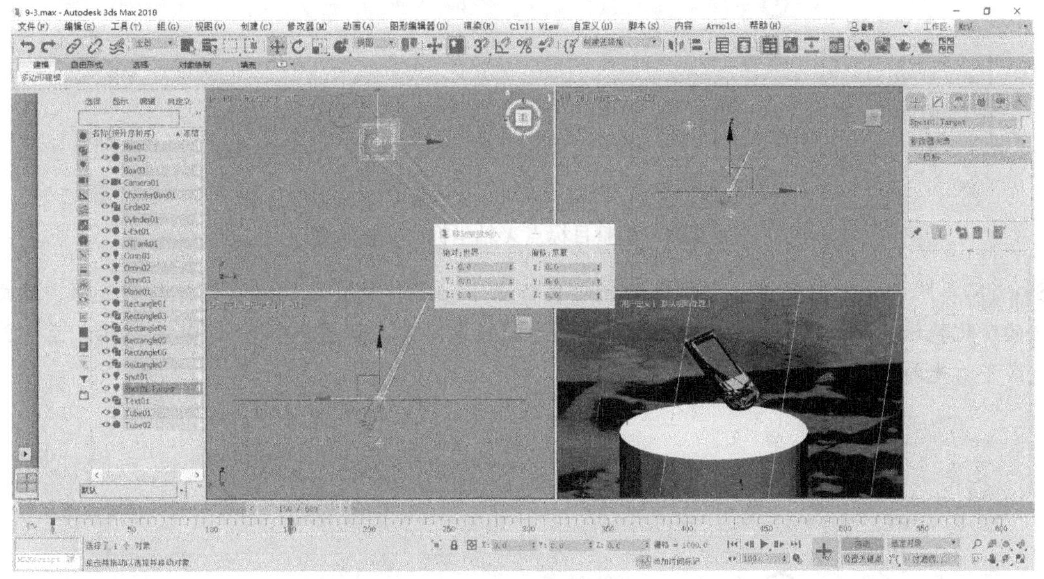

图 9-62　制作聚光灯照射到展示台动画

Step 04 在聚光灯的“聚光灯参数”卷展栏中设置“聚光区/光束”和“衰减区/区域”编辑框的值分别为“15”和“17”，制作光束扩大的动画，如图 9-63 所示。

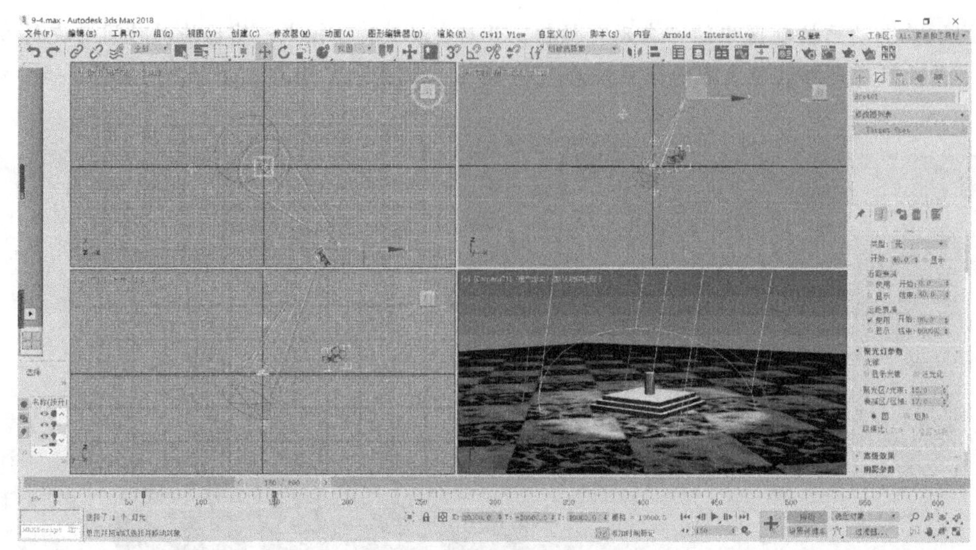

图 9-63　制作光束扩大动画

Step 05 单击工具栏中的“曲线编辑器”按钮，打开动画的轨迹视图；然后在轨迹视图中显示出聚光灯目标点 X 轴坐标的变化轨迹，再利用轨迹视图工具栏中的“将切线设置为线性”按钮将目标点 X 轴坐标的变化设为匀速，再将变化轨迹的开始帧调整到第 60 帧，如图 9-64 所示。

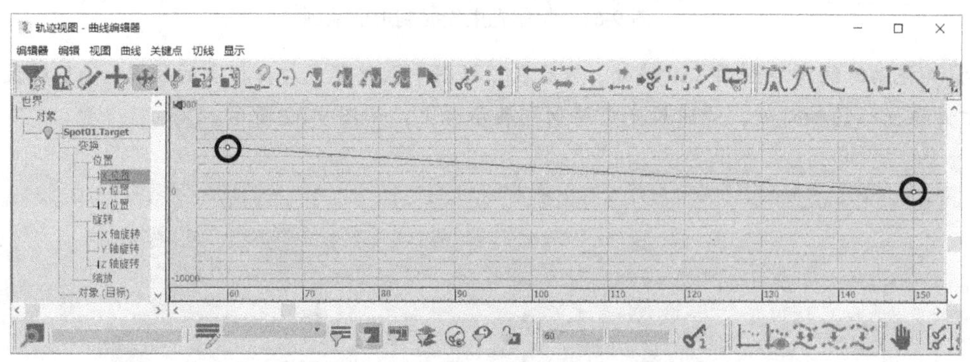

图 9-64　调整目标点 X 轴坐标的变化轨迹

Step 06 参照 Step05 所述操作，调整聚光灯目标点 Y 轴坐标的变化轨迹和聚光灯聚光区、衰减区的变化轨迹，使这三个参数均从第 60 帧的开始线性变化，如图 9-65 和图 9-66 所示。至此就完成了灯光特效动画的制作。

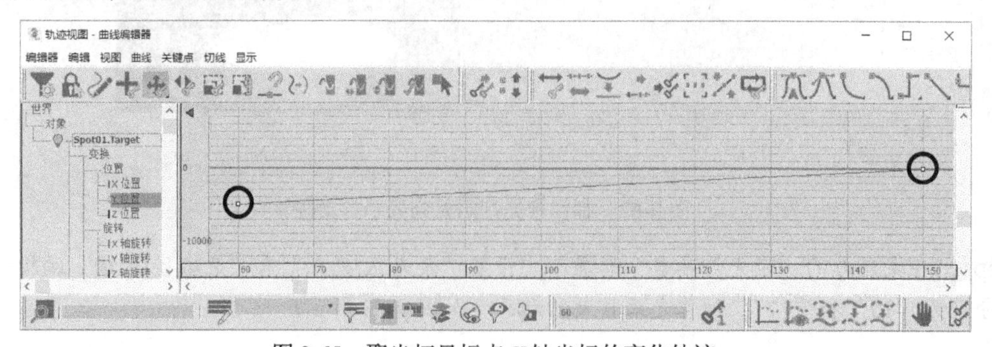

图 9-65　聚光灯目标点 Y 轴坐标的变化轨迹

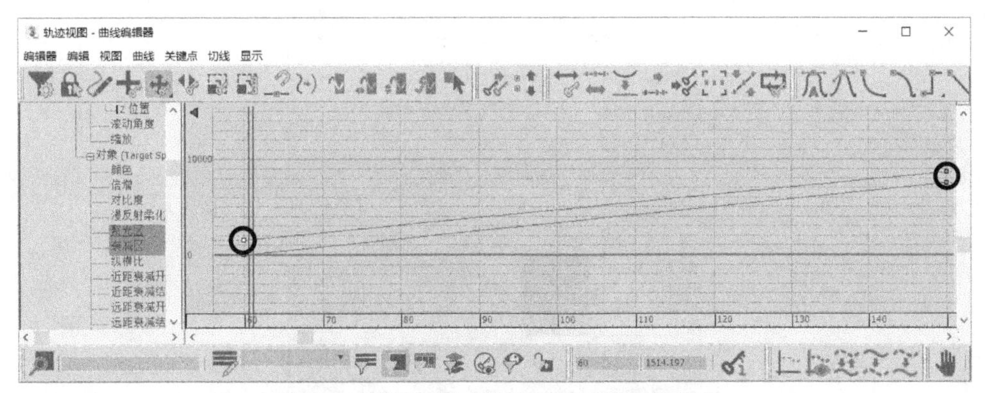

图 9-66　聚光灯聚光区和衰减区的变化轨迹

2. 设置摄影机动画和展示柱动画

摄影机动画表现的是摄影机逐渐靠近掌上电脑的效果，可通过记录摄影机图标在不同时间点的位置来进行创建；展示柱动画表现的是展示柱、展示架和掌上电脑旋转的动画，将三者群组，然后记录不同时间点处该群组旋转的角度即可创建该动画。

Step 01 开启动画的自动关键帧模式，然后拖动时间滑块到第 300 帧处；接着激活摄影机视图，并使用视图控制区中的“推拉摄影机”工具推拉摄影机，使摄影机图标向掌上电脑靠近，创建摄影机推拉动画，如图 9-67 所示。

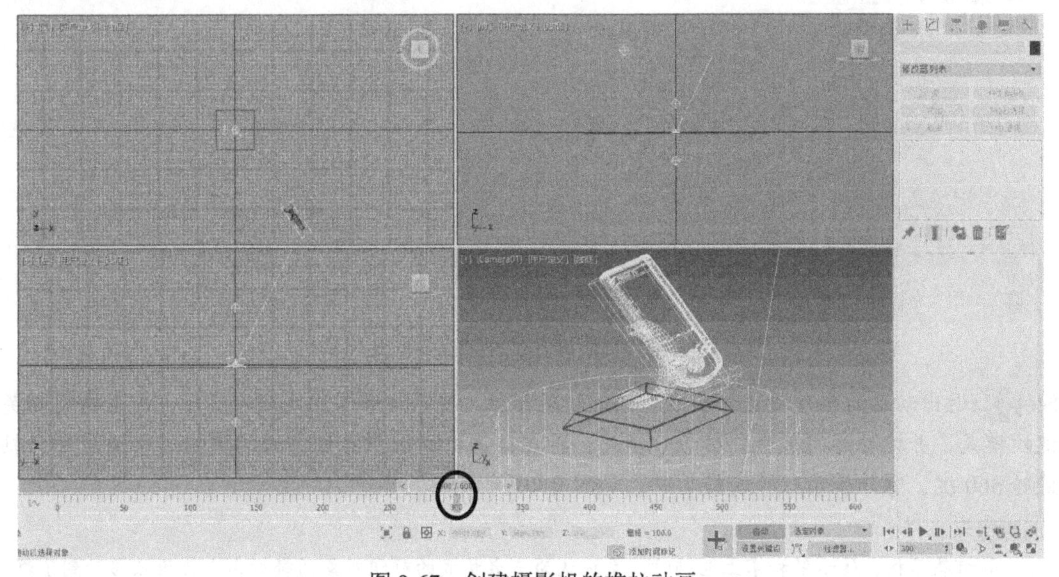

图 9-67　创建摄影机的推拉动画

Step 02 选中聚光灯“大气和效果”卷展栏中的“体积光”效果，然后单击“设置”按钮，在打开的“环境和效果”对话框中设置体积光的最大亮度，使体积光在动画运行的过程中逐渐变淡，如图 9-68 所示。

Step 03 参照前述操作，调整摄影机图标各坐标轴坐标的变化轨迹，使摄影机的视野变化从第 150 帧处开始匀速靠近掌上电脑，到第 300 帧处停止。调整后摄影机视野坐标的变化轨迹如图 9-69 所示。

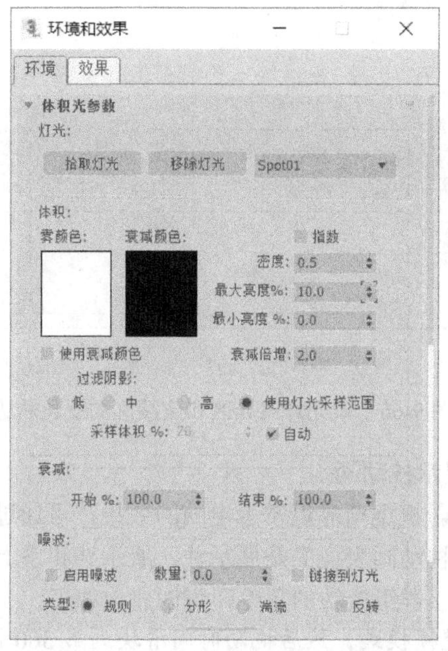

图 9-68 创建体积光的亮度动画

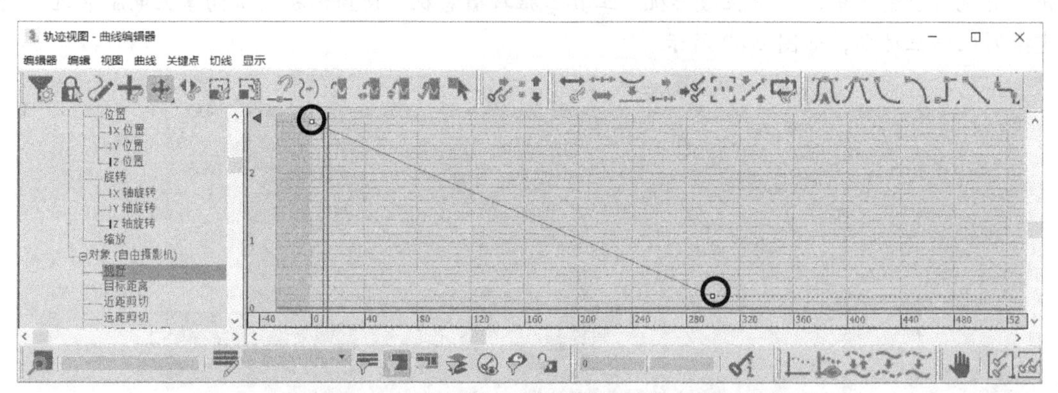

图 9-69 摄影机图标各坐标轴坐标的变化轨迹

Step 04 退出动画的自动关键帧模式，并群组展示柱、展示架和掌上电脑；然后重新开启自动关键帧模式，并拖动时间滑块到第 600 帧处；再在摄影机视图中将创建好的群组对象绕自身 Z 轴旋转 360 度，制作展示柱的旋转动画，如图 9-70 所示。

温馨提示：

群组展示柱、展示架和掌上电脑时，系统认为三者构成的群组对象的轴心由坐标原点移动到了群组对象的中心点处；此时若未退出动画的自动关键帧模式，系统会将该变化记录为关键帧，创建群组对象的移动动画。

旋转群组对象时，若使用视图参考坐标系，一定要在顶视图或摄影机视图中旋转；在其他视图中，群组对象实际是绕当前视图的 Z 轴旋转的。

Step 05 参照前述操作，调整群组对象 Z 轴旋转值的变化轨迹，使群组对象绕 Z 轴匀速旋转，旋转的起始帧为第 300 帧，如图 9-71 所示。至此就完成了场景动画的创建，单击动画控制区中的“播放”按钮▶可在视图中预览动画的效果。

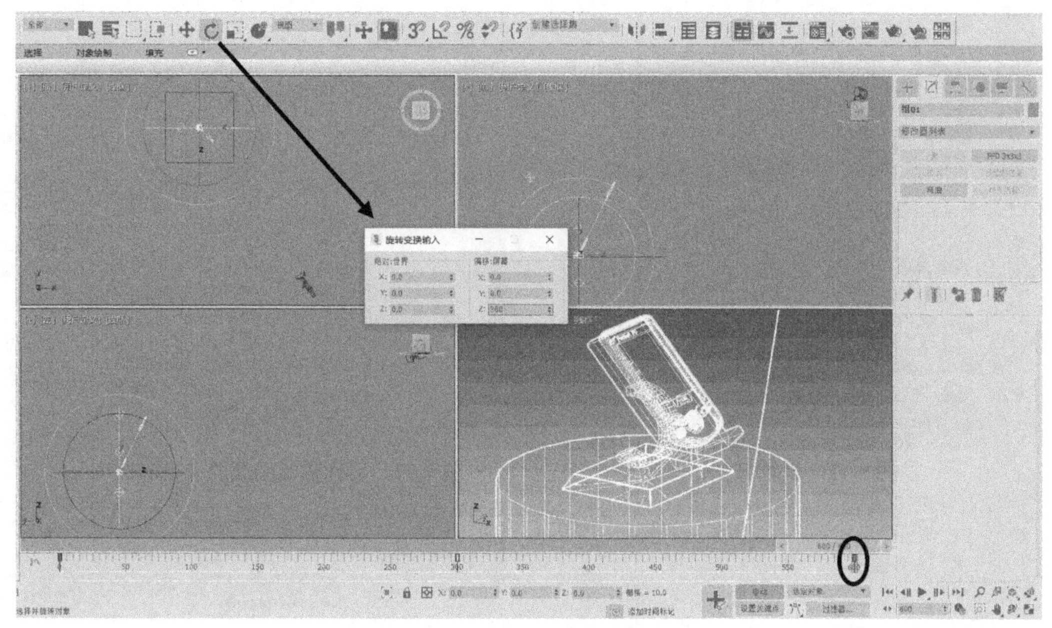

图 9-70　创建展示柱的旋转动画

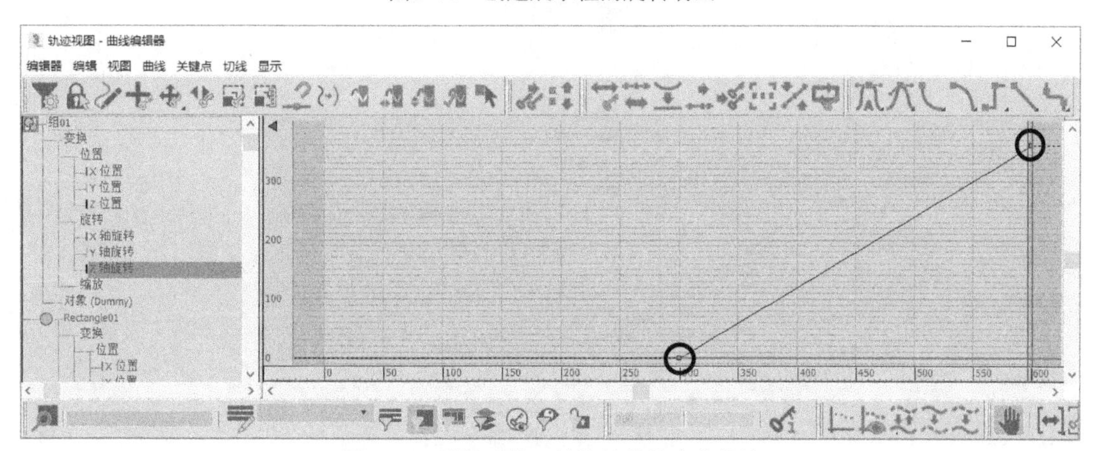

图 9-71　群组对象 Z 轴旋转值的变化轨迹

9.1.5　渲染输出

下面介绍一下动画渲染输出的操作。在本实例中，由于动画帧数很多，所以使用系统默认的扫描线渲染器进行渲染；输出时，我们将直接把场景输出为动画视频。

Step 01 按快捷键【F10】打开“渲染设置”对话框，在“公用”选项卡“公用参数”卷展栏的“时间输出”区中设置渲染的范围，如图 9-72 所示。

Step 02 单击“公用参数”卷展栏“输出大小”区中的“800×600”按钮，设置输出动画的宽度和高度分别为“800”和“600”，如图 9-73 所示。

Step 03 单击“公用参数”卷展栏“渲染输出”区中的“文件”按钮，在打开的“渲染输出文件”对话框中设置输出文件保存的位置、名称和类型，然后单击“保存”按钮，在弹出的“AVI 文件压缩设置”对话框中采用默认参数，再单击“确定”按钮，完成渲染输出文件保存情况的设置，如图 9-74 所示。

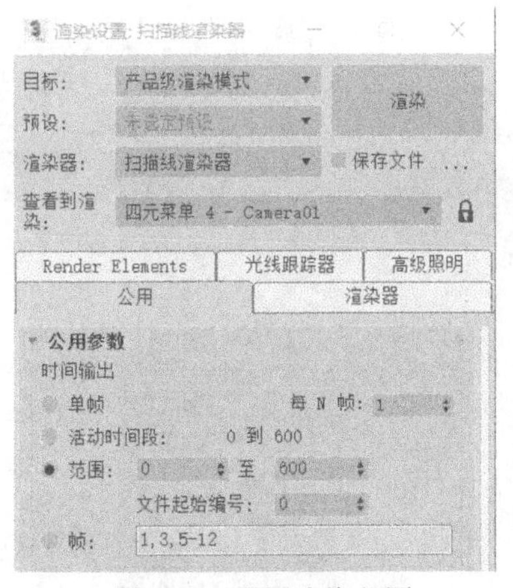

图 9-72　设置渲染范围

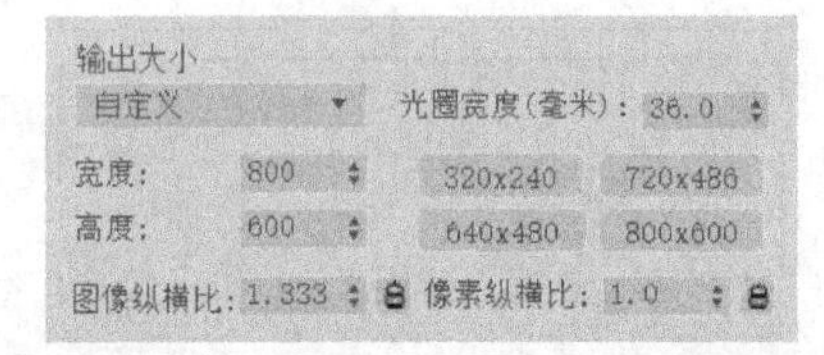

图 9-73　设置输出动画的宽度和高度

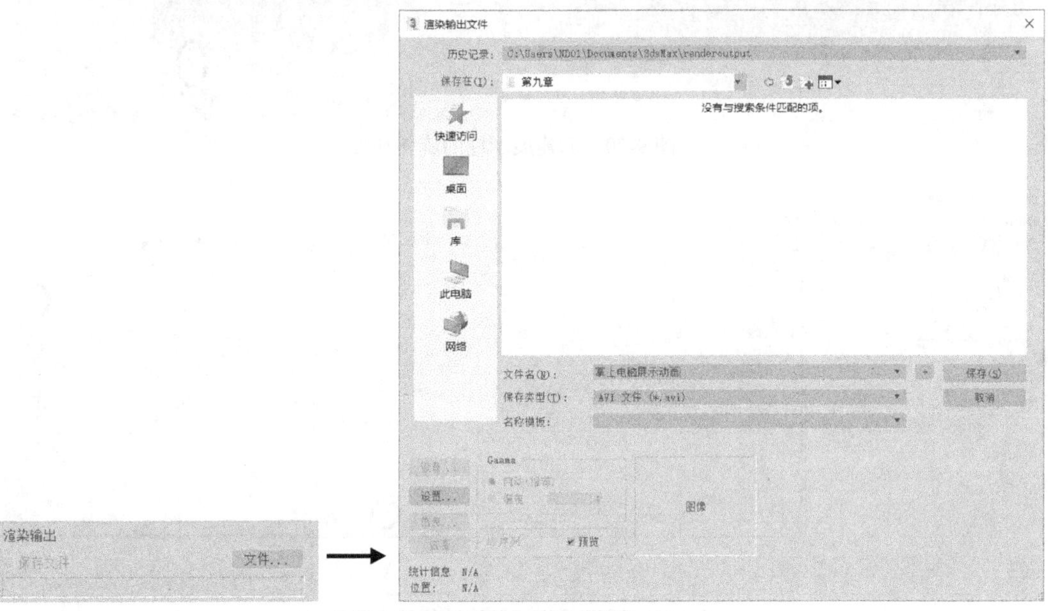

图 9-74　设置输出动画的保存情况

Step 04 在"渲染设置"对话框中设置场景的渲染视口为"Camera01"，然后单击"渲染"按钮渲染场景，即可获得掌上电脑的展示动画（具体的效果见本书配套素材"素材与实例">"第 9 章"文件夹>"掌上电脑展示动画.avi"）。

酒壶模型

9.2　虚拟现实设计与制作——酒壶模型

任务陈述

该题目是全国职业院校技能大赛高职组"虚拟现实（VR）设计与制作"赛项的省赛中出现的指定模型制作题，全套题目共 100 分，此题占 17 分。

题目要求：

（1）制作指定模型——酒壶模型。

（2）按以下要求制作本任务 VR 项目中缺失的“酒壶”模型。

①需要完成如图 9-75 所示的模型效果。

②模型面数不大于 5000 面。

③模型比例正确。

④模型布线合理。

⑤模型 UV 展开图划分合理。

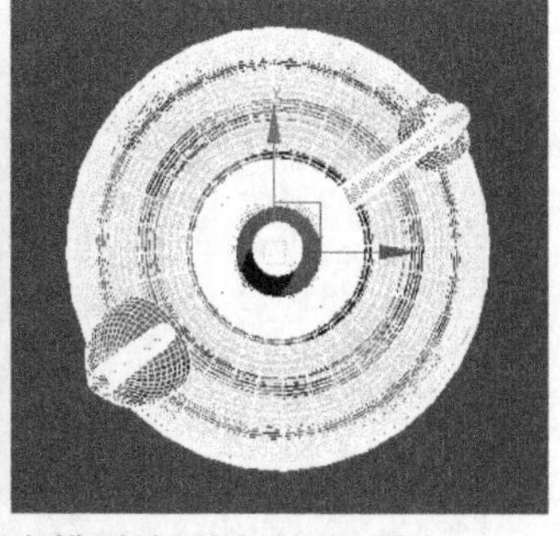

图 9-75　酒壶模型效果图及侧视图

任务实施

9.2.1　酒壶建模

1. 参考图的设置

Step 01 打开本书配套素材“素材与实例”>“第 9 章”>“酒壶”文件夹，右击“顶视图 1.png”>“属性”，在“详细信息”面板中显示分辨率为 372 像素×344 像素，如图 9-76 所示。

Step 02 在顶视图中按顶视图比例创建一个平面，设置长度为 372，宽度为 344，长、宽分段为 1。右击“选择并移动”工具，弹出“移动变换输入”对话框，单击“绝对:世界”中 *X*、*Y*、*Z* 轴后面对应的中的下三角按钮，使 *X*、*Y*、*Z* 轴三个值归 0，如图 9-77 所示。

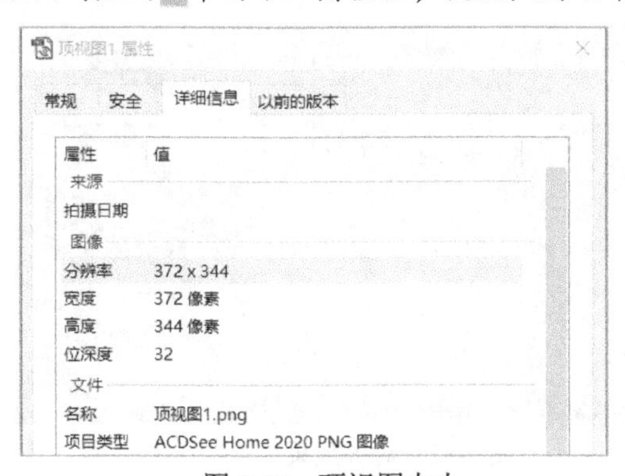

图 9-76　顶视图大小

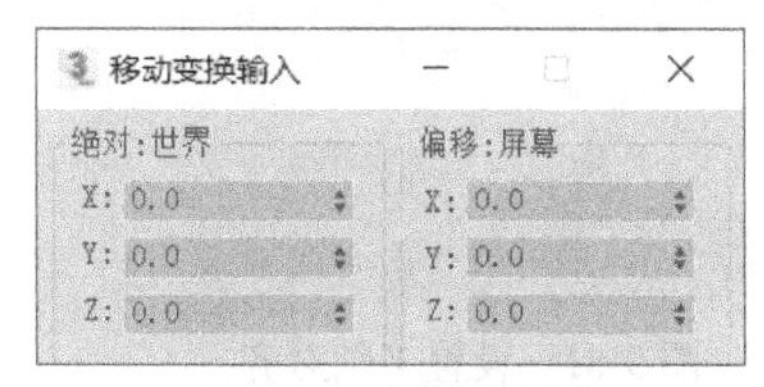

图 9-77　平面位置归 0

Step 03 打开本书配套素材“素材与实例”>“第 9 章”>“酒壶”文件夹，右击“侧视图 1.png”>“属性”，在“详细信息”面板中显示分辨率为 283 像素×432 像素，如图 9-78 所示。用同样的方法在左视图中按侧视图比例创建一个平面，设置长度为 432，宽度为 283，长、宽分段为 1。

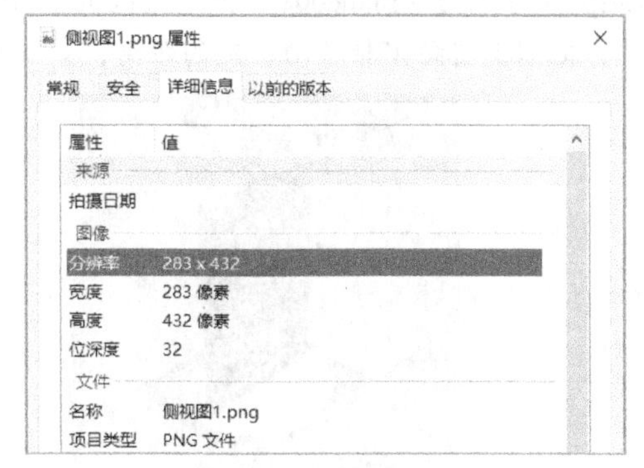

图 9-78　侧视图大小

Step 04 在左视图中选中“Plane002”，单击“对齐”工具，再选中“Plane001”，弹出“对齐当前选择”对话框，如图 9-79 所示设置对齐参数，得到如图 9-80 所示效果。

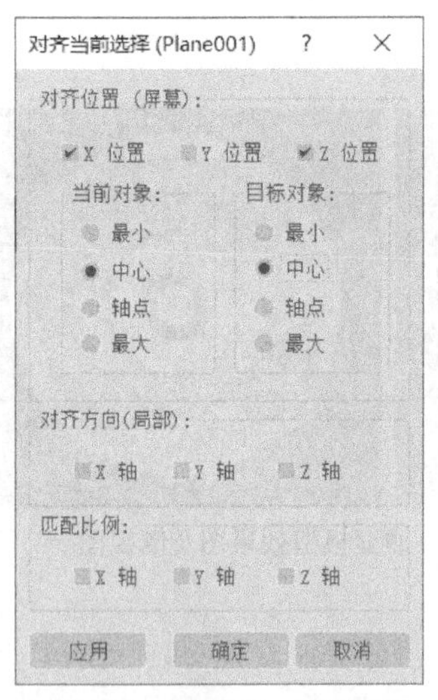

图 9-79　设置 X、Z 轴对齐

图 9-80　对齐效果

Step 05 再次选中“Plane002”，单击“对齐”工具，再选中“Plane001”，弹出“对齐当前选择”对话框，如图 9-81 所示设置对齐参数，得到如图 9-82 所示效果。

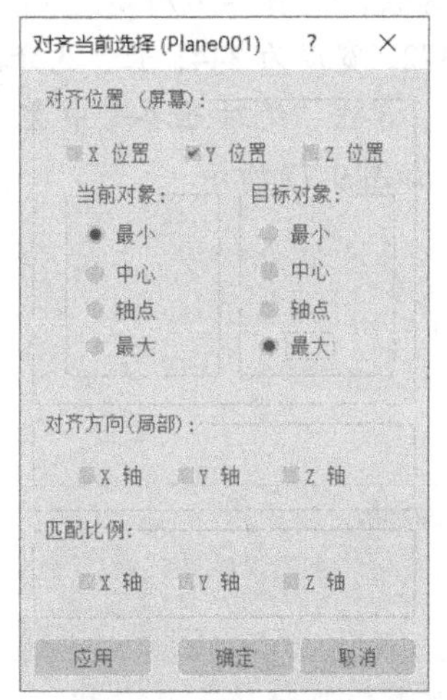

图 9-81　设置 Y 轴对齐

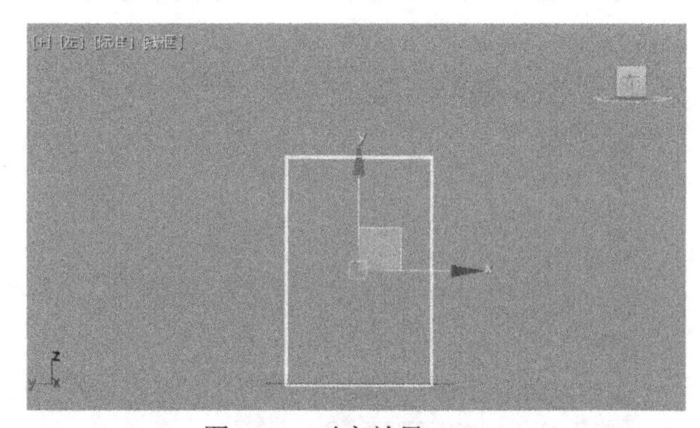

图 9-82　对齐效果

Step 06 分别为“Plane001”和“Plane002”赋予相应的材质，效果如图 9-83 所示。为了便于操作，把侧视图向 X 轴移动一定的距离，如图 9-84 所示。

图 9-83　为“Plane001”和“Plane002”赋予材质

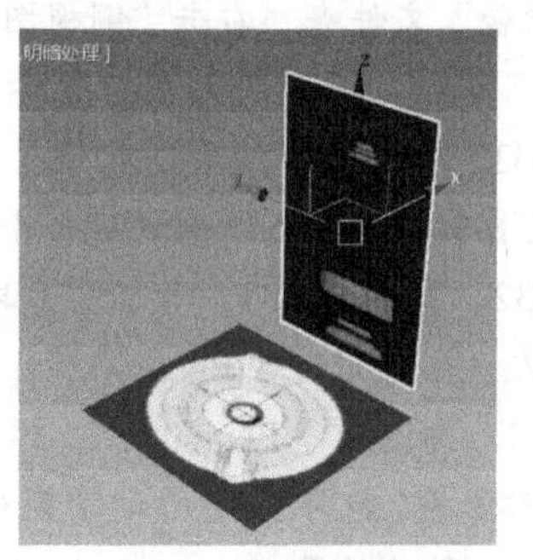

图 9-84　向 X 轴移动侧视图

Step 07 在顶视图中创建一个圆柱体作为酒壶主体的基础模型。选中左视图，按【Alt+W】组合键，使左视图最大化，再按快捷键【F3】，切换到“默认明暗处理”模式。

Step 08 选中圆柱体，在“修改”面板中，参照图 9-85 所示修改参数，使得圆柱体的大小与酒壶底座大小一致，如图 9-86 所示。

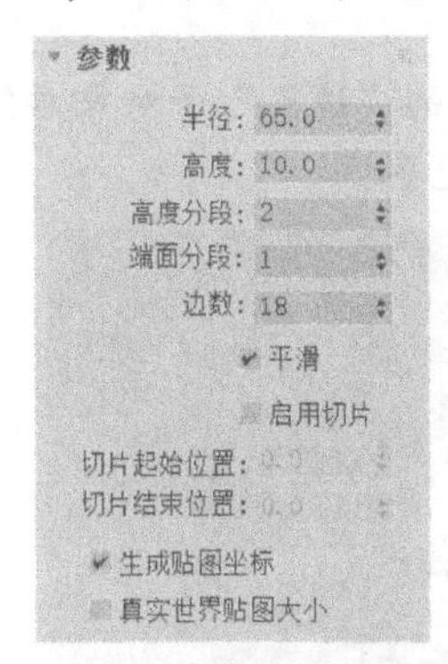

图 9-85　修改圆柱体参数

图 9-86　圆柱体与底座大小一致

Step 09 右击圆柱体，使它在 *X*、*Y*、*Z* 轴位置归 0，如图 9-87 所示。此时圆柱体与侧视图位置已有偏移。按【Alt+X】组合键，使圆柱体的颜色变为灰色，呈半透明状态显示，如图 9-88 所示。

Step 10 在左视图中，按照圆柱体的位置，使用移动工具移动侧视图，并对齐圆柱体，效果如图 9-89 所示。

图 9-87　圆柱体位置归 0

图 9-88　圆柱体半透明显示

图 9-89　按圆柱体的位置移动侧视图

Step 11 选择侧视图，在显示面板的“显示属性”卷展栏中，取消勾选“以灰色显示冻结对象”复选框，如图 9-90 所示。右击侧视图，在弹出的快捷菜单中选择“冻结当前选择”命令，如图 9-91 所示冻结平面。用同样的方法冻结顶视图。

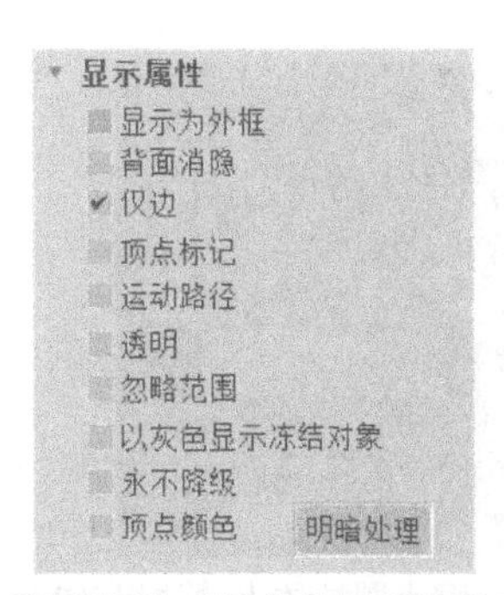

图 9-90　取消勾选“以灰色显示冻结对象”复选框

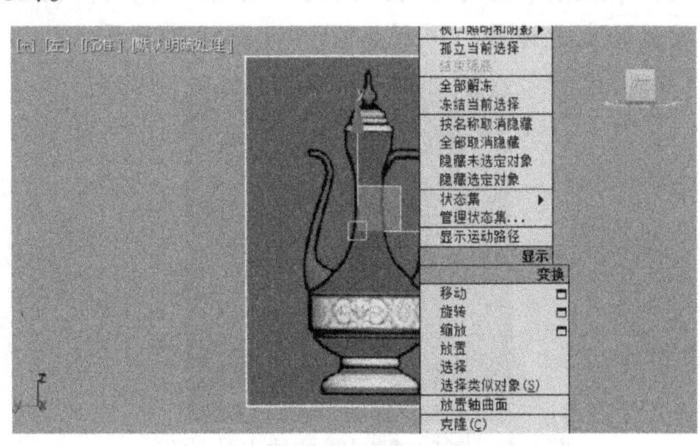

图 9-91　冻结当前选择

2. 酒壶建模

酒壶分为酒壶主体、壶嘴、壶把三部分，各部分的具体创建过程如下。

1）酒壶主体的制作

Step 01 右击圆柱体，将其转换为可编辑多边形，进入“多边形”子对象层级，选择最上面的面，如图 9-92 所示，按【Delete】键删除这个面。

Step 02 按快捷键【L】回到左视图，选择可编辑多边形中的“边界”子对象层级，按快捷键【Q】框选圆柱体，如图 9-93 所示，选择了圆柱体的上边边界。

图 9-92　选择最上面的面

图 9-93　选择圆柱体上边边界

Step 03 按快捷键【W】，进入“选择并移动”模式，按住【Shift】的同时向上拖动圆柱体的上边边界，得到如图 9-94 所示的效果。按快捷键【R】，进入“选择并缩放”模式，缩小圆柱体的上边边界，如图 9-95 所示。

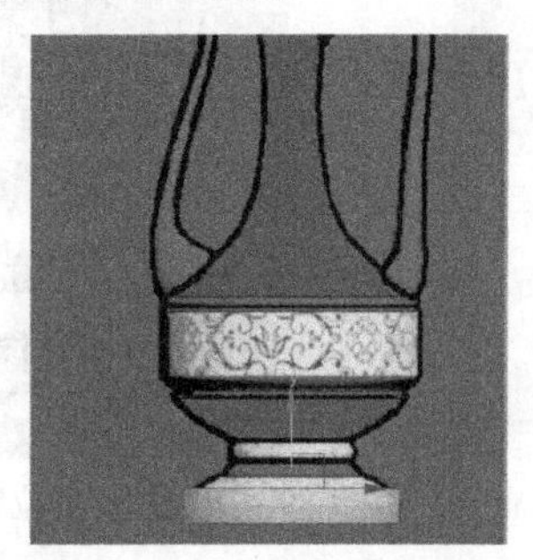
图 9-94　向上复制圆柱体上边边界

图 9-95　缩小圆柱体上边边界（1）

Step 04 按快捷键【F4】，进入“边面”模式。继续按快捷键【W】，进入“选择并移动”模式，按住【Shift】的同时向上拖到一定高度后，得到如图 9-96 所示的效果。按快捷键【R】，缩小圆柱体的上边边界，得到如图 9-97 所示的效果。

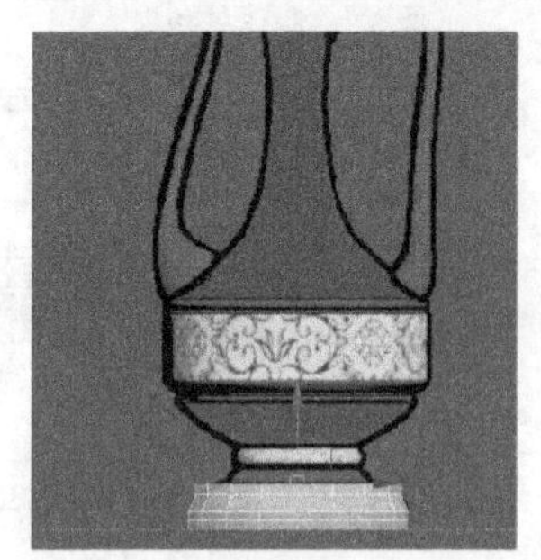
图 9-96　向上复制圆柱体上边边界

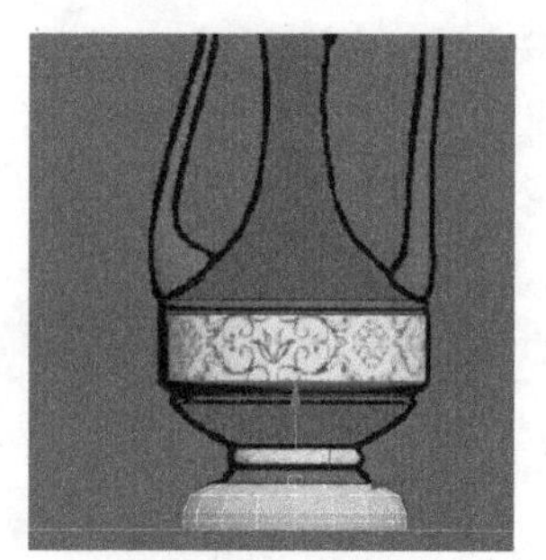
图 9-97　缩小圆柱体上边边界（2）

Step 05 继续重复以上步骤，制作出酒壶主体，如图 9-98 所示。

Step 06 在“修改”面板中单击“封口”按钮，如图 9-99 所示。至此酒壶的主体建模就制作完成了。

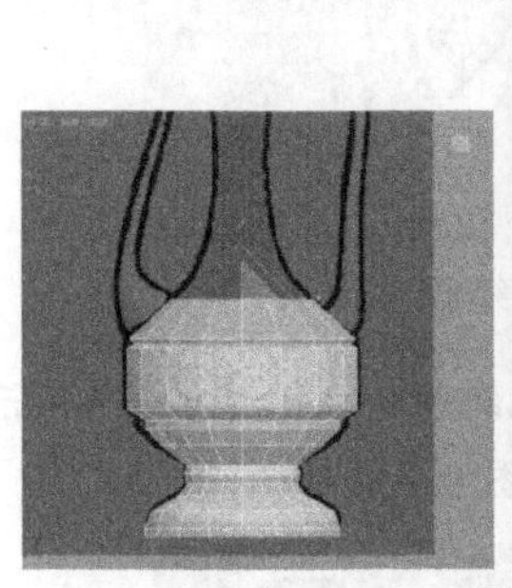
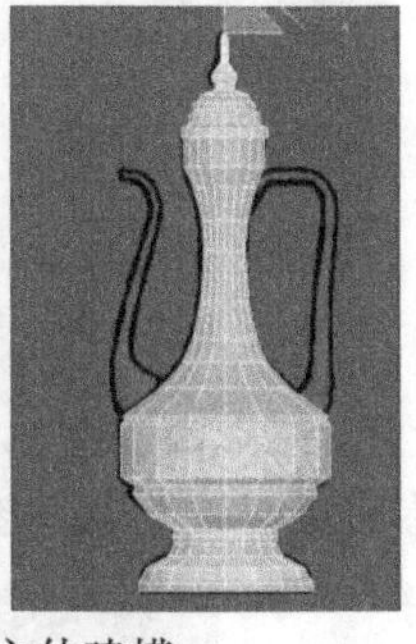

图 9-98　酒壶主体建模

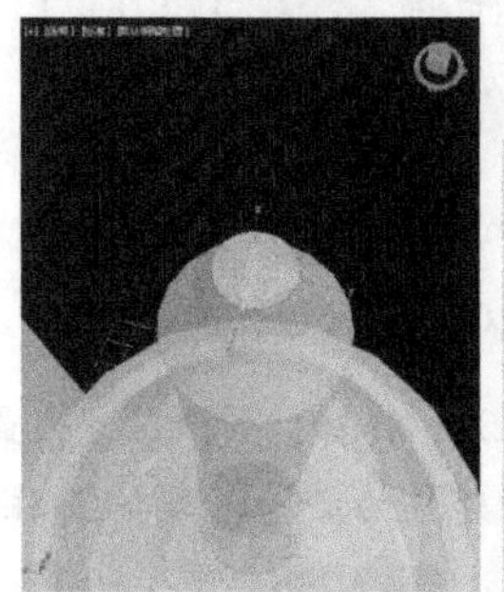
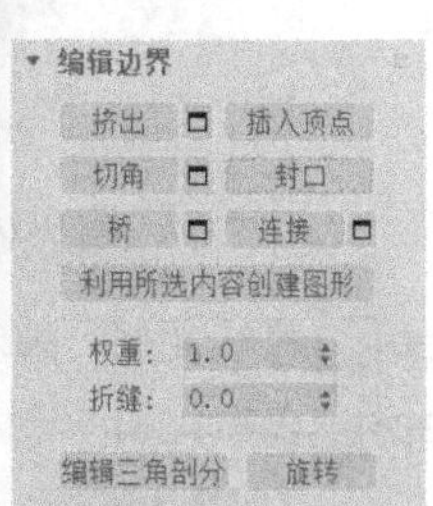

图 9-99　壶顶的封口

2）壶把、壶嘴的制作

Step 01 制作酒壶壶把的过程和制作主体相似，首先在顶视图中，创建一个圆柱体并调整它的位置以及大小，效果如图 9-100 所示。这部分需要使用“选择并旋转”工具，快捷键为【E】，选择圆柱体。

Step 02 把圆柱转换为可编辑多边形，选择“顶点”模式，利用“绘制选择区域”按钮，选择最上部的顶点，移动顶点到如图 9-101 所示的位置。按快捷键【R】缩放最上部的顶点，如图 9-102 所示。

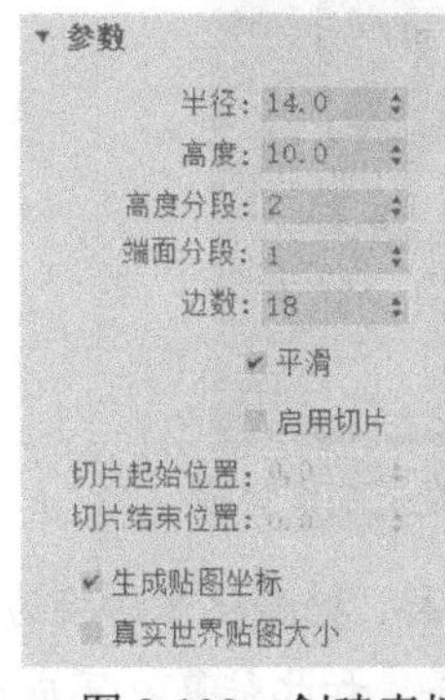

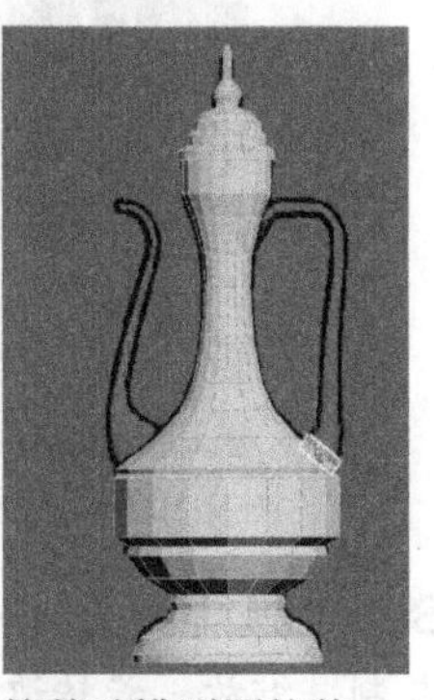

图 9-100　创建壶把的基础模型圆柱体

图 9-101　移动最上部的顶点

图 9-102　缩放最上部的顶点

Step 03 进入“多边形”子对象层级，删除基础模型最上面的面，效果如图 9-103 所示。

Step 04 按快捷键【3】进入“边界”模式，按快捷键【W】框选最上部的边界，利用【Shift】键复制边界，如图 9-104 所示。按快捷键【E】键旋转边界至如图 9-105 所示的位置。按快捷键【R】键缩放边界，如图 9-106 所示。

图 9-103　删除基础模型最上面的面

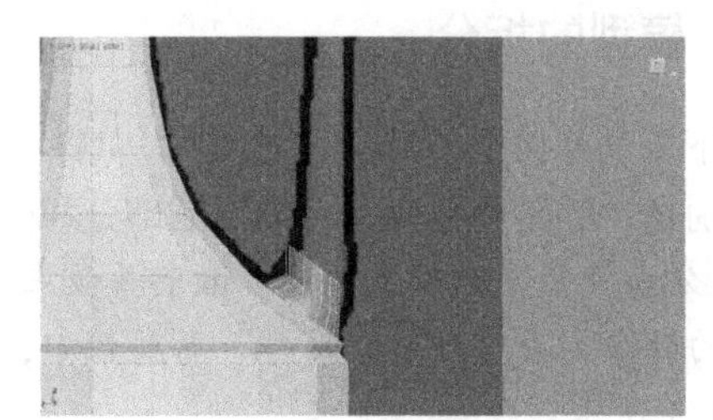

图 9-104　复制边界

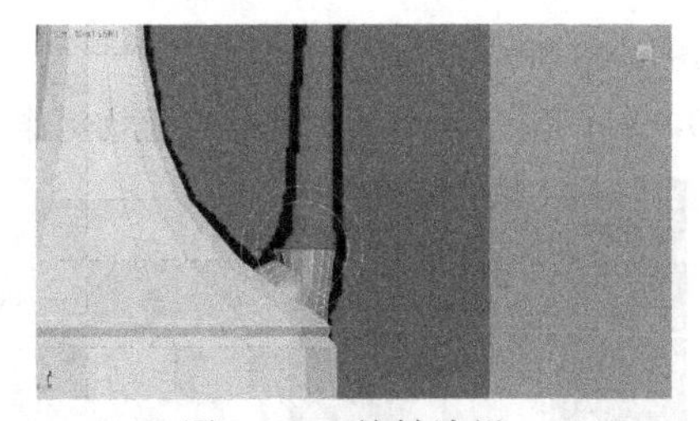

图 9-105　旋转边界

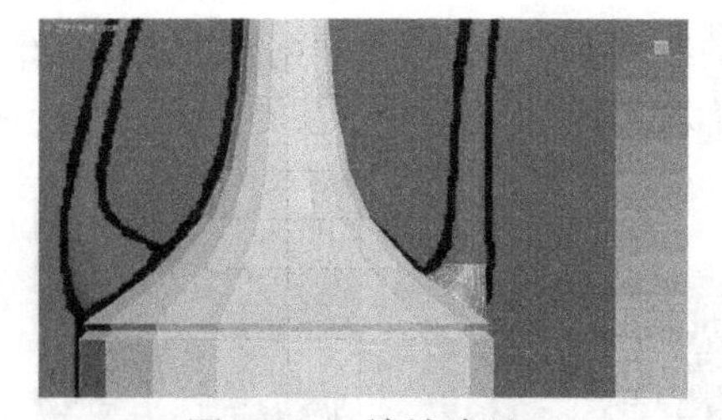

图 9-106　缩放边界

Step 04 继续复制、缩放、旋转，如此往复。最后封口，完成酒壶壶把的制作，如图 9-107 所示。

Step 05 在顶视图中创建作为酒壶壶嘴的圆柱体，参数设置及位置如图 9-108 所示。

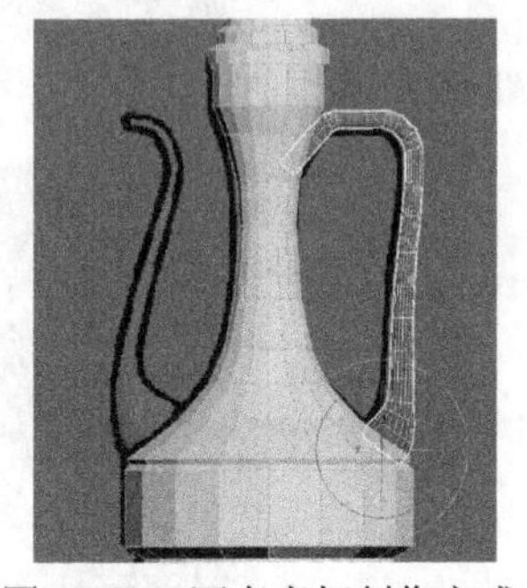

图 9-107　酒壶壶把制作完成

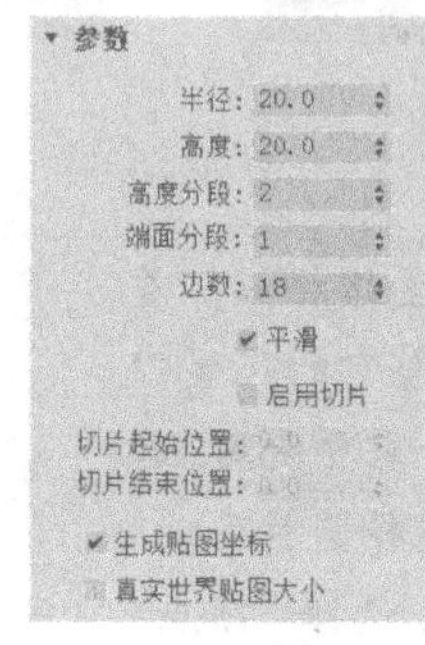

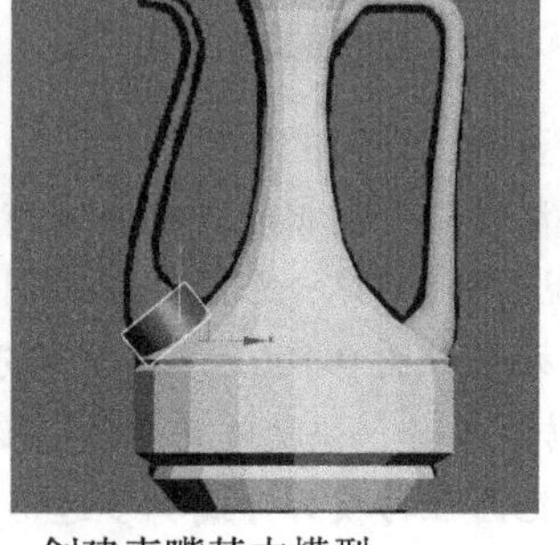

图 9-108　创建壶嘴基本模型

Step 06 如制作壶把一样，把圆柱体转换为可编辑多边形，删除最上面的面，进入“边界”模式，复制、缩放、旋转边界，如此往复。完成酒壶壶嘴的制作，如图 9-109 所示。

Step 07 解冻视图中的“Plane001”和“Plane002”，并隐藏它们，这时酒壶建模就完成了，按【Alt+X】组合键取消半透明显示，效果如图 9-110 所示。

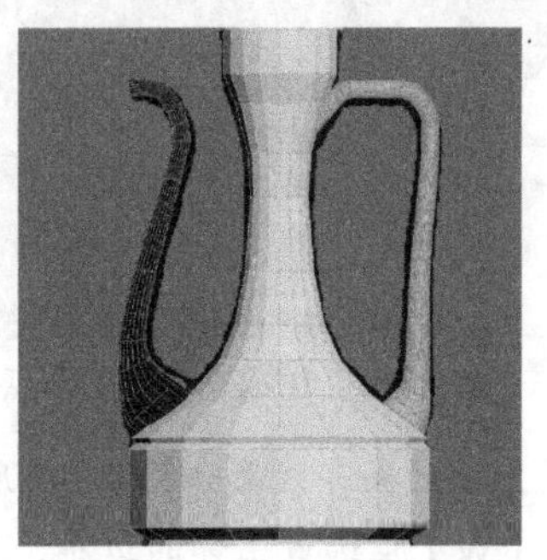

图 9-109　酒壶壶嘴制作完成

图 9-110　酒壶模型

9.2.2　模型的拆分

接下来进行模型的拆分，对照图 9-111 左图，可以发现酒壶在颜色和贴图方面可分为三部分，分别是主体黑色部分、主体贴图部分和壶嘴壶把部分。下面就按照这三部分来拆分模型。

Step 01 分离酒壶中的贴图部分。选中酒壶主体，进入“多边形”子对象层级，选中酒壶主体需要贴图的部分，在“编辑几何体”卷展栏中，单击“分离”按钮进行分离，并命名为“贴图”，如图 9-111 所示。

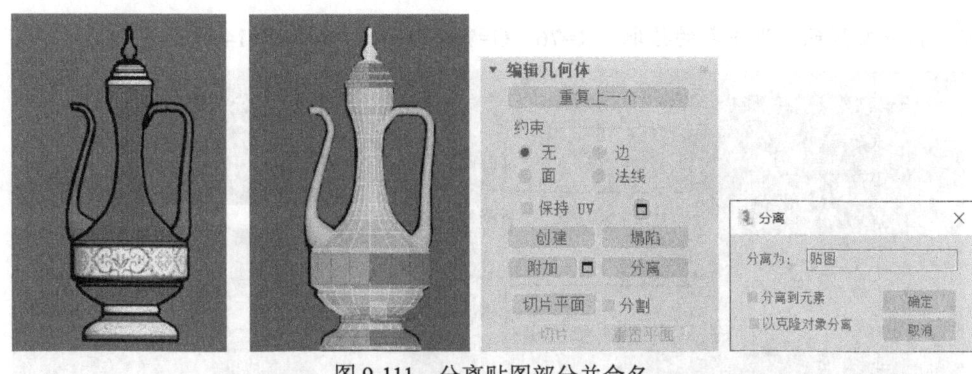

图 9-111　分离贴图部分并命名

Step 02 分离酒壶中棕色部分。如图 9-112 所示，分离酒壶主体的棕色部分，将分离出来的部分命名为棕色。

图 9-112　分离酒壶中棕色部分

9.2.3　模型 UV 展开

Step 01 拾取棕色。按【Alt+X】组合键恢复酒壶模型本身的颜色。将“侧视图 1.png”导入到 Photoshop 软件中，使用吸管工具进行拾色，记录 R=122 、G=95 、B= 0 三色的数值，如图 9-113 所示。

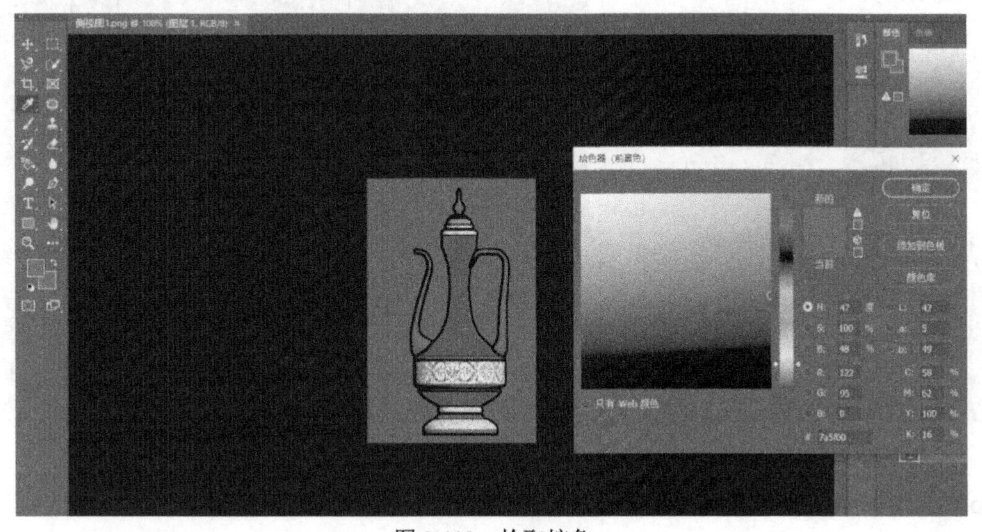

图 9-113　拾取棕色

Step 02 拾取灰黑色。黑灰色的拾取：R=76、G=76、B=76，如图 9-114 所示。

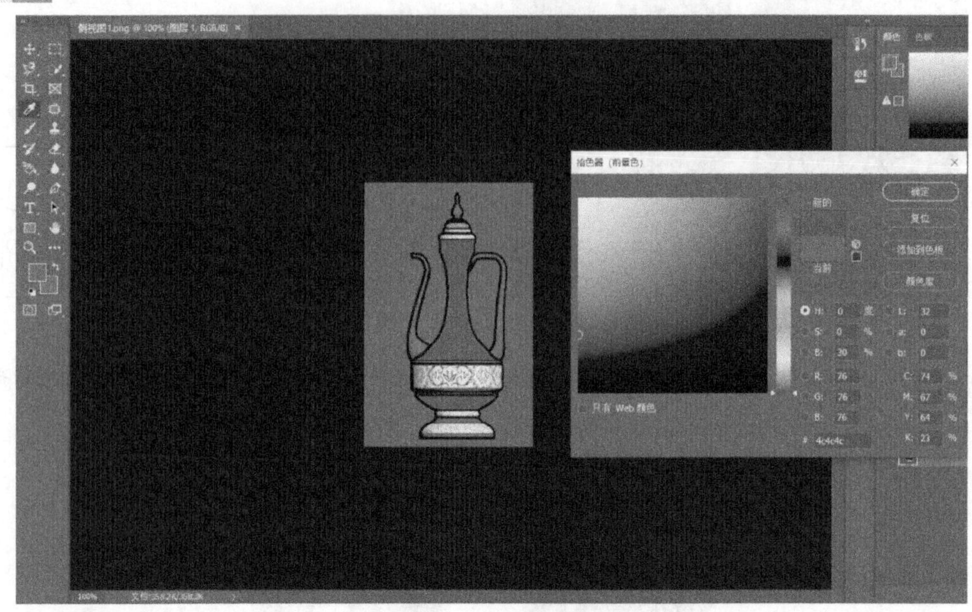

图 9-114　拾取黑灰色

Step 03 回到 3ds Max 软件中，按快捷键【M】打开材质编辑器，选中主体棕色部分以及壶嘴和壶把部分，并选择一个材质球，将漫反射调整成 Photoshop 软件中拾取的颜色，并将材质赋予物体，如图 9-115 所示。

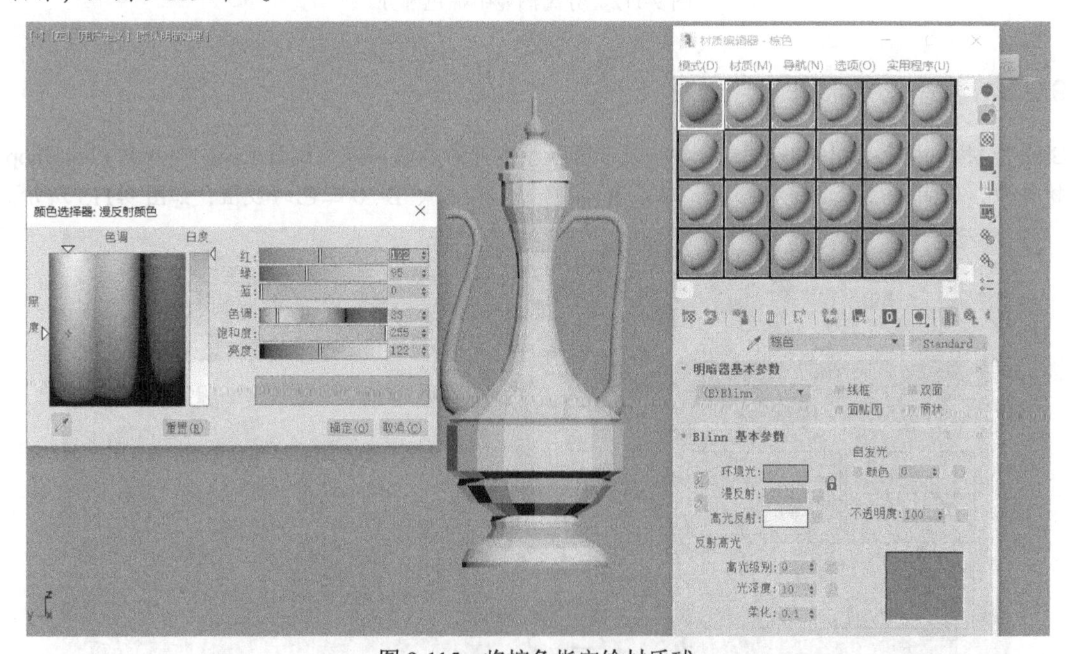

图 9-115　将棕色指定给材质球

Step 04 用同样的方法将黑灰色的部分也进行材质赋予，如图 9-116 所示。

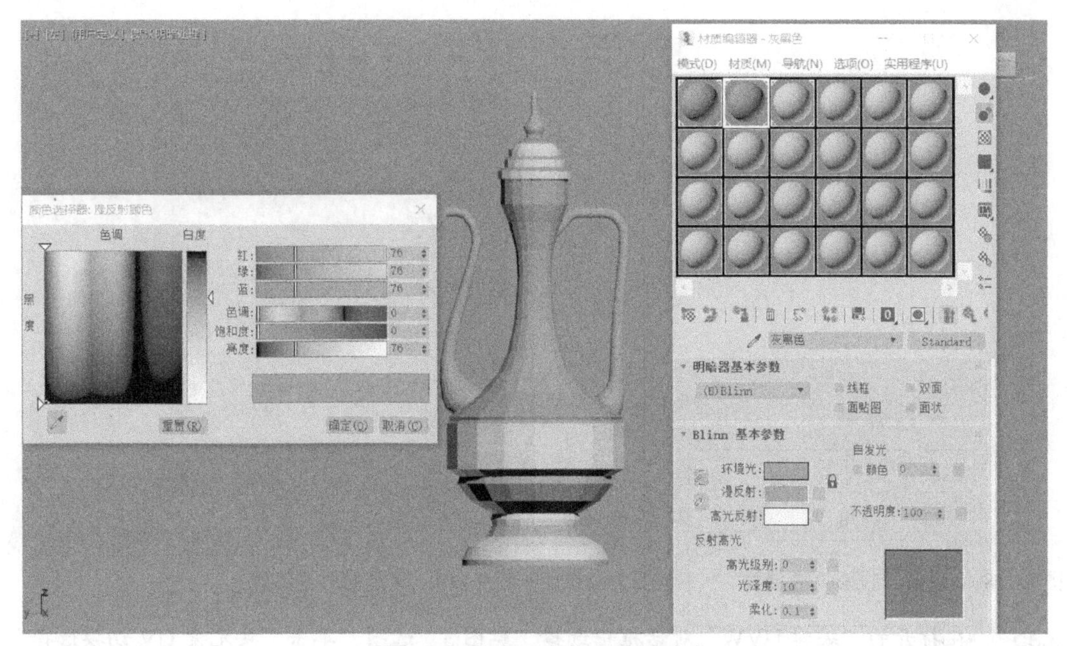

图 9-116　将灰黑色指定给材质球

Step 05 将第三个材质球命名为“贴图”，把“1035.jpg”赋予第三个材质球的漫反射颜色，图片文件位置在本书配套素材“素材与实例”>“第 9 章”>“酒壶”文件夹。将贴图赋予物体，效果如图 9-117 所示。

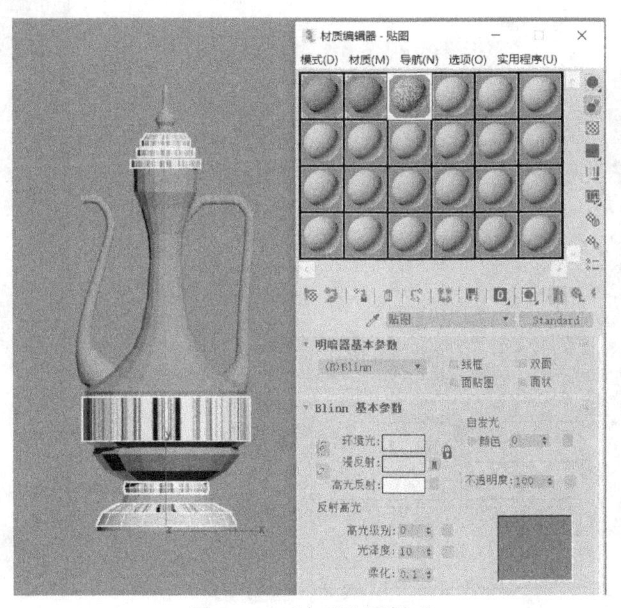

图 9-117　赋予贴图材质

Step 06 为有花纹的模型添加“UVW 展开”修改器，进入“UVW 展开”修改器的“多边形”子对象层级，在“投影”卷展栏中，单击“柱形贴图”按钮和“对齐到 Z”按钮，如图 9-118 所示。

Step 07 在“编辑 UV”卷展栏中，单击“打开 UV 编辑器”按钮，打开“编辑 UVW”对话框，如图 9-119 所示。

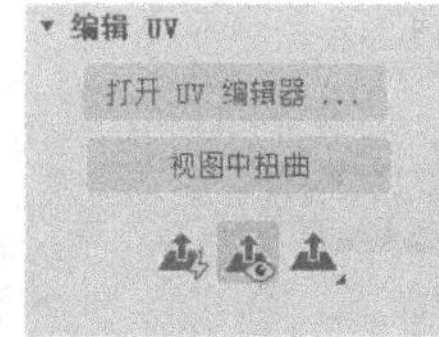

图 9-118　设置"投影"卷展栏

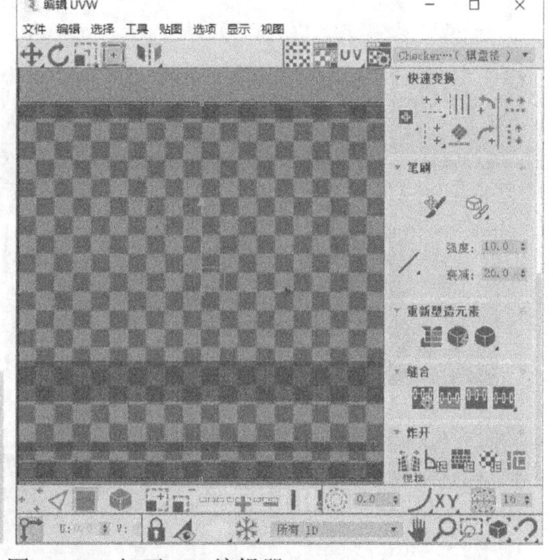

图 9-119　打开 UV 编辑器

Step 08 在打开的"编辑 UVW"对话框中选择"贴图 3"选项，单击"按元素 UV 切换选择"按钮，再单击"炸开"卷展栏的"断开"按钮，如图 9-120 所示。

Step 09 在透视视图中框选酒壶主体一圈的多边形，再单击"编辑 UVW"对话框中的"断开"按钮，效果如图 9-121 所示。

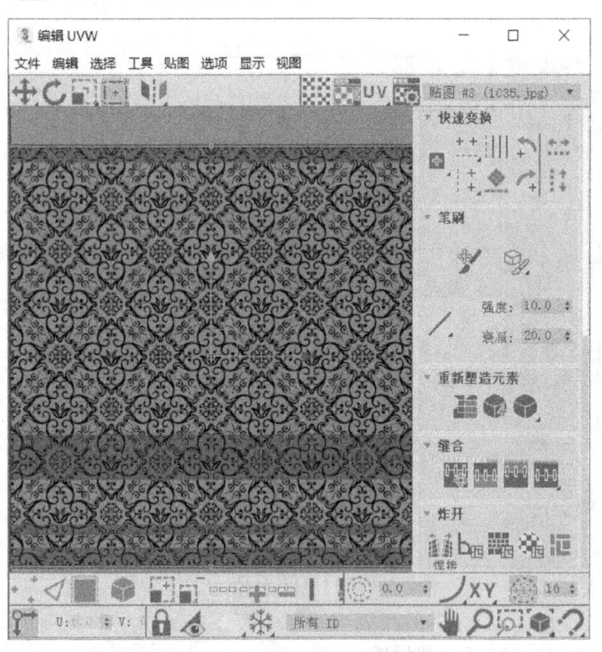

图 9-120　按元素断开贴图

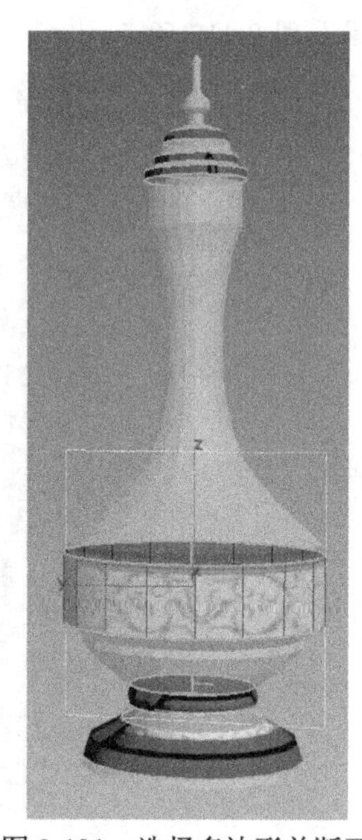

图 9-121　选择多边形并断开

Step 10 单击"编辑 UVW"对话框菜单栏中的"工具" > "松弛" > "由多边形角松弛" > "开始松弛"命令，松弛一定的时间后停止松弛，如图 9-122 所示。

Step 11 在"编辑 UVW"对话框中使用移动工具，移动选区的位置，适当使用"旋转"或"缩放"等工具，使酒壶中的纹理与效果图中相似，如图 9-123 所示。

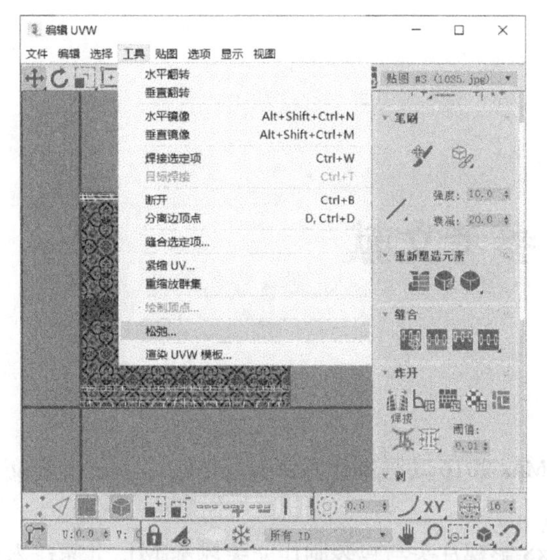

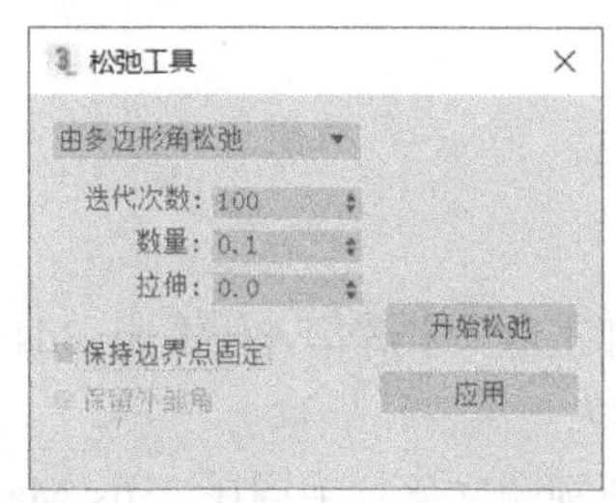

图 9-122　由多边形角松弛

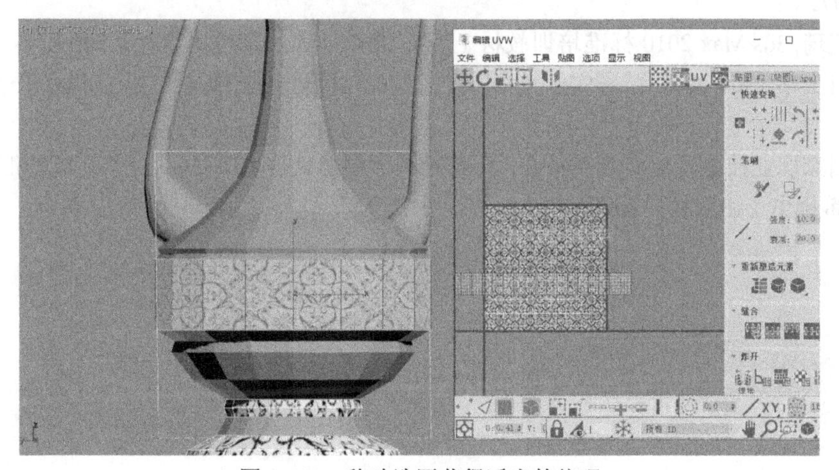

图 9-123　移动选区获得适当的纹理

Step 12 依次类推，完成其他选区的花纹设置。

Step 13 调整到理想位置后退出“编辑 UVW”对话框，单击刚开始时制作的侧视图，将其删除。至此我们的酒壶就制作完成了，效果如图 9-124 所示。

图 9-124　酒壶效果图

参考文献

[1] 郜玉金，宁辉华，杜雪娟. 3ds Max 2016 动画制作案例教程[M]. 上海：上海交通大学出版社，2017.

[2] 新视角文化行毛国民. 3ds Max8 影视片头与包装制作完美风暴[M]. 北京：人民邮电出版社，2007.

[3] 王琦. 3ds Max 2010 标准培训教材 I [M]. 北京：人民邮电出版社，2009.

[4] 肖卫华. 3ds Max 精彩实例教程[M]. 北京：兵器工业出版社，北京科海电子出版社，2004.

[5] 国家职业技能鉴定专家委员会. 计算机图形图像处理（3ds Max 平台）试题汇编[M]. 北京：北京希望电子出版社，2002.